Circadian Clocks
生 物 钟

〔德〕A. 克拉默　M. 梅罗　主编

王　晗　主编译

科学出版社

北京

图字：01-2016-1756 号

内 容 简 介

本书综述了时间生物学尤其是生物钟调控分子机理方面的最新进展。包含 4 个主题部分：第一部分致力于阐述生物钟的分子和细胞基础；第二部分专门介绍生物钟如何控制生命过程，也就是通常术语生物钟输出通路所包含的内容；第三部分主要讨论生物钟系统对药理学的影响；第四部分专门介绍研究生物钟的系统生物学方法。

本书特别有助于从事时间生物学、药理学，以及对相关研究实验步骤和方法感兴趣的科学工作者。

图书在版编目（CIP）数据

生物钟 /（德）A. 克拉默（Achim Kramer），（德）M. 梅罗（Martha Merrow）主编；王晗主编译 . —北京：科学出版社，2022.3
书名原文：*Circadian Clocks*
ISBN 978-7-03-071684-2

Ⅰ.①生… Ⅱ.① A…② M…③王… Ⅲ.①生物钟–普及读物 Ⅳ.① Q418-49

中国版本图书馆 CIP 数据核字（2022）第 034802 号

责任编辑：李 悦 孙 青 / 责任校对：郑金红
责任印制：吴兆东 / 封面设计：北京图阅盛世设计有限公司

科 学 出 版 社 出版
北京东黄城根北街 16 号
邮政编码：100717
http://www.sciencep.com

北京建宏印刷有限公司印刷
科学出版社发行 各地新华书店经销
*

2022 年 3 月第 一 版 开本：720×1000 1/16
2024 年 3 月第三次印刷 印张：25 1/4
字数：506 000

定价：259.00 元
（如有印装质量问题，我社负责调换）

本书编译人员

主 编 译：王　晗

编译人员：王明勇　仲兆民　刘　超　刘陶乐

　　　　　孙　莎　李　勃　沈百荣　张淑青

　　　　　季　成　赵静怡　胡　佳　钟英斌

　　　　　黄　健　黄国栋

译 者 序

生物钟（circadian clock）或生物节律（circadian rhythm）是奇妙的生命现象。生物钟是指各种生命对地球循环变化的自然因素如光和温度长期适应，而演化出的内在计时机制，而生物节律则指生命活动或过程如代谢、生理和行为呈现以大约24小时为周期的昼夜变化。生物钟能够像时钟一样，记录大约24小时的一天。从理论上而言，生物钟系统（circadian clockwork system）由三部分组成：输入通路（input pathway）、中心起搏器或振荡器（central pacemaker or oscillator）和输出通路（output pathway）。输入通路感受外界信号如光与温度等，把这些信号加工处理成神经信号并传递到中心起搏器或振荡器；中心起搏器或振荡器由一组生物钟基因及其蛋白质所组成，主要通过转录和翻译产生分子振荡；而输出通路则通过分子振荡调控下游各种生命过程，包括生理和行为等。生物钟通过输入通路，可以被外界环境启动（activate）、重置（reset）、牵引（entrain）或与外界环境同步化（synchronize）。例如，当我们旅行到不同的时区，体内生物钟可以通过输入通路调到当地时间。生物钟调节是内源的（endogenous），体现在：①具备生物钟调节功能的细胞是自主的（autonomous）；②在无外界环境因子干扰的自由运行（free running）情况下，生物钟能够自持（self-sustained）运转多日。生物钟另外一个重要特征就是，无论是变温动物还是恒温动物，一定范围内的外界温度的变化不会显著地改变生物钟运行的周期，称为温度补偿（temperature compensation）。生物钟温度补偿性表明其运转处于一种相对的稳态。生物钟产生、调控和维持生物节律，而生物节律则是生物钟运转的体现。尽管生物钟与生物节律在概念上有上述的差别，但在很多情况下，不可避免地相互替换使用。20世纪50年代，罗马尼亚裔时间生物学家弗兰兹·哈尔伯格（Franz Halberg）（1919—2013）创造了英语术语"circadian"，其中"circa"的意思为"大约"，"dian"来自拉丁语"diem"，意思为"一天"；两者和在一起就是指"大约一天"。所以，生物钟和生物节律，也分别称为"近日钟"和"近日节律"。许多生命过程和活动除了呈现以大约24小时为周期的昼夜节律之外，还呈现比24小时周期更短（频率则更高）的短日节律（ultradian rhythm），如心律、血液循环和激素释放等；或比24小时周期更长（频率则更低）的长日节律，如月节律（月经周期和潮汐节律等）、季节节律（许多动植物的生殖周期等）及年节律等。研究所有生物节律即近日节律、短日节律和长日节律的现象、调节机制，以及其生物功能的学科称为时间生物学（chronobiology）。而以24小时为周期的生物钟或生物节律是生命最普遍的基本特征之一，从简单的单细胞蓝藻到复杂的多细胞真菌、植物、动物，包括人类等几乎所有生物都呈现强烈的昼夜节律，并且这种以 24 小时为周期的昼夜变化在分子、生化、细胞、组织、器官，以及生理、行为等水平中广泛存在。生物钟赋予生物预期外部变化，更有效地协调其体内分子、生化和细胞学机制，进而在各种基本生命过程和活动中发挥调节作用。生物失调会导致身体功能障碍和多种疾病。生物钟生物学（circadian biology）是时间生物学的最重要分支，研究生物钟调节机制及其在各种生命过程中调节作用机制。生物钟研究采用时间序列（即一天内多个样点）检验生命过程的相关指标，从周期（period）、振幅（amplitude）和相位（phase）等几个方面更准确、全面地揭示生命过程及其内在规律，同时也弥补了其他生命科学研究通常所忽略的时间上的动态变化。

生物钟研究是一门古老又新兴的生物学分支。其古老性体现在古代的中国人和希腊人已有诸多对时间以及生物节律现象的观察、总结和精彩的论述。孔子曾面对奔流不息的大河感叹："逝者如斯夫！不舍昼夜"。古希腊亚里士多德曾说过："黎明前起床是件好事，因为这样的习惯有助于健康、财富和智慧"。大约 2000 多年前成书的中华医学宝典《黄帝内经》也提出了"人以天地之气生，四时之法成"的"天人合一"观点。古希腊亚历山大时代（公元前 336—323）的海军上将安德罗斯提尼（Androsthenes）曾记录了罗望子（tamarind）植物的叶片周期性地开放。这些都是古人对时间的感悟以及对生物节律的观察、描述、演绎和推理。

18 世纪，法国科学家让-雅克·德奥图斯·德梅兰（Jean-Jacques d'Ortous de Mairan）（1678—1771）对含羞草叶片的日常张开和关闭很感兴趣。1729 年，德梅兰开展了一个简单的实验，将含羞草置于持续的黑暗环境中并观察其行为，发现了即使在没有阳光的情况下，叶片也会每天有节律地开合，最先记录了含羞草在没有外界光暗循环的条件下也呈现昼夜节律。这是对生物节律最早的实验研究。德梅兰的发现后来得到了许多植物学家的证实，包括瑞士植物分类学家奥古斯丁·皮拉姆斯·德堪多（Augustin Pyramus De Candolle）（1778—1841）。德堪多研究了含羞草在恒定光照下的叶片运动，并观察到"睡眠-觉醒样叶片运动"的周期短于 24 小时。

20 世纪，德国植物学家欧文·布宁（Erwin Bünning）（1906—1990）创造了术语"昼夜节律"（endodiurnal）来描述 24 小时的节律，后来被"circadian"取代。布宁研究了光周期的基本机制，他将短周期的大豆品种与长周期的大豆品杂交，发现所产生的大豆后代的周期则处于其亲本周期之间，因而成为第一位发现生物钟具有遗传基础的科学家。德国另一位科学家尤尔根·沃尔特·路德维希·阿肖夫（Jürgen Walther Ludwig Aschoff）（1913—1998）利用地下掩体开展人类生物节律的研究。阿肖夫创造了术语"zeitgeber"，意指"授时因子"。美国科学家科林·斯蒂芬森·皮滕德里（Colin Stephenson Pittendrigh）（1918—1996）检测了果蝇羽化（从蛹壳中出现的过程）的时间和节律，并发现温度补偿是生物钟的关键特征之一。哈尔伯格也创造英文术语"chronobiology"，他生前竭力推动生物钟原理在医学中的应用。布宁、阿肖夫、皮滕德里和哈尔伯格都对生物钟研究做出了重大贡献，因而他们是公认的现代时间生物学和生物钟生物学的创始人。

生物钟分子遗传机制的研究则新兴于20世纪60年代。近50多年来生物钟研究取得了跳跃式进展，谱写了生物学史和科学史上一段催人振奋的亮丽篇章。首先，罗纳德·科诺普卡（Ronald Konopka）（1947—2015）和西摩·本泽（Seymour Benzer）（1921—2007）利用模式生物果蝇遗传诱变筛选生物钟突变体，开启了生物钟遗传学研究的先河。大约在1968年，科诺普卡和本泽以果蝇羽化节律为检测标准筛选生物钟突变体，发现了三种突变体，即一个大约19小时短周期的突变体、一个大约28小时长周期的突变体和一个完全没有节律的突变体。科诺普卡和本泽认为这三种周期（period）突变体对于生物节律是必不可少的。他们发现首先这三种突变体不仅改变了羽化节律，还改变了运动活动节律；其次，三种突变体都能被遗传定位到果蝇X染色体的一个单一的周期基因内；第三，这些结果表明，这种单一蛋白质对于生物节律的运动速度至关重要，即短周期的突变果蝇比正常果蝇跑得快，而长周期的突变果蝇则比正常果蝇跑得慢。这项开创性研究破天荒地揭示了单个基因突变能够影响行为和生物钟。1971年，科诺普卡和本泽这项里程碑式的发现发表在美国科学院刊 *PNAS* 上。接下来十几年间，美国布兰迪斯大学（Brandeis University）的杰弗里·霍尔（Jeffrey Hall）和迈克尔·罗斯巴什（Michael Rosbash），以及洛克菲勒大学（Rockefeller University）的迈克尔·杨（Michael Young）等许多生物钟研究者结合分子生物学和生物化学等技术，克隆 *period* 基因和其他生物钟基因，并阐明它们的功能，到20世纪90年代末提出生物钟调节模型，即基于转录/翻译的负反馈环路（transcription/translation negative feedback loop），到发现这种负反馈环路高度保守，可以解释几乎所有生物生物钟的运转；再到霍尔、罗斯巴什和杨因为在阐明生物钟的分子遗传机制方面的卓越贡献，共同获得2017年诺贝尔生理学或医学奖。事实上，这项生物钟诺贝尔奖备受期待，三位获奖者实至名归，这必将为生物钟生物学和时间医学注入活力，将会吸引更多的研究者进入生物钟领域，激发更多的生物钟研究，促进更多的生物钟发现以及生物钟在日常生活和医疗实践中的应用。

尽管生物钟研究业已获得迅猛的发展，但有关生物钟的英文论著相对较少，中文专著则更少。2015年，本人曾接受《生命科学》杂志的邀请，组织国内20多位生物钟研究领域的专家撰写相关领域的生物钟研究进展，出版了一期"生物钟专刊"（《生命科学》，27卷11期，2015）。这部由著名时间生物学家阿奇姆·克拉默（Achim Kramer）和玛莎·梅罗（Martha Merrow）主编的 *Circadian Clocks* 专著，则覆盖的范围更大，阐述的深度更强。克拉默是德国柏林慈善大学医学院（Charity-University Medicine Berlin）的时间生物学教授，而梅罗则是德国路德维希–马克西米利安慕尼黑大学（Ludwig Maximilian University of Munich）医学心理学研究所的时间生物学教授。作为本书的主编，克拉默和梅罗没有为本书撰写具体的章节，而是组织了许多顶尖的生物钟专家总结相关领域的最新进展，包括美国科学院院士约瑟夫·高桥（Joseph Takahashi），英国皇家学会会员迈克尔·黑斯廷斯（Michael Hastings）和罗素·福斯特（Russell Foster），已故的意大利裔时间生物学家保罗·萨森-科西（Paolo Sasssone-Corsi），德国时间生物学家蒂尔·伦内伯格（Till Roenneberg），美国时间生物学家约瑟夫·巴斯（Joseph Bass）、埃里科·赫尔佐克（Erik Herzog）和加雷特·菲茨杰拉德（Garret FitzGerald），法国时间治疗专家弗朗西斯·莱维（Fancis Lévi），荷兰时间生物学家安德里斯·卡尔斯贝克（Andries Kalsbeek），瑞士时间生物学家乌尔斯·阿尔布雷克特（Urs Albrecht）和史蒂文·布朗（Steven Brown），以及日本的时间生物学家植田博树（Hiroki Ueda）等。本书共有 4 个主题部分，共计 17 章。第一部分聚焦生物钟的分子和细胞基础（1 ～ 5 章），分别介绍了生物钟的分子遗传和表观遗传学机制、哺乳动物外周生物钟、生物钟的非转录调控机制，以及大脑中主生物钟运作机制等。第二部分主要讨论生物钟如何控制生理和行为（6 ～ 9 章），分别介绍了生物钟对代谢、睡眠、激素水平和与情绪有关行为作用机制的进展。第三部分主要综述了时间药理学和时间治疗法的最新进展（10 ～ 13 章），分别讨论生物钟与药理学、癌症时间治疗法、生物钟在基因毒性和抗肿瘤治疗中的重要性，以及光在人类生物钟牵引方面的作用等。本书的第四部分专门阐述系统生物学方法在生物钟研究中的运用（14 ～ 17 章），分别介绍了时间生物学的数学建模研究、转录抑制和延迟在哺乳动物生物钟的作用，以及转录组学和蛋白质组学在生物钟系统中的应用等。对从事时间生物学、生物钟生物学、药理学、时间药理学、时间医学及时间治疗法研究的科学工作者、医疗工作者和药物研发工作者或对其感兴趣的人，本书应该是必备的。

于 1999 年前后，在美国俄勒冈大学，本人很幸运地在博士后导师约翰·波斯特思韦特（John Postlethwait）教授的热情鼓励和支持下，独立地开始了斑马鱼生物钟研究；随后在美国俄克拉荷马大学动物学系建立了独立的斑马鱼生物钟研究实验室。到 2009 年我入职苏州大学，至今已从事时间生物学及生物钟生物学的学习和研究 20 多年。特别是回国十余年来，我见证了时间生物学和生物钟生物学在中国的快速发展。2013 年，国家自然科学基金委员会生命科学部、医学科学部会同政策局在苏州联合召开了以"生物钟及其前沿科学问题的探讨"为主题的第 104 期"双清论坛"。在这次里程碑式的会议上，与会专家对生物钟研究领域取得的进展进行了综述和热烈讨论，凝练出了生物钟生物学领域的关键科学问题，为引领和推动我国生物钟相关研究打下了坚实基础。2015 年，经过周密的组织和筹备，冷泉港亚洲生物节律会议在苏州召开。来自美国、加拿大、英国、荷兰、日本、韩国、新加坡、印度和中国的众多学者以及博士后、学生 150 多人参加这一学术盛会。位于美国纽约长岛的冷泉港实验室曾于 1960 年举办了第一次冷泉港生物钟会议。尽管那时尚有诸多悬而未决的问题说并伴随着激烈的辩论，但那次会议见证了生物钟生物学的建立，播下了"生物钟研究的种子"。2007年，冷泉港实验室在纽约长岛举办了第二次生物钟会议"Clocks and Rhythms"，展示了47年前播下的"生物钟研究的种子"，经过萌芽、生根、生长而百花怒放——生物钟研究取得了突破性发展，影响到人类健康、农业和生物保护，以及许多生物学分支领域。8年后的2015年，在苏州举办第三次冷泉港生物钟会议，标志着"生物钟研究的种子"业已从传统上生物钟研究强国传播到中国发芽、生根、生长和开花。2016年，第29届国际时间生物大会在苏州召开。"亚洲时间生物学论坛"先后在我国举办过三次，即2017年在呼和浩特、2019年在苏州及2021年在开封。近年来，很多在国外学习和工作的生物钟研究才俊陆续回到中国，建立实验室并培养年青的生物钟研究工作者，使得我国的生物钟研究队伍不断壮大。

当最初阅读本书英文版的时候，我感觉其内容翔实，对生物钟的基本概念和原理阐述清晰，并全面地综述了生物钟研究的最新进展，随计划将本书翻译成中文，以期有助于广大的中文读者。我在苏州大学的研究团队中多名老师和学生参与了这项繁复的翻译工作，包括仲兆民副研究员、胡佳副研究员、钟英斌副教授、刘超副教授、季成副教授、黄健副教授、刘陶乐博士、张淑青博士、黄国栋博士、王明勇博士、孙莎博士、李勃博士，原苏州大学系统生物学中心（现四川大学华西医院疾病与系统遗传研究院）的沈百荣教授及其学生赵静怡。每个章节都经过许多次修改、完善和校对。在此，对他们的辛勤付出、倾力帮助和支持，我表示由衷的感谢。

生物钟研究日新月异。本书中多处提到的，基因组中10%～20%的基因以大约24小时为周期表达，这是10多年前主要基于DNA芯片的研究发现。随着高通量测序技术逐渐成熟和成本不断降低，大规模的RNA测序分析发现哺乳动物主要器官中多达43%的基因呈现强烈的转录振荡。这些节律性表达的基因中有很大一部分属于疾病基因或药物靶基因。许多人类疾病在一天中的特定时间发生，我们吸收、分配、代谢和排泄药物的能力也呈现日变化，这表明生物钟生物学、基于生物钟生物学的时间医学、时间药理学包括时间药效学和时间药代动力学和时间治疗法应该是个体化医学/精准医学不可或缺的部分。

一部许多作者撰写的书籍难免会出现一些错误。当我对原文中有疑问，对原作者发出求助邮件时，他们总是第一时间回复我的问题。例如，当我告知埃里科·赫尔佐克原书第五章中chemotrophins一词难以理解后，他很快回复，感谢我发现他们章节中的错误，并表示该词应为neurotrophins。此外，我还给蒂尔·伦内伯格发邮件，询问为什么原书第十三章的图与图标不符合后，他也十分感谢我指出他们章节中的错误，并告知原书出版社把这些图标顺序搞乱了，希望得以纠正。对于他们及时的帮助和合作，我非常感谢。

信达雅是我们翻译本书所遵循的原则和努力的目标，然而所有可能的翻译不当之处，皆是本人之过，恭请各位读者批评指正。感谢科学出版社同意出版本书的中文翻译版，真挚感谢李悦编辑提出许多宝贵的建议和修改意见，并为本书的顺利出版付出的辛劳。也感谢国家自然科学基金委员会和科技部对本人生物钟研究长期的慷慨资助。

生物钟领域还有很多悬而未决的问题有待解决，例如，是否还有新的生物钟基因？是否还有新的生物钟调节机制？体内的许多生物钟是如何偶联、同步的？生物钟研究能否提供解决时差和失眠的方案？就像睡眠一样，生物钟的作用常常被忽视，首先，因为生物钟失调或睡眠不足不会导致即刻死亡；其次，因为我们的身体具有恢复睡眠和生物钟的非凡能力。然而，长期的生物钟失调或长期的睡眠剥夺会严重损害身心健康。把生物钟原理应用到临床预防诊疗，或者说服普通大众不要扰乱自身生物钟而保持身心健康均是无比艰巨的任务。无论是在发现新的生物钟基因和新的生物钟调节机制方面，或在发现新的生物钟控制基因与新的生物钟控制生命过程方面，还是把生物钟原理推广到临床实践和日常生活方面，对生物钟生物学的研究都是任重道远。希望本书中文版的出版，能够有助于吸引更多的生物钟生物学研究者，为生物钟生物学进一步发展发挥微薄之力。

王　晗

2022 年 3 月于苏州独墅湖畔

前　　言

　　人体是一台奇妙的 24 小时机器。这台计时机器能够使得睡眠和觉醒、血压和皮质醇合成等生理机能及认知等神经功能，尤其是任何给定细胞基因组中 10% ～ 20% 基因的表达维持以大约 24 小时为周期的节律。英文"circadian"，来源于拉丁语*"circa diem"*，意为"大约一天"。人体内几乎每个细胞都在振荡，生物钟（circadian clock）则因此借助一种普遍存在的分子遗传机制调控几乎所有生命过程和活动，而且这些细胞用于调控生物钟机制的分子组成也高度相似。我们将在本书中试图着重阐述近年来在生物钟调控的机制和遗传基础方面的研究取得的巨大进展。

　　生物钟与健康息息相关。例如，生物钟基因的突变既能造成生物适应性降低，又能导致癌症易感性和代谢性疾病增加，而且药物疗效和毒性通常呈现强烈的昼夜变化，而因此极大地影响治疗方案。本书旨在为读者提供有关生物钟调节的分子、细胞和系统水平规律的全方位最新概述。作为 *Handbook of Experimental Pharmacology* 系列丛书中的一本，本书将重点强调生物钟的研究方法及生物钟在选择最佳治疗干预时机方面的重要性。尽管早晨服用皮质醇已有数十年的实践经验，但时间药理学（chronopharmacology）和时间治疗法（chronotherapy）的研究目前仍然主要处于实验水平。相信有关生物钟原理及其广泛影响的论述应该有益于基础科学、转化医学和临床医学专业的广大读者。

　　本书包含 4 个主题部分。第一部分致力于阐述生物钟的分子和细胞基础，共计 5 章。在第一章中，读者将了解在分子水平上，生物钟基因和细胞内遗传网络如何产生大约 24 小时的节律。第二章着重介绍生物钟如何利用表观遗传机制来调节细胞中多达 10% 转录本的节律表达。接下来几章则重点介绍哺乳动物生物钟组织的分层结构，包括位于大脑中主生物钟起搏器，通常如何调控外周组织器官的日常时序（daily timing），并讨论组织和生物体水平如何同步化的机制。

　　本书的第二部分专门介绍生物钟如何控制生命过程，也就是通常术语中生物钟输出通路所包含的内容。在这里，我们将介绍与药理学特别相关的睡眠、代谢、激素水平和与情绪有关的行为。第六章将重点讨论近年来应运而生的代谢过程和生物钟系统的相互调控，特别是从分子基础上及在流行病学研究中阐明这种相互关联。还包括了几个常见的主题，生物钟和生物钟输出通路之间的反馈，以及外周生物钟或组织特异生物钟与生物钟功能的全身系统控制之间的平衡。有关人类行为、睡眠状态和觉醒状态的差异是最明显的。读者将了解到生物钟及其相关生物钟基因在很大程度上决定睡眠的起止时间。核心生物钟基因单点突变可以显著地改变睡眠行为。生物钟紊乱，如生物钟基因突变或轮班工作，可能导致健康问题及与情绪变化有关的行为失常。这部分的最后一章，即第九章则讨论这些关联以及可能的药理学干预措施，如光疗或锂疗。

第三部分主要讨论生物钟系统对药理学的影响。第十章回顾了过去几十年来有关药物吸收、分布、代谢和排泄所呈现昼夜变化的研究；特别是，因为许多药物靶点的表达水平和功能呈现昼夜变化，生物钟系统对药物有效性的调控。第十一章举例说明了时间治疗法相对先进的抗癌治疗原理。因为癌细胞的生物钟本身是紊乱的，通过药理学干预来调节或增强癌细胞生物钟是一种有效治疗策略。第十二章阐述了如何采用高通量小分子化合筛选手段对生物钟进行药理学调节，进而可能会发展成为用于科学研究和疾病治疗的有效方法。第十三章重点介绍光在人类生物钟与环境同步化即牵引（entrainment）方面的作用。光是主要的同步因子或授时因子（zeitgeber），新发现的视网膜中感光细胞介导了牵引，并且从概念层面和流行病学上进行了深入分析。在许多日常工作中特别是轮班工作中，体内生物钟和外界时间的冲突会导致健康问题，这表明需要像使用处方药一样使用光干预策略。

最后，本书的第四部分专门介绍研究生物钟的系统生物学方法。总的来说，我们研究的领域总是依赖模型来提高我们在概念层面上对高度复杂生物钟系统的理解。利用高通量技术获得的数据并结合实验结果反复改进模型，这本质上就是现代系统生物学的手段，也逐渐发展成为现代时间生物学研究诸多途径中的主要工具。在第十四章中，将从数学角度描述节律产生的原理。显然，反馈环路和偶联是振荡系统的基本特征。第十五章则重点介绍如何使用这些基本原理来建立受调控的节律。例如，如何调控一天不同时间点的转录。最后两章，即第十六、第十七章，再次讨论生物钟调节的普遍性，重点关注基因组和蛋白质组研究如何揭示了无处不在的生物节律。

本书综述了时间生物学尤其是生物钟调控分子机制方面的最新进展。因此，特别有助于从事时间生物学、药理学，以及对相关研究实验步骤和方法感兴趣的科学工作者。

A. 克拉默
于德国柏林

M. 梅罗
于德国慕尼黑

目　　录

第一部分　生物钟的分子和细胞基础

第二部分　生理和行为的生物钟调控控制

第三部分　时间药理学和时间治疗法

第四部分　生物钟系统生物学

第一部分

生物钟的分子和细胞基础

第一章
哺乳动物生物钟的分子组成

伊桑·D. 布尔（Ethan D. Buhr）[1] 和约瑟夫·S. 高桥（Joseph S. Takahashi）[2]

1 美国华盛顿大学（西雅图）眼科系，2 美国霍华德·休斯医学研究所和得克萨斯大学西南医学中心神经科学系

摘要：通过眼睛中的感光受体将光信号传递到位于下丘脑区域的视交叉上核（suprachiasmatic nucleus，SCN），哺乳动物体内的生物节律活动主要与环境中的光暗周期同步化。视交叉上核则发出信号把遍布全身各类外周生物钟同步到适当的相位（phase）。能够牵引（entrain）外周生物钟的信号包括激素信号、代谢因子和体温等。在具体的组织器官内，来自体液的系统信号与其本身以转录/翻译为基础的反馈振荡器相结合，使得成千的基因以特异的相位被转录。在生物钟分子模型中，CLOCK 和 BMAL1 蛋白启动了许多基因的转录，而其中一些转录的基因最终以反馈的方式抑制 CLOCK 和 BMAL1 的转录活性。最后，还有其他类型的生物钟分子振荡器，它们在已深入研究的所有物种中，均不依靠基于转录的生物钟而发挥作用。

关键词：生物节律·生物钟·分子

1. 引言

伴随着日落，夜行的啮齿类动物和鸟类开始觅食，而昼行的鸟类则开始入眠，丝状真菌开始照常地产生孢子，蓝藻在经历了白天的光合作用后也在低氧环境中开始固氮。随着第二天清晨太阳的升起，植物开始舒展它们的叶片去迎接第一缕阳光；而在附近一条交通堵塞的高速公路上，不少"上班族"则坐在车里一动不动。目前知道，上面所提到的这些生物以及所有其他生物，能够在预定的时间内从事相关的活动都是由体内的分子生物钟所支配。地球的自转形成了以 24 小时为周期的光和温度循环变化的环境。生物钟是被这种 24 小时循环变化的环境所同步化而不是仅仅被光所驱动的。英文"circadian"有"circa"和"dies"两层意思，其中"circa"的意思为"大约"，"dies"的意思为"一天"。所有的生物节律都具备一个基本特征，即在完全没有外界环境信号的情况下也能够持续存在。生物钟能够在

通讯作者：Joseph S. Takahashi；电子邮件：Joseph.Takahashi@UTSouthwestern.edu

恒定的条件下以大约 24 小时为周期自由运行（free-run），或者能够被某些周期性的环境因子所同步或"牵引"（entrain），从而使得生物能够预期环境的周期性变化。生物钟的另一个基本特征是能够缓冲不适合的环境信号并在稳定的环境条件下保持持久。在所有分子和行为生物节律中都观察到的温度补偿效应（temperature compensation）充分证明了生物钟的这种鲁棒性（robustness）。温度补偿效应是指在生理允许的温度条件下生物钟的速率几乎是恒定的。温度补偿效应的重要性在冷血动物中尤其明显，因为它们的生物钟需要在很宽的温度范围内保持 24 小时的节律。综上所述，尽管不同的生物体内生物钟的运行速率略有差异，但分子生物钟强烈的振荡及其对特定环境振荡的独特敏感性，均有助于微调自然界中广泛存在的时间生态位（temporal niches）。

然而，生物钟所调控的体内生物节律远远不限于睡眠-觉醒周期。在人类和大多数哺乳动物中，体温、血压、激素、代谢、视黄醛视网膜电图（retinal electroretinogram，ERG）及许多其他生理参数大都呈现出 24 小时的节律性（Aschoff 1983；Green et al. 2008；Cameron et al. 2008；Eckel-Mahan and Storm 2009）。重要的是，这些节律在没有光黑暗周期甚至没有睡眠-觉醒周期的情况下也能够维持。另外，许多人类疾病的发生也表明是生物钟在起作用，而且在许多情况下生物钟紊乱是造成人类疾病和失调的罪魁祸首。这在诸如睡眠相位延迟综合征（delay sleep phase Syndrome，DSPS）和睡眠相位前移综合征（advanced sleep phase syndrome，ASPS）等睡眠障碍中尤其明显。在这些睡眠障碍中，由于体内的生物钟和睡眠需求不一致会导致失眠或嗜睡症（Reid and Zee 2009）。核心生物钟基因 *PER2* 的突变和编码 PER2 磷酸化激酶的 *CK1δ* 的突变均可导致家族性睡眠相位前移综合征（FASPS）（Toh et al. 2001；Xu et al. 2005）。有趣的是，携带有与家族性睡眠相位前移综合征病人同样的 *PER2* 单一氨基酸突变的转基因小鼠也能够呈现与人类缩短周期的睡眠类似症状（Xu et al. 2007）。尽管这两个基因的突变并不能够完全解析这种睡眠障碍，但是对它们的了解能够有助于洞悉生物钟如何影响人类健康。体内生物钟与外界环境节律的失调也可导致时差反应和轮班工作睡眠障碍等其他健康问题。除了睡眠障碍，生物钟还与进食和细胞代谢直接相关。生物钟和代谢途径之间通讯的失调可能导致许多代谢并发症（Green et al. 2008）。例如，胰腺 β 细胞核心生物钟基因 *BmalI* 的功能丧失可能导致低胰岛素综合征和糖尿病（Marcheva et al. 2010）。最后，许多健康问题明显地受到生物钟和生物钟控制过程的影响。例如，心肌梗死和哮喘发作表现出强烈的夜间或清晨发病率（Muller et al. 1985；Stephenson 2007）。同样，小鼠研究表明对紫外线诱发的皮肤癌和化疗治疗的敏感性昼夜差异很大（Gaddameedhi et al. 2011；Gorbacheva et al. 2005）。

位于哺乳动物下丘脑的视交叉上核（SCN）是全身的主生物钟（Stephan and Zucker 1972；Moore and Eichler 1972；Slat et al. 2013）。然而，视交叉上核应该被准确地描述为"主要同步器"（master synchronizer），而不是严格意义上的"启动器"（pacemaker）。大多数组织和细胞类型在与视交叉上核分离后都能够显示出基因节律表达的特征（Balsalobre et al. 1998；Tosini and Menaker 1996；Yamazaki et al. 2000；Abe et al. 2002；Brown and Azzi 2013）。因此，视交叉上核将身体的各个细胞同步到统一的体内时间，更像是乐团的指挥而不是节律本身的产生器。通过仅仅在眼睛内发现的感光受体，哺乳动物视交叉上核被牵引或同步到外界光周期（Nelson and Zucker 1981）。视交叉上核通过整合神经、体液和全身系统的信号，将相位信息传递到身体和大脑的其他区域，这将在后面章节进行详细讨论。影响视交叉上核相位的光信息、视交叉上核内的分子生物钟以及视交叉上核设置整个身体行为和生理的能力构成了生物钟系统有益于有机体的三个必要组成部分，包括环境输入、一个自我维持的振荡器和输出机制。

2. 生物钟的分子机制

2.1 转录反馈环路

哺乳动物生物钟分子机制主要为转录反馈环路，涉及至少 10 个基因（图 1.1）。基因 *Clock* 和 *Bmal1*（*Mop3*）编码 bHLH-PAS（bHLH，碱性螺旋-环-螺旋结构；PAS，Per-Arnt-Single-minded，以首次鉴定结构域的蛋白命名）蛋白形成反馈环路中正向分支（见综述 Lowrey and Takahashi 2011）。CLOCK/BMAL1 异二聚体绑定到靶基因启动子中特异的 DNA 原件，E-box（5′-CACGTG-3′）或 E′-box（5′-CACGTT-3′）而启动转录，这些被启动的基因包括反馈环路中负向调节分支的 *Per* 基因（*Per1* 和 *Per2*）和 *Cry* 基因（*Cry1* 和 *Cry2*）（Gekakis et al. 1998；Hogenesch et al. 1998；Kume et al. 1999）。PER 和 CRY 蛋白形成异二聚体抑制 CLOCK/BMAL1 的转录活性，从而新一轮的循环从低转录活性水平开启（Griffin et al. 1999；Sangoram et al. 1998；Field et al. 2000；Sato et al. 2006）。这种循环转录活性所必需的染色质重塑（chromatin remodeling）是通过结合生物钟特异的和普遍存在的组蛋白修饰蛋白来实现的，而且可以在多个生物钟靶基因的组蛋白（H3 和 H4）节律性的乙酰化（acetylation）/脱乙酰化（deacetylation）中观察到（Etchegaray et al. 2003；Ripperger and Schibler 2006；Sahar and Sassone-Corsi 2013）。CLOCK 蛋白本身拥有组蛋白乙酰转移酶（histone acetyltransferase，HAT）域，并且为拯救 *Clock* 突变体成纤维细胞节律所必需（Doi et al. 2006）。CLOCK/BMAL1 异二聚体还募集了甲基转移酶 MLL1 用以周期性地甲基化组蛋白 H3 和 HDAC 抑制分子 JARID1a，以进一步促进激活转录（Katada and Sassone-Corsi 2010；DiTacchio et al. 2011）。PER1 将 SIN3-HDAC（SIN3-组蛋白脱乙酰酶）复合物募集到与 CLOCK/BMAL1 结合的 DNA 上而导致脱乙酰化，因此有必要发现生物钟脱乙酰过程中更多的作用因子（Duong et al. 2011）。有趣的是，生物钟基因启动子中组蛋白 H3

的节律性脱乙酰化受到脱乙酰酶 SIRT1 的调节，该脱乙酰酶对 NAD⁺ 水平敏感（Nakahata et al. 2008；Asher et al. 2008）。令人振奋的是，体外的研究表明 NAD⁺/NADH 比值能够调节 CLOCK/BMAL1 结合 DNA 的能力（Rutter et al. 2001）。因此，细胞代谢可能在调节生物钟的转录状态及相位方面起着重要的作用（另见 Marcheva et al. 2013）。

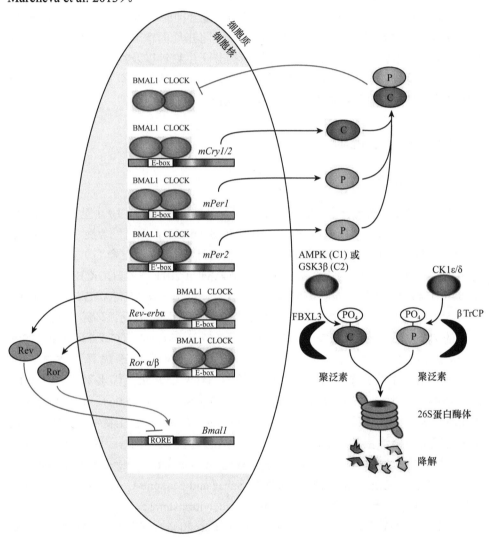

图 1.1　哺乳动物生物钟的分子机制示意图（彩图请扫封底二维码）

CLOCK/BMAL1 异二聚体（绿色椭圆和蓝色椭圆）绑定到生物钟靶基因 DNA 中的 E-box 和 E′-box，启动 RNA 的转录。翻译后的 PER 和 CRY 蛋白（红色椭圆和黄色椭圆）在细胞内异二聚化并转运到细胞核内。在细胞核内，PER/CRY 复合体抑制 CLOCK/BMAL1 蛋白启动进一步的转录

终止抑制并重启新一轮转录循环都需要负向分支蛋白 PER 和 CRY 的降解。

PER 和 CRY 蛋白稳定 / 降解的比率对于设置生物钟的周期至关重要。第一个被发现的哺乳动物生物钟突变体是仓鼠 *tau* 突变体，它的自由运转生物钟周期大约是 20 小时，而野生型仓鼠的自由运转周期是 24 小时（Ralph and Menaker 1988）。这种较短的周期表型是由能够磷酸化 PER 蛋白的酪蛋白激酶 1ε（casein kinase 1ε，CK1ε）的突变造成的（Lowrey et al. 2000）。后来发现另一种酪蛋白激酶 CK1δ 同样也能够磷酸化 PER 蛋白，而这种 CK1ε/δ 介导的 PER 蛋白磷酸化，使 PER 蛋白被 βTrCP 泛素化最终被 26S 蛋白酶体所降解（Camacho et al. 2001；Eide et al. 2005；Shirogane 2005；Vanselow et al. 2006）。与 PER 蛋白类似，自由运转的周期比野生型要长的突变体有助于阐明 CRY 蛋白降解途径。两个研究小组分别独立报道了化学诱变含有 F-box 的基因 *Fbxl3* 突变小鼠呈现出长周期的表型（Siepka et al. 2007；Godinho et al. 2007）。FBXL3 多泛素化 CRY 蛋白，然后靶向其蛋白酶体降解（Busino et al. 2007）。让人兴奋的是，CRY1 和 CRY2 被独特的磷酸化过程和激酶靶向泛素化：CRY1 能够被 AMPK 磷酸化，而 CRY2 则能够被 DYRK1A 和 GSK-3β 依序磷酸化（Lamia et al. 2009；Harada et al. 2005；Kurabayashi et al. 2010）。

Per 基因（*Per1* 和 *Per2*）和 *Cry* 基因（*Cry1* 和 *Cry2*）均属旁系同源基因并具有非冗余的功能。*Per1* 三个独立的无效突变体小鼠的自由运行周期比野生型缩短了 0.5 ~ 1 小时，而 *Per2* 敲除小鼠的自由运行周期则减少了 1.5 小时（Zheng et al. 2001；Cermakian et al. 2001；Bae et al. 2001；Zheng et al. 1999）。有趣的是，*Per2* 无效突变体小鼠的行为节律能够维持差不多一周，然后便完全丢失（Bae et al. 2001；Zheng et al. 1999）。*Cry* 旁系同源基因的敲除突变体则产生相反的表型：*Cry1*$^{-/-}$ 敲除小鼠的运动周期比野生型小鼠短 1 小时，而 *Cry2*$^{-/-}$ 敲除小鼠的运动周期则比野生型小鼠长 1 小时（Thresher et al. 1998；Vitaterna et al. 1999；van der Horst et al. 1999）。在分子水平上，旁系同源基因演化出旁系同源基因补偿的独特特征。旁系同源基因补偿是指当一个基因家族中一个基因丢失或下调时，另外旁系同源基因的表达会上调以实现部分的补偿。*Per1* 或 *Cry1* 的下调分别导致 *Per2* 或 *Cry2* 的上调（Baggs et al. 2009）。然而，反过来，*Per2* 或 *Cry2* 的下调或丢失并未能导致 *Per1* 或 *Cry1* 的补偿性上调（Baggs et al. 2009）。诸如此类的网络特征也许有助于洞悉单个无效突变体的行为水平上的差异。重要的是，因为 *Per1*$^{-/-}$;*Per2*$^{-/-}$ 双突变小鼠和 *Cry1*$^{-/-}$;*Cry2*$^{-/-}$ 双突变小鼠完全丢失了昼夜节律性，说明每个基因家族中至少有一个成员在行为和分子水平上对于生物钟至关重要（Bae et al. 2001；Zheng et al. 1999；Thresher et al. 1998；Vitaterna et al. 1999；van der Horst et al. 1999）。

我们实验室最近在全基因组水平上研究了小鼠肝脏整个转录反馈环中 CLOCK/BMAL1 的顺反组（cistrome）（Koike et al. 2012）。这项研究从全基因组生物钟调控的角度揭示了转录因子占用、RNA 聚合酶 Ⅱ 的募集和起始、新生转录，以及染色质重塑的规律。我们发现生物钟的转录周期包括三个不同的阶段：即平衡状态（poised state）、协调的从头转录激活状态（coordinated *de novo* transcriptional activation state）和抑制状态（repressed state）。有趣的是，从头转录仅驱动 22% 的循环基因 mRNAs，这表明转录和转录后机制均在哺乳动物生物钟调控中发挥作用。我们还发现生物钟对 RNAPII 募集和染色质重塑的调节在全基因组范围内发生，远大于先前基因表达谱分析的结果（Koike et al. 2012），因此揭示了生物钟的广泛影响及生物钟蛋白在生物钟机制之外的潜在功能。

生物钟调节环路中的负向分支，特别是 PER 蛋白在生物钟调节机制充当状态变量（Edery et al. 1994）。简单地说，这也意味着这些蛋白的水平决定了生物钟的相位。在晚上，当 PER 蛋白的浓度较低时，急性的光处理可诱导 *Per1* 和 *Per2* 的转录（Albrecht et al. 1997; Shearman et al. 1997; Shigeyoshi et al. 1997）。上半夜（early night）的光暴露则导致行为节律的相位延迟，这与光诱导 PER1 和 PER2 蛋白在视交叉上核区域内上调一致（Yan and Silver 2004）。而下半夜（late night）的急性光暴露，只有 PER1 蛋白随着光暴露而上调，这对应于夜晚发生光诱导的相位提前（Yan and Silver 2004）。上半夜光暴露导致行为的延迟和后半夜或清晨光暴露造成行为的提前的现象也有力地支持了动物总是被牵引到光暗周期的观点。如果主生物钟运行周期短于 24 小时，则状态变量的敏感延迟区域将接收光照，并且每天会稍有延迟，生物钟则趋向黄昏（dusk）；如果生物钟的运行周期超过 24 小时，超前区域将受到影响并导致每天的节律加快，动物的行为将趋向黎明（dawn）。光激活 *Per* 基因的转录是通过 CREB/MAPK 信号通路作用于 *Per* 基因启动子的 cAMP 应答元件（cAMP-response element，CRE）来完成的（Travnickova-Bendova et al. 2002）。

CLOCK/BMAL1 异二聚体也能开启第二反馈环路，该反馈环路与上述反馈环路协同作用。第二反馈环路涉及 E-box 介导转录孤儿核受体基因 *Rev-Erbα/β* 和 *RORα/β*（Preitner et al. 2002; Sato et al. 2004; Guillaumond et al. 2005）。然后，REV-ERB 和 ROR 蛋白竞争绑定 *Bmal1* 启动子内的视黄酸相关孤儿受体应答元件（retinoic acid-related orphan receptor response element，RORE）结合位点，其中 ROR 蛋白启动 *Bmal1* 转录，而 REV-ERB 蛋白则抑制它（Preitner et al. 2002; Guillaumond et al. 2005）。因为这几个基因的单个无效突变体小鼠表型微弱，该反馈环路最初仅仅被确认为辅助环路。尽管传统的双敲除突变体导致早期发育致死，但采用诱导性双重敲除技术可以在成年动物敲除 *Rev-Erbα* 和 *Rev-Erbβ*，从而揭示了 *Rev-erb* 基因对于生物钟行为节律的正常周期调节是必要的（Cho et al. 2012）。另外一个潜在的转录环路是由基因启动子区域含有 D-box 元件的 *PAR bZIP* 基因组成，包括 HLF 家族的基因（Falvey et al. 1995）、DBP（Lopez-Molina et al. 1997）、TEF（Fonjallaz et al. 1996）和 Nfil3（Mitsui et al. 2001）。如果仅考虑 E-box 介导的 *Per/Cry* 转录环路以及转录 / 翻译的速率，不难想象整个生物钟周期会明显少于一天甚至仅仅几小时。但是，如果这三种已知的生物钟结合元件共同作用则能够提供必要的延迟（delay），确保实现大约 24 小时的循环，即 E-box 在早上起作用，D-box 司职于白天，而晚上则由 RORE 元件调控（Ukai-Tadenuma et al. 2011，请参阅综述

Minami et al. 2013）。尽管生物钟的运转并不需要 D-box 辅助回路中的任何基因甚至整个基因家族，但它们可能有助于使核心振荡更加鲁棒（robust）并提高生物钟周期的精度（Preitner et al. 2002；Liu et al. 2008）。

2.2 非转录的节律

自然界还有一些特殊例子，它们并不需要转录或翻译维持 24 小时节律。在蓝藻聚球藻属（*Synechococcus*）中，当在试管中把分离的 KaiA、KaiB、KaiC 蛋白和 ATP 混合时，KaiC 蛋白磷酸化则呈现 24 小时节律（Nakajima et al. 2005）。促进磷酸化 KaiA 蛋白和促进去磷酸化的 KaiB 蛋白共同介导 KaiC 蛋白的自磷酸化（auto-phosphorylation）和自去磷酸化（auto-dephosphorylation）（Iwasaki et al. 2002；Kitayama et al. 2003；Nishiwaki et al. 2000）。后来，在藻类和人类等多种生物中也发现了这种非转录的生物节律。在单细胞绿藻（*Ostreococcus tauri*）中，在没有光照的情况下转录停止。然而，抗氧化蛋白家族中的 peroxiredoxin（一类过氧化物酶，PRX）24 小时节律的氧化循环在持续的黑暗状态下仍在进行（O'Neill et al. 2011）。同样，在缺乏细胞核的人类红细胞中，过氧化还原蛋白的氧化呈现生物钟节律（O'Neill and Reddy 2011）。这些非转录的振荡器，同样具有温度补偿的功能，并且也能够随温度周期的变化而牵引，以满足于真正生物钟的必要特征（Nakajima et al. 2005；O'Neill and Reddy 2011；Tomita et al. 2005）。需要强调的是，在有核的细胞中，转录生物钟影响着细胞质中过氧化还原蛋白的生物钟。过氧化还原蛋白振荡器在所有已经研究的生物中呈现惊人的保守性（Edgar et al. 2012）。或许，还有许多非转录的分子生物钟振荡器有待发现，而且这种非转录分子生物钟与转录生物钟之间的偶联将有助于解释崭新的细胞内生物钟功能调节机制（见 O'Neill et al. 2013）。

3. 外周生物钟

不仅在视交叉上核中，而且在几乎所有哺乳动物组织中都可以观察到上述转录反馈环路（Stratmann and Schibler 2006；Brown and Azzi 2013）。仅从单细胞水平看，以转录和翻译为基础的分子生物钟可被视为自主的单细胞振荡器（Nagoshi et al. 2004；Welsh et al. 2004）。除了核心生物钟基因以外，数百甚至数千的基因在各种组织中的表达也呈现明显的昼夜节律，但这并不意味着有成百上千个生物钟基因。不难想象，核心的生物钟基因就像机械钟表的齿轮（gear）一样，其数百只指针指向不同的相位但是都是以相同的速率移动。各种细胞的通路和基因的家族根据生物钟的指针以恰当的相位来行使它们独立的功能。同样一套核心生物钟组分（齿轮）能够驱动相位的信使（生物钟指针）（hands of the clock），而这些相位的信使则因细胞类型而异。

在全基因组分析工具出现之前，人们并不了解生物钟如何控制细胞内全基因组的转录（Hogenesch and Ueda 2011；Reddy 2013）。在各种小鼠组织中，呈现节律表达的基因占全基因组的 2% ～ 10%（Kornmann et al. 2001；Akhtar et al. 2002；Panda et al. 2002a；Storch et al. 2002，2007；Miller et al. 2007）。一项研究中比较了视交叉上核和肝脏的大约 10 000 个基因的基因表达谱和表达序列标签（expressed sequence tag，EST）表达谱，发现在视交叉上核中有 337 个节律表达基因，在肝脏中有 335 个节律表达基因，其中 28 个节律表达基因在两种组织中出现了重叠（Panda et al. 2002a）。另一项研究分析了肝脏和心脏中的 12 488 个基因，发现每个组织中有多达 450 个节律表达基因，而其中仅有 37 个节律表达基因在肝脏和心脏之间有相似的重叠（Storch et al. 2002）。不同研究之间发现在给定组织中，节律表达基因确切数目的差异几乎可以肯定是实验和分析上的不同造成的。确实，最近的全基因组转录组分析已经揭示了肝脏中成千上万个节律表达的转录本（Hogenesch and Ueda 2011）。生物钟基因在不同的组织中的表达具有组织特异性，这样更好地优化可适应组织贯穿生物节律周期以行使各自的功能。

各种组织中的生物钟控制基因（CCG）根据不同的组织参与不同基因通路。例如，在视网膜中，几乎有 300 个基因在无光情况下呈现出节律性的表达，这些基因涉及感光作用、突触传递和细胞代谢通路（Storch et al. 2007）；而在光暗循环的情况下，振荡的基因的数量跃升至令人惊奇的约 2600 个，而且这些基因皆围绕周期按不同的相位振荡，说明它们并不仅仅受光驱动。重要的是，在核心钟基因 *Bmal1* 被敲除后，这些强烈振荡的基因也完全丢失了它们的节律性（Storch et al. 2007）。在肝脏中，有 330 ～ 450 个基因呈现昼夜节律表达（Panda et al. 2002a；Storch et al. 2002）。Ueli Schibler 和同事创造性地利用条件性转基因表达特异性地敲减 CLOCK/BMAL1 在肝脏的表达，令人惊奇的是，在失去局部生物钟调节的肝脏中，31 个基因仍然继续振荡，它们很可能借助来自小鼠体内其他部分的系统性信号而实现（Kornmann et al. 2007）。

来源于视交叉上核的系统性信号能够驱动和牵引基因表达与生理的节律，然而来自组织器官外周振荡器的系统性信号一直还没有被揭示。这些信号包括进食、循环体液因子和温度的波动。通过仅在动物通常处于睡眠状态时提供食物，可以导致肝脏中节律表达的相位与身体的其余部分的相位分离（Stokkan et al. 2001；Damiola et al. 2000）。这种食物诱导的外周生物钟振荡器的重置至少部分地通过循环系统中糖皮质激素（glucocorticoid）控制外周生物钟的相位的能力而实现（Damiola et al. 2000；Balsalobre et al. 2000）。糖皮质激素也可以牵引参与吸入剂排毒和产生各种肺分泌物的肺部克拉拉细胞（Clara cell）（Gibbs et al. 2009）。

正如各种外周振荡器能够微调其节律表达的转录组一样，它们也可能根据生理学相位的独特组合同步到视交叉上核的相位。各种外周组织被重新牵引到新的光暗循环速度之间的明显差异表明了这些独特的特性（Yamazaki et al. 2000）。然而，足以控制大多数组织相位的信号是可能存在的。例如，温度的生理波动能够牵引所有已经研究过的外周振荡器（Brown et al. 2002；Buhr et al. 2010；Granados-Fuentes et al. 2004）。无论睡眠-活动的状态如何，哺乳动物的体温都呈现出由视交叉上核驱动的昼夜节律振荡（Eastman et al. 1984；Scheer et al. 2005；Filipski et al. 2002；Ruby et al. 2002）。因此，光使得视交叉上核与外部的环境同步化，然后视交叉上核控制体温的生物钟波动。视交叉上核输出的信号可用作外周生物钟输入信号，而外周生物钟输出信号则以遍布全身局部细胞中各种生理和转录的节律呈现出来。视交叉上核也恰好并不受体温的生理性变化影响（Brown et al. 2002；Buhr et al. 2010；Abraham et al. 2010）。这应该是生物钟系统的重要特征，即视交叉上核的相位不被它所控制的因素所控制。然而，视交叉上核可能对许多温度循环性变化的周期敏感，并且某些物种的视交叉上核可能比其他物种更具温度敏感性（Ruby et al. 1999；Herzog and Huckfeldt 2003）。在以下各节中，我们将讨论造成这些差异的视交叉上核中的细胞间偶联以及外周组织温度牵引的可能机制。

另外，核心生物钟基因本身在外周组织器官和主生物钟视交叉上核中的表达水平也存在着差异。*Clock* 基因是作为一种亚效突变（hypomorphic mutation）而被发现的；该类型突变导致动物的行为节律和视交叉上核分子节律的周期特别长，而且在没有日常的牵引作用下变成无节律（Vitaterna et al. 1994，2006）。但是，如果 *Clock* 基因在全身的生物钟系统中完全敲除，视交叉上核和动物的行为能够保持完美的节律（Debruyne et al. 2006），这是因为 *Npas2* 基因充当了 *Clock* 缺失的替代物，作为 *Bmal1* 转录的搭档起到补偿的作用（DeBruyne et al. 2007a）。*Npas2* 这种补偿性功能仅在视交叉上核中起作用，全身敲除 *Clock* 导致外周生物钟分子振荡的昼夜节律性丧失（DeBruyne et al. 2007b）。在缺失生物钟反馈环路负向分支中任何单一成员的情况下，视交叉上核仍然能维持着鲁棒的节律性（Liu et al. 2007）。外周生物钟和分离细胞在缺失了 *Cry2* 后还能维持其节律性，然而，外周生物钟的节律性在缺失了 *Cry1*、*Per1* 或者 *Per2* 后则完全丧失（Liu et al. 2007）。鉴于 *Per1* 无效突变体对行为的细微影响，*Per1* 基因对这些细胞节律的重要性则非常有趣（Cermakian et al. 2001；Zheng et al. 1999）。这些基因在外周和中央振荡器中的作用是很复杂的。例如，如果把 *Per1* 和 *Cry1*（两个外周组织和单个细胞中必不可少的负向分子组分）同时敲除，小鼠则呈现正常的自由运动周期（Oster et al. 2003）。显然，在转录环路和细胞间通讯方面，外周振荡器和中央振荡器之间都存在着差异。

4. 哺乳动物视交叉上核是生物钟主要的同步器

在遍布人体组织细胞中发现自我维持的生物钟并不意味着视交叉上核（SCN）不应再被视为"主生物钟"。尽管视交叉上核并不驱动这些细胞内的分子节律，但它是将这些组织的相位同步到不同的相位所必需的（Yoo et al. 2004）。视交叉上核的确驱动行为节律，如休息-活动周期和生理指标、体温节律等，因为当视交叉上核受到损伤时，这些行为和生理活动的 24 小时振荡就随之丧失（Stephan and Zucker 1972；Eastman et al. 1984）。通过将正常的供体视交叉上核移植到视交叉上核损伤宿主大脑的第三脑室中，可以恢复宿主的行为节律（Drucker-Colín et al. 1984）。视交叉上核是动物行为调节主生物钟的关键证据则来源于 Michael Menaker 与其同事所做的移植实验：他们把 *tau* 突变体仓鼠的视交叉上核移植入视交叉上核损伤的野生型宿主仓鼠，观察到野生型宿主仓鼠的行为节律的自由运动周期总是和供体 *tau* 突变体仓鼠的一致（Ralph et al. 1990）。

视交叉上核是位于腹侧下丘脑的成对的结构，每半边在小鼠中大约有 10 000 个神经元，而在人类中大约有 50 000 个神经元（Cassone et al. 1988；Swaab et al. 1985）。视交叉上核最靠近背侧的神经元以及它们的背侧延伸输出神经跨越第三脑室的腹底，而腹侧神经元则最靠近视交叉。光信息从含有视黑蛋白的视网膜神经节细胞（melanopsin-containing retinal ganglion cell）也称为内在光敏感视网膜神经节细胞（intrinsically photosensitive retinal ganglion cell，ipRGC），通过视网膜下丘脑束（retinohypothalamic tract，RHT）到达视交叉上核（Moore and Lenn 1972；Berson et al. 2002；Hattar et al. 2002）。视交叉上核从视杆、视锥和（或）视黑蛋白接收视网膜信号；但是，所有设置视交叉上核相位的光信息都通过内在光敏感视网膜神经节细胞传输（Freedman et al. 1999；Panda et al. 2002b；Guler et al. 2008）。视交叉上核内部可细分为两个主要区域，分别称为背中线"壳"（shell）和腹外侧"核"（core）（Morin 2007）。这些名称最初是由于不同的神经肽表达而定义的。在背中线区域以高表达的精氨酸加压素（arginine vasopressin，AVP）标记，在腹外侧区域则有高表达的血管活性肠肽（vasoactive intestinal peptide，VIP）（Samson et al. 1979；Vandesande and Dierickx 1975；Dierickx and Vandesande 1977）。这种肽的表达是对其他肽镶嵌式表达的补充，而且不同物种中其表达和解剖上的差异是很明显的。例如，小鼠视交叉上核区域也能表达促胃液素释放肽（gastrin-releasing peptide）、脑啡肽（enkephalin）、神经降压素（neurotensin）、血管紧张素Ⅱ（angiotensin Ⅱ）和钙结合蛋白（calbindin），但它们各自的确切功能尚不清楚（Abrahamson and Moore 2001）。

视交叉上核另一个标志性的特征是其自发动作电位（action potential，AP）呈现昼夜节律（Herzog 2007）。神经元放电的相位可以被光-暗循环所牵引，但它仍在持续的黑暗下的离体切片培养中持续存在（Yamazaki et al. 1998；Groos and Hendriks 1982；Green and Gillette 1982）。与夜间光暴露诱导了 *Per* 基因的表达一样，在黑暗的条件下，光脉冲也会立即引起视交叉上核放电（Nakamura et al. 2008）。就像观察到在单细胞内转录生物钟一样，离体的视交叉上核神经元在体外连续数周仍有节律地激发动作电位，尽管它们的相位彼此分散而不一致（Welsh et al. 1995）（图 1.2）。

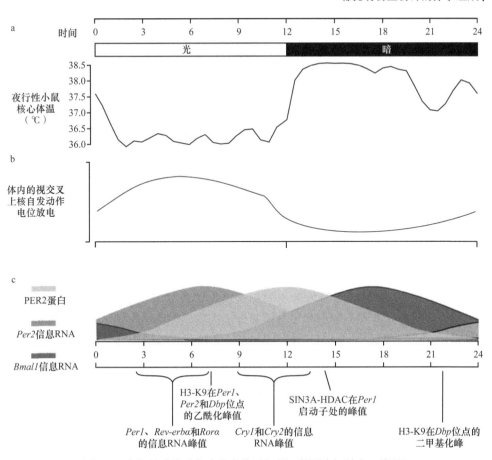

图 1.2　夜行性啮齿动物生物节律时间图（彩图请扫封底二维码）

（a）利用电遥测仪测量的小鼠核心体温的变化。（b）来自体外培养大鼠视交叉上核（SCN）自发放电节律，按原图（Nakamura et al. 2008）修改。（c）分子生物钟的振荡时间图。黄色正弦波代表小鼠视交叉上核中 PER2 蛋白的丰度变化，橙色波代表小鼠视交叉上核中 *mPER* mRNA 丰度的相位，蓝色波代表 *Bmal1* mRNA 丰度的相位。染色质与 *Per* 基因的启动子区域和 Dbp 有关的信息来自 Etchegaray 等（2003）、Ripperger 和 Schibler（2006）。SIN3A-HDAC 的时间信息来自 Duong 等（2011）

　　视交叉上核内神经元彼此之间的同步对于形成连贯的外输信号至关重要（Slat et al. 2013）。在每一个昼夜节律周期开始时，生物钟基因 *Per1* 和 *Per2* 即在大多数表达 AVP 的背中线细胞中表达，然后扩散到视交叉上核的中部和腹侧表达 VIP 的区域（Yan and Okamura 2002；Hamada et al. 2004；Asai et al. 2001）。当通过固定组织的原位杂交或通过单个器官型培养（organotypic culture）的报告基因可视化观察视交叉上核中的基因表达时，这种从内侧到外侧的镜像表达模式是显而易见的（Asai et al. 2001；Yamaguchi et al. 2003）。特别是 VIP 信号似乎是维持视交叉上核神经元之间同步的关键。缺乏 VIP 或其受体 VPAC$_2$ 的小鼠表现出不稳定的自由活动行为，视交叉上核内神经元的节律不再保持一致（Harmar et al. 2002；Aton et al.

2005；Colwell et al. 2003）。将 VPAC$_2$ 受体激动剂有节律性地处理 $Vip^{-/-}$ 敲除的视交叉上核神经元可恢复无节律细胞的节律性，并将细胞牵引到共同的相位（Aton et al. 2005）。将纯化的 VIP 肽应用于动物体内的视交叉上核会导致自由运行的行为节律发生相位改变（Piggins et al. 1995）。VIP 对 VPAC$_2$ 受体的作用是通过 cAMP 信号通路介导的（An et al. 2011；Atkinson et al. 2011），而且该信号本身已被证明是多种组织的相位和周期的决定因素（O'Neill et al. 2008）。整个视交叉上核以及动物行为的周期，取决于各神经元周期的平均值或中间值。在视交叉上核由不同比例的 $Clock^{\Delta 19}$ 突变（拥有较长的自由运行时间）和野生型神经元组成的嵌合小鼠中，小鼠行为的自由运行周期由野生型与突变型细胞的比例来决定（Low-Zeddies and Takahashi 2001）。

有趣的是，视交叉上核中细胞之间的突触联系对于各细胞内核心生物钟基因的强烈的分子振荡是必需的。当利用河鲀毒素（tetrodotoxin，TTX）阻断电压门控的 Na$^+$ 通道，而导致失去动作电位介导的细胞间联系时，$Per1$ 和 $Per2$ 的昼夜节律振荡将大大降低，组织内同步的细胞将失去相位的一致性（Yamaguchi et al. 2003）。随后移除河鲀毒素会恢复鲁棒的分子振荡，并且细胞会以与处理前相同的细胞间相位图谱重新同步（Yamaguchi et al. 2003）。完整的视交叉上核中分子生物钟的振幅使细胞能够克服遗传的和生理的干扰，而外周生物钟则对这些扰动比较敏感。例如，从 $Cry1^{-/-}$ 或者 $Per1^{-/-}$ 敲除小鼠分离的视交叉上核神经元生物钟基因表达不再呈现节律性；然而，来自这些相同突变的完整视交叉上核，除了周期差别的表型外，其基因表达的节律性和野生型一致（Liu et al. 2007）。即使在重要的生物钟基因 $Bmal1^{-/-}$ 突变导致行为和单细胞水平的昼夜节律丧失的情况下，完整的 $Bmal1^{-/-}$ 视交叉上核中的突触联系仍可协调，但视交叉上核神经元中的 $Per2$ 则随机表达（Ko et al. 2010）。

完整的视交叉上核的鲁棒性也很重要，因为它能够在有节律的生理扰动下保持适当的相位。当动物处于可能使行为的相位与自然光-暗周期脱离的情况下，这一点尤其重要。例如，当食物的供应仅限于一天中某个动物通常处于睡眠状态的时间，会导致某些外周生物钟相应地改变它们的相位（如上一节所述），但视交叉上核的相位仍然能紧密地牵引到光暗周期（Stokkan et al. 2001；Damiola et al. 2000）。虽然体温波动会带动外周生物钟的节律，但培养的视交叉上核仍然可以在生理温度波动的情况下保持其相位（Brown et al. 2002；Buhr et al. 2010；Abraham et al. 2010）。这在培养的视交叉上核中尤其明显，当细胞之间的联系丢失时，组织对生理温度的变化变得敏感。在完整的视交叉上核中，细胞能够在高达 2.5℃ 的温度循环时保持其相位；而在解偶联时，同样的细胞对低到 1.5℃ 的温度循环则表现出极高的敏感性（Buhr et al. 2010；Abrahamson and Moore 2001）。应该注意的是，上述的温度数据来源于小鼠，而其他物种（如大鼠），这种视交叉上核温度的敏感性可能会更高（Ruby et al. 1999；Herzog and Huckfeldt 2003）。

视交叉上核中的大多数神经元都会产生神经递质γ-氨基丁酸（GABA）（Okamura et al. 1989）。每天向培养的分离视交叉上核神经元施加γ-氨基丁酸能够同步化自发放电的节律，而单次施加γ-氨基丁酸可以改变它们的相位（Liu and Reppert 2000）。γ-氨基丁酸还能够在背侧和腹侧区域之间传递相位信息，对这两个区域的细胞的急性作用是相反的（Albus et al. 2005）。然而，其他研究表明，γ-氨基丁酸信号传递对于视交叉上核内同步不是必需的，甚至γ-氨基丁酸受体拮抗作用也会增加放电节律的幅度（Aton et al. 2006）。事实上，在γ-氨基丁酸信号传递长时间的阻滞情况下，在 $Vip^{-/-}$ 视交叉上核中有节奏地施加 VPAC$_2$ 激动剂能够使神经元节律同步（Aton et al. 2006）。

随着内部的同步化，视交叉上核产生的各种肽和许多扩散因子在从视交叉上核到大脑其他部位的信号传递中起到很重要的作用。视交叉上核损伤造成节律性行为丧失的动物可以通过移植包封在半透膜中的供体视交叉上核进行（至少部分）挽救；该半透膜允许扩散因子通过，但不能刺激神经生长（Silver et al. 1996）。鉴定起作用的扩散因子仍然在继续。视交叉上核有节律性地分泌各种肽包括转化生长因子α（transforming growth factor α，TGF-α）、促动蛋白2（prokineticin 2，Prok2）和心肌营养因子样细胞因子（cardiotrophin-like cytokine，CLC）等，从而诱导急性的活性抑制（Kramer et al. 2001；Kraves and Weitz 2006；Cheng et al. 2002）。将来可能会发现更多的行为活动抑制因子和某些活动诱导因子。就像在视交叉上核中局部产生的混合在一起的多种肽一样，视交叉上核输出信号可能包括分泌的肽和神经元直接传出物的混合物。

5. 温度和生物钟

我们在这里讨论温度对生物钟的重要影响，因为生物节律中温度调节机制是无处不在的，而且温度还可作为时间治疗法的潜在靶标。首先，正如本章引言中所述，所有的生物节律都是温度补偿的。这种基本特征允许生物钟在无论环境温度如何变化的情况下都能保持稳定的振荡周期。如果生物钟的周期会随着日出日落而改变，或者生物钟以不同的周期在冬季与夏季运转的话，那么生物钟就不可靠了。温度补偿以 Q$_{10}$ 系数表示，它代表相距 10℃的反应速率的比率。多数种类生物的生物节律周期 Q$_{10}$ 多在 0.8～1.2。细胞内大多数化学反应都受温度影响。例如，大多数酶反应随温度升高而增强。实际上，正如预期的那样，酪蛋白激酶 CK1ε 和 CK1δ 可以在较高温度下提高它们对某些靶标蛋白质的磷酸化效率，然而，它们对生物钟蛋白的磷酸化速率在这些高温度下却是稳定的（Isojima et al. 2009）。这种温度补偿是分子钟在变化条件下保持精度的鲁棒性的又一个例子。即使整个基因组转录大幅度减少，哺乳动物细胞中的生物钟仍具有节律性，只是周期略短（Dibner et al. 2009）。

温度补偿的机制仍不清楚，但是脉胞菌（*Neurospora crassa*）在这方面的研究已经取得了长足的进步。脉胞菌通常会暴露于温度变化很大的自然环境中。像哺乳动物的 PER 和 CRY 一样，生物钟蛋白 FRQ 在真菌中起负向调节作用。FRQ 蛋白的水平在较高的温度下升高，并且在较高的温度下观察到长形剪接变体（long-form splice variant）（Liu et al. 1997，1998；Diernfellner et al. 2005）。磷酸化 FRQ 的 CK-2 激酶突变体显示出比野生型更好的温度补偿或相反的"过度补偿"（overcompensation）（Mehra et al. 2009）。在我们的研究中发现，当药理学处理阻断热激因子（heat shock factor，HSF）时，小鼠视交叉上核和垂体中 *PER2* 节律的温度补偿受到损害（Buhr et al. 2010）。有一个模型描述了温度对细胞活性的正反作用平衡为净无效作用；而上述的结果与这一个模型是吻合的。然而，其他发现说明这种平衡化的模型比必需的更加复杂。其他非常简单的生物节律，如蓝藻体外 KaiC 的磷酸化展示了只需要三种蛋白和 ATP 即可实现完美的温度补偿（Nakajima et al. 2005）。此外，人类红细胞中，在没有转录 / 翻译的作用下，过氧化物还原蛋白（peroxiredoxin，PRX）的氧化反应仍然呈现温度补偿（O'Neill and Reddy 2011）。这些结果表明，非常简单的振荡器可以仅仅通过其本身过程固有的鲁棒性来进行温度补偿，而不需要平衡剂。

尽管生物钟在不同温度下以相同的周期运行，但这并不意味着生物钟会忽略温度的变化。大多数物种，特别是冷血或变温（poikilothermic）动物，每天都会经历很大的温度波动，它们则把温度的变化作为牵引因素。实际上，在脉胞菌中，如果温度循环和光暗循环相位不一致时，真菌会更强烈地牵引到温度循环中，而不是光暗循环中（Liu et al. 1998）。在果蝇（*Drosophila melanogaster*）中，全基因组的转录节律的牵引似乎使用了协同的光暗循环和温度循环的组合，只是相同基因光牵引的相位稍微领先于温度设置的相位（Boothroyd et al. 2007）。在行为层面可以最明显地观察到温度变化的重要性。在拥有光暗循环和稳定温度的标准实验室条件下，果蝇表现出强烈的黄昏活动（crepuscular activity），并且在中午有一段大量的无活动时间。而当更多自然采光与温度周期搭配使用时，果蝇则表现出强烈的午后活动，并且行为举止不再像果蝇（Vanin et al. 2012）。

无论环境温度如何变化，热血或恒温（homeothermic）动物都会维持体温；因此环境温度循环是它们的极弱行为牵引因素（Rensing and Ruoff 2002）。然而，根据物种的不同，恒温动物的体内温度也呈现昼夜节律的波动，幅度为 1 ～ 5℃（Refinetti and Menaker 1992）。如前所述，手术切除视交叉上核的小鼠、大鼠和地松鼠完全丧失体温波动以及行为和睡眠的昼夜节律（Eastman et al. 1984；Filipski et al. 2002；Ruby et al. 2002）。尽管很难区分出活动、睡眠和视交叉上核对体温振荡的影响，但人类和啮齿动物的例子都存在。在人类中，如果一个人只能 24 小时卧床休息并剥夺睡眠，其直肠温度的昼夜节律振荡仍然会持续（Aschoff 1983）。在冬眠动物中，如地松鼠，在连续几天都没有活动的冬眠中，也可以观察到视交叉上核驱动的低振幅体温节律（Ruby et al. 2002；Grahn et al. 1994）。

就像在前面"外周生物钟"一节讨论的一样，在所有已报道的研究中，这种体温振荡的节律足以牵引恒温动物的外周生物钟振荡器（Brown et al. 2002；Buhr et al. 2010；Granados-Fuentes et al. 2004；Barrett and Takahashi 1995）。最近的研究证据表明，温度循环对哺乳动物分子生物钟的这种作用是通过热激通路调节的。简单地讲，热暴露以后，热激因子（HSF1、HSF2、HSF4）启动在其启动子区域含有热激元件（heat shock element，HSE）基因的转录（Morimoto 1998）。热激蛋白（heat shock protein，HSP）基因也含有热激元件，一旦翻译，这些蛋白就可以陪伴或隔离热激因子，使其不再转录。这种反馈的环路能够维持温度变化的瞬时响应。尽管通常与对极端温度的耐热性相关，但动态范围的热激通路可包括生理范围内的温度变化（Sarge et al. 1993）。用药理学试剂 KNK437 瞬时阻断热激因子转录可模仿由冷温脉冲引起的相位移动，并阻断热脉冲的相位移动（Buhr et al. 2010）。此外，短暂的热温暴露会导致肝脏 *Per2* 表达水平急剧下降，而在恢复到较冷温度后又诱导 *Per2* 表达（Kornmann et al. 2007）。随着温度作为相位重设的感受器，很明显，热激因子家族和生物钟有着更紧密的关联。尽管尚未发现热激因子蛋白的水平具有昼夜节律性振荡，但即使在没有温度循环的情况下，它们与靶标基序（motif）的结合也确实存在生物节律（Reinke et al. 2008）。另外，*Per2* 基因的启动子也包含高度保守的热激元件，许多热激蛋白基因以类似于 *Per2* 的相位振荡（Kornmann et al. 2007）。最后，敲除 *Hsf1* 基因导致小鼠的自由行为周期延长了约 30 分钟，而药理学阻断离体的热激分子介导的转录导致视交叉上核（SCN）分子钟和外周组织运行的周期长达 30 多小时（Buhr et al. 2010；Reinke et al. 2008）。显然，热激响应通路对生物钟的相位和周期都产生影响。未来如何进一步阐明这种关系将是令人兴奋的。

6. 结论与总结

所有的生物都拥有一个生物钟系统，包括一个核心的振荡器、环境设置生物钟的通路，以及生物钟控制的输出行为和生理过程。当野外的动物将其行为与日出日落同步或肝脏中的细胞将其代谢状态与视交叉上核相位一致时，生物钟系统的存在便是显而易见的。生物钟系统的精确度可以使生物在其遍布全身功能良好的细胞、组织和器官中实现完美时刻的振荡，也可以有助于发现体内运转失常系统中误时事件或疾病的罪魁祸首。我们已经了解到很多关于生物钟本身的分子功能及生物体内各类生物钟之间的偶联方式，但每月都会有新发现、新见解。鉴于该领域的快速发展，目前已可能研发和实施重要的治疗方案以治疗睡眠障碍和代谢紊乱、优化给药时间，以及以共同选择（co-option）的方式研究生物钟调控元件控制各种细胞途径，反之亦然。

（王 晗 王明勇 译）

参 考 文 献

Abe M, Herzog ED, Yamazaki S, Straume M, Tei H, Sakaki Y, Menaker M, Block GD (2002) Circadian rhythms in isolated brain regions. J Neurosci 22: 350–356

Abraham U, Granada AE, Westermark PO, Heine M, Kramer A, Herzel H (2010) Coupling governs entrainment range of circadian clocks. Mol Syst Biol 6: 438

Abrahamson EE, Moore RY (2001) Suprachiasmatic nucleus in the mouse: retinal innervation, intrinsic organization and efferent projections. Brain Res 916: 172–191

Akhtar RA, Reddy AB, Maywood ES, Clayton JD, King VM, Smith AG, Gant TW, Hastings MH, Kyriacou CP (2002) Circadian cycling of the mouse liver transcriptome, as revealed by cDNA microarray, is driven by the suprachiasmatic nucleus. Curr Biol 12: 540–550

Albrecht U, Sun ZS, Eichele G, Lee CC (1997) A differential response of two putative mammalian circadian regulators, mper1 and mper2, to light. Cell 91: 1055–1064

Albus H, Vansteensel MJ, Michel S, Block GD, Meijer JH (2005) A GABAergic mechanism is necessary for coupling dissociable ventral and dorsal regional oscillators within the circadian clock. Curr Biol 15: 886–893

An S, Irwin RP, Allen CN, Tsai C, Herzog ED (2011) Vasoactive intestinal polypeptide requires parallel changes in adenylate cyclase and phospholipase C to entrain circadian rhythms to a predictable phase. J Neurophysiol 105: 2289–2296

Asai M, Yamaguchi S, Isejima H, Jonouchi M, Moriya T, Shibata S, Kobayashi M, Okamura H (2001) Visualization of mPer1 transcription in vitro: NMDA induces a rapid phase shift of mPer1 gene in cultured SCN. Curr Biol 11: 1524–1527

Aschoff J (1983) Circadian control of body temperature. J Therm Biol 8: 143–147

Asher G, Gatfield D, Stratmann M, Reinke H, Dibner C, Kreppel F, Mostoslavsky R, Alt FW, Schibler U (2008) SIRT1 regulates circadian clock gene expression through PER2 deacetylation. Cell 134: 317–328

Atkinson SE, Maywood ES, Chesham JE, Wozny C, Colwell CS, Hastings MH, Williams SR (2011) Cyclic AMP signaling control of action potential firing rate and molecular circadian pacemaking in the suprachiasmatic nucleus. J Biol Rhythms 26: 210–220

Aton SJ, Colwell CS, Harmar AJ, Waschek J, Herzog ED (2005) Vasoactive intestinal polypeptide mediates circadian rhythmicity and synchrony in mammalian clock neurons. Nat Neurosci 8: 476–483

Aton SJ, Huettner JE, Straume M, Herzog ED (2006) GABA and Gi/o differentially control circadian rhythms and synchrony in clock neurons. Proc Natl Acad Sci USA 103: 19188–19193

Bae K, Jin X, Maywood ES, Hastings MH, Reppert SM, Weaver DR (2001) Differential functions of mPer1, mPer2, and mPer3 in the SCN circadian clock. Neuron 30: 525–536

Baggs JE, Price TS, DiTacchio L, Panda S, Fitzgerald GA, Hogenesch JB (2009) Network features of the mammalian circadian clock. PLoS Biol 7: e52

Balsalobre A, Damiola F, Schibler U (1998) A serum shock induces circadian gene expression in mammalian tissue culture cells. Cell 93: 929–937

Balsalobre A, Brown SA, Marcacci L, Tronche F, Kellendonk C, Reichardt HM, Schütz G, Schibler U (2000) Resetting of circadian time in peripheral tissues by glucocorticoid signaling. Science 289: 2344–2347

Barrett R, Takahashi J (1995) Temperature compensation and temperature entrainment of the chick pineal cell circadian clock. J Neurosci 15: 5681–5692

Berson DM, Dunn FA, Takao M (2002) Phototransduction by retinal ganglion cells that set the circadian clock. Science 295: 1070–1073

Boothroyd CE, Wijnen H, Naef F, Saez L, YoungMW (2007) Integration of light and temperature in the regulation of circadian gene expression in Drosophila. PLoS Genet 3: e54

Brown SA, Azzi A (2013) Peripheral circadian oscillators in mammals. In: Kramer A, Merrow M (eds) Circadian clocks, vol 217, Handbook of experimental pharmacology. Springer, Heidelberg

Brown SA, Zumbrunn G, Fleury-Olela F, Preitner N, Schibler U (2002) Rhythms of mammalian body temperature can sustain peripheral circadian clocks. Curr Biol 12: 1574–1583

Buhr ED, Yoo SH, Takahashi JS (2010) Temperature as a universal resetting cue for mammalian circadian oscillators. Science 330: 379–385

Busino L, Bassermann F, Maiolica A, Lee C, Nolan PM, Godinho SI, Draetta GF, Pagano M (2007) SCFFbxl3 controls the oscillation of the circadian clock by directing the degradation of cryptochrome proteins. Science 316: 900–904

Camacho F, Cilio M, Guo Y, Virshup DM, Patel K, Khorkova O, Styren S, Morse B, Yao Z, Keesler GA (2001) Human casein kinase Idelta phosphorylation of human circadian clock proteins period 1 and 2. FEBS Lett 489: 159–165

Cameron MA, Barnard AR, Lucas RJ (2008) The electroretinogram as a method for studying circadian rhythms in the mammalian retina. J Genet 87: 459–466

Cassone VM, Speh JC, Card JP, Moore RY (1988) Comparative anatomy of the mammalian hypothalamic suprachiasmatic nucleus. J Biol Rhythms 3: 71–91

Cermakian N, Monaco L, Pando MP, Dierich A, Sassone-Corsi P (2001) Altered behavioral rhythms and clock gene expression in mice with a targeted mutation in the Period1 gene. EMBO J 20: 3967–3974

Cheng MY, Bullock CM, Li C, Lee AG, Bermak JC, Belluzzi J, Weaver DR, Leslie FM, Zhou QY (2002) Prokineticin 2 transmits the behavioural circadian rhythm of the suprachiasmatic nucleus. Nature 417: 405–410

Cho H, Zhao X, Hatori M, Yu RT, Barish GD, Lam MT, Chong LW, DiTacchio L, Atkins AR, Glass CK, Liddle C, Auwerx J, Downes M, Panda S, Evans RM (2012) Regulation of circadian behaviour and metabolism by REV-ERB-α and REV-ERB-β. Nature 485: 123–127

Colwell CS, Michel S, Itri J, Rodriguez W, Tam J, Lelievre V, Hu Z, Liu X, Waschek JA (2003) Disrupted circadian rhythms in VIP- and PHI-deficient mice. Am J Physiol Regul Integr Comp Physiol 285: R939–R949

Damiola F, Le Minh N, Preitner N, Kornmann B, Fleury-Olela F, Schibler U (2000) Restricted feeding uncouples circadian oscillators in peripheral tissues from the central pacemaker in the suprachiasmatic nucleus. Genes Dev 14: 2950–2961

Debruyne JP, Noton E, Lambert CM, Maywood ES, Weaver DR, Reppert SM (2006) A clock shock: mouse CLOCK is not required for circadian oscillator function. Neuron 50: 465–477

DeBruyne JP, Weaver DR, Reppert SM (2007a) CLOCK and NPAS2 have overlapping roles in the suprachiasmatic circadian clock. Nat Neurosci 10: 543–545

DeBruyne JP, Weaver DR, Reppert SM (2007b) Peripheral circadian oscillators require CLOCK. Curr Biol 17: R538–R539

Dibner C, Sage D, Unser M, Bauer C, d'Eysmond T, Naef F, Schibler U (2009) Circadian gene expression is resilient to large fluctuations in overall transcription rates. EMBO J 28: 123–134

Dierickx K, Vandesande F (1977) Immunocytochemical localization of the vasopressinergic and the oxytocinergic neurons in the human hypothalamus. Cell Tissue Res 184: 15–27

Diernfellner AC, Schafmeier T, Merrow MW, Brunner M (2005) Molecular mechanism of temperature sensing by the circadian clock of Neurospora crassa. Genes Dev 19: 1968–1973

DiTacchio L, Le HD, Vollmers C, Hatori M, Witcher M, Secombe J, Panda S (2011) Histone lysine demethylase JARID1a activates CLOCK-BMAL1 and influences the circadian clock. Science 333: 1881–1885

Doi M, Hirayama J, Sassone-Corsi P (2006) Circadian regulator CLOCK is a histone acetyltransferase. Cell 125: 497–508

Drucker-Colín R, Aguilar-Roblero R, García-Hernández F, Fernández-Cancino F, Bermudez Rattoni F (1984) Fetal suprachiasmatic nucleus transplants: diurnal rhythm recovery of lesioned rats. Brain Res 311: 353–357

Duong HA, Robles MS, Knutti D, Weitz CJ (2011) A molecular mechanism for circadian clock negative feedback. Science 332: 1436–1439

Eastman CI, Mistlberger RE, Rechtschaffen A (1984) Suprachiasmatic nuclei lesions eliminate circadian temperature and sleep rhythms in the rat. Physiol Behav 32: 357–368

Eckel-Mahan KL, Storm DR (2009) Circadian rhythms and memory: not so simple as cogs and gears. EMBO Rep 10: 584–591

Edery I, Rutila JE, Rosbash M (1994) Phase shifting of the circadian clock by induction of the Drosophila period protein. Science 263: 237–240

Edgar RS, Green EW, Zhao Y, van Ooijen G, Olmedo M, Qin X, Xu Y, Pan M, Valekunja UK, Feeney KA, Maywood ES, Hastings MH, Baliga NS, Merrow M, Millar AJ, Johnson CH, Kyriacou CP, O'Neill JS, Reddy AB (2012) Peroxiredoxins are conserved markers of circadian rhythms. Nature 485: 459–464

Eide EJ, Woolf MF, Kang H, Woolf P, Hurst W, Camacho F, Vielhaber EL, Giovanni A, Virshup DM (2005) Control of mammalian circadian rhythm by CKIepsilon-regulated proteasome-mediated PER2 degradation. Mol Cell Biol 25: 2795–2807

Etchegaray JP, Lee C, Wade PA, Reppert SM (2003) Rhythmic histone acetylation underlies transcription in the mammalian circadian clock. Nature 421: 177–182

Falvey E, Fleury-Olela F, Schibler U (1995) The rat hepatic leukemia factor (HLF) gene encodes two transcriptional activators with distinct circadian rhythms, tissue distributions and target preferences. EMBO J 14: 4307–4317

Field MD, Maywood ES, O'Brien JA, Weaver DR, Reppert SM, Hastings MH (2000) Analysis of clock proteins in mouse SCN demonstrates phylogenetic divergence of the circadian clockwork and resetting mechanisms. Neuron 25: 437–447

Filipski E, King VM, Li X, Granda TG, Mormont MC, Liu X, Claustrat B, Hastings MH, Lévi F (2002) Host circadian clock as a control point in tumor progression. J Natl Cancer Inst 94: 690–697

Fonjallaz P, Ossipow V, Wanner G, Schibler U (1996) The two PAR leucine zipper proteins, TEF and DBP, display similar circadian and tissue-specific expression, but have different target promoter preferences. EMBO J 15: 351–362

Freedman MS, Lucas RJ, Soni B, von Schantz M, Muñoz M, David-Gray Z, Foster R (1999) Regulation of mammalian circadian behavior by non-rod, non-cone, ocular photoreceptors. Science 284: 502–504

Gaddameedhi S, Selby CP, Kaufmann WK, Smart RC, Sancar A (2011) Control of skin cancer by the circadian rhythm. Proc Natl Acad Sci USA 108: 18790–18795

Gekakis N, Staknis D, Nguyen HB, Davis FC, Wilsbacher LD, King DP, Takahashi JS, Weitz CJ (1998) Role of the CLOCK protein in the mammalian circadian mechanism. Science 280: 1564–1569

Gibbs JE, Beesley S, Plumb J, Singh D, Farrow S, Ray DW, Loudon AS (2009) Circadian timing in the lung; a specific role for bronchiolar epithelial cells. Endocrinology 150: 268–276

Godinho SI, Maywood ES, Shaw L, Tucci V, Barnard AR, Busino L, Pagano M, Kendall R, Quwailid MM, Romero MR, O'neill J, Chesham JE, Brooker D, Lalanne Z, Hastings MH, Nolan PM (2007) The after-hours mutant reveals a role for Fbxl3 in determining mammalian circadian period. Science 316: 897–900

Gorbacheva VY, Kondratov RV, Zhang R, Cherukuri S, Gudkov AV, Takahashi JS, Antoch MP (2005) Circadian sensitivity to the chemotherapeutic agent cyclophosphamide depends on the functional status of the CLOCK/BMAL1 transactivation complex. Proc Natl Acad Sci USA 102: 3407–3412

Grahn DA, Miller JD, Houng VS, Heller HC (1994) Persistence of circadian rhythmicity in hibernating ground squirrels. Am J Physiol 266: R1251–R1258

Granados-Fuentes D, Saxena MT, Prolo LM, Aton SJ, Herzog ED (2004) Olfactory bulb neurons express functional, entrainable circadian rhythms. Eur J Neurosci 19: 898–906

Green DJ, Gillette R (1982) Circadian rhythm of firing rate recorded from single cells in the rat suprachiasmatic brain slice. Brain Res 245: 198–200

Green CB, Takahashi JS, Bass J (2008) The meter of metabolism. Cell 134: 728–742

Griffin EA, Staknis D, Weitz CJ (1999) Light-independent role of CRY1 and CRY2 in the mammalian circadian clock. Science 286: 768–771

Groos G, Hendriks J (1982) Circadian rhythms in electrical discharge of rat suprachiasmatic neurones recorded in vitro. Neurosci Lett 34: 283–288

Guillaumond F, Dardente H, Giguère V, Cermakian N (2005) Differential control of Bmal1 circadian transcription by REV-ERB and ROR nuclear receptors. J Biol Rhythms 20: 391–403

Guler AD, Ecker JL, Lall GS, Haq S, Altimus CM, Liao HW, Barnard AR, Cahill H, Badea TC, Zhao H, Hankins MW, Berson DM, Lucas RJ, Yau KW, Hattar S (2008) Melanopsin cells are the principal conduits for rod-cone input to non-image-forming vision. Nature 453: 102–105

Hamada T, Antle MC, Silver R (2004) Temporal and spatial expression patterns of canonical clock genes and clock-controlled genes in the suprachiasmatic nucleus. Eur J Neurosci 19: 1741–1748

Harada Y, Sakai M, Kurabayashi N, Hirota T, Fukada Y (2005) Ser-557-phosphorylated mCRY2 is degraded upon synergistic phosphorylation by glycogen synthase kinase-3 beta. J Biol Chem 280: 31714–31721

Harmar AJ, Marston HM, Shen S, Spratt C, West KM, Sheward WJ, Morrison CF, Dorin JR, Piggins HD, Reubi JC, Kelly JS, Maywood ES, Hastings MH (2002) The VPAC(2) receptor is essential for circadian function in the mouse suprachiasmatic nuclei. Cell 109: 497–508

Hattar S, Liao HW, Takao M, Berson DM, Yau KW (2002) Melanopsin-containing retinal ganglion cells: architecture, projections, and intrinsic photosensitivity. Science 295: 1065–1070

Herzog ED (2007) Neurons and networks in daily rhythms. Nat Rev Neurosci 8: 790–802

Herzog ED, Huckfeldt RM (2003) Circadian entrainment to temperature, but not light, in the isolated suprachiasmatic nucleus. J Neurophysiol 90: 763–770

Hogenesch JB, Ueda HR (2011) Understanding systems-level properties: timely stories from the study of clocks. Nat Rev Genet 12: 407–416

Hogenesch JB, Gu YZ, Jain S, Bradfield CA (1998) The basic-helix-loop-helix-PAS orphan MOP3 forms transcriptionally active complexes with circadian and hypoxia factors. Proc Natl Acad Sci USA 95: 5474–5479

Isojima Y, Nakajima M, Ukai H, Fujishima H, Yamada RG, Masumoto KH, Kiuchi R, Ishida M, Ukai-Tadenuma M, Minami Y, Kito R, Nakao K, Kishimoto W, Yoo SH, Shimomura K, Takao T, Takano A, Kojima T, Nagai K, Sakaki Y, Takahashi JS, Ueda HR (2009) CKIepsilon/delta-dependent phosphorylation is a temperature-insensitive, period-determining process in the mammalian circadian clock. Proc Natl Acad Sci USA 106: 15744–15749

Iwasaki H, Nishiwaki T, Kitayama Y, Nakajima M, Kondo T (2002) KaiA-stimulated KaiC phosphorylation in circadian timing loops in cyanobacteria. Proc Natl Acad Sci USA 99: 15788–15793

Katada S, Sassone-Corsi P (2010) The histone methyltransferase MLL1 permits the oscillation of circadian gene expression. Nat Struct Mol Biol 17: 1414–1421

Kitayama Y, Iwasaki H, Nishiwaki T, Kondo T (2003) KaiB functions as an attenuator of KaiC phosphorylation in the cyanobacterial circadian clock system. EMBO J 22: 2127–2134

Ko CH, Yamada YR, Welsh DK, Buhr ED, Liu AC, Zhang EE, Ralph MR, Kay SA, Forger DB, Takahashi JS (2010)

Emergence of noise-induced oscillations in the central circadian pacemaker. PLoS Biol 8: e1000513

Koike N, Yoo SH, Huang HC, Kumar V, Lee C, Kim TK, Takahashi JS (2012) Transcriptional architecture and chromatin landscape of the core circadian clock in mammals. Science 338: 349–354

Kornmann B, Preitner N, Rifat D, Fleury-Olela F, Schibler U (2001) Analysis of circadian liver gene expression by ADDER, a highly sensitive method for the display of differentially expressed mRNAs. Nucleic Acids Res 29: E51

Kornmann B, Schaad O, Bujard H, Takahashi JS, Schibler U (2007) System-driven and oscillator-dependent circadian transcription in mice with a conditionally active liver clock. PLoS Biol 5: e34

Kramer A, Yang FC, Snodgrass P, Li X, Scammell TE, Davis FC, Weitz CJ (2001) Regulation of daily locomotor activity and sleep by hypothalamic EGF receptor signaling. Science 294: 2511–2515

Kraves S, Weitz CJ (2006) A role for cardiotrophin-like cytokine in the circadian control of mammalian locomotor activity. Nat Neurosci 9: 212–219

Kume K, Zylka MJ, Sriram S, Shearman LP, Weaver DR, Jin X, Maywood ES, Hastings MH, Reppert SM (1999) mCRY1 and mCRY2 are essential components of the negative limb of the circadian clock feedback loop. Cell 98: 193–205

Kurabayashi N, Hirota T, Sakai M, Sanada K, Fukada Y (2010) DYRK1A and glycogen synthase kinase 3beta, a dual-kinase mechanism directing proteasomal degradation of CRY2 for circadian timekeeping. Mol Cell Biol 30: 1757–1768

Lamia KA, Sachdeva UM, DiTacchio L, Williams EC, Alvarez JG, Egan DF, Vasquez DS, Juguilon H, Panda S, Shaw RJ, Thompson CB, Evans RM (2009) AMPK regulates the circadian clock by cryptochrome phosphorylation and degradation. Science 326: 437–440

Liu C, Reppert SM (2000) GABA synchronizes clock cells within the suprachiasmatic circadian clock. Neuron 25: 123–128

Liu Y, Garceau NY, Loros JJ, Dunlap JC (1997) Thermally regulated translational control of FRQ mediates aspects of temperature responses in the Neurospora circadian clock. Cell 89: 477–486

Liu Y, Merrow M, Loros JJ, Dunlap JC (1998) How temperature changes reset a circadian oscillator. Science 281: 825–829

Liu AC, Welsh DK, Ko CH, Tran HG, Zhang EE, Priest AA, Buhr ED, Singer O, Meeker K, Verma IM, Doyle FJ 3rd, Takahashi JS, Kay SA (2007) Intercellular coupling confers robustness against mutations in the SCN circadian clock network. Cell 129: 605–616

Liu AC, Tran HG, Zhang EE, Priest AA, Welsh DK, Kay SA (2008) Redundant function of REVERBalpha and beta and non-essential role for Bmal1 cycling in transcriptional regulation of intracellular circadian rhythms. PLoS Genet 4: e1000013

Lopez-Molina L, Conquet F, Dubois-Dauphin M, Schibler U (1997) The DBP gene is expressed according to a circadian rhythm in the suprachiasmatic nucleus and influences circadian behavior. EMBO J 16: 6762–6771

Lowrey PL, Takahashi JS (2011) Genetics of circadian rhythms in Mammalian model organisms. Adv Genet 74: 175–230

Lowrey PL, Shimomura K, Antoch MP, Yamazaki S, Zemenides PD, Ralph MR, Menaker M, Takahashi JS (2000) Positional syntenic cloning and functional characterization of the mammalian circadian mutation tau. Science 288: 483–492

Low-Zeddies SS, Takahashi JS (2001) Chimera analysis of the Clock mutation in mice shows that complex cellular integration determines circadian behavior. Cell 105: 25–42

Marcheva B, Ramsey KM, Buhr ED, Kobayashi Y, Su H, Ko CH, Ivanova G, Omura C, Mo S, Vitaterna MH, Lopez JP, Philipson LH, Bradfield CA, Crosby SD, JeBailey L, Wang X, Takahashi JS, Bass J (2010) Disruption of the clock components CLOCK and BMAL1 leads to hypoinsulinaemia and diabetes. Nature 466: 627–631

Marcheva B, Ramsey KM, Peek CB, Affinati A, Maury E, Bass J (2013) Circadian clocks and metabolism. In: Kramer A, Merrow M (eds) Circadian clocks, vol 217, Handbook of experimental pharmacology. Springer, Heidelberg

Mehra A, Shi M, Baker C, Colot H, Loros J, Dunlap J (2009) A role for casein kinase 2 in the mechanism underlying circadian temperature compensation. Cell 137: 749–760

Miller BH, McDearmon EL, Panda S, Hayes KR, Zhang J, Andrews JL, Antoch MP, Walker JR, Esser KA, Hogenesch JB, Takahashi JS (2007) Circadian and CLOCK-controlled regulation of the mouse transcriptome and cell proliferation. Proc Natl Acad Sci USA 104: 3342–3347

Minami Y, Ode KL, Ueda HR (2013) Mammalian circadian clock; the roles of transcriptional repression and delay. In: Kramer A, Merrow M (eds) Circadian clocks, vol 217, Handbook of experimental pharmacology. Springer, Heidelberg

Mitsui S, Yamaguchi S, Matsuo T, Ishida Y, Okamura H (2001) Antagonistic role of E4BP4 and PAR proteins in the circadian oscillatory mechanism. Genes Dev 15: 995–1006

Moore RY, Eichler VB (1972) Loss of a circadian adrenal corticosterone rhythm following suprachiasmatic lesions in the rat. Brain Res 42: 201–206

Moore RY, Lenn NJ (1972) A retinohypothalamic projection in the rat. J Comp Neurol 146: 1–14

Morimoto R (1998) Regulation of the heat shock transcriptional response: cross talk between a family of heat shock factors, molecular chaperones, and negative regulators. Genes Dev 12: 3788–3796

Morin LP (2007) SCN organization reconsidered. J Biol Rhythms 22: 3–13

Muller JE, Stone PH, Turi ZG, Rutherford JD, Czeisler CA, Parker C, Poole WK, Passamani E, Roberts R, Robertson T (1985) Circadian variation in the frequency of onset of acute myocardial infarction. N Engl J Med 313: 1315–1322

Nagoshi E, Saini C, Bauer C, Laroche T, Naef F, Schibler U (2004) Circadian gene expression in individual fibroblasts: cell-autonomous and self-sustained oscillators pass time to daughter cells. Cell 119: 693–705

Nakahata Y, Kaluzova M, Grimaldi B, Sahar S, Hirayama J, Chen D, Guarente LP, Sassone-Corsi P (2008) The NAD+_ dependent deacetylase SIRT1 modulates CLOCK-mediated chromatin remodeling and circadian control. Cell 134: 329–340

Nakajima M, Imai K, Ito H, Nishiwaki T, Murayama Y, Iwasaki H, Oyama T, Kondo T (2005) Reconstitution of circadian oscillation of cyanobacterial KaiC phosphorylation in vitro. Science 308: 414–415

Nakamura W, Yamazaki S, Nakamura TJ, Shirakawa T, Block GD, Takumi T (2008) In vivo monitoring of circadian timing in freely moving mice. Curr Biol 18: 381–385

Nelson R, Zucker I (1981) Absence of extraocular photoreception in diurnal and nocturnal rodents exposed to direct sunlight. Comp Biochem Physiol A 69: 145–148

Nishiwaki T, Iwasaki H, Ishiura M, Kondo T (2000) Nucleotide binding and autophosphorylation of the clock protein KaiC as a circadian timing process of cyanobacteria. Proc Natl Acad Sci USA 97: 495–499

O'Neill JS, Reddy AB (2011) Circadian clocks in human red blood cells. Nature 469: 498–503

O'Neill JS, Maywood ES, Hastings MH (2013) Cellular mechanisms of circadian pacemaking: beyond transcriptional loops. In: Kramer A, Merrow M (eds) Circadian clocks, vol 217, Handbook of experimental pharmacology. Springer, Heidelberg

Ohno T, Onishi Y, Ishida N (2007) A novel E4BP4 element drives circadian expression of mPeriod2. Nucleic Acids Res 35: 648–655

Okamura H, Bérod A, Julien JF, Geffard M, Kitahama K, Mallet J, Bobillier P (1989) Demonstration of GABAergic cell bodies in the suprachiasmatic nucleus: in situ hybridization of glutamic acid decarboxylase (GAD) mRNA and immunocytochemistry of GAD and GABA. Neurosci Lett 102: 131–136

O'Neill JS, Maywood ES, Chesham JE, Takahashi JS, Hastings MH (2008) cAMP-dependent signaling as a core component of the mammalian circadian pacemaker. Science 320: 949–953

O'Neill JS, van Ooijen G, Dixon LE, Troein C, Corellou F, Bouget FY, Reddy AB, Millar AJ (2011) Circadian rhythms persist without transcription in a eukaryote. Nature 469: 554–558

Oster H, Baeriswyl S, Van Der Horst GT, Albrecht U (2003) Loss of circadian rhythmicity in aging mPer1_/_mCry2_/_ mutant mice. Genes Dev 17: 1366–1379

Panda S, Antoch MP, Miller BH, Su AI, Schook AB, Straume M, Schultz PG, Kay SA, Takahashi JS, Hogenesch JB (2002a) Coordinated transcription of key pathways in the mouse by the circadian clock. Cell 109: 307–320

Panda S, Sato TK, Castrucci AM, Rollag MD, DeGrip WJ, Hogenesch JB, Provencio I, Kay SA (2002b) Melanopsin (Opn4) requirement for normal light-induced circadian phase shifting. Science 298: 2213–2216

Piggins HD, Antle MC, Rusak B (1995) Neuropeptides phase shift the mammalian circadian pacemaker. J Neurosci 15: 5612–5622

Preitner N, Damiola F, Lopez-Molina L, Zakany J, Duboule D, Albrecht U, Schibler U (2002) The orphan nuclear receptor REV-ERBalpha controls circadian transcription within the positive limb of the mammalian circadian oscillator. Cell 110: 251–260

Ralph MR, Menaker M (1988) A mutation of the circadian system in golden hamsters. Science 241: 1225–1227

Ralph MR, Foster RG, Davis FC, Menaker M (1990) Transplanted suprachiasmatic nucleus determines circadian period. Science 247: 975–978

Reddy AB (2013) Genome-wide analyses of circadian systems. In: Kramer A, Merrow M (eds) Circadian clocks, vol 217, Handbook of experimental pharmacology. Springer, Heidelberg

Refinetti R, Menaker M (1992) The circadian rhythm of body temperature. Physiol Behav 51: 613–637

Reid KJ, Zee PC (2009) Circadian rhythm disorders. Semin Neurol 29: 393–405

Reinke H, Saini C, Fleury-Olela F, Dibner C, Benjamin IJ, Schibler U (2008) Differential display of DNA-binding proteins reveals heat-shock factor 1 as a circadian transcription factor. Genes Dev 22: 331–345

Rensing L, Ruoff P (2002) Temperature effect on entrainment, phase shifting, and amplitude of circadian clocks and its molecular bases. Chronobiol Int 19: 807–864

Ripperger JA, Schibler U (2006) Rhythmic CLOCK-BMAL1 binding to multiple E-box motifs drives circadian Dbp transcription and chromatin transitions. Nat Genet 38: 369–374

Ruby NF, Burns DE, Heller HC (1999) Circadian rhythms in the suprachiasmatic nucleus are temperature-compensated and phase-shifted by heat pulses in vitro. J Neurosci 19: 8630–8636

Ruby NF, Dark J, Burns DE, Heller HC, Zucker I (2002) The suprachiasmatic nucleus is essential for circadian body temperature rhythms in hibernating ground squirrels. J Neurosci 22: 357–364

Rutter J, Reick M, Wu LC, McKnight SL (2001) Regulation of clock and NPAS2 DNA binding by the redox state of NAD cofactors. Science 293: 510–514

Sahar S, Sassone-Corsi P (2013) The epigenetic language of circadian clocks. In: Kramer A, Merrow M (eds) Circadian clocks, vol 217, Handbook of experimental pharmacology. Springer, Heidelberg

Samson WK, Said SI, McCann SM (1979) Radioimmunologic localization of vasoactive intestinal polypeptide in hypothalamic and extrahypothalamic sites in the rat brain. Neurosci Lett 12: 265–269

Sangoram AM, Saez L, Antoch MP, Gekakis N, Staknis D, Whiteley A, Fruechte EM, Vitaterna MH, Shimomura K, King DP, Young MW, Weitz CJ, Takahashi JS (1998) Mammalian circadian autoregulatory loop: a timeless ortholog and mPer1 interact and negatively regulate CLOCK-BMAL1-induced transcription. Neuron 21: 1101–1113

Sarge KD, Murphy SP, Morimoto RI (1993) Activation of heat shock gene transcription by heat shock factor 1 involves oligomerization, acquisition of DNA-binding activity, and nuclear localization and can occur in the absence of stress. Mol Cell Biol 13: 1392–1407

Sato TK, Panda S, Miraglia LJ, Reyes TM, Rudic RD, McNamara P, Naik KA, FitzGerald GA, Kay SA, Hogenesch JB (2004) A functional genomics strategy reveals Rora as a component of the mammalian circadian clock. Neuron 43: 527–537

Sato TK, Yamada RG, Ukai H, Baggs JE, Miraglia LJ, Kobayashi TJ, Welsh DK, Kay SA, Ueda HR, Hogenesch JB (2006) Feedback repression is required for mammalian circadian clock function. Nat Genet 38: 312–319

Scheer FA, Pirovano C, Van Someren EJ, Buijs RM (2005) Environmental light and suprachiasmatic nucleus interact in the regulation of body temperature. Neuroscience 132: 465–477

Shearman LP, Zylka MJ, Weaver DR, Kolakowski LF Jr, Reppert SM (1997) Two period homologs: circadian expression and photic regulation in the suprachiasmatic nuclei. Neuron 19: 1261–1269

Shigeyoshi Y, Taguchi K, Yamamoto S, Takekida S, Yan L, Tei H, Moriya T, Shibata S, Loros JJ, Dunlap JC, Okamura H (1997) Light-induced resetting of a mammalian circadian clock is associated with rapid induction of the mPer1 transcript. Cell 91: 1043–1053

Shirogane T, Jin J, Ang XL, Harper JW (2005) SCFbeta-TRCP controls clock-dependent transcription via casein kinase 1-dependent degradation of the mammalian period-1 (Per1) protein. J Biol Chem 280: 26863–26872

Siepka SM, Yoo SH, Park J, Song W, Kumar V, Hu Y, Lee C, Takahashi JS (2007) Circadian mutant Overtime reveals F-box protein FBXL3 regulation of cryptochrome and period gene expression. Cell 129: 1011–1023

Silver R, LeSauter J, Tresco PA, Lehman MN (1996) A diffusible coupling signal from the transplanted suprachiasmatic nucleus controlling circadian locomotor rhythms. Nature 382: 810–813

Slat E, Freeman GM, Herzog ED (2013) The clock in the brain: neurons, glia and networks in daily rhythms. In: Kramer A, Merrow M (eds) Circadian clocks, vol 217, Handbook of experimental pharmacology. Springer, Heidelberg

Stephan FK, Zucker I (1972) Circadian rhythms in drinking behavior and locomotor activity of rats are eliminated by hypothalamic lesions. Proc Natl Acad Sci USA 69: 1583–1586

Stephenson R (2007) Circadian rhythms and sleep-related breathing disorders. Sleep Med 8: 681–687

Stokkan KA, Yamazaki S, Tei H, Sakaki Y, Menaker M(2001) Entrainment of the circadian clock in the liver by feeding. Science 291: 490–493

Storch KF, Lipan O, Leykin I, Viswanathan N, Davis FC, Wong WH, Weitz CJ (2002) Extensive and divergent circadian gene expression in liver and heart. Nature 417: 78–83

Storch KF, Paz C, Signorovitch J, Raviola E, Pawlyk B, Li T, Weitz CJ (2007) Intrinsic circadian clock of the mammalian retina: importance for retinal processing of visual information. Cell 130: 730–741

Stratmann M, Schibler U (2006) Properties, entrainment, and physiological functions of mammalian peripheral oscillators. J Biol Rhythms 21: 494–506

Swaab DF, Fliers E, Partiman TS (1985) The suprachiasmatic nucleus of the human brain in relation to sex, age and senile dementia. Brain Res 342: 37–44

Thresher RJ, Vitaterna MH, Miyamoto Y, Kazantsev A, Hsu DS, Petit C, Selby CP, Dawut L, Smithies O, Takahashi JS, Sancar A (1998) Role of mouse cryptochrome blue-light photoreceptor in circadian photoresponses. Science 282: 1490–1494

Toh KL, Jones CR, He Y, Eide EJ, Hinz WA, Virshup DM, Ptácek LJ, Fu YH (2001) An hPer2 phosphorylation site mutation in familial advanced sleep phase syndrome. Science 291: 1040–1043

Tomita J, Nakajima M, Kondo T, Iwasaki H (2005) No transcription-translation feedback in circadian rhythm of KaiC phosphorylation. Science 307: 251–254

Tosini G, MenakerM(1996) Circadian rhythms in cultured mammalian retina. Science 272: 419–421

Travnickova-Bendova Z, Cermakian N, Reppert SM, Sassone-Corsi P (2002) Bimodal regulation of mPeriod promoters by CREB-dependent signaling and CLOCK/BMAL1 activity. Proc Natl Acad Sci USA 99: 7728–7733

Ukai-Tadenuma M, Yamada RG, Xu H, Ripperger JA, Liu AC, Ueda HR (2011) Delay in feedback repression by cryptochrome 1 is required for circadian clock function. Cell 144: 268–281

van der Horst GT, Muijtjens M, Kobayashi K, Takano R, Kanno S, Takao M, de Wit J, Verkerk A, Eker AP, van Leenen D, Buijs R, Bootsma D, Hoeijmakers JH, Yasui A (1999) Mammalian Cry1 and Cry2 are essential for maintenance of circadian rhythms. Nature 398: 627–630

Vandesande F, Dierickx K (1975) Identification of the vasopressin producing and of the oxytocin producing neurons in the hypothalamic magnocellular neurosecretory system of the rat. Cell Tissue Res 164: 153–162

Vanin S, Bhutani S, Montelli S, Menegazzi P, Green EW, Pegoraro M, Sandrelli F, Costa R, Kyriacou CP (2012) Unexpected features of Drosophila circadian behavioural rhythms under natural conditions. Nature 484: 371–375

Vanselow K, Vanselow JT, Westermark PO, Reischl S, Maier B, Korte T, Herrmann A, Herzel H, Schlosser A, Kramer A (2006) Differential effects of PER2 phosphorylation: molecular basis for the human familial advanced sleep phase syndrome (FASPS). Genes Dev 20: 2660–2672

Vitaterna MH, King DP, Chang AM, Kornhauser JM, Lowrey PL, McDonald JD, Dove WF, Pinto LH, Turek FW, Takahashi JS (1994) Mutagenesis and mapping of a mouse gene, Clock, essential for circadian behavior. Science 264: 719–725

Vitaterna MH, Selby CP, Todo T, Niwa H, Thompson C, Fruechte EM, Hitomi K, Thresher RJ, Ishikawa T, Miyazaki J, Takahashi JS, Sancar A (1999) Differential regulation of mammalian period genes and circadian rhythmicity by cryptochromes 1 and 2. Proc Natl Acad Sci USA 96: 12114–12119

Vitaterna MH, Ko CH, Chang AM, Buhr ED, Fruechte EM, Schook A, Antoch MP, Turek FW, Takahashi JS (2006) The mouse Clock mutation reduces circadian pacemaker amplitude and enhances efficacy of resetting stimuli and phase-response curve amplitude. Proc Natl Acad Sci USA 103: 9327–9332

Welsh DK, Logothetis DE, Meister M, Reppert SM (1995) Individual neurons dissociated from rat suprachiasmatic nucleus express independently phased circadian firing rhythms. Neuron 14: 697–706

Welsh DK, Yoo SH, Liu AC, Takahashi JS, Kay SA (2004) Bioluminescence imaging of individual fibroblasts reveals persistent, independently phased circadian rhythms of clock gene expression. Curr Biol 14: 2289–2295

Xu Y, Padiath QS, Shapiro RE, Jones CR, Wu SC, Saigoh N, Saigoh K, Ptácek LJ, Fu YH (2005) Functional consequences of a CKIdelta mutation causing familial advanced sleep phase syndrome. Nature 434: 640–644

Xu Y, Toh KL, Jones CR, Shin JY, Fu YH, Ptacek LJ (2007) Modeling of a human circadian mutation yields insights into clock regulation by PER2. Cell 128: 59–70

Yamaguchi S, Isejima H, Matsuo T, Okura R, Yagita K, Kobayashi M, Okamura H (2003) Synchronization of cellular clocks in the suprachiasmatic nucleus. Science 302: 1408–1412

Yamazaki S, Kerbeshian MC, Hocker CG, Block GD, Menaker M (1998) Rhythmic properties of the hamster suprachiasmatic nucleus in vivo. J Neurosci 18: 10709–10723

Yamazaki S, Numano R, Abe M, Hida A, Takahashi R, Ueda M, Block GD, Sakaki Y, Menaker M, Tei H (2000) Resetting central and peripheral circadian oscillators in transgenic rats. Science 288: 682–685

Yan L, Okamura H (2002) Gradients in the circadian expression of Per1 and Per2 genes in the rat suprachiasmatic nucleus. Eur J Neurosci 15: 1153–1162

Yan L, Silver R (2004) Resetting the brain clock: time course and localization of mPER1 and mPER2 protein expression in suprachiasmatic nuclei during phase shifts. Eur J Neurosci 19: 1105–1109

Yoo SH, Yamazaki S, Lowrey PL, Shimomura K, Ko CH, Buhr ED, Siepka SM, Hong HK, Oh WJ, Yoo OJ, Menaker M, Takahashi JS (2004) PERIOD2:: LUCIFERASE real-time reporting of circadian dynamics reveals persistent circadian oscillations in mouse peripheral tissues. Proc Natl Acad Sci USA 101: 5339–5346

Yoo SH, Ko CH, Lowrey PL, Buhr ED, Song EJ, Chang S, Yoo OJ, Yamazaki S, Lee C, Takahashi JS (2005) A noncanonical E-box enhancer drives mouse Period2 circadian oscillations in vivo. Proc Natl Acad Sci USA 102: 2608–2613

Zheng B, Larkin DW, Albrecht U, Sun ZS, Sage M, Eichele G, Lee CC, Bradley A (1999) The mPer2 gene encodes a functional component of the mammalian circadian clock. Nature 400: 169–173

Zheng B, Albrecht U, Kaasik K, Sage M, Lu W, Vaishnav S, Li Q, Sun ZS, Eichele G, Bradley A, Lee CC (2001) Nonredundant roles of the mPer1 and mPer2 genes in the mammalian circadian clock. Cell 105: 683–694

第二章
生物钟的表观遗传学调控

沙鲁巴·萨哈尔（Saurabh Sahar）和保罗·萨森-科西（Paolo Sassone-Corsi）
美国加利福尼亚大学欧文分校医学院表观遗传学和新陈代谢中心

摘要:表观遗传控制包括 DNA 甲基化和组蛋白修饰，可导致染色质重塑和调控基因表达。染色质的重塑构成了转导信号的关键界面，如光或营养的可利用性及细胞如何解释这些信号以产生允许的或沉默的转录状态。CLOCK-BMAL1 介导生物钟控制基因（clock-controlled gene, CCG）的激活与其启动子处的组蛋白修饰的昼夜节律变化相偶联。几种染色质修饰物，如脱乙酰基酶 SIRT1 和 HDAC3，或甲基转移酶 MLL1，已被证明以昼夜节律的方式募集到 CCG 的启动子区域。有趣的是，核心生物钟机制的重要转录因子 CLOCK 也具有组蛋白乙酰转移酶活性。在没有这些染色质修饰物的情况下，CCG 丧失节律性表达。在本章内，我们将讨论染色质重塑在生物节律与代谢和细胞增殖调控的相互交叉中发挥作用的证据。

关键词:生物钟·表观遗传学·组蛋白修饰·抗衰蛋白

1. 引言

生物节律以大约 24 小时的周期发生，并调节许多代谢和生理功能。大量积累的流行病学和遗传学证据表明，生物节律的破坏可能与许多病理状况包括睡眠障碍、抑郁、代谢综合征，以及肿瘤等直接相关。有趣的是，已经发现许多构成生物钟机器的分子齿轮能够与细胞代谢和细胞周期的调节因子之间产生功能性相互作用。

地球围绕地轴的自转导致昼夜循环，从而影响大多数生物的生理活动。生物钟（源自拉丁语 *circa diem*，意为"大约一天"）是一种内在的计时系统，能够使得生物预测环境变化，如食物供应和掠夺性压力等，并允许生物把其行为和生理适应到一天中适当的时间（Schibler and Sassone-Corsi 2002）。进食行为、睡眠-觉醒周期、激素水平和体温只是生理性生物节律的一些例子。光是主要的授时因子（zeitgeber），本书的其他章节还会讨论其他授时因子，如进食时间和温度（Brown and Azzi 2013；Buhr and Takahashi 2013）。

通讯作者：Paolo Sassone-Corsi；电子邮件：psc@uci.edu

生物钟由以下三个完整的部分组成：①输入通路，包括用于接收环境信号或授时因子并将其传输到核心振荡器的探测器；②维持生物钟时间并产生节律的核心振荡器；③以及通过控制各种代谢、生理和行为过程来体现节律的输出通路。生物钟鲜明的特征包括：①能够被牵引，即可被外部信号同步化；②自我维持，即在没有授时因子的情况下振荡也能持续；③温度补偿，即环境温度的适度变化不会影响生物钟振荡的周期（Merrow et al. 2005）。

生物钟遍布哺乳动物的几乎所有组织。主生物钟或"核心"生物钟位于下丘脑的视交叉上核（SCN），包含 10 000 ～ 15 000 个神经元（Slat et al. 2013）。几乎所有哺乳动物的其他组织器官（如肝脏、心脏、肺和肾脏中）都存在外周生物钟，这些外周生物钟维持其昼夜节律并调节组织特异性基因的表达（Brown and Azzi 2013）。核心生物钟同步化这些外周生物钟，以确保时间上的生理协调。同步机制涉及各种体液信号，包括循环牵引因子，如糖皮质激素。SCN 生物钟可以在无任何外部输入的情况下自主运行，也可以根据环境信号（如光）进行设置。调节这些昼夜节律的分子机器包括一组生物钟基因，它们的产物相互作用以产生并维持节律（Buhr and Takahashi 2013）。

许多生物拥有一个保守的特征就是通过负反馈环路调节生物钟（Sahar and Sassone-Corsi 2009）。正向调节因子启动生物钟控制基因（CCG）的转录，其中一些编码的蛋白质通过抑制正向调节因子的活性来反馈自身表达。CLOCK 和 BMAL1 是哺乳动物生物钟机制中的正向调节因子，它们调节负向调节因子包括 *CRYPTOCHROME*（*CRY1* 和 *CRY2*）和 *PERIOD*（*PER1*、*PER2*、*PER3*）基因家族的表达。CLOCK 和 BMAL1 作为转录因子，通过 PAS 结构域形成异二聚体并与生物钟控制基因启动子上 E-box[CACGTG] 的绑定而激活其表达。PER 和 CRY 蛋白一旦达到其临界浓度，这些蛋白质将形成复合物并转移到细胞核内以抑制 CLOCK-BMAL1 介导的转录，从而关闭负反馈环路。为了开启新的转录循环，CLOCK-BMAL1 复合物需要通过蛋白质水解降解 PER 和 CRY 而实现去阻遏作用（derepress）。核心生物钟基因，如 *Clock*、*Bmal1*、*Period*、*Cryptochrome*，对于产生生物节律是必不可少的，而生物钟控制基因，如 *Nampt* 和 *Alas1*，则受核心生物钟基因调控。

一些生物钟控制基因是转录因子，如 D-box 结合蛋白（DBP）、RORα 和 REV-ERBα，它们随后可以调节其他基因的节律表达。DBP 绑定到 D-box [TTA(T/C)GTAA]，而 RORα 和 REV-ERBα 绑定到 Rev-Erb/ROR 绑定元件或 RRE [(A/T)A(A/T)NT(A/G)GGTCA]。大约 10% 的转录组显示出强烈的昼夜节律（Akhtar et al. 2002；Panda et al. 2002）。有趣的是，大多数在一个组织中振荡的转录本在另一个组织中却没有振荡（Akhtar et al. 2002；Miller et al. 2007；Panda et al. 2002）。

2. 表观遗传学与生物钟

表观遗传学的字面意思是"遗传学之外"。它被定义为不涉及改变 DNA 序列的可遗传基因表达变化的研究。基因表达的这种改变可以通过多种机制引起,涉及组蛋白的翻译后修饰、染色质重塑、组蛋白变异体的掺入或 CpG 岛上 DNA 的甲基化等及其可能的组合。组蛋白乙酰化是转录激活的标志,通过重塑染色质使其更易转录(Jenuwein and Allis 2001)。另外,组蛋白甲基化可作为募集染色质重塑因子的信号,可激活或抑制转录。DNA 甲基化导致染色质凝集并导致基因沉默。这些表观遗传的许多活动对调节细胞代谢和生存至关重要。

编码生物钟蛋白的基因受表观遗传机制所调节,如组蛋白磷酸化、乙酰化和甲基化等,已被证明呈现生物节律(Crosio et al. 2000;Etchegaray et al. 2003;Masri and Sassone-Corsi 2010;Ripperger and Schibler 2006)。展示染色质重塑参与生物钟基因表达的第一项研究表明,曝光会导致快速磷酸化视交叉上核中组蛋白 3 上的丝氨酸 10(H3-S10)(Crosio et al. 2000)。这种磷酸化与诱导即早期基因(immediate early gene)(如 *C-fos* 和 *Per1*)的表达相关,从而表明光介导的信号转导可以通过重塑染色体来调节生物钟基因的表达(Crosio et al. 2000)。

CLOCK-BMAL1 介导生物钟控制基因(CCG)的激活与其启动子的组蛋白乙酰化昼夜节律变化相关(Etchegaray et al. 2003)。作为核心生物钟机制中的核心因子之一,转录因子 CLOCK 也拥有内在的组蛋白乙酰转移酶(histone acetyltransferase,HAT)活性(Doi et al. 2006)。由于 CLOCK 与 DNA 的 E-box 区结合,因此 CLOCK 的组蛋白乙酰转移酶活性可以选择性地重塑 CCG 启动子上的染色体,并且是昼夜节律基因表达所必需的(图 2.1)。CLOCK 的酶活性也使其

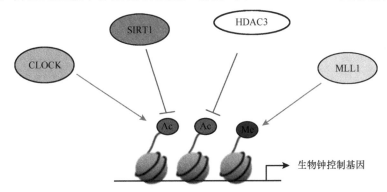

图 2.1　生物钟基因 CLOCK 通过乙酰化组蛋白实现基因表达的表观遗传机制
(彩图请扫封底二维码)

生物钟蛋白 CLOCK 能够乙酰化组蛋白诱导基因的表达。CLOCK 能够与 MLL1(组蛋白甲基转移酶)和 SIRT1(脱乙酰化酶)相互作用。这些表观遗传学的调节能够根据环境的刺激(如养分利用率)修饰染色体。此外,生物钟控制基因 REV-ERBα 能够募集 HDAC3 对组蛋白脱乙酰化。这些表观遗传学调节子的表达或者激活的节律性调节决定了基因的"打开"(绿色箭头)或者"关闭"(红色箭头)

能够乙酰化非组蛋白底物，如其自身的结合伴侣 BMAL1（Hirayama et al. 2007）。CLOCK 在保守位点特异性乙酰化 BMAL1，并促进了 CRY 依赖性抑制。

组蛋白甲基化对于生物钟基因表达也很重要。混合谱系白血病 1（mixed lineage leukemia 1，MLL1）是一种甲基转移酶，能够甲基化组蛋白 3 上的赖氨酸 4（H3K4），与 CLOCK 结合并以生物节律的方式募集到 CCG 的启动子中（图 2.1）（Katada and Sassone-Corsi 2010）。这些启动子的 H3K4 甲基化也表现出节律性（Katada and Sassone-Corsi 2010）。H3K4 甲基化与转录激活紧密相连。赖氨酸残基可以在 ε-氨基上被单甲基化、二甲基化或三甲基化，每个状态与独特的功能作用相关。二甲基化的 H3K4（H3K4me2）出现在无活性和活性常染色体上，而 H3K4me3 主要存于活跃转录的基因上，并被广泛接受为独特的表观遗传标记，在大多数真核生物中定义了激活的染色体状态。值得注意的是，MLL1 特别参与三甲基化（Katada and Sassone-Corsi 2010），而且，H3K4 甲基化经常被证明与组蛋白 3 上的赖氨酸 9（H3K9）、组蛋白 3 上的赖氨酸 14（H3K14），以及组蛋白 4 上的赖氨酸 16（H4K16）的乙酰化相关，而这些都是与激活基因表达相关的"标记"（Ruthenburg et al. 2007）。

2.1　SIRT1 在生物节律调节中的作用

节律性组蛋白乙酰转移酶的发现开启了寻找节律性组蛋白脱乙酰化酶（histone deacetylase，HDAC）的探索。最近，SIRT1 被确定为生物钟通路中的调节因子（Asher et al. 2008；Nakahata et al. 2008）。SIRT1 属于组蛋白脱乙酰化酶家族，属于 III 类组蛋白脱乙酰化酶。这些组蛋白脱乙酰化酶的酶活性是 NAD^+ 依赖性的，并且与代谢和衰老的控制直接相关（Bishop and Guarente 2007）。SIRT1 通过脱乙酰化代谢通路的几种蛋白质及组蛋白脱乙酰化调节基因表达在代谢中起关键作用。由于 $NAD^+/NADH$ 比率是细胞能量状态的直接度量，SIRT1 的 NAD^+ 依赖性直接将细胞能量代谢和靶蛋白的脱乙酰作用联系起来（Imai et al. 2000）。最近，两项独立研究确定了 SIRT1 是生物钟通路中的关键调节因子（Asher et al. 2008；Nakahata et al. 2008）：Asher 等观察到 SIRT1 蛋白水平的振荡（Asher et al. 2008）；而 Nakahata 等则展示了 SIRT1 的非蛋白水平的活性也以生物节律的方式振荡（Nakahata et al. 2008）。NAD^+ 水平的生物节律振荡被证明会驱动 SIRT1 的生物节律活动（Nakahata et al. 2009）。SIRT1 通过脱乙酰化节律基因的启动子上的组蛋白 H3 上的赖氨酸 9 和 14（H3K9 和 H3K14）以及非组蛋白 BMAL1 和 PER2 来调节生物节律。CLOCK-BMAL1 复合物与 SIRT1 相互作用，并将其募集到有节律的基因的启动子上（图 2.1）。重要的是，肝脏特异性 SIRT1 突变使小鼠的生物钟基因表达和 BMAL1 乙酰化受到损害（Nakahata et al. 2008）。虽然 BMAL1 乙酰化可作为 CRY 募集的信号（Hirayama et al. 2007），但 PER2 乙酰化可增强其稳定性（Asher et al. 2008）。这些发现提出 SIRT1 充当生物钟调节的变阻器（rheostat），调节代谢组织中 CLOCK 介导的乙酰化的振幅和"紧密度"（tightness）以及随后的转录循环（Nakahata et al. 2008）。

SIRT1 活性的昼夜节律振荡表明细胞内 NAD$^+$ 水平也可能振荡。NAD$^+$ 生物合成中挽救途径（salvage pathway of NAD$^+$ biosynthesis）中的关键限速酶是烟酰胺磷酸核糖基转移酶（nicotinamide phosphoribosyltransferase，NAMPT）。生物钟控制 *Nampt* 的表达（Nakahata et al. 2009；Ramsey et al. 2009），而该酶节律性表达驱动 NAD$^+$ 水平的振荡（Nakahata et al. 2009；Ramsey et al. 2009）。CLOCK、BMAL1 和 SIRT1 以昼夜节律的方式募集到 *Nampt* 启动子（图 2.2）。在 *Clock*$^{-/-}$ 小鼠中 *Nampt* 的振荡表达消失，进而导致源自 *Clock*$^{-/-}$ 小鼠的胚胎成纤维细胞（MEFs）中 NAD$^+$ 的水平大大降低（Nakahata et al. 2009）。这些结果令人信服地证明了存在酶/转录反馈回路，其中 SIRT1 调节其自身辅助因子的水平。有趣的是，缺乏 NAD$^+$ 水解酶 CD38 的小鼠表现出 NAD$^+$ 的节律性改变。据报道，在 *CD38* 无效突变的小鼠中，大脑和肝脏等组织中的 NAD$^+$ 含量很高（Aksoy et al. 2006）。NAD$^+$ 的长期高水平导致昼夜节律行为和代谢等方面的异常（Sahar et al. 2011）。*CD38* 无效突变的小鼠表现出运动行为节律的周期缩短和休息-活动节律的改变（Sahar et al. 2011）。

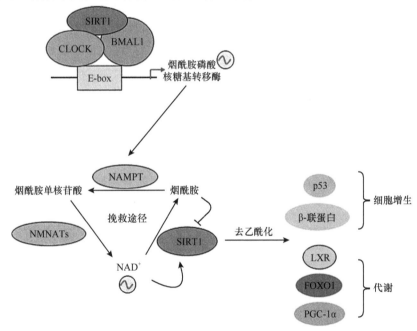

图 2.2　作为生物钟调节子的 SIRT1

哺乳动物由烟酰胺生物合成 NAD$^+$ 的限速酶是烟酰胺磷酸核糖基转移酶（nicotinamide phosphoribosyltransferase，NAMPT），该酶的表达受生物钟调节控制。烟酰胺磷酸转移酶催化从 5-磷酸-核糖-1-焦磷酸（PRPP）转化为烟酰胺，生成烟酰胺单核苷酸（NMN），然后通过烟酰胺单核苷酸腺苷酸转移酶将其转化为 NAD$^+$（有三个 *Nmnat* 基因）。烟酰胺磷酸转移酶的振荡会导致 NAD$^+$ 水平的昼夜节律变化，进而激活 SIRT1。因此，SIRT1 确定其自身辅酶 NAD$^+$ 的振荡水平。SIRT1 还可以脱乙酰化并调节参与代谢和细胞增殖的蛋白

　　SIRT1 还可以脱乙酰化，从而调节参与代谢和细胞增殖调节的几种蛋白质（图 2.2）。例如，SIRT1 通过脱乙酰化并激活 PPARγ-辅激活物 α（PPARγ-coactivator α，PGC1α）和叉头盒蛋白 O1（forkhead box O1，FOXO1）来调节糖异生（gluconeogenesis）作用（Schwer and Verdin 2008）。FOXO1 直接调节几个糖异生基因的表达（Frescas et al. 2005），而 PGC1α 共同激活糖皮质激素受体和肝核因子 4-α（hepatic nuclear factor 4-alpha，HNF-4α）以诱导糖异生基因的表达（Yoon et al. 2001）。SIRT1 还通过使肝 X 受体（liver X receptor，LXR）脱乙酰化并激活胆固醇来调节胆固醇代谢（Li et al. 2007）（图 2.2）。肝 X 受体 LXR 通过诱导 ATP 结合盒转运蛋白 A1（ATP-binding cassette transporter A1，Abca1）的表达来调节胆固醇的代谢，该转运蛋白介导胆固醇从外周组织到血液的流出。此外，似乎很明显，SIRT1 可能根据其底物的特定功能促进或预防癌症。通过使 β-联蛋白（β-catenin）脱乙酰化并使其失活，SIRT1 可能导致细胞增殖减少（Firestein et al. 2008）。SIRT1 使 p53 脱乙酰化，从而抑制其活性（Vaziri et al. 2001），导致遗传毒性胁迫后凋亡减少（图 2.2）。因为 SIRT1 的活性是以昼夜节律的方式被调节的，因此确定其他 SIRT1 靶标的乙酰化是否以昼夜节律的方式进行振荡将很有趣。

2.2　生物节律的表观遗传组的复杂性

　　越来越多的研究表明，各种各样的染色质重塑因子在生物节律表观基因组的许多方面发挥作用（Masri and Sassone-Corsi 2010）。此外，生物钟似乎在将代谢与表观遗传学联系起来的过程中起着关键作用（Katada et al. 2012）。组蛋白脱乙酰化酶 3（histone deacetylase 3，HDAC3）作为一种脱乙酰化酶，最近已被证明可以调节那些负责脂代谢的生物钟基因的组蛋白乙酰化。REV-ERBα 的调节功能受核受体辅阻遏物 1（nuclear receptor corepressor 1，NCoR1）的控制，而 NCoR1 是募集 HDAC3 来介导靶基因（如 Bmal1）转录抑制的一种辅阻遏物。当 NCoR1-HDAC3 关联在小鼠中被普遍破坏时，就会导致生物节律和代谢缺陷（Alenghat et al. 2008）。这些小鼠的运动节律周期缩短，能量消耗增加并且能够阻止饮食引起的肥胖（Alenghat et al. 2008）。最近发现，在肝脏中，HDAC3 有节律性地募集到基因组，即白天高晚上低（Feng et al. 2011）。在这些 HDAC3 结合位点，REV-ERBα 和 NCoR1 募集与 HDAC3 募集同相位，而组蛋白乙酰化和 RNA 聚合酶 II 募集则是反相位的。研究表明，HDAC3 或 REV-ERBα 的降低会引起脂肪肝表型，如肝脂质和甘油三酯含量增加（Feng et al. 2011）。

　　研究发现 HDAC1 与 SIN3A（一种通过与转录抑制因子相互作用来调节转录的蛋白）和 PER2 形成复合体，并且会被募集到 Per1 启动子中。然后 HDAC1 可以脱乙酰化组蛋白并抑制 Per1 的转录。同步化的纤维细胞中 SIN3A 的降低导致生物节律周期缩短（Duong et al. 2011）。尽管目前尚未有鉴定出生物节律组蛋白的去甲基化酶，但最近研究表明组蛋白去甲基化酶 JARID1a 可以调节生物钟基因的表达（DiTacchio et al. 2011）。出人意料的是，JARID1a的组蛋白去甲基化酶活性对于其昼夜节律的调节不是必需的。总之，这些发现强调了表观遗传机制在生物钟调节中的重要性，并揭示了实现这种基本控制的分子通路。

3. 生物钟紊乱与疾病：癌症和代谢紊乱

健康的生活需要生物钟控制生理和行为，而生物钟的紊乱被认为是导致多种疾病发生的原因。如下所述，具有组蛋白修饰能力的生物钟蛋白（如 CLOCK）或与组蛋白修饰因子相关的生物钟蛋白（如 BMAL1、PER2 和 REV-ERBα）的突变已与癌症和代谢综合征联系在一起（Sahar and Sassone-Corsi 2012）。

3.1　生物钟机制的突变与癌症的联系

许多流行病学研究将生物节律的缺陷与罹患癌症的易感性增加和预后不良相关联，并且获得了基因表达研究的支持。例如，在乳腺癌细胞中所有三个 *PER* 基因呈现表达失调（Chen et al. 2005）。在大多数患者中，*PER1* 表达下调可能是由于其启动子甲基化所致，而 *NPAS2* 突变与罹患乳腺癌和非霍奇金淋巴瘤（non-Hodgkin's lymphoma）的风险增加有关（Hoffman et al. 2008）。更重要的是，许多小鼠模型研究已经在某些生物钟基因与肿瘤发生之间建立了令人信服的联系。*Per1* 和 *Per2* 似乎在小鼠中起着抑癌作用（Fu et al. 2002；Gery et al. 2006）。*Per2* 的靶向敲除导致恶性淋巴瘤的发生（Fu et al. 2002），而在癌细胞系中异位表达会导致生长抑制、细胞周期停滞、细胞凋亡和克隆形成能力的丧失（Gery et al. 2005）。有趣的是，*PER2* mRNA 水平在几种人类淋巴瘤细胞系和急性髓系细胞性白血病患者中下调（Gery et al. 2005）。*PER1* 的过表达也可以抑制人类癌细胞的生长（Gery et al. 2006）。此外，与相应的对照正常组织相比，非小细胞肺癌组织中的 *PER1* mRNA 水平也是下调的（Gery et al. 2006）。另外，敲减 *CK1ε* 诱导癌细胞的生长抑制，并且在多种人类癌症如白血病和前列腺癌中 *CK1ε* 表达增加（Yang and Stockwell 2008）。这些结果一致表明关键生物钟基因的功能障碍与癌症之间存在直接联系（Sahar and Sassone-Corsi 2007）。

一项研究证明生物钟与乳腺癌之间饶有兴趣的关联：PER2 可以与雌激素受体 α（estrogen receptor α，ERα）结合并使其不稳定（Gery et al. 2007），而雌激素受体 α 是促进乳腺上皮细胞生长的关键转录因子，而且其活性失调会导致乳腺癌（Green and Carroll 2007）。因此，*Per2* 过表达导致雌激素受体 α 蛋白水平及转录活性降低。

值得注意的是，一个或多个核心生物钟基因的突变本身并不一定足以提高肿瘤发生率。此外，在小鼠生物钟模型中，昼夜节律行为的紊乱与肿瘤发生的增加之间没有明显的相关性。实际上，生物节律受到严重损害的 *Cry1*^−/−^;*Cry2*^−/−^（Gauger and Sancar 2005）或 *Clock* 突变小鼠（Antoch et al. 2008）在辐射后并未表现出对癌症的易感性。此外，与野生型胚胎纤维细胞（MEF）相比，源自 *Clock* 突变小鼠的 MEF 显示出降低的 DNA 合成和细胞增殖（Miller et al. 2007）。出乎意料的是，在小鼠 *p53* [-/-] 背景下敲除 *Cry1* 和 *Cry2* 均延迟了癌症的发作（Ozturk et al. 2009）。这些研究可能表明，生物钟除了其生物节律功能之外，其他固有的调节功能可能参与致癌作用。似乎单个核心生物钟蛋白如 PER1、PER2 可能演化出多种功能，因此可以既调控节律又调控细胞周期。同样，生物钟紊乱对癌症易感性的影响可能取决于生物节律的破坏方式。

生物钟影响癌症发生及进程的分子机制可以通过其对细胞周期、DNA 损伤反应和细胞代谢的调节来解释（Hunt and Sassone-Corsi 2007；Antochand Kondratov 2013）。在哺乳动物中，研究已证实生物钟调节许多编码细胞分裂周期关键调节因子的基因，包括 *Wee1*（G_2/M 过渡）（Matsuo et al. 2003）、*C-myc*（G_0/G_1 过渡）（Fu et al. 2002）和 *Cyclin D1*（G_1/S 过渡）（Fu et al. 2002），而光则诱导斑马鱼 *wee1* 的表达（Hirayama et al. 2005）。WEE1 是一种激酶，可将 CDC2/cyclin B1 复合物磷酸化并使其失活，从而控制有丝分裂期间的 G_2/M 过渡。*Wee1* 在小鼠肝脏中显示出 CLOCK-BMAL1 依赖性强烈的昼夜节律振荡（Matsuo et al. 2003）。此外，在 *Cry* 缺失无节律的小鼠，部分肝切除术诱导的肝再生受损导致 *Wee1* 的表达失调（Matsuo et al. 2003）。这些研究表明，WEE1 可能是连接生物钟与细胞周期的关键分子。

细胞内因子（如代谢副产物）或外部因子（如电离辐射）对细胞 DNA 的损伤都可能导致癌症。但是，细胞也演化出多种机制来修复 DNA 损伤。最近的结果表明，这种修复机制，即核苷酸切除修复（nucleotide excision repair，NER）通路，可能在小鼠大脑中显示出昼夜节律性振荡，这可能是由于 DNA 损伤识别色素性干皮病因子 A，也称着色性干皮病蛋白 A（xeroderma pigmentosum A，XPA）表达的振荡所致（Kang et al. 2009）。XPA 水平也在小鼠肝脏中振荡（Kang et al. 2009），这表明昼夜节律性核苷酸切除修复也可能在外周组织中进行。证实这一观点的一项最新研究发现，小鼠皮肤中 XPA 水平和切除修复率以昼夜节律的方式振荡（Gaddameedhi et al. 2011）。因此，当 DNA 修复率较低的早晨，小鼠在暴露于紫外线下时更容易患皮肤癌（Gaddameedhi et al. 2011）。

最后，生物钟蛋白质如 PER1 和 TIMELESS（TIM），与关键的细胞分裂周期中关卡蛋白相互作用（Gery et al. 2006；Unsal-Kacmaz et al. 2005）。可以想象，这种微妙平衡的解偶联会诱导 DNA 损伤，导致细胞易于发生肿瘤。

3.2 癌症的时间治疗法

时间治疗法（chronotherapy）是指在一天中的某个特定时间给药，使得其效力最高且副作用最低（另请参见 Ortiz-Tudela et al. 2013）。成功的时间治疗法实例是使用降低胆固醇的药物斯达汀（Statin）。斯达汀药物抑制 β-羟基 β-甲基戊二酰辅酶 A（β-hydroxy β-methylglutaryl-CoA，HMG-CoA）还原酶，即胆固醇生物合成中的限速酶。HMG-CoA 还原酶的表达具有昼夜节律性，夜间最高。因此，斯达汀药物在就寝前服用最有效。时间治疗法也在治疗癌症方面显示出希望。细胞以生物节律的方式进入细胞周期的各个阶段的观点目前已被广泛接受。快速生长或晚期的肿瘤与宿主细胞不同步，并表现出短日节律（ultradian rhythm），即周期少于 24 小时（Lis et al. 2003）。在一个完美的实验中，Klevecz 等研究展示了卵巢癌患者的肿瘤细胞和非肿瘤细胞的增殖在其高峰 S 期存在显著差异（Klevecz et al. 1987）。类似的观察结果表明在其他类型的癌症如非霍奇金淋巴瘤中，在可能的窗口期内细胞毒性药物能有效地杀死肿瘤细胞，而不是非肿瘤宿主细胞（Smaaland et al. 1993）。在各种实验模型中，已发现超过 30 种抗癌药物的毒性和功效随给药时间的变化而改变的可能幅度超过 50%（Levi et al. 2007）。在临床研究中，已显示出某些抗癌药物，如对复制细胞有特异性毒性的 5-氟尿嘧啶（5-fluorouracil，5-FU）和铂复合物类似物，在特定的生物节律时间给药时，具有更高的功效和更低的毒性（Levi et al. 2007）。例如，使用阿霉素（doxorubicin）和顺铂（cisplatin）的时间治疗法显示，当早晨服用阿霉素，然后在 12 小时后服用顺铂，卵巢癌患者的生存率显著提高（Kobayashi et al. 2002）。还需要进一步研究来确定以生物节律方式服用抗癌药物有益作用的分子机制。另一研究表明，野生小鼠对抗癌药环磷酰胺（cyclophosphamid）的敏感性随给药时间的不同而有很大差异（Gorbacheva et al. 2005）。但是，*Clock* 突变小鼠和 *Bmal1*⁻/⁻ 敲除小鼠更敏感，并且在不同时间的灵敏度没有变化，表明对生物钟调节的依赖性；而 *Cry1*⁻/⁻;*Cry⁻* 小鼠则对环磷酰胺的耐药性更高。这些研究结果表明核心生物钟因子通过其活动更直接地应对由抗癌药引起的遗传毒性应激。

3.3 生物钟紊乱和代谢失调

轮班工作以及伴随的夜光暴露与代谢综合征和心血管疾病的发生有关（De Bacquer et al. 2009；Karlsson et al. 2001；Marcheva et al. 2013）。最近的研究表明，夜光暴露下的小鼠体重增加，葡萄糖耐受性降低，并且在光照阶段进食更多。有趣的是，当进食被限制在黑暗阶段时，体重增加就被阻止了（Fonken et al. 2010）。在另一项研究中，与仅在黑暗阶段摄取高脂饮食的小鼠相比，仅在光照阶段喂养同样高脂饮食的小鼠体重增加，这一观察结果突出表明了进食时间的重要性（Arble et al. 2009）。这些研究结果提出了一个有趣的问题：仅在活动阶段（如人类白天）调节食物摄入量是控制体重的有效方法吗？由于人类在没有人造光的情况下已经演化了数千年，因此当自然光是唯一的来源时，我们体内的生物钟仍能发挥最佳作用；因此可以想象，限制白天进食可以帮助控制体重增加。

不仅进食时间而且饮食质量也会影响生物钟。饲喂高脂饮食的小鼠生物节律发生改变，并且运动节律周期延长（Kohsaka et al. 2007）。有趣的是，这些小鼠在光照阶段也消耗了高于正常水平的食物。此外，喂食高脂饮食的小鼠的核心生物钟基因及生物钟控制基因（CCG）的表达发生了改变（Kohsaka et al. 2007）。这些研究清楚地表明代谢也可以控制外周生物钟。

如果生物钟对于代谢动态平衡至关重要，则单个核心生物钟基因或相关生物钟控制基因的缺失或突变应该导致代谢异常。正如以下讨论一样，确实是这种情况。

3.3.1　CLOCK 和 BMAL1

调节生物钟的核心转录因子 CLOCK 和 BMAL1 的功能丧失会导致一些代谢异常。*Clock*$^{-/-}$突变小鼠在持续的黑暗中节律失常，变得贪食和肥胖，并出现"代谢综合征"的典型体征，如高血糖、血脂异常和肝脂肪变性（脂肪肝）（Turek et al. 2005）。此外，神经肽食欲素（orexin）和食欲刺激素（ghrelin）都参与了食物摄入的神经内分泌调节，而在 *Clock* 突变小鼠中，这两个神经肽的 mRNA 水平也降低（Adamantidis and de Lecea 2009；Saper et al. 2002）。在 *Clock* 突变小鼠中，肾脏钠的重吸收受到损害，动脉血压降低（Zuber et al. 2009）。*Bmal1*$^{-/-}$的敲除使小鼠完全丧失节律（Bunger et al. 2000），也破坏了葡萄糖和甘油三酸酯水平的振荡（Rudic et al. 2004）。为了解决代谢缺陷是由于视交叉上核（SCN）还是外周生物钟失去节律性造成，分别建立了 *Bmal1* 肝脏或胰腺组织特异性缺失的小鼠。即使这些小鼠显示出正常的运动节律，但在血糖水平维持方面也呈现紊乱。在肝脏特异性 *Bmal1*$^{-/-}$敲除小鼠中，关键代谢基因，如葡萄糖转运蛋白 2（glucose transporter 2，Glut2）基因的昼夜节律表达消失；这导致小鼠在喂养周期的禁食期是低血糖的（Lamia et al. 2008）。而胰腺中 *Bmal1*$^{-/-}$的缺失会导致糖尿病，进一步说明外周生物钟的重要性（Marcheva et al. 2010；Sadacca et al. 2011）。这些小鼠表现出血糖水平升高，葡萄糖耐性受损和胰岛素分泌减少（有关综述，请参见 Marcheva et al. 2013）。

3.3.2　REV-ERBα

REV-ERBα 最初被鉴定为调节脂质代谢和脂肪形成的核受体（Fontaine et al. 2003）。因此，*Rev-erba* 通过控制 *Bmal1* 的表达，既加强了昼夜节律振荡的鲁棒性（Preitner et al. 2002），又建立了在调节生物节律振荡分子机器与代谢之间关键的联系。尽管 *Rev-erba*$^{-/-}$小鼠并非节律失常，但其运动行为的节律有所改变，即在恒定的光照或恒定的黑暗条件下，周期较短（Preitner et al. 2002）。

PPARγ 是脂肪代谢和脂肪细胞分化的关键调节分子，而 REV-ERBα 似乎在 PPARγ 的下游起作用（Fontaine et al. 2003）。肝脏中参与脂质代谢的基因也似乎是 REV-ERBα 的主要靶标。删除 REV-ERBα 被证明会引起脂肪肝的表型，如肝脂质和甘油三酯含量增加（Feng et al. 2011）。

4. 结论

　　表观遗传调控在生物钟调节中的重要性变得越来越明显。目前研究表明，至少在某些组织中，许多表观遗传调控因子本身是以生物节律的方式被调控的。未来的挑战是了解这些表观遗传活动是否在涉及多种生理组织器官时也遵循生物钟模式。例如，与学习和记忆过程有关的海马、皮层和杏仁核，以及与代谢有关的肝脏、脂肪组织和肾。大量积累的研究数据越来越多地用来阐明生物钟基因在调节细胞增殖和代谢通路中的具体机制，新的治疗靶点由此正在出现。随着制药行业逐渐将表观遗传调节因子作为有希望的治疗靶标，可以想象调节生物钟功能的药物可能在针对某些类型的癌症和代谢失调的具体策略中有效。

（王　晗　王明勇　译）

参 考 文 献

Adamantidis A, de Lecea L (2009) The hypocretins as sensors for metabolism and arousal J Physiol 587: 33–40

Akhtar RA, Reddy AB, Maywood ES, Clayton JD, King VM, Smith AG, Gant TW, Hastings MH, Kyriacou CP (2002) Circadian cycling of the mouse liver transcriptome, as revealed by cDNA microarray, is driven by the suprachiasmatic nucleus. Curr Biol 12: 540–550

Aksoy P, White TA, Thompson M, Chini EN (2006) Regulation of intracellular levels of NAD: a novel role for CD38. Biochem Biophys Res Commun 345: 1386–1392

Alenghat T, Meyers K, Mullican SE, Leitner K, Adeniji-Adele A, Avila J, Bucan M, Ahima RS, Kaestner KH, Lazar MA (2008) Nuclear receptor corepressor and histone deacetylase 3 govern circadian metabolic physiology. Nature 456: 997–1000

Antoch MP, Kondratov RV (2013) Pharmacological modulators of the circadian clock as potential therapeutic drugs: focus on genotoxic/anticancer therapy. In: Kramer A, Merrow M (eds) Circadian clocks, vol 217, Handbook of experimental pharmacology. Springer, Heidelberg

Antoch MP, Gorbacheva VY, Vykhovanets O, Toshkov IA, Kondratov RV, Kondratova AA, Lee C, Nikitin AY (2008) Disruption of the circadian clock due to the Clock mutation has discrete effects on aging and carcinogenesis. Cell Cycle 7: 1197–1204

Arble DM, Bass J, Laposky AD, Vitaterna MH, Turek FW (2009) Circadian timing of food intake contributes to weight gain. Obesity 17: 2100–2102

Asher G, Gatfield D, Stratmann M, Reinke H, Dibner C, Kreppel F, Mostoslavsky R, Alt FW, Schibler U (2008) SIRT1 regulates circadian clock gene expression through PER2 deacetylation. Cell 134: 317–328

Bishop NA, Guarente L (2007) Genetic links between diet and lifespan: shared mechanisms from yeast to humans. Nat Rev Genet 8: 835–844

Brown SA, Azzi A (2013) Peripheral circadian oscillators in mammals. In: Kramer A, Merrow M (eds) Circadian clocks, vol 217, Handbook of experimental pharmacology. Springer, Heidelberg

Buhr ED, Takahashi JS (2013) Molecular components of the mammalian circadian clock. In: Kramer A, Merrow M (eds) Circadian clocks, vol 217, Handbook of experimental pharmacology. Springer, Heidelberg

Bunger MK, Wilsbacher LD, Moran SM, Clendenin C, Radcliffe LA, Hogenesch JB, Simon MC, Takahashi JS, Bradfield

CA (2000) Mop3 is an essential component of the master circadian pacemaker in mammals. Cell 103: 1009–1017

Chen ST, Choo KB, Hou MF, Yeh KT, Kuo SJ, Chang JG (2005) Deregulated expression of the PER1, PER2 and PER3 genes in breast cancers. Carcinogenesis 26: 1241–1246

Crosio C, Cermakian N, Allis CD, Sassone-Corsi P (2000) Light induces chromatin modification in cells of the mammalian circadian clock. Nat Neurosci 3: 1241–1247

De Bacquer D, Van Risseghem M, Clays E, Kittel F, De Backer G, Braeckman L (2009) Rotating shift work and the metabolic syndrome: a prospective study. Int J Epidemiol 38: 848–854

DiTacchio L, Le HD, Vollmers C, Hatori M, Witcher M, Secombe J, Panda S (2011) Histone lysine demethylase JARID1a activates CLOCK-BMAL1 and influences the circadian clock. Science 333: 1881–1885

Doi M, Hirayama J, Sassone-Corsi P (2006) Circadian regulator CLOCK is a histone acetyltransferase. Cell 125: 497–508

Duong HA, Robles MS, Knutti D, Weitz CJ (2011) A molecular mechanism for circadian clock negative feedback. Science 332: 1436–1439

Etchegaray JP, Lee C, Wade PA, Reppert SM (2003) Rhythmic histone acetylation underlies transcription in the mammalian circadian clock. Nature 421: 177–182

Feng D, Liu T, Sun Z, Bugge A, Mullican SE, Alenghat T, Liu XS, Lazar MA (2011) A circadian rhythm orchestrated by histone deacetylase 3 controls hepatic lipid metabolism. Science 331: 1315–1319

Firestein R, Blander G, Michan S, Oberdoerffer P, Ogino S, Campbell J, Bhimavarapu A, Luikenhuis S, de Cabo R, Fuchs C, Hahn WC, Guarente LP, Sinclair DA (2008) The SIRT1 deacetylase suppresses intestinal tumorigenesis and colon cancer growth. PLoS ONE 3: e2020

Fonken LK, Workman JL, Walton JC, Weil ZM, Morris JS, Haim A, Nelson RJ (2010) Light at night increases body mass by shifting the time of food intake. Proc Natl Acad Sci USA 107: 18664–18669

Fontaine C, Dubois G, Duguay Y, Helledie T, Vu-Dac N, Gervois P, Soncin F, Mandrup S, Fruchart JC, Fruchart-Najib J, Staels B (2003) The orphan nuclear receptor Rev-Erbalpha is a peroxisome proliferator-activated receptor (PPAR) gamma target gene and promotes PPARgamma-induced adipocyte differentiation. J Biol Chem 278: 37672–37680

Frescas D, Valenti L, Accili D (2005) Nuclear trapping of the forkhead transcription factor FoxO1 via Sirt-dependent deacetylation promotes expression of glucogenetic genes. J Biol Chem 280: 20589–20595

Fu L, Pelicano H, Liu J, Huang P, Lee C (2002) The circadian gene Period2 plays an important role in tumor suppression and DNA damage response in vivo. Cell 111: 41–50

Gaddameedhi S, Selby CP, Kaufmann WK, Smart RC, Sancar A (2011) Control of skin cancer by the circadian rhythm. Proc Natl Acad Sci USA 108(46): 18790–18795

Gauger MA, Sancar A (2005) Cryptochrome, circadian cycle, cell cycle checkpoints, and cancer. Cancer Res 65: 6828–6834

Gery S, Gombart AF, Yi WS, Koeffler C, Hofmann WK, Koeffler HP (2005) Transcription profiling of C/EBP targets identifies Per2 as a gene implicated in myeloid leukemia. Blood 106: 2827–2836

Gery S, Komatsu N, Baldjyan L, Yu A, Koo D, Koeffler HP (2006) The circadian gene per1 plays an important role in cell growth and DNA damage control in human cancer cells. Mol Cell 22: 375–382

Gery S, Virk RK, Chumakov K, Yu A, Koeffler HP (2007) The clock gene Per2 links the circadian system to the estrogen receptor. Oncogene 26: 7916–7920

Gorbacheva VY, Kondratov RV, Zhang R, Cherukuri S, Gudkov AV, Takahashi JS, Antoch MP (2005) Circadian sensitivity to the chemotherapeutic agent cyclophosphamide depends on the functional status of the CLOCK-BMAL1 transactivation complex. Proc Natl Acad Sci USA 102: 3407–3412

Green KA, Carroll JS (2007) Oestrogen-receptor-mediated transcription and the influence of co-factors and chromatin state. Nat Rev Cancer 7: 713–722

Hirayama J, Cardone L, Doi M, Sassone-Corsi P (2005) Common pathways in circadian and cell cycle clocks: light-dependent activation of Fos/AP-1 in zebrafish controls CRY-1a and WEE-1. Proc Natl Acad Sci USA 102: 10194–10199

Hirayama J, Sahar S, Grimaldi B, Tamaru T, Takamatsu K, Nakahata Y, Sassone-Corsi P (2007) CLOCK-mediated acetylation of BMAL1 controls circadian function. Nature 450: 1086–1090

Hoffman AE, Zheng T, Ba Y, Zhu Y (2008) The circadian gene NPAS2, a putative tumor suppressor, is involved in DNA damage response. Mol Cancer Res 6: 1461–1468

Hunt T, Sassone-Corsi P (2007) Riding tandem: circadian clocks and the cell cycle. Cell 129: 461–464

Imai S, Armstrong CM, Kaeberlein M, Guarente L (2000) Transcriptional silencing and longevity protein Sir2 is an NAD-dependent histone deacetylase. Nature 403: 795–800

Jenuwein T, Allis CD (2001) Translating the histone code. Science 293: 1074–1080

Kang TH, Reardon JT, Kemp M, Sancar A (2009) Circadian oscillation of nucleotide excision repair in mammalian brain. Proc Natl Acad Sci USA 106(8): 2864–2867

Karlsson B, Knutsson A, Lindahl B (2001) Is there an association between shift work and having a metabolic syndrome? Results from a population based study of 27,485 people. Occup Environ Med 58: 747–752

Katada S, Sassone-Corsi P (2010) The histone methyltransferase MLL1 permits the oscillation of circadian gene expression. Nat Struct Mol Biol 17: 1414–1421

Katada S, Imhof A, Sassone-Corsi P (2012) Common threads: metabolism and epigenetics. Cell 148: 24–28

Klevecz RR, Shymko RM, Blumenfeld D, Braly PS (1987) Circadian gating of S phase in human ovarian cancer. Cancer Res 47: 6267–6271

Kobayashi M, Wood PA, Hrushesky WJ (2002) Circadian chemotherapy for gynecological and genitourinary cancers. Chronobiol Int 19: 237–251

Kohsaka A, Laposky AD, Ramsey KM, Estrada C, Joshu C, Kobayashi Y, Turek FW, Bass J (2007) High-fat diet disrupts behavioral and molecular circadian rhythms in mice. Cell Metab 6: 414–421

Lamia KA, Storch KF, Weitz CJ (2008) Physiological significance of a peripheral tissue circadian clock. Proc Natl Acad Sci USA 105: 15172–15177

Levi F, Focan C, Karaboue A, de la Valette V, Focan-Henrard D, Baron B, Kreutz F, Giacchetti S (2007) Implications of circadian clocks for the rhythmic delivery of cancer therapeutics. Adv Drug Deliv Rev 59: 1015–1035

Li X, Zhang S, Blander G, Tse JG, Krieger M, Guarente L (2007) SIRT1 deacetylates and positively regulates the nuclear receptor LXR. Mol Cell 28: 91–106

Lis CG, Grutsch JF, Wood P, You M, Rich I, Hrushesky WJ (2003) Circadian timing in cancer treatment: the biological foundation for an integrative approach. Integr Cancer Ther 2: 105–111

Marcheva B, Ramsey KM, Buhr ED, Kobayashi Y, Su H, Ko CH, Ivanova G, Omura C, Mo S, Vitaterna MH, Lopez JP, Philipson LH, Bradfield CA, Crosby SD, JeBailey L, Wang X, Takahashi JS, Bass J (2010) Disruption of the clock components CLOCK and BMAL1 leads to hypoinsulinaemia and diabetes. Nature 466: 627–631

Marcheva B, Ramsey KM, Peek CB, Affinati A, Maury E, Bass J (2013) Circadian clocks and metabolism. In: Kramer A, Merrow M (eds) Circadian clocks, vol 217, Handbook of experimental pharmacology. Springer, Heidelberg

Masri S, Sassone-Corsi P (2010) Plasticity and specificity of the circadian epigenome. Nat Neurosci 13: 1324–1329

Matsuo T, Yamaguchi S, Mitsui S, Emi A, Shimoda F, Okamura H (2003) Control mechanism of the circadian clock for timing of cell division in vivo. Science 302: 255–259

Merrow M, Spoelstra K, Roenneberg T (2005) The circadian cycle: daily rhythms from behavior to genes. EMBO Rep 6: 930–935

Miller BH, McDearmon EL, Panda S, Hayes KR, Zhang J, Andrews JL, Antoch MP, Walker JR, Esser KA, Hogenesch JB,

Takahashi JS (2007) Circadian and CLOCK-controlled regulation of the mouse transcriptome and cell proliferation. Proc Natl Acad Sci USA 104: 3342–3347

Nakahata Y, Kaluzova M, Grimaldi B, Sahar S, Hirayama J, Chen D, Guarente LP, Sassone-Corsi P (2008) The NAD+ dependent deacetylase SIRT1 modulates CLOCK-mediated chromatin remodeling and circadian control. Cell 134: 329–340

Nakahata Y, Sahar S, Astarita G, Kaluzova M, Sassone-Corsi P (2009) Circadian control of the NAD+ salvage pathway by CLOCK-SIRT1. Science 324: 654–657

Ortiz-Tudela E, Mteyrek A, Ballesta A, Innominato PF, Lévi F (2013) Cancer chronotherapeutics: experimental, theoretical and clinical aspects. In: Kramer A, MerrowM(eds) Circadian clocks, vol 217, Handbook of experimental pharmacology. Springer, Heidelberg

Ozturk N, Lee JH, Gaddameedhi S, Sancar A (2009) Loss of cryptochrome reduces cancer risk in p53 mutant mice. Proc Natl Acad Sci USA 106(8): 2841–2846

Panda S, Antoch MP, Miller BH, Su AI, Schook AB, Straume M, Schultz PG, Kay SA, Takahashi JS, Hogenesch JB (2002) Coordinated transcription of key pathways in the mouse by the circadian clock. Cell 109: 307–320

Preitner N, Damiola F, Lopez-Molina L, Zakany J, Duboule D, Albrecht U, Schibler U (2002) The orphan nuclear receptor REV-ERBalpha controls circadian transcription within the positive limb of the mammalian circadian oscillator. Cell 110: 251–260

Ramsey KM, Yoshino J, Brace CS, Abrassart D, Kobayashi Y, Marcheva B, Hong HK, Chong JL, Buhr ED, Lee C, Takahashi JS, Imai S, Bass J (2009) Circadian clock feedback cycle through NAMPT-mediated NAD+ biosynthesis. Science 324: 651–654

Ripperger JA, Schibler U (2006) Rhythmic CLOCK-BMAL1 binding to multiple E-box motifs drives circadian Dbp transcription and chromatin transitions. Nat Genet 38: 369–374

Rudic RD, McNamara P, Curtis AM, Boston RC, Panda S, Hogenesch JB, Fitzgerald GA (2004) BMAL1 and CLOCK, two essential components of the circadian clock, are involved in glucose homeostasis. PLoS Biol 2: e377

Ruthenburg AJ, Li H, Patel DJ, Allis CD (2007) Multivalent engagement of chromatin modifications by linked binding modules. Nat Rev Mol Cell Biol 8: 983–994

Sadacca LA, Lamia KA, deLemos AS, Blum B, Weitz CJ (2011) An intrinsic circadian clock of the pancreas is required for normal insulin release and glucose homeostasis in mice. Diabetologia 54: 120–124

Sahar S, Sassone-Corsi P (2007) Circadian clock and breast cancer: a molecular link. Cell Cycle 6: 1329–1331

Sahar S, Sassone-Corsi P (2009) Metabolism and cancer: the circadian clock connection. Nat Rev Cancer 9: 886–896

Sahar S, Sassone-Corsi P (2012) Regulation of metabolism: the circadian clock dictates the time. Trends Endocrinol Metab 23: 1–8

Sahar S, Nin V, Barbosa MT, Chini EN, Sassone-Corsi P (2011) Altered behavioral and metabolic circadian rhythms in mice with disrupted NAD+ oscillation. Aging 3: 794–802. doi: 100368 [pii] Saper CB, Chou TC, Elmquist JK (2002) The need to feed: homeostatic and hedonic control of eating. Neuron 36: 199–211

Schibler U, Sassone-Corsi P (2002) A web of circadian pacemakers. Cell 111: 919–922

Schwer B, Verdin E (2008) Conserved metabolic regulatory functions of sirtuins. Cell Metab 7: 104–112

Slat E, Freeman GM, Herzog ED (2013) The clock in the brain: neurons, glia and networks in daily rhythms. In: Kramer A, Merrow M (eds) Circadian clocks, vol 217, Handbook of experimental pharmacology. Springer, Heidelberg

Smaaland R, Lote K, Sothern RB, Laerum OD (1993) DNA synthesis and ploidy in non-Hodgkin's lymphomas demonstrate intrapatient variation depending on circadian stage of cell sampling. Cancer Res 53: 3129–3138

Turek FW, Joshu C, Kohsaka A, Lin E, Ivanova G, McDearmon E, Laposky A, Losee-Olson S, Easton A, Jensen DR, Eckel RH, Takahashi JS, Bass J (2005) Obesity and metabolic syndrome in circadian Clock mutant mice. Science 308: 1043–1045

Unsal-Kacmaz K, Mullen TE, Kaufmann WK, Sancar A (2005) Coupling of human circadian and cell cycles by the timeless protein. Mol Cell Biol 25: 3109–3116

Vaziri H, Dessain SK, Ng Eaton E, Imai SI, Frye RA, Pandita TK, Guarente L, Weinberg RA (2001) hSIR2(SIRT1) functions as an NAD-dependent p53 deacetylase. Cell 107: 149–159

Yang WS, Stockwell BR (2008) Inhibition of casein kinase 1-epsilon induces cancer-cell-selective, PERIOD2-dependent growth arrest. Genome Biol 9: R92

Yoon JC, Puigserver P, Chen G, Donovan J, Wu Z, Rhee J, Adelmant G, Stafford J, Kahn CR, Granner DK, Newgard CB, Spiegelman BM (2001) Control of hepatic gluconeogenesis through the transcriptional coactivator PGC-1. Nature 413: 131–138

Zuber AM, Centeno G, Pradervand S, Nikolaeva S, Maquelin L, Cardinaux L, Bonny O, Firsov D (2009) Molecular clock is involved in predictive circadian adjustment of renal function. Proc Natl Acad Sci USA 106: 16523–16528

第三章
哺乳动物外周生物钟振荡器

史蒂文·A. 布朗（Steven A. Brown）和阿卜杜勒哈利姆·阿齐（Abdelhalim Azzi）
苏黎世大学药理学和毒理学研究所

摘要：尽管位于下丘脑的视交叉上核（SCN）生物钟控制哺乳动物生理和行为的昼夜节律，但生物钟分子调节机制实际上具有细胞自主性并在遍布全身的几乎所有的细胞中高度保守。因此，SCN 一方面作为"主生物钟"同步外周组织中的"从动生物钟"，另一方面直接指挥调控所有生理活动的生物节律。在本章，我们首先考虑，相比 SCN 生物钟，外周生物钟的详细机制以及机制的差异如何促进其功能。接下来，我们讨论视交叉上核和环境牵引外周组织的不同机制。最后，我们阐述外周振荡器如何控制组织和细胞内呈现生物节律的生理活动。

关键词：喂养·成纤维细胞·下丘脑-垂体-肾上腺轴·温度

1. 引言：外周生物钟的发现

细胞是生物钟计时的基本单位。因为已经在许多单细胞生物中发现了生物钟，所以在半个世纪之前，单个细胞可以拥有计时的机制就已是显而易见的。早在 1972 年的一项损伤研究发现了下丘脑的单一组织，即下丘脑上视交叉上核（SCN），为哺乳动物的生物钟生理和行为所必需（Stephan and Zucker 1972），此后不久，在鸟类（Takahashi and Menaker 1979）、爬行动物（Janik et al. 1990）和果蝇（Liu et al. 1988）中也鉴定出核心生物钟的组织或细胞。因此，大多数研究人员二十年前曾设想过一个集中式生物钟计时系统（centralized circadian timekeeping system），通过该系统，主生物钟组织发出的信号可以指挥调节多细胞动物的不同昼夜节律过程（Kawamura and Ibuka 1978）。

发现大多数细胞能够表达特定生物钟基因为质疑这种假设创造了可能性和积极性。如果生物钟功能是基于转录抑制的反馈环路（Hardin et al. 1990），而且该机制中涉及的基因和蛋白质高度保守存在于所有多细胞动物的所有组织中，那么可以设想细胞自主的生物钟甚至存在于高度复杂的生物中。确实，在 1995 年，Welsh 及其同事就展示了视交叉上核（SCN）的分散神经元各自包含独立运作的生

通讯作者：Steven A. Brown；电子邮件：Steven.brown@pharma.uzh.ch

物钟，并且证实了它们的自发电生理活动的周期长度略有不同。即使阻止了这种电生理活动，计时仍然继续（Welsh et al. 1995）。在培养的视网膜中也发现了类似的生物钟（Tosini and Menaker 1996）。因此，像细菌一样，哺乳动物生物计时也可以是细胞自主的。

生物钟基因的发现还允许发明新技术以在分子水平上探索生物钟功能。通过创建使用生物钟基因序列驱动生物发光或荧光蛋白在单个细胞中表达的 DNA 报告基因，研究人员首次可以无侵入性地分别研究生物体不同部位的生物钟基因功能。这项技术应用于果蝇后发现果蝇身体不同的部位都包含自主生物钟，其功能运转独立于果蝇头部的主生物钟起搏器神经元（Plautz et al. 1997）；甚至培养的哺乳动物皮肤成纤维细胞也包含自主生物钟，其在体外运转完全独立于视交叉上核（Balsalobre et al. 1998）。

外周生物钟的存在不仅有助于理解生物钟机制——现在可以通过体外培养或在易于获取的组织中进行生物钟研究（Cuninkova and Brown 2008）——而且还引发了研究范式的转变：也许主生物钟组织不是向不同生理功能的部位发送单独的信号，而是同步其他组织中的外周生物钟，进而自主地控制生物钟生理。

过去十年的研究已经显示，单纯的集中式生物钟模型和单纯的外周生物钟模型都太简单了。实际上，哺乳动物生理的某些方面由外周生物钟控制，而其他方面则由来自视交叉上核的核心信号直接控制。同样，外周生物钟有时会接收来自视交叉上核的信号，有时会直接接收环境信号。事实证明，它们的牵引（entrainment）是直接信号和间接信号组成的网络，甚至在不同组织都各有不同。在本章中，我们将首先论述外周生物钟的分子机制及其与主生物钟的异同；接着，将描述它们的牵引机制；最后将阐述外周生物钟控制哺乳动物复杂生理的机制。

2. 外周生物钟的机制

总体而言，外周细胞的生物钟机制与视交叉上核（SCN）细胞中的主生物钟非常相似。例如，在人类中，在外周皮肤成纤维细胞中体外测得的生物节律周期长度与同一受试者视交叉上核控制的行为生物节律周期成正比（Pagani et al. 2010）。此外，对缺乏单个生物钟蛋白的小鼠的外周和核心生物钟的分析清楚地表明，成纤维细胞中生物钟机制与视交叉上核中的大致相同（Yagita et al. 2001），即转录、翻译和翻译后修饰的反馈环路控制细胞生物钟生理研究的大多数方面。

如前面几章所述，这些环路是基于一组转录激活因子 CLOCK 和 BMAL1 蛋白，从而激活一组抑制基因 *Per*（*Per1*、*Per2* 和 *Per3*）和 *Cry*（*Cry1* 和 *CRY2*），而其蛋白质产物则抑制自身转录。在另一个单独的环路中，核受体 ROR 和 REV-ERB 蛋白分别激活或抑制 *Bmal1* 基因。两个环路联结在一起的证据就是，*Rev-Erbα* 基因本身受 CLOCK 和 BMAL1 调控（有关这些分子机制的详细描述，请参见 Buhr and

Takahashi 2013）。尽管总体上如此相似，但在基因表达水平上，每个组织中的细胞自主生物钟运行的设置都略有不同，体现在直接涉及它们的计时机制的核心及相关联的生物钟基因都不一样，而这些差异对于它们所控制的生理学过程具有重大影响。

2.1　不同组织的生物钟基因和蛋白质各有不同

尽管大多数组织中都表达已鉴定的主要"核心生物钟基因"，但在某些情况下，同源基因承担着不同的组织特异性功能。例如，删除哺乳动物三个 *Per* 同源基因中的 *Per3*，对核心生物钟机制仅有微弱的影响（Shearman et al. 2000）。但是，在某些特定的外周组织如垂体、肝脏和主动脉中，*Per3* 缺失对体外培养组织的生物钟周期长度和体内生物钟相位表现出明显的作用（Pendergast et al. 2011）。因此 PER3 可能在某些组织中对生物钟机制中起重要作用，而在另一些组织中则是冗余的。

Clock 及其同源基因 *Npas2* 之间存在类似的功能重叠。在视交叉上核（SCN）中，CLOCK 蛋白的丢失可能被 NPAS2 的表达所补偿，因此 *Clock* 基因缺陷的小鼠仍然保持行为节律性（Debruyne et al. 2006），但是在大多数外周组织中，CLOCK 缺失导致体外培养组织（DeBruyne et al. 2007a，2007b）以及体内组织（Dallmann et al. 未发表）生物节律振荡器丧失节律性。相反，NPAS2 被认为对前脑的生物钟很重要（Reick et al. 2001）。

此外，各种辅助因子可以在生物钟功能中发挥重要的组织特异作用。例如，Oligophrenin 1（OPHN1）似乎通过与 REV-ERBα 相互作用并改变其转录抑制活性来调节海马中的生物节律振荡（Valnegri et al. 2011）。同样，AMP 激酶（AMPK）的两种异构体可以磷酸化 CRY 蛋白（Lamia et al. 2009），其对生物钟振荡器功能则具有显著的组织特异性的影响（Um et al. 2011）。最后，许多核受体蛋白可以与生物钟蛋白如 REV-ERBα（本身也是核受体）和 PER（Schmutz et al. 2010）相互作用，并且这些受体的组织特异性分布可能导致生物钟功能组织特异性差异（Teboul et al. 2009）。

更广泛地说，无论在体内还是体外，不同的小鼠组织在体外培养中均显示出不同的生物钟相位（Yamazaki et al. 2000；Yoo et al. 2004）。虽然这种变化的一部分无疑是由于牵引信号的差异引起的，但另一部分可能是由于组织之间周期固有的变化所导致的，如较短的周期导致了较早的相位。在肝脏和脾脏之间可以观察到 5 个小时的相位差异，而在肝脏和性腺脂肪组织之间可以观察到近 8 个小时的相位差异。肝脏与其他两个组织之间体外组织培养外植体的自由运行相位相差 2～4 个小时（Pendergast et al. 2012），支持这些相位差异的组织固有机制的观点，再次指出自由运行生物钟相位组织特异性上细微的差异。有趣的是，到目前为止唯一尚未显示拥有自我维持的生物钟是哺乳动物的睾丸组织（Alvarez et al. 2003）。

这些结果表明，每个组织可以具有其自身所需的核心生物钟基因，而这些基因可能在表达水平或功能上有所不同。如下文所述，有时这种细微的差异可能导致生物钟控制的输出基因具有明显的组织特异性。

2.2 外周组织缺乏促进网络同步化的神经肽能信号

核心生物钟和外周生物钟之间的第二个主要区别与它们的网络属性有关。来自肝、脾、肾、心脏和肺等外周器官体外培养的成纤维细胞及组织外植体基因表达至少一开始表现出鲁棒的昼夜节律振荡（Yamazaki et al. 2000）。但是，所有这些外周生物钟的共同点是它们的振荡会在组织培养过程中迅速衰减。与外周组织相比，视交叉上核（SCN）外植体能够在培养几周甚至几年的时间内产生节律性基因表达和电生理活动。有趣的是，这种衰减与外周细胞和SCN细胞的细胞自主性无关。例如，培养的成纤维细胞在培养中表现出持续的振荡，超过单个SCN神经元的鲁棒性（Welsh et al. 2004）。实际上，即使完整的SCN外植体呈现明显的持续性振荡，分散的SCN神经元也仅表现出间歇性的振荡（Webb et al. 2009）。SCN和外周神经之间的差异在于偶联：外周细胞在体外彼此之间主要以独立的方式振动（Nagoshi et al. 2004；Welsh et al. 2004），SCN神经元则具有特定的机制来维持群体的同步性，甚至似乎需要这些机制来保持稳定振荡。

偶联似乎采用三种不同的机制，即突触电位、电突触和神经肽能信号传递。前两个是大多数神经元共有的：抑制电压依赖性钠通道（Welsh et al. 1995）、γ-氨基丁酸能（GABAergic）信号（Albus et al. 2005）或连接蛋白形成的间隙连接（Long et al. 2005；Shinohara et al. 2000）都能够减少体外SCN神经元群体的同步性。第三种机制神经肽能偶联更为独特。例如，一部分SCN神经元节律性地分泌血管活性肠肽（VIP），并可以被表达其受体VPAC2的邻近细胞视为旁分泌时间信号。通过删除VIP或VPAC2造成的偶联机制的丧失，将消除这部分SCN神经元的昼夜节律，因此具有这种突变的小鼠无法正常地实现休息-活动的生物节律（Aton et al. 2005；Colwell et al. 2003）。总体而言，三个神经递质系统可能在这种偶联中起相互交叉的作用：以VIP为主，再加上精氨酸加压素（AVP）和促胃液素释放肽（gastrin releasing peptide，GRP）的作用（Maywood et al. 2011）。其他神经递质系统也可能通过强制性信号转导（tonic signaling）发挥作用。例如，PAC1受体通常参与SCN对光的反应，但是PAC1受体的缺失也会改变VIP的昼夜节律表达（Georg et al. 2007）。

尽管节律性肽能信号转导迄今被认为属于SCN特有的偶联机制，但其他组织中肯定存在另外的机制，如心脏的钠离子通道或肝脏的间隙连接，并且可能有助于实现某种程度的偶联。在SCN损伤的动物中，各器官的生物钟基因表达仍保持一定程度的生物节律同步，尽管这在动物之间和器官之间都存在差异（Yoo et al. 2004）。但是，普遍接受的是外周组织器官内细胞的这种偶联的效率要比SCN中的低得多。在细胞水平，这种缺乏有两个后果。首先，外周细胞中的生物钟机制更容易变异。例如，扰乱非必需生物钟基因对培养的成纤维细胞的生物钟功能的影响大于对相同小鼠的行为影响（Brown et al. 2005；Liu et al. 2007）。该观察结果显然是由于 SCN 细胞之间存在更大偶联的结果，因为与完整的切片相比，在离散的 SCN 细胞中也可以看到更大的效果（Liu et al. 2007）。其次，外周细胞的偶联越小，相位迁移就越大，从而使外周振荡器的刚性（rigidity）降低。至少在体外，这意味着来自外周组织（如肺）的生物钟可以牵引到更极端的授时信号周期，而更刚性的 SCN 生物钟则按其自身内在的周期自由运转（Abraham et al. 2010）。

3. 外周生物钟的牵引

如前所述，外周组织中的振荡器和视交叉上核（SCN）中的振荡器之间的机制差异引起它们对牵引信号的敏感性不同。确实，核心和外周振荡器之间最根本的区别在于它们所响应的信号。外周振荡器的主要特性是它们有能力响应 SCN 驱动的时间信号，而 SCN 中的主生物钟对这些信号是没有反应的，反而仅仅被环境中有限的刺激所牵引。一般而言，正如 Slat 等（2013）和 Roenneberg 等（2013）所描述的一样，SCN 主要对环境中的光做出响应。外周生物钟则能够响应复杂而冗余的信号组合，包括直接神经刺激、激素信号和间接活动导向信号，如体温和摄食时间等。这些信号在图 3.1 中进行了总结，并将在下面进行描述。

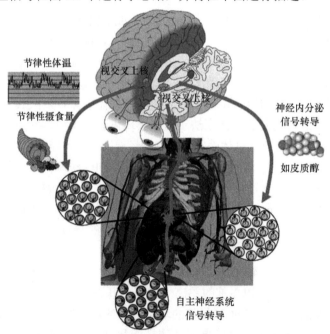

图 3.1　从视交叉上核（SCN）到外周振荡器的信号（彩图请扫封底二维码）

同步化信号包括来自自主神经系统的直接神经信号，诸如糖皮质激素之类的神经内分泌信号，以及诸如在正常情况下由活动-休息的模式所决定的节律性体温和摄食量之类的间接信号［此图改编自 N. Roggli 的原始图及美国"可视人类计划"（USNLM）中的图像］

3.1 直接神经刺激的牵引

视交叉上核（SCN）神经元投射到整个大脑，并通过其自发的昼夜节律放电活动，为各种生物节律行为提供信号。例如，通过多个下丘脑觉醒系统对室下室旁区（subparaventricular zone，SPVZ）的投射负责运动行为的昼夜节律（Abrahamson and Moore 2006）。类似地，SCN 在睡眠晚期的放电活动的降低会直接影响渗透压调节神经元，从而控制血管加压素（VP）的释放并从而抑制排尿（Trudel and Bourque 2012）。从 SCN 向室旁核（paraventricular nucleus，PVN）的 γ-氨基丁酸能（GABAergic）输入控制着肝脏中葡萄糖产生的节律性（Kalsbeek et al. 2004）和松果体中褪黑激素的产生（Kalsbeek et al. 2000）。另一个解剖上分开的 SCN 刺激输出对于褪黑激素产生的正确节律性也是必要的（Perreau-Lenzv 2003）。据信 SCN 经下丘脑背内侧区（dorsomedial hypothalamus，DMH）到蓝斑（locus coeruleus，LC）的投射在调节睡眠和觉醒中发挥着核心作用，并且 LC 神经元放电活动也显示昼夜节律性（Aston-Jone et al. 2001）。目前，尽管从 SCN 到其他大脑区域的投影直接调节靶向区域的神经活动，但尚不清楚它们是否也调节靶细胞中的自主生物钟。

除大脑外，自主神经系统在将 SCN 的节律性时间信号传达到多个组织中起着直接作用。例如，SCN 信号从室旁核（PVN）通过自主神经系统传播到肝脏，以控制葡萄糖的产生（Kalsbeek et al. 2004）。SCN 与心脏之间也存在着多种突触的自主神经联结，以生物节律的方式调节心律（Scheer et al. 2001）；而 SCN 与肾上腺也存在多突触的自主神经联结，以调节生物节律和光依赖的皮质酮的产生（Ishida et al. 2005）。这些例子很可能只代表由自主的 SCN 联结直接介导的一小部分生理过程。总的来说，已有记录表明交感神经传出到达棕色脂肪组织、甲状腺、肾脏、膀胱、脾脏、肾上腺髓质和肾上腺皮质，也有报道副交感神经系统神经支配甲状腺、肝脏、胰腺和下颌下腺（submandibular gland）。因此，某些组织甚至被 SCN 的交感神经和副交感神经共同支配。许多这些联结的功能影响尚不确定（Bartness et al. 2001）。

从上面引用的文献中可以明显看出，至少一些直接的神经传出，无论是交感神经还是副交感神经，都可以控制生理的节律过程。通过分析两个视交叉上核（SCN）相位不同的仓鼠外周器官中生物钟基因表达，同样清楚的是，此类信号也可以在某些外周器官如骨骼肌、肾上腺髓质和肺的外周生物钟的相位牵引中起作用，但在其他器官如肝脏或肾脏则不然（Mahoney et al. 2010）。鉴于几种神经递质（如 cAMP 和 MAP 激酶级联反应）具有通过相移细胞生物钟的通路而起作用的能力，这种控制就不足为奇了。而且，如下所述，大多数已被研究的直接神经联结，无论是通过激素还是行为的影响，也可以间接地影响外周生物钟。

3.2　肽和激素介导的牵引

控制生物钟的第二条主要通路是激素。尽管来自视交叉上核（SCN）的神经传出显然发挥了重要作用，但很早以来就清楚这一作用至少对于控制昼夜行为并不是必需的。损伤的视交叉上核会导致节律丧失，但是植入胎儿的视交叉上核组织可以挽救昼夜运动能力，即使将这种植入物包裹在多孔塑料中也是如此（Silver et al. 1996）。因此，来自视交叉上核的扩散因子能够牵引昼夜节律行为。到目前为止，已经确定了两个可扩散的时间因子：转化生长因子 α（transforming growth factor α，TGFα）（Kramer et al. 2001）和促动蛋白 2（prokineticin 2，Prok2）（Cheng et al. 2002）。长期将这两种信号蛋白注射入第三脑室会改变运动活性，而两者均由视交叉上核以昼夜节律的方式分泌。尽管这两个因子都不能直接重置外周生物钟，但如下所述，它们控制的行为活动会提供间接的信号。利用最新研发的分析技术直接建立大鼠视交叉上核神经元高分辨率的多肽组学（peptidomic）表达谱，发现了多达 102 种内源性肽，而其中几种其他因子也可能很重要（Lee et al. 2010）。

视交叉上核牵引外周生物钟的节律生理过程和基因表达的另一种方法是通过垂体-肾上腺皮质轴（pituitary-adrenocortical axis），特别是通过糖皮质激素，一类与糖皮质激素受体（GR）结合的类固醇激素。这些激素以节律方式分泌，它的受体在除了 SCN 神经元之外的大多数外周细胞类型中表达。除了糖皮质激素在代谢中起关键作用外，已显示在体外和体内施用糖皮质激素类似物地塞米松（dexamethasone）可诱导 RAT1 成纤维细胞中 *Per1* 表达，并迁移或重置外周组织中而不是 SCN 中生物钟基因表达的相位。因为肝脏中缺乏糖皮质激素受体的小鼠仍能以生物节律的方式表达基因，说明还有其他时间信号在起作用，而糖皮质激素是冗余的（Balsalobre et al. 2000a）。

除了糖皮质激素，至少在体外其他三类输入信号通路已被证明能够独立地相移外周生物钟，即 cAMP 和 MAP 激酶（MAPK）、蛋白激酶 C（PKC），以及钙信号传递（Balsalobre et al. 2000b）。通过这些通路起作用的多种信号传递分子已被证明在体外诱导和同步生物钟，包括内皮素-1（endothelin-1）（Yagita et al. 2001）、成纤维细胞生长因子（fibroblast growth factor）、表皮生长因子（epidermal growth factor）（Akashi and Nishida 2000）、毛喉素（forskolin）（Yagita and Okamura 2000）、葡萄糖（Hirota et al. 2002）和前列腺素 D_2（prostaglandin D_2，PGD_2）（Tsuchiya et al. 2005）。根据不同的相移图谱，这些不同的因子似乎与已知的生物钟系统在至少两个不同的节点上相交，一个能够快速地诱导生物基因 *Per1* 的表达，另一个则仅能缓慢而微弱地诱导 *Per1* 的表达（Izumo et al. 2006）。

至今尚不清楚这么多的信号如何控制体内外围振荡器中的生物钟相位。实验证明只有将前列腺素 E2（PGE2）和地塞米松注射入小鼠，才能迅速相移外周器官生物钟（Balsalobre et al. 2000b；Tsuchiya et al. 2005）。并且所有相关通路对于正常发育都是必不可少的，这使得传统的功能丧失研究变得困难。然而，在糖皮质激素信号传递的情况下，条件性和组织特异性删除已向研究人员清楚地展示了，尤其是在肝脏中，糖皮质激素信号传递在调控节律性生理、基因表达和生物钟相位中起着重要作用（Kornmann et al. 2007；Reddy et al. 2007）。采用同样的方法研究其他信号传递通路可以获得有关其他激素依赖性信号传递级联在外周生物钟生理中发挥作用的重要信息。

3.3 间接信号温度和摄食的牵引

除了来自视交叉上核（SCN）的直接级联信号牵引外周生物钟，还有两个重要的间接信号，是由节律性行为引起的，即温度和摄食。即使在恒温动物如哺乳动物中，节律性行为活动和代谢也会导致体温的细微波动，在 1 ～ 4℃ 的范围，具体取决于不同的生物。无论是在细胞还是在活的哺乳动物中，这些节律足以牵引外周生物钟振荡器（Abraham et al. 2010；Brown et al. 2002；Buhr et al. 2010），可能通过激活相同的转录因子的昼夜节律振荡，而调节细胞对急性热激的反应（Reinke et al. 2008）。

同样，摄食的方式可以直接牵引外周生物钟：食物供应时间的倒置将逆转外周生物钟的相位，这与视交叉上核无关（Damiola et al. 2000；Stokkan et al. 2001）。反向喂食（inversed feeding）所引起相移的速度和程度在不同器官之间变化。例如，仅在光照期进食的小鼠中检测到的生物钟基因 Dbp 的 mRNA 在肝脏、肾脏、心脏和胰腺中显示出强烈的时间差异；而在黑暗时段进食的小鼠，所有分析组织器官中 Dbp mRNA 则仅在 ZT14 ～ ZT18 的附近富集。

食物牵引外周振荡器的机制尚不清楚。由于葡萄糖本身可以重置培养细胞中的生物钟，因此已经有人提出，这种代谢产物式的简单食物可以发挥作用（Hirota et al. 2002）。更广泛地说，细胞氧化还原电位以多种方式调节生物节律功能，而氧化还原电位本身也会随着代谢而波动。至少在体外，CLOCK 和 BMAL1 的二聚化及其与顺式作用 DNA 元件的结合本身受氧化还原电位的调节（Rutter et al. 2001），并且 NAD^+ 依赖性组蛋白脱乙酰化酶 SIRT1 与 CLOCK：BMAL1 异二聚体直接相互作用，以促进 PER2 的脱乙酰化和降解（Asher et al. 2008），以及 BMAL1 和局部的组蛋白（histone）脱乙酰化（Nakahata et al. 2008）。同时，NAD^+ 依赖的 ADP-核糖基 PARP1 与 CLOCK 相互作用而形成 ADP-核糖基化 CLOCK，并干扰 CLOCK 结合能力，这一过程对于正确的摄食牵引也很重要（Asher et al. 2010）。将生物钟同步到代谢的另一种方法可能是由 CRYPTOCHROME 蛋白介导的，该蛋白被 AMP 依赖性激酶（AMPK）磷酸化并靶向降解，而 AMPK 则受细胞 ATP/AMP 平衡调节（Lamia et al. 2009）。

摄食依赖的激素可能是外周生物钟的摄食依赖牵引其他作用因子。尽管糖皮质激素显然对代谢调节很重要，但它们似乎在牵引方面并没有作用。实际上，糖皮质激素信号与反向喂食相反，而组织特异性敲除糖皮质激素受体的小鼠则随着饲喂时间模式的变化而更快地被牵引（Le Minh et al. 2001）。相比之下，食欲刺激素（ghrelin）可能通过进食在生物钟牵引中起作用。食欲刺激素是主要由覆盖胃和胰腺ε细胞的P/D1细胞产生的28个氨基酸的肽。研究已经表明食欲刺激素的水平呈现昼夜节律并且遵循进食时间模式。因此据此推测，释放食欲刺激素的细胞本身通过进食而被牵引，然后它们的激素信号充当大脑和外周组织中其他细胞的信使（LeSauter et al. 2009）。重要的是，食欲刺激素还可以在体内和体外改变视交叉上核相位或视交叉上核对光的反应，使其成为能够改变应对限制性进食的生物节律行为更广泛的候选作用因子（Yannielli et al. 2007；Yi et al. 2008）。

3.4　视交叉上核如何避免牵引自身

视交叉上核（SCN）发送各种各样的信号以牵引外周组织的节律性生理过程。但是，至少在理论上，视交叉上核对此类信号保持不敏感。否则，将预测视交叉上核振荡的强烈衰减。已经有几种生物学机制使视交叉上核对其发送到外周组织的牵引信号视而不见，从而达到避免牵引自身的目的。对于神经信号，避免牵引自身很容易解决，因为按照定义，此类信号是定向的。对于激素刺激而言，问题则更加棘手，因为许多激素可以穿过血脑屏障。然而，有趣的是，牵引外周生物钟的激素中研究最清楚的是糖皮质激素，而在视交叉上核细胞上则很少或没有其受体的表达（Balsalobre et al. 2000a）。

对于诸如温度和食物之类的间接信号，问题更加复杂。例如，热激因子普遍存在于细胞中，而Sirtuins也是如此。在温度变化的情况下，视交叉上核（SCN）显然不会像外周细胞那样被牵引。例如，通过环境温度循环逆转小鼠的昼夜节律体温波动将逆转外周神经细胞中生物钟基因的表达，尽管有来自视交叉上核的神经支配，非视交叉上核脑区细胞中生物钟基因的表达也同样遭到逆转，但是，视交叉上核本身不受影响（Brown et al. 2002）。视交叉上核究竟为何对这种牵引信号具有抵抗力，这是最近的研究已经阐明的一个重要问题。有趣的是，视交叉上核的"耐温性"是一种网络特性（network property），而不是细胞自主性的，即完整网络中的视交叉上核神经元对温度信号不敏感，而离解的视交叉上核神经元则对温度信号敏感（Buhr et al. 2010）。对此现象最可能的解释是，视交叉上核网络属性使其生物钟更具"刚性"，这将使视交叉上核仅仅能够被牵引到小范围的环境信号内。作为实际效果，温度信号的周期或相位的突然急剧变化将被视交叉上核忽略（Abraham et al. 2010）。这种模型也可以解释突然变化的进食信号未能牵引视交叉上核的原因。例如，对于处于倒置进食期的小鼠，即使外周生物钟的相位经历180°的大转变，视交叉上核仍保持不变（Damiola et al. 2000；Stokkan et al. 2001）。但是，光依赖的相移则是特殊的例外，对于利用光相移突然改变"时差"的小鼠，食物和温度的循环随着行为节律而相移；不同的器官则以不同的速度相移，但视交叉上核是其中迁移到新相位最迅速的（Davidson et al. 2008；Yamazaki et al. 2000）。

4. 外周生物钟的生理控制

许多生理过程处于生物钟的控制之下，包括异源物解毒（xenobiotic detoxification）、脂代谢、肾血浆流量和尿液生成、心血管参数（如血压和心率），以及免疫功能的许多方面（Gachon et al. 2004）。生物钟的细胞自主性及其在哺乳动物中的分级牵引结构表明，外周组织中的昼夜节律生理很大程度上受外周振荡器的控制。实际上，该说法仅部分正确。当然，外周组织昼夜生理的许多方面直接取决于这些组织中的生物钟。但是，其他方面则受源自视交叉上核的节律性自主神经或激素信号间接的控制。

4.1 细胞自主的生物节律生理

如前文中所述，经典的生物钟机制是受转录反馈环路控制的，其中生物钟蛋白与顺式作用 DNA 元件结合以激活或抑制其他生物钟基因的表达。然而，有趣的是，这些相同的元件存在于整个基因组中，并且还调节生物钟控制的基因（Ripperger et al. 2000）。因此，它们可能是指导外周生物钟生理的主要途径之一。据信这种节律性转录控制是通过启动子区域的三个主要结合基序产生的：E-box、D-box 和 Rev-Erbα/ROR-A 反应元件（RREs）（Ueda et al. 2005；Minami et al. 2013）。这些元件的各种组合能够产生各种各样的相位分布图谱。总体而言，所有外周组织中约有 10% 的转录本以生物节律的方式受到调节（Panda et al. 2002；Storch et al. 2002；Reddy 2013）。

最近，全基因组分析技术，包括染色质免疫沉淀-测序（ChIP-seq）被用于在基因组规模上鉴定特定蛋白质的结合位点以及核糖核酸-测序（RNA-seq）用于鉴定所有的转录本序列，这些都极大地增加了我们对生物钟基因如何控制外周组织中基因表达及其通路的认识（Reddy 2013）。例如，对 BMAL1（Hatanaka et al. 2010；Rey et al. 2011）和其他几个生物钟蛋白（Koike et al. 2012）在肝脏中结合靶标的全基因组分析阐明了不仅那些通路（特别是碳水化合物和脂质的代谢）受到控制，还有不同的调控元件如何促进这种调控。相似的 REV-ERBα 和 REV-ERBβ 靶谱分析显示这两种蛋白对肝脏的核心生物钟和代谢网络都有调节作用（Cho et al. 2012）。

肝脏中节律性生理过程的研究特别深入，其中生物异源物质代谢通路就是外周生物钟指导转录调控的一个好例子。生物钟蛋白 CLOCK 和 BMAL1 通过顺式作用 E-box 元件控制富含脯氨酸和酸性氨基酸的碱性亮氨酸拉链（proline- and acidic amino acid-rich basic leucine zipper，PAR-B-ZIP）转录因子［如 Dbp（D-box 结合蛋白）］的节律性转录（Ripperger et al. 2000）。PAR-B-ZIP 因子与组成型雄烷受体（constitutive androstane receptor，CAR）基因启动子中的 D-box 结合，而后者又通过控制细胞色素 P450 亚型的昼夜表达,而直接调节多种生物异源物质代谢(Gachon and Firsov 2010; Gachon et al. 2006)。图 3.2 展示了这种生物节律转录因子的级联。相同的三个 PAR-B-ZIP 因子也通过控制过氧化物酶体增殖物激活受体 α (peroxisome proliferator-activated receptor alpha,PPARα)基因的表达在指导节律性脂代谢中起关键作用(Gachon et al. 2011)。肝脏葡萄糖代谢也受到细胞内在的肝脏生物钟的强烈调节。实际上,外周生物钟调节的肝脏葡萄糖输出可能抵消了由进食驱动的每日葡萄糖摄入节律从而维持体内相对的稳态(Lamia et al. 2008)。尽管上述控制机制强调了基于抑制和转录起始的转录机制,但越来越多的研究表明,转录的其他后续步骤(Koike et al. 2012)——包括 RNA 输出或稳定性(Morf et al. 2012)、转录终止(Padmanabhan et al. 2012)和剪接(McGlincy et al. 2012)——也起着重要的作用。由于肝脏中生物钟蛋白的百分比大于生物钟转录本(Reddy et al. 2006),因此转录后的生物钟调节机制也完全可能起作用。

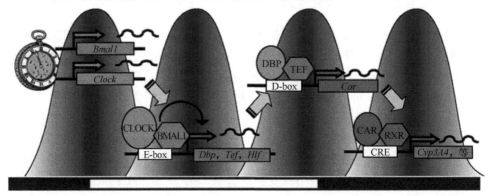

图 3.2   决定肝脏中生物异源物质代谢的生物钟转录因子级联

转录激活因子 CLOCK 和 BMAL1,作为生物钟振荡器主要机制的一部分,激活了编码 PAR-B-ZIP 转录因子 DBP、TEF 和 HLF 的基因转录。这些蛋白质接着激活了组成型雄烷受体(CAR)的转录(为清楚起见,仅显示 DBP 和 TEF)。CAR 蛋白接着以单独或者与类视黄醇 X 受体(retinoid X receptor,RXR)结合成二聚体的方式激活细胞色素酶 P450 的转录

尽管这些研究大部分都是在肝脏中完成的,但外周生物钟在许多其他器官中也起着重要作用。例如,肾脏功能的生物节律性长期为人所知(Minors and Waterhouse 1982),然而,核心生物钟基因像 *Clock*、*Bmal1*、*Npas2*、*Per1*、*Per2*、*Per3*、*Cry1* 和 *Cry2* 在远端肾单位中呈现强烈的振荡表达,在 CLOCK 或 PAR-B-ZIP 基因缺失小鼠中,调节水和钠平衡的关键基因在肾脏表达发生了显著变化,而且钠排泄物本身也发生了变化(Zuber et al. 2009)。因此,肾脏内在的生物钟振荡器可能在该器官的生理调节中起关键作用。同样,巨噬细胞(Keller et al. 2009)和 T 细胞(Fortier et al. 2011)中的生物钟控制炎症免疫反应,而生物钟蛋白 REV-ERBα 似乎在选择性调节炎症细胞因子中起特定的作用(Gibbs et al. 2012)。

在其他组织中，如视网膜生物钟对于内部视网膜光反应的生物钟振荡至关重要（Storch et al. 2007）。此外，缺乏生物钟的动物的动脉移植物在移植血管中发展为动脉粥样硬化，这也证明了自主性生物钟在其中起作用（Cheng et al. 2011）。胰岛的生物钟缺失导致 β 细胞刺激与胰岛素分泌之间偶联的缺陷，进而引发糖尿病（Marcheva et al. 2010）。在心脏组织中，外周生物钟控制着多种激酶和离子通道的表达，并且心脏生物钟突变改变了身体活动（Ko et al. 2011）和心脏甘油三酸酯代谢（Tsai et al. 2010）。循环系统的上皮中，生物钟的突变消除了血栓形成中的生物节律（Westgate et al. 2008）。对组织特异性 *Clock* 删除的动物的骨骼肌和脂肪细胞组织进行的生物节律转录组分析发现，肌肉细胞生物钟至少可调控 400 个基因，而脂肪细胞生物钟可调控至少 660 个基因（Bray and Young 2009），这表明在这些组织中有相当大的节律性生理机能受到外周生物钟的调节。同样，对 NAD$^+$ 抢救通路直接的生物钟控制也意味着外周生物钟调节细胞代谢（Nakahata et al. 2009）。最后，肾上腺组织中的生物钟对于节律性产生糖皮质激素是必不可少的（Son et al. 2008），靶组织中的生物钟甚至可能控制糖皮质激素受体的节律性表达（Charmandari et al. 2011）。同样，生物钟通过 Hsd3b6 酶控制肾上腺醛固酮（aldosterone）的产生也是血压的重要调节因素（Doi et al. 2010）。即使肾上腺刺激是由交感神经驱动的，这些激素的节律性生物合成也受肾上腺生物钟的控制。

4.2 内分泌直接控制节律性生理过程

尽管大量的节律性生理过程由外周生物钟控制，但也有一部分不受控制。大量的节律性内分泌因子能够直接引起节律性生理反应，而不受靶组织中外周生物钟的影响。例如，组织特异性破坏肝脏和其他组织中的生物钟功能揭示了一部分以生物节律方式表达基因是由神经内分泌信号特别是糖皮质激素系统地驱动。通过干扰体内 *Bmal1* 表达来破坏肝脏生物钟，显示 31 个基因仍以生物节律方式表达（Kornmann et al. 2007）。在肌肉、心脏和脂肪等其他组织中也观察到了类似的结果（Bray and Young 2009）。同样，糖皮质激素信号传递不仅能够同步外周生物钟振荡器（Balsalobre et al. 2000a），而且还可以独立地控制 60% 的生物钟转录组（Reddy et al. 2007）。有趣的是，这种控制似乎是由糖皮质激素受体和 CRY 蛋白之间的直接相互作用所调节的（Lamia et al. 2011）。其他核受体协调的生理过程也可能通过与生物钟蛋白的直接相互作用来调节，如 PER2 已显示与 PPARα 和 REV-ERBα 相互作用（Schmutz et al. 2010）。在大脑中，REV-ERBα 和 OPHN1 之间的直接相互作用似乎在海马生物钟中起重要作用，并影响 REV-ERBα（应该是核转录因子）在突触中的定位（Valnegri et al. 2011）。

下丘脑-垂体-肾上腺（hypothalamic-pituitary-adrenal，HPA）轴的生物节律性活动只是内分泌控制外周生物节律性生理的一个方面。内分泌调节的第二个例子是褪黑激素，它对睡眠和炎症产生多种生物节律性作用（Hardeland et al. 2011）。

由于以生物节律的方式能够分泌如此众多的内分泌因子，因此尚有许多其他例子，包括免疫细胞因子如 TNFα、生长激素和性腺类固醇如睾丸激素等（Urbanski 2011）。这些内分泌激素所控制的生物节律性生理机能将在另一章里被详细地介绍（Kalsbeek and Fliers 2013）。

4.3 生物节律性生理的间接控制

通过调节活动周期和进食，视交叉上核（SCN）不仅可以通过发送内分泌信号调节外周生物钟，还可以直接控制生物节律性生理过程。例如，在小鼠肝脏中，只有一小部分的转录本在没有饮食的情况下呈现生物节律的表达方式，相反，即使在没有肝脏生物钟功能的情况下，限时进食则可以恢复相当一部分生物钟转录组中的节律性转录（Vollmers et al. 2009）。同样，在生物钟控制下的 2032 个大脑皮层转录本中，只有 391 个在睡眠剥夺过程中保持节律性（Maret et al. 2007），从而暗示了至少在某些组织中，休息-活动节律对节律性生理过程和基因表达的重要作用。另一项最新研究表明，温度波动如何能够独立于核心生物钟而驱动某些因素如冷诱导的 RNA 结合蛋白（cold-induced RNA-binding protein，CIRP）的节律性表达，从而增强其功能（Morf et al. 2012）。总而言之，这些间接信号在生物节律性生理过程的确切作用仍然是生物钟领域中令人兴奋的新研究方向，其中组织特异性可以发挥重要作用。

4.4 非经典生物钟控制的节律性生理

上述基于转录和翻译反馈环路的生物钟机制控制大多数节律性生理活动，然而，在没有细胞核和转录的红细胞中最近发现了另一种独立的生物节律机制。尽管该生物钟的机理尚不完全清楚，但它能够指导含血红素的蛋白和过氧化氧化蛋白（PRX）的氧化及还原的昼夜节律振荡。过氧化氧化蛋白属于高度保守的基因家族，能够清除呼吸作用所产生的过氧化物（O'Neill and Reddy 2010）。这种生物钟机制似乎独立于已知的所有生物钟蛋白，其所能控制的生理活动范围仍然是个谜（有关综述，请参见 O'Neill et al. 2013）。

5. 总结

当然，哺乳动物外周振荡器的发现是过去 20 年来生物钟生物学研究的重大发现之一。通过控制大量的昼夜节律生物过程，这些外周生物钟无疑在节律性生理活动中起着重要作用，并且对实验小鼠外周组织中特异性地破坏生物钟会造成多种病理状态（Marcheva et al. 2013），包括糖尿病（Marcheva et al. 2010）、动脉粥样硬化（Cheng et al. 2011）、葡萄糖耐受不良（Lamia et al. 2008），以及肾脏和心脏功能缺陷等（Ko et al. 2011；Zuber et al. 2009）。

对于人类病理生理学更重要的是，由于同步外周生物钟的直接和间接信号构成一个复杂网络，外周和核心振荡器之间的不同步可能会导致更多的病理生理状况。一些研究实例表明，核心生物钟与外周生物钟之间的复杂相互作用维持了关键性稳态，体现在如葡萄糖和胰岛素被维持在不同水平（Lamia et al. 2008；Marcheva et al. 2010）。由于时差和轮班工作导致不同组织中生物钟调整的速率不同（Davidson et al. 2008），因此在实验室和现实生活中，与这些状态相关的某些不良病症——如代谢综合征（De Bacquer et al. 2009）和免疫功能障碍（Castanon-Cervantes et al. 2010）可能是由于外周生物钟和核心生物钟之间的冲突引起的，而不是生物节律相移本身的不利影响造成的。在这种情况下，创造性利用同步信号操控外周生物钟可以提供可能的疗效。例如，已经证明，通过进食时间加强外周组织的生物节律，无论热量摄入如何，都能抑制小鼠高达 40% 的癌症生长（Li et al. 2010）。

在本章中，我们试图分别枚举外周生物钟的各种不同机制和牵引信号，以及它们控制的生理机制。由此产生的总体结论虽然很复杂，但却可能是太简单了。实际上，不同组织中的生物钟可能在许多不同的层面相互作用。例如，正如上文针对核受体介导的生理学所解释的那样，许多核受体的配体利用自主神经系统控制的节律性神经内分泌而以生物节律的方式表达，但是这些类固醇激素的合成取决于内分泌组织中的自主生物钟。激素水平的生物节律振荡可在靶向组织中编程节律性生理反应，但这些组织中的生物钟则会提供进一步的生物节律调节。这种网络的生理学意义尚未完全被了解，但无疑将为未来提供无数令人着迷的且与医学相关的研究主题。

（刘陶乐　王　晗　译）

参 考 文 献

Abraham U, Granada AE, Westermark PO, Heine M, Kramer A, Herzel H (2010) Coupling governs entrainment range of circadian clocks. Mol Syst Biol 6: 438

Abrahamson EE, Moore RY (2006) Lesions of suprachiasmatic nucleus efferents selectively affect rest-activity rhythm. Mol Cell Endocrinol 252: 46–56

Akashi M, Nishida E (2000) Involvement of the MAP kinase cascade in resetting of the mammalian circadian clock. Genes Dev 14: 645–649

Albus H, Vansteensel MJ, Michel S, Block GD, Meijer JH (2005) A GABAergic mechanism is necessary for coupling dissociable ventral and dorsal regional oscillators within the circadian clock. Curr Biol 15: 886–893

Alvarez JD, Chen D, Storer E, Sehgal A (2003) Non-cyclic and developmental stage-specific expression of circadian clock proteins during murine spermatogenesis. Biol Reprod 69: 81–91

Asher G, Gatfield D, Stratmann M, Reinke H, Dibner C, Kreppel F, Mostoslavsky R, Alt FW, Schibler U (2008) SIRT1 regulates circadian clock gene expression through PER2 deacetylation. Cell 134: 317–328

Asher G, Reinke H, Altmeyer M, Gutierrez-Arcelus M, Hottiger MO, Schibler U (2010) Poly (ADP-ribose) polymerase 1 participates in the phase entrainment of circadian clocks to feeding. Cell 142: 943–953

Aston-Jones G, Chen S, Zhu Y, Oshinsky ML (2001) A neural circuit for circadian regulation of arousal Nat Neurosci 4: 732–738

Aton SJ, Colwell CS, Harmar AJ, Waschek J, Herzog ED (2005) Vasoactive intestinal polypeptide mediates circadian rhythmicity and synchrony in mammalian clock neurons. Nat Neurosci 8: 476–483

Balsalobre A, Damiola F, Schibler U (1998) A serum shock induces circadian gene expression in mammalian tissue culture cells. Cell 93: 929–937

Balsalobre A, Brown SA, Marcacci L, Tronche F, Kellendonk C, Reichardt HM, Schutz G, Schibler U (2000a) Resetting of circadian time in peripheral tissues by glucocorticoid signaling. Science 289: 2344–2347

Balsalobre A, Marcacci L, Schibler U (2000b) Multiple signaling pathways elicit circadian gene expression in cultured Rat-1 fibroblasts. Curr Biol 10: 1291–1294

Bartness TJ, Song CK, Demas GE (2001) SCN efferents to peripheral tissues: implications for biological rhythms. J Biol Rhythms 16: 196–204

Bray MS, Young ME (2009) The role of cell-specific circadian clocks in metabolism and disease. Obes Rev 10(Suppl 2): 6–13

Brown SA, Zumbrunn G, Fleury-Olela F, Preitner N, Schibler U (2002) Rhythms of mammalian body temperature can sustain peripheral circadian clocks. Curr Biol 12: 1574–1583

Brown SA, Fleury-Olela F, Nagoshi E, Hauser C, Juge C, Meier CA, Chicheportiche R, Dayer JM, Albrecht U, Schibler U (2005) The period length of fibroblast circadian gene expression varies widely among human individuals. PLoS Biol 3: e338

Buhr ED, Takahashi JS (2013) Molecular components of the mammalian circadian clock. In: Kramer A, Merrow M (eds) Circadian clocks, vol 217, Handbook of experimental pharmacology. Springer, Heidelberg

Buhr ED, Yoo SH, Takahashi JS (2010) Temperature as a universal resetting cue for mammalian circadian oscillators. Science 330: 379–385

Castanon-Cervantes O, Wu M, Ehlen JC, Paul K, Gamble KL, Johnson RL, Besing RC, Menaker M, Gewirtz AT, Davidson AJ (2010) Dysregulation of inflammatory responses by chronic circadian disruption. J Immunol 185: 5796–5805

Charmandari E, Chrousos GP, Lambrou GI, Pavlaki A, Koide H, Ng SS, Kino T (2011) Peripheral CLOCK regulates target-tissue glucocorticoid receptor transcriptional activity in a circadian fashion in man. PLoS One 6: e25612

Cheng MY, Bullock CM, Li C, Lee AG, Bermak JC, Belluzzi J, Weaver DR, Leslie FM, Zhou QY (2002) Prokineticin 2 transmits the behavioural circadian rhythm of the suprachiasmatic nucleus. Nature 417: 405–410

Cheng B, Anea CB, Yao L, Chen F, Patel V, Merloiu A, Pati P, Caldwell RW, Fulton DJ, Rudic RD (2011) Tissue-intrinsic dysfunction of circadian clock confers transplant arteriosclerosis. Proc Natl Acad Sci USA 108: 17147–17152

Cho H, Zhao X, Hatori M, Yu RT, Barish GD, Lam MT, Chong LW, DiTacchio L, Atkins AR, Glass CK, Liddle C, Auwerx J, Downes M, Panda S, Evans RM (2012) Regulation of circadian behaviour and metabolism by REV-ERB-alpha and REV-ERB-beta. Nature 485: 123–127

Colwell CS, Michel S, Itri J, Rodriguez W, Tam J, Lelievre V, Hu Z, Liu X, Waschek JA (2003) Disrupted circadian rhythms in VIP- and PHI-deficient mice. Am J Physiol Regul Integr Comp Physiol 285: R939–R949

Cuninkova L, Brown SA (2008) Peripheral circadian oscillators: interesting mechanisms and powerful tools. Ann NY Acad Sci 1129: 358–370

Damiola F, Le Minh N, Preitner N, Kornmann B, Fleury-Olela F, Schibler U (2000) Restricted feeding uncouples circadian oscillators in peripheral tissues from the central pacemaker in the suprachiasmatic nucleus. Genes Dev 14: 2950–2961

Davidson AJ, Yamazaki S, Arble DM, Menaker M, Block GD (2008) Resetting of central and peripheral circadian oscillators in aged rats. Neurobiol Aging 29: 471–477

De Bacquer D, Van Risseghem M, Clays E, Kittel F, De Backer G, Braeckman L (2009) Rotating shift work and the metabolic syndrome: a prospective study. Int J Epidemiol 38: 848–854

Debruyne JP, Noton E, Lambert CM, Maywood ES, Weaver DR, Reppert SM (2006) A clock shock: mouse CLOCK is not required for circadian oscillator function. Neuron 50: 465–477

DeBruyne JP, Weaver DR, Reppert SM (2007a) CLOCK and NPAS2 have overlapping roles in the suprachiasmatic circadian clock. Nat Neurosci 10: 543–545

DeBruyne JP, Weaver DR, Reppert SM (2007b) Peripheral circadian oscillators require CLOCK. Curr Biol 17: R538–R539

Doi M, Takahashi Y, Komatsu R, Yamazaki F, Yamada H, Haraguchi S, Emoto N, Okuno Y, Tsujimoto G, Kanematsu A, Ogawa O, Todo T, Tsutsui K, van der Horst GT, Okamura H (2010) Salt-sensitive hypertension in circadian clock-deficient Cry-null mice involves dysregulated adrenal Hsd3b6. Nat Med 16: 67–74

Fortier EE, Rooney J, Dardente H, Hardy MP, Labrecque N, Cermakian N (2011) Circadian variation of the response of T cells to antigen. J Immunol 187: 6291–6300

Gachon F, Firsov D (2010) The role of circadian timing system on drug metabolism and detoxification. Expert Opin Drug Metab Toxicol 7: 147–158

Gachon F, Nagoshi E, Brown SA, Ripperger J, Schibler U (2004) The mammalian circadian timing system: from gene expression to physiology. Chromosoma 113: 103–112

Gachon F, Olela FF, Schaad O, Descombes P, Schibler U (2006) The circadian PAR-domain basic leucine zipper transcription factors DBP, TEF, and HLF modulate basal and inducible xenobiotic detoxification. Cell Metab 4: 25–36

Gachon F, Leuenberger N, Claudel T, Gos P, Jouffe C, Fleury Olela F, De Mollerat du Jeu X, Wahli W, Schibler U (2011) Proline- and acidic amino acid-rich basic leucine zipper proteins modulate peroxisome proliferator-activated receptor alpha (PPARalpha) activity. Proc Natl Acad Sci USA 108: 4794–4799

Georg B, Hannibal J, Fahrenkrug J (2007) Lack of the PAC1 receptor alters the circadian expression of VIP mRNA in the suprachiasmatic nucleus of mice. Brain Res 1135: 52–57

Gibbs JE, Blaikley J, Beesley S, Matthews L, Simpson KD, Boyce SH, Farrow SN, Else KJ, Singh D, Ray DW, Loudon AS (2012) The nuclear receptor REV-ERBalpha mediates circadian regulation of innate immunity through selective regulation of inflammatory cytokines. Proc Natl Acad Sci USA 109: 582–587

Hardeland R, Cardinali DP, Srinivasan V, Spence DW, Brown GM, Pandi-Perumal SR (2011) Melatonin–a pleiotropic, orchestrating regulator molecule. Prog Neurobiol 93: 350–384

Hardin PE, Hall JC, Rosbash M (1990) Feedback of the Drosophila period gene product on circadian cycling of its messenger RNA levels. Nature 343: 536–540

Hatanaka F, Matsubara C, Myung J, Yoritaka T, Kamimura N, Tsutsumi S, Kanai A, Suzuki Y, Sassone-Corsi P, Aburatani H, Sugano S, Takumi T (2010) Genome-wide profiling of the core clock protein BMAL1 targets reveals a strict relationship with metabolism. Mol Cell Biol 30: 5636–5648

Hirota T, Okano T, Kokame K, Shirotani-Ikejima H, Miyata T, Fukada Y (2002) Glucose downregulates Per1 and Per2 mRNA levels and induces circadian gene expression in cultured Rat-1 fibroblasts. J Biol Chem 277: 44244–44251

Ishida A, Mutoh T, Ueyama T, Bando H, Masubuchi S, Nakahara D, Tsujimoto G, Okamura H (2005) Light activates the adrenal gland: timing of gene expression and glucocorticoid release. Cell Metab 2: 297–307

Izumo M, Sato TR, Straume M, Johnson CH (2006) Quantitative analyses of circadian gene expression in mammalian cell cultures. PLoS Comput Biol 2: e136

Janik DS, Pickard GE, Menaker M (1990) Circadian locomotor rhythms in the desert iguana. II. Effects of electrolytic lesions to the hypothalamus. J Comp Physiol A 166: 811–816

Kalsbeek A, Fliers E (2013) Dialy regulation of hormone profiles. In: Kramer A, Merrow M (eds) Circadian clocks, vol 217, Handbook of experimental pharmacology. Springer, Heidelberg

Kalsbeek A, Garidou ML, Palm IF, Van Der Vliet J, Simonneaux V, Pevet P, Buijs RM (2000) Melatonin sees the light:

blocking GABA-ergic transmission in the paraventricular nucleus induces daytime secretion of melatonin. Eur J Neurosci 12: 3146–3154

Kalsbeek A, La Fleur S, Van Heijningen C, Buijs RM (2004) Suprachiasmatic GABAergic inputs to the paraventricular nucleus control plasma glucose concentrations in the rat via sympathetic innervation of the liver. J Neurosci 24: 7604–7613

Kawamura H, Ibuka N (1978) The search for circadian rhythm pacemakers in the light of lesion experiments. Chronobiologia 5: 69–88

Keller M, Mazuch J, Abraham U, Eom GD, Herzog ED, Volk HD, Kramer A, Maier B (2009) A circadian clock in macrophages controls inflammatory immune responses. Proc Natl Acad Sci USA 106: 21407–21412

Ko ML, Shi L, Tsai JY, Young ME, Neuendorff N, Earnest DJ, Ko GY (2011) Cardiac-specific mutation of Clock alters the quantitative measurements of physical activities without changing behavioral circadian rhythms. J Biol Rhythms 26: 412–422

Koike N, Yoo SH, Huang HC, Kumar V, Lee C, Kim TK, Takahashi JS (2012) Transcriptional architecture and chromatin landscape of the core circadian clock in mammals. Science 338: 349–354

Kornmann B, Schaad O, Bujard H, Takahashi JS, Schibler U (2007) System-driven and oscillatordependent circadian transcription in mice with a conditionally active liver clock. PLoS Biol 5: e34

Kramer A, Yang FC, Snodgrass P, Li X, Scammell TE, Davis FC, Weitz CJ (2001) Regulation of daily locomotor activity and sleep by hypothalamic EGF receptor signaling. Science 294: 2511–2515

Lamia KA, Storch KF, Weitz CJ (2008) Physiological significance of a peripheral tissue circadian clock. Proc Natl Acad Sci USA 105: 15172–15177

Lamia KA, Sachdeva UM, DiTacchio L, Williams EC, Alvarez JG, Egan DF, Vasquez DS, Juguilon H, Panda S, Shaw RJ, Thompson CB, Evans RM (2009) AMPK regulates the circadian clock by cryptochrome phosphorylation and degradation. Science 326: 437–440

Lamia KA, Papp SJ, Yu RT, Barish GD, Uhlenhaut NH, Jonker JW, Downes M, Evans RM (2011) Cryptochromes mediate rhythmic repression of the glucocorticoid receptor. Nature 480: 552–556

Le Minh N, Damiola F, Tronche F, Schutz G, Schibler U (2001) Glucocorticoid hormones inhibit food-induced phaseshifting of peripheral circadian oscillators. EMBO J 20: 7128–7136

Lee JE, Atkins N Jr, Hatcher NG, Zamdborg L, Gillette MU, Sweedler JV, Kelleher NL (2010) Endogenous peptide discovery of the rat circadian clock: a focused study of the suprachiasmatic nucleus by ultrahigh performance tandem mass spectrometry. Mol Cell Proteomics 9: 285–297

LeSauter J, Hoque N, Weintraub M, Pfaff DW, Silver R (2009) Stomach ghrelin-secreting cells as food-entrainable circadian clocks. Proc Natl Acad Sci USA 106: 13582–13587

Li XM, Delaunay F, Dulong S, Claustrat B, Zampera S, Fujii Y, Teboul M, Beau J, Levi F (2010) Cancer inhibition through circadian reprogramming of tumor transcriptome with meal timing. Cancer Res 70: 3351–3360

Liu X, Lorenz L, Yu QN, Hall JC, RosbashM(1988) Spatial and temporal expression of the period gene in Drosophila melanogaster. Genes Dev 2: 228–238

Liu AC, Welsh DK, Ko CH, Tran HG, Zhang EE, Priest AA, Buhr ED, Singer O, Meeker K, Verma IM, Doyle FJ 3rd, Takahashi JS, Kay SA (2007) Intercellular coupling confers robustness against mutations in the SCN circadian clock network. Cell 129: 605–616

Long MA, Jutras MJ, Connors BW, Burwell RD (2005) Electrical synapses coordinate activity in the suprachiasmatic nucleus. Nat Neurosci 8: 61–66

Mahoney CE, Brewer D, Costello MK, Brewer JM, Bittman EL (2010) Lateralization of the central circadian pacemaker output: a test of neural control of peripheral oscillator phase. Am J Physiol Regul Integr Comp Physiol 299: R751–R761

Marcheva B, Ramsey KM, Buhr ED, Kobayashi Y, Su H, Ko CH, Ivanova G, Omura C, Mo S, Vitaterna MH, Lopez JP,

Philipson LH, Bradfield CA, Crosby SD, JeBailey L, Wang X, Takahashi JS, Bass J (2010) Disruption of the clock components CLOCK and BMAL1 leads to hypoinsulinaemia and diabetes. Nature 466: 627–631

Marcheva B, Ramsey KM, Peek CB, Affinati A, Maury E, Bass J (2013) Circadian clocks and metabolism. In: Kramer A, Merrow M (eds) Circadian clocks, vol 217, Handbook of experimental pharmacology. Springer, Heidelberg

Maret S, Dorsaz S, Gurcel L, Pradervand S, Petit B, Pfister C, Hagenbuchle O, O'Hara BF, Franken P, Tafti M (2007) Homer1a is a core brain molecular correlate of sleep loss. Proc Natl Acad Sci USA 104: 20090–20095

Maywood ES, Chesham JE, O'Brien JA, Hastings MH (2011) A diversity of paracrine signals sustains molecular circadian cycling in suprachiasmatic nucleus circuits. Proc Natl Acad Sci USA 108: 14306–14311

McGlincy NJ, Valomon A, Chesham JE, Maywood ES, Hastings MH, Ule J (2012) Regulation of alternative splicing by the circadian clock and food related cues. Genome Biol 13: R54

Minami Y, Ode KL, Ueda HR (2013) Mammalian circadian clock; the roles of transcriptional repression and delay. In: Kramer A, Merrow M (eds) Circadian clocks, vol 217, Handbook of experimental pharmacology. Springer, Heidelberg

Minors DS, Waterhouse JM (1982) Circadian rhythms of urinary excretion: the relationship between the amount excreted and the circadian changes. J Physiol 327: 39–51

Morf J, Rey G, Schneider K, Stratmann M, Fujita J, Naef F, Schibler U (2012) Cold-inducible RNA-binding protein modulates circadian gene expression posttranscriptionally. Science 338: 379–383

Nagoshi E, Saini C, Bauer C, Laroche T, Naef F, Schibler U (2004) Circadian gene expression in individual fibroblasts: cell-autonomous and self-sustained oscillators pass time to daughter cells. Cell 119: 693–705

Nakahata Y, Kaluzova M, Grimaldi B, Sahar S, Hirayama J, Chen D, Guarente LP, Sassone-Corsi P (2008) The NAD+ dependent deacetylase SIRT1 modulates CLOCK-mediated chromatin remodeling and circadian control. Cell 134: 329–340

Nakahata Y, Sahar S, Astarita G, Kaluzova M, Sassone-Corsi P (2009) Circadian control of the NAD+ salvage pathway by CLOCK-SIRT1. Science 324: 654–657

O'Neill JS, Reddy AB (2010) Circadian clocks in human red blood cells. Nature 469: 498–503

O'Neill JS, Maywood ES, Hastings MH (2013) Cellular mechanisms of circadian pacemaking: beyond transcriptional loops. In: Kramer A, Merrow M (eds) Circadian clocks, vol 217, Handbook of experimental pharmacology. Springer, Heidelberg

Padmanabhan K, Robles MS, Westerling T, Weitz CJ (2012) Feedback regulation of transcriptional termination by the mammalian circadian clock PERIOD complex. Science 337: 599–602

Pagani L, Semenova EA, Moriggi E, Revell VL, Hack LM, Lockley SW, Arendt J, Skene DJ, Meier F, Izakovic J, Wirz-Justice A, Cajochen C, Sergeeva OJ, Cheresiz SV, Danilenko KV, Eckert A, Brown SA (2010) The physiological period length of the human circadian clock in vivo is directly proportional to period in human fibroblasts. PLoS One 5: e13376

Panda S, Antoch MP, Miller BH, Su AI, Schook AB, Straume M, Schultz PG, Kay SA, Takahashi JS, Hogenesch JB (2002) Coordinated transcription of key pathways in the mouse by the circadian clock. Cell 109: 307–320

Pendergast JS, Niswender KD, Yamazaki S (2011) Tissue-specific function of period3 in circadian rhythmicity. PloS one 7: e30254

Pendergast JS, Niswender KD, Yamazaki S (2012) Tissue-specific function of period3 in circadian rhythmicity. PLoS One 7: e30254

Perreau-Lenz S, Kalsbeek A, Garidou ML, Wortel J, van der Vliet J, van Heijningen C, Simonneaux V, Pevet P, Buijs RM (2003) Suprachiasmatic control of melatonin synthesis in rats: inhibitory and stimulatory mechanisms. Eur J Neurosci 17: 221–228

Plautz JD, Kaneko M, Hall JC, Kay SA (1997) Independent photoreceptive circadian clocks throughout Drosophila. Science 278: 1632–1635

Reddy AB (2013) Genome-wide analyses of circadian systems. In: Kramer A, Merrow M (eds) Circadian clocks, vol 217, Handbook of experimental pharmacology. Springer, Heidelberg

Reddy AB, Karp NA, Maywood ES, Sage EA, Deery M, O'Neill JS, Wong GK, Chesham J, Odell M, Lilley KS, Kyriacou CP, Hastings MH (2006) Circadian orchestration of the hepatic proteome. Curr Biol 16: 1107–1115

Reddy AB, Maywood ES, Karp NA, King VM, Inoue Y, Gonzalez FJ, Lilley KS, Kyriacou CP, Hastings MH (2007) Glucocorticoid signaling synchronizes the liver circadian transcriptome. Hepatology 45: 1478–1488

Reick M, Garcia JA, Dudley C, McKnight SL (2001) NPAS2: an analog of clock operative in the mammalian forebrain. Science 293: 506–509

Reinke H, Saini C, Fleury-Olela F, Dibner C, Benjamin IJ, Schibler U (2008) Differential display of DNA-binding proteins reveals heat-shock factor 1 as a circadian transcription factor. Genes Dev 22: 331–345

Rey G, Cesbron F, Rougemont J, Reinke H, Brunner M, Naef F (2011) Genome-wide and phasespecific DNA-binding rhythms of BMAL1 control circadian output functions in mouse liver. PLoS Biol 9: e1000595

Ripperger JA, Shearman LP, Reppert SM, Schibler U (2000) CLOCK, an essential pacemaker component, controls expression of the circadian transcription factor DBP. Genes Dev 14: 679–689

Roenneberg T, Kantermann T, Juda M, Vetter C, Allebrandt KV (2013) Light and the human circadian clock. In: Kramer A, Merrow M (eds) Circadian clocks, vol 217, Handbook of experimental pharmacology. Springer, Heidelberg

Rutter J, Reick M, Wu LC, McKnight SL (2001) Regulation of clock and NPAS2 DNA binding by the redox state of NAD cofactors. Science 293: 510–514

Scheer FA, Ter Horst GJ, van Der Vliet J, Buijs RM (2001) Physiological and anatomic evidence for regulation of the heart by suprachiasmatic nucleus in rats. Am J Physiol Heart Circ Physiol 280: H1391–H1399

Schmutz I, Ripperger JA, Baeriswyl-Aebischer S, Albrecht U (2010) The mammalian clock component PERIOD2 coordinates circadian output by interaction with nuclear receptors. Genes Dev 24: 345–357

Shearman LP, Jin X, Lee C, Reppert SM, Weaver DR (2000) Targeted disruption of the mPer3 gene: subtle effects on circadian clock function. Mol Cell Biol 20: 6269–6275

Shinohara K, Funabashi T, Mitushima D, Kimura F (2000) Effects of gap junction blocker on vasopressin and vasoactive intestinal polypeptide rhythms in the rat suprachiasmatic nucleus in vitro. Neurosci Res 38: 43–47

Silver R, LeSauter J, Tresco PA, Lehman MN (1996) A diffusible coupling signal from the transplanted suprachiasmatic nucleus controlling circadian locomotor rhythms. Nature 382: 810–813

Slat E, Freeman GM, Herzog ED (2013) The clock in the brain: neurons, glia and networks in daily rhythms. In: Kramer A, Merrow M (eds) Circadian clocks, vol 217, Handbook of experimental pharmacology. Springer, Heidelberg

Son GH, Chung S, Choe HK, Kim HD, Baik SM, Lee H, Lee HW, Choi S, Sun W, Kim H, Cho S, Lee KH, Kim K (2008) Adrenal peripheral clock controls the autonomous circadian rhythm of glucocorticoid by causing rhythmic steroid production. Proc Natl Acad Sci USA 105: 20970–20975

Stephan FK, Zucker I (1972) Circadian rhythms in drinking behavior and locomotor activity of rats are eliminated by hypothalamic lesions. Proc Natl Acad Sci USA 69: 1583–1586

Stokkan KA, Yamazaki S, Tei H, Sakaki Y, Menaker M (2001) Entrainment of the circadian clock in the liver by feeding. Science 291: 490–493

Storch KF, Lipan O, Leykin I, Viswanathan N, Davis FC, Wong WH, Weitz CJ (2002) Extensive and divergent circadian gene expression in liver and heart. Nature 417: 78–83

Storch KF, Paz C, Signorovitch J, Raviola E, Pawlyk B, Li T, Weitz CJ (2007) Intrinsic circadian clock of the mammalian retina: importance for retinal processing of visual information. Cell 130: 730–741

Takahashi JS, Menaker M (1979) Physiology of avian circadian pacemakers. Fed Proc 38: 2583–2588

Teboul M, Grechez-Cassiau A, Guillaumond F, Delaunay F (2009) How nuclear receptors tell time. J Appl Physiol 107: 1965–1971

Tosini G, Menaker M (1996) Circadian rhythms in cultured mammalian retina. Science 272: 419–421

Trudel E, Bourque CW (2012) Circadian modulation of osmoregulated firing in rat supraoptic nucleus neurons. J Neuroendocrinol 24: 577–586

Tsai JY, Kienesberger PC, Pulinilkunnil T, Sailors MH, Durgan DJ, Villegas-Montoya C, Jahoor A, Gonzalez R, Garvey ME, Boland B, Blasier Z, McElfresh TA, Nannegari V, Chow CW, Heird WC, Chandler MP, Dyck JR, Bray MS, Young ME (2010) Direct regulation of myocardial triglyceride metabolism by the cardiomyocyte circadian clock. J Biol Chem 285: 2918–2929

Tsuchiya Y, Minami I, Kadotani H, Nishida E (2005) Resetting of peripheral circadian clock by prostaglandin E2. EMBO Rep 6: 256–261

Ueda HR, Hayashi S, Chen W, Sano M, Machida M, Shigeyoshi Y, Iino M, Hashimoto S (2005) System-level identification of transcriptional circuits underlying mammalian circadian clocks. Nat Genet 37: 187–192

Um JH, Pendergast JS, Springer DA, Foretz M, Viollet B, Brown A, Kim MK, Yamazaki S, Chung JH (2011) AMPK regulates circadian rhythms in a tissue- and isoform-specific manner. PLoS One 6: e18450

Urbanski HF (2011) Role of circadian neuroendocrine rhythms in the control of behavior and physiology. Neuroendocrinology 93: 211–222

Valnegri P, Khelfaoui M, Dorseuil O, Bassani S, Lagneaux C, Gianfelice A, Benfante R, Chelly J, Billuart P, Sala C, Passafaro M (2011) A circadian clock in hippocampus is regulated by interaction between oligophrenin-1 and Rev-erbalpha. Nat Neurosci 14: 1293–1301

Vollmers C, Gill S, DiTacchio L, Pulivarthy SR, Le HD, Panda S (2009) Time of feeding and the intrinsic circadian clock drive rhythms in hepatic gene expression. Proc Natl Acad Sci USA 106: 21453–21458

Webb AB, Angelo N, Huettner JE, Herzog ED (2009) Intrinsic, nondeterministic circadian rhythm generation in identified mammalian neurons. Proc Natl Acad Sci USA 106: 16493–16498

Welsh DK, Logothetis DE, Meister M, Reppert SM (1995) Individual neurons dissociated from rat suprachiasmatic nucleus express independently phased circadian firing rhythms. Neuron 14: 697–706

Welsh DK, Yoo SH, Liu AC, Takahashi JS, Kay SA (2004) Bioluminescence imaging of individual fibroblasts reveals persistent, independently phased circadian rhythms of clock gene expression. Curr Biol 14: 2289–2295

Westgate EJ, Cheng Y, Reilly DF, Price TS, Walisser JA, Bradfield CA, FitzGerald GA (2008) Genetic components of the circadian clock regulate thrombogenesis in vivo. Circulation 117: 2087–2095

Yagita K, Okamura H (2000) Forskolin induces circadian gene expression of rPer1, rPer2 and dbp in mammalian rat-1 fibroblasts. FEBS Lett 465: 79–82

Yagita K, Tamanini F, van Der Horst GT, Okamura H (2001) Molecular mechanisms of the biological clock in cultured fibroblasts. Science 292: 278–281

Yamazaki S, Numano R, Abe M, Hida A, Takahashi R, Ueda M, Block GD, Sakaki Y, Menaker M, Tei H (2000) Resetting central and peripheral circadian oscillators in transgenic rats. Science 288: 682–685

Yannielli PC, Molyneux PC, Harrington ME, Golombek DA (2007) Ghrelin effects on the circadian system of mice. J Neurosci 27: 2890–2895

Yi CX, Challet E, Pevet P, Kalsbeek A, Escobar C, Buijs RM (2008) A circulating ghrelin mimetic attenuates light-induced phase delay of mice and light-induced Fos expression in the suprachiasmatic nucleus of rats. Eur J Neurosci 27: 1965–1972

Yoo SH, Yamazaki S, Lowrey PL, Shimomura K, Ko CH, Buhr ED, Siepka SM, Hong HK, Oh WJ, Yoo OJ, Menaker M, Takahashi JS (2004) PERIOD2: LUCIFERASE real-time reporting of circadian dynamics reveals persistent circadian oscillations in mouse peripheral tissues. Proc Natl Acad Sci USA 101: 5339–5346

Zuber AM, Centeno G, Pradervand S, Nikolaeva S, Maquelin L, Cardinaux L, Bonny O, Firsov D (2009) Molecular clock is involved in predictive circadian adjustment of renal function. Proc Natl Acad Sci USA 106: 16523–16528

第四章
生物钟起搏转录环路之外的细胞机制

约翰·S.奥尼尔（John S. O'Neill）[1]、伊丽莎白·S.梅伍德（Elizabeth S. Maywood）[2]和迈克尔·H.黑斯廷斯（Michael H. Hastings）[2]

1 英国剑桥大学代谢科学研究所，临床神经科学系，艾登布鲁克斯医院，
2 英国医学研究委员会（MRC）分子生物学实验室

摘要：生物钟驱动着我们生理和行为的日常节律，以使我们适应以24小时为周期的自然和社会环境。由于生物钟影响代谢的各个方面，无论是急性的还是慢性的生物钟紊乱均会损害身心的正常功能以及全身健康。同样，由于药物在体内的命运及其治疗靶位点状态会随着时间的变化而改变，生物钟对药理动力学和疗效也具有重要意义。因此，对生物钟的细胞和分子生物学机制的深入认识，能为生物钟相关以及其他疾病提供新的治疗方案。在细胞水平，生物钟围绕转录/翻译后延迟反馈调节环路（transcriptional/post-translational delayed feedback loop, TTFL）运转，其中*Period*和*Cryptochrome*的激活受到其自身蛋白产物的负调控。在生物体内，无数的细胞生物钟之间的同步化主要由位于下丘脑的视交叉上核（suprachiasmatic nucleus, SCN）核心生物钟起搏维持。虽然TTFL模型成功地阐明了生物钟的作用机制，但各种各样的实验研究发现它并不足以解释细胞起搏的所有特性。最不可思议的是，在无细胞核的人类红细胞中，没有TTFL，但其却能够维持代谢状态的昼夜循环。因此，最近的一些研究集中探讨了振荡的细胞溶质机制（oscillatory cytosolic mechanism）的作用，它可能辅助TTFL。尤其是环磷苷酸（cAMP）和钙离子（Ca^{2+}）依赖性信号通路，它们是生物钟的重要组成部分，同时生物计时活动也涉及许多高度保守的激酶和磷酸酶。因此，一种观点认为"原型生物钟"（proto-clock）可能是一种细胞溶质性和代谢性的振荡，最后演化成TTFL，从而加强生物钟的鲁棒性并以节律性基因表达的形式放大生物钟的输出。生物钟的这种不断演化最终在SCN达到了顶峰，使得SCN演化为分布于全身无数的细胞生物钟的真正起搏器。基于我们和其他实验室的研究结果，我们提出SCN起搏器的模型，该模型综合了TTFL、细胞内信号转导、代谢流量和神经元间偶联等主题，可以解释其独特的生物节律特征及优势。

关键词：细胞内·昼夜节律·信号转导·代谢调节·视交叉上核·翻译后修饰·细胞质振荡器

通讯作者：John S. O'Neill；电子邮件：jso22@medschl.cam.ac.u

1. 生物钟与健康和疾病

生物节律是以大约 24 小时为周期的生物振荡。它们表现在行为、生理、细胞和神经元过程的时间性组织构架中，影响诸如睡眠-觉醒循环、葡萄糖稳态、先天免疫和细胞分裂等各种生命过程。由于这种内源性的计时机制与无数的生物系统相互作用，因此生物节律的紊乱对人类健康和疾病状态会产生重大影响。例如，急性的生物钟紊乱会导致被称为时差的短期副作用，以及发达国家约 15% 的劳动力是长期轮班的工人，这些人易罹患慢性生物节律失调，心血管疾病、2 型糖尿病和各种癌症的患病风险增加（Reddy and O'Neill 2010）。此外，如果肿瘤学家率先研究它们的话，许多被确认的"生物钟基因"同样可以被描述为抑癌基因，因为它们的遗传损伤既导致生物钟失调又造成细胞分裂周期的调控异常（Reddy et al. 2005）。简而言之，由于体内各种生命过程在昼夜之间发生剧烈且可预见的变化，因此从研发新的治疗靶点和提高治疗功效的角度，阐明生物钟的计时机制具有显而易见的转化潜力。

1.1 为什么要有节律性？

由地球自转所引起的环境周期性变化对演化产生了一种持续的选择压力，因此地球上几乎所有的真核生物和许多原核生物都表现出内在的生物钟计时机制，从而能够预期这种环境周期性变化（Roenneberg and Merrow 2002）。目前尚不清楚生物节律是以趋散的（diverged）或分别多次的方式，还是以趋同的（converged）方式跨越不同的生物界出现（Robertson et al. 2008）。然而，可以肯定的是，正如酵母代谢振荡在时间上将生化不相容的分解代谢时段和合成代谢时段分开所证明的那样，有关生理和代谢的时间性组织构架的优势当然是存在的。在哺乳动物中，众所周知的生物节律是，无论何时进食，预期的夜间禁食可以导致生物钟驱动上调肝细胞中糖异生相关基因（Akhtar et al. 2002）。虽然现在人们试图生活在一个 24 小时为周期的社会，但我们起源于晚更新世（Late Pleistocene）的基因组仍然编码着日间狩猎-采集者的生物钟，因此那些沉迷于午夜盛宴的人群会导致高血糖并增加罹患代谢综合征的风险。即使在持续黑暗中维持了 1000 代的果蝇也保持着节律性，这表明生物节律是本能的，已深深地烙入细胞代谢中。同样观察到，在持续黑暗的环境中生存了约 200 万年的盲眼洞穴鱼（*Phreatichthys andruzzii*）具有将近 2 天的极长周期（Cavallari et al. 2011），这表明生物节律不是可有可无的，它们可以在适当的选择条件下适应演化。

1.2 药理学相关的生物钟原理

在哺乳动物中，日常的生物计时目前已被公认为细胞固有的一种现象，这可以在体外培养多天的细胞和组织中观察到。尽管如此，对生物钟的描述仅是几十年前才发展起来的，当时实验生物的行为节律是最常被研究的生物钟输出形式。因此，需要参照药物作用界定几个标准：首先，生物节律是在恒定条件下，即在没有外部时间信号的情况下，表现出大约 24 小时的周期。周期上的每个点都可以指定一个独特的相位，通常表示为生物钟时间（circadian time）的小时数。最近，遗传编码的实时报告基因的广泛应用已经鉴定了不少化合物，它们可以显著地并且剂量依赖性地改变培养的细胞和组织中报告基因自主运行周期的相位，或者缩短、延长其周期。遗憾的是，几乎还没有就这些小化合物对小鼠行为节律的影响进行体内测试。有趣的是，一些有关生物节律的最早研究就是针对的简单无机化合物，如锂盐和重水引起的生物钟周期的延长（Engelmann et al. 1976；Pittendrigh et al. 1973）（图 4.1）。

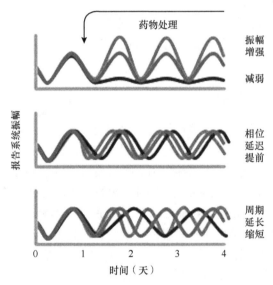

图 4.1 药物处理如何影响生物钟计时示意图（彩图请扫封底二维码）

使用合适的报告系统，药物处理实验组（蓝色、绿色）可以对持续存在于生物体和培养细胞（红色、未处理）的生物节律的特性包括周期、相位和振幅产生不同的影响。合适的报告系统可以是行为活动、代谢物浓度、基因表达、生物发光和荧光等

生物钟并非虚无缥缈的计时器，而是能够对环境作出适当的反应，从而使有机体能够应对与一天中的时间、季节和天气相关的日长和光照质量的变化。相关的外部信号（如黎明和黄昏光照、进食时间、温度周期等）能够牵引（entrain）振荡的相位，因此，每天都会自然地把体内的生物钟周期巧妙地重置，以便与外部太阳光照周期产生共振。对人类来说，光是最强烈的牵引（Johnson 1999）刺激或授时因子（zeitgeber），当在上半夜（early night）或下半夜（late night）感受到光刺激时，内在的生物钟相位可以分别推迟或提前多达 60 分钟（Skene and Arendt 2006）。通

过对受测者或模式生物按照昼夜周期给予光刺激，可以画出对应的相位响应曲线
（phase response curve，PRC）。与此相关的是，在特定的生物钟相位给予脉冲式药
物处理，可能引起培养组织和动物行为节律类似的相位迁移（图 4.1）。这些实验
有助于洞悉体内促进相位迁移的机制，并提供协调的药理学操纵人类节律的潜力，
以减少由于生物钟与外部环境失调而导致长期的不良健康影响。当生物体处于光 /
暗周期牵引时，外界时间与授时因子时间（zeitgeber time，ZT）相关，如 ZT 0 为黎明，
ZT 12 为黄昏。在恒定条件下，使用生物钟时间 CT（circadian time）来表示内在的
计时，即 CT 0 对应昼行动物活动的起始阶段，而 CT12 则代表夜行物种开始活动
的阶段。尽管最近已经提出了替代模型（Roenneberg et al. 2010），但这些术语仍然
在使用。

所有生物节律的另一个共同特征是具有温度补偿功能，即 Q_{10} 大约是 1。鉴于
大多数生物的和化学的反应速度每升高 10℃ 就会翻一倍，生物节律这种适应性是
直观的，因为考虑到在温度高的条件下外部自然时间并没有加快，生物钟运转得
更快没有多大用处，只是不寻常罢了。在其他情况下，这种补偿可能导致涌现性
的网络特性（emergent network property）或分子内的特性，但通常涉及相互拮抗的
过程，其中每个过程都依赖于温度（Ruoff et al. 2007）。温度补偿的药理调控已有
报道（Dibner et al. 2009），虽然温度补偿功能也是生物钟的典型特性，但在机制方
面似乎被理解得最少。

2. 时间药理学

在过去的半个世纪里，基于节律性的模型经历了从生化模型到电生理模型，
再到遗传模型的循环（Edmunds 1983；King and Takahashi 2000；Njus et al. 1976）。
毋庸置疑，要产生任何振荡，都需要延迟的负反馈；而使其振幅不衰减，当然也
还需要一些正前馈（positive feedforward）（Lenz and Sogaard-Andersen 2011）。因
此，不管计时机制如何，也不管其应用是医学上的还是科学上的，任何药物对生
物靶点的作用都可以被认为是其药理学和生物计时之间的相互作用。因为细胞以
循环性流动状态存在，从而影响基因表达、大分子周转和代谢的许多方面。时间
药理学（chronopharmacology）可以被认为由以下三个可以分开但相关的因素组成。
在本书中，其他章节也将对这些内容进行详细描述（Antoch and Kondratov 2013；
Musiek and Fitzgerald 2013；Ortiz-Tudela et al. 2013）。

2.1 时间药物动力学

许多异生物（xenobiotic）的摄取、解毒和清除途径是生物钟调控的，这意味
着药物及其次生代谢物的吸收、分布、代谢和消除，以及伴随的不良反应，可
能受到给药生物钟相位的影响。例如，夜间服用非甾体抗炎药（nonsteroidal anti-

inflammatory drug，NSAID）对骨关节炎患者的毒性是最低的（Levi and Schibler 2007）。

2.2 时间药效学

如果药物靶点的浓度或活性受生物钟调节，如酶的活性可以在转录 / 翻译、翻译后修饰、空间定位或细胞外分泌的水平上进行调节，那么可以预期这会对药物疗效产生相应的影响。多年来人们都知道"他汀类药物"（statins）在夜晚给药是最有效的（Mück et al. 2000），因为其药效学随着生物节律周期的变化而变化。

2.3 时效性

研究显示相对较少的药物能够影响体外培养细胞的生物节律，可能是通过直接或间接调节在计时或牵引通路中起作用的细胞组成部分的活性。虽然作为研究工具是有用的，但了解这些药物在体内的生物钟作用是特别复杂的，因为组织可能有不同于细胞的反应，而且对内在计时可能有不良的影响。例如，许多雾化（aerosolised）哮喘药物含有糖皮质激素，但也有研究表明糖皮质激素也能在几种组织中起到相位重置的作用（Reddy et al. 2007）。因此，虽然它们的使用在短期内可能挽救生命，但可以想象，长期使用它们所导致的一些不良反应可能与体内去同步化（desynchronisation）有关。相比之下，一些精神状况与睡眠 / 觉醒循环紊乱有关，如行为节律紊乱。在精神分裂症患者中，一种常用的处方情绪稳定剂是锂盐，锂盐以 1 ~ 2 mmol/L 血药浓度的治疗剂量在实验生物体中可以导致自由运行周期的延长。有些人认为，锂对生物钟上的作用可能有助于其积极的治疗效果（Schulz and Steimer 2009）。

2.4 临床意义

显然，考虑到现代临床试验所面临的巨大的工作量，系统地研究一种新药或现有药物的所有时间药理方面的费用将高得令人望而却步。事实上，许多初步的时间药理学观察都是轶闻式的（Mück et al. 2000）；然而，它所提供的潜在医学疗效，如通过选择最佳治疗时间提高疗效或减少副作用，足以确保诸如此类的因素不能永远地被忽视（Minami et al. 2009）。因为细胞、组织和物种之间的生物钟原理有着高度的保守性，最具成本效益的解决方案肯定是根据现有的知识，首先在细胞和动物模型中检验其预测，以简化问题的复杂性。因此，在本章的其余部分，将讨论我们目前对计时机制的认识。我们将特别强调各种非转录机制，因为其中许多机制是生物钟计时所必需的，而且更重要的是，它们可能比转录机制更适合于药理学操作。

3. 生物钟计时的模式和机制

3.1 首屈一指的视交叉上核

下丘脑的视交叉上核（SCN）长期以来被认为是哺乳动物的计时中心，因为在啮齿类动物中手术切除视交叉上核会完全消除行为、体温，以及如褪黑激素和皮质醇（cortisol）等内分泌因子分泌的昼夜节律（Welsh et al. 2010）。此外，将胎儿期的 SCN 组织移植到手术切除 SCN 啮齿动物后，受体动物表现出与供体动物相同的昼夜节律行为表型（King et al. 2003；Ralph et al. 1990）。然而，最近的发现清楚地表明，昼夜节律是大多数（如果不是全部的话）哺乳动物细胞固有的特性，即在遍布全身的体内细胞和体外分离的组织/细胞中都能观察到持续数日的昼夜节律（Welsh et al. 2004；Yoo et al. 2004）。10% ~ 20% 的哺乳动物基因在一个或多个组织中节律性表达（Reddy 2013），但特定的"生物钟控制基因"（clock-controlled gene，CCG）在不同组织之间存在差异，这可能与器官功能有关（Deery et al. 2009；Doherty and Kay 2010；Reddy et al. 2006）。某些基因节律性表达的发现，使得实时生物发光报告基因在细胞节律中得以广泛应用，其中萤火虫荧光素酶基因与相关基因组序列融合，从而可以无创性地长期记录节律性生物发光（Yamaguchi et al. 2000）。例如，使用 PERIOD2∷LUCIFERASE（PER2∷LUC）报告基因敲入小鼠，可以对培养物中的分子昼夜节律进行单细胞延时成像。这些结果表明，与完整的 SCN 切片或个体动物的节律相比，SCN 分离的细胞神经元和培养成纤维细胞的计时准确性和鲁棒性（robustness）都较差。例如，在小鼠、大脑切片和分离的神经元中，周期的变异分别为 2%、3% 和 9%（Herzog et al. 2004）。因此，虽然生物节律是一种细胞现象，但显然在更高层次的生物水平上存在着涌现性的网络特性，使整体大于各部分之和。

因此，我们认为视交叉上核（SCN）已经演化成为协调分布在身体其他部位的无数外周细胞生物钟的节律的主要场所。SCN 由 10 000 ~ 20 000 个神经元组成，利用体液因子和轴突投射到其他脑区来维持外周组织之间稳定的相位关系（Welsh et al. 2010）。位于视交叉上方的 SCN 神经元，有一部分来自视网膜下丘脑束（retinohypothalamic tract，RHT）的兴奋性谷氨酸能（glutamatergic）神经支配（Brown and Piggins 2007；Leak et al. 1999），接收来自成像（IF）和非成像（NIF）光感受器细胞的光信号以及来自脑干的非光信号如五羟色胺（5HT）和神经肽 Y（NPY）。因此，伴随着生物功能，SCN 是一个异质的细胞集合，整合多个输入信号以维持其振荡相位，进而产生各种各样的输出通路，以传递适合每个靶点的时间信号（Slat et al. 2013）。这种复杂的细胞异质性和环路构架使得其他的系统水平的功能（如日长编码）得以出现（VanderLeest et al. 2007）。

3.2 确定研究的抽象水平

要理解任何生物系统，将其复杂性降低到最简单的水平，有助于观察到感兴趣的表型。在昼夜节律中，行为活动在恒定条件下自主运转的周期或基因表达的相位等特征可以代表计时活动，然而，这可能会导致问题出现，因为行为上无节律性的某些动物不能被认为细胞计时方面有缺陷，如没有腿的老鼠在用跑轮进行测试时也是无节律性的。同样，哺乳动物的昼夜节律不应该在低于细胞的水平进行研究，除非这种振荡能够在体外进行生化重建，就像蓝藻振荡器已经证明的那样，其中三种 Kai 蛋白和 ATP 的混合物表现出自动磷酸化的昼夜周期。

由于细胞可能是研究生物钟计时的正确生物学抽象水平（Noble 2008），所以令生物钟领域以外的科学家感到困惑的是，视交叉上核（SCN）的计时机制竟然仍需要如此深入仔细的研究。这种情形除了围绕任何成功的实验模型的研究势头越来越强之外，还可以用以下几种方式来解释。首先，SCN 是真正的主生物钟（master clock），没有 SCN 实验啮齿动物就会行为节律失常，而它们的外周生物钟就会彼此失去同步，并按照自己的内在周期自由运转（Tahara et al. 2012）。因此，我们需要了解 SCN，以便把计时放在生理的背景下。其次，与许多神经元培养不同的是，器官型（organotypic）SCN 在体外仍可存活数月，并保持诸如鲁棒性、准确性和神经元间偶联等许多体内昼夜节律特性。此外，SCN 能够适应培养基的变化而不干扰正在运行的振荡节律，因此其昼夜周期反映了其遗传背景。最后，SCN 是一个高度特化的计时器官，但它似乎使用了几种对哺乳动物细胞通用的计时机制，但振幅更高，因此更容易被检测到。

3.3 哺乳动物最新的生物钟计时模型：转录反馈

基于正向和反向遗传学，细胞计时的最新模型集中在转录/翻译反馈机制，其中正向激活因子（如 BMAL1 与 CLOCK）绑定到生物钟控制基因（CCG）包括那些编码阻遏蛋白的"生物钟基因" *PERIOD1*（*PER1*）/*PERIOD2*（*PER2*）和 *CRYPTOCHROME1*（*CRY1*）/*CRYPTOCHROME2*（*CRY2*）的启动子中一些常见的调控元件（如 E-boxes），从而促进预期的黎明（CT0）前后的转录激活。阻遏蛋白经过翻译后加工，最终在当天晚些时候积累形成复合体，然后在预期的黄昏（CT12）左右进入细胞核。在夜间，这些阻抑复合物抑制 CLOCK/BMAL1 驱动的许多生物钟控制基因（CCG）包括它们自身的启动子的转录活性，然后逐渐降解。这导致黎明前减缓转录抑制，允许周期重新开始（Reppert and Weaver 2002）。随着越来越多的生物钟基因转录因子及其共复合物被鉴定，更为精细的周期性转录激活/抑制伴随着染色质重塑/组蛋白修饰的复杂模型已经出现，并用于解释许多实验现象。事实上，生物钟系统，通过将日常因素重新融入生物钟背景之中，已经成功地使得我们重新审视业已确立的转录机制知识体系。值得注意的是，一些生物钟基因，如 *PERIOD1*（*PER1*）/*PERIOD2*（*PER2*），是诱导即早期基因（immediate early gene）转录因子，其启动子也包含功能性 cAMP/Ca^{2+} 反应元件（cAMP/Ca^{2+}response element，CRE）。视交叉上核（SCN）在体内和体外实验发现，细胞外（extracellular，EC）刺激对 cAMP/Ca^{2+} 信号的适当激活可诱导 *Period* 的表达，从而促进夜间生物钟重置 / 牵引（Obrietan et al. 1999；Tischkau et al. 2003）。这些观点和发现在本书的其他部分也进行了综述（Buhr and Takahashi 2013；Sahar and Sassone-Corsi 2013），但是总而言之，在过去的二十年里，用于解释细胞计时的最重要的假设是将周期性的"生物钟基因"转录作为核心机制，而翻译后机制则起到辅助作用。

3.4 捉摸不定的生物钟调节机制

最近的一些发现质疑周期性转录在解释细胞计时机制方面是否充分甚至必要。

3.4.1 司空见惯的转录 / 翻译反馈环路

转录 / 翻译反馈是细胞生物学中非常常见的基调（Kholodenko et al. 2010），是细胞实现蛋白质稳态（proteostasis）的方式，即通过补充足够的活性蛋白质以满足其需求。例如，在信号传送方面，反复出现的模式是不稳定抑制因子的快速降解以满足信号传送的需求，随后是它们的转录上调，这样有助于终止信号并返回到本底水平（Legewie et al. 2008）。对于诸如此类振荡基因表达反馈环路，时间通常比 24 小时要短得多。例如，ERK 信号仅需要 2 ~ 3 小时（Kholodenko et al. 2010），NF-κB 通路仅需要 3 ~ 4 小时（Nelson et al. 2004），而发育分节时钟的周期则为 2 ~ 6 小时（Jiang et al. 2000），反映了基因表达的各个步骤包括转录激活 / 染色质重塑 → 延伸 / 剪接 /5′-加帽 → 终止 / 聚腺苷化 / 出核 → 翻译 → 转运 / 移位等的总和。因此，如果不假定翻译后过程还发挥重要的作用，这些基因表达过程相较 24 小时周期都可以更快地完成。目前尚不清楚为什么任何转录 / 翻译循环以及紧随的细胞"生物钟蛋白"需要花费 24 小时。

3.4.2 转录组、蛋白质组和蛋白质活性之间的差异

除了一两个重要的例外，蛋白质介导了每一个细胞过程。一个无可争议的生物学原理是，DNA 编码的蛋白质序列通过信使 RNA（mRNA）中间体传递，从而普遍认为细胞 mRNA 转录本水平与它们编码的蛋白质水平相关。然而，最近对转录后调控的认识发现情况不一定是这样。事实上，现在有许多与生物钟相关的例子，即蛋白质活性可以在转录后调控，包括干扰 microRNA（interfering microRNA）介导的 mRNA 沉默（Cheng et al. 2007）、可变剪接（alternative splicing）（McGlincy et al. 2012）、转录本特异性翻译率（Kim et al. 2005）、整体翻译率（Cao et al. 2011）

或者通过磷酸化定向、泛素化介导、蛋白酶体降解的翻译后调节等（Eide et al. 2005；Reischl et al. 2007）。

从整体细胞的角度来看，支持转录后调控重要作用的证据是令人信服的。通过使用微阵列技术（microarray-based technique），许多研究小组报道了在众多组织中约有 10% 的 mRNA 转录本受到生物钟的调控。最近，对小鼠肝脏和视交叉上核（SCN）的细胞质可溶性蛋白质组进行了生物钟时间系列的研究，发现 10% ～ 20% 的蛋白质表达量在昼夜节律周期中差异显著。令人惊讶的是，基因表达在 mRNA 和蛋白质水平之间并没有必然的相关性（Deery et al. 2009；Reddy et al. 2006），即节律性转录本可以编码水平恒定的蛋白，而恒定表达的转录本则可以编码节律性的蛋白等（Robles and Mann 2013）。

肝脏的研究也发现了一些受节律性翻译后修饰的蛋白质。例如，peroxiredoxin6 在蛋白质修饰上表现出与其蛋白质和转录本水平反相位的节律。这种发现是至关重要的，因为很多蛋白质活动最终由级联的共价修饰来调控。因此，对生物钟机制相关的基因来说，节律性转录水平不能被假设为具有功能相关性，因为最终介导生物反应的是蛋白质活性相关的时空动态。

3.4.3 随机效应或基因剂量效应

在单个细胞水平上，由于每个细胞只有两个或 X 染色体上只有一个基因拷贝，转录启动成功的低效率和 RNA 聚合酶停滞（RNA polymerase stalling）频率等组合的影响，给定位点的转录则显示固有的混杂现象（Blake et al. 2003；Wu and Snyder 2008）。最近的研究发现 *Bmal1* 启动子的转录直接显示这种突发动力学（burst kinetics）特征（Suter et al. 2011）。这些随机效应可能会导致周期长度的大幅度变化，而不是在离体细胞中观察到的大约 10% 呈现转录振荡。此外，G_2 期的分裂细胞和大约 40% 的肝细胞为多倍体（≥ 4N 染色体）（Gentric et al. 2012）。显然，如果计时机制主要依赖于特定时间的转录，这将导致对生物钟周期的基因剂量效应。然而，至今尚未观察到这种现象，从而引起人们质疑生物钟的周期性对基因表达的直接依赖性。

3.4.4 基因过表达和敲除的经验教训

大多数生物钟基因的过表达或敲除对小鼠的行为周期和培养的视交叉上核（SCN）的周期影响微不足道，仅仅引起小于 10% 的延长或缩短（Hastings et al. 2008），导致人们普遍认为这些生物钟基因之间存在大量功能性冗余（Welsh et al. 2010）。在某些情况下，如 *Bmal1*^-/- 敲除、*Per2* 过表达和 *Cry1*^-/-；*Cry2*^-/- 双敲除小鼠的行为的确无节律（Bunger et al. 2000；Chen et al. 2009；Vitaterna et al. 1999），但这并不能表明它们细胞的生物节律也被消除。事实上，*Bmal1*^-/- 或 *Cry1*^-/-；

Cry2⁻/⁻ 双敲除器官型视交叉上核切片仍然维持 PER2∷LUC 的节律性生物发光（Ko et al. 2010；Maywood et al. 2011）。至少在视交叉上核中，这种对遗传损伤的鲁棒性表明，即使在没有节律性 E-box 的激活情况下，生物钟环路依然能够通过其他启动子元件或转录后调控来维持 PER2∷LUC 的节律性表达。然而，某些普通转录因子的基本活性显然是"正常的"细胞生物节律所必需的，但它们所展现的大量的节律性表达是否是计时的先决条件仍有待观察。这些哺乳动物的研究发现与粗糙脉胞霉（*Neurospora crassa*）的实验结果相似。在这种真菌中，已确定的"生物钟基因"对于细胞计时的绝对必要性在此之前也曾遭到质疑（Lakin-Thomas 2006；Merrow et al. 1999；Granshaw et al. 2003）。

3.4.5 以酶为重点的其他类型生物钟突变体

值得注意的是，具有最强周期表型的生物钟突变小鼠在编码具有翻译后修饰作用的酶的基因中携带显性的、明显的反态（anti-morphic）突变。例如，*Clock⁻/⁻* 敲除小鼠的昼夜周期略短于野生型的周期，而切断第 19 个外显子的突变则消除了 CLOCK 的乙酰转移酶活性，导致该突变小鼠行为活动和培养的视交叉上核（SCN）的周期比野生型都要长得多，如在纯合子中长达约为 28 小时（Debruyne et al. 2006；Vitaterna et al. 1994）。同样，酪蛋白激酶 1ε（casein kinase 1ε，CK1ε）缺失的纯合子小鼠的昼夜周期比野生型的周期略长约 0.5 小时，而 *Tau*（R182C）突变纯合子小鼠的昼夜节律则比野生型的周期长 3～4 小时（Meng et al. 2008）。我们由此推断，与直接破坏已知的生物钟转录成分相比，酶活性的遗传干扰更容易改变计时能力。

3.4.6 生物钟报告系统报告什么？报告是否足够？

核心生物钟基因活性的生物发光报告系统已经成为有助于勾画在时间上协调生理过程的、复杂的半冗余环路系统的不可或缺的工具。然而，在遗传学/药理学操作导致生物发光节律明显的丧失或无节律的情况下，缺乏证据并不代表没有证据。确实，必须考虑报告基因或转录环路，而不是细胞生物钟本身是否受到影响。例如，在哺乳动物细胞系中过表达转录抑制因子 CRY1 的不同实验室发现无节律与无影响的差异，似乎在很大程度上归因于所用启动子序列的长度和性质（Chen et al. 2009；Fan et al. 2007；Ueda et al. 2005）。人们最新达成的共识是，大多数"生物钟蛋白"如 CRY 和 BMAL1 的循环水平对于计时来说并不是必需的，但循环的 PER 是必不可少的（Lee et al. 2011）。如果使用在 PER 正常运作的遗传环路之外的生物钟报告系统提供的数据来支持，则这种解释将更具说服力。在这种背景下，非常需要开发不依赖新生基因（nascent gene）表达的实时翻译后报告系统。

3.4.7 尽管转录受到抑制，生物钟仍在运转

在所有最新的细胞生物钟模型中，转录的速率和具体时间构成了关键的状态变量。因此，令人惊讶的是，研究发现使用 RNA 聚合酶 II 抑制剂 α-鹅膏蕈碱（α-amanitin）和放线菌素 D（actinomycin D）全面抑制细胞 mRNA 的产生后，NIH3T3 成纤维细胞的细胞生物节律仍具有极强的鲁棒性。在这项出色的研究中，药物处理后，3 天内超过 70% 的 mRNA 产生被抑制，但生物钟周期则仅仅缩短不到 10%；此外，在较低的温度下周期缩短明显减弱，这证明了目前为止未被怀疑过的温度补偿效应（Dibner et al. 2009）。同样，使用 *PER2∷LUC* 翻译报告系统，在用 α-鹅膏蕈碱油酸（α-amanitin oleate）处理器官型 SCN 的切片后，我们能够观察到至少一个额外的生物发光峰。在处理浓度为 10～100 nmol/L 时，我们观察到培养物中总 ^{3}H-尿苷（^{3}H -uridine）的掺入量减少超过 70%（图 4.2）。

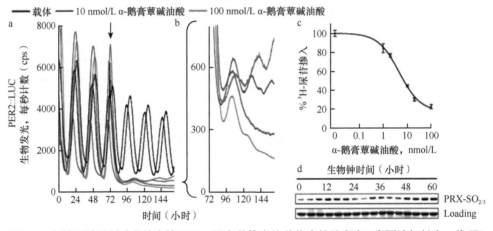

图 4.2 在转录被抑制或者缺失情况下，昼夜节律在培养物中持续存在（彩图请扫封底二维码）
（a，b）代表性图和放大图显示在用 α-鹅膏蕈碱油酸长时间处理视交叉上核（SCN）器官型切片中，PER2∷LUC 生物发光的节律持续存在（AM，*n* = 4）；箭头代表开始使用药物时间；（c）^{3}H-尿苷掺入显示 α-鹅膏蕈碱油酸对新生 RNA 合成的影响剂量反应；（d）代表性的时间过程显示过氧化还原蛋白过氧化的节律在分离的人类红细胞中持续存在（O'Neill and Reddy 2011）

上述数据与最近在海洋单细胞绿藻（*Ostreococcus tauri*）中的发现类似（O'Neill et al. 2011）。当将表达转录或翻译生物钟基因∷荧光素酶融合的培养物与饱和浓度的总 RNA 合成的抑制剂虫草素（cordycepin）孵育时，仅在翻译报告系统的细胞系而不是转录报告系统的细胞系中观察到了一个额外的正确时相基因表达周期（O'Neill et al. 2011）。综上所述，这些数据可能表明，只要细胞中存在足够的 mRNA，非转录机制就能维持一个额外的生物钟调控的蛋白质合成周期。事实上，在单细胞绿藻中，所有转录对计时的作用似乎都局限于以生物钟为计时标准的上

午时段（CT0～8），因为在其他时间段对培养物可逆地施用虫草素，在药物洗脱后并没有影响生物钟相位。

3.4.8 尽管翻译受到抑制，生物钟仍在运转

在至少三个不相关的实验生物中使用普通的核糖体抑制剂放线菌酮（cycloheximide，CHX），进行了化学"楔形"（Wedge）实验。在这样的时间进程中，零假设（null hypothesis）假定翻译在生物钟周期的任何一点上对计时都没有作用；而任何系统偏离这个零假设都表明它确实有作用。为了进行这些繁重的实验，从整个昼夜周期的不同相位开始，翻译被抑制以增加持续时间。在所有三个实验模型中，即小鼠生物发光视交叉上核（SCN）切片、加州海螺（*Bulla gouldiana*）眼电生理学和单细胞绿藻培养生物发光，在超过 16 小时，即约 2/3 的生物钟周期内，对翻译抑制不敏感，这再次表明大多数计时功能并不依赖新生基因的表达（O'Neill et al. 2011；Khalsa et al. 1996；Yamaguchi et al. 2003）。

3.4.9 非哺乳动物系统中的翻译后振荡

通过对这些观察结果进一步延伸，可以说目前存在几种在完全没有新生基因表达的情况下细胞计时的模式。最近研究表明，在单细胞绿藻中，过氧化还原蛋白翻译后节律在转录完全停止的持续黑暗中，也在基因表达抑制剂存在的情况下都能持续几个周期（O'Neill et al. 2011）。这印证了在另一种藻类地中海伞藻（*Acetumaria mediterranea*）中的发现，即这种藻类的叶绿体运动的昼夜节律在细胞核被移除后仍然持续存在（Woolum 1991）。然而，具有里程碑式的研究是在原核蓝藻长聚球藻（*Synechococcus elongatus*）中进行的。在这项研究中表明，仅使用长聚球藻的三种重组蛋白——KaiA、KaiB 和 KaiC，加上 ATP，就可以在体外重建活细胞中发生的、正常情况下与全基因组转录调控相互作用的 KaiA、KaiB 和 KaiC 蛋白磷酸化和复合体形成的 24 小时节律（Nakajima et al. 2005）。细菌表达系统倾向于基于一个蛋白对应一个功能的原理起作用，而哺乳动物蛋白则倾向于编码多个、与具体情形相关的细胞功能结构域。因此，我们认为不太可能对哺乳动物的计时进行直接的等效实验（equivalent experiment）。然而，这确实增加了一种可能性，即最小的生物钟计时功能单位可能不包括细胞核。

3.4.10 人类红细胞的昼夜节律

最近，在体外研究了哺乳动物细胞对新生基因表达的绝对需求。长时间的抑制基因表达，最终所导致的细胞毒性效应往往混淆了解决这一问题的药理学方法。为了避免这种情况，人们因此采用了不具有细胞核的人类红细胞。首次在小鼠肝脏观察到的节律性翻译后过氧化还原蛋白修饰被用作节律性标记。简单地说，过

氧氧化蛋白家族是细胞防御活性氧类（reactive oxygen species，ROS）尤其是 H_2O_2 的主要成员，而活性氧类是有氧代谢不可避免的副产品。可能由于血红蛋白自动氧化（auto-oxidation）作用产生的高活性氧自由基，红细胞以占总蛋白的大约 1% 高水平表达过氧化还原蛋白。2-Cys PRX 主要以二聚体的形式存在，通过 H_2O_2 在保守的过氧化半胱氨酸残基上催化氧化自身。生成的磺酸（sulphenic acid，Cys_p-SOH）可以被相对单体（Cys_p-S-S-Cys_R）上的分解的半胱氨酸还原，最终被硫氧还蛋白系统（thioredoxin system）还原为游离的硫醇（SH）。然而，分解的半胱氨酸攻击的动力学相当缓慢，在附加 H_2O_2 存在的情况下，会通过可逆的由硫氧还蛋白催化（sulphiredoxin-catalysed）的 ATP 依赖机制过度氧化成亚磺酸形式（sulphenic acid，Cys_p-SO_2H）或甚至半胱氨酸（sulphonic，Cys_p-SO_3H）形式。通过对在恒定条件下分离在最低葡萄糖/盐缓冲液中的红细胞利用 2-Cys-PRX-$SO_{2/3}$ 抗体进行免疫印迹检验，观察到过氧化还原蛋白氧化的昼夜节律（图 4.2d）。这些节律是温度补偿的，可以被温度循环所牵引并且对基因表达的抑制剂具有鲁棒性的反应。此外，几种细胞代谢物 ATP、NADH、NADPH 的浓度变化似乎受到节律调节，正如血红蛋白多聚体状态（haemoglobin multimeric state）的间接荧光测定分析所展示的一样（O'Neill and Reddy 2011）。

这些研究数据可能表明细胞质中存在一种潜在的节律功能，并不直接依赖于新生基因的表达，类似于我们先前假设的"细胞质振荡器"（cytoscillator）（Hastings et al. 2008）。目前，尚不清楚在分离的红细胞中观察到的代谢节律是否具有直接的生理意义，因为先前报道过培养的成纤维细胞和小鼠组织中的代谢节律，如 NAD^+ 浓度，被认为是转录的基础（Ramsey et al. 2009）。然而有趣的是，虽然可以在 *Cry1*$^{-/-}$;*Cry2*$^{-/-}$ 双敲除的转录无节律的小鼠胚胎成纤维细胞中观察到过氧化还原蛋白氧化的循环变化，但与野生型对照中观察到的更加鲁棒的振荡相比，它们显然受到了干扰。虽然还需要更多的研究工作，但是这意味着在有核细胞中，某些翻译后代谢节律与特定的与计时相关的转录因子相互作用，并可能相互调节。

3.4.11 高通量筛选生物钟调节因子

最近的一项无偏倚全基因组 RNA 干扰（RNAi）筛选，使用两种不同的生物发光报告系统，发现了许多基因的下调显著影响了细胞节律的周期或振幅。虽然基于 RNAi 的方法经常会因为脱靶效应而出现问题，但该方法展示了相当大比例"靶基因"被确定为特征明确的代谢和信号通路的组成部分。事实上，在详细研究的 12 个最强的周期表型中，敲减 *POLR3F* 和 *ACSF3* 后，虽然生物钟周期分别增加或缩短，但是对生物钟基因的表达并没有明显的影响（Zhang et al. 2009）。

几个研究团队还采用药物筛选的方法来鉴定影响培养的细胞计时的化合物。虽然更大的、通常是专有的文库筛选仍在进行中，但已经公布的几个数据集发现大约 1% 的化合物显著影响了生物钟的周期（Chen et al. 2012；Hirota et al. 2008，

2011；Isojima et al. 2009）。其中一些化合物证实了翻译后修饰机制如酪蛋白激酶1δ/ε（casein kinase 1δ/ε，CK1δ/ε）、糖原合成酶激酶3β（glycogen synthase kinase-3β，GSK3β）和腺苷酸环化酶（adenylyl cyclase，AC）在细胞生物节律中的作用。此外，还发现了如酪蛋白激酶1α（CK1α）的新调控机制（Hirota et al. 2011），以及许多靶蛋白的抑制剂、激动剂和拮抗剂，但这些靶蛋白在细胞计时中尚未确定作用（Isojima et al. 2009）。后一类中包括许多膜和细胞内信号蛋白。这些"发现科学"（discovery science）方法意味着，尚未将大量有助于精确计时的细胞系统整合到任何统一的细胞生物节律模型中。

3.4.12　跨类群的翻译后机制的保守性

在真核生物中，与计时机制有关的转录因子在不同门类之间的保守性很差（Hastings et al. 2008；O'Neill et al. 2011）。相反，许多普遍存在的翻译后机制，如酪蛋白激酶1（CK1）、酪蛋白激酶2（CK2）、糖原合成酶激酶3β（GSK3β）、蛋白磷酸酶1（protein phosphatases 1，PP1）、蛋白磷酸酶2A（protein phosphatases 2A，PP 2A）和蛋白酶体降解等，它们的计时功能显然是完全保守的（Hastings et al. 2008）。这些酶的抑制剂对单细胞绿藻的细胞节律的影响与它们在哺乳动物细胞中的作用相同（O'Neill et al. 2011），尽管哺乳动物和单细胞绿藻在大约15亿年前就已经趋异了。目前尚不清楚，这种显著的保守程度是否反映了对某些管家机制（housekeeping mechanisms）的普遍要求，如靶向蛋白质降解；还是相反，这些酶构成了靶向最近出现的转录因子的保守翻译后计时机制的一部分。真核细胞周期蛋白（cyclin）依赖性激酶的保守细胞分裂周期作用的范式，而不是它们的转录靶标，主张后一种观点（Hastings et al. 2008）。然而，生物钟蛋白（如PER2）与Wnt信号通路的组成部分（如β-联蛋白，β-catenin）之间的翻译后过程惊人的相似（Del Valle-Perez et al. 2011），则支持前一种观点。虽然每个酶家族都有一些功能冗余，存在多个亚型，但由于它们参与了无数的细胞过程，每个亚型的活性最终对细胞的存活至关重要（详见下文）。因此，它们呈现构成性的（constitutively）表达也就不足为奇了。不过有趣的是，据报道某些酶如糖原合成酶激酶-3（GSK3β），由于它们自身的翻译后修饰的昼夜节律模式而具有节律性活性（Iitaka et al. 2005）。

有趣的是，作为生物钟计时的标志，过氧化还原蛋白氧化节律似乎高度保守，与任何转录/翻译后延迟反馈调节环路（TTFL）成分不同，它在生命范畴内代表性的生物（包括细菌、古生菌和真核生物）中都能观察到。虽然PRX本身似乎并不起到关键的计时作用，但它报告的氧化还原节律在缺乏"核心"TTFL成分的生物体中持续存在，尽管也会受到干扰。我们认为，这种显著的保守性可能反映了某些潜在的古老代谢振荡仍然深深嵌入到细胞机制中，或者反映了是节律性氧化还原调节的演化趋同，以促进相互拮抗的代谢过程在时间上分离（Edgar et al. 2012）。

4. 信号转导通路及代谢

显然，转录循环在计时中的作用对于从时间上协调正常的生理功能和行为的组织构架是必要的，并且生命活动最终需要转录本身，以便合成 RNA 和蛋白质。基于上述观点，我们有理由假设转录循环并不是生物钟周期需要花耗 24 小时才能完成的机制基础。因此，我们需要考虑可能相关的其他细胞过程。尽管有很多众所周知的信号通路中的许多因子，如雷帕霉素的机制靶基因（mechanistic target of rapamycin，mTOR）和胰岛素/磷酸肌醇 3 激酶（phosphoinositide 3-kinases，PI3K）等越来越多地被证明在信号转导和代谢中起作用；非经典转录因子的大多数密切关联机制，在很大程度上也与信号传递和代谢有关，下面将讨论少数几个例子。

4.1 第二信使通路

通常认为细胞内第二信使通路介导细胞外信号信息向效应靶点的快速传递，从而引起相应的生物反应，如离子通道活性、胞吞作用（endocytosis）或胞吐作用（exocytosis）、代谢流量、转录调节等的变化。然而，令人惊讶的是，生物钟对普遍存在信号系统如 Ca^{2+}、cAMP、cGMP 和 NO 等的调节可以在各种背景下观察到，而对这些信号分子的药理学操作则已被证实会影响计时功能（Hastings et al. 2008；Golombek et al. 2004）。由于技术上的原因，尚无法确认这些现象是否反映机体的本底浓度的整体变化，亦或是生物钟相关的亚细胞时空瞬变的模式。生物钟与上述这些信号通路的交叉作用，在其他信号转导通路中也很常见，但是目前还没有任何相关的研究。虽然过去认为第二信使是"核心"振荡器和牵引的输出信号，但最近的研究表明它们可以在机制上直接影响生物钟计时本身（O'Neill et al. 2008）。由于这些实验大多是在视交叉上核（SCN）器官型切片上进行的，我们将在最后一节加以讨论。

4.2 磷酸化以及其他的翻译后修饰

从乙酰化（acetylation）到苏素化（SUMOylation），从糖基化（glycosylation）到半胱氨酸氧化（cysteine oxidation），所有翻译后蛋白修饰的主要类别都涉及调节生物钟和（或）受生物钟的计时调节（Doi et al. 2006；Durgan et al. 2012；Gupta and Ragsdale 2011；Lee et al. 2008）。这应该不足为奇，因为细胞作为生物钟运转的基本单位拥有一整套生物化学工具，不会仅仅利用这些生物化学工具特定的一部分来塑造与计时相关的蛋白质活动的时空动态变化。由于蛋白质的磷酸化是其中最具特色的，所以接下来我们简要描述目前为止已经确定的磷酸化关键组分。

4.2.1 酪蛋白激酶 1

酪蛋白激酶 1（CK1）家族成员是保守的、普遍表达的丝氨酸 / 苏氨酸（Ser/Thr）激酶，它们以自动磷酸化的无活性状态存在，直到通过激活特定的蛋白磷酸酶而去磷酸化。它们有广泛的细胞靶点，包括在细胞质内的和细胞核内的靶点，并调节各种过程，如膜转运、DNA 复制、Wnt 信号传递和 RNA 代谢等。CK1 明显地偏好磷酸盐设定的磷酸化位点（Cheong and Virshup 2011）。

早期的果蝇诱变筛选显示 CK1 是生物节律周期长度的调节器，不同类型的双倍时间（*doubletime*）突变导致果蝇休息—活动节律周期的缩短或延长（Kloss et al. 1998）。在一系列引人注目的极相似的研究中，叙利亚仓鼠的自发 *Tau* 突变揭示了哺乳动物中的首个生物钟突变，后来证明该突变涉及酪蛋白激酶 1ε（CK1ε）内半胱氨酸（cysteine）被精氨酸（arginine）替代，导致每个突变等位基因拷贝的生物钟周期缩短了 2 小时（Lowrey et al. 2000）。在人类中一个更具有里程碑意义的发现是，一组以早醒为特征的家族性睡眠障碍被证明与人类酪蛋白激酶 1δ（CK1δ）的突变或 PER2 中推测的磷酸化位点的突变有关。随后把仓鼠和人类的相关突变引入到小鼠的基因工程研究证明了 CK1δ 和 CK1ε 的功能获得性突变可以增加 PER 蛋白的降解速率，从而加速了生物钟周期（Kloss et al. 1998）。最近的基因操作研究显示，CK1δ 和 CK1ε 在节律起搏器中具有重叠的作用；而当这两种酶同时缺乏时，典型的转录振荡器则完全停止（Lee et al. 2011；Etchegaray et al. 2011；Meng et al.，2010）。目前，CK1δ 和 CK1ε 选择性抑制剂的研发，至少在动物研究和组织培养中，能够从药理学上调节生物钟的周期，即将野生型的生物钟周期延长到 30 小时；并通过使用适当的剂量把 CK1 突变体缩短的周期纠正到野生型的水平（Meng et al. 2010）。虽然野生型和突变体 CK1 调控 PER2 的磷酸化位点尚未清楚地刻画，但是有一点很明显，与 β-联蛋白一样，它们通过 F-box 蛋白 β-TRCP 使 PER 蛋白泛素化并导致蛋白酶体降解（Reischl et al. 2007；Xu et al. 2009）。近期的药理学筛选研究同样显示了 CK1α 在生物钟中迄今为止未被怀疑的作用（Hirota et al. 2011）。

4.2.2 酪蛋白激酶 2

酪蛋白激酶 2（CK2）是另一种普遍存在且高度保守的丝氨酸 / 苏氨酸激酶，其在控制细胞增殖、转化、凋亡和衰老等多种途径中发挥着核心作用（Montenarh 2010）。它由一个催化性二聚体 α-亚基和一个调节性二聚体 β-亚基组成。该复合物与植物中拟南芥（*Arabidopsis thaliana*）、真菌中粗糙脉孢菌（*Neurospora crassa*）和昆虫中果蝇（*Drosophila melanogaster*）的昼夜节律的调节密切相关。最近的大规模功能性 RNA 干扰（RNAi）筛选发现，在哺乳动物细胞中该复合物可能与酪蛋白激酶 1（CK1）协同作用，结合、磷酸化 PER 蛋白以及破坏 PER 蛋白的稳定性（Maier et al. 2009）。研究发现，通过药理学操作抑制 CK2 可以延长生物钟的周期

（Tsuchiya et al. 2009）。虽然已经报道了许多 CK2 的激活作用模式，但目前仍不清楚其活化的上游途径（Montenarh 2010）。

4.2.3 糖原合成酶激酶 3

糖原合成酶激酶 3（GSK3）是一种保守且普遍表达的多功能丝氨酸 / 苏氨酸激酶，其最初被鉴定为糖原代谢的调节因子。它在许多信号通路中发挥关键作用，包括调节细胞周期、炎症和细胞增殖（Xu et al. 2009）。在胰岛素 / 磷酸肌醇 3 激酶（PI3K）信号通路中蛋白激酶 B（AKT/PKB）通过磷酸化 GSK3 而使其失活；而在体外培养的成纤维细胞中则发现 GSK3 的磷酸化存在自发的生物钟循环。这种酶最初在果蝇中发现与计时有关。在 GSK3 过表达和低表达的果蝇突变体中分别表现出生物钟周期的缩短和延长（Martinek et al. 2001）。在哺乳动物中，GSK3 存在 α 和 β 两种亚型，其中 GSK3β 在发育过程中至关重要，$Gsk3\beta^{-/-}$ 敲除小鼠在胚胎期致死。在哺乳动物细胞中，GSK3β 的药理学抑制能够以剂量依赖的方式缩短生物钟的周期（Hirota et al. 2008）。有研究表明 GSK3β 与生物钟蛋白 BMAL1、CLOCK、CRY2、PER2 以及 REV-ERBα 相互作用，促进它们的磷酸化进而调节它们的稳定性（Iitaka et al. 2005；Yin et al. 2006；Kurabayashi et al. 2010；Sahar et al. 2010；Spengler et al. 2009）。

4.2.4 AMP-激活蛋白激酶

5′-AMP- 激活蛋白激酶（5′-AMP-activated protein kinase，AMPK）是一种普遍存在且保守的能量水平传感器（sensor）。它充当代谢开关，调节包括葡萄糖的细胞摄取、脂肪酸的 β-氧化和线粒体生物发生等细胞内代谢过程（Hardie 2011）。AMPK 是一种异三聚体蛋白质，包括 α、β 和 γ 亚基，每种都包含多种亚型。α-亚基具有催化作用，磷酸化丝氨酸（Ser）/ 苏氨酸（Thr）；而 γ- 亚基被 AMP-激活蛋白激酶上游的激酶进一步磷酸化激活后可直接感知 AMP + ADP：ATP 的比值（Xiao et al. 2011）。最近，AMP-激活蛋白激酶被证明可以在哺乳动物细胞中通过磷酸化 CRY1 破坏其稳定性，并可诱导酪蛋白激酶 1（CK1）介导的 PER2 降解；而 AMPK 在小鼠肝脏中的活性和分布则呈现节律性（Lamia et al. 2009；Um et al. 2007）。

4.2.5 蛋白磷酸酶

蛋白质磷酸化与磷酸酶介导的去磷酸化处于动态平衡状态。迄今为止，保守且广泛表达的蛋白磷酸酶 PP1 已被报道调节 PER 蛋白（Lee et al. 2011；Schmutz et al. 2011），而蛋白磷酸酶 PP5 能够以 CRY 依赖的方式调控酪蛋白激酶 1ε（CK1ε）的活性（Partch et al. 2011）。基于对果蝇和脉孢菌的观察结果，蛋白磷酸 PP2A 似乎在哺乳动物计时中也发挥一定的作用（Sathyanarayanan et al. 2004；Yang et al. 2004）。

4.3　蛋白酶体的降解

伴随着某些磷酸化能够促进蛋白入核，上述普遍存在的酶对细胞计时的功能性作用可以体现在生物节律周期中发生的位点特异性生物钟蛋白磷酸化的净增加；但是蛋白质的超磷酸化（hyperphosphorylation）却会导致泛素介导的蛋白酶体降解（Virshup et al. 2007）。因为这些调节蛋白质运转的方式是公认的细胞生物学原理，而不是生物钟所独有的（Xu et al. 2009；Westermarck 2010），这似乎是完全合理的并得到了遗传学和生化证据的充分支持。

4.3.1　F-Box 和富含亮氨酸的重复蛋白 3（FBXL3）及其下班时间（*Afterhours*）突变

与影响 PER 和 CRY 磷酸化的突变改变生物钟周期，然后也改变泛素化的观察结果类似，某些磷酸化和蛋白酶体降解之间的中介过程的改变应该有类似的效果。这在两个独立的诱变筛选中得到证实。F-Box 与富含亮氨酸重复蛋白 3（F-box and leucine-rich repeat protein 3，FBXL3）是 SCF（Skp，Cullin，F-box containing complex）泛素化复合物（E3 连接酶）组成成分，其 C 端亮氨酸富集区域携带点突变的小鼠表现生物钟周期的延长。*Fbxl3* 下班时间（*Afterhours*）和 *Fbxl3* 超时（*Overtime*）两种突变的杂合子和纯合子的行为周期及视交叉上核（SCN）生物发光节律分别延长了大约 1 小时和 3 小时。这种延长归因于 CRY 蛋白降解率的降低，这本身是突变型 FBXL3 与其 CRY 底物之间亲和力降低的结果，这相应地减缓蛋白酶体对 CRY 蛋白的靶向性（Godinho et al. 2007；Siepka et al. 2 007）。最近，第二个 F-box 蛋白 FBXL21 也证实与生物钟有关，该蛋白也与 CRY 蛋白结合并指导 CRY 蛋白降解。FBXL21 同样降低 CRY 对 CLOCK-BMAL1 复合物转录激活的负反馈作用，并在视交叉上核（SCN）区域既高度富集又呈现节律性表达（Dardente et al. 2008）。有趣的是，高通量药物筛选最近揭示了 FBXL 介导的 CRY 降解是药理学调制细胞计时的一个新靶点（Hirota et al. 2012）。

4.4　蛋白质稳定性／活性的节律调节

在转录／翻译后延迟反馈调节环路（TTFL）可用来解释细胞生物节律的背景下，当前的研究表明，伴随着每个生物钟蛋白底物上的某些特定丝氨酸／苏氨酸残基参与调节降解和入核之间的平衡，这些酶对生物钟蛋白磷酸化和去磷酸化之间的动态相互作用起到了调节复合物形成、蛋白质降解和入核动态的间隔计时器（interval timer）的作用（Virshup et al. 2007）。然而，对于 Wnt 信号提出了一个本质上相同的模型，其关键的区别在于需要一个上游激活信号来稳定 β-联蛋白及其入核（Del Valle-Perez et al. 2011）。尽管推测存在某些作用在上游的信号通路，以引起在激酶活性／生物钟蛋白稳定性中所观察到的节律性，但尚未发现这样的信号

来调节生物钟蛋白。

直观上,任何非管家(non-housekeeping)蛋白必须具有特定的合成和降解途径,从而避免氧化或折叠蛋白质的错误表达和积累。然而,由于上述提及的激酶和磷酸酶也是细胞信号和代谢许多方面的内在特性,而且它们的数百个其他细胞靶点也没有呈现节律性翻译后调控,我们无法想象它们仅仅在生物钟基因转录因子的调控中发挥特定的作用。正如在 PER 蛋白所发现的那样,鉴于这些和其他生物钟关联的激酶在具有多位点磷酸化结构域的其他蛋白底物中的已知协同作用(Salazar and Hofer 2009),我们可以合理地认为,大多数已知的转录因子生物钟蛋白作为协同、共检测底物效应器(coincidence-detecting substrate effector)来放大细胞信号和代谢系统中低振幅调制的酶活性,从而导致生物钟蛋白的节律性活性、定位及稳定性。

同样,通过与细胞周期的类比,相位特异性激活和不可逆蛋白降解的目的论依据(teleological justification)同样有吸引力,因为它将赋予生物钟周期转录元件方向性。在没有可能刺激生物钟蛋白额外合成的外部因素的情况下,基因表达的较慢动态对我们假定在分离的红细胞中持续存在的任何翻译后振荡的干扰产生鲁棒性。在这种情况下,生物钟蛋白的转录反馈抑制对于节律性来说是非必需的,但显然会提供正信号放大的优势,因为没有蛋白底物就无法转导信号。这仍然留下了一个问题,即在酶活性的翻译后节律上起作用的上游可能是什么,我们认为这对生物钟调控的转录因子活性/稳定性至关重要。

4.5 代谢的相互作用

在包括哺乳动物细胞和组织在内的大量实验生物体中,已经报道了氧化还原平衡如 NAD$^+$:NADH 比率、代谢物浓度和协调的代谢过程如自噬的生物节律(Minami et al. 2009;Merrow and Roenneberg 2001;Brody and Harris 1973;Powanda and Wannemacher 1970;Dallmann et al. 2012;Ma et al. 2011)。例如,20 多年前,据报道在体外分离的血小板中,还原型谷胱甘肽(reduced glutathione)水平呈现节律性(Radha et al. 1985)。虽然血小板仍然含有线粒体和核糖体等细胞器,但这意味着生物钟节律可以在没有循环性核转录的情况下持续存在,但是在没有代谢的情况下则不能维持,因为代谢是细胞生命所必需的。

有趣的是,一些已确定的"生物钟基因"转录因子是血红素结合蛋白,在节律性血红素代谢和血红素蛋白的氧化还原/配体状态之间表现出相互调节的作用(Yin et al. 2007;Kaasik and Le 2004;Dioum et al. 2002)。例如,核受体 REV-ERBβ 的血红素结合及其活性由氧化还原敏感的半胱氨酸控制(Gupta and Ragsdale 2011)。另外,包含乙酰转移酶的 CLOCK、BMAL1,以及拮抗的脱乙酰化酶 SIRT1 的复合物的转录活性受其 NAD 辅助因子氧化还原状态差异的调节(Rutter et al. 2001;Nakahata et al. 2008;Asher et al. 2008)。因此,生物钟相关转录因子的活性似乎取决于代谢状态,而它们的定位/稳定性似乎由细胞内信号系统控制。

此外，还有许多已经确定的相互作用途径将氧化还原平衡和细胞代谢与上述已经讨论的各种信号机制的活性连接起来（Cheong and Virshup 2011；Montenarh 2010；Hardie 2011；Vander Heiden et al. 2009；Sethi and Vidal-Puig 2011；Dickinson and Chang 2011；Metallo and Vander Heiden 2011）。因此，我们完全有理由认为，伴随着转录生物钟组件充当共检测底物效应器把网络状态整合为一个整体，细胞溶质中的节律通过多个代谢和信号网络之间的周期性、分布式的相互作用而持续存在。在这种情况下，无关的网络干扰将被忽略，适当的细胞外信号以相位依赖的方式响应。节律性转录许可，同其较慢的基因表达动态，将通过节律性调制蛋白质／转录水平来赋予"细胞质振荡器"（cytoscillator）鲁棒性。至关重要的是，振荡器的功能不需要节律性转录作用，但是生物钟蛋白活性对其同源基因和生物钟控制基因（CCG）的额外抑制将有助于信号放大（图 4.3）。

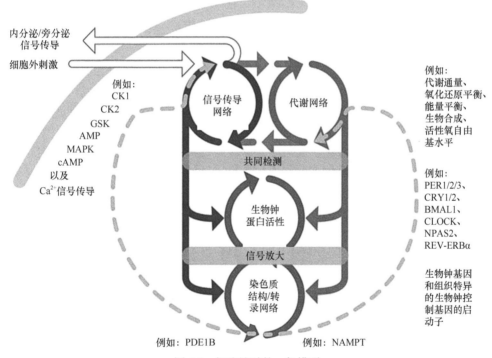

图 4.3　细胞计时的一般模型

生物钟计时在功能上分散到细胞的代谢和信号转导网络中，不需要新生基因表达。然而，在大多数有核细胞中，这些网络的整合输出可以在蛋白质活性／稳定性／定位的生物钟周期中明显地观察到。例如，经典的生物钟蛋白转录因子可以充当网络状态"共同检测器"（coincidence detector）。它们节律性地调制染色质结构，促进下游转录网络在时间上协同调节，包括它们自己同源的生物钟基因环路，从而导致信号放大。"生物钟控制基因"（CGG）的节律性调制促进了生理机能时间上协同调控并前馈（feed forward）到代谢／信号转导网络中，进而调制某些组成机制的表达。例如，节律性 Nampt 表达促进了 NAD+ 挽救途径的节律性活性（Ramsey et al. 2009），而 PDE1B 则降解 cAMP 并影响节律的振幅（Zhang et al. 2009）。信号转导网络的生物钟节律状态调制与局部和远端靶标的通信，同时时间上选择性地控制相关细胞外信号影响生物钟相位能力

5. 视交叉上核特异的计时机制

5.1 视交叉上核的生理机能

视交叉上核（SCN）神经元表现出几种不同寻常的特征。虽然生物钟节律在哺乳动物细胞中普遍存在，但视交叉上核表现出更大的振幅、更强的鲁棒性和更准的精准性，从而增加神经元间的同步，也就是说振幅和同步性是相互依赖的（Hastings et al. 2008；Abraham et al. 2010）。例如，不同于其他培养的组织，视交叉上核似乎能够抵制温度循环的牵引，除非其神经元间的通讯受到损害（Buhr et al. 2010）。下面讨论遗传学和药理学方法，用来阐述视交叉上核如此特别的原因，特别强调 Ca^{2+} 和 cAMP 信号传递的作用。

视交叉上核（SCN）电生理具有明显的节律性，大多数神经元去极化（大约$-50mV$）和自发动作电位（action potential，AP）（大约 10Hz）发生在白天，但是超极化（大约$-60mV$）和静息态（< 1Hz）则主要发生在夜晚（Pennartz et al. 2002；Colwell 2011）。使用河鲀毒素（TTX）阻断神经传递可以消除电节律，并且伴随着神经元间的逐步去同步化（desynchronisation）而引起节律基因表达振幅的快速衰减（Yamaguchi et al. 2003）。由此可见，电兴奋性是单细胞振荡器之间的偶联所必需的，并使偶联的整体大于各部分的总和。大多数视交叉上核神经元的轴突向外投射，从而与周围的大脑区域通信。视交叉上核内通讯主要来源于树突位点的致密核心囊泡（dense-cored vesicle）的胞吐作用（Castel et al. 1996）。囊泡释放的大部分是非突触的或旁突触的（parasynaptic），具有钙离子依赖性，可能涉及神经反向传播促进的逆行传递（retrograde transmission）（Gompf et al. 2006）遵循比大多数兴奋性细胞更慢的动态。

代谢型（metabotropic）神经肽信号传递对视交叉上核（SCN）的计时功能是必不可少的。虽然存在功能性的电突触（electrical synapses），但它们对计时并不必需（Long et al. 2005）。同样在体外，也没有离子型（ionotropic）神经递质受体被证明是视交叉上核内在计时不可或缺的。例如，虽然视交叉上核内的突触主要是 γ-氨基丁酸能（GABAergic），大多数视交叉上核神经元合成 / 释放 γ-氨基丁酸（GABA）并表达 γ-氨基丁酸受体（GABA$_A$），但使用荷包牡丹碱（bicuculline）对 γ-氨基丁酸能信号传递的长时间的抑制并不会对生物计时产生显著影响（Gompf et al. 2006；Aton et al. 2006）。然而，γ-氨基丁酸信号传递可能通过限制白天静息态细胞膜的去极化程度（Aton et al. 2006）以及夜间通过与 K^+ 通道外流协同作用使细胞膜超极化（Colwell 2011），确实有助于牵引（Ehlen and Paul 2009）并调节振幅。

几种神经肽介导视交叉上核（SCN）神经元之间的通讯，其中最主要的是血管活性肠肽（vasoactive intestinal peptide，VIP）。血管活性肠肽结合到血管活性肠多肽 / 垂体腺苷酸环化酶激活肽受体（VPAC2）上，主要通过腺苷酸环化酶（adenylyl cyclase，AC）经由 Gsα 传递信号（An et al. 2011）。促胃液素释放肽（GRP）和精氨酸加压素（AVP）具有辅助作用，它们也通过各自的 G 蛋白偶联受体信号通路激活磷脂酶 C（phospholipase C，PLC）（Gamble et al. 2007）。虽然上述神经肽的受体特别是 VPAC2 分布更广泛，但是血管活性肠肽、促胃液素释放肽，以及精氨酸加压素在视交叉上核亚群中表达是不同的（Welsh et al. 2010）。最有可能的是，神经肽的释放发生在白天，以响应促进囊泡胞吐作用而增加的电活动，从而允许视交叉上核网络内部的局部旁分泌通讯（Maywood et al. 2011）。

编码血管活性肠肽或其受体 Vpac2 基因纯合缺失小鼠表现出严重的行为节律紊乱。与野生型小鼠相比，这些敲除小鼠体外培养的视交叉上核神经元的静息膜电位超极化，表现电活动减少（Aton et al. 2005；Maywood et al. 2006）。血管活性肠肽或 Vpac2 缺失纯和小鼠视交叉上核切片的分子节律受到严重影响。最值得注意的是，与野生型相比，可检测到的生物发光神经元数量大幅减少，而且这些神经元的节律是随机的、低振幅的、彼此间不同步的，类似于分离的神经元或成纤维细胞。关键的是，在血管活性肠肽缺失的视交叉上核中，加入外源性的血管活性肠肽可以拯救几个振幅更高的而且同步的节律周期（Aton et al. 2005）。Vpac2 缺失的切片中具有类似的现象，用药物毛喉素（forskolin）处理能直接激活腺苷酸环化酶（AC）。同样地，使用促胃液素释放肽或提高胞内 Ca^{2+}/ 胞外高 K^+ 含量也可以拯救节律的振幅（Maywood et al. 2006）。这意味着，这些动物的计时缺陷可以归因于 $cAMP/Ca^{2+}$ 信号的缺陷。

5.2 视交叉上核的第二信使信号

长期以来，第二信使信号转导被认为是细胞牵引的重要方式。例如，在体外，就像血管活性肠肽（VIP）通过 VPAC2/Gsα/AC/cAMP 发挥作用一样（Welsh et al. 2004；Brown and Piggins 2007；An et al. 2011），谷氨酸（Glu）能够引起钙离子介导的视交叉上核（SCN）相位牵移。此外，据报道第二信使信号转导的生物钟调制是一种有节律的细胞输出。例如，在体内和体外培养的视交叉上核中，胞浆 cAMP 浓度（$[cAMP]_{cyto}$）呈现大约 4 倍的变化，在 CT2 左右的黎明后不久达到峰值（O'Neill et al. 2008；Doi et al. 2011）。同样，荧光探针显示视交叉上核的胞浆钙离子（$[Ca^{2+}]_{cyto}$）具有鲁棒的节律性，一样在 CT2 左右黎明后不久达到峰值（Ikeda et al. 2003）。值得注意的是，钙离子浓度和静息态膜电位的节律不受河鲀毒素（TTX）处理的影响（Pennartz et al. 2002）。有趣的是，胞浆 cAMP 和 Ca^{2+} 在早上的峰值和夜晚的低谷值是一致的，而且最大活性发生在电活性的峰值之前，即大约在 CT6 的中午时间，因此不受电活性的驱动（Ikeda et al. 2003）。相反，cAMP 和 Ca^{2+} 是视交叉上核电生理兴奋性所必需的（Atkinson et al. 2011；Shibata et al. 1984）。各种信号转导通路已经在升高的 $cAMP/Ca^{2+}$ 与由位于 Period1/Period2 基因的启动子中环磷酸腺苷相应元件（cAMP response element，CRE）介导的转录激活之间建立，因此，逻辑上来说如果第二信使信号是来自某些假定的核心生物钟机制的节律性输出和输入，那么动态的 cAMP/Ca^{2+} 信号传递与该核心机制将难以区分（Hastings et al. 2008）。因此，适当操纵 cAMP 和 Ca^{2+} 信号传递应该能够确定细胞节律的关键特性，如振幅、相位和周期。

5.2.1 对振幅的影响

施用毛喉素（forskolin）+3-异丁基-1-甲基黄嘌呤（3-isobutyl-1-methylxanthine，IBMX）或者百日咳毒素（pertussis toxin）以长时间地提高或者施用腺苷酸环化酶（AC）抑制剂 MDL12330A 以降低胞浆 cAMP 浓度（[cAMP]$_{cyto}$），能够以剂量依赖的方式引起视交叉上核（SCN）节律衰减和神经元间的去同步化；在许多方面这与血管活性肠肽（VIP）或其受体 VPAC2 无效突变的视交叉上核表型类似。药物洗脱后，视交叉上核能够逐渐恢复到正常节律（O'Neill et al. 2008；Aton et al. 2006），揭示了视交叉上核细胞和环路的自组织特性（self-organising properties）。施用利阿诺定（ryanodine）长时间地提高胞外 K$^+$ 浓度（[K$^+$]$_{EC}$）或施用 Ca^{2+} 螯合剂抑制胞内 Ca^{2+}（[Ca^{2+}]$_{IC}$），以及施用 Ca^{2+} 通道抑制剂混合物而降低胞外 Ca^{2+} 浓度（[Ca^{2+}]$_{EC}$）同样会以剂量依赖的方式引起节律振幅的降低，并伴随可能的去同步化（Maywood et al. 2006；Ikeda et al. 2003；Shibata et al. 1984；Lundkvist et al. 2005）。

长时间地升高或降低细胞内 cAMP/Ca^{2+} 水平同样能够分别提高或降低 PER2∷LUC 的本底生物发光，强调了环磷酸腺苷相应元件（CRE）激活在调节生物钟基因中的关键作用。这样的操作研究揭示了视交叉上核计时固有的振幅和同步性之间的相互作用对动态的第二信使介导的神经元间偶联的依赖性（Abraham et al. 2010）。

5.2.2 对相位的影响

随着毛喉素（forskolin）+3-异丁基-1-甲基黄嘌呤（IBMX）的洗脱以及随后 cAMP 水平的下降，不管之前的相位如何视交叉上核（SCN）切片都能采取统一的新相位，即将相位重置到大约 CT12 的黄昏，此时 [cAMP]$_{cyto}$ 通常接近最低值而 PER∷LUC 活性则达到峰值（O'Neill et al. 2008）。谷氨酸（Glu）诱导的 Ca^{2+} 介导的视交叉上核相位的重置已经被广泛报道，这能被谷氨酸受体激动剂重现，而被谷氨酸受体拮抗剂阻断（Kim et al. 2005）。Ca^{2+} 的内流也可以使 *Vpac2* 无效突变的视交叉上核神经元重新同步。当视交叉上核切片从 [Ca^{2+}]$_{cyto}$ 较低的培养基中取出后，将重置其内部相位至大约 CT3 的黎明后，此时通常检测到 [Ca^{2+}]$_{cyto}$ 处于峰值（Maywood et al. 2006；Lundkvist et al. 2005）。因此，在药理学上强制地转变 cAMP/Ca^{2+} 覆盖了先前的相位，迫使视交叉上核相位通常在自我维持的生物钟周期内任何时间转变。

5.2.3　对周期的影响

腺苷酸环化酶（AC）的非竞争性 p 位点抑制剂能够以剂量依赖的方式抑制视交叉上核的 cAMP 信号传递（An et al. 2011），并可逆地把体外每个受试组织的生物钟周期延长到超过 31 小时；同时也能够与延长视交叉上核周期其他机制的操作形成累加效应（O'Neill et al. 2008）。当通过渗透微泵将 p 位点抑制剂（THFA）连续地直接递送到视交叉上核时，同样观察到小鼠体内行为周期的延长（O'Neill et al. 2008）。虽然尚未对 Ca^{2+} 进行等效的视交叉上核实验，但使用药物抑制内质网（ER）Ca^{2+} 存储释放和导入以及使用膜透性 Ca^{2+} 螯合剂，大鼠肝脏外植体的周期也能够可逆地延长（Baez-Ruiz and Diaz-Munoz 2011）。视交叉上核切片预计也能得到类似的结果。

5.3　视交叉上核定时和第二信使的相互作用

操纵视交叉上核（SCN）的 $cAMP/Ca^{2+}$ 信号通常比突变/敲除已知的生物钟基因导致更明显的视交叉上核表型。因此，除了 $cAMP/Ca^{2+}$ 信号其他无数生物学功能（Hastings et al. 2008），动态的 $cAMP/Ca^{2+}$ 信号对视交叉上核计时起着至关重要的作用。那么问题是：哪些信号蛋白参与其中，以及如何实现同生物节律转录元件之间的相互作用？

野生型视交叉上核切片表现出升高的 $cAMP/Ca^{2+}$ 日周期，在 *Per* 基因启动子的节律性环磷酸腺苷相应元件（CRE）激活时达到顶峰，并与节律性的 E-box 激活协同，从而推定放大了振荡。在环磷酸腺苷相应元件结合蛋白（cAMP response element-binding protein，CREB）转录因子中，最近 ATF4 被认为是这样的末端效应器（terminal effector）之一（Koyanagi et al. 2011）。尚不清楚促进环磷酸腺苷相应元件激活的视交叉上核特异性通路，但 cAMP 转导肯定涉及 EPAC 对 PKA 的辅助作用（O'Neill et al. 2008）。对于 Ca^{2+} 而言，效应器 CaMKII、MAPK 和 PKC 也有类似的关联（Welsh et al. 2010；Lee et al. 2010）。基于有关 cAMP 和 Ca^{2+} 信号系统之间协同效应调节的大量研究（Welsh et al. 2010），很可能这两者通常协同工作，以促进视交叉上核中环磷酸腺苷相应元件在最大程度上激活。

虽然视交叉上核 $[Ca^{2+}]_{cyto}$ 信号传递的日增加可能主要从细胞内存储开始，但是目前尚不清楚是否有任何腺苷酸环化酶（AC）的亚型优先参与细胞生物节律的调节。虽然肌醇 1,4,5-三磷酸（inositol 1,4,5-trisphosphate，IP_3）和利阿诺定（ryanodine）受体（IP_3R，RyR）肯定参与其中，但是依然不清楚不同的 Ca^{2+} 移动信使（Ca^{2+}-mobilising messenger）（IP3、cADPR 和 NAADP）以及 Ca^{2+} 诱导的 Ca^{2+} 释放的相对作用。虽然细胞质膜 Ca^{2+} 流动是视交叉上核计时所必需的（Schweizer and Ryan 2006），但这很可能是囊泡胞吞/胞吐时对胞外 Ca^{2+} 需求和在储存操作的 Ca^{2+} 进入（store-operated Ca^{2+} entry，SOCE）期间补充耗尽的胞内存储的间接结果（Cohen and Fields 2006）。细胞内信使系统之间的直接相互作用，如 cAMP 对 IP3R 活性的调制（Schweizer and Ryan 2006），尚未在视交叉上核中研究。

视交叉上核的生物钟转录环路借助几种方式调制 cAMP/Ca^{2+} 信号传递。例如，研究人员观察到几种视交叉上核神经肽、神经肽受体和 AC/RyR 亚型的基因表达节律，并且已经确定了对计时的功能性作用，如能够促进节律性转录（好比输入的形式）的因子本身也有节律性表达（作为输出形式）（Welsh et al. 2010）。另外，据报道 RGS16 的节律性表达在白天抑制 Gi/o（Doi et al. 2011）。最重要的是，最近有研究表明 CRY1 在体外和小鼠肝脏中均可直接抑制 Gsα 的活性（Zhang et al. 2010）；如果这种机制也在视交叉上核中起作用的话，那么它很可能在一天的晚些时候，随着 CRY 水平升高而对 cAMP/Ca^{2+} 的下降起作用。

5.4 视交叉上核中日常旁分泌正反馈的偶联

众所周知，胞浆的 cAMP 和 Ca^{2+} 水平的提高能够激活细胞质膜上的阳离子通道。例如，cAMP 能够调节环状核苷酸门控离子通道（cyclic nucleotide–gated ion channel，CNG）进而调控混合型阳离子内流（Kaupp and Seifert 2002）；储存操作的 Ca^{2+} 进入（SOCE）分别通过钙释放激活钙通道蛋白（ORAI）和瞬时受体电位阳离子通道（transient receptor potential cation channel，TRPC）通道诱导 Ca^{2+} 和混合阳离子内流（Cheng et al. 2011）。重要的是，在视交叉上核（SCN）切片中观察到具有与环状核苷酸门控离子通道（CNG）/瞬时受体电位阳离子通道（TRPC）类似性质的持续亚阈值（subthreshold）阳离子通道（Kononenko et al. 2004）。需要再强调一下，受损的 cAMP 或 Ca^{2+} 信号传递破坏了视交叉上核器官型（organotypic）切片中的自发电活动（Atkinson et al. 2011；Shibata et al. 1984）。由此，我们有理由认为在预期的黎明后不久，先前的计时机制有助于促进胞浆 cAMP/Ca^{2+} 信号传递。这增加了 cAMP/Ca^{2+} 敏感型阳离子通道的"开放"可能性，从而使静息膜电位去极化（约 10 mV），并增加了动作电位（AP）放电概率。动作电位放电增加了神经肽的释放，而神经肽以局部作用方式进一步刺激邻近神经元的 cAMP/Ca^{2+} 信号传递，进而以前馈（feedforward）的方式产生类似的反应。显然，这导致正反馈，并在视交叉上核网络中持续自动放大 cAMP/Ca^{2+} 信号传递，进而在 E-box 激活过程中提高 PER1/PER2 的表达。据推测，这种持续的第二信使活性可通过囊泡神经肽消耗（vesicular neuropeptide depletion）、受体脱敏（receptor desensitisation）/内吞作用（internalisation）和生物钟驱动的 Gs/Gq/Gi/o 转导途径如 CRY1 和 RGS16 的某种组合来放松。虽然在单个神经元计时的 Ca^{2+} 和 cAMP 信号传递之间一定存在某些冗余，但我们推测，视交叉上核对预期拂晓的内在编码必须依赖于同步检测在视交叉上核网络作为一个统一整体时更为活跃的两个第二信使系统（图 4.4）。

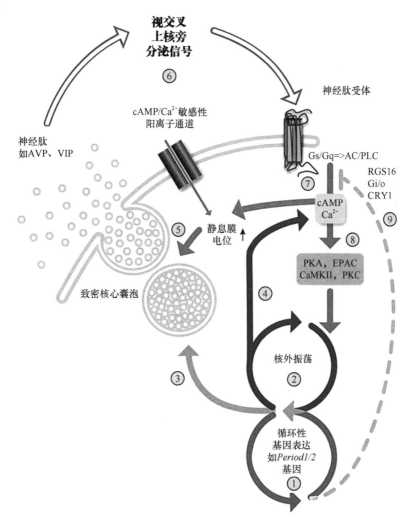

图 4.4　视交叉上核中单个神经元旁分泌正反馈偶联示意图

细胞的计时通常是由于转录 / 翻译反馈环路（1）与信号转导和代谢中的细胞核外振荡（extranuclear oscillation）（2）之间的相互作用，以促进节律性地调制生物钟控制基因，如精氨酸加压素（AVP）（3）；也能够在预期的黎明前后加强 cAMP/Ca^{2+} 信号传递（4）。cAMP/Ca^{2+} 使静息膜电位（V_m）去极化，从而增加电活性和神经肽释放（5），进一步提高网络内的 cAMP/Ca^{2+} 信号传递，引发进一步的神经肽释放（6）。神经肽受体的激活放大 cAMP/Ca^{2+} 信号传递（7），进而激活下游效应分子（8）。当天晚些时候，cAMP/Ca^{2+} 信号传递通过神经肽消耗、受体脱敏 / 内吞作用、G 蛋白信号传递的抑制剂对基因表达改变的某些组合效应而降低（9）

　　在生物钟的背景下，虽然目前的研究数据表明在培养的成纤维细胞中 cAMP、Ca^{2+} 和膜电位的动态变化也具有至关重要的计时作用，但第二信使信号在视交叉上核之外尚未得到广泛研究（O'Neill et al. 2008；Noguchi et al. 2012）。然而，上述发现无疑引起更深入的问题。例如，细胞内 cAMP/Ca^{2+} 节律的计时作用是否在哺乳动物细胞中普遍存在并且仅在视交叉上核中具有更高的振幅，还是只为视交叉上核计时专有？哪些因素促进了黎明后 cAMP/Ca^{2+} 信号传递的增加，基因表达抑制剂能阻断它吗？视交叉上核中 cAMP/Ca^{2+} 信号传递的具体时空动态如何编码计时信息：是调制振幅还是频率的（Berridge 1997）？是整体、局部还是微小区域依赖的？其他细胞内信使如 cGMP 的作用是什么，以及它们之间是如何相互作用的？

5.5　在具体情形下的视交叉上核信号

在视交叉上核内广泛偶联的神经元之间，由细胞的内在机制启动、神经肽介导的旁分泌正反馈促进了 cAMP/Ca^{2+} 信号在白天的持续增加。这解释了与其他缺乏这种偶联的组织相比，视交叉上核的振幅、鲁棒性和精准度都得到了增强。因此，我们认为，在体内，当视网膜受体（retinorecipient）神经元在白天接收到光输入并唤起适当的 Ca^{2+} 瞬变时，视交叉上核振幅将进一步增强。另外，当同样的瞬变发生在夜间时，受体神经元相对于非受体神经元会发生相移，导致整个视交叉上核的相位分布的增加。然而，由于视交叉上核正反馈的偶联，这种短暂的相位离散在第二天将被整合而变得更加一致，导致网络整体上稍微相移。因此，虽然我们对细胞内计时机制仍然未能在细节上深入理解，但视交叉上核运转更好的原因正变得越来越清楚。

6. 结语

到目前为止，已经发现了大量与计时有关的细胞成分，即"生物钟基因或生物钟蛋白质"。近来，这些细胞计时成分本质上趋向于酶促性的或代谢性的，而不是转录性的。与真核细胞中大多数生物过程一样，它们的作用不是特定于生物钟计时，而通常是冗余的。研究报告宣布"基因 X"或"过程 Y"在生物钟计时起作用的时代即将结束，因为新兴的主题似乎是节律地调节某些细胞的或生化的过程活动，它们又可以相应地反馈调节这种节律，从而无法与核心机制区分出来。在一个周期中，我们不可能将因果分开；如果细胞本身就是振荡器并且可以利用它能支配的众多工具中的任何一种来维持节律，那么我们如何获得详细的机制上的认识？我们预计了以下三种方法。

（1）实用主义（pragmatic）方法：细胞质振荡器如何运转并不重要。关于生物节律对生物过程的影响积累了大量知识，这些知识现在可以被有效地应用。

（2）系统生物学（systems biology）方法：生物节律是哺乳动物细胞的一种涌现性特征，不能在比细胞更简单的水平上理解。为了理解这种计时现象，我们必须了解或掌握细胞生物学方面的所有相关数据。由于一个足够复杂的系统的行为不能直观地掌握，必须进行计算机建模，才能够得到可检验的非直观预测，并对模型进行反复地优化。

（3）还原性（reductionist）方法：所有其他确定的计时系统都被核心的振荡机制

所驱动，且最终反馈到这个机制中。如果这个核心振荡器能够被充分地简化，那么就可以从生物化学的角度来理解它，并建立一个自下而上的模型。

对于药理学家来说，第一种选择应该最有吸引力。目前已经存在各种工具，可用于测试一种新的或现有的药物是否影响细胞节律，或节律是否影响其药代动力学 / 药效学；希望本章和本卷的其他章节将有助于推动此类研究。

（孙　莎　李　勃　钟英斌　王　晗　译）

参 考 文 献

Abraham U et al (2010) Coupling governs entrainment range of circadian clocks. Mol Syst Biol 6: 438

Akhtar RA et al (2002) Circadian cycling of the mouse liver transcriptome, as revealed by cDNA microarray, is driven by the suprachiasmatic nucleus. Curr Biol 12(7): 540–550

An S et al (2011) Vasoactive intestinal polypeptide requires parallel changes in adenylate cyclase and phospholipase C to entrain circadian rhythms to a predictable phase. J Neurophysiol 105 (5): 2289–2296

Antoch MP, Kondratov RV (2013) Pharmacological modulators of the circadian clock as potential therapeutic drugs: focus on genotoxic/anticancer therapy. In: Kramer A, Merrow M (eds) Circadian clocks, vol 217, Handbook of experimental pharmacology. Springer, Heidelberg

Asher G et al (2008) SIRT1 regulates circadian clock gene expression through PER2 deacetylation. Cell 134(2): 317–328

Atkinson SE et al (2011) Cyclic AMP signaling control of action potential firing rate and molecular circadian pacemaking in the suprachiasmatic nucleus. J Biol Rhythms 26(3): 210–220

Aton SJ et al (2005) Vasoactive intestinal polypeptide mediates circadian rhythmicity and synchrony in mammalian clock neurons. Nat Neurosci 8(4): 476–483

Aton SJ et al (2006) GABA and Gi/o differentially control circadian rhythms and synchrony in clock neurons. Proc Natl Acad Sci USA 103(50): 19188–19193

Baez-Ruiz A, Diaz-MunozM(2011) Chronic inhibition of endoplasmic reticulum calcium-release channels and calcium-ATPase lengthens the period of hepatic clock gene Per1. J Circadian Rhythms 9: 6

Berridge MJ (1997) The AM and FM of calcium signalling. Nature 386(6627): 759–760

Blake WJ et al (2003) Noise in eukaryotic gene expression. Nature 422(6932): 633–637

Brody S, Harris S (1973) Circadian rhythms in neurospora: spatial differences in pyridine nucleotide levels. Science 180(85): 498–500

Brown TM, Piggins HD (2007) Electrophysiology of the suprachiasmatic circadian clock. Prog Neurobiol 82(5): 229–255

Buhr ED, Takahashi JS (2013) Molecular components of the mammalian circadian clock. In: Kramer A, Merrow M (eds) Circadian clocks, vol 217, Handbook of experimental pharmacology. Springer, Heidelberg

Buhr ED, Yoo SH, Takahashi JS (2010) Temperature as a universal resetting cue for mammalian circadian oscillators. Science 330(6002): 379–385

Bunger MK et al (2000) Mop3 is an essential component of the master circadian pacemaker in mammals. Cell 103(7): 1009–1017

Cao R et al (2011) Circadian regulation of mammalian target of rapamycin signaling in the mouse suprachiasmatic nucleus. Neuroscience 181: 79–88

Castel M, Morris J, Belenky M (1996) Non-synaptic and dendritic exocytosis from dense-cored vesicles in the suprachiasmatic nucleus. Neuroreport 7(2): 543–547

Cavallari N et al (2011) A blind circadian clock in cavefish reveals that opsins mediate peripheral clock photoreception.

PLoS Biol 9(9): e1001142

Chen R et al (2009) Rhythmic PER abundance defines a critical nodal point for negative feedback within the circadian clock mechanism. Mol Cell 36(3): 417–430

Chen Z et al (2012) Identification of diverse modulators of central and peripheral circadian clocks by high-throughput chemical screening. Proc Natl Acad Sci USA 109(1): 101–106

Cheng HY et al (2007) microRNA modulation of circadian-clock period and entrainment. Neuron 54(5): 813–829

Cheng KT et al (2011) Local Ca(2)+ entry via Orai1 regulates plasma membrane recruitment of TRPC1 and controls cytosolic Ca(2)+ signals required for specific cell functions. PLoS Biol 9(3): e1001025

Cheong JK, Virshup DM (2011) Casein kinase 1: complexity in the family. Int J Biochem Cell Biol 43(4): 465–469

Cohen JE, Fields RD (2006) CaMKII inactivation by extracellular Ca(2+) depletion in dorsal root ganglion neurons. Cell Calcium 39(5): 445–454

Colwell CS (2011) Linking neural activity and molecular oscillations in the SCN. Nat Rev Neurosci 12(10): 553–569

Dallmann R et al (2012) The human circadian metabolome. Proc Natl Acad Sci USA 109(7): 2625–2629

Dardente H et al (2008) Implication of the F-Box Protein FBXL21 in circadian pacemaker function in mammals. PLoS One 3(10): e3530

Debruyne JP et al (2006) A clock shock: mouse CLOCK is not required for circadian oscillator function. Neuron 50(3): 465–477

Deery MJ et al (2009) Proteomic analysis reveals the role of synaptic vesicle cycling in sustaining the suprachiasmatic circadian clock. Curr Biol 19(23): 2031–2036

Del Valle-Perez B et al (2011) Coordinated action of CK1 isoforms in canonical Wnt signaling. Mol Cell Biol 31(14): 2877–2888

Dibner C et al (2009) Circadian gene expression is resilient to large fluctuations in overall transcription rates. EMBO J 28(2): 123–134

Dickinson BC, Chang CJ (2011) Chemistry and biology of reactive oxygen species in signaling or stress responses. Nat Chem Biol 7(8): 504–511

Dioum EM et al (2002) NPAS2: a gas-responsive transcription factor. Science 298(5602): 2385–2387

Doherty CJ, Kay SA (2010) Circadian control of global gene expression patterns. Annu Rev Genet 44: 419–444

Doi M, Hirayama J, Sassone-Corsi P (2006) Circadian regulator CLOCK is a histone acetyltransferase. Cell 125(3): 497–508

Doi M et al (2011) Circadian regulation of intracellular G-protein signalling mediates intercellular synchrony and rhythmicity in the suprachiasmatic nucleus. Nat Commun 2: 327

Durgan DJ et al (2012) O-GlcNAcylation, novel post-translational modification linking myocardial metabolism and cardiomyocyte circadian clock. J Biol Chem 286(52): 44606–44619

Edgar RS et al (2012) Peroxiredoxins are conserved markers of circadian rhythms. Nature 485 (7399): 459–464

Edmunds LN Jr (1983) Chronobiology at the cellular and molecular levels: models and mechanisms for circadian timekeeping. Am J Anat 168(4): 389–431

Ehlen JC, Paul KN (2009) Regulation of light's action in the mammalian circadian clock: role of the extrasynaptic GABAA receptor. Am J Physiol Regul Integr Comp Physiol 296(5): R1606–R1612

Eide EJ et al (2005) Control of mammalian circadian rhythm by CKIepsilon-regulated proteasome-mediated PER2 degradation. Mol Cell Biol 25(7): 2795–2807

Engelmann W, Bollig I, Hartmann R (1976) The effects of lithium ions on circadian rhythms. Arzneimittelforschung 26(6): 1085–1086

Etchegaray JP et al (2011) Casein kinase 1 delta (CK1delta) regulates period length of the mouse suprachiasmatic circadian clock in vitro. PLoS One 5(4): e10303

Fan Y et al (2007) Cycling of CRYPTOCHROME proteins is not necessary for circadian-clock function in mammalian fibroblasts. Curr Biol 17(13): 1091–1100

Gamble KL et al (2007) Gastrin-releasing peptide mediates light-like resetting of the suprachiasmatic nucleus circadian pacemaker through cAMP response element-binding protein and Per1 activation. J Neurosci 27(44): 12078–12087

Gentric G, Celton-Morizur S, Desdouets C (2012) Polyploidy and liver proliferation. Clin Res Hepatol Gastroenterol 36(1): 29–34

Godinho SI et al (2007) The after-hours mutant reveals a role for Fbxl3 in determining mammalian circadian period. Science 316(5826): 897–900

Golombek DA et al (2004) Signaling in the mammalian circadian clock: the NO/cGMP pathway. Neurochem Int 45(6): 929–936

Gompf HS, Irwin RP, Allen CN (2006) Retrograde suppression of GABAergic currents in a subset of SCN neurons. Eur J Neurosci 23(12): 3209–3216

Granshaw T, Tsukamoto M, Brody S (2003) Circadian rhythms in Neurospora crassa: farnesol or geraniol allow expression of rhythmicity in the otherwise arrhythmic strains frq10, wc-1, and wc-2. J Biol Rhythms 18(4): 287–296

Gupta N, Ragsdale SW (2011) Thiol-disulfide redox dependence of heme binding and heme ligand switching in nuclear hormone receptor rev-erb{beta}. J Biol Chem 286(6): 4392–4403

Hardie DG (2011) AMP-activated protein kinase–an energy sensor that regulates all aspects of cell function. Genes Dev 25(18): 1895–1908

Hastings MH, Maywood ES, O'Neill JS (2008) Cellular circadian pacemaking and the role of cytosolic rhythms. Curr Biol 18(17): R805–R815

Herzog ED et al (2004) Temporal precision in the mammalian circadian system: a reliable clock from less reliable neurons. J Biol Rhythms 19(1): 35–46

Hirota T et al (2008) A chemical biology approach reveals period shortening of the mammalian circadian clock by specific inhibition of GSK-3beta. Proc Natl Acad Sci USA 105(52): 20746–20751

Hirota T et al (2011) High-throughput chemical screen identifies a novel potent modulator of cellular circadian rhythms and reveals CKIalpha as a clock regulatory kinase. PLoS Biol 8(12): e1000559

Hirota T et al (2012) Identification of small molecule activators of cryptochrome. Science 337 (6098): 1094–1097

Iitaka C et al (2005) A role for glycogen synthase kinase-3beta in the mammalian circadian clock. J Biol Chem 280(33): 29397–29402

Ikeda M et al (2003) Circadian dynamics of cytosolic and nuclear Ca^{2+} in single suprachiasmatic nucleus neurons. Neuron 38(2): 253–263

Isojima Y et al (2009) CKIepsilon/delta-dependent phosphorylation is a temperature-insensitive, period-determining process in the mammalian circadian clock. Proc Natl Acad Sci USA 106 (37): 15744–15749

Jiang YJ et al (2000) Notch signalling and the synchronization of the somite segmentation clock. Nature 408(6811): 475–479

Johnson CH (1999) Forty years of PRCs–what have we learned? Chronobiol Int 16(6): 711–743

Kaasik K, Lee CC (2004) Reciprocal regulation of haem biosynthesis and the circadian clock in mammals. Nature 430(6998): 467–471

Kaupp UB, Seifert R (2002) Cyclic nucleotide-gated ion channels. Physiol Rev 82(3): 769–824

Khalsa SB et al (1996) Evidence for a central role of transcription in the timing mechanism of a circadian clock. Am J Physiol 271(5 Pt 1): C1646–C1651

Kholodenko BN, Hancock JF, Kolch W (2010) Signalling ballet in space and time. Nat Rev Mol Cell Biol 11(6): 414–426

Kim DY et al (2005) Voltage-gated calcium channels play crucial roles in the glutamate-induced phase shifts of the rat suprachiasmatic circadian clock. Eur J Neurosci 21(5): 1215–1222

Kim TD et al (2007) Rhythmic control of AANAT translation by hnRNP Q in circadian melatonin production. Genes Dev 21(7): 797–810

Kim DY et al (2010) hnRNP Q and PTB modulate the circadian oscillation of mouse Rev-erb alpha via IRES-mediated translation. Nucleic Acids Res 38(20): 7068–7078

King DP, Takahashi JS (2000) Molecular genetics of circadian rhythms in mammals. Annu Rev Neurosci 23: 713–742

King VM et al (2003) A hVIPR transgene as a novel tool for the analysis of circadian function in the mouse suprachiasmatic nucleus. Eur J Neurosci 17(11): 822–832

Kloss B et al (1998) The Drosophila clock gene double-time encodes a protein closely related to human casein kinase Iepsilon. Cell 94(1): 97–107

Ko CH et al (2010) Emergence of noise-induced oscillations in the central circadian pacemaker. PLoS Biol 8(10): e1000513

Kononenko NI, Medina I, Dudek FE (2004) Persistent subthreshold voltage-dependent cation single channels in suprachiasmatic nucleus neurons. Neuroscience 129(1): 85–92

Koyanagi S et al (2011) cAMP response element-mediated transcription by activating transcription factor-4 (ATF4) is essential for circadian expression of the Period2 gene. J Biol Chem 286: 32416–32423

Kurabayashi N et al (2010) DYRK1A and glycogen synthase kinase 3beta, a dual-kinase mechanism directing proteasomal degradation of CRY2 for circadian timekeeping. Mol Cell Biol 30(7): 1757–1768

Lakin-Thomas PL (2006) Transcriptional feedback oscillators: maybe, maybe not. J Biol Rhythms 21(2): 83–92

Lamia KA et al (2009) AMPK regulates the circadian clock by cryptochrome phosphorylation and degradation. Science 326(5951): 437–440

Leak RK, Card JP, Moore RY (1999) Suprachiasmatic pacemaker organization analyzed by viral transynaptic transport. Brain Res 819(1–2): 23–32

Lee J et al (2008) Dual modification of BMAL1 by SUMO2/3 and ubiquitin promotes circadian activation of the CLOCK/BMAL1 complex. Mol Cell Biol 28(19): 6056–6065

Lee Y et al (2010) Coactivation of the CLOCK-BMAL1 complex by CBP mediates resetting of the circadian clock. J Cell Sci 123(Pt 20): 3547–3557

Lee HM et al (2011) The period of the circadian oscillator is primarily determined by the balance between casein kinase 1 and protein phosphatase 1. Proc Natl Acad Sci USA 108(39): 16451–16456

Legewie S et al (2008) Recurrent design patterns in the feedback regulation of the mammalian signalling network. Mol Syst Biol 4: 190

Lenz P, Sogaard-Andersen L (2011) Temporal and spatial oscillations in bacteria. Nat Rev Microbiol 9(8): 565–577

Levi F, Schibler U (2007) Circadian rhythms: mechanisms and therapeutic implications. Annu Rev Pharmacol Toxicol 47: 593–628

Long MA et al (2005) Electrical synapses coordinate activity in the suprachiasmatic nucleus. Nat Neurosci 8(1): 61–66

Lowrey PL et al (2000) Positional syntenic cloning and functional characterization of the mammalian circadian mutation tau. Science 288(5465): 483–492

Lundkvist GB et al (2005) A calcium flux is required for circadian rhythm generation in mammalian pacemaker neurons. J Neurosci 25(33): 7682–7686

Ma D, Panda S, Lin JD (2011) Temporal orchestration of circadian autophagy rhythm by C/EBPbeta. EMBO J 30(22): 4642–4651

Maier B et al (2009) A large-scale functional RNAi screen reveals a role for CK2 in the mammalian circadian clock. Genes Dev 23(6): 708–718

Martinek S et al (2001) A role for the segment polarity gene shaggy/GSK-3 in the Drosophila circadian clock. Cell 105(6): 769–779

Maywood ES et al (2006) Synchronization and maintenance of timekeeping in suprachiasmatic circadian clock cells by neuropeptidergic signaling. Curr Biol 16(6): 599–605

Maywood ES et al (2011) A diversity of paracrine signals sustains molecular circadian cycling in suprachiasmatic nucleus circuits. Proc Natl Acad Sci USA 108(34): 14306–14311

McGlincy NJ et al (2012) Regulation of alternative splicing by the circadian clock and food related cues. Genome Biol 13(6): R54

Meng QJ et al (2008) Setting clock speed in mammals: the CK1 epsilon tau mutation in mice accelerates circadian pacemakers by selectively destabilizing PERIOD proteins. Neuron 58(1): 78–88

Meng QJ et al (2010) Entrainment of disrupted circadian behavior through inhibition of casein kinase 1 (CK1) enzymes. Proc Natl Acad Sci USA 107(34): 15240–15245

Merrow M, Roenneberg T (2001) Circadian clocks: running on redox. Cell 106(2): 141–143

Merrow M, Brunner M, Roenneberg T (1999) Assignment of circadian function for the Neurospora clock gene frequency. Nature 399(6736): 584–586

Metallo CM, Vander Heiden MG (2011) Metabolism strikes back: metabolic flux regulates cell signaling. Genes Dev 24(24): 2717–2722

Minami Y et al (2009) Measurement of internal body time by blood metabolomics. Proc Natl Acad Sci USA 106(24): 9890–9895

Montenarh M (2010) Cellular regulators of protein kinase CK2. Cell Tissue Res 342(2): 139–146

Muck W et al (2000) Pharmacokinetics of cerivastatin when administered under fasted and fed conditions in the morning or evening. Int J Clin Pharmacol Ther 38(6): 298–303

Musiek ES, FitzGerald GA (2013) Molecular clocks in pharmacology. In: Kramer A, Merrow M (eds) Circadian clocks, vol 217, Handbook of experimental pharmacology. Springer, Heidelberg

Nakahata Y et al (2008) The NAD+ dependent deacetylase SIRT1 modulates CLOCK-mediated chromatin remodeling and circadian control. Cell 134(2): 329–340

Nakajima et al (2005) Reconstitution of circadian oscillation of cyanobacterial KaiC phosphorylation in vitro. Science 308(5720): 414–415

Nelson DE et al (2004) Oscillations in NF-kappaB signaling control the dynamics of gene expression. Science 306(5696): 704–708

Njus D et al (1976) Membranes and molecules in circadian systems. Fed Proc 35(12): 2353–2357

Noble D (2008) Claude Bernard, the first systems biologist, and the future of physiology. Exp Physiol 93(1): 16–26

Noguchi T et al (2012) Fibroblast circadian rhythms of PER2 expression depend on membrane potential and intracellular calcium. Chronobiol Int 29(6): 653–664

O'Neill JS, Reddy AB (2011) Circadian clocks in human red blood cells. Nature 469(7331): 498–503

O'Neill JS et al (2008) cAMP-dependent signaling as a core component of the mammalian circadian pacemaker. Science 320(5878): 949–953

O'Neill JS et al (2011) Circadian rhythms persist without transcription in a eukaryote. Nature 469 (7331): 554–558

Obrietan K et al (1999) Circadian regulation of cAMP response element-mediated gene expression in the suprachiasmatic nuclei. J Biol Chem 274(25): 17748–17756

Ortiz-Tudela E, Mteyrek A, Ballesta A, Innominato PF, Lévi F (2013) Cancer chronotherapeutics: experimental, theoretical and clinical aspects. In: Kramer A, MerrowM(eds) Circadian clocks, vol 217, Handbook of experimental pharmacology. Springer, Heidelberg

Partch CL et al (2006) Posttranslational regulation of the mammalian circadian clock by cryptochrome and protein phosphatase 5. Proc Natl Acad Sci USA 103(27): 10467–10472

Pennartz CM et al (2002) Diurnal modulation of pacemaker potentials and calcium current in the mammalian circadian clock. Nature 416(6878): 286–290

Pittendrigh CS, Caldarola PC, Cosbey ES (1973) A differential effect of heavy water on temperature-dependent and temperature-compensated aspects of circadian system of Drosophila pseudoobscura. Proc Natl Acad Sci USA 70(7): 2037–2041

Powanda MC, Wannemacher RW Jr (1970) Evidence for a linear correlation between the level of dietary tryptophan and hepatic NAD concentration and for a systematic variation in tissue NAD concentration in the mouse and the rat. J Nutr 100(12): 1471–1478

Radha E et al (1985) Glutathione levels in human platelets display a circadian rhythm in vitro. Thromb Res 40(6): 823–831

Ralph MR et al (1990) Transplanted suprachiasmatic nucleus determines circadian period. Science 247(4945): 975–978

Ramsey KM et al (2009) Circadian clock feedback cycle through NAMPT-mediated NAD+ biosynthesis. Science 324(5927): 651–654

Reddy AB (2013) Genome-wide analyses of circadian systems. In: Kramer A, Merrow M (eds) Circadian clocks, vol 217, Handbook of experimental pharmacology. Springer, Heidelberg

Reddy AB, O'Neill JS (2010) Healthy clocks, healthy body, healthy mind. Trends Cell Biol 20(1): 36–44

Reddy AB et al (2005) Circadian clocks: neural and peripheral pacemakers that impact upon the cell division cycle. Mutat Res 574(1–2): 76–91

Reddy AB et al (2006) Circadian orchestration of the hepatic proteome. Curr Biol 16(11): 1107–1115

Reddy AB et al (2007) Glucocorticoid signaling synchronizes the liver circadian transcriptome. Hepatology 45(6): 1478–1488

Reischl S et al (2007) Beta-TrCP1-mediated degradation of PERIOD2 is essential for circadian dynamics. J Biol Rhythms 22(5): 375–386

Reppert SM, Weaver DR (2002) Coordination of circadian timing in mammals. Nature 418(6901): 935–941

Robertson JB et al (2008) Real-time luminescence monitoring of cell-cycle and respiratory oscillations in yeast. Proc Natl Acad Sci USA 105(46): 17988–17993

Robles MS, Mann M(2013) Proteomic approaches in circadian biology. In: Kramer A, Merrow M (eds) Circadian clocks, vol 217, Handbook of experimental pharmacology. Springer, Heidelberg

Roenneberg T, Merrow M (2002) "What watch?. . .such much!" Complexity and evolution of circadian clocks. Cell Tissue Res 309(1): 3–9

Roenneberg T, Remi J, Merrow M (2010) Modeling a circadian surface. J Biol Rhythms 25(5): 340–9

Ruoff P, Zakhartsev M, Westerhoff HV (2007) Temperature compensation through systems biology. FEBS J 274(4): 940–950

Rutter J et al (2001) Regulation of clock and NPAS2 DNA binding by the redox state of NAD cofactors. Science 293(5529): 510–514

Sahar S, Sassone-Corsi P (2013) The epigenetic language of circadian clocks. In: Kramer A, Merrow M (eds) Circadian clocks, vol 217, Handbook of experimental pharmacology. Springer, Heidelberg

Sahar S et al (2010) Regulation of BMAL1 protein stability and circadian function by GSK3betamediated phosphorylation. PLoS One 5(1): e8561

Salazar C, Hofer T (2009) Multisite protein phosphorylation–from molecular mechanisms to kinetic models. FEBS J 276(12): 3177–3198

Sathyanarayanan S et al (2004) Posttranslational regulation of Drosophila PERIOD protein by protein phosphatase 2A. Cell 116(4): 603–615

Schmutz I et al (2011) Protein phosphatase 1 (PP1) is a post-translational regulator of the mammalian circadian clock. PLoS One 6(6): e21325

Schulz P, Steimer T (2009) Neurobiology of circadian systems. CNS Drugs 23(Suppl 2): 3–13

Schweizer FE, Ryan TA (2006) The synaptic vesicle: cycle of exocytosis and endocytosis. Curr Opin Neurobiol 16(3): 298–304

Sethi JK, Vidal-Puig A (2011) Wnt signalling and the control of cellular metabolism. Biochem J 427(1): 1–17

Shibata S et al (1984) The role of calcium ions in circadian rhythm of suprachiasmatic nucleus neuron activity in rat hypothalamic slices. Neurosci Lett 52(1–2): 181–184

Siepka SM et al (2007) Circadian mutant overtime reveals F-box protein FBXL3 regulation of cryptochrome and period gene expression. Cell 129(5): 1011–1023

Skene DJ, Arendt J (2006) Human circadian rhythms: physiological and therapeutic relevance of light and melatonin. Ann Clin Biochem 43(Pt 5): 344–353

Slat E, Freeman GM Jr, Herzog ED (2013) The clock in the brain: neurons, glia and networks in daily rhythms. In: Kramer A, Merrow M (eds) Circadian clocks, vol 217, Handbook of experimental pharmacology. Springer, Heidelberg

Spengler ML et al (2009) A serine cluster mediates BMAL1-dependent CLOCK phosphorylation and degradation. Cell Cycle 8(24): 4138–4146

Suter DM et al (2011) Mammalian genes are transcribed with widely different bursting kinetics. Science 332(6028): 472–474

Tahara Y et al (2012) In vivo monitoring of peripheral circadian clocks in the mouse. Curr Biol 22(11): 1029–1034

Tischkau SA et al (2003) Ca^{2+}/cAMP response element-binding protein (CREB)-dependent activation of Per1 is required for light-induced signaling in the suprachiasmatic nucleus circadian clock. J Biol Chem 278(2): 718–723

Tsuchiya Y et al (2009) Involvement of the protein kinase CK2 in the regulation of mammalian circadian rhythms. Sci Signal 2(73): ra26

Ueda HR et al (2005) System-level identification of transcriptional circuits underlying mammalian circadian clocks. Nat Genet 37(2): 187–192

Ukai H, Ueda HR (2010) Systems biology of mammalian circadian clocks. Annu Rev Physiol 72: 579–603

Um JH et al (2007) Activation of 5′-AMP-activated kinase with diabetes drug metformin induces casein kinase Iepsilon (CKIepsilon)-dependent degradation of clock protein mPer2. J Biol Chem 282(29): 20794–20798

Vander Heiden MG, Cantley LC, Thompson CB (2009) Understanding the Warburg effect: the metabolic requirements of cell proliferation. Science 324(5930): 1029–1033

VanderLeest HT et al (2007) Seasonal encoding by the circadian pacemaker of the SCN. Curr Biol 17(5): 468–473

Virshup DM et al (2007) Reversible protein phosphorylation regulates circadian rhythms. Cold Spring Harb Symp Quant Biol 72: 413–420

Vitaterna MH et al (1994) Mutagenesis and mapping of a mouse gene, Clock, essential for circadian behavior. Science 264(5159): 719–725

Vitaterna MH et al (1999) Differential regulation of mammalian period genes and circadian rhythmicity by cryptochromes 1 and 2. Proc Natl Acad Sci USA 96(21): 12114–12119

Welsh DK et al (2004) Bioluminescence imaging of individual fibroblasts reveals persistent, independently phased circadian rhythms of clock gene expression. Curr Biol 14(24): 2289–2295

Welsh DK, Takahashi JS, Kay SA (2010) Suprachiasmatic nucleus: cell autonomy and network properties. Annu Rev Physiol 72: 551–577

Westermarck J (2010) Regulation of transcription factor function by targeted protein degradation: an overview focusing on p53, c-Myc, and c-Jun. Methods Mol Biol 647: 31–36

Woolum JC (1991) A re-examination of the role of the nucleus in generating the circadian rhythm in Acetabularia. J Biol Rhythms 6(2): 129–136

Wu JQ, Snyder M (2008) RNA polymerase II stalling: loading at the start prepares genes for a sprint. Genome Biol 9(5): 220

Xiao B et al (2011) Structure of mammalian AMPK and its regulation by ADP. Nature 472(7342): 230–233

Xu C, Kim NG, Gumbiner BM (2009) Regulation of protein stability by GSK3 mediated phosphorylation. Cell Cycle 8(24): 4032–4039

Yamaguchi S et al (2000) The 5′ upstream region of mPer1 gene contains two promoters and is responsible for circadian oscillation. Curr Biol 10(14): 873–876

Yamaguchi S et al (2003) Synchronization of cellular clocks in the suprachiasmatic nucleus. Science 302(5649): 1408–1412

Yang Y et al (2004) Distinct roles for PP1 and PP2A in the Neurospora circadian clock. Genes Dev 18(3): 255–260

Yin L et al (2006) Nuclear receptor Rev-erbalpha is a critical lithium-sensitive component of the circadian clock. Science 311(5763): 1002–1005

Yin L et al (2007) Rev-erbalpha, a heme sensor that coordinates metabolic and circadian pathways. Science 318(5857): 1786–1789

Yoo SH et al (2004) PERIOD2::LUCIFERASE real-time reporting of circadian dynamics reveals persistent circadian oscillations in mouse peripheral tissues. Proc Natl Acad Sci USA 101(15): 5339–5346

Zhang EE et al (2009) A genome-wide RNAi screen for modifiers of the circadian clock in human cells. Cell 139(1): 199–210

Zhang EE et al (2010) Cryptochrome mediates circadian regulation of cAMP signaling and hepatic gluconeogenesis. Nat Med 16(10): 1152–1156

第五章

大脑中的生物钟：每日振荡的神经元、神经胶质和神经网络

埃米莉·斯拉（Emily Slat）、小 G. 马克·弗里曼（G. Mark Freeman Jr.）和
埃里科·D. 赫尔佐克（Erik D. Herzog）
美国华盛顿大学（圣路易斯）生物系

摘要： 在哺乳动物中，位于腹侧下丘脑的视交叉上核（SCN）是日常活动计划的主要协调者。这些相对较少的神经元和神经胶质细胞产生了生理和行为的生物节律，并使之与当地时间同步。目前的研究进展已经能够阐明该网络中产生并同步每日节律的特定细胞和信号（如多肽、氨基酸和嘌呤衍生物）的作用。本章我们以时间药理学为重点，集中介绍哺乳动物生物钟系统中研究得最透彻的神经元间以及神经胶质间的信号通路。在可能的情况下，我们重点介绍常用药物如何影响生物节律系统。

关键词： 视交叉上核（SCN）·血管活性肠肽·胃泌素释放肽·精氨酸加压素·小型 SAAS·γ-氨基丁酸·三磷酸腺苷

1. 视交叉上核神经元

人类大脑中有大约 1000 亿个神经元，而仅仅拥有大约 2 万个神经元的视交叉上核（SCN）则被认定为人体闹钟或生物节律起搏器。简而言之，视交叉上核被赋予了重要功能，即保持身体的日常节律与当地时间同步。尽管大多数研究证据主要来自小鼠、大鼠和仓鼠，但视交叉上核在解剖结构和生理组织方面呈现高度保守性。视交叉上核充当体内和体外的核心计时器。在体内，多个大脑区域显示出脑电活动的节律性变化，如视交叉上核在白天达到峰值，而其他脑区则在晚上达到峰值（Inouye and Kawamura 1982；Yamazaki et al. 1998；Meijer et al. 1998）（图 5.1）。切除视交叉上核消除了大脑和行为中许多协调的日常节律（Ralph et al. 1990；Moore and Eichler 1972；Stephan and Zucker 1972）。至关重要的是，视交叉上核移植实验能够使得视交叉上核损伤的动物按照供体的周期恢复行为生物节律

通讯作者：Emily Slat、G. Mark Freeman Jr.、Erik D. Herzog；电子邮件：slate@wusm.wustl.edu，freemanma@wusm.wustl.edu，Herzog@wustl.edu

（Ralph et al. 1990；Sujino et al. 2003）。分离出来置于体外培养的视交叉上核，在糖代谢、基因表达、神经肽分泌和脑电活动等方面仍然呈现与体内相似的生物节律（Green and Gillette 1982；Earnest and Sladek 1986；Shinohara et al. 1995；Herzog et al. 1997；Quintero et al. 2003；Yamazaki et al. 2000）（图 5.1）。因此，视交叉上核充当起搏器，产生并驱动大脑和身体的日常节律。

视交叉上核（SCN）的单个神经元就足以作为生物节律起搏器。就像单个蓝藻和从海洋蜗牛分离的视网膜神经元呈现生物节律振荡一样（Mihalcescu et al. 2004；Michel et al. 1993），最近的研究证明视交叉上核神经元也可以自主振荡（图 5.1）（Webb et al. 2009）。这与细胞内分子机制调节转录和翻译的日常节律的标准模型

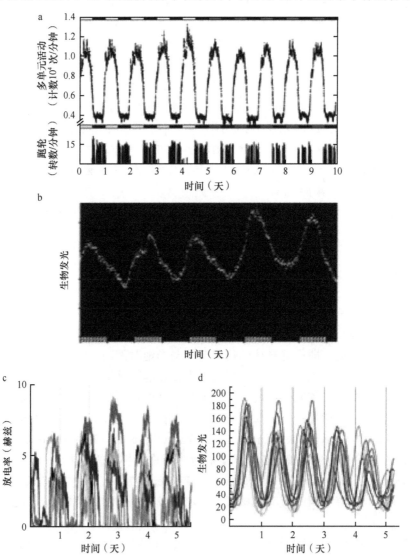

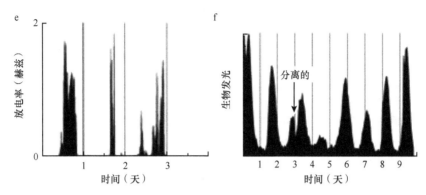

图 5.1　通过基因表达和膜兴奋性的每日变化呈现生物钟系统的药理学作用
（彩图请扫封底二维码）

视交叉上核神经元在体内、体外和分离状态均能作为生物钟起搏器。（a）在体内，视交叉上核中的多单位放电的
节律振荡。（b）在体内，视交叉上核中 *Per1* 的转录节律。（c）在体外，节律周期同步化的 10 个代表性神经元的
放电节律。（d）在体外，节律周期同步化的 10 个代表性细胞的 *Period1* 节律。（e）分离的视交叉上核神经元显示
出放电频率的节律性。（f）分离的视交叉上核神经元 PERIOD2 蛋白表达显示出日节律

一致（Welsh et al. 2010）。当从其网络中分离出来后，视交叉上核细胞仍然保留了许多昼夜节律特性。例如，由遗传决定的大约 24 小时的周期在很宽的温度范围内变化不大（Herzog and Huckfeldt 2003）。重要的是，当用物理或药理的方法将视交叉上核细胞与其相邻细胞分离后，视交叉上核细胞则丧失其日常振荡的精确性并成为相对不稳定的振荡器（Webb et al. 2009；Liu et al. 2007；Abraham et al. 2010）。因此，视交叉上核是由多个振荡器组成的系统，该系统依赖于细胞间信号转导使得视交叉上核各振荡细胞彼此同步并与环境周期同步。

异质的视交叉上核神经元群体具有空间组织结构。从解剖结构来看，视交叉上核被划分为背侧壳（dorsal shell）和腹侧核（ventral core）（Moore et al. 2002；Antle et al. 2003，2007；Morin 2007）。视网膜的输入信号在腹侧视交叉上核最密集，而光在此处首先诱导即早期基因（immediate early gene），如 *cFOS* 和 *Period1* 的表达（Hattar et al. 2002；Abrahamson and Moore 2001）。背侧视交叉上核作为腹侧视交叉上核投射的接收器，因其基因表达呈现生物节律性振荡而著名（Leak and Moore 2001）。确实，不同的光照条件可以迫使背侧和腹侧视交叉上核的节律分开，从而支持以下模型，即腹侧视交叉上核缺乏内在的节律性，但可以将光信号传递到背侧视交叉上核内在的节律性神经元（Karatsoreos et al. 2004；LeSauter et al. 1999；Shigeyoshi et al. 1997）。然而，也有强有力的证据表明视交叉上核顶部和底部的细胞都有内在的节律性（de la Iglesia et al. 2004；Cambras et al. 2007；Yamaguchi et al. 2003；Shinohara et al. 1995；Albus et al. 2005；Webb et al. 2009）。目前尚不清楚是否所有视交叉上核细胞，还是其中一些或大多数是功能性生物节律起搏器。

1.1 视交叉上核中神经元-神经元间的信号传递

尽管视交叉上核中细胞间的通讯一直是大量实验研究的重点，但视交叉上核细胞是如何实现彼此间的同步并进而协调行为的目前仍然知之甚少。体外培养的视交叉上核外植体中的大部分神经元表现出同步化的生物节律，而低密度分散的神经元则倾向于以不同的周期振荡（Welsh et al. 1995；Liu et al. 1997b；Herzog et al. 1998；Honma et al. 1998b；Nakamura et al. 2002）。把分散的视交叉上核细胞移植到去除视交叉上核的动物中后，可以恢复生物节律性；而置以更高的密度体外培养时，则能够以协调的节律性方式分泌精氨酸加压素（AVP）和血管活性肠肽（VIP）（Murakami et al. 1991；Honma et al. 1998a）。这表明视交叉上核细胞能够接收和释放信号，使彼此之间实现同步化。

视交叉上核拥有大量且未知的候选细胞间信号。我们还必须考虑通过囊泡或非囊泡释放机制可以由神经元或神经胶质细胞分泌的因素。例如，对视交叉上核中表达的编码分泌蛋白和膜结合蛋白的基因进行的筛选鉴定出 100 多种肽，包括生长因子、细胞因子、神经营养因子（neurotrophins）、神经肽前体，以及切割后发出信号的跨膜蛋白等（Kramer et al. 2001）。对视交叉上核外植体分泌多肽的分离和测序研究鉴定出了由 27 种前体蛋白质衍生的 100 多种肽（Lee et al. 2010）。这些列表将至少包括一些突触和突触释放物，但不会获得通过间隙连接和半连接的信号。在这里，我们将集中在一小部分已被研究最多的信号的药理作用（图 5.2）。

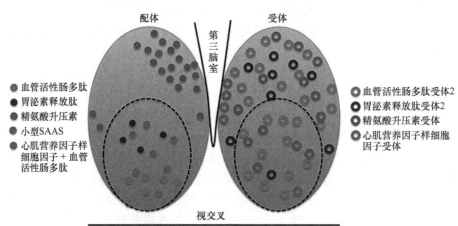

图 5.2　视交叉上核中的配体及其同源受体的位置分布示意图（彩图请扫封底二维码）
简单来说，左侧视交叉上核展示表达已鉴定配体的细胞的分布，右侧视交叉上核显示表达相应受体的细胞。基于神经肽的表达，5 种不同类型的细胞占据大约 50% 的视交叉上核神经元。这些肽能细胞被分类为精氨酸加压素（AVP）、血管活性肠多肽（VIP）、胃泌素释放肽（GRP）、小型 SAAS 和心肌营养因子样细胞因子（CLC）。每个实心圆表示大约 100 个神经元胞体的位置。同源受体（○）在视交叉上核中的广泛分布主要基于 mRNA 的表达，暗示了来自这些视交叉上核中不同类型的大量且集中的信号。在此，CLCR 阳性细胞表达被认为编码异三聚体 CLC 受体的三种基因。⟡界定了通常被称为视交叉上核最密集的视网膜神经支配的核心区域

对于每种信号，我们都会就其配体和受体，一天中最有效的时间，信号传到级联及在视交叉上核功能中的潜在作用进行综述。

1.1.1 血管活性肠肽及其受体

血管活性肠肽（VIP）是由 10% ～ 12% 的视交叉上核（SCN）神经元产生的（Abrahamson and Moore 2001；Atkins et al. 2010；Moore et al. 2002）。血管活性肠肽位于视交叉上核信号影响分级塔的顶尖，影响最大。敲除 *Vip* 基因或其受体 *Vipr2* 基因导致迄今为止所有已研究的信号分子中最严重的生物节律表型：即扰乱昼夜行为节律和激素分泌，光-暗周期即牵引相位角度中每天活动提前 8 小时，并极大地降低了视交叉上核中生物节律性细胞之间的同步性（Maywood et al. 2011b）。血管活性肠肽神经元主要位于腹侧视交叉上核，它们从视网膜接受密集的神经支配（Harmar et al. 2002；Hattar et al. 2002）。血管活性肠肽引起钙内流（Irwin and Allen 2010）和放电速率的改变（Reed et al. 2001），并通过同时增加腺苷酸环化酶（adenylate cyclase，AC）和磷酸酯酶 C（phospholipase C）活性而相移视交叉上核（An et al. 2011）。尽管 *Vipr2* mRNA 遍布整个视交叉上核（Usdin et al. 1994；Kalamatianos et al. 2004；Kallo et al. 2004），但尚不清楚血管活性肠肽是否直接作用于全部或部分视交叉上核细胞。

血管活性肠肽可能在生物节律细胞间的同步以及适应光-暗周期中起作用。培养的视交叉上核以生物节律的方式释放血管活性肠肽（Shinohara et al. 1993，1995），但是有关血管活性肠肽的体内节律性释放的研究尚不能获得一致性证据（Laemle et al. 1995；Francl et al. 2010）。在体内光也能够刺激血管活性肠肽释放（Francl et al. 2010；Shinohara et al. 1998）。

重要的是，血管活性肠肽的影响效果取决于给药时间。在白天和前半夜，血管活性肠肽能够剂量依赖性地延迟视交叉上核中的昼夜节律，并在黄昏时发挥最大作用（Reed et al. 2001；An et al. 2011）。在后半夜和清晨，血管活性肠肽能够适度地前移视交叉上核节律。在白天施用时，血管活性肠肽能够牵引分离的视交叉上核的节律（An et al. 2011）。这些结果支持了这样的模型，即视交叉上核中的 3000 血管活性肠肽能（VIPergic）神经元能够同步彼此之间的生物节律，并协调整个视交叉上核的生物节律时序。

为了更好地了解血管活性肠肽是单独作用还是通过与其他信号的协调作用同步视交叉上核细胞，Maywood 和她的同事建立了一种新颖的共培养技术（Maywood et al. 2011b）。她们利用了血管活性肠肽缺陷型视交叉上核，其中的细胞无法在基因表达中同步日常节律。她们发现，野生型视交叉上核可以恢复血管活性肠肽缺失的视交叉上核外植体协调的生物节律循环，从而证实血管活性肠肽是视交叉上核持续的生物节律的充分和必要条件，并且表明血管活性肠肽可以扩散数毫米以外发挥其功能。但是，她们也发现了野生型视交叉上核仅仅能够缓慢地恢复血管

活性肠肽受体 VPAC2R 缺失的视交叉上核的生物节律，因此推断一定还存在能够同步视交叉上核细胞的其他信号。

1.1.2　胃泌素释放肽以及胃泌素释放肽受体 2

视交叉上核中的胃泌素释放肽（gastrin releasing peptide，GRP）由 4% ～ 10% 的视交叉上核神经元产生（Abrahamson and Moore 2001；Antle et al. 2005；Atkins et al. 2010；Moore et al. 2002）。胃泌素释放肽似乎既有与血管活性肠肽相似的功能，又有与血管活性肠肽不同的功能。胃泌素释放肽合成神经元位于视交叉上核的中部，而胃泌素释放肽受体 mRNA 遍布整个视交叉上核，以背侧表达较高（Aida et al. 2002；Karatsoreos et al. 2006）。目前尚不清楚全部或部分视交叉上核神经元是否直接应答胃泌素释放肽。

与血管活性肠肽神经元类似，胃泌素释放肽神经元参与视交叉上核对夜光暴露的反应。正如血管活性肠肽神经元一样，它们接收视网膜输入并通过增加 *cFOS* 和 *Period* 基因的转录来响应夜光（Bryant et al. 2000；Karatsoreos et al. 2004）。尚不清楚光是否能诱导胃泌素释放肽的释放。与血管活性肠肽类似，胃泌素释放肽信号通过增加环腺苷酸（cAMP）（Gamble et al. 2007）发出信号，参与视交叉上核生物节律性细胞间的同步。体内和体外使用胃泌素释放多肽均能够改变视交叉上核的节律（Piggins et al. 1995；Antle et al. 2005；Kallingal and Mintz 2006；Gamble et al. 2007）。尽管阻断胃泌素释放肽受体 2（BBR2）并不能扰乱视交叉上核的节律，但是能够阻止通过共培养恢复缺失血管活性肠肽的视交叉上核的节律（Maywood et al. 2011b）。最后，使用血管活性肠肽能够诱导缺失血管活性肠肽受体 VPAC2R 的视交叉上核产生协调的生物节律（Brown et al. 2005；Maywood et al. 2006）。总之，以上这些结果支持了以下假设，即胃泌素释放肽是一种比血管活性肠肽更弱的同步化因子，但也参与视交叉上核生物节律的牵引。

解剖学研究表明胃泌素释放肽神经元的另外功能是将信息从背侧视交叉上核传递到腹侧视交叉上核（Drouyer et al. 2010）。有一种模型提出视交叉上核节律性细胞间的同步需要将此反馈到接收视网膜信号视交叉上核细胞，以控制其对环境光的敏感性（Antle et al. 2007）。与这种假设一致，缺失胃泌素释放肽受体 2（BBR2）的小鼠在强光下显示较弱的转变（Aida et al. 2002）。一个令人兴奋的实验是，检验缺失胃泌素释放肽的动物对光周期改变的适应性是否会减慢，以及它们的背侧和腹侧视交叉上核是否无法保持同步。

1.1.3　精氨酸加压素及其受体

精氨酸加压素（AVP）由 20% ～ 37% 的视交叉上核神经元产生（Abrahamson and Moore 2001；Moore et al. 2002），是在视交叉上核中发现的第一个神经肽，尽管几年后又在下丘脑神经分泌巨细胞核包括视上核和室旁核中发现有更高丰度的产生（Swaab et al. 1975；Vandesande et al. 1974；Burlet and Marchetti 1975）。可以在背内侧视交叉上核发现精氨酸加压素合成神经元，而且在小鼠中也可以在外侧视交叉上核中的小部分大细胞（magnocellular）神经元中发现。在视交叉上核中，精氨酸加压素（AVP）主要通过似乎广泛表达的精氨酸加压素受体（V1aR）发出信号（Li et al. 2009）。尽管大多数视交叉上核神经元都增加其兴奋性放电以应答精氨酸加压素，但尚不清楚应答是直接的还是通过网络相互作用的（Ingram et al. 1996）。

精氨酸加压素节律性释放的调控发生在转录水平（Jin et al. 1999）、翻译水平和神经元的兴奋性水平。精氨酸加压素在脑脊液中的水平取决于视交叉上核，随着一天中的时间而变化，早晨的峰值大约是晚上的 5 倍（Abrahamson and Moore 2001；Moore et al. 2002）。这是分离的视交叉上核内在的节律（Swaab et al. 1975；Vandesande et al. 1974；Burlet and Marchetti 1975），并且至少部分地通过生物节律性转录（Li et al. 2009）和转录本的聚腺苷酸化（及随后的翻译）来调控（Ingram et al. 1996）。有趣的是，精氨酸加压素转录的节律取决于神经元的放电、血管活性肠肽、环腺苷酸和 Ca^{2+} 信号（Reppert et al. 1981；Jansen et al. 2007；Sodersten et al. 1985；Tominaga et al. 1992）。这提供了一个很好的例子，说明了视交叉上核中的细胞间信号转导和细胞内转导级联对于从基因表达到神经肽分泌的日常节律如何至关重要。

精氨酸加压素主要涉及调控视交叉上核和室旁核中生物节律的振幅（Tousson and Meissl 2004），以及激素和行为的节律（Gerkema et al. 1999；Jansen et al. 2007）。与缺失血管活性肠肽的动物相比，动物缺失精氨酸加压素或精氨酸加压素受体的生物节律周期正常，但振幅衰减（Li et al. 2009）。精氨酸加压素缺失的布拉特尔伯勒大鼠（Brattleboro rat）在睡眠-觉醒、体温、血浆褪黑激素和视交叉上核放电率方面显示低振幅的日常节律。同样，视交叉上核中精氨酸加压素水平和周期性与其运动节律的振幅相关。缺失精氨酸加压素受体的小鼠不仅运动节律衰减，在视交叉上核中至少促动蛋白 2（prokineticin 2）基因的表达节律也减弱（Robinson et al. 1988）。由于精氨酸加压素似乎在视交叉上核激发率高的白天释放并激活大部分的视交叉上核神经元，精氨酸加压素很有可能调节视交叉上核的活动增加并驱动下游靶标的节律（Rusnak et al. 2007）。

最近，共培养实验表明精氨酸加压素在视交叉上核中的其他作用。与胃泌素释放肽很相似，在体外实验中，阻断精氨酸加压素受体并不能消除视交叉上核的节律，但能够阻止视交叉上核共培养恢复缺失血管活性肠肽的视交叉上核节律（Maywood et al. 2011a）。精氨酸加压素通常会放大视交叉上核的节律，当血管活性肠肽信号受到破坏时，精氨酸加压素单独或通过胃泌素释放肽，可以充当弱同步因子来协调视交叉上核中许多生物节律性细胞间的节律。

1.1.4 小型 SAAS

最近关于小型 SAAS 的研究报道彰显了新技术用于发现参与生物节律性通信的新分子。从过去发展的角度来说，视交叉上核（SCN）信号的识别需要优质抗体；而小型 SAAS 则是从对视交叉上核分泌分子的相对全面的筛选里发现的（Hatcher et al. 2008）。这种方法，首先从移植视交叉上核中富集自发的和电诱发的释放物，随后对它们进行质谱鉴定。使用 12 Tesla LTQ-FT 质谱仪和 ProSightPC 2.0 软件进一步改进的技术成功鉴定了视交叉上核分泌的 102 种内源肽，包括 33 种新型肽，而 12 种则具有酰胺化、磷酸化、焦谷氨酰化或乙酰化的翻译后修饰。这些技术能够同时鉴定特定组织甚至多重刺激条件下视交叉上核区域中的多种信号。

由于小型 SAAS 的丰度相对较高，而且可能参与激素前体的加工，Martha Gillette 和 Jonathan Sweedler 实验室因此首先对它们进一步鉴定。小型 SAAS 由大约 16% 的视交叉上核神经元产生（Maywood et al. 2011b），视交叉上核中的小型 SAAS 信号传递似乎具有与血管活性肠肽和胃泌素释放肽类似又鲜明的功能。小型 SAAS 合成神经元主要位于视交叉上核的中部。大约 33% 的小型 SAAS 合成神经元既不表达胃泌素释放肽也不表达血管活性肠肽，但剩余的 67% 中有 80% 显示为胃泌素释放肽阳性神经元，10% 显示为血管活性肠肽阳性神经元（Hatcher et al. 2008）。这表明至少在某些条件下，小型 SAAS 可能与其他神经肽共同分泌。

像血管活性肠肽和胃泌素释放肽一样，小型 SAAS 参与视交叉上核对夜光暴露的应答。小型 SAAS 阳性神经元接收视网膜的输入并通过增加 cFOS 对夜光产生应答（Lee et al. 2010）。目前尚不清楚光是否诱导小型 SAAS 的释放，但对视神经的电刺激能够增加小型 SAAS 的释放（Fricker et al. 2000）。引人注目的是，小型 SAAS 抗体能够阻断谷氨酸诱导的体外视交叉上核的延迟（Atkins et al. 2010）。此外，在体外实验中，小型 SAAS 施用可以不依赖于血管活性肠肽或胃泌素释放肽信号传递（Atkins et al. 2010）相移视交叉上核的节律（Hatcher et al. 2008）。总而言之，这些结果支持了小型 SAAS 信号在光应答中平行或独立于血管活性肠肽和胃泌素释放肽的假设。

这或许表明在光牵引中不同神经肽的冗余功能水平很高。或者，我们可能需要更细致的分析方法，才能以更高的时空分辨率以及各种条件下甄别它们的作用。这在中枢模式发生器（central pattern generator，CPG）中得到了证明——其环路特性取决于释放的神经肽（Dickinson 2006；Wallén et al. 1989）。令人兴奋的实验将是，如缺失小型 SAAS 的动物（Atkins et al. 2010）是否无法牵引到特定的光周期或者在非正常时间开始日常活动。

1.1.5 γ-氨基丁酸

即使并非所有，但大多数视交叉上核中各式各样的肽能神经元拥有一项共同的重要功能——就是都合成γ-氨基丁酸(GABA)(Belenky et al. 2007)。离子型γ-氨基丁酸受体(GABA_A)和代谢型γ-氨基丁酸受体(GABA_B)在视交叉上核中以及在视交叉上核投射的末端都有广泛表达(Gao et al. 1995；Belenky et al. 2003，2007；Francois-Bellan et al. 1989)。因此，GABA被认为直接作用于所有视交叉上核神经元及视交叉上核输入通路。

尽管罕见，但在成人神经系统中仍然有很好的证据表明GABA能够激活视交叉上核神经元。早在1997年，GABA首次被报道，白天具有兴奋性，而夜间则具有抑制作用，从而放大放电率的生物节律(Wagner et al. 1997)。遗憾的是，不同的实验室报告的GABA激发的一天中的时间效应无法重复。例如，有仅在夜间发生的(Pennartz et al. 2002)，有在夜间一直在背侧视交叉上核内，但也在一部分背侧或腹侧视交叉上核神经元发生的(Choi et al. 2008；Irwin and Allen 2009)，或者根本没有效应(Gribkoff et al. 2003；Liu and Reppert 2000；Aton et al. 2006)。当应答效应反射抑制后反弹时，很难将其定义为兴奋性，或许可以解释其中的一些混淆情况。然而，可以合理地得出结论，由于氯化物转运蛋白NKCC1的活性，GABA可能会激发一部分具有氯化物逆转电位的视交叉上核神经元。未来的研究将阐明具体神经元在一天中的具体时间以及具体功能结束时会兴奋。

对视交叉上核中内源γ-氨基丁酸信号传递的慢性阻断能够加大白天的放电峰值，而对大多数神经元本来就很低的夜间放电几乎没有影响，因此推测GABA在调控放电峰值和增强去极化输入的敏感性中起着重要作用(Aton et al. 2006)。这与GABA及其受体激动剂可以调节体内光诱导的相移以及体外视神经输入视交叉上核的证据一致(Gannon et al. 1995；Ehlen et al. 2008)。值得注意的是，每天施用GABA可以使培养的视交叉上核神经元同步(Liu and Reppert 2000)。然而，视交叉上核神经元彼此同步并不需要内源性GABA信号传递(Aton et al. 2006)。相反，来自腹侧视交叉上核的GABA信号会急性刺激背侧视交叉上核中的神经元，而来自背侧视交叉上核的GABA信号会急性抑制腹侧视交叉上核中的神经元(Albus et al. 2005)。这种互相的、远程的和快速的突触通讯可能在协调视交叉上核顶部和底部的节律中起作用。进一步研究GABA信号转导在视交叉上核牵引到环境信号的必要性，将会推动该领域的进展。

1.1.6 视交叉上核中的其他信号分子

作为视交叉上核(SCN)细胞间的信号，已经的研究报道了许多其他小分子，主要是神经肽和细胞因子，包括促动蛋白2(prokineticin 2，Prok2)、神经调节肽S(neuromedin S)和神经调节肽U(neuromedin U)(Mori et al. 2005；Graham et al. 2005)、甲硫氨酸脑啡肽(metenkephalin)、血管紧张素Ⅱ(angiotensin Ⅱ)(Brown et al. 2008)、生长抑素(somatostatin)(Ishikawa et al. 1997)和P物质(substance P)等(Kim et al. 2001)。心肌营养因子样细胞因子(cardiotrophin-like cytokine，CLC)

属于此类感兴趣的信号。研究发现大约 1% 的视交叉上核神经元合成 CLC，编码其受体亚基的基因 *Cntf*、*Gp130* 和 *Lifr* 沿着第三脑室表达（图 5.2）（Kraves and Weitz 2006）。体内施用 CLC 能够降低小鼠的跑轮活动量，相反抑制 GP130 能够增加活动量且不影响生物节律的周期和相位（Kraves and Weitz 2006）。对于促动蛋白 2（Prok2）也有相似的研究结果（Zhou and Cheng 2005），提示它们作为视交叉上核分泌的体液因子调控运动活性。在每种情况下，这些信号由一组背侧视交叉上核神经元产生，但尚未阐明它们在视交叉上核中的功能。

2. 生物钟系统的神经胶质细胞

尽管很明显，许多生理和行为的生物节律是由生物钟神经元的活动引起的（Nitabach and Taghert 2008；Hastings 1997），但最近的研究进展揭示"大脑中的其他细胞"，如神经胶质细胞也在体内和体外显示出生物节律。早在 1993 年，Lavialle 和 Serviere 就发现了视交叉上核（SCN）的星形胶质细胞中胶质纤维酸性蛋白（glial fibrillary acidic protein，GFAP）的分布呈现高振幅的生物节律（Lavialle and Serviere 1993）。这种节律在持续黑暗条件下的仓鼠、大鼠和小鼠中稳定存在（Lavialle and Serviere 1993；Moriya et al. 2000），表明它是内在的并不依赖于外部光信号。GFAP 免疫反应性的每日振荡在神经胶质细胞的作用仍然不清楚。Leone 等提出 GFAP 的振荡反映了视交叉上核中星形胶质细胞对免疫系统输入信号的应答。Moriya 等推测 GFAP 在持续光照条件下在生物节律中起作用。无论如何，三种哺乳动物中，视交叉上核中 GFAP 分布的日常节律保持不变，这表明它具有一定的功能。

星形胶质细胞通过称为神经胶质传输（gliotransmission）的过程释放递质来与附近的神经胶质细胞和神经元进行通讯（Perea et al. 2009；Fields and Burnstock 2006；Haydon 2001）。由星形神经胶质产生和释放的最著名的神经递质是 ATP、D-丝氨酸和谷氨酸（Parpura and Zorec 2010）。神经胶质传递的机制取决于细胞浆内钙离子水平的波动和递质的囊泡释放。

来自果蝇的研究是第一个也是目前唯一一个直接展示了神经胶质细胞能够调控生物节律性生理和行为。在果蝇中，胶质细胞特异的酶 ebony 的蛋白和 mRNA 水平在生物钟神经元周围富集，并随着一天的时间而变化（Suh and Jackson 2007）。Ebony 是一种 *N*-β-丙氨酸生物胺合成酶（*N*-beta-alanyl-biogenic amine synthetase），能够将一个 β-丙氨酸连接到组胺和其他胺类神经递质，如多巴胺和 5-羟色胺。携带 5 种 *ebony* 等位基因中任意一种的突变果蝇，其运动节律周期显示显著变化（Suh and Jackson 2007）。这种表型能够被神经胶质特异的 *ebony* 过表达解救（Ng et al. 2011）。这些结果促使研究人员去检测行为节律是否需要神经胶质信号传递。他们发现，通过转基因改变星形胶质细胞的膜电位、钙离子信号或者囊泡释放显著降低了生物节律性果蝇的比例；并且，有趣的是，还显著降低了神经肽信号传递的生物节律（Ng et al. 2011）。

在哺乳动物中，间接证据表明神经胶质细胞在生物节律性行为中起作用。与野生型相比，GFAP 敲除的小鼠在持续黑暗条件下显示活动周期加长并丢失节律性（Moriya et al. 2000）。神经胶质传递的改变影响睡眠稳态的调控，但尚未展示在时间生物学中的作用（Halassa and Haydon 2010）。在这里，我们综述哺乳动物中神经胶质生物节律性循环的神经和神经胶质控制的研究证据。

2.1 神经元到神经胶质的信号传递

强有力的证据表明哺乳动物神经元协调在神经胶质生物节律中起作用。将带有敲入（knock-in）*Period2* 的生物发光报告基因小鼠的运动皮层体外培养，其中的神经胶质细胞呈现生物节律性振荡，但在一周内逐渐减弱（Prolo et al. 2005）。与视交叉上核（SCN）外植体共同培养时，神经胶质细胞显示持续的生物节律，表明视交叉上核神经元能够通过可扩散的信号协调神经胶质细胞的节律（Prolo et al. 2005）。在体内，ATP 释放的生物节律似乎主要来自视交叉上核中的星形胶质细胞（Womac et al. 2009）。有趣的是，视交叉上核中的星形胶质细胞也会伴随 cFOS 表达增加而对光刺激产生反应（Bennett and Schwartz 1994），表明它们可能参与对光的应答，也可能参与牵引。未来的研究工作可能会关注神经胶质细胞在生物节律性行为的不同方面的作用，以及不同大脑区域的神经胶质细胞是否具有不同的生物节律性功能。

2.1.1 血管活性肠肽及其受体

除了已经确定的在生物节律性神经元间的通信作用（Vosko et al. 2007），血管活性肠肽（VIP）还涉及神经元到神经胶质细胞的日常信号传递。皮质的星形胶质细胞对血管活性肠肽受体 VPAC2R 的激动剂有反应，但对血管活性肠肽受体 VPAC1R 的激动剂则没有反应（Zusev and Gozes 2004）。培养的星形胶质细胞能够通过诱导生物钟基因表达、ATP 释放及其生物节律迁移对纳摩尔（nanomolar）浓度的 VIP 产生应答（Marpegan et al. 2009，2011）。对培养的星形胶质细胞每日施用 VIP 能够维持和牵引 *Period2* 的生物节律性表达（Marpegan et al. 2009）。Gerhold 和 Wise 为 VIP 介导神经胶质细胞中生物节律提供了体内实验证据。他们通过抑制 VIP 在视交叉上核中的表达，破坏了包裹促性腺激素释放激素（gonadotropin-releasing hormone，GnRH）神经元的星形胶质细胞表层区域的生物节律（Gerhold and Wise 2006；Gerhold et al. 2005）。他们还展示了在这些星形胶质细胞中，血管活性肠肽受体 VPAC2 的 mRNA 表达，表明了血管活性肠肽和神经胶质细胞间的直接相互作用（Gerhold and Wise 2006）。这种星形胶质细胞表层区域的波动被认为能够调控促性腺激素释放激素（GnRH）神经元的可刺激性神经输入，从而调节

GnRH 的合成和释放（Cashion et al. 2003）。需要进一步的体内研究来阐明血管活性肠肽在调节视交叉上核中星形胶质细胞功能中的其他潜在作用。

2.1.2　三磷酸腺苷以及嘌呤受体

除了为细胞提供能量外，三磷酸腺苷（ATP）还作为递质将信号发送到神经系统中相邻的神经胶质细胞和神经元（Haydon 2001；Suadicani et al. 2006）。在大鼠中，视交叉上核中 ATP 在胞外的累积呈现生物节律性的波动，峰值出现在深夜或主观设置的夜晚（Womac et al. 2009；Yamazaki et al. 1994）。体外培养的皮质星形胶质细胞的胞外 ATP 累积同样显示出生物节律性振荡（Womac et al. 2009；Burkeen et al. 2011；Marpegan et al. 2011）。这种胞外 ATP 的生物钟功能尚未确定。

ATP 能够直接作用于嘌呤受体或者被降解为具有生物活性的腺苷二磷酸（ADP）或腺苷。核苷腺苷对视交叉上核的神经元活性有显著的抑制作用（Dunwiddie and Masino 2001）。腺苷还涉及睡眠的调控作用（Chikahisa and Séi 2011）。腺苷受体拮抗剂（如咖啡因）破坏了胞外腺苷引起的抑制效应，导致了间接的兴奋作用（Fredholm et al. 1999）。在视网膜中，来自非神经元的腺苷似乎导致细胞胞外腺苷水平的生物节律性变化，以调节视锥-视杆的偶联（Ribelayga et al. 2008）。因此，ATP 和其他核苷酸能携带一天中的具体时间信息来调节感官处理。

2.2　神经胶质到神经元的信号传递

有间接证据表明星形胶质细胞将生物节律信息传达给其他细胞。例如，由于视交叉上核（SCN）中的 ATP 的生物节律性变化可能主要源自星形胶质细胞，因此胶质细胞有可能调节视交叉上核的活动。此外，视交叉上核中包括谷氨酸在内的兴奋性氨基酸（excitatory amino acid，EAA）的节律可能是由于星形胶质细胞释放引起的（Shinohara et al. 2000）。可能的证据还包括分离的视交叉上核中的谷氨酸能神经元、不依赖于钙离子的兴奋性氨基酸的节律，以及在谷氨酸/天冬氨酸摄取抑制剂 L-反式-吡咯烷-2,4 羧酸（L-trans-pyrrolidine-2,4-dicarboxylic acid）存在情况下兴奋性氨基酸的持续性节律等（Shinohara et al. 2000）。由于星形胶质细胞能够作为不依赖钙的神经递质释放的来源（Malarkey and Parpura 2008），神经胶质细胞可能调控视交叉上核中的细胞外的谷氨酸水平。然而，最近的研究发现在皮质神经胶质细胞中生物钟并不调节它们对谷氨酸的每天的再摄取（Beaulé et al. 2009）。未来的研究或许将集中在神经胶质细胞是否通过生物节律性释放来调节兴奋性氨基酸水平。

3. 常见药物及其对生物节律性信号传递的影响

本章详细阐述了参与产生和调控行为和生理生物节律的几种信号传递通路。

例如，视交叉上核（SCN）中的神经肽参与生物节律性细胞彼此同步，放大它们的日常循环并将其节律调整到当地时间。因此，能够作用于肽能神经元受体或信号传递通路的药物可以有效地影响生物的日常活动。我们必须考虑许多药物对生物节律计时系统可能的影响（Musiek and FitzGerald 2013；Antoch and Kondratov 2013；Ortiz-Tudela et al. 2013）。一个引人注目的例子就是人类最常服用的药物——咖啡因。咖啡因可以调节分离的视交叉上核中放电活动和培养的哺乳动物细胞中生物钟基因表达的生物节律，并适度延长小鼠运动活动的生物节律周期（Oike et al. 2011；Wyatt et al. 2004；Ding et al. 1998）。尽管咖啡因对睡眠和警觉性的影响有大量的文献报道（Wright et al. 1997；Fredholm et al. 1999；Landolt et al. 1995），但尚未有关于咖啡因对人类生物钟生物学影响的研究。因此，常见药物对生物钟的影响需要更多的研究，而且现在能够很容易进行体内和体外的分析。

我们已经强调某些配体在一天中的不同时间产生的效应是不同的，它可以在晚上而不是在白天相移生物钟。这可能是由受体或者下游细胞内第二信使的活性或丰度的生物节律性变化引起的。在药理学中，必须强调其后果（参见 Musiek and FitzGerald 2013；Ortiz-Tudela et al. 2013）。根据已知的生物节律原理尝试时间依赖的方式施药或许能够确定药物的疗效。例如，用于治疗高血压的血管紧张素 II 受体（angiotensin II receptor）拮抗剂，在其靶标通路能够被调制的时段使用，或许会更有效果（Portaluppi et al. 2012）。因此，时间药理学（chronopharmacology）就是选择一天中的不同时间点施药来影响生物钟或生物钟控制的通路。

（张淑青　王　晗　译）

参 考 文 献

Abraham U, Granada AE, Westermark PO, Heine M, Kramer A, Herzel H (2010) Coupling governs entrainment range of circadian clocks. Mol Syst Biol 6: 438

Abrahamson EE, Moore RY (2001) Suprachiasmatic nucleus in the mouse: retinal innervation, intrinsic organization and efferent projections. Brain Res 916: 172–191

Aida R, Moriya T, Araki M, Akiyama M, Wada K, Wada E, Shibata S (2002) Gastrin-releasing peptide mediates photic entrainable signals to dorsal subsets of suprachiasmatic nucleus via induction of Period gene in mice. Mol Pharmacol 61: 26–34

Albus H, Vansteensel MJ, Michel S, Block GD, Meijer JH (2005) A GABAergic mechanism is necessary for coupling dissociable ventral and dorsal regional oscillators within the circadian clock. Curr Biol 15: 886–893

An S, Irwin RP, Allen CN, Tsai CA, Herzog ED (2011) Vasoactive intestinal polypeptide requires parallel changes in adenylate cyclase and phospholipase C to entrain circadian rhythms to a predictable phase. J Neurophysiol 105: 2289–2296

Antle MC, Foley DK, Foley NC, Silver R (2003) Gates and oscillators: a network model of the brain clock. J Biol Rhythms 18: 339–350

Antle MC, Kriegsfeld LJ, Silver R (2005) Signaling within the master clock of the brain: localized activation of mitogen-activated protein kinase by gastrin-releasing peptide. J Neurosci 25: 2447–2454

Antle MC, Foley NC, Foley DK, Silver R (2007) Gates and oscillators II: zeitgebers and the network model of the brain clock. J Biol Rhythms 22: 14–25

Atkins N, Mitchell JW, Romanova EV, Morgan DJ, Cominski TP, Ecker JL, Pintar JE, Sweedler JV, Gillette MU (2010) Circadian integration of glutamatergic signals by little SAAS in novel suprachiasmatic circuits. PLoS One 5: e12612

Aton SJ, Huettner JE, Straume M, Herzog ED (2006) GABA and Gi/o differentially control circadian rhythms and synchrony in clock neurons. Proc Natl Acad Sci USA 103: 19188–19193

Beaulé C, Swanstrom A, Leone MJ, Herzog ED (2009) Circadian modulation of gene expression, but not glutamate uptake, in mouse and rat cortical astrocytes. PLoS One 4: e7476

Belenky MA, Smeraski CA, Provencio I, Sollars PJ, Pickard GE (2003) Melanopsin retinal ganglion cells receive bipolar and amacrine cell synapses. J Comp Neurol 460: 380–393

Belenky MA, Yarom Y, Pickard GE (2007) Heterogeneous expression of gamma-aminobutyric acid and gamma-aminobutyric acid-associated receptors and transporters in the rat suprachiasmatic nucleus. J Comp Neurol 506: 708–732

Bennett MR, Schwartz WJ (1994) Astrocytes in circadian rhythm generation and regulation. Neuroreport 5: 1697

Brown TM, Hughes AT, Piggins HD (2005) Gastrin-releasing peptide promotes suprachiasmatic nuclei cellular rhythmicity in the absence of vasoactive intestinal polypeptide-VPAC2 receptor signaling. J Neurosci 25: 11155–11164

Brown TM, McLachlan E, Piggins HD (2008) Angiotensin II regulates the activity of mouse suprachiasmatic nuclei neurons. Neuroscience 154: 839–847

Bryant DN, LeSauter J, Silver R, Romero MT (2000) Retinal innervation of calbindin-D28K cells in the hamster suprachiasmatic nucleus: ultrastructural characterization. J Biol Rhythms 15: 103–111

Burkeen JF, Womac AD, Earnest DJ, Zoran MJ (2011) Mitochondrial calcium signaling mediates rhythmic extracellular ATP accumulation in suprachiasmatic nucleus astrocytes. J Neurosci 31: 8432–8440

Burlet A, Marchetti J (1975) Immunoreactive vasopressin in the supra-chiasmatic nucleus. Preliminary data in rats. C R Seances Soc Biol Fil 169: 148–151

Cambras T, Weller JR, Angle`s-Pujora`s M, Lee ML, Christopher A, Díez-Noguera A, Krueger JM, de la Iglesia HO (2007) Circadian desynchronization of core body temperature and sleep stages in the rat. Proc Natl Acad Sci USA 104: 7634–7639

Cashion AB, Smith MJ, Wise PM (2003) The morphometry of astrocytes in the rostral preoptic area exhibits a diurnal rhythm on proestrus: relationship to the luteinizing hormone surge and effects of age. Endocrinology 144: 274–280

Chikahisa S, Séi H (2011) The role of ATP in sleep regulation. Front Neurol 2: 87

Choi HJ, Lee CJ, Schroeder A, Kim YS, Jung SH, Kim JS, Kim DY, Son EJ, Han HC, Hong SK et al (2008) Excitatory actions of GABA in the suprachiasmatic nucleus. J Neurosci 28: 5450–5459

de la Iglesia HO, Cambras T, Schwartz WJ, Díez-Noguera A (2004) Forced desynchronization of dual circadian oscillators within the rat suprachiasmatic nucleus. Curr Biol 14: 796–800

Dickinson PS (2006) Neuromodulation of central pattern generators in invertebrates and vertebrates. Curr Opin Neurobiol 16: 604–614

Ding JM, Buchanan GF, Tischkau SA, Chen D, Kuriashkina L, Faiman LE, Alster JM, McPherson PS, Campbell KP, Gillette MU (1998) A neuronal ryanodine receptor mediates light-induced phase delays of the circadian clock. Nature 394: 381–384

Drouyer E, LeSauter J, Hernandez AL, Silver R (2010) Specializations of gastrin-releasing peptide cells of the mouse suprachiasmatic nucleus. J Comp Neurol 518: 1249–1263

Dunwiddie TV, Masino SA (2001) The role and regulation of adenosine in the central nervous system. Annu Rev Neurosci 24: 31–55

Earnest DJ, Sladek CD (1986) Circadian rhythms of vasopressin release from individual rat suprachiasmatic explants in vitro. Brain Res 382: 129–133

Ehlen JC, Novak CM, Karom MC, Gamble KL, Albers HE (2008) Interactions of GABAA receptor activation and light on period mRNA expression in the suprachiasmatic nucleus. J Biol Rhythms 23: 16–25

Fields RD, Burnstock G (2006) Purinergic signalling in neuron-glia interactions. Nat Rev Neurosci 7: 423–436

Francl JM, Kaur G, Glass JD (2010) Regulation of vasoactive intestinal polypeptide release in the suprachiasmatic nucleus circadian clock. Neuroreport 21: 1055–1059

Francois-Bellan AM, Segu L, Hery M (1989) Regulation by estradiol of GABAA and GABAB binding sites in the diencephalon of the rat: an autoradiographic study. Brain Res 503: 144–147

Fredholm BB, Bättig K, Holmén J, Nehlig A, Zvartau EE (1999) Actions of caffeine in the brain with special reference to factors that contribute to its widespread use. Pharmacol Rev 51: 83–133

Fricker LD, McKinzie AA, Sun J, Curran E, Qian Y, Yan L, Patterson SD, Courchesne PL, Richards B, Levin N et al (2000) Identification and characterization of proSAAS, a graninlike neuroendocrine peptide precursor that inhibits prohormone processing. J Neurosci 20: 639–648

Gamble KL, Allen GC, Zhou T, McMahon DG (2007) Gastrin-releasing peptide mediates lightlike resetting of the suprachiasmatic nucleus circadian pacemaker through cAMP response element-binding protein and Per1 activation. J Neurosci 27: 12078–12087

Gannon RL, Cato MJ, Kelley KH, Armstrong DL, Rea MA (1995) GABAergic modulation of optic nerve-evoked field potentials in the rat suprachiasmatic nucleus. Brain Res 694: 264–270

Gao B, Fritschy JM, Moore RY (1995) GABA A-receptor subunit composition in the circadian timing system. Brain Res 700: 142–156

Gerhold LM, Wise PM (2006) Vasoactive intestinal polypeptide regulates dynamic changes in astrocyte morphometry: impact on gonadotropin releasing hormone neurons. Endocrinology 147: 2197–21202

Gerhold LM, Rosewell KL, Wise PM (2005) Suppression of vasoactive intestinal polypeptide in the suprachiasmatic nucleus leads to aging-like alterations in cAMP rhythms and activation of gonadotropin-releasing hormone neurons. J Neurosci 25: 62–67

Gerkema MP, Shinohara K, Kimura F (1999) Lack of circadian patterns in vasoactive intestinal polypeptide release and variability in vasopressin release in vole suprachiasmatic nuclei in vitro. Neurosci Lett 259: 107–110

Graham ES, Littlewood P, Turnbull Y, Mercer JG, Morgan PJ, Barrett P (2005) Neuromedin-U is regulated by the circadian clock in the SCN of the mouse. Eur J Neurosci 21: 814–819

Green DJ, Gillette R (1982) Circadian rhythm of firing rate from single cells in the rat suprachiasmatic brain slice. Brain Res 245: 198–200

Gribkoff VK, Pieschl RL, Dudek FE (2003) GABA receptor-mediated inhibition of neuronal activity in rat SCN *in vitro*: pharmacology and influence of circadian phase. J Neurophysiol 90 (3): 1438–1448

Halassa MM, Haydon PG (2010) Integrated brain circuits: astrocytic networks modulate neuronal activity and behavior. Annu Rev Physiol 72: 335–355

Harmar AJ, Marston HM, Shen S, Spratt C, West KM, Sheward WJ, Morrison CF, Dorin JR, Piggins HD, Reubi JC et al (2002) The VPAC(2) receptor is essential for circadian function in the mouse suprachiasmatic nuclei. Cell 109: 497–508

Hastings MH (1997) Central clocking. Trends Neurosci 20: 459–464

Hatcher NG, Atkins N, Annangudi SP, Forbes AJ, Kelleher NL, Gillette MU, Sweedler JV (2008) Mass spectrometry-based discovery of circadian peptides. Proc Natl Acad Sci USA 105: 12527–12532

Hattar S, Liao HW, Takao M, Berson DM, Yau KW (2002) Melanopsin-containing retinal ganglion cells: architecture, projections, and intrinsic photosensitivity. Science 295: 1065–1070

Haydon PG (2001) GLIA: listening and talking to the synapse. Nat Rev Neurosci 2: 185–193

Herzog ED, Huckfeldt RM (2003) Circadian entrainment to temperature, but not light, in the isolated suprachiasmatic nucleus. J Neurophysiol 90: 763–770

Herzog ED, Geusz ME, Khalsa SBS, Straume M, Block GD (1997) Circadian rhythms in mouse suprachiasmatic nucleus explants on multimicroelectrode plates. Brain Res 757: 285–290

Herzog ED, Takahashi JS, Block GD (1998) Clock controls circadian period in isolated suprachiasmatic nucleus neurons. Nat Neurosci 1: 708–713

Honma S, Katsuno Y, Tanahashi Y, Abe H, Honma KI (1998a) Circadian rhythms of argininevasopressin and vasoactive intestinal polypeptide do not depend on cytoarchitecture of dispersed cell culture rat suprachiasmatic nucleus. Neuroscience 86: 967–976

Honma S, Shirakawa T, Katsuno Y, Namihira M, Honma KI (1998b) Circadian periods of single suprachiasmatic neurons in rats. Neurosci Lett 250: 157–160

Ingram CD, Snowball RK, Mihai R (1996) Circadian rhythm of neuronal activity in suprachiasmatic nucleus slices from the vasopressin-deficient Brattleboro rat. Neuroscience 75: 635–641

Inouye ST, Kawamura H (1982) Characteristics of a circadian pacemaker in the suprachiasmatic nucleus. J Comp Physiol A 146: 153–160

Irwin RP, Allen CN (2009) GABAergic signaling induces divergent neuronal Ca^{2+} responses in the suprachiasmatic nucleus network. Eur J Neurosci 30: 1462–1475

Irwin RP, Allen CN (2010) Neuropeptide-mediated calcium signaling in the suprachiasmatic nucleus network. Eur J Neurosci 32: 1497–1506

Ishikawa M, Mizobuchi M, Takahashi H, Bando H, Saito S (1997) Somatostatin release as measured by in vivo microdialysis: circadian variation and effect of prolonged food deprivation. Brain Res 749: 226–231

Jansen K, Van der Zee EA, Gerkema MP (2007) Vasopressin immunoreactivity, but not vasoactive intestinal polypeptide, correlates with expression of circadian rhythmicity in the suprachiasmatic nucleus of voles. Neuropeptides 41(4): 207–216

Jin X, Shearman LP, Weaver DR, Zylka MJ, De Vries GJ, Reppert SM (1999) A molecular mechanism regulating rhythmic output from the suprachiasmatic circadian clock. Cell 96: 57–68

Kalamatianos T, Kalló I, Piggins HD, Coen CW (2004) Expression of VIP and/or PACAP receptor mRNA in peptide synthesizing cells within the suprachiasmatic nucleus of the rat and in its efferent target sites. J Comp Neurol 475: 19–35

Kallingal GJ, Mintz EM (2006) Glutamatergic activity modulates the phase-shifting effects of gastrin-releasing peptide and light. Eur J Neurosci 24: 2853–2858

Kallo II, Kalamatianos T, Wiltshire N, Shen S, Sheward WJ, Harmar AJ, Coen CW (2004) Transgenic approach reveals expression of the VPAC receptor in phenotypically defined neurons in the mouse suprachiasmatic nucleus and in its efferent target sites. Eur J Neurosci 19: 2201–2211

Karatsoreos IN, Yan L, LeSauter J, Silver R (2004) Phenotype matters: identification of lightresponsive cells in the mouse suprachiasmatic nucleus. J Neurosci 24: 68–75

Karatsoreos IN, Romeo RD, McEwen BS, Silver R (2006) Diurnal regulation of the gastrinreleasing peptide receptor in the mouse circadian clock. Eur J Neurosci 23: 1047–1053

Kim DY, Kang HC, Shin HC, Lee KJ, Yoon YW, Han HC, Na HS, Hong SK, Kim YI (2001) Substance p plays a critical role in photic resetting of the circadian pacemaker in the rat hypothalamus. J Neurosci 21: 4026–4031

Klein DC, Moore RY, Reppert SM (1991) Suprachiasmatic nucleus: the mind's clock. Oxford University Press, New York

Kramer A, Yang FC, Snodgrass P, Li X, Scammell TE, Davis FC, Weitz CJ (2001) Regulation of daily locomotor activity and sleep by hypothalamic EGF receptor signaling. Science 294: 2511–2515

Kraves S, Weitz CJ (2006) A role for cardiotrophin-like cytokine in the circadian control of mammalian locomotor activity. Nat Neurosci 9: 212–219

Laemle LK, Ottenweller JE, Fugaro C (1995) Diurnal variations in vasoactive intestinal polypeptide-like immunoreactivity in the suprachiasmatic nucleus of congenitally anophthalmic mice. Brain Res 688: 203–208

Landolt HP, Dijk DJ, Gaus SE, Borbely AA (1995) Caffeine reduces low-frequency delta activity in the human sleep EEG. Neuropsychopharmacology 12: 229–238

Lavialle M, Serviere J (1993) Circadian fluctuations in GFAP distribution in the Syrian hamster suprachiasmatic nucleus. Neuroreport 4: 1243–1246

Leak RK, Moore RY (2001) Topographic organization of suprachiasmatic nucleus projection neurons. J Comp Neurol 433: 312–334

Lee JE, Atkins N, Hatcher NG, Zamdborg L, Gillette MU, Sweedler JV, Kelleher NL (2010) Endogenous peptide discovery of the rat circadian clock: a focused study of the suprachiasmatic nucleus by ultrahigh performance tandem mass spectrometry. Mol Cell Proteomics 9: 285–297

LeSauter J, Stevens P, Jansen H, Lehman MN, Silver R (1999) Calbindin expression in the hamster SCN is influenced by circadian genotype and by photic conditions. Neuroreport 10: 3159–3163

Li J-D, Burton KJ, Zhang C, Hu S-B, Zhou Q-Y (2009) Vasopressin receptor V1a regulates circadian rhythms of locomotor activity and expression of clock-controlled genes in the suprachiasmatic nuclei. Am J Physiol Regul Integr Comp Physiol 296: R824–R830

Liu C, Reppert SM (2000) GABA synchronizes clock cells within the suprachiasmatic circadian clock. Neuron 25: 123–128

Liu AC, Welsh DK, Ko CH, Tran HG, Zhang EE, Priest AA, Buhr ED, Singer O, Meeker K, Verma IM et al (2007) Intercellular coupling confers robustness against mutations in the SCN circadian clock network. Cell 129: 605–616

Malarkey EB, Parpura V (2008) Mechanisms of glutamate release from astrocytes. Neurochem Int 52: 142–154

Marpegan L, Krall TJ, Herzog ED (2009) Vasoactive intestinal polypeptide entrains circadian rhythms in astrocytes. J Biol Rhythms 24: 135–143

Marpegan L, Swanstrom AE, Chung K, Simon T, Haydon PG, Khan SK, Liu AC, Herzog ED, Beaulé C (2011) Circadian regulation of ATP release in astrocytes. J Neurosci (the official journal of the Society for Neuroscience) 31: 8342–8350

Maywood ES, Reddy AB, Wong GK, O'Neill JS, O'Brien JA, McMahon DG, Harmar AJ, Okamura H, Hastings MH (2006) Synchronization and maintenance of timekeeping in suprachiasmatic circadian clock cells by neuropeptidergic signaling. Curr Biol 16: 599–605

Maywood ES, Chesham JE, Meng Q-J, Nolan PM, Loudon ASI, Hastings MH (2011a) Tuning the period of the mammalian circadian clock: additive and independent effects of CK1εTau and Fbxl3Afh mutations on mouse circadian behavior and molecular pacemaking. J Neurosci 31: 1539–1544

Maywood ES, Chesham JE, O'Brien JA, Hastings MH (2011b) A diversity of paracrine signals sustains molecular circadian cycling in suprachiasmatic nucleus circuits. Proc Natl Acad Sci USA 108: 14306–14311

Meijer JH, Watanabe K, Schaap J, Albus H, Detari L (1998) Light responsiveness of the suprachiasmatic nucleus: long-term multiunit and single-unit recordings in freely moving rats. J Neurosci 18: 9078–9087

Michel S, Geusz ME, Zaritsky JJ, Block GD (1993) Circadian rhythm in membrane conductance expressed in isolated neurons. Science 259: 239–241

Mihalcescu I, Hsing W, Leibler S (2004) Resilient circadian oscillator revealed in individual cyanobacteria. Nature 430: 81–85

Moore RY, Eichler VB (1972) Loss of a circadian adrenal corticosterone rhythm following suprachiasmatic lesions in rat. Brain Res 42: 201–206

Moore RY, Speh JC, Leak RK (2002) Suprachiasmatic nucleus organization. Cell Tissue Res 309: 89–98

Mori K, Miyazato M, Ida T, Murakami N, Serino R, Ueta Y, Kojima M, Kangawa K (2005) Identification of neuromedin S and its possible role in the mammalian circadian oscillator system. EMBO J 24(2): 325–335

Morin LP (2007) SCN organization reconsidered. J Biol Rhythms 22: 3–13

Moriya T, Yoshinobu Y, Kouzu Y, Katoh A, Gomi H, Ikeda M, Yoshioka T, Itohara S, Shibata S (2000) Involvement of glial fibrillary acidic protein (GFAP) expressed in astroglial cells in circadian rhythm under constant lighting conditions in mice. J Neurosci Res 60: 212–218

Murakami N, Takamure M, Takahashi K, Utunomiya K, Kuroda H, Etoh T (1991) Long-term cultured neurons from rat suprachiasmatic nucleus retain the capacity for circadian oscillation of vasopressin release. Brain Res 545: 347–350

Nakamura W, Honma S, Shirakawa T, Honma KI (2001) Regional pacemakers composed of multiple oscillator neurons in the rat suprachiasmatic nucleus. Eur J Neurosci 14: 1–10

Nakamura W, Honma S, Shirakawa T, Honma KI (2002) Clock mutation lengthens the circadian period without damping rhythms in individual SCN neurons. Nat Neurosci 5: 399–400

Ng FS, Tangredi MM, Jackson FR (2011) Glial cells physiologically modulate clock neurons and circadian behavior in a calcium-dependent manner. Curr Biol 21: 625–634

Nitabach MN, Taghert PH (2008) Organization of the Drosophila circadian control circuit. Curr Biol 18: R84–R93

Oike H, Kobori M, Suzuki T, Ishida N (2011) Caffeine lengthens circadian rhythms in mice. Biochem Biophys Res Commun 410: 654–658

Parpura V, Zorec R (2010) Gliotransmission: exocytotic release from astrocytes. Brain Res Rev 63: 83–92

Pennartz CMA, de Jeu MTG, Bos NPA, Schaap J, Geurtsen AMS (2002) Diurnal modulation of pacemaker potentials and calcium current in the mammalian circadian clock. Nature 416: 286–290

Perea G, Navarrete M, Araque A (2009) Tripartite synapses: astrocytes process and control synaptic information. Trends Neurosci 32: 421–431

Piggins HD, Antle MC, Rusak B (1995) Neuropeptides phase shift the mammalian circadian pacemaker. J Neurosci 15: 5612–5622

Portaluppi F, Tiseo R, Smolensky MH, Hermida RC, Ayala DE, Fabbian F (2012) Circadian rhythms and cardiovascular health. Sleep Med Rev 16: 151–166

Prolo LM, Takahashi JS, Herzog ED (2005) Circadian rhythm generation and entrainment in astrocytes. J Neurosci 25: 404–408

Quintero JE, Kuhlman SJ, McMahon DG (2003) The biological clock nucleus: a multiphasic oscillator network regulated by light. J Neurosci 23: 8070–8076

Ralph MR, Foster RG, Davis FC, Menaker M (1990) Transplanted suprachiasmatic nucleus determines circadian period. Science 247: 975–978

Reed HE, Meyer-Spasche A, Cutler DJ, Coen CW, Piggins HD (2001) Vasoactive intestinal polypeptide (VIP) phase-shifts the rat suprachiasmatic nucleus clock in vitro. Eur J Neurosci 13: 839–843

Reppert SM, Artman HG, Swaminathan S, Fisher DA (1981) Vasopressin exhibits a rhythmic daily pattern in cerebrospinal fluid but not in blood. Science 213: 1256–1257

Ribelayga C, Cao Y, Mangel SC (2008) The circadian clock in the retina controls rod-cone coupling. Neuron 59: 790–801

Robinson BG, Frim DM, Schwartz WJ, Majzoub JA (1988) Vasopressin mRNA in the suprachiasmatic nuclei: daily regulation of polyadenylate tail length. Science 241: 342–344

Rusnak M, Tóth ZE, House SB, Gainer H (2007) Depolarization and neurotransmitter regulation of vasopressin gene expression in the rat suprachiasmatic nucleus in vitro. J Neurosci 27: 141–151

Shigeyoshi Y, Taguchi K, Yamamoto S, Takekida S, Yan L, Tei H, Moriya T, Shibata S, Loros JJ, Dunlap JC et al (1997) Light-induced resetting of a mammalian circadian clock is associated with rapid induction of the mPer1 transcript. Cell 91: 1043–1053

Shinohara K, Tominaga K, Isobe Y, Inouye ST (1993) Photic regulation of peptides located in the ventrolateral subdivision

114

of the suprachiasmatic nucleus of the rat: daily variations of vasoactive intestinal polypeptide, gastrin-releasing peptide, and neuropeptide Y. J Neurosci 13: 793–800

Shinohara K, Honma S, Katsuno Y, Abe H, Honma KI (1995) Two distinct oscillators in the rat suprachiasmatic nucleus in vitro. Proc Natl Acad Sci USA 92: 7396–7400

Shinohara K, Tominaga K, Inouye ST (1998) Luminance-dependent decrease in vasoactive intestinal polypeptide in the rat suprachiasmatic nucleus. Neurosci Lett 251: 21–24

Shinohara K, Honma S, Katsuno Y, Honma K (2000) Circadian release of excitatory amino acids in the suprachiasmatic nucleus culture is Ca(2+)-independent. Neurosci Res 36: 245–250

Silver R, Lehman MN, Gibson M, Gladstone WR, Bittman EL (1990) Dispersed cell suspensions of fetal SCN restore circadian rhythmicity in SCN-lesioned adult hamsters. Brain Res 525: 45–58

Sodersten P, De Vries GJ, Buijs RM, Melin P (1985) A daily rhythm in behavioral vasopressin sensitivity and brain vasopressin concentrations. Neurosci Lett 58: 37–41

Stephan FK, Zucker I (1972) Circadian rhythms in drinking behavior and locomotor activity of rats are eliminated by hypothalamic lesions. Proc Natl Acad Sci USA 69: 1583–1586

Suadicani SO, Brosnan CF, Scemes E (2006) P2X7 receptors mediate ATP release and amplification of astrocytic intercellular Ca^{2+} signaling. J Neurosci 26: 1378–1385

Suh J, Jackson FR (2007) Drosophila ebony activity is required in glia for the circadian regulation of locomotor activity. Neuron 55: 435–447

Sujino M, Masumoto K, Yamaguchi S, van der Horst GT, Okamura H, Inouye SI (2003) Suprachiasmatic nucleus grafts restore circadian behavioral rhythms of genetically arrhythmic mice. Curr Biol 13: 664–668

Swaab DF, Pool CW, Nijveldt F (1975) Immunofluorescence of vasopressin and oxytocin in the rat hypothalamo-neurohypophypopseal system. J Neural Transm 36: 195–215

Tominaga K, Shinohara K, Otori Y, Fukuhara C, Inouye ST (1992) Circadian rhythms of vasopressin content in the suprachiasmatic nucleus of the rat. Neuroreport 3: 809–812

Tousson E, Meissl H (2004) Suprachiasmatic nuclei grafts restore the circadian rhythm in the paraventricular nucleus of the hypothalamus. J Neurosci 24: 2983–2988

Usdin TB, Bonner TI, Mezey E (1994) Two receptors for vasoactive intestinal polypeptide with similar specificity and complementary distributions. Endocrinology 135: 2662–2680

Vandesande F, DeMey J, Dierickx K (1974) Identification of neurophysin producing cells. I. The origin of the neurophysin-like substance-containing nerve fibres of the external region of the median eminence of the rat. Cell Tissue Res 151: 187–200

Vosko AM, Schroeder A, Loh DH, Colwell CS (2007) Vasoactive intestinal peptide and the mammalian circadian system. Gen Comp Endocrinol 152: 165–175

Wagner S, Castel M, Gainer H, Yarom Y (1997) GABA in the mammalian suprachiasmatic nucleus and its role in diurnal rhythmicity. Nature 387: 598–603

Wallén P, Christenson J, Brodin L, Hill R, Lansner A, Grillner S (1989) Mechanisms underlying the serotonergic modulation of the spinal circuitry for locomotion in lamprey. Prog Brain Res 80: 321–327, discussion 315–319

Webb AB, Angelo N, Huettner JE, Herzog ED (2009) Intrinsic, nondeterministic circadian rhythm generation in identified mammalian neurons. Proc Natl Acad Sci USA 106: 16493–16498

Welsh DK, Logothetis DE, Meister M, Reppert SM (1995) Individual neurons dissociated from rat suprachiasmatic nucleus express independently phased circadian firing rhythms. Neuron 14: 697–706

Welsh DK, Takahashi JS, Kay SA (2010) Suprachiasmatic nucleus: cell autonomy and network properties. Annu Rev Physiol 72: 551–577

Womac AD, Burkeen JF, Neuendorff N, Earnest DJ, Zoran MJ (2009) Circadian rhythms of extracellular ATP accumulation in suprachiasmatic nucleus cells and cultured astrocytes. Eur J Neurosci 30: 869–876

Wright KP, Badia P, Myers BL, Plenzler SC (1997) Combination of bright light and caffeine as a countermeasure for impaired alertness and performance during extended sleep deprivation. J Sleep Res 6: 26–35

Wyatt JK, Cajochen C, Ritz-De Cecco A, Czeisler CA, Dijk DJ (2004) Low-dose repeated caffeine administration for circadian-phase-dependent performance degradation during extended wakefulness. Sleep 27: 374–381

Yamaguchi S, Isejima H, Matsuo T, Okura R, Yagita K, Kobayashi M, Okamura H (2003) Synchronization of cellular clocks in the suprachiasmatic nucleus. Science 302: 1408–1412

Yamazaki S, Ishida Y, Inouye S (1994) Circadian rhythms of adenosine triphosphate contents in the suprachiasmatic nucleus, anterior hypothalamic area and caudate putamen of the rat–negative correlation with electrical activity. Brain Res 664: 237–240

Yamazaki S, Kerbeshian MC, Hocker CG, Block GD, Menaker M (1998) Rhythmic properties of the hamster suprachiasmatic nucleus in vivo. J Neurosci 18: 10709–10723

Yamazaki S, Numano R, Abe M, Hida A, Takahashi R, Ueda M, Block GD, Sakaki Y, Menaker M, Tei H (2000) Resetting central and peripheral circadian oscillators in transgenic rats. Science 288: 682–685

Zhou QY, Cheng MY (2005) Prokineticin 2 and circadian clock output. FEBS J 272: 5703–5709

Zusev M, Gozes I (2004) Differential regulation of activity-dependent neuroprotective protein in rat astrocytes by VIP and PACAP. Regul Pept 123: 33–41

第二部分

生理和行为的生物钟调控控制

第六章
生物钟与代谢

比莉安娜·马尔切娃（Biliana Marcheva）、凯瑟琳·M. 拉姆齐（Kathryn M. Ramsey）、克拉拉·B. 皮克（Clara B. Peek）、艾莉森·阿菲纳蒂（Alison Affinati）、埃莱奥诺雷·莫里（Eleonore Maury）和约瑟夫·巴斯（Joseph Bass）
美国西北大学芬伯格医学院医学系和神经生物学系

摘要：生物钟能够维持行为、生理和代谢等体内循环的周期性，使得各类生物能够预期地球 24 小时旋转的周期性变化。在哺乳动物中，生物钟能够整合代谢系统使机体更好地吸收和消耗能量，从而适应光暗周期。最近的研究表明生物钟基因的扰乱与睡眠障碍和心脏代谢疾病的发生息息相关。然而，异常的营养信号传递同样会影响行为节律。本章主要概述分子生物钟与代谢系统之间最新的关联研究，并深入讨论生物钟紊乱对人体健康所造成的有害影响。

关键字：生物钟·代谢·能量稳态·代谢性疾病·营养感应

1. 引言

　　时间总是悄无声息的从我们日常工作和生活中悄悄溜走，所以研究生物计时的思路框架至今尚不属于现代医学实践领域并不奇怪。然而，随着过去 20 年生物钟系统的分子机制研究的跳跃式发展，新的研究已经开始填补分子生物钟和人类生物学之间的空白。生物节律由遗传编码的转录网络所维持，在大多数细胞类型中均以近 24 小时的精确度充当分子振荡器，并在一系列行为、生理和生化过程中与环境光周期保持相位一致；而且这些有关生物钟研究的发现则直接有助于我们对生物钟和代谢的深入理解。生物节律对人类健康的影响主要通过观察人群在睡眠剥夺、倒班、跨时区旅行等条件下个体的反应，同时结合相关实验研究揭示了生物钟扰乱对认知功能、精神疾病、癌症、代谢综合征和炎症等广泛的病理生理机制（Bechtold et al. 2010；Reppert and Weaver 2002；Albrecht 2013）。在本章中，我们将重点关注被越来越多的研究证据所验证的生物钟网络在代谢稳态中的关键作用，并强调生物钟系统和代谢系统之间的相互影响，以此作为框架进一步认识生物钟对生理和疾病状态的影响。

通讯作者：Joseph Bass；电子邮件：j-bass@northwestern.edu

2. 生物钟、新陈代谢和疾病

2.1 代谢过程的节律性

哺乳动物生物钟最明显的输出包括睡眠-觉醒循环和禁食-饮食行为，生物钟还影响葡萄糖和脂肪代谢、体温、体内激素分泌及心血管健康等广泛的生理行为过程，进而维持内稳态（图 6.1）（Panda et al. 2002b；Reppert and Weaver 2002）。生物钟的演化优势可能是，通过在反应时间上分隔合成代谢和分解代谢，如糖异生和糖酵解途径，从而提高能量的利用效率。生物钟另外一个功能是同步代谢周期与睡眠-觉醒周期，使生物能够预期与太阳的起落相关的每日能量环境的变化。流行病学研究证实了生物钟参与调控人类昼夜生理行为。例如，心肌梗死、肺水肿和高血压等往往都在一天中特定的时间点发病（Maron et al. 1994；Staels 2006）。

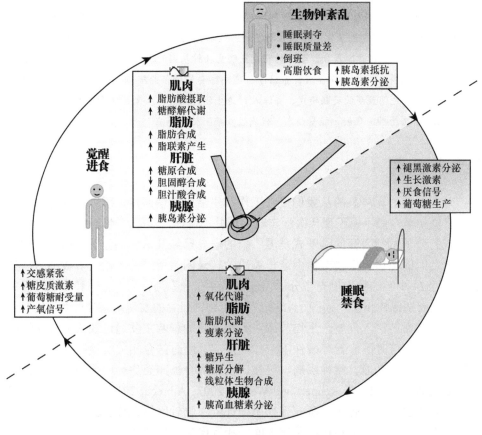

图 6.1　代谢过程在一天中不同时间的节律性
生物钟按照光暗周期协调适当的代谢应答，并通过在代谢反应时间上分隔外周组织中合成代谢和分解代谢提高能量利用效率。睡眠扰乱、倒班和饮食的改变等造成的生物钟紊乱会破坏生物钟系统和代谢系统之间的平衡，从而对健康不利［根据 Bass 和 Takahashi（2010）的图修改］

已有研究表明生物钟参与葡萄糖代谢调控，但具体的分子机制仍不清楚。众所周知，葡萄糖耐受性和胰岛素作用也存在节律性。例如，晚上比早晨口服葡萄糖耐受性有所降低，这归因于夜间的胰岛素敏感性降低和胰岛素分泌减少的综合作用。葡萄糖水平本身也显示出昼夜节律振荡并在机体活跃期开始之前达到峰值（Arslanian et al. 1990；Bolli et al. 1984）。视交叉上核（SCN）切除的大鼠和连接视交叉上核与肝脏自主神经系统的退化等研究展示这些大鼠体内葡萄糖节律完全紊乱，进一步表明生物钟直接参与调控葡萄糖稳态（Cailotto et al. 2005；la Fleur et al. 2001）。值得注意的是，研究发现胰岛素分泌、葡萄糖耐受性，以及皮质酮释放的节律在链脲佐菌素诱导的糖尿病大鼠（streptozotocin-induced diabetic rat）和 2 型糖尿病患者中均减弱，进而表明葡萄糖代谢的节律性失调甚至可能诱发 2 型糖尿病等代谢类疾病（Oster et al. 1988；Shimomura et al. 1990；Van Cauter et al. 1997）。因此，更好地认识生物钟控制葡萄糖稳态和其他生理过程的分子机制将有助于把生物钟原理整合到代谢紊乱的诊断和治疗中。

2.2 整合生物钟和代谢过程的视交叉上核环路

生物钟和代谢过程同时在神经结构和神经内分泌水平上相互作用以调节体内总体代谢稳态。为了更好地了解大脑中生物钟网络是如何调节机体的全身代谢，重要的是要了解负责生物节律的大脑区域与控制食欲和能量消耗的大脑区域之间解剖上的连接（图 6.2）（见综述文章：Horvath 2005；Horvath and Gao 2005；Saper et al. 2005；Slat et al. 2013；Kalsbeek and Fliers 2013）。20 世纪 70 年代，经典的损伤研究首先确定"主起搏器"神经元位于下丘脑的视交叉上核（SCN）；它们由下丘脑前部双侧的神经核团组成，并通过视网膜下丘脑束（retinohypothalamic tract，RHT）接收环境光输入。视交叉上核（SCN）的切除导致完全废除行为、进食、饮水和睡眠等的 24 小时节律。90 年代，后续研究表明，将短周期仓鼠突变体（Tau）SCN 移植到 SCN 切除的野生仓鼠中，导致野生型仓鼠的周期长度与 Tau 突变体供体 SCN 的周期长度相同（Ralph et al. 1990）；然而，糖皮质激素和褪黑激素振荡的 24 小时节律却没有恢复。这些实验确定，除了分泌因子外，直接的神经元投射对于行为和代谢稳态的 SCN 调节也是必需的（Cheng et al. 2002；Kramer et al. 2001；Meyer-Bernstein et al. 1999；Silver et al. 1996）。精妙的示踪研究揭示了来自 SCN 的神经元主要在腹侧室旁区（ventral subparaventricular zone，vSPZ）和背侧室旁区（dorsomedial subparaventricular zone，dSPZ），以及下丘脑背内侧区（dorsomedial hypothalamus，DMH）内的细胞体上直接形成突触。vSPZ 的神经元主要参与调节睡眠-觉醒循环和活动周期的变化，对温度周期没有影响；而 dSPZ 的神经元则主要控制温度节律，并且对睡眠-觉醒循环和活动周期也有一些影响（Lu et al. 2001）。dSPZ 的神经元同时也能投射到 DMH 的神经元，而这一脑区对睡眠-觉醒循环、运动节律、体温、食物摄入，以及皮质类固醇的分泌都有重要的调节作用

（Chou et al. 2003）。DMH 的神经元投射靶向神经元中心包括负责睡眠-觉醒循环的腹外侧视前核（ventrolateral preoptic nucleus，VLPO）、调控皮质类固醇分泌的室旁核（paraventricular nucleus，PVN）和支配进食和清醒状态的下丘脑外侧区（lateral hypothalamus，LHA）。这样，DMH 的作用类似于一个中转站（relay center），将来自视交叉上核中的生物钟信号放大到涉及睡眠、活动和进食调节的大脑多个区域。

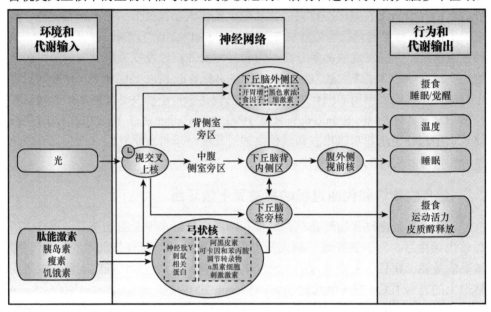

图 6.2　下丘脑中负责连接生物钟控制和能量控制的神经环路

外界环境信号（如光）和内源的代谢信号（如激素和代谢物）被整合到下丘脑神经元中心网络（详见文中叙述），随后把节律性信号传递到行为和代谢输出，包括睡眠、进食、运动行为、生热作用和激素分泌等［在 Huang et al.（2011）的图基础上修改］

　　下丘脑背内侧区（DMH）和下丘脑外侧区（LHA）能接受来自弓状核（arcuate nucleus，ARC）的输入信号，而 ARC 在调节进食和食欲方面发挥了重要的作用。弓状核包含表达神经肽 Y（neuropeptide Y，NPY）和刺鼠相关蛋白（agouti related protein，AgRP）的促进食欲的神经元，以及表达阿黑皮素原（pro-opiomelanocortin，POMC）、可卡因-苯丙胺调节转录物（cocaine- and amphetamine-regulated transcript，CART）等厌食肽的神经元。由于脉络丛（choroid plexus）允许穿过血脑屏障，ARC 在整合外周的体液信号和下丘脑内的神经元信号方面起到独特的作用。例如，由脂肪组织按脂肪量成比例分泌的瘦素（leptin）能够刺激 POMC/CART 神经元分泌 α 黑素细胞刺激激素（α-melanocyte-stimulating hormone，α-MSH），同时抑制 ARC 内的 NPY/AgRP 分泌（Cowley et al. 2001；Frederich et al. 1995）。这会降低下丘脑外侧区（LHA）内食欲素（orexin，ORX）和黑色素浓缩激素（melanin-concentrating hormone，MCH）的分泌并抑制食欲和食物摄入。当瘦素水平低时，ARC 内的促进食欲的神经元会产生 NPY/AgRP，从而通过向 LHA 发出信号来刺激饥饿并减少能量消耗。有趣的是，瘦素不仅受营养信号的调节，同时它自身的表达水平也呈现生物钟节律。虽然我们对外周器官中的循环激素的生物钟调节机制尚未完全了解，但最终阐明生物体营养状况调节信号如何与控制运动、进食、睡眠和代谢的脑区进行沟通并共同调节则至关重要。在这方面，值得注意的是，NPY、AgRP 和 ORX 在下丘脑内显示节律性表达模式，在活跃期开始时达到峰值，而 α 黑素细胞刺激激素（α-MSH）水平则在非活跃期开始时最高（Kalra et al. 1999；Lu et al. 2002）。因此，了解神经网络如何整合生物钟、睡眠和能量稳态的调节中心，可能会有助于阐明长期的稳定能量中的预期行为与适应行为之间的相互作用。

2.3 外周振荡器和生物钟对代谢转录网络的调节

在生物钟基因发现之前，普遍的观点认为生物节律代表起搏器神经元的独特属性。然而，在 20 世纪 90 年代，开创性实验发现体外培养的成纤维细胞中存在细胞自主性生物钟基因的节律性表达，证明了几乎所有细胞中均存在生物钟转录振荡器的普遍性（Balsalobre et al. 1998）。随后的分子生物学实验发现生物钟网络不仅仅存在于视交叉上核（SCN），而且存在于大多数哺乳动物的包括对心脏代谢功能至关重要的组织器官，如肝脏、胰腺、肌肉和心脏等（Davidson et al. 2005；Marcheva et al. 2010；Wilsbacher et al. 2002；Yamazaki et al. 2000；Yoo et al. 2004；综述见 Brown and Azzi 2013）。比起视交叉上核的核心生物钟，外周组织生物钟的相位有所延迟，而切除视交叉上核能够完全消除外周生物钟的同步性；因此可以认为视交叉上核充当了核心起搏器并维持所有外周组织中自主细胞生物钟的相位一致性（Balsalobre et al. 1998；Sakamoto et al. 1998）。

新兴的基因组研究已经阐明了外周生物钟振荡器在细胞水平上的多方面功能（图 6.3）。例如，转录谱分析表明，在多个哺乳动物组织中大约有 10% 的基因呈现以 24 小时为周期的节律性表达（Miller et al. 2007；Oishi et al. 2003；Panda et al. 2002a；Rey et al. 2011；Rudic et al. 2005；Storch et al. 2002；Zvonic et al. 2006）。重要的是，基因功能分类（gene ontogeny，GO）分析发现许多节律性基因都聚类于调节中间代谢的通路，如线粒体氧化磷酸化、碳水化合物代谢及转运、脂肪合成、脂肪细胞分化，以及胆固醇合成与降解等（Bass and Takahashi 2010；Delaunay and Laudet 2002；Doherty and Kay 2010；Panda et al. 2002a；Yang et al. 2006）。虽然这些节律性代谢基因中只有一小部分是分子生物钟的直接靶标，但其中大部分直接编码如转录因子、转录或翻译调控因子或代谢途径中的限速酶，从而赋予下游代谢基因及代谢途径节律性（Noshiro et al. 2007；Panda et al. 2002a；Ripperger and Schibler 2006）。有趣的是，每个代谢基因的表达水平和振荡的相位在不同的组织中都不同，这表明生物钟系统可能同时响应局部组织和系统的信号，控制不同的代谢过程进而适应各种生理要求（Delaunay and Laudet 2002；Kornmann et al.

2007）。毫不奇怪，核心生物钟基因的突变会破坏许多关键代谢基因的节律性表达
（Lamia et al. 2008；McCarthy et al. 2007；Oishi et al. 2003；Panda et al. 2002a）；但是
这些代谢基因的节律性是继发于摄食节律，还是源于外周组织中内在的生物钟而
产生，将会是个被长期讨论的问题。最近的研究借助组织特异性敲除小鼠模型证
明外周组织内生物钟在赋予代谢基因振荡的节律性方面起到关键作用（Lamia et al.
2008；Marcheva et al. 2010；Sadacca et al. 2010）。

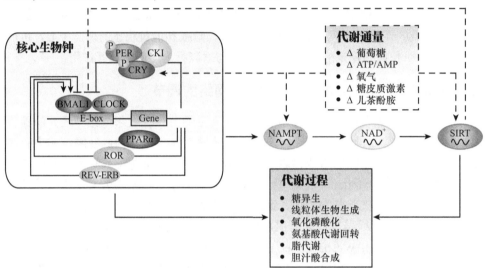

图 6.3　核心生物钟和代谢通路之间的相互作用

核心生物钟调控网络由一系列转录 / 翻译负反馈环路所组成，能直接或间接同步化多种代谢过程。生物钟也能接
收来自营养信号通路包括 NAD$^+$ 依赖的 Sirtuins 的交互输入，作为"变阻器"，协调代谢过程与每日的睡眠 / 觉醒
和禁食 / 进食周期［在 Bass 和 Takahashi（2010）的图基础上修改］

　　尽管已经发现大多数哺乳动物的核心生物钟基因，但是仍然需要大量研究进
一步认识核心生物钟和外周生物钟在维持能量平衡和代谢稳态方面的精准作用。
因此，旨在阐明生物钟与代谢传感器关联的分子途径的研究仍然将会是一个活跃
的研究领域。

3. 生物钟紊乱和疾病

3.1　生物钟突变小鼠的代谢表型

　　小鼠模型在确定核心生物钟基因在生物钟的产生和维持中的作用方面非常
重要，并且最近也开始洞悉生物钟的代谢功能。生物钟和代谢功能之间的遗传联
系是首先在 *Clock*$^{\Delta19/\Delta19}$ 突变小鼠中发现的。最初的研究发现在持续黑暗（constant
darkness）条件下 *Clock*$^{\Delta19/\Delta19}$ 小鼠完全丢失行为节律，而进一步观察发现它们的

进食周期明显缩短，同时伴随着过量饮食、高脂血症、高瘦素血症、脂肪肝、胰岛素分泌和胰岛增殖异常所引起的高血糖低胰岛素血症（hyperglycemic hypo-insulinemia）等病症（Marcheva et al. 2010；Turek et al. 2005）。此外，*Clock*$^{A19/A19}$ 突变小鼠肝脏、肌肉和胰腺组织中关键的代谢和增殖基因丧失节律性表达，这无疑会导致葡萄糖稳态和脂质稳态大范围的紊乱（Marcheva et al. 2010；McCarthy et al. 2007；Miller et al. 2007；Panda et al. 2002a）；而 *Clock*$^{-/-}$ 敲除小鼠还会损害肾脏钠的再吸收并降低动脉血压（Zuber et al. 2009）。此外，在心肌细胞中过表达 *Clock*^{A19} 等位基因发现心脏的心率、收缩和响应等功能异常，揭示了外周生物钟基因网络在维持正常心脏功能中的关键作用（Bray et al. 2008）。

BMAL1 能与 CLOCK 蛋白形成异源二聚体激活下游基因。基因敲除研究揭示 BMAL1 缺失的小鼠除了丧失行为节律以外，还会损害脂肪生成、脂肪细胞分化和肝脏碳水化合物代谢（Lamia et al. 2008；Rudic et al. 2004；Shimba et al. 2005）。*Bmal1* 突变体小鼠也会呈现血压和心率的节律紊乱，还增加血管损伤和骨骼肌病变的易感性（Anea et al. 2009；Curtis et al. 2007；McCarthy et al. 2007）。各种外周组织特异性 *Bmal1* 基因敲除小鼠模型，表现出正常的运动节律和摄食节律，会有助于进一步认识细胞自主生物钟在代谢和能量平衡中的作用。例如，胰腺特异性 *Bmal1* 敲除的小鼠呈现高血糖、糖耐量受损和由于 β 细胞增殖及胰岛素颗粒胞吐下降所诱发的胰岛素低敏感性等症状；而肝脏特异性 *Bmal1* 敲除的小鼠则导致关键肝脏代谢基因表达紊乱、糖异生损毁、过度的葡萄糖清除和静息期低血糖等症状（Lamia et al. 2008；Marcheva et al. 2010；Sadacca et al. 2010）。因此，组织特异性的生物钟在胰岛和肝脏中具有独特的作用，影响相反的代谢过程，从而在进食和禁食期间有助于葡萄糖的恒定性。

CLOCK/BMAL1 异二聚体下游核心生物钟基因的遗传丢失也能导致代谢异常。*Cry1*$^{-/-}$；*Cry2*$^{-/-}$ 双敲除的小鼠肝脏葡萄糖耐受不良、皮质酮水平上升、糖皮质激素转录水平增加，同时还有脂肪合成和胆固醇信号通路异常、机体生长发育和肝再生受损等症状（Bur et al. 2009；Lamia et al. 2011；Matsuo et al. 2003；Okamura et al. 2011）。另外，还发现 *Cry1* 和 *Cry2* 双敲减可以增加糖异生基因的表达并增加肝葡萄糖的产生（Zhang et al. 2010）。这些基因敲除或敲减研究结果和下面的基因过表达研究发现是相互印证的，即腺病毒过表达 CRY1 蛋白可以降低胰岛素抵抗性 *Lepr*$^{db/db}$ 小鼠的空腹血糖水平并提高胰岛素敏感性，而过表达突变型 CRY1 导致多饮、多尿以及高血压等特征，和糖尿病患者非常相似（Okano et al. 2009；Zhang et al. 2010）。*Per2* 是生物钟反馈环路中另一个重要的负向因子，它的缺失完全消除糖皮质激素的节律性，并保护小鼠免受由糖皮质激素影响的葡萄糖耐受性异常（So et al. 2009；Yang et al. 2009）。最后，酪蛋白激酶 *CK1ε* 的突变（叙利亚仓鼠的 *Tau* 突变）不仅改变了其磷酸化 PER 和 CRY 蛋白靶标的能力，也与生长减慢和代谢率升高有关（Lucas et al. 2000；Oklejewicz et al. 1997）。

参与生物钟转录反馈环路的核激素受体（nuclear hormone receptor，NHR）基因的突变同样表现代谢功能紊乱。例如，*Bmal1* 抑制蛋白的 REV-ERBα 突变体小鼠在持续黑暗条件下活动周期明显缩短，同时脂肪代谢和胆汁酸代谢也异常（Le Martelot et al. 2009；Preitner et al. 2002）。条件性肝脏特异 REV-ERBα 过表达导致参与外源性解毒、碳水化合物和能量代谢、脂肪和固醇稳态的相关基因表达变化（Kornmann et al. 2007）。*Bmal1* 激活因子 RORα 缺失的小鼠（*Staggerer* 小鼠）易患动脉粥样硬化等衰老症状（Akashi and Takumi 2005；Mamontova et al. 1998；Sato et al. 2004）。血管中删除 *Bmal1* 的刺激因子 *Ppary* 会导致心率和血压的日波动显著降低，并改变交感神经活动的日变化以及血管肾上腺素受体的表达（Berger 2005；Wang et al. 2008）。另外，*Pgc-1α* 是代谢环路中的关键基因，属于孤儿核受体中 RAR 相关孤儿受体（RAR-related orphan receptor，ROR）家族的辅激活物，呈现节律性表达；而 *Pgc-1α* 敲除的小鼠则失去运动、体温和代谢率的节律（Liu et al. 2007）。

最后，核心生物钟网络下游的生物钟控制基因的突变同样会影响机体代谢。例如，Poly(A) 去腺苷化酶夜行素（*Nocturnin*）基因，参与节律性表达的生物钟控制基因（CCG）转录后调控；它的突变体小鼠呈现葡萄糖耐受性和外周组织胰岛素敏感性发生变异；此外，它们也能抵抗饮食诱导的肥胖和小肠脂肪吸收缺陷导致的脂肪肝（Douris et al. 2011；Green et al. 2007）。同样，另一种孤儿核受体雌激素相关受体-α（estrogen-related receptor-α，ERR-α）的删除也与高脂饮食抵抗和代谢失调有关，包括外周脂肪沉积减少、低血糖和时间依赖性低胰岛素血症（hypoinsulinemia）（Dufour et al. 2011）。值得注意的是，*ERR-α* 突变体小鼠的运动节律和核心生物钟基因的表达均发生改变，表明 ERRα 可能作为潜在的生物钟调节元件参与调控生物钟网络（Dufour et al. 2011）。综上所述，这些小鼠模型研究揭示了核心生物钟和外周生物钟调控网络对维持机体能量稳态的重要性。

3.2 人类生物钟基因的多态性及相关代谢表型

除了最近在动物模型上的发现，越来越多的证据表明生物钟基因的遗传变异也影响人类的代谢特征。许多全基因组关联分析（genome-wide association study，GWAS）发现 *CLOCK* 基因的多态性与高血压、肥胖和代谢综合征易感性有关（Garaulet et al. 2009；Sookoian et al. 2008，2010）。研究表明 *CLOCK* 基因的单核苷酸多态性（single-nucleotide polymorphism，SNP）与食欲刺激素（ghrelin）浓度高、睡眠持续时间缩短、饮食规律改变等有关，结果是这类人群更喜欢摄入高能量食物，难以遵守规定饮食计划，最终不能实现减肥的效果（Garaulet et al. 2010b，2011）。非酒精性脂肪性肝病（non-alcoholic fatty liver disease，NAFLD）是肥胖人群中最常见的疾病之一。病理-对照研究进一步揭示了 *CLOCK* 基因最常见的变异与非酒精性脂肪性肝病发病率和严重程度之间的相关性（Sookoian et al. 2007）。

　　人类 *BMAL1* 基因的遗传变异也与高血压和 2 型糖尿病的发生有关，而 *CRY2*
基因中或其附近的单核苷酸多态性（SNP）与空腹血糖浓度有关（Dupuis et al.
2010；Woon et al. 2007）。*PER2* 多态性也与高血糖、腹部肥胖和不健康的饮食
行为表型有关，同时 *PER2* 的 mRNA 表达可能还与人类代谢标志物有关（Ando
et al. 2010；Englund et al. 2009；Garaulet et al. 2010a；Gomez-Abellan et al. 2008）。
相反，生物钟负反馈回路调控的 *NAMPT* 基因的一个罕见变异体则与防止肥胖有关
（Blakemore et al. 2009）。

　　全基因组关联分析（GWAS）研究发现参与调节睡眠和葡萄糖稳态褪黑激素的
两个 G-蛋白偶联受体 *MTNR1A* 和 *MTNR1B* 与高空腹血糖浓度有关（Dubocovich
et al. 2003；Li et al. 2011；Ling et al. 2011；Peschke and Muhlbauer 2010；Ronn et al.
2009；Takeuchi et al. 2010；Tam et al. 2010）。*MTNR1B* 及其附近的基因变异进一
步与胰岛素分泌损伤、2 型糖尿病和妊娠期糖尿病风险增加相关，而 *MTNR1A* 基
因中的单核苷酸多态性（SNP）rs2119882 与胰岛素抵抗和女性多囊卵巢综合征
（polycystic ovary syndrome）易感性有关，而多囊卵巢综合征诱发的原因是女性体
内激素紊乱导致诱发肥胖、2 型糖尿病和心脏病等相关疾病（Kim et al. 2011；Kwak
et al. 2012；Li et al. 2011；Lyssenko et al. 2009；Staiger et al. 2008）。

　　虽然大多数全基因组关联分析（GWAS）没有考虑基因-基因相互作用另一层
次的复杂性，但一项研究表明 *PER2*、*PER3*、*CLOCK* 和 *BMAL1* 中特定多态性
的协同效应，并解释了人类早晨或晚上的活动偏好（Pedrazzoli et al. 2010）。生物
钟网络和代谢网络大范围地相互作用进一步增加了人类遗传学研究的复杂性。例
如，类似营养过剩的西方饮食文化是代谢环境失调的典型，可能会相互反馈而削
弱人类生物钟稳态（Kohsaka et al. 2007）。另外，*CLOCK* 单核苷酸多态性（SNP）
rs4580704 的携带者仅在饮食高含量的单不饱和脂肪酸状态下呈现较低的葡萄糖水
平和改善的胰岛素敏感，而 *CLOCK* 单核苷酸多态性 rs1801260 仅在饮食饱和脂肪
酸状态下才可能导致患者腰围的显著增加（Garaulet et al. 2009）。因此，要完全了
解人类生物钟基因的功能最终需要同时考虑遗传因素和营养因素。流行病学和相
关研究展示了生物钟与代谢的相互作用，强调了生物钟对维持代谢稳态在临床上
的重要性以及更好地理解生物钟系统和代谢系统之间的关联的重要意义和应用。

3.3　人类生物钟紊乱的影响

　　由于人造光源的使用和夜间工作，一系列因睡眠不足或倒班所诱发的严重健
康后果相继发生。无论是急性还是慢性的睡眠时间缩短和睡眠质量差都能诱发糖
耐受性损伤、葡萄糖挑战后胰岛素反应降低、体质指数（body mass index，BMI）
增加、瘦素水平降低和食欲刺激素（ghrelin）水平升高等健康问题（Donga et al.
2010；Gottlieb et al. 2005；Knutson and Van Cauter 2008；Megirian et al. 1998；Nilsson

et al. 2004；Spiegel et al. 2009；Taheri et al. 2004）。相关研究进一步揭示了轮班工人罹患肥胖、代谢功能障碍、心血管疾病、癌症和缺血性中风等疾病的风险增加（Di Lorenzo et al. 2003；Ellingsen et al. 2007；Karlsson et al. 2001，2003）。社会时差（social jetlag），即人类体内生物钟和导致慢性睡眠缺失的社会时钟之间的差异，也会引起体质指数的增加（Roenneberg et al. 2012）。其中一个最令人信服的临床学研究将志愿者置于一天 28 小时的环境下，并安排志愿者在一天内不同时段睡觉，来研究生物钟对代谢生理的作用；结果发现当受试者从正常的睡眠-觉醒周期转移 12 小时后，他们体内的瘦素水平下降，而葡萄糖含量和血压明显上升；此外，他们的餐后血糖反应与糖尿病前期患者相似（Scheer et al. 2009）。总之，这些研究强调了生物钟系统紊乱对健康有害的影响，以及生理系统与光 / 暗周期同步对维持人体综合健康的重要性。

4. 生物钟和营养感应

4.1　食物组成和进食时间的影响

在现代社会中，上述扰乱传统睡眠-觉醒周期的趋势同时也会与不定时进食的倾向偶联在一起。然而，晚上摄入高能量食物和不吃早餐都与肥胖的发生有关，而且不吃早餐也会损害人类的餐后胰岛素敏感性和空腹脂质水平（Ekmekcioglu and Touitou 2011；Farshchi et al. 2005）。此外，喂食高脂肪食物（high fat diet，HFD）的小鼠白天活动增加，运动活动节律的周期延长，并改变与能量利用有关的生物钟基因和生物钟控制基因（CCG）的表达（Kohsaka et al. 2007）。有趣的是，这些喂食高脂肪食物（HFD）的小鼠在 12 小时的光照阶段消耗了几乎所有的额外热量，这表明由于维持能量平衡所涉及的各种行为、激素和分子节律的去同步化，在光 / 暗周期中不正确的时间段，即它们的休息期，进行喂食会加剧高热量摄入的致肥效应（obesogenic effect）（Kohsaka et al. 2007）。与这些观察结果相互印证的是，在昼夜摄食方式被破坏的遗传肥胖小鼠中，将食物限制在活动 / 黑暗期阶段可改善其肥胖症和代谢紊乱；而在野生型小鼠中，仅在休息 / 光照期摄入 HFD 则显著促进体重增加（Arble et al. 2009；Masaki et al. 2004）。总之，这些研究表明摄食和活动与环境光循环的正常同步化对于维持能量稳态至关重要，尽管需要进一步的研究来阐明食物摄入时间如何影响能量恒定性的精准机制。

限制性进食（restricted feeding，RF），即将食物供应限制在正常休息期，会增加啮齿动物对食物预期活动（food anticipatory activity，FAA）的突然发生或在进餐前运动活动的增加。在分子水平上，限制性进食能够牵引外周组织如肝脏和肾脏中生物钟振荡，但不影响 SCN 中核心起搏器的生物钟节律，从而解除外周生物钟与 SCN 相位的偶联（Damiola et al. 2000；Stokkan et al. 2001）。但是，食物预期活动作为生物钟输入信号仍存在争议，因为背内侧核损毁能改变食物预期活动，可是 *Bmal1⁻/⁻* 全身敲除的小鼠食物预期行为确实仍然存在（Fulton et al. 2006；Mieda et al. 2006）。解析食物预期活动中涉及的精确刺激和神经通路，阐明这些营养信号通路对 SCN 起搏器核心特性的影响，仍然是进一步研究的重要方向。

影响生物钟输出的因素除了食物供应时间外，热量限制（caloric restriction），即在不导致营养不良的情况下限制摄入的卡路里总量，也会使大鼠的行为和生理节律相位提前，并改变小鼠 SCN 中生物钟基因和神经多肽的表达（参见综述，Challet 2010）。长时间的禁食也会导致自由运动节律和体温的相位提前（Challet et al. 1997）。总之，这些研究表明摄食行为在协调代谢的昼夜节律中起至关重要的作用，尽管能够重置生物钟的确切信号仍然未知。

4.2 生物钟控制 NAD⁺ 的生物合成和 Sirtuin/PARP 的活性

烟酰胺腺嘌呤二核苷酸（nicotinamide adenine dinucleotide，NAD⁺）是参与细胞氧化还原反应的关键辅助因子，它被认为是生物钟通路和代谢通路之间潜在的偶联分子。生物钟能够调节 NAD⁺ 补救途径中限速酶烟酰胺磷酸核糖基转移酶（nicotinamide phosphoribosyltransferase，NAMPT）基因的转录（Nakahata et al. 2009；Ramsey et al. 2009）。与 *NAMPT* 基因一致，即使在持续黑暗条件下，NAD⁺ 水平在动物外周组织器官如肝脏和脂肪中也呈现明显的节律（Ramsey et al. 2009；Sahar et al. 2011）。更重要的是，生物钟正向因子 *Clock* 和 *Bmal1* 基因突变小鼠的 NAD⁺ 水平明显下降，而生物钟负向因子 *Cry1* 和 *Cry2* 基因缺失的小鼠 NAD⁺ 水平明显上升，说明生物钟直接调控 NAD⁺（Ramsey et al. 2009）。

NAD⁺ 不仅参与氧化还原反应，还作为辅助因子在 NAD⁺ 依赖的脱乙酰化和 ADP 核糖基化等酶促反应中起作用。SIRT1 属于Ⅲ型蛋白脱乙酰化酶，是 NAD⁺ 依赖的脱乙酰化酶 Sirtuin 家族成员，最近研究表明生物钟能够调节 SIRT1 的代谢活性。SIRT1 主要分布于细胞核中，它能靶向许多参与维持营养流的转录因子，包括过氧化物酶体增殖物激活受体 γ 辅激活物 1-α（peroxisome proliferator-activated receptor gamma coactivator 1-alpha，PGC-1α）、叉头盒蛋白 O1（forkhead box protein O1，FOXO1）、调控的 CREB 蛋白 2 转导子（transducer of regulated CREB protein 2，TORC2）、固醇调节元件结合蛋白 1c（sterol regulatory element-binding protein 1c，SREBP-1C），以及信号转导和转录激活因子 3（signal transducer and activator of transcription 3，STAT3）等（Haigis and Sinclair 2010；Rodgers et al. 2005；Sahar et al. 2011；Saunders and Verdin 2007）。SIRT1 还是糖异生、脂肪代谢、胰岛素敏感性等代谢过程以及寿命的关键调控因子（Haigis and Sinclair 2010；Sahar et al. 2011；Saunders and Verdin 2007）。通过 NAD⁺ 的节律性生物合成，生物钟调节 SIRT1 活性，然后协调禁食期和进食期之间的每日转变。值得注意的是，SIRT1 还调节 CLOCK/BMAL1 活性，形成一个负反馈回路，其中生物钟控制的 NAD⁺ 介导的 Sirtuin 活

性反过来通过与 PER2、CLOCK 和 BMAL1 的相互作用来调节生物钟本身（Asher et al. 2008; Grimaldi et al. 2009; Nakahata et al. 2008）。因此，生物钟和 NAMPT/NAD[+]/SIRT1 通路间的相互作用提供了将生物钟和营养感应通路连接起来的纽带。

确定生物钟控制的 NAD[+] 生物合成是否影响其他 NAD[+] 依赖的代谢酶将会引起人们极大的兴趣。这些 NAD[+] 依赖的代谢酶包括 6 个哺乳动物 Sirtuin 同源基因——*SIRT2*、*SIRT3*、*SIRT4*、*SIRT5*、*SIRT6* 和 *SIRT7*，以及多腺苷二磷酸核糖聚合酶 1（poly ADP-ribose polymerase，PARP1）。其中 *SIRT3*、*SIRT4* 和 *SIRT5* 主要分布在线粒体中，最近已被刻画为氧化 / 禁食代谢通路诸如脂肪酸氧化、TCA 循环、生酮作用、尿素循环和氧化磷酸化等的重要调节因子（Haigis et al. 2006; Hallows et al. 2006，2011; Hirschey et al. 2010; Huang et al. 2010; Nakagawa and Guarente 2009; Schwer et al. 2006; Shimazu et al. 2010; Someya et al. 2010）。尽管我们对线粒体中 NAD[+] 的生物节律了解甚少，但还是饶有兴趣地推测生物钟可能影响线粒体中的 Sirtuins。PARP-1 不仅在代谢应激方面有重要作用，最近还发现它还能通过直接对 CLOCK 进行 ADP 核糖基化和影响 CLOCK/BMAL1 的 DNA 结合活性，进而调控生物钟基因的表达（Asher et al. 2010）。有趣的是，小鼠中 PARP-1 的活性也有节律性，表明生物钟控制 ADP 核糖基化（Asher et al. 2010; Kumar and Takahashi 2010）。但是，目前尚无证据表明 PARP-1 振荡是由生物钟控制的 NAD[+] 生物合成介导的。

4.3　氧化还原反应在生物钟中的作用

在发现生物钟直接调节 NAD[+] 的节律之前，McKnight 及其同事的体外研究表明细胞氧化还原状态会影响生物钟。氧化还原辅酶 NAD[+] 或 NADP[+] 水平的增加降低了 CLOCK/BMAL1 和 NPAS2/BMAL1 在体外细胞中与 DNA 结合的能力，表明细胞氧化还原变化可能足以牵引生物钟（Rutter et al. 2001）。

最近的几项研究发现细胞氧化还原状态的 24 小时节律，而且它们能够控制抗氧化酶中过氧化物还原蛋白（peroxiredoxin，PRX）家族的氧化状态的生物钟振荡（Kil et al. 2012; O'Neill and Reddy 2011; O'Neill et al. 2011; Vogel 2011）。过氧化物还原蛋白（PRX）的氧化还原状态的振荡不仅能影响其抗氧化活性，甚至在没有生物钟基因转录控制下，如在无核人类红细胞和经转录 / 翻译抑制剂处理的单细胞藻类（*Ostreococcus tauri*）中，也能产生细胞氧化还原状态的自持性节律（O'Neill and Reddy 2011; O'Neill et al. 2011）。最近的研究揭示在几乎所有生物中，甚至在生物钟基因缺失的哺乳动物细胞、真菌、果蝇中，均存在 PRX 氧化状态的节律（Edgar et al. 2012; O'Neill and Reddy 2011）。这些研究表明细胞氧化还原状态的振荡可能是控制代谢过程生物节律不可或缺的机制，而它们的维持可能独立于生物钟转录反馈环路。

4.4 生物钟和核激素受体通路之间的联系

最近的一些研究重点关注核激素受体（NHR）作为营养感应因子如何连接生物钟环路和代谢通路。NHR 家族由大量的蛋白组成，同时含有 DNA 结合域和配体结合域，参与转录激活或抑制靶基因。NHR 的配体范围非常广，常见的有类固醇激素、脂肪酸、血红素和固醇等；但还是有许多 NHR 的内源配体尚未确定，它们因此被归类为"孤儿受体"（orphan receptor）（Sonoda et al. 2008）。有趣的是，大约 50 种已知的 NHR 中，超过半数在外周组织中呈现节律性表达，因此它们很可能是生物钟和营养感应通路的整合因子（Asher and Schibler 2011；Teboul et al. 2009；Yang et al. 2006，2007）。

某些 NHR，如 REV-ERB 和 ROR 家族成员，不仅是 CLOCK/BMAL1 异二聚体的靶基因，同时它们还参与调节核心生物钟基因的表达。在 SCN 和绝大多数代谢组织中，REV-ERBs 能阻抑 *Bmal1* 的转录，而 ROR 则能激活 *Bmal1* 的转录；而 REV-ERBs 的转录抑制和 ROR 转录激活形成了另一个生物钟负反馈环路（Akashi and Takumi 2005；Duez and Staels 2009；Preitner et al. 2002；Sato et al. 2004）（另请参阅本章的第 3.1 节）。作为血红素、脂肪酸、固醇等代谢物的感应分子，REV-ERBα/β 和 RORα 能够整合营养信号和生物钟的转录调控（Jetten 2009；Kallen et al. 2004；Yin et al. 2007）。此外，REV-ERBs 和 RORs 还能和许多代谢因子相互作用，包括线粒体氧化代谢中的关键调控因子 PGC-1α，它能同 RORα 和 RORβ 共同激活 *Bmal1* 的转录（Grimaldi and Sassone-Corsi 2007；Liu et al. 2007）。有趣的是，NAD$^+$ 所依赖的脱乙酰酶 SIRT1 介导 PGC-1α 的活性，这表明 NAD$^+$ 的生物钟调节可能是另一个涉及 PGC-1α 的代谢反馈回路（Rodgers et al. 2005）。

除 REV-ERBs 和 RORs 外，其他 NHRs 对于协调分子生物钟和营养感应也很重要。例如，PPAR 家族成员能参与调节生物钟基因的表达。在肝脏中 PPARα 能激活 *Bmal1* 和 *Rev-erbα* 的转录（Li and Lin 2009；Schmutz et al. 2010；Yang et al. 2007）；而生物钟则能直接调控 PPAR 家族中的成员 *PPARα*、*PPARγ* 和 *PPARδ* 的转录（Li and Lin 2009）。PPARs 的配体通常为各种脂类，包括油酰乙醇酰胺（oleylethanolamide，OEA），它由小肠产生并释放到肠道循环，并在休息期间以 PPARα 依赖性方式抑制食物摄入（Fu et al. 2003；Rodriguez de Fonseca et al. 2001）。另外，PPARγ 通过调节 *Bmal1* 的表达来维持血管内血压和心率的节律（Wang et al. 2008）。将来研究的重点主要是发现新的 PPAR 脂类配体及它们在生物钟环路中的具体作用机制。

糖皮质激素受体（glucocorticoid receptor，GR）是另一个参与核心生物钟和外周生物钟相互作用的重要核激素受体（NHR）。GR 主要在肝脏、骨骼肌、心脏和肾脏等许多代谢组织器官内表达，并激活包括脂肪代谢和糖异生在内的多种代谢途径（Dickmeis and Foulkes 2011）。糖皮质激素 C（glucocorticoid，GC）属于类固醇激素，在肾上腺皮质中以昼夜节律的方式产生并分泌，它的主要功能是激活GR。从 SCN 到下丘脑-垂体-肾上腺轴（hypothalamic-pituitary-adrenal axis，HPA）传递的信号确定 GC 从肾上腺皮质在特定时间释放。因此，在人类中，GC 节律可以被光牵引并在清晨达到峰值（Chung et al. 2011；Oster et al. 2006）。GC 节律性释放会影响外周组织中的 GR 活性，从而使外周生物钟与 SCN 同步（Teboul et al. 2009）。确实，肝脏特异性 GR 敲除小鼠响应白天的食物限制而显示出加快的生物钟相移，这表明缺乏核心生物钟的牵引（Le Minh et al. 2001）。另外，利用地塞米松（dexamethason）对 GR 的药理学激活，可能会直接影响 Rev-erbα 和 Per1 的表达，进而重置肝脏、心脏和肾脏中外周生物钟（Balsalobre et al. 2000；Torra et al. 2000；Yamamoto et al. 2005）。虽然尚未完全阐明 GR 重置生物钟的详细机制，但 GR 似乎是外周生物钟节律的关键牵引信号，能够把食物的重置信号和 SCN 的重置信号偶联起来。

4.5 生物钟控制代谢肽激素

几种代谢激素同样呈现节律性振荡，很可能将生物钟与摄食反应整合起来（见综述 Kalsbeek and Fliers 2013）。脂肪组织分泌的瘦素和胃中分泌的食欲刺激素都呈现节律性表达，它们能将营养信号传递至大脑从而产生进食行为（Ahima et al. 1998；Huang et al. 2011；Kalra et al. 2003；Kalsbeek et al. 2001；Mistlberger 2011；Yildiz et al. 2004）。人类瘦素水平在晚上达到高峰值，并负责下丘脑神经元介导的夜间食欲抑制（Cummings et al. 2001）；而食欲刺激素的水平则在进食前达到高峰值，从而加强食物预期行为（Cummings et al. 2001）。瘦素和食欲刺激素能够调节下丘脑生物钟，但它们从外周组织器官中节律性释放的机制仍不清楚。由此可见，这些激素同糖皮质激素 / 糖皮质激素受体（GC/GR）信号通路相辅相成，把外周食物应答生物钟信息传递到视交叉上核核心生物钟。

最近的研究还发现胰腺 β 细胞生物钟在正常的胰岛素胞外分泌的作用（Marcheva et al. 2010，2011）。由于胰岛素主要调节血糖，这些发现凸显了生物钟系统在维持细胞能量稳态中的重要作用。胰岛素的生物钟依赖效应也可能影响各种营养感应途径，如参与调控其他组织中 AMPK 或者 Sirtuins 信号通路。有趣的是，胰岛素还能通过转运蛋白穿透血脑屏障到达大脑，进而调节生物钟摄食行为（Gerozissis 2003）。因此，这种反馈回路为生物钟与代谢系统之间错综复杂的相互作用添加了新机制，最终有助于提高生物体的适应能力和生存机会。

5. 动物和人类生物钟的研究

5.1 实验设计中生物钟和环境光的重要性

随着越来越多证据有力地证明了生物钟对代谢过程的巨大影响，了解生物钟在动物和临床研究的处理和设计中的重要性变得越来越关键。由于大量的代谢基因呈现组织特异性的节律性表达差异，因此对动物代谢过程和途径的全面分析需要在 24 小时内几个不同时间点进行（Lamia et al. 2008；Marcheva et al. 2010；Sadacca et al. 2010）。还应考虑转录和翻译时间上的相位延迟，因为诸如 mRNA 前体的剪接、聚腺苷酸化和 RNA 衰减等过程可能会影响涉及代谢稳态中的酶活性和功能（见综述 Staiger and Koster 2011；O'Neill et al. 2013）。例如，肝脏中线粒体琥珀酸脱氢酶（succinate dehydrogenase, Sdh1）的转录是明显振荡的，但它的转录相位比起翻译却是提前的；同样丝氨酸蛋白酶的抑制因子 Serpina1d 的转录水平没有振荡，但其蛋白则明显地振荡（Reddy et al. 2006）。最后，生物钟对翻译后修饰诸如蛋白质磷酸化和泛素化等的调节也可能会影响机体代谢功能（Eide et al. 2005；Lamia et al. 2009；Lee et al. 2001，2008）。

环境中时间因素同样也会影响实验结果的可重复性。光是生物钟的强大同步因子，因此，动物设施内光照强度和光周期会影响动物的行为活动和代谢稳态（Menaker 1976；Reiter 1991）。例如，持续光暴露会影响儿茶酚胺（catecholamine）、促肾上腺皮质激素（ACTH）和孕酮（progesterone）的水平，而持续黑暗会改变血糖和非酯化脂肪酸的峰值并改变分解代谢相关酶的表达（Ivanisevic-Milovanovic et al. 1995；Zhang et al. 2006）。正常的光／暗周期的微小变化，如转换为夏令时或在黑暗条件下短暂的光脉冲，都可能导致行为和代谢节律的暂时失调，从而可能增加实验结果的变异性（Clough 1982）。此外，应尽量减少半透明的动物观察门窗、隔热不良的门框和室内照明设备对动物设施造成的夜光污染；因为研究表明在黑暗条件下 0.2 勒克斯（lux）光照，可以破坏基因表达的节律、改变进食时间、增加体重、降低葡萄糖耐量、改变褪黑激素节律并增加致癌性（Dauchy et al. 1999；Fonken et al. 2010；Minneman et al. 1974）。这些观察结果强调了在代谢研究的设计和解释中充分考虑生物钟和环境光周期的重要性。

5.2 生物钟在临床中的应用

随着科学家们不断在分子水平上揭示生物钟网络和代谢之间的关联，其中许多发现已经应用到各种代谢紊乱诊断和治疗的临床领域。例如，对脂质和葡萄糖代谢至关重要的肾上腺皮质醇（cortisol）和促肾上腺皮质激素（ACTH），在人体内均呈现鲁棒的昼夜节律（Orth et al. 1979；Orth and Island 1969；Szafarczyk et al. 1979）。库欣病（Cushing's disease）是因体内皮质醇过剩所诱发的一种疾病，对其正确的诊断，需要在晚间测量唾液皮质醇，因为此时该激素的水平通常较低；而早晨高水平的皮质醇含量更合适诊断肾上腺功能不全的病症。此外，肾上腺功能不全患者的糖皮质激素治疗旨在模拟内源性皮质醇节律，即通常每天口服 2～3 次，早晨服用量最大，剂量逐渐减少；傍晚服用量最小，以实现节律性地短效合成糖皮质激素（Arlt 2009）。

褪黑激素是能够启动和维持睡眠的重要天然激素。作为另外一个例子，褪黑激素的递送时间对于治疗因时差和倒班而引起的白天嗜睡至关重要。体内褪黑激素在白天通常较低，摄入生理剂量的褪黑素会导致白天嗜睡；而夜间摄入，因为与内源性褪黑激素分泌增加相一致，会改善睡眠潜伏期并有助于实现持续睡眠（Brzezinski e al. 2005）。此外，在分泌正常开始前几个小时摄入褪黑素会导致内源性褪黑激素节律的相位提前，这对治疗东行时差非常有效；相反，内源性分泌开始后的摄入褪黑激素通常有助于改善西行时差（Herxheimer and Petrie 2002）。

随着对生物钟和代谢相互作用网络复杂性的深入认识，我们也可以着手合理地开发治疗生物钟失调诱发的各种疾病的新方法。例如，大规模的药物筛选发现了许多能够影响内源性生物钟相位的小分子化合物。事实上，利用稳定表达 *Bmal1-Luc* 人类 U2OS 细胞，从 120 000 个小分子化合物库中成功地筛选出了诸如 CK1δ、CKIε 和 GSK-3 的抑制剂等能够增加或者缩短 *Bmal1* 周期的小分子化合物（Hirota and Kay 2009；Hirota et al. 2008）。这提供了一种药理学上控制生物钟周期的新颖方法，可能有助于治疗生物钟紊乱和生物钟紊乱诱发的代谢性疾病（Antoch and Kondratov 2013）；而且还提供以前未知的途径与生物钟系统中之间的相互作用的新见解。

6. 结论

生物钟是演化上保守的体内计时机制，能够把内源的生命系统与环境的日循环变化同步。生物钟网络存在于几乎所有的哺乳动物组织，支配着各式各样的生化、生理，以及行为过程。越来越多的证据表明，核心生物钟和外周生物钟的正常运作对生物体的健康至关重要。生物钟紊乱往往会诱发包括代谢失调在内的多种疾病。因此，深入了解分子生物钟在日常生理过程中的调控机制将有助于开发出新的更为有效的治疗方法和药物，同时也能更好地预防糖尿病、肥胖和代谢紊乱等相关疾病。

（黄国栋 王 晗 译）

参 考 文 献

Ahima RS, Prabakaran D, Flier JS (1998) Postnatal leptin surge and regulation of circadian rhythm of leptin by feeding. Implications for energy homeostasis and neuroendocrine function. J Clin Invest 101: 1020–1027

Akashi M, Takumi T (2005) The orphan nuclear receptor RORalpha regulates circadian transcription of the mammalian core-clock Bmal1. Nat Struct Mol Biol 12: 441–448

Albrecht U (2013) Circadian clocks and mood-related behaviors. In: Kramer A, Merrow M (eds) Circadian clocks, vol 217, Handbook of experimental pharmacology. Springer, Heidelberg

Ando H, Ushijima K, Kumazaki M, Eto T, Takamura T, Irie S, Kaneko S, Fujimura A (2010) Associations of metabolic parameters and ethanol consumption with messenger RNA expression of clock genes in healthy men. Chronobiol Int 27: 194–203

Anea CB, Zhang M, Stepp DW, Simkins GB, Reed G, Fulton DJ, Rudic RD (2009) Vascular disease in mice with a dysfunctional circadian clock. Circulation 119: 1510–1517

Antoch MP, Kondratov RV (2013) Pharmacological modulators of the circadian clock as potential therapeutic drugs: focus on genotoxic/anticancer therapy. In: Kramer A, Merrow M (eds) Circadian clocks, vol 217, Handbook of experimental pharmacology. Springer, Heidelberg

Arble DM, Bass J, Laposky AD, Vitaterna MH, Turek FW (2009) Circadian timing of food intake contributes to weight gain. Obesity 17: 2100–2102

Arlt W (2009) The approach to the adult with newly diagnosed adrenal insufficiency. J Clin Endocrinol Metab 94: 1059–1067

Arslanian S, Ohki Y, Becker DJ, Drash AL (1990) Demonstration of a dawn phenomenon in normal adolescents. Horm Res 34: 27–32

Asher G, Schibler U (2011) Crosstalk between components of circadian and metabolic cycles in mammals. Cell Metab 13: 125–137

Asher G, Gatfield D, Stratmann M, Reinke H, Dibner C, Kreppel F, Mostoslavsky R, Alt FW, Schibler U (2008) SIRT1 regulates circadian clock gene expression through PER2 deacetylation. Cell 134: 317–328

Asher G, Reinke H, Altmeyer M, Gutierrez-Arcelus M, Hottiger MO, Schibler U (2010) Poly (ADP-ribose) polymerase 1 participates in the phase entrainment of circadian clocks to feeding. Cell 142: 943–953

Balsalobre A, Damiola F, Schibler U (1998) A serum shock induces circadian gene expression in mammalian tissue culture cells. Cell 93: 929–937

Balsalobre A, Brown SA, Marcacci L, Tronche F, Kellendonk C, Reichardt HM, Schutz G, Schibler U (2000) Resetting of circadian time in peripheral tissues by glucocorticoid signaling. Science 289: 2344–2347

Bass J, Takahashi JS (2010) Circadian integration of metabolism and energetics. Science 330: 1349–1354

Bechtold DA, Gibbs JE, Loudon AS (2010) Circadian dysfunction in disease. Trends Pharmacol Sci 31: 191–198

Berger JP (2005) Role of PPARgamma, transcriptional cofactors, and adiponectin in the regulation of nutrient metabolism, adipogenesis and insulin action: view from the chair. Int J Obes 29(Suppl 1): S3–S4

Blakemore AI, Meyre D, Delplanque J, Vatin V, Lecoeur C, Marre M, Tichet J, Balkau B, Froguel P, Walley AJ (2009) A rare variant in the visfatin gene (NAMPT/PBEF1) is associated with protection from obesity. Obesity 17: 1549–1553

Bolli GB, De Feo P, De Cosmo S, Perriello G, Ventura MM, Calcinaro F, Lolli C, Campbell P, Brunetti P, Gerich JE (1984) Demonstration of a dawn phenomenon in normal human volunteers. Diabetes 33: 1150–1153

Bray MS, Shaw CA, Moore MW, Garcia RA, Zanquetta MM, Durgan DJ, Jeong WJ, Tsai JY, Bugger H, Zhang D et al (2008) Disruption of the circadian clock within the cardiomyocyte influences myocardial contractile function, metabolism, and gene expression. Am J Physiol Heart Circ Physiol 294: H1036–H1047

Brown SA, Azzi A (2013) Peripheral circadian oscillators in mammals. In: Kramer A, Merrow M (eds) Circadian clocks, vol 217, Handbook of experimental pharmacology. Springer, Heidelberg

Brzezinski A, Vangel MG, Wurtman RJ, Norrie G, Zhdanova I, Ben-Shushan A, Ford I (2005) Effects of exogenous melatonin on sleep: a meta-analysis. Sleep Med Rev 9: 41–50

Bur IM, Cohen-Solal AM, Carmignac D, Abecassis PY, Chauvet N, Martin AO, van der Horst GT, Robinson IC, Maurel P, Mollard P et al (2009) The circadian clock components CRY1 and CRY2 are necessary to sustain sex dimorphism in mouse liver metabolism. J Biol Chem 284: 9066–9073

Cailotto C, La Fleur SE, Van Heijningen C, Wortel J, Kalsbeek A, Feenstra M, Pevet P, Buijs RM (2005) The suprachiasmatic nucleus controls the daily variation of plasma glucose via the autonomic output to the liver: are the clock genes involved? Eur J Neurosci 22: 2531–2540

Challet E (2010) Interactions between light, mealtime and calorie restriction to control daily timing in mammals. J Comp Physiol B 180: 631–644

Challet E, Pevet P, Lakhdar-Ghazal N, Malan A (1997) Ventromedial nuclei of the hypothalamus are involved in the phase advance of temperature and activity rhythms in food-restricted rats fed during daytime. Brain Res Bull 43: 209–218

Cheng MY, Bullock CM, Li C, Lee AG, Bermak JC, Belluzzi J, Weaver DR, Leslie FM, Zhou QY (2002) Prokineticin 2 transmits the behavioural circadian rhythm of the suprachiasmatic nucleus. Nature 417: 405–410

Chou TC, Scammell TE, Gooley JJ, Gaus SE, Saper CB, Lu J (2003) Critical role of dorsomedial hypothalamic nucleus in a wide range of behavioral circadian rhythms. J Neurosci 23: 10691–10702

Chung S, Son GH, Kim K (2011) Adrenal peripheral oscillator in generating the circadian glucocorticoid rhythm. Ann NY Acad Sci 1220: 71–81

Clough G (1982) Environmental effects on animals used in biomedical research. Biol Rev Camb Philos Soc 57: 487–523

Cowley MA, Smart JL, Rubinstein M, Cerdan MG, Diano S, Horvath TL, Cone RD, Low MJ (2001) Leptin activates anorexigenic POMC neurons through a neural network in the arcuate nucleus. Nature 411: 480–484

Cummings DE, Purnell JQ, Frayo RS, Schmidova K, Wisse BE, Weigle DS (2001) A preprandial rise in plasma ghrelin levels suggests a role in meal initiation in humans. Diabetes 50: 1714–1719

Curtis AM, Cheng Y, Kapoor S, Reilly D, Price TS, Fitzgerald GA (2007) Circadian variation of blood pressure and the vascular response to asynchronous stress. Proc Natl Acad Sci USA 104: 3450–3455

Damiola F, Le Minh N, Preitner N, Kornmann B, Fleury-Olela F, Schibler U (2000) Restricted feeding uncouples circadian oscillators in peripheral tissues from the central pacemaker in the suprachiasmatic nucleus. Genes Dev 14: 2950–2961

Dauchy RT, Blask DE, Sauer LA, Brainard GC, Krause JA (1999) Dim light during darkness stimulates tumor progression by enhancing tumor fatty acid uptake and metabolism. Cancer Lett 144: 131–136

Davidson AJ, London B, Block GD, Menaker M (2005) Cardiovascular tissues contain independent circadian clocks. Clin Exp Hypertens 27: 307–311

Delaunay F, Laudet V (2002) Circadian clock and microarrays: mammalian genome gets rhythm. Trends Genet 18: 595–597

Di Lorenzo L, De Pergola G, Zocchetti C, L'Abbate N, Basso A, Pannacciulli N, Cignarelli M, Giorgino R, Soleo L (2003) Effect of shift work on body mass index: results of a study performed in 319 glucose-tolerant men working in a Southern Italian industry. Int J Obes Relat Metab Disord 27: 1353–1358

Dickmeis T, Foulkes NS (2011) Glucocorticoids and circadian clock control of cell proliferation: at the interface between three dynamic systems. Mol Cell Endocrinol 331: 11–22

Doherty CJ, Kay SA (2010) Circadian control of global gene expression patterns. Annu Rev Genet 44: 419–444

Donga E, van Dijk M, van Dijk JG, Biermasz NR, Lammers GJ, van Kralingen KW, Corssmit EP, Romijn JA (2010) A single night of partial sleep deprivation induces insulin resistance in multiple metabolic pathways in healthy subjects. J Clin Endocrinol Metab 95: 2963–2968

Douris N, Kojima S, Pan X, Lerch-Gaggl AF, Duong SQ, Hussain MM, Green CB (2011) Nocturnin regulates circadian trafficking of dietary lipid in intestinal enterocytes. Curr Biol 21: 1347–1355

Dubocovich ML, Rivera-Bermudez MA, Gerdin MJ, Masana MI (2003) Molecular pharmacology, regulation and function of mammalian melatonin receptors. Front Biosci 8: d1093–d1108

Duez H, Staels B (2009) Rev-erb-alpha: an integrator of circadian rhythms and metabolism. J Appl Physiol 107: 1972–1980

Dufour CR, Levasseur MP, Pham NH, Eichner LJ, Wilson BJ, Charest-Marcotte A, Duguay D, Poirier-Heon JF, Cermakian N, Giguere V (2011) Genomic convergence among ERRalpha, PROX1, and BMAL1 in the control of metabolic clock outputs. PLoS Genet 7: e1002143

Dupuis J, Langenberg C, Prokopenko I, Saxena R, Soranzo N, Jackson AU, Wheeler E, Glazer NL, Bouatia-Naji N, Gloyn AL et al (2010) New genetic loci implicated in fasting glucose homeostasis and their impact on type 2 diabetes risk. Nat Genet 42: 105–116

Edgar RS, Green EW, Zhao Y, van Ooijen G, Olmedo M, Qin X, Xu Y, Pan M, Valekunja UK, Feeney KA et al (2012) Peroxiredoxins are conserved markers of circadian rhythms. Nature 485: 459–464

Eide EJ, Woolf MF, Kang H, Woolf P, Hurst W, Camacho F, Vielhaber EL, Giovanni A, Virshup DM (2005) Control of mammalian circadian rhythm by CKIepsilon-regulated proteasome-mediated PER2 degradation. Mol Cell Biol 25: 2795–2807

Ekmekcioglu C, Touitou Y (2011) Chronobiological aspects of food intake and metabolism and their relevance on energy balance and weight regulation. Obes Rev 12: 14–25

Ellingsen T, Bener A, Gehani AA (2007) Study of shift work and risk of coronary events. J R Soc Promot Health 127: 265–267

Englund A, Kovanen L, Saarikoski ST, Haukka J, Reunanen A, Aromaa A, Lonnqvist J, Partonen T (2009) NPAS2 and PER2 are linked to risk factors of the metabolic syndrome. J Circadian Rhythms 7: 5

Farshchi HR, Taylor MA, Macdonald IA (2005) Deleterious effects of omitting breakfast on insulin sensitivity and fasting lipid profiles in healthy lean women. Am J Clin Nutr 81: 388–396

Fonken LK, Workman JL, Walton JC, Weil ZM, Morris JS, Haim A, Nelson RJ (2010) Light at night increases body mass by shifting the time of food intake. Proc Natl Acad Sci USA 107: 18664–18669

Frederich RC, Hamann A, Anderson S, Lollmann B, Lowell BB, Flier JS (1995) Leptin levels reflect body lipid content in mice: evidence for diet-induced resistance to leptin action. Nat Med 1: 1311–1314

Fu J, Gaetani S, Oveisi F, LoVerme J, SerranoA, Rodriguez De Fonseca F, RosengarthA, LueckeH, Di Giacomo B, Tarzia G et al (2003) Oleylethanolamide regulates feeding and body weight through activation of the nuclear receptor PPAR-alpha. Nature 425: 90–93

Fulton S, Pissios P, Manchon RP, Stiles L, Frank L, Pothos EN, Maratos-Flier E, Flier JS (2006) Leptin regulation of the mesoaccumbens dopamine pathway. Neuron 51: 811–822

Garaulet M, Lee YC, Shen J, Parnell LD, Arnett DK, Tsai MY, Lai CQ, Ordovas JM (2009) CLOCK genetic variation and metabolic syndrome risk: modulation by monounsaturated fatty acids. Am J Clin Nutr 90: 1466–1475

Garaulet M, Corbalan-Tutau MD, Madrid JA, Baraza JC, Parnell LD, Lee YC, Ordovas JM (2010a) PERIOD2 variants are associated with abdominal obesity, psycho-behavioral factors, and attrition in the dietary treatment of obesity. J Am Diet Assoc 110: 917–921

Garaulet M, Lee YC, Shen J, Parnell LD, Arnett DK, Tsai MY, Lai CQ, Ordovas JM (2010b) Genetic variants in human CLOCK associate with total energy intake and cytokine sleep factors in overweight subjects (GOLDN population). Eur J Hum Genet 18: 364–369

Garaulet M, Sanchez-Moreno C, Smith CE, Lee YC, Nicolas F, Ordovas JM (2011) Ghrelin, sleep reduction and evening preference: relationships to CLOCK 3111 T/C SNP and weight loss. PLoS One 6: e17435

Gerozissis K (2003) Brain insulin: regulation, mechanisms of action and functions. Cell Mol Neurobiol 23: 1–25

Gomez-Abellan P, Hernandez-Morante JJ, Lujan JA, Madrid JA, Garaulet M (2008) Clock genes are implicated in the human metabolic syndrome. Int J Obes 32: 121–128

Gottlieb DJ, Punjabi NM, Newman AB, Resnick HE, Redline S, Baldwin CM, Nieto FJ (2005) Association of sleep time with diabetes mellitus and impaired glucose tolerance. Arch Intern Med 165: 863–867

Green CB, Douris N, Kojima S, Strayer CA, Fogerty J, Lourim D, Keller SR, Besharse JC (2007) Loss of Nocturnin, a circadian deadenylase, confers resistance to hepatic steatosis and dietinduced obesity. Proc Natl Acad Sci USA 104: 9888–9893

Grimaldi B, Sassone-Corsi P (2007) Circadian rhythms: metabolic clockwork. Nature 447: 386–387

Grimaldi B, Nakahata Y, Kaluzova M, Masubuchi S, Sassone-Corsi P (2009) Chromatin remodeling, metabolism and circadian clocks: the interplay of CLOCK and SIRT1. Int J Biochem Cell Biol 41: 81–86

Haigis MC, Sinclair DA (2010) Mammalian sirtuins: biological insights and disease relevance. Annu Rev Pathol 5: 253–295

Haigis MC, Mostoslavsky R, Haigis KM, Fahie K, Christodoulou DC, Murphy AJ, Valenzuela DM, Yancopoulos GD, Karow M, Blander G et al (2006) SIRT4 inhibits glutamate dehydrogenase and opposes the effects of calorie restriction in pancreatic beta cells. Cell 126: 941–954

Hallows WC, Lee S, Denu JM (2006) Sirtuins deacetylate and activate mammalian acetyl-CoA synthetases. Proc Natl Acad Sci USA 103: 10230–10235

Hallows WC, Yu W, Smith BC, Devries MK, Ellinger JJ, Someya S, Shortreed MR, Prolla T, Markley JL, Smith LM et al (2011) Sirt3 promotes the urea cycle and fatty acid oxidation during dietary restriction. Mol Cell 41: 139–149

Herxheimer A, Petrie KJ (2002) Melatonin for the prevention and treatment of jet lag. Cochrane Database Syst Rev: CD001520

Hirota T, Kay SA (2009) High-throughput screening and chemical biology: new approaches for understanding circadian clock mechanisms. Chem Biol 16: 921–927

Hirota T, Lewis WG, Liu AC, Lee JW, Schultz PG, Kay SA (2008) A chemical biology approach reveals period shortening of the mammalian circadian clock by specific inhibition of GSK-3beta. Proc Natl Acad Sci USA 105: 20746–20751

Hirschey MD, Shimazu T, Goetzman E, Jing E, Schwer B, Lombard DB, Grueter CA, Harris C, Biddinger S, Ilkayeva OR et al (2010) SIRT3 regulates mitochondrial fatty-acid oxidation by reversible enzyme deacetylation. Nature 464: 121–125

Horvath TL (2005) The hardship of obesity: a soft-wired hypothalamus. Nat Neurosci 8: 561–565

Horvath TL, Gao XB (2005) Input organization and plasticity of hypocretin neurons: possible clues to obesity's association with insomnia. Cell Metab 1: 279–286

Huang JY, Hirschey MD, Shimazu T, Ho L, Verdin E (2010) Mitochondrial sirtuins. Biochim Biophys Acta 1804: 1645–1651

Huang W, Ramsey KM, Marcheva B, Bass J (2011) Circadian rhythms, sleep, and metabolism. J Clin Invest 121: 2133–2141

Ivanisevic-Milovanovic OK, Demajo M, Karakasevic A, Pantic V (1995) The effect of constant light on the concentration of catecholamines of the hypothalamus and adrenal glands, circulatory hadrenocorticotropin hormone and progesterone. J Endocrinol Invest 18: 378–383

Jetten AM (2009) Retinoid-related orphan receptors (RORs): critical roles in development, immunity, circadian rhythm, and cellular metabolism. Nucl Recept Signal 7: e003

Kallen J, Schlaeppi JM, Bitsch F, Delhon I, Fournier B (2004) Crystal structure of the human RORalpha Ligand binding domain in complex with cholesterol sulfate at 2.2 A. J Biol Chem 279: 14033–14038

Kalra SP, Dube MG, Pu S, Xu B, Horvath TL, Kalra PS (1999) Interacting appetite-regulating pathways in the hypothalamic regulation of body weight. Endocr Rev 20: 68–100

Kalra SP, Bagnasco M, Otukonyong EE, Dube MG, Kalra PS (2003) Rhythmic, reciprocal ghrelin and leptin signaling: new insight in the development of obesity. Regul Pept 111: 1–11

Kalsbeek A, Fliers E (2013) Daily regulation of hormone profiles. In: Kramer A, Merrow M (eds) Circadian clocks, vol 217, Handbook of experimental pharmacology. Springer, Heidelberg

Kalsbeek A, Fliers E, Romijn JA, La Fleur SE, Wortel J, Bakker O, Endert E, Buijs RM (2001) The suprachiasmatic nucleus generates the diurnal changes in plasma leptin levels. Endocrinology 142: 2677–2685

Karlsson B, Knutsson A, Lindahl B (2001) Is there an association between shift work and having a metabolic syndrome? Results from a population based study of 27,485 people. Occup Environ Med 58: 747–752

Karlsson BH, Knutsson AK, Lindahl BO, Alfredsson LS (2003) Metabolic disturbances in male workers with rotating three-shift work. Results of the WOLF study. Int Arch Occup Environ Health 76: 424–430

Kil IS, Lee SK, Ryu KW, Woo HA, Hu MC, Bae SH, Rhee SG (2012) Feedback control of adrenal steroidogenesis via H2O2-dependent, reversible inactivation of peroxiredoxin III in mitochondria. Mol Cell 46: 584–594

Kim JY, Cheong HS, Park BL, Baik SH, Park S, Lee SW, Kim MH, Chung JH, Choi JS, Kim MY et al (2011) Melatonin receptor 1 B polymorphisms associated with the risk of gestational diabetes mellitus. BMC Med Genet 12: 82

Knutson KL, Van Cauter E (2008) Associations between sleep loss and increased risk of obesity and diabetes. Ann NY Acad Sci 1129: 287–304

Kohsaka A, Laposky AD, Ramsey KM, Estrada C, Joshu C, Kobayashi Y, Turek FW, Bass J (2007) High-fat diet disrupts behavioral and molecular circadian rhythms in mice. Cell Metab 6: 414–421

Kornmann B, Schaad O, Bujard H, Takahashi JS, Schibler U (2007) System-driven and oscillatordependent circadian transcription in mice with a conditionally active liver clock. PLoS Biol 5: e34

Kramer A, Yang FC, Snodgrass P, Li X, Scammell TE, Davis FC, Weitz CJ (2001) Regulation of daily locomotor activity and sleep by hypothalamic EGF receptor signaling. Science 294: 2511–2515

Kumar V, Takahashi JS (2010) PARP around the clock. Cell 142: 841–843

Kwak SH, Kim SH, Cho YM, Go MJ, Cho YS, Choi SH, Moon MK, Jung HS, Shin HD, Kang HM et al (2012)Agenome-wide association study of gestational diabetes mellitus in Korean women. Diabetes 61: 531–541

la Fleur SE, Kalsbeek A, Wortel J, Fekkes ML, Buijs RM (2001) A daily rhythm in glucose tolerance: a role for the suprachiasmatic nucleus. Diabetes 50: 1237–1243

Lamia KA, Storch KF, Weitz CJ (2008) Physiological significance of a peripheral tissue circadian clock. Proc Natl Acad Sci USA 105: 15172–15177

Lamia KA, Sachdeva UM, DiTacchio L, Williams EC, Alvarez JG, Egan DF, Vasquez DS, Juguilon H, Panda S, Shaw RJ et al (2009) AMPK regulates the circadian clock by cryptochrome phosphorylation and degradation. Science 326: 437–440

Lamia KA, Papp SJ, Yu RT, Barish GD, Uhlenhaut NH, Jonker JW, Downes M, Evans RM (2011) Cryptochromes mediate rhythmic repression of the glucocorticoid receptor. Nature 480: 552–556

Le Martelot G, Claudel T, Gatfield D, Schaad O, Kornmann B, Sasso GL, Moschetta A, Schibler U (2009) REV-ERBalpha participates in circadian SREBP signaling and bile acid homeostasis. PLoS Biol 7: e1000181

Le Minh N, Damiola F, Tronche F, Schutz G, Schibler U (2001) Glucocorticoid hormones inhibit food-induced phase-shifting of peripheral circadian oscillators. EMBO J 20: 7128–7136

Lee C, Etchegaray JP, Cagampang FR, Loudon AS, Reppert SM (2001) Posttranslational mechanisms regulate the mammalian circadian clock. Cell 107: 855–867

Lee J, Lee Y, Lee MJ, Park E, Kang SH, Chung CH, Lee KH, Kim K (2008) Dual modification of BMAL1 by SUMO2/3 and ubiquitin promotes circadian activation of the CLOCK/BMAL1 complex. Mol Cell Biol 28: 6056–6065

Li S, Lin JD (2009) Molecular control of circadian metabolic rhythms. J Appl Physiol 107: 1959–1964

Li C, Shi Y, You L, Wang L, Chen ZJ (2011) Melatonin receptor 1A gene polymorphism associated with polycystic ovary syndrome. Gynecol Obstet Invest 72: 130–134

Ling Y, Li X, Gu Q, Chen H, Lu D, Gao X (2011) A common polymorphism rs3781637 in MTNR1B is associated with type 2 diabetes and lipids levels in Han Chinese individuals. Cardiovasc Diabetol 10: 27

Liu C, Li S, Liu T, Borjigin J, Lin JD (2007) Transcriptional coactivator PGC-1alpha integrates the mammalian clock and energy metabolism. Nature 447: 477–481

Lu J, Zhang YH, Chou TC, Gaus SE, Elmquist JK, Shiromani P, Saper CB (2001) Contrasting effects of ibotenate lesions of the paraventricular nucleus and subparaventricular zone on sleep-wake cycle and temperature regulation. J Neurosci 21: 4864–4874

Lu XY, Shieh KR, Kabbaj M, Barsh GS, Akil H, Watson SJ (2002) Diurnal rhythm of agoutirelated protein and its relation

to corticosterone and food intake. Endocrinology 143: 3905–3915

Lucas RJ, Stirland JA, Mohammad YN, Loudon AS (2000) Postnatal growth rate and gonadal development in circadian tau mutant hamsters reared in constant dim red light. J Reprod Fertil 118: 327–330

Lyssenko V, Nagorny CL, Erdos MR, Wierup N, Jonsson A, Spegel P, Bugliani M, Saxena R, Fex M, Pulizzi N et al (2009) Common variant in MTNR1B associated with increased risk of type 2 diabetes and impaired early insulin secretion. Nat Genet 41: 82–88

Mamontova A, Seguret-Mace S, Esposito B, Chaniale C, Bouly M, Delhaye-Bouchaud N, Luc G, Staels B, Duverger N, Mariani J et al (1998) Severe atherosclerosis and hypoalphalipoproteinemia in the staggerer mouse, a mutant of the nuclear receptor RORalpha. Circulation 98: 2738–2743

Marcheva B, Ramsey KM, Buhr ED, Kobayashi Y, Su H, Ko CH, Ivanova G, Omura C, Mo S, Vitaterna MH et al (2010) Disruption of the clock components CLOCK and BMAL1 leads to hypoinsulinaemia and diabetes. Nature 466: 627–631

Marcheva B, Ramsey KM, Bass J (2011) Circadian genes and insulin exocytosis. Cell Logist 1: 32–36

Maron BJ, Kogan J, Proschan MA, Hecht GM, Roberts WC (1994) Circadian variability in the occurrence of sudden cardiac death in patients with hypertrophic cardiomyopathy. J Am Coll Cardiol 23: 1405–1409

Masaki T, Chiba S, Yasuda T, Noguchi H, Kakuma T, Watanabe T, Sakata T, Yoshimatsu H (2004) Involvement of hypothalamic histamine H1 receptor in the regulation of feeding rhythm and obesity. Diabetes 53: 2250–2260

Matsuo T, Yamaguchi S, Mitsui S, Emi A, Shimoda F, Okamura H (2003) Control mechanism of the circadian clock for timing of cell division in vivo. Science 302: 255–259

McCarthy JJ, Andrews JL, McDearmon EL, Campbell KS, Barber BK, Miller BH, Walker JR, Hogenesch JB, Takahashi JS, Esser KA (2007) Identification of the circadian transcriptome in adult mouse skeletal muscle. Physiol Genomics 31: 86–95

Megirian D, Dmochowski J, Farkas GA (1998) Mechanism controlling sleep organization of the obese Zucker rats. J Appl Physiol 84: 253–256

Menaker M (1976) Physiological and biochemical aspects of circadian rhythms. Fed Proc 35: 2325

Meyer-Bernstein EL, Jetton AE, Matsumoto SI, Markuns JF, Lehman MN, Bittman EL (1999) Effects of suprachiasmatic transplants on circadian rhythms of neuroendocrine function in golden hamsters. Endocrinology 140: 207–218

Mieda M, Williams SC, Richardson JA, Tanaka K, Yanagisawa M (2006) The dorsomedial hypothalamic nucleus as a putative food-entrainable circadian pacemaker. Proc Natl Acad Sci USA 103: 12150–12155

Miller BH, McDearmon EL, Panda S, Hayes KR, Zhang J, Andrews JL, Antoch MP, Walker JR, Esser KA, Hogenesch JB et al (2007) Circadian and CLOCK-controlled regulation of the mouse transcriptome and cell proliferation. Proc Natl Acad Sci USA 104: 3342–3347

Minneman KP, Lynch H, Wurtman RJ (1974) Relationship between environmental light intensity and retina-mediated suppression of rat pineal serotonin-N-acetyl-transferase. Life Sci 15: 1791–1796

Mistlberger RE (2011) Neurobiology of food anticipatory circadian rhythms. Physiol Behav 104: 535–545

Nakagawa T, Guarente L (2009) Urea cycle regulation by mitochondrial sirtuin, SIRT5. Aging 1: 578–581

Nakahata Y, Kaluzova M, Grimaldi B, Sahar S, Hirayama J, Chen D, Guarente LP, Sassone-Corsi P (2008) The NAD+-dependent deacetylase SIRT1 modulates CLOCK-mediated chromatin remodeling and circadian control. Cell 134: 329–340

Nakahata Y, Sahar S, Astarita G, Kaluzova M, Sassone-Corsi P (2009) Circadian control of the NAD+ salvage pathway by CLOCK-SIRT1. Science 324: 654–657

Nilsson PM, Roost M, Engstrom G, Hedblad B, Berglund G (2004) Incidence of diabetes in middle-aged men is related to sleep disturbances. Diabetes Care 27: 2464–2469

Noshiro M, Usui E, Kawamoto T, Kubo H, Fujimoto K, Furukawa M, Honma S, Makishima M, Honma K, Kato Y (2007)

Multiple mechanisms regulate circadian expression of the gene for cholesterol 7alpha-hydroxylase (Cyp7a), a key enzyme in hepatic bile acid biosynthesis. J Biol Rhythms 22: 299–311

O'Neill J, Maywood L, Hastings M (2013) Cellular mechanisms of circadian pacemaking: beyond transcriptional loops. In: Kramer A, Merrow M (eds) Circadian clocks, vol 217, Handbook of experimental pharmacology. Springer, Heidelberg

Oishi K, Miyazaki K, Kadota K, Kikuno R, Nagase T, Atsumi G, Ohkura N, Azama T, Mesaki M, Yukimasa S et al (2003) Genome-wide expression analysis of mouse liver reveals CLOCKregulated circadian output genes. J Biol Chem 278: 41519–41527

Okamura H, Doi M, Yamaguchi Y, Fustin JM (2011) Hypertension due to loss of clock: novel insight from the molecular analysis of Cry1/Cry2-deleted mice. Curr Hypertens Rep 13: 103–108

Okano S, Akashi M, Hayasaka K, Nakajima O (2009) Unusual circadian locomotor activity and pathophysiology in mutant CRY1 transgenic mice. Neurosci Lett 451: 246–251

Oklejewicz M, Hut RA, Daan S, Loudon AS, Stirland AJ (1997) Metabolic rate changes proportionally to circadian frequency in tau mutant Syrian hamsters. J Biol Rhythms 12: 413–422

O'Neill JS, Reddy AB (2011) Circadian clocks in human red blood cells. Nature 469: 498–503

O'Neill JS, van Ooijen G, Dixon LE, Troein C, Corellou F, Bouget FY, Reddy AB, Millar AJ (2011) Circadian rhythms persist without transcription in a eukaryote. Nature 469: 554–558

Orth DN, Island DP (1969) Light synchronization of the circadian rhythm in plasma cortisol (17-OHCS) concentration in man. J Clin Endocrinol Metab 29: 479–486

Orth DN, Besser GM, King PH, Nicholson WE (1979) Free-running circadian plasma cortisol rhythm in a blind human subject. Clin Endocrinol 10: 603–617

Oster MH, Castonguay TW, Keen CL, Stern JS (1988) Circadian rhythm of corticosterone in diabetic rats. Life Sci 43: 1643–1645

Oster H, Damerow S, Kiessling S, Jakubcakova V, Abraham D, Tian J, Hoffmann MW, Eichele G (2006) The circadian rhythm of glucocorticoids is regulated by a gating mechanism residing in the adrenal cortical clock. Cell Metab 4: 163–173

Panda S, AntochMP, Miller BH, Su AI, SchookAB, Straume M, Schultz PG, Kay SA, Takahashi JS, Hogenesch JB (2002a) Coordinated transcription of key pathways in the mouse by the circadian clock. Cell 109: 307–320

Panda S, Hogenesch JB, Kay SA (2002b) Circadian rhythms from flies to human. Nature 417: 329–335

Pedrazzoli M, Secolin R, Esteves LO, Pereira DS, Koike Bdel V, Louzada FM, Lopes-Cendes I, Tufik S (2010) Interactions of polymorphisms in different clock genes associated with circadian phenotypes in humans. Genet Mol Biol 33: 627–632

Peschke E, Muhlbauer E (2010) New evidence for a role of melatonin in glucose regulation. Best Pract Res Clin Endocrinol Metab 24: 829–841

Preitner N, Damiola F, Lopez-Molina L, Zakany J, Duboule D, Albrecht U, Schibler U (2002) The orphan nuclear receptor REV-ERBalpha controls circadian transcription within the positive limb of the mammalian circadian oscillator. Cell 110: 251–260

Ralph MR, Foster RG, Davis FC, Menaker M (1990) Transplanted suprachiasmatic nucleus determines circadian period. Science 247: 975–978

Ramsey KM, Yoshino J, Brace CS, Abrassart D, Kobayashi Y, Marcheva B, Hong HK, Chong JL, Buhr ED, Lee C et al (2009) Circadian clock feedback cycle through NAMPT-mediated NAD+ biosynthesis. Science 324: 1638–1646

Reddy AB, KarpNA, Maywood ES, Sage EA, DeeryM, O'Neill JS, WongGK, CheshamJ, Odell M, Lilley KS et al (2006) Circadian orchestration of the hepatic proteome. Curr Biol 16: 1107–1115

Reiter RJ (1991) Pineal gland interface between the photoperiodic environment and the endocrine system. Trends Endocrinol Metab 2: 13–19

Reppert SM, Weaver DR (2002) Coordination of circadian timing in mammals. Nature 418: 935–941

Rey G, Cesbron F, Rougemont J, Reinke H, Brunner M, Naef F (2011) Genome-wide and phasespecific DNA-binding rhythms of BMAL1 control circadian output functions in mouse liver. PLoS Biol 9: e1000595

Ripperger JA, Schibler U (2006) Rhythmic CLOCK-BMAL1 binding to multiple E-box motifs drives circadian Dbp transcription and chromatin transitions. Nat Genet 38: 369–374

Rodgers JT, Lerin C, Haas W, Gygi SP, Spiegelman BM, Puigserver P (2005) Nutrient control of glucose homeostasis through a complex of PGC-1alpha and SIRT1. Nature 434: 113–118

Rodriguez de Fonseca F, Navarro M, Gomez R, Escuredo L, Nava F, Fu J, Murillo-Rodriguez E, Giuffrida A, LoVerme J, Gaetani S et al (2001) An anorexic lipid mediator regulated by feeding. Nature 414: 209–212

Roenneberg T, Allebrandt KV, Merrow M, Vetter C (2012) Social jetlag and obesity. Curr Biol 22: 939–943

Ronn T, Wen J, Yang Z, Lu B, Du Y, Groop L, Hu R, Ling C (2009) A common variant in MTNR1B, encoding melatonin receptor 1B, is associated with type 2 diabetes and fasting plasma glucose in Han Chinese individuals. Diabetologia 52: 830–833

Rudic RD, McNamara P, Curtis AM, Boston RC, Panda S, Hogenesch JB, Fitzgerald GA (2004) BMAL1 and CLOCK, two essential components of the circadian clock, are involved in glucose homeostasis. PLoS Biol 2: e377

Rudic RD, McNamara P, Reilly D, Grosser T, Curtis AM, Price TS, Panda S, Hogenesch JB, FitzGerald GA (2005) Bioinformatic analysis of circadian gene oscillation in mouse aorta. Circulation 112: 2716–2724

Rutter J, Reick M, Wu LC, McKnight SL (2001) Regulation of clock and NPAS2 DNA binding by the redox state of NAD cofactors. Science 293: 510–514

Sadacca LA, Lamia KA, Delemos AS, Blum B, Weitz CJ (2010) An intrinsic circadian clock of the pancreas is required for normal insulin release and glucose homeostasis in mice. Diabetologia 54: 120–124

Sahar S, Nin V, Barbosa MT, Chini EN, Sassone-Corsi P (2011) Altered behavioral and metabolic circadian rhythms in mice with disrupted NAD+ oscillation. Aging 3: 794–802

Sakamoto K, Nagase T, Fukui H, Horikawa K, Okada T, Tanaka H, Sato K, Miyake Y, Ohara O, Kako K, Ishida N (1998) Multitissue circadian expression of rat period homolog (rPer2) mRNA is governed by the mammalian circadian clock, the suprachiasmatic nucleus in the brain. J Biol Chem 273: 27039–27042

Saper CB, Lu J, Chou TC, Gooley J (2005) The hypothalamic integrator for circadian rhythms. Trends Neurosci 28: 152–157

Sato TK, Panda S, Miraglia LJ, Reyes TM, Rudic RD, McNamara P, Naik KA, FitzGerald GA, Kay SA, Hogenesch JB (2004) A functional genomics strategy reveals Rora as a component of the mammalian circadian clock. Neuron 43: 527–537

Saunders LR, Verdin E (2007) Sirtuins: critical regulators at the crossroads between cancer and aging. Oncogene 26: 5489–5504

Scheer FA, Hilton MF, Mantzoros CS, Shea SA (2009) Adverse metabolic and cardiovascular consequences of circadian misalignment. Proc Natl Acad Sci USA 106: 4453–4458

Schmutz I, Ripperger JA, Baeriswyl-Aebischer S, Albrecht U (2010) The mammalian clock component PERIOD2 coordinates circadian output by interaction with nuclear receptors. Genes Dev 24: 345–357

Schwer B, Bunkenborg J, Verdin RO, Andersen JS, Verdin E (2006) Reversible lysine acetylation controls the activity of the mitochondrial enzyme acetyl-CoA synthetase 2. Proc Natl Acad Sci USA 103: 10224–10229

Shimazu T, Hirschey MD, Hua L, Dittenhafer-Reed KE, Schwer B, Lombard DB, Li Y, Bunkenborg J, Alt FW, Denu JM et al (2010) SIRT3 deacetylates mitochondrial 3-hydroxy-3-methylglutaryl CoA synthase 2 and regulates ketone body production. Cell Metab 12: 654–661

Shimba S, Ishii N, Ohta Y, Ohno T, Watabe Y, Hayashi M, Wada T, Aoyagi T, Tezuka M (2005) Brain and muscle Arnt-like protein-1 (BMAL1), a component of the molecular clock, regulates adipogenesis. Proc Natl Acad Sci USA 102: 12071–12076

Shimomura Y, Takahashi M, Shimizu H, Sato N, Uehara Y, Negishi M, Inukai T, Kobayashi I, Kobayashi S (1990) Abnormal feeding behavior and insulin replacement in STZ-induced diabetic rats. Physiol Behav 47: 731–734

Silver R, LeSauter J, Tresco PA, Lehman MN (1996) A diffusible coupling signal from the transplanted suprachiasmatic nucleus controlling circadian locomotor rhythms. Nature 382: 810–813

Sinha MK, Ohannesian JP, Heiman ML, Kriauciunas A, Stephens TW, Magosin S, Marco C, Caro JF (1996) Nocturnal rise of leptin in lean, obese, and non-insulin-dependent diabetes mellitus subjects. J Clin Invest 97: 1344–1347

Slat E, Freeman GM Jr, Herzog ED (2013) The clock in the brain: neurons, glia and networks in daily rhythms. In: Kramer A, Merrow M (eds) Circadian clocks, vol 217, Handbook of experimental pharmacology. Springer, Heidelberg

So AY, Bernal TU, Pillsbury ML, Yamamoto KR, Feldman BJ (2009) Glucocorticoid regulation of the circadian clock modulates glucose homeostasis. Proc Natl Acad Sci USA 106: 17582–17587

Someya S, Yu W, HallowsWC, Xu J, Vann JM, Leeuwenburgh C, TanokuraM, Denu JM, Prolla TA (2010) Sirt3 mediates reduction of oxidative damage and prevention of age-related hearing loss under caloric restriction. Cell 143: 802–812

Sonoda J, Pei L, Evans RM (2008) Nuclear receptors: decoding metabolic disease. FEBS Lett 582: 2–9

Sookoian S, Castano G, Gemma C, Gianotti TF, Pirola CJ (2007) Common genetic variations in CLOCK transcription factor are associated with nonalcoholic fatty liver disease. World J Gastroenterol 13: 4242–4248

Sookoian S, Gemma C, Gianotti TF, Burgueno A, Castano G, Pirola CJ (2008) Genetic variants of Clock transcription factor are associated with individual susceptibility to obesity. Am J Clin Nutr 87: 1606–1615

Sookoian S, Gianotti TF, Burgueno A, Pirola CJ (2010) Gene-gene interaction between serotonin transporter (SLC6A4) and CLOCK modulates the risk of metabolic syndrome in rotating shiftworkers. Chronobiol Int 27: 1202–1218

Spiegel K, Tasali E, Leproult R, Van Cauter E (2009) Effects of poor and short sleep on glucose metabolism and obesity risk. Nat Rev Endocrinol 5: 253–261

Staels B (2006) When the Clock stops ticking, metabolic syndrome explodes. Nat Med 12: 54–55, discussion 55

Staiger D, Koster T (2011) Spotlight on post-transcriptional control in the circadian system. Cell Mol Life Sci 68: 71–83

Staiger H, Machicao F, Schafer SA, Kirchhoff K, Kantartzis K, GuthoffM, Silbernagel G, Stefan N, Haring HU, Fritsche A (2008) Polymorphisms within the novel type 2 diabetes risk locus MTNR1B determine beta-cell function. PLoS One 3: e3962

Stokkan KA, Yamazaki S, Tei H, Sakaki Y, Menaker M(2001) Entrainment of the circadian clock in the liver by feeding. Science 291: 490–493

Storch KF, Lipan O, Leykin I, Viswanathan N, Davis FC, Wong WH, Weitz CJ (2002) Extensive and divergent circadian gene expression in liver and heart. Nature 417: 78–83

Szafarczyk A, Ixart G, Malaval F, Nouguier-Soule J, Assenmacher I (1979) Effects of lesions of the suprachiasmatic nuclei and of p-chlorophenylalanine on the circadian rhythms of adrenocorticotrophic hormone and corticosterone in the plasma, and on locomotor activity of rats. J Endocrinol 83: 1–16

Taheri S, Lin L, Austin D, Young T, Mignot E (2004) Short sleep duration is associated with reduced leptin, elevated ghrelin, and increased body mass index. PLoS Med 1: e62

Takeuchi F, Katsuya T, Chakrewarthy S, Yamamoto K, Fujioka A, Serizawa M, Fujisawa T, Nakashima E, Ohnaka K, Ikegami H et al (2010) Common variants at the GCK, GCKR, G6PC2-ABCB11 and MTNR1B loci are associated with fasting glucose in two Asian populations. Diabetologia 53: 299–308

Tam CH, Ho JS, Wang Y, Lee HM, Lam VK, Germer S, Martin M, So WY, Ma RC, Chan JC et al (2010) Common polymorphisms in MTNR1B, G6PC2 and GCK are associated with increased fasting plasma glucose and impaired beta-

cell function in Chinese subjects. PLoS One 5: e11428

Teboul M, Grechez-Cassiau A, Guillaumond F, Delaunay F (2009) How nuclear receptors tell time. J Appl Physiol 107: 1965–1971

Torra IP, Tsibulsky V, Delaunay F, Saladin R, Laudet V, Fruchart JC, Kosykh V, Staels B (2000) Circadian and glucocorticoid regulation of Rev-erbalpha expression in liver. Endocrinology 141: 3799–3806

Turek FW, Joshu C, Kohsaka A, Lin E, Ivanova G, McDearmon E, Laposky A, Losee-Olson S, Easton A, Jensen DR et al (2005) Obesity and metabolic syndrome in circadian Clock mutant mice. Science 308: 1043–1045

Van Cauter E, Polonsky KS, Scheen AJ (1997) Roles of circadian rhythmicity and sleep in human glucose regulation. Endocr Rev 18: 716–738

Vogel G (2011) Cell biology. Telling time without turning on genes. Science 331: 391

Wang N, Yang G, Jia Z, Zhang H, Aoyagi T, Soodvilai S, Symons JD, Schnermann JB, Gonzalez FJ, Litwin SE, Yang T (2008) Vascular PPARgamma controls circadian variation in blood pressure and heart rate through Bmal1. Cell Metab 8: 482–491

Wilsbacher LD, Yamazaki S, Herzog ED, Song EJ, Radcliffe LA, Abe M, Block G, Spitznagel E, Menaker M, Takahashi JS (2002) Photic and circadian expression of luciferase in mPeriod1-luc transgenic mice invivo. Proc Natl Acad Sci USA 99: 489–494

Woon PY, Kaisaki PJ, Braganca J, Bihoreau MT, Levy JC, Farrall M, Gauguier D (2007) Aryl hydrocarbon receptor nuclear translocator-like (BMAL1) is associated with susceptibility to hypertension and type 2 diabetes. Proc Natl Acad Sci USA 104: 14412–14417

Yamamoto T, Nakahata Y, Tanaka M, Yoshida M, Soma H, Shinohara K, Yasuda A, Mamine T, Takumi T (2005) Acute physical stress elevates mouse period1 mRNA expression in mouse peripheral tissues via a glucocorticoid-responsive element. J Biol Chem 280: 42036–42043

Yamazaki S, Numano R, Abe M, Hida A, Takahashi R, Ueda M, Block GD, Sakaki Y, Menaker M, Tei H (2000) Resetting central and peripheral circadian oscillators in transgenic rats. Science 288: 682–685

Yang X, Downes M, Yu RT, Bookout AL, He W, Straume M, Mangelsdorf DJ, Evans RM (2006) Nuclear receptor expression links the circadian clock to metabolism. Cell 126: 801–810

Yang X, Lamia KA, Evans RM (2007) Nuclear receptors, metabolism, and the circadian clock. Cold Spring Harb Symp Quant Biol 72: 387–394

Yang S, Liu A, Weidenhammer A, Cooksey RC, McClain D, Kim MK, Aguilera G, Abel ED, Chung JH (2009) The role of mPer2 clock gene in glucocorticoid and feeding rhythms. Endocrinology 150: 2153–2160

Yildiz BO, Suchard MA, Wong ML, McCann SM, Licinio J (2004) Alterations in the dynamics of circulating ghrelin, adiponectin, and leptin in human obesity. Proc Natl Acad Sci USA 101: 10434–10439

Yin L, Wu N, Curtin JC, Qatanani M, Szwergold NR, Reid RA, Waitt GM, Parks DJ, Pearce KH, Wisely GB, Lazar MA (2007) Rev-erbalpha, a heme sensor that coordinates metabolic and circadian pathways. Science 318: 1786–1789

Yoo SH, Yamazaki S, Lowrey PL, Shimomura K, Ko CH, Buhr ED, Siepka SM, Hong HK, Oh WJ, Yoo OJ et al (2004) PERIOD2:: LUCIFERASE real-time reporting of circadian dynamics reveals persistent circadian oscillations in mouse peripheral tissues. Proc Natl Acad Sci USA 101: 5339–5346

Zhang J, Kaasik K, Blackburn MR, Lee CC (2006) Constant darkness is a circadian metabolic signal in mammals. Nature 439: 340–343

Zhang EE, Liu Y, Dentin R, Pongsawakul PY, Liu AC, Hirota T, Nusinow DA, Sun X, Landais S, Kodama Y et al (2010) Cryptochrome mediates circadian regulation of cAMP signaling and hepatic gluconeogenesis. Nat Med 16: 1152–1156

Zuber AM, Centeno G, Pradervand S, Nikolaeva S, Maquelin L, Cardinaux L, Bonny O, Firsov D (2009) Molecular clock is involved in predictive circadian adjustment of renal function. Proc Natl Acad Sci USA 106: 16523–16528

Zvonic S, Ptitsyn AA, Conrad SA, Scott LK, Floyd ZE, Kilroy G, Wu X, Goh BC, Mynatt RL, Gimble JM (2006) Characterization of peripheral circadian clocks in adipose tissues. Diabetes 55: 962–970

第七章
生物钟对睡眠的调控

西蒙·P. 费希尔（Simon P. Fisher）[1]、罗素·G. 福斯特（Russell G. Foster）[2]
和斯图尔特·N. 皮尔逊（Stuart N. Peirson）[2]
1 美国 SRI 国际神经科学中心，2 英国牛津大学约翰·拉德克利夫医院

摘要："睡眠-觉醒"周期可以说是生物钟系统最为人熟知的输出形式。然而，睡眠是一种复杂的生命过程，由多个大脑区域和神经递质共同作用产生，又受到多种生理和环境因素的调节。这些包括生物钟对觉醒的驱动作用，以及长时间处于苏醒状态引起睡眠的需求增加，即睡眠稳态。在本章中，我们将阐述睡眠的调节机制，特别关注生物钟系统的作用。自从生物钟基因被鉴定以来，它们在睡眠调节中的作用引起了科学家的极大兴趣，本章我们将概述分子生物钟的具体调节因子与睡眠调节系统之间的相互作用。最后，我们将总结光照环境、褪黑激素和社会信号在调节睡眠中的作用，并着重阐述视黑蛋白神经节细胞的作用。

关键词：睡眠·生物钟·生物钟基因·褪黑素·视黑蛋白

1. 引言

通常的"睡眠-觉醒"循环或许是最为典型的以 24 小时为周期的振荡。然而，睡眠是一个复杂的生理过程，涉及多个神经递质系统和相互抑制的觉醒神经元与睡眠神经元的多样化网络之间的相互作用。这种高度协调的神经活动驱使交替的行为模式，其特征体现在休息-活动、身体姿势和对刺激的反应性等变化（Tobler 1995）。睡眠受大量的内外驱动因子的调节，体现了相关神经生物过程的复杂性。在本章中，我们将讨论这些睡眠特征，尤其是生物钟及其与睡眠-觉醒调控系统的相互作用在睡眠调控中的重要性。

在哺乳动物中，脑电图（electroencephalogram，EEG）和肌电图（electromyogram，EMG）是定义睡眠的主要度量指标，它们将睡眠刻画为快速眼动（rapid eye movement，REM）或非快速眼动（non-rapid eye movement，NREM）状态。这种用来分类睡眠的金标准不仅能够评估睡眠结构，还可以针对不同的睡眠-觉醒

通讯作者：Russell G. Foster，Stuart N. Peirson；电子邮件：russell.foster@eye.ox.ac.uk，stuart.peirson@eye.ox.ac.uk

状态的脑电图进行频谱分析。1982 年，Borbely 提出了睡眠调控的"双过程模型"，提供了一个从时间和结构上理解睡眠-觉醒行为的概念框架。该模型提出稳态过程（homeostatic process，S），它随着觉醒时间的持续而增加；以及生物钟过程（circadian process，C），它决定着睡眠和觉醒的时间进程（Borbely 1982）（图 7.1）。人类驱动觉醒的生物钟过程不断抵抗一天内持续增加的睡眠倾向，从而将觉醒巩固为一单独的回合（Dijk and Czeisler 1995）。我们对生物钟过程的理解方面已经取得了长足的进步，尤其是从神经解剖学的角度确定了核心生物钟起搏器位于下丘脑前部的视交叉上核（SCN）；然而，关于睡眠稳态及其与生物钟计时系统相互作用的分子和细胞机制还知之甚少。

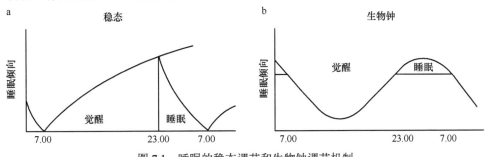

图 7.1　睡眠的稳态调节和生物钟调节机制

（a）随着长时间的觉醒，促进睡眠的驱动力提高睡眠倾向。睡眠压力在进入睡眠后下降，但随着觉醒会再次增加。以昼行性动物为例。（b）睡眠的生物钟调节。生物钟对睡眠的调节驱动白天处于觉醒状态，夜间则降低。因此，白天的睡眠倾向较低，而晚上则增加。根据 Borbely（1982）作图修改

2. 睡眠的稳态调节

　　稳态过程调节着睡眠倾向，而睡眠倾向在觉醒开始时呈指数增加，随后在睡眠中逐渐减少（图 7.1a）。这一点在功能上有别于生物钟系统，因为视交叉上核（SCN）损伤的啮齿类动物在睡眠被完全剥夺后，继续表现出睡眠补偿效应显著增加（Mistlberger et al. 1983；Tobler et al. 1983）。睡眠稳态和睡眠强度相关性的最佳特征标志是出现在非快速眼动睡眠中的脑电图慢波活动（slow-wave activity，SWA，0.5 ~ 4Hz），其随着先前觉醒的持续而增加，并在典型的睡眠回合中呈指数下降（Borbely et al. 1981；Lancel et al. 1991）。有研究指出，稳态睡眠中慢波活动的这种稳态减弱与突触连接强度的相应缩减有关，并且这种减弱在睡眠对神经功能的正向效应中发挥了重要作用（Tononi and Cirelli 2006）。θ 频率范围内（5 ~ 7Hz）脑电图也被确定能够反映安静的觉醒状态下的睡眠倾向。尤其是在啮齿动物和人类中的研究均表明，在强制觉醒后 θ 频率增加能够预测随后睡眠过程中慢波活动的增加（Finelli et al. 2000；Vyazovskiy and Tobler 2005）。目前可以理解的是，慢波活动脑电图可以精细到不同大脑皮层区域的时间动态变化（Rusterholz and Achermann 2011；Zavada et al. 2009），这与学习和表现的改变有关（Huber et al.

2004，2006；Murphy et al. 2011）。重要的是，这些研究证据表明慢波活动和睡眠稳态的调控可能在大脑局部水平发生。最近的一项研究发现，在长时间的觉醒期间，即便是通过评估整体脑电参数显示大鼠仍然保持觉醒状态，其中的某些大脑离散的皮质区域也能够有效地"下线"进入睡眠状态，这进一步加强了睡眠调控的"局部化"概念（Vyazovskiy et al. 2011）。

确定睡眠稳态调节的神经解剖学基础极具挑战性，并且依然是睡眠研究中的突出问题之一。之前已经在下丘脑的腹外侧视前区（ventrolateral preoptic area，VLPO）和视前正中核（median preoptic nucleus，MnOP）中发现了促进睡眠的神经元（Gong et al. 2004；Sherin et al. 1996），而且，最近在皮质中发现的一群睡眠活跃神经元进一步支持了睡眠稳态调节的解剖学基础（Gerashchenko et al. 2008；Pasumarthi et al. 2010）。这些表达神经元型一氧化氮合酶的睡眠活跃细胞是 γ-氨基丁酸能（GABAergic）联络神经元的亚群，在整个大脑皮层中投射很长的距离，并且在睡眠过程中激活的细胞数量与慢波活动强度成正比（Gerashchenko et al. 2008）。确定这些细胞在睡眠中被激活的神经回路通路以及机制，将会进一步加强我们对它们在睡眠稳态调节中潜在作用的理解。

许多研究也聚焦于化学介质在睡眠稳态调节中的作用。这样的化学介质预期会在长时间的觉醒或者剥夺睡眠后积累，而在睡眠期间减少。已经报道了几种潜在的化学介质，需要特别关注的是嘌呤核苷腺苷（Basheer et al. 2004）。在猫中进行的微透析研究表明，在睡眠剥夺的 6 小时过程中，腺苷在基底前脑（basal forebrain，BF）有选择性地增加（Porkka-Heiskanen et al. 1997，2000）。此外，将腺苷灌注到自由活动猫的基底前脑时，会降低觉醒的程度，减少大脑皮层的兴奋（Portas et al. 1997），并激活腹外侧视前区神经元（Scammell et al. 2001）。一项长达 11 小时的睡眠剥夺实验显示，一氧化氮最初聚集在基底前脑中，随后腺苷积累，数小时后这两种化学介质在额叶皮层中增加，从而有助于深入洞悉睡眠稳态时间动态变化（Kalinchuk et al. 2011）。咖啡因作为有效的兴奋剂，可通过作用于 A_1 和 A_2 受体充当腺苷拮抗剂。利用敲除这些腺苷受体的小鼠研究发现，A_2 受体的阻断抑制了咖啡因促进的觉醒作用，因为咖啡因能够促进野生型和 A_1 敲除小鼠觉醒，而对缺乏 A_{2A} 受体的小鼠则没有促觉醒作用（Huang et al. 2005）。此外，在睡眠剥夺期间，年轻男性受试者服用咖啡因后，可减少其主观嗜睡和脑电 θ 频率活动，并在随后的恢复性睡眠期间降低慢波活动（Landolt 2004）。咖啡因能在长时间的觉醒后减少睡眠倾向的积累，这进一步表明腺苷在睡眠稳态中的关键作用。前列腺素 D_2（prostaglandin D_2，PGD_2）也被认为是内源性促进睡眠的因子（Huang et al. 2007），而且研究表明它也可能通过 A_{2A} 受体介导其对睡眠的影响（Satoh et al. 1996）。

3. 睡眠的生物钟调节

生物钟对睡眠的影响很快得到了重视，这是因为研究表明睡眠-觉醒的节律在正常生理条件下持续存在，并且与核心体温的节律高度同步（Czeisler et al. 1980）。生物钟对睡眠的调节与前期的觉醒无关，并决定了全天24小时内睡眠倾向高低的时段（图7.1b；Borbely and Achermann 1999）。人类研究揭示，采用强制去同步化的实验方案，即强制执行28小时的睡眠-觉醒循环，能够解除内源的生物钟过程与睡眠-觉醒周期之间的偶联（Dijk and Lockley 2002），这进一步支持了睡眠控制的二元论。计划执行28小时休息-活动循环的人类志愿者在内源性生理体温最低值发生前6小时开始睡眠，可以不受打扰地睡眠8个小时（Dijk and Czeisler 1994）。有证据表明，生物钟过程起源于下丘脑前部的视交叉上核（SCN）（Weaver 1998）。在啮齿类动物中，靶向损伤SCN会扰乱运动、进食和饮水的节律（Stephan and Zucker 1972；Moore 1983）；而通过外科手术进行SCN移植实验时，受体显示出供体的SCN周期（Ralph et al. 1990；King et al. 2003）。

这些移植研究对于确定视交叉上核（SCN）是哺乳动物主要的计时结构是至关重要的。通过大量的中间中继核团，SCN支配参与睡眠-觉醒循环调节的多个大脑区域，包括腹外侧视前区和视前正中核区域（Deurveilher and Semba 2005）。SCN可以接受特定的能够调控睡眠-觉醒状态的信息，如大鼠警惕状态的变化会改变其SCN放电节律（Deboer et al. 2003）。在非快速眼动睡眠期间，SCN中的神经元活性降低；相反，当大鼠进入独立于生物钟的快速眼动睡眠时，SCN中的神经元活动则会增加（Deboer et al. 2003）。此外，研究发现在长达6个小时的睡眠剥夺后，SCN放电活动的振幅在睡眠恢复过程中被抑制，而且这一作用可持续长达7个小时（Deboer et al. 2007）。这表明睡眠剥夺除了能够充分说明睡眠稳态的特征外，还可以直接调节生物钟的放电节律。

啮齿类动物视交叉上核（SCN）损伤还导致睡眠-觉醒节律的紊乱，甚至是崩溃，这些动物不再呈现稳定的非快速眼动睡眠和快速眼动睡眠，而是表现出伴随着频繁觉醒的睡眠和觉醒状态之间的多次转换（图7.2）。Edgar及其同事们提出的"相反过程"（opponent process）模型详细说明了生物钟过程通过抵抗促进睡眠的稳态驱动力，可以积极地促进觉醒的起始以及维持（Edgar et al. 1993）。该假说主要基于在松鼠猴（squirrel monkey）上做的视交叉上核的损伤实验；与对照组相比，视交叉上核损伤的松鼠猴总睡眠时间增加（Edgar et al. 1993）。在小鼠视交叉上核损伤实验中也发现类似的结果，观察到睡眠时间增加了大约8.1%（Easton et al. 2004），这表明SCN在睡眠调节中的作用远不止确定警觉状态的时间。相比之下，在大鼠中进行的大多数视交叉上核损伤研究并未发现睡眠总量的显著变化（Eastman et al. 1984；Mistlberger et al. 1987；Mouret et al. 1978），而且在无节律性的仓鼠中睡眠稳态的调节也完好无损（Larkin et al. 2004）。这一明显的争议表明视交叉上核可能既有促进觉醒的作用，又有促进睡眠的作用，有可能是通过改变其输出信号的平衡来实现在一天中某个时间促进觉醒，而在另一时间则促进睡眠（Dijk and Duffy 1999；Mistlberger et al. 1983）。

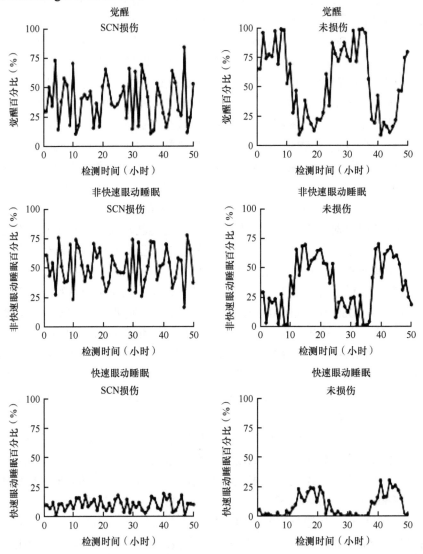

图 7.2　视交叉上核（SCN）损伤大鼠觉醒、非快速眼动睡眠和快速眼动睡眠的生物节律丧失
在持续黑暗条件下连续监测 50 小时的单个 SCN 损伤大鼠（左图）和完整 SCN 大鼠（右图）的觉醒、非快速眼动睡眠和快速眼动睡眠变化情况。数据点代表单个大鼠每小时的百分比值。（本图来自 S.Fisher 尚未发表的数据）

3.1　生物钟基因与睡眠

生物钟基因在生物节律的产生中所起的重要作用是众所周知的。在过去 20 年中，我们对负责构成生物钟系统的细胞自主振荡的分子机制有了更深入的认识。这种自身调节网络依赖于正向和负向转录 / 翻译反馈环路之间的相互作用。在哺乳动物中，转录因子 CLOCK 和 BMAL1 形成了一个异二聚体复合物，通过结合到 E-box 启动子序列（CACGTG）上来驱动 *Period*（*Per1*、*Per2* 和 *Per3*）及 *Cryptochrome*（*Cry1* 和 *Cry2*）等基因的转录（Gekakis et al. 1998）。另外，CLOCK 的同源蛋白转录因子神经元 PAS 结构域蛋白 2（NPAS2），在前脑核、基底神经节和大脑边缘系统中表达（Garcia et al. 2000）。NPAS2 也能够和 BMAL1 形成异二聚体来启动 *Per* 与 *Cry* 的转录（Reick et al. 2001）。尽管最初的研究没观察到 NPAS2 在视交叉上核（SCN）中的表达（Garcia et al. 2000），但后来的研究表明，NPAS2 既在 SCN 中表达，又可以在功能上替代 CLOCK（DeBruyne et al. 2007）。PER 和 CRY 蛋白在胞质中合成并被酪蛋白激酶 Iδ 以及 ε 磷酸化并形成复合物，随后它们重新回到核内与 CLOCK/NPAS2：BMAL1 二聚体结合并抑制其自身的转录（Reppert and Weaver 2002）。CLOCK/BMAL1 复合物也能激活视黄酸相关的孤核受体（retinoic acid-related orphan nuclear receptor）——Rora 和 Rev-erbα。Rev-erbα 能够抑制 CLOCK 和 BMAL1 的表达。与此相反，RORA 是一种激活剂，能够在缺少 PER 和 CRY 的情况下增加 *Bmal1*，从而增强振荡作用（Buhr and Takahashi 2013；O'Neill et al. 2013）。在哺乳动物中，由于多个 *Per* 和 *Cry* 中的单个基因突变不会导致无节律性，所以它们的功能存在一定程度的重叠（Bae et al. 2001；Okamura et al. 1999）。此外，在小鼠中，缺乏 *Per3* 只对生物节律周期有很小的影响，所以生物节律的产生不需要 *Per3*（Shearman et al. 2000）。

对生物钟基因突变小鼠的研究可以更好地剖析单个生物钟基因在生物节律产生中的作用，同时为这些生物钟基因在睡眠调节中的潜在作用提供了新的思路。应用遗传学手段来扰乱生物钟系统并未破坏 SCN 的神经元链接，但是不能排除基因敲除在发育中可能带来的影响。以下，我们综述了具体生物钟基因以及生物钟控制基因（CCG）在睡眠调控中的作用，包括它们对睡眠的总量、睡眠的结构和脑电图的影响。这些研究结果总结在表 7.1 中。

3.1.1　*Cryptochrome*

Cry1 和 *Cry2* 双敲除小鼠（*Cry1−/−*;*Cry2−/−*）在通常的光 / 暗周期下是有节律的，而在持续黑暗条件下则无节律性（van der Horst et al. 1999；Vitaterna et al. 1999）。在这些 *Cry1−/−*;*Cry2−/−* 双敲除小鼠中，视交叉上核（SCN）和外周组织中的 *Per* 基因的节律性表达丧失（Okamura et al. 1999），尽管它们依然对光照表现出正常的掩蔽反应（Mrosovsky 2001）。另外，褪黑激素分泌是生物钟最为可靠的输出指

表 7.1 生物钟基因突变体/敲除模型的睡眠表型

基因	总睡眠时间(24 小时)		本底脑电图(EEG)波	快速眼动(REM)/非快速眼动(NREM)	睡眠剥夺	其他影响	参考文献
	光暗条件(LD)	持续黑暗(DD)					
$Cry1^{-/-}$; $Cry2^{-/-}$	非快速眼动增加 1.8 小时	非快速眼动增加 1.5 小时	非快速眼动 δ 波上升	光暗循环下睡眠-觉醒节律衰减	睡眠缺失的补偿反应下降	非快速眼动回合持续时间延长	Wisor et al. 2002
$Per1^{ldc/ldc}$; $Per2^{ldc/ldc}$	无	无	无	光照下觉醒时间增加	睡眠缺失的补偿反应下降	黑暗下觉醒回合持续时间延长,体温下降	Shiromani et al. 2004
$Bmal1^{-/-}$	总睡眠增长 1.5 小时	非快速眼动增加 6.2%	快速眼动 δ 波上升	持续黑暗下睡眠-觉醒节律丧失	快速眼动睡眠反弹下降	光暗条件下体温上升、转换缺失,睡眠片段化加剧	Laposky et al. 2005
$Clock^{mut}$	总睡眠减少 2 小时	非快速眼动减少 1~2 小时	24 小时内基底非快速眼动 δ 波 δ 波下降 无非快速眼动 δ 波 无脑电图 θ 或者 σ 波	光照期非快速眼动时间减少	睡眠缺失的补偿反应下降,快速眼动睡眠反弹下降	非快速眼动和快速眼动睡眠开始的潜伏期缩短,非快速眼动回合持续时间减少,肥胖、代谢综合征、糖尿病	Naylor et al. 2000
$Npas2^{-/-}$	非快速眼动睡眠减少 40 分钟		纺锤体频率活动下降 非快速眼动 δ 波向快波位移	黑暗条件下觉醒时间延长 黑暗下非快速眼动和快速眼动降低	雄性小鼠睡眠缺失的补偿反应下降		Dudley et al. 2003
$Dec2^{P385R}$			无非快速眼动 δ 或者无快速眼动 θ	光照期非快速眼动和快速眼动降低	睡眠缺失的补偿反应下降	光照期非快速眼动增加 睡眠片段化加剧	He et al. 2009
$PK2^{-/-}$	总睡眠减少 1.3 小时	总睡眠减少 1.3 小时	快速眼动脑电图 θ 波下降	快速眼动睡眠持续时间增加	睡眠缺失的补偿反应下降	非快速眼动和快速眼动睡眠开始的潜伏期缩短 对环境刺激不敏感	Hu et al. 2007

续表

基因	总睡眠时间（24 小时）		本底脑电图（EEG）波	快速眼动（REM）/非快速眼动（NREM）	睡眠剥夺	其他影响	参考文献
	光暗条件（LD）	持续黑暗（DD）					
$Dbp^{-/-}$	无	无	δ 波振幅下降；黑暗期非快速眼动 δ 下降；快速眼动睡眠 θ 波值上升	光照期睡眠下降；黑暗期非快速眼动睡眠增加，睡眠分布的生物钟振幅下降	睡眠缺失的补偿反应下降；无快速眼动睡眠反弹	持续黑暗下睡眠问题比光暗条件下严重；睡眠振幅下降	Franken et al. 2000
$Vipr2^{-/-}$	非快速眼动睡眠延长约 50 分钟	无	脑电图 δ 波正常	黑暗期和光照期睡眠及觉醒时段难以界定		睡眠觉醒转换和短暂觉醒增加；持续黑暗下睡眠觉醒循环短日节律增加	Sheward et al. 2010
$Per3$	无	无	睡眠时间分布改变；黑暗期脑电图 δ 波增加	光暗转变后非快速眼动和快速眼动睡眠增加	睡眠恢复中脑电图 δ 波积累增加；非快速眼动睡眠回合增加	黑暗期跑轮活性增加	Shiromani et al. 2004；Hasan et al. 2011

标之一，但是基于 C3H 品系能产生褪黑素背景的 *Cry1⁻ᐟ⁻;Cry2⁻ᐟ⁻* 小鼠无法有节律地产生褪黑激素（Yamanaka et al. 2010）。另外，在睡眠方面 *Cry1⁻ᐟ⁻;Cry2⁻ᐟ⁻* 的小鼠每次非快速眼动睡眠持续时间增加了大约 40%，导致非快速眼动睡眠整体上增加了 1.8 小时（Wisor et al. 2002）。另外在底线记录期间以及剥夺睡眠之后，这些 *Cry1⁻ᐟ⁻;Cry2⁻ᐟ⁻* 双敲除小鼠脑电图的慢波活动升高，这都体现出缺少两个 *Cry* 基因能够导致睡眠压力的累积。*Cry1⁻ᐟ⁻;Cry2⁻ᐟ⁻* 缺失的小鼠在强制觉醒以后也没能表现出非快速眼动睡眠中的典型代偿性反弹（Wisor et al. 2002）。这种睡眠表型无法归因于任何一个 *Cry* 基因，因为敲除了单一 *Cry* 基因的小鼠无法复制出一样的表型（Wisor et al. 2008）。*Cry1⁻ᐟ⁻;Cry2⁻ᐟ⁻* 缺失的小鼠似乎比仅仅是简单的无节律性的遗传模型更为复杂，事实也表明 *Cry* 基因在睡眠的稳态调控中有更大的作用。

3.1.2　*Period*

　　Per1⁻ᐟ⁻;Per2⁻ᐟ⁻ 双缺失的小鼠仅在标准的光暗循环条件下表现出鲁棒的节律。但和 *Cry1⁻ᐟ⁻;Cry2⁻ᐟ⁻* 缺失的小鼠不同，在正常 24 小时为周期的光暗（LD）条件（Kopp et al. 2002）以及持续黑暗（DD）条件下（Shiromani et al. 2004），它们的睡眠总量并没有变化。类似地，在 *Per1⁻ᐟ⁻* 或 *Per2⁻ᐟ⁻* 单个突变体小鼠中，脑电图分析并没有发现总睡眠时间的改变，而且它们对睡眠剥夺也有正常的稳态反应（Kopp et al. 2002）。在睡眠剥夺之后，*Per1⁻ᐟ⁻;Per2⁻ᐟ⁻* 的小鼠显示出与预期一致的在非快速眼动睡眠中慢波活动睡眠增加，这表明其睡眠稳态调控是完好无损的。最近一项研究发现，在 C57BL/6J 品系背景下的 *Per3⁻ᐟ⁻* 敲除小鼠在光暗转变后，非快速眼动和快速眼动睡眠立刻增加，而导致睡眠时间分布的差异（Hasan et al. 2011），这表明对光促进睡眠的反应增强了；但是，这似乎与光对 *Per3⁻ᐟ⁻* 小鼠的跑轮活动的影响相反，即在持续的光照下 *Per3⁻ᐟ⁻* 小鼠负掩蔽效应减少而且自由运行的周期更短（van der Veen and Archer 2010）。*Per3⁻ᐟ⁻* 在活动期间显示出脑电图 δ 频率的积累增强（Hasan et al. 2011）。*Per3⁻ᐟ⁻* 小鼠这种睡眠压力的增加也许可以解释光照初期睡眠增加现象。*Per* 基因表达也能够通过操控睡眠稳态压力而调制，如睡眠剥夺之后 *Per1* 和 *Per2* 在大脑皮质中的表达升高（Wisor et al. 2002）。另外，人类研究中发现，*PER3* 基因功能多态性（functional polymorphisms）既与非快速眼动睡眠中脑电图慢波活动有关，又与觉醒和快速眼动睡眠的 θ 和 α 频率在睡眠稳态上的差异相关（Viola et al. 2007）。最近在 *PER3* 基因的启动子区域发现的 DNA 序列多态性，或许和睡眠相位延迟综合征有关，睡眠相位延迟综合征是一种个体睡眠-觉醒时间相对于外界光暗周期延迟的病症（Archer et al. 2010）。总体研究证据表明，与 *Cry* 基因不同，*Per1* 和 *Per2* 与睡眠稳态调节关系不大，而 *Per3* 在睡眠稳态中呈现新兴的作用（emerging role）。

3.1.3 *Bmal1*

Cry 和 *Per* 基因的表达都受到 BMAL1 与 CLOCK 或 NPAS2 异二聚体的调控。这些基因的突变显示它们在调控生物钟功能中发挥着重要的作用，有趣的是，同时也影响着潜在的睡眠表型。*Bmal1*^{−/−} 小鼠在通常的光暗循环或者持续黑暗的状态下是无节律的，并且显示出活动水平降低（Bunger et al. 2000）。*Bmal1*^{−/−} 小鼠的总睡眠时间增加了 1.5 小时，这主要是由于活跃期的非快速眼动和快速眼动睡眠增加所致（Laposky et al. 2005）。*Bmal1*^{−/−} 小鼠在光暗转换中也并没有发现预期的觉醒或者体温的增加，这说明光输出到视交叉上核（SCN）的通路可能存在缺陷。在光照期，*Bmal1*^{−/−} 小鼠的睡眠是高度碎片化的，并且睡眠回合数增加。这些动物在睡眠倾向上也缺乏节律，这可以通过非快速眼动睡眠脑电图 δ 波变得扁平分布来表明；而且 δ 波扁平分布在基线条件下也有所上升，显示了它们在一个高睡眠压力下发挥作用。然而，*Bmal1*^{−/−} 小鼠在睡眠剥夺后，快速眼动睡眠的反弹作用则减弱。*Bmal1*^{−/−} 小鼠对睡眠量和强度的调节显示了该生物钟基因在睡眠稳态调节中的作用。

3.1.4 *Clock*

通过高通量突变筛选，Joseph Takahashi 及其同事们发现了 *Clock* 基因，这是第一个哺乳动物生物钟基因（Vitaterna et al. 1994）。在自由运行的状态下而非通常的光暗循环下，*Clock* 基因的显性负效突变（dominant negative mutation）纯合子呈现生物钟周期的延长直至无节律性（Vitaterna et al. 1994）。*Clock* 基因杂合突变以及纯合突变小鼠和野生型小鼠相比，睡眠总时间分别减少了 1 个小时和 2 个小时（Naylor et al. 2000）。*Clock* 基因纯合突变小鼠非快速眼动睡眠回合持续时间显著减少，而非快速眼动中的脑电图（θ 波则不受影响；这表明睡眠长度的减少并不是靠睡眠强度的改变来补偿的（Naylor et al. 2000）。此外，这些动物在睡眠剥夺 6 个小时之后也有正常的睡眠反弹。这些显示了 *Clock* 基因在调控睡眠量和时间方面具有重要作用，但并不是在睡眠稳态调节中所有方面都有作用。此外，应该注意的是 *Clock* 基因突变的动物显示出复杂的表型，包括肥胖、代谢性疾病（Turek et al. 2005）和糖尿病（Marcheva et al. 2010），这些也可能对睡眠-觉醒循环产生影响。与 *Clock* 突变小鼠的表型相反，*Clock*^{−/−} 敲除小鼠在运动行为则显示出鲁棒性生物节律，这挑战了 CLOCK 蛋白在生物振荡器中的核心作用（Debruyne et al. 2006）。但是，这一点可以用 NPAS2 蛋白在 *Clock*^{−/−} 敲除小鼠中功能替代的补偿作用来解释（请参见下文）。

3.1.5 其他典型的生物钟基因

Npas2 是 *Clock* 的同源基因，是碱性螺旋-环-螺旋结构 PAS 结构域（basic helix-loop-helix PAS domain）转录因子。它和 BMAL1 形成异二聚复合体来启动负向调控基因 *Cry* 和 *Per* 的转录。NPAS2 在前脑核、基底神经节以及边缘系统中表达（Garcia et al. 2000），并在视交叉上核（SCN）中成为可以替代 *Clock* 的基因（DeBruyne et al. 2007）。NPAS2 取代 CLOCK 可以解释 *Clock* 突变小鼠和 *Clock*$^{-/-}$敲除小鼠的表型差异（Debruyne et al. 2006）。在 *Npas2*$^{-/-}$小鼠上做的跑轮实验发现，在黑暗期的后半段，自由运行周期缩短、重新牵引率增加、典型的"休止期"衰减（Dudley et al. 2003）。这项研究通过脑电图来记录证实后者的观察结果，表明在黑暗期的大部分时间内保持觉醒状态，导致非快速眼动和快速眼动睡眠都减少。这些小鼠也呈现睡眠剥夺后恢复睡眠量的减少，这种差异仅出现在雄性 *Npas2*$^{-/-}$小鼠中（Franken et al. 2006）。这些小鼠在非快速眼动睡眠期间呈现脑电波的变化，纺锤频率范围（spindle frequency range）（10 ～ 15Hz）活动减少，δ 波向更快的频率迁移，表明 NPAS2 在脑电波振荡传播中的作用（Franken et al. 2006）。迄今为止，没有对 *Clock*$^{-/-}$敲除小鼠或者 *Clock*$^{-/-}$;*Npas2*$^{-/-}$双敲除小鼠做睡眠相关的研究。

碱性螺旋-环-螺旋结构 PAS 结构域转录因子 *Dec1*（Sharp2）和 *Dec2*（Sharp1）在视交叉上核（SCN）中以昼夜节律的方式表达，是分子生物钟的重要调节因子。它们主要作为负向调控因子，抑制 CLOCK/BMAL1 诱导的 *Per1* 基因表达（Honma et al. 2002）。缺失 *Dec1* 和 *Dec2* 的小鼠研究表明了这些转录因子在控制生物钟周期长度、相位重置、生物节律牵引中的作用（Rossner et al. 2008）。在 *Dec2* 上的点突变和人类的短暂睡眠表型有关（He et al. 2009）。研究者通过在小鼠中表达 DEC2^{P385R}令人信服地在小鼠身上复制出了这种短暂睡眠表型，即在光照条件下非快速眼动和快速眼动睡眠减少，而碎片化睡眠则增加（He et al. 2009）。此外，*Dec2* 突变导致睡眠剥夺后非快速眼动睡眠的减少以及脑电图 δ 波的减弱，证实了该生物钟基因在睡眠稳态调节中的作用。相比之下，*Dec2* 基因敲除的小鼠仅仅呈现微小的睡眠变化，而且睡眠剥夺后非快速眼动睡眠的代偿性反弹也相当缓慢，这表明 *Dec2* 在睡眠的精细微调中发挥了作用（He et al. 2009）。

3.2 睡眠剥夺后的生物钟基因表达

睡眠期间，大量的基因在大脑中表达上调，而 DNA 微阵列分析发现大脑皮层大约有 10% 的转录本在昼夜之间改变了它们的表达（Cirelli et al. 2004）。在 24 小时内改变表达的 1500 个基因中，许多基因与行为状态的改变而非一天中的时间差异有关。令人惊讶的是，剥夺睡眠后，只有很少基因改变它们的表达，包括通常是与神经元保护以及修复有关的基因（Maret et al. 2007）。睡眠剥夺也能够改变生物钟基因在视交叉上核（SCN）以外区域中的表达。当睡眠驱动力很高时，*Per* 呈现与生物钟相位无关的表达水平上调（Abe et al. 2002；Mrosovsky et al. 2001）。睡眠剥夺后，*Per1* 和 *Per2* mRNA 水平在小鼠前脑升高（Wisor et al. 2008），而生物钟调控的基因 *Dbp* 表达量则下降（Franken et al. 2007）。近交系小鼠在强制唤醒后表现出睡眠反弹的差异，而生物钟基因在这些小鼠中的表达差异也被刻画。这些研究已经确定 *Per1* 和 *Per2* 表达与觉醒时间长度之间的联系，并且与这些生物钟基因在睡眠稳态调节中的作用相吻合（Franken et al. 2007）。脑电图分析发现睡眠剥夺后生物钟基因表达的变化与不同品系小鼠脑电图 δ 波的增加成正比（Wisor et al. 2008）。最近的研究阐述了睡眠剥夺改变生物钟基因表达的潜在机制。在大脑皮层中，CLOCK 和 BMAL1 与靶基因的 DNA 结合随着昼夜节律的变化而变化，在 ZT6 附近达到峰值。睡眠剥夺能够降低 CLOCK 和 BMAL1 对 *Dbp* 和 *Per2* 的激活，但不降低对 *Per1* 和 *Cry1* 的激活。因此，睡眠或许能够直接调控视交叉上核以外的组织的生物钟（Mongrain et al. 2011）。

3.3 生物钟相关基因

除了核心生物钟基因外，也有很多生物钟控制基因（CGG）参与睡眠调节。推定的生物钟输出信号基因促动蛋白 2（Prok2）的表达在生物节律的传递中起重要作用。*Prok2*$^{-/-}$ 小鼠显示活动的生物节律振幅、核心体温以及睡眠-觉醒循环均减少（Li et al. 2006）。在 24 小时中，*Prok2*$^{-/-}$ 小鼠睡眠时间比野生型小鼠少1.5 小时，而且在恒定的黑暗条件下这种变化仍很明显，这表明它们不是光的掩蔽效应造成的。值得注意的是，*Prok2* 基因的缺乏以相反的方向改变非快速眼动睡眠和快速眼动睡眠。尽管总睡眠量总体减少，但在光照期非快速眼动睡眠减少，而在光照期和黑暗期快速眼动睡眠则都增加（Hu et al. 2007）。在这些 *Prok2*$^{-/-}$ 小鼠中，非快速眼动睡眠和快速眼动睡眠的潜伏期也较短，表明睡眠压力较高（Hu et al. 2007）。*Prok2*$^{-/-}$ 的小鼠和野生型小鼠呈现类似的非快速眼动睡眠的脑电图慢波活动；然而，*Prok2*$^{-/-}$ 小鼠快速眼动脑电图 θ 波则降低，睡眠剥夺的补偿效应也衰减。这些研究突显了 *Prok2* 基因在调控生物钟过程和睡眠稳态两个方面的作用，进一步表明在控制睡眠调节的这两个主要过程之间存在很大程度的相互作用。

CLOCK 控制 PAR 亮氨酸拉链转录因子 *Dbp* 的转录（Ripperger et al. 2000）。*Dbp*$^{-/-}$ 小鼠表现轻微的生物钟表型，依然保持节律性，但是生物钟周期大概缩短 30分钟，而且活动量也降低（Lopez-Molina et al. 1997）。*Dbp*$^{-/-}$ 小鼠总睡眠时间并没有改变，但睡眠时间和睡眠巩固的昼夜幅度则降低，这说明 *Dbp* 可能是改变生物钟输出信号幅度的重要因子。*Dbp*$^{-/-}$ 小鼠在光照期，快速眼动减少，脑电图中的 θ 波在探索性行为以及快速眼动睡眠中有所增加。在 *Dbp* 缺失情况下睡眠剥夺的稳态反应正常，但是脑电图的 δ 波在活动期间的累积量则减少（Franken et al. 2000）；这一现象可以归因于在黑暗期非快速眼动睡眠的略微增加，表明 DBP 对稳态睡眠调节的直接影响很小。

激活 VPAC2 受体的血管活性肠肽（vasoactive intestinal polypeptide，VIP）信号通路对于维持单个视交叉上核（SCN）细胞中生物钟以及这些细胞之间电活动的同步至关重要（Brown et al. 2007）。缺少 *Vpac2* 受体基因的小鼠（*Vipr2*^{−/−}）显示鲁棒的活动节律，但昼夜之间的睡眠-觉醒节律发生了改变。除此以外，*Vipr2*^{−/−} 小鼠呈现更多的睡眠和觉醒转换，而与野生型小鼠相比，总的非快速眼动睡眠增加了大约 50 分钟，但是在非快速眼动的脑电图 δ 波中却没有发现差异（Sheward et al. 2010）。

3.4　生物钟基因在睡眠调节中的复杂作用

生物钟基因在生物节律产生中起着十分重要的作用，破坏核心生物钟机制会导致改变正常的睡眠时间；但是，更让人吃惊的是，生物钟基因对睡眠稳态过程的影响。基因敲除小鼠研究表明许多生物钟基因对睡眠-觉醒稳态特征有着一系列的影响。这些遗传发现与早期的视交叉上核（SCN）损伤实验结果一致，并显著表明在生物钟过程和稳态过程之间没有明确的分界，而是存在着很强的相互作用。在只有睡眠稳态受到干扰的突变体动物中，确定生物钟对睡眠的调节如何依次受到影响应该很有趣。一种解释是，在视交叉上核（SCN）中表达的生物钟基因负责生物节律的产生，同时也发现在大脑和皮质的其他区域也有生物钟基因的表达，进而对调节睡眠倾向发挥着重要作用。上述发现的复杂性，即不同生物钟基因的破坏对睡眠产生了广泛的影响，说明不同的生物钟基因除了参与产生细胞内生物节律振荡的转录-翻译反馈环外，或许还参与了其他分子过程。这些多效性功能可能直接与睡眠有关，或者可能与其他过程如代谢、神经传递或免疫功能等相关，从而间接地导致睡眠障碍（Rosenwasser 2010）。

4. 光照对睡眠的调控

光暗循环是生物钟系统主要的牵引信号或授时因子；因此，光明显能够通过光牵引来调制睡眠-觉醒的始终。然而，除了这种作用外，急性光暴露对睡眠的调控也有影响（Benca et al. 1998；Borbely 1978）。由于光环境在调节睡眠中如此重要，几个研究团队开始关注某些视网膜上的光受体在睡眠中的作用。

4.1　视黑蛋白在睡眠调节中的作用

哺乳动物的眼睛具有双重功能，既调节视觉形成（image-forming，IF），又调节许多对光的非视觉成像（nonimage-forming，NIF）响应，其中包括睡眠（Lupi et al. 2008）。这些对光的非视觉成像响应依赖于视网膜上的光受体，包括视锥细胞和视杆细胞，以及最近发现的感光性视网膜神经节细胞（photosensitive retinal ganglion cell，pRGC），它能够表达感光色素视黑蛋白（Hankins et al. 2008）。虽然许多研究都聚焦在视黑蛋白对光线的非视觉成像反应上，但最近多个研究团队的工作也表明，视杆细胞和视锥细胞也起到了作用（Altimus et al. 2010；Lall et al. 2010）。缺乏视杆细胞和视锥细胞的小鼠（*rd/rd cl*）显示出正常的睡眠-觉醒时间的牵引，对夜光急性睡眠诱导的反应也是正常的（Lupi et al. 2008）。然而，缺乏感光色素视黑蛋白的小鼠（*Opn4*[-/-]）睡眠-觉醒时间的牵引显示衰减趋势，而在 ZT16 1 个小时的光脉冲刺激仍然无法诱导急性睡眠。在分子水平上，腹外侧视前区的 *Fos* 诱导表达的消失也反映了这一点（Lupi et al. 2008）。这些发现表明感光性视网膜神经节细胞能够在光响应的睡眠调节中起关键作用。在随后的研究中，Altimus 等也报道了 *Opn4*[-/-] 小鼠对 ZT14～ZT17 3 个小时的光脉冲无反应（Altimus et al. 2008）。然而，如果以 30 分钟的时间间隔检查数据，睡眠似乎确实发生在前 30 分钟。这项研究还发现缺乏功能性视锥细胞和视杆细胞的小鼠（*Gnat1*[-/-]；*Cnga3*[-/-]）显示对光诱导睡眠的反应减弱。当在正常光照阶段（ZT2～ZT5）暴露于 3 小时暗脉冲时，在 30 分钟内，野生型、*Opn4*[-/-] 和缺乏功能性视杆细胞和视锥细胞的小鼠都能觉醒，进一步证实了是混合光感受体对睡眠-觉醒系统输入光信号。利用转基因模型由视黑蛋白基因控制表达减毒的白喉毒素（diphtheria toxin）基因（*Opn4*[DTA]）来消融视黑蛋白感光性视网膜神经节细胞（pRGC），结果消除了睡眠牵引、急性睡眠的促进和觉醒诱导（Altimus et al. 2008），这完全印证了视黑蛋白感光性视网膜神经节细胞构成了光检测的主要通道（Guler et al. 2008）。第三个证据是 Tsia 等研究发现 ZT15～ZT16 的 1 个小时光脉冲也未能诱导 *Opn4*[-/-] 小鼠睡眠（Tsai et al. 2009），与前两个结果（Altimus et al. 2008；Lupi et al. 2008）相符。这项研究还发现在 ZT3～ZT4 的暗脉冲能够诱导觉醒，虽然这种反应在 *Opn4*[-/-] 动物中总是延迟。另外的研究使用重复的 1 小时：1 小时光：暗（L：D）循环，仅在主观夜间 ZT 15～ZT21 时，才未能诱导 *Opn4*[-/-] 小鼠睡眠。对光诱导的睡眠时间进程的详细分析表明，光确实能够在一定程度上诱导 *Opn4*[-/-] 小鼠睡眠，但是这些反应很慢而且在黑暗条件下逐渐减弱（Tsai et al. 2009）。

视黑蛋白敲除小鼠所展现持续的睡眠牵引和减弱的急性睡眠诱导清楚地表明视锥细胞和视杆细胞对睡眠调控的重要性。虽然我们现在知道不同的光受体和光环境的质量都有助于睡眠调节，但这种关系仍然很不明确。

5. 褪黑激素对睡眠的作用

褪黑激素是一种由松果体在黑暗条件分泌的神经激素，它与多种生物学和生理学的作用有关（Pandi-Perumal et al. 2006）。褪黑激素大幅度的节律性变化代表了生物钟相位的可靠标记，并作为生物钟系统的常见体液信号，传递光周期信息（Cassone 1990；Korf et al. 1998）。除了其时间生物学作用外，褪黑激素在睡眠促进方面的作用包括其具体机制及其受体被广泛关注。尽管两种迥异的荟萃分析

（Meta-analyse）强调了其有效性仍存在争议（Brzezinski et al. 2005；Buscemi et al. 2006），外源性的褪黑素确实能够促进人类睡眠（Zhdanova 2005）。褪黑激素在药理学水平对动物模型睡眠的影响呈现出相似的矛盾情形，大量的研究确定褪黑激素有促进睡眠的作用（Akanmu et al. 2004；Holmes and Sugden 1982；Wang et al. 2003），而其他研究则报道褪黑激素无效（Huber et al. 1998；Langebartels et al. 2001；Mirmiran and Pevet 1986；Tobler et al. 1994）。毫无疑问，这一争议的一部分反映了受试者在剂量、给药时间和觉醒状态方面的差异，这可能会使得某些旨在揭示褪黑激素特性的实验方案难以实现，但也反映了褪黑激素促进睡眠作用的微妙性质。

尽管存在这种差异，制药业一直饶有兴趣地探讨褪黑激素的药理学机制并且开发能够治疗睡眠障碍的多种褪黑激素激动剂（Zlotos 2012）。拉米替隆（Ramelteon），一种非亚型选择性褪黑素激动剂，是目前市场上的这些褪黑素化合物之一。拉米替隆对大鼠（Fisher et al. 2008）、小鼠（Miyamoto 2006）、猫（Miyamoto et al. 2004），以及猴子（Yukuhiro et al. 2004）显示有促进睡眠的作用。在大鼠中，拉米替隆在作用时间方面的作用略优于褪黑素（Fisher et al. 2008），这可能反映出其对褪黑激素受体的亲和力更强以及体内稳定性更好。此外，大量临床研究发现，拉米替隆能够有效地治疗短暂性失眠（Roth et al. 2005）和慢性失眠（Liu and Wang 2012）。

尽管褪黑激素激动剂已被开发用于治疗睡眠障碍，但褪黑激素促进睡眠的机制还不完全清楚。人们一般认为褪黑激素发挥其作用是通过两个高亲和性的 G 蛋白偶联受体——MT_1 和 MT_2，但直到最近也并不知道哪个受体亚型在促进睡眠中发挥了作用。IIK7 是一种选择性 MT_2 受体激动剂，对大鼠的催眠效果大概比 MT_1 强 90 倍，说明褪黑素促进睡眠的作用可能是通过 MT_2 受体介导的（Fisher and Sugden 2009）。最近的一项研究进一步证实 MT_2 受体在褪黑素促进睡眠机制中的作用（Ochoa-Sanchez et al. 2011）。他们利用 UCM765，一种新型的 MT_2 部分受体配体，其能够有效地促进野生型和 MT_1 受体基因敲除小鼠的非快速眼动睡眠，而对缺乏 MT_2 受体的小鼠无效。另外，MT_2 受体的药理拮抗作用阻止 UCM765 促进睡眠作用，它能够激活在丘脑网状核神经元表达 MT_2 受体（Ochoa-Sanchez et al. 2011）。该研究对 MT_1 和 MT_2 缺乏的小鼠的睡眠分析揭示了一个复杂的表型，这值得进一步调查，特别是去除大鼠内源性褪黑激素，对总睡眠时间或睡眠-觉醒循环几乎没有影响（Fisher and Sugden 2010；Mendelson and Bergmann 2001）。

6. 社交信号对睡眠的调控

关于社交信号对于睡眠的调控，远没有对睡眠的稳态、生物钟及光照机制了解得那么深入，这是因为用来研究睡眠的动物通常都是单独饲养的。然而，许多研究已经探讨了社交信号对睡眠的调控作用，并且显示了社交互动在睡眠调节中常常被忽视。社会刺激的研究已用于评估觉醒质量对随后睡眠的影响（Meerlo and Turek 2001）。在光照期间，将一只雄性小鼠与一只具有攻击性的雄性小鼠放在一起 1 小时，这样的社交冲突对随后的非快速眼动睡眠产生了巨大的影响：代表睡眠强度的脑电图慢波活动显著增加了 6 小时，非快速眼动睡眠持续了 12 个小时。在上述社交冲突后的光照期，快速眼动睡眠也被抑制，随之而来的是恢复期反弹。相比之下，将雄性小鼠与发情的雌性放在一起，这样的异性互动，仅对非快速眼动和快速眼动睡眠产生轻度抑制。这项研究中的血液样品分析表明皮质酮升高可能导致快速眼动睡眠暂时的抑制（Meerlo and Turek 2001）。随后大鼠的实验进一步表明，类似的社交挫败模型会导致脑电图慢波活动的增加，这表明急性应激可能会加快睡眠需求积累的速率（Meerlo et al. 1997）。为了检验这一假设，随后采用了睡眠剥夺。受试动物接受 1 小时的社交挫败和 5 小时的睡眠剥夺或者是 6 小时的睡眠剥夺无社交挫败，结果发现社交挫败导致较高的脑电图慢波活动，这说明除了觉醒的持续时间外，觉醒阶段所经历的事件也能够调节睡眠强度（Meerlo et al. 2001）。最近的一项研究评估了社交情境对 C57BL6/6J 小鼠睡眠剥夺以及脑电图慢波活动的影响（Kaushal et al. 2012）。研究发现，与配对的且有较高焦虑水平的对照组相比，社交隔离的小鼠对睡眠剥夺显示出迟钝的稳态反应。

环境容纳量方面的研究显示，生活在条件充裕的笼子里大鼠睡眠时长更长（Abou-Ismail et al. 2010），虽然这项研究未对行为进行脑电图评估验证。较早的一项研究发现，与在标准或单独饲养条件下的动物相比，在条件充裕的环境下生活的幼年大鼠睡眠时间更多而且睡眠潜伏期更短（Mirmiran et al. 1982）。尽管相关的研究不多，但这些研究表明如何唤醒的经历对随后的睡眠调节有很大影响。

Michaud 等（1982）的早期工作发现将大鼠放在一个新的单独笼子里时，非快速眼动睡眠和快速眼动睡眠的总量减少了。小鼠的其他实验检验了两种陌生的环境对其行为和睡眠的影响。换笼或者引入新颖的物品增加了活动量以及非快速眼动睡眠开始的潜伏期，减少了非快速眼动睡眠和快速眼动睡眠的时间（Tang et al. 2005）。这些影响是相对持久的，在换笼后非快速眼动睡眠减少长达 3 小时（Tang et al. 2005）。

睡眠环境的变化也会导致人类睡眠行为发生重大变化，这通常被称为"初夜效应"（first-night effect），可以在个体暴露于睡眠实验室中不熟悉的环境的最初夜晚观察到（Le Bon et al. 2001）。这种对新奇环境的反应导致觉醒和警觉性的提高，其特征在于非快速眼动睡眠和快速眼动睡眠潜伏期的增加，以及快速眼动睡眠的适度减少和总体睡眠效率的降低（Shamir et al. 2000）。

7. 实际应用

　　睡眠-觉醒循环是一个由生物钟机制和稳态机制调控的复杂的生理过程。另外，睡眠也被光暗循环、褪黑激素和社交时间所调控。这些相互作用可以概括为如图 7.3 所示的概念模型，其中这些内部和外部机制相互作用以调节明显的睡眠行为。最后，我们将考虑睡眠在两个特定研究领域中的作用，这对生物钟领域以外的研究具有更广泛的研究前景。另外，读者可以参考最近的综述，它总结了生物钟基因与睡眠之间的联系，以及它们与能量代谢、神经元可塑性和免疫功能的相关性（Landgraf et al. 2012）。

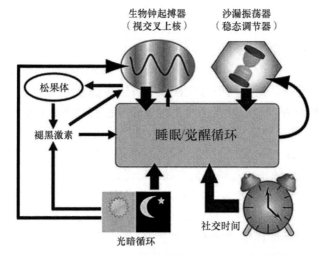

图 7.3　睡眠-觉醒循环产生与维持过程中主要影响因子的作用示意图

睡眠调节主要分为两种普遍的机制，一个是以 24 小时为周期的体内生物钟，即生物钟系统，也称 C 过程；另一个是觉醒依赖性睡眠压力的稳态积累，也称为 S 过程。位于大脑中的视交叉上核（SCN）的生物钟起搏器，负责协调白天觉醒和夜晚睡眠的时间。这种 24 小时的节律与睡眠的稳态驱动相互作用，睡眠压力在觉醒时增加，在睡眠时消散。这个过程被比作"沙漏振荡器"。生物钟和稳态驱动因素通过调控多个神经递质以及大脑系统来调节睡眠与觉醒。睡眠-觉醒行为相应地调节生物钟起搏器及稳态调节器。这些调控因子受光的调节，光的作用是把生物起搏器牵引到环境光暗循环，急速地抑制松果体产生褪黑激素，并急速地提高或抑制觉醒水平。最后，社交活动也同样会影响睡眠-觉醒循环

7.1　睡眠与心理健康

　　由于睡眠调节牵涉到大量的大脑区域和神经递质，异常睡眠成为许多神经精神疾病和神经退行性疾病的显著合并症（comorbidity）（Wulff et al. 2009，2010）。这些发现具有广泛的意义，尤其是睡眠紊乱会进一步加重情绪、认知、代谢和社交互动的紊乱。另外，异常的神经递质释放、应激轴活动及药物治疗可能进一步破坏睡眠-觉醒循环的稳定性。精神健康障碍和睡眠之间复杂的相互作用尚不清楚；

但是，稳定精神疾病和神经变性疾病患者的睡眠可能是减轻他们破坏性症状的重要手段（Wulff et al. 2010）。生物钟基因突变的动物模型呈现情感行为的改变，所以生物钟基因也和人类精神疾病相关联（Rosenwasser 2010）。*Clock* 突变小鼠作为躁狂症的模型就是最好的例子，该突变小鼠表现为多动症、睡眠减少、类抑郁行为减少、焦虑降低和奖赏导向行为增加等（Roybal et al. 2007）。此外，最近在精神分裂症的小鼠模型 *Bdr* 突变体中也观察到昼夜节律紊乱，这种突变影响突触体相关蛋白 25（synaptosomal-associated protein-25，Snap-25）的胞吐作用，导致精神分裂症的内表型（endophenotype）受到产前因子的调控，并且通过抗精神病药物治疗可逆转（Oliver et al. 2012）。这些发现进一步表明睡眠及生物钟紊乱和神经精神性疾病的机制关联（Pritchett et al. 2012）。在精神卫生领域工作的研究人员应意识到，睡眠障碍在该患者人群中通常很普遍。由于共同的神经递质系统均在睡眠障碍和精神疾病起作用，即使是动物模型也可能呈现睡眠和觉醒障碍，这可能会影响行为研究的结果。

7.2 行为测试

啮齿类动物的行为测试被广泛应用于神经科学研究。在许多常规的表型分析中，一个通常被忽视的因素是被测试动物的觉醒状态。正如 Yerkes–Dodson 法则（Yerkes and Dodson 1908）所描述的，唤醒程度的提高会导致行为表现的增强，而达到一个峰值之后，表现就会下降。因此，觉醒水平较低的动物表现水平较低，而觉醒状态较高的动物则总是超过它们的对照组。觉醒状态的改变可能源于睡眠稳态驱动力和先前的睡觉历史的改变以及生物钟紊乱导致的警觉性差异。另外，光敏性不同或操作带来的应激反应差异也可能引起觉醒状态的改变。因此，行为测试应当同时考虑睡眠和生物钟表型，包括背景品系的差异（Franken et al. 1999）。此外，普遍的光照环境、视网膜完整性，以及社会和环境对觉醒的调控应当加以考虑（Peirson and Foster 2011）。在行为测试中忽视觉醒状态可能会产生误导性结果，其中行为表现差异仅归因于对照组和实验动物之间的觉醒状态差异。

8. 总结

尽管通过生物钟基因突变体的研究，我们在理解生物钟控制睡眠方面取得了很大的进展，但是了解睡眠稳态调节方面仍然需要大量的深入研究。光环境和社交活动调节睡眠的具体机制仍然不清楚。除了分别阐明这些不同过程的作用外，未来的研究还需要确定它们在自然条件下的相对作用机制，以使我们能够真正地理解产生以及影响睡眠和觉醒的机制。

（黄　健　仲兆民　王　晗　译）

参 考 文 献

Abe M, Herzog ED, Yamazaki S, Straume M, Tei H et al (2002) Circadian rhythms in isolated brain regions. J Neurosci 22: 350–356

Abou-Ismail UA, Burman OH, Nicol CJ, Mendl M (2010) The effects of enhancing cage complexity on the behaviour and welfare of laboratory rats. Behav Process 85: 172–180

Akanmu MA, Songkram C, Kagechika H, Honda K (2004) A novel melatonin derivative modulates sleep/wake cycle in rats. Neurosci Lett 364: 199–202

Altimus CM, Guler AD, Villa KL, McNeill DS, Legates TA, Hattar S (2008) Rods-cones and melanopsin detect light and dark to modulate sleep independent of image formation. Proc Natl Acad Sci USA 105: 19998–20003

Altimus CM, Guler AD, Alam NM, Arman AC, Prusky GT et al (2010) Rod photoreceptors drive circadian photoentrainment across a wide range of light intensities. Nat Neurosci 13: 1107–1112

Archer SN, Carpen JD, Gibson M, Lim GH, Johnston JD et al (2010) Polymorphism in the PER3 promoter associates with diurnal preference and delayed sleep phase disorder. Sleep 33: 695–701

Bae K, Jin X, Maywood ES, Hastings MH, Reppert SM, Weaver DR (2001) Differential functions of mPer1, mPer2, and mPer3 in the SCN circadian clock. Neuron 30: 525–536

Basheer R, Strecker RE, Thakkar MM, McCarley RW (2004) Adenosine and sleep/wake regulation. Prog Neurobiol 73: 379–396

Benca RM, Gilliland MA, Obermeyer WH (1998) Effects of lighting conditions on sleep and wakefulness in albino Lewis and pigmented Brown Norway rats. Sleep 21: 451–460

Borbely AA (1978) Effects of light on sleep and activity rhythms. Prog Neurobiol 10: 1–31

Borbely AA (1982) A two process model of sleep regulation. Hum Neurobiol 1: 195–204

Borbely AA, Achermann P (1999) Sleep homeostasis and models of sleep regulation. J Biol Rhythms 14: 557–568

Borbely AA, Baumann F, Brandeis D, Strauch I, Lehmann D (1981) Sleep deprivation: effect on sleep stages and EEG power density in man. Electroencephalogr Clin Neurophysiol 51: 483–495

Brown TM, Colwell CS, Waschek JA, Piggins HD (2007) Disrupted neuronal activity rhythms in the suprachiasmatic nuclei of vasoactive intestinal polypeptide-deficient mice. J Neurophysiol 97: 2553–2558

Brzezinski A, Vangel MG, Wurtman RJ, Norrie G, Zhdanova I et al (2005) Effects of exogenous melatonin on sleep: a meta-analysis. Sleep Med Rev 9: 41–50

Buhr ED, Takahashi JS (2013) Molecular components of the mammalian circadian clock. In: Kramer A, Merrow M (eds) Circadian clocks, vol 217, Handbook of experimental pharmacology. Springer, Heidelberg

Bunger MK, Wilsbacher LD, Moran SM, Clendenin C, Radcliffe LA et al (2000) Mop3 is an essential component of the master circadian pacemaker in mammals. Cell 103: 1009–1017

Buscemi N, Vandermeer B, Hooton N, Pandya R, Tjosvold L et al (2006) Efficacy and safety of exogenous melatonin for secondary sleep disorders and sleep disorders accompanying sleep restriction: meta-analysis. BMJ 332: 385–393

Cassone VM (1990) Effects of melatonin on vertebrate circadian systems. Trends Neurosci 13: 457–464

Cirelli C, Gutierrez CM, Tononi G (2004) Extensive and divergent effects of sleep and wakefulness on brain gene expression. Neuron 41: 35–43

Czeisler CA, Zimmerman JC, Ronda JM, Moore-Ede MC, Weitzman ED (1980) Timing of REM sleep is coupled to the circadian rhythm of body temperature in man. Sleep 2: 329–346

Deboer T, Vansteensel MJ, Detari L, Meijer JH (2003) Sleep states alter activity of suprachiasmatic nucleus neurons. Nat Neurosci 6: 1086–1090

Deboer T, Detari L, Meijer JH (2007) Long term effects of sleep deprivation on the mammalian circadian pacemaker. Sleep 30: 257–262

Debruyne JP, Noton E, Lambert CM, Maywood ES, Weaver DR, Reppert SM (2006) A clock shock: mouse CLOCK is not required for circadian oscillator function. Neuron 50: 465–477

DeBruyne JP, Weaver DR, Reppert SM (2007) CLOCK and NPAS2 have overlapping roles in the suprachiasmatic circadian clock. Nat Neurosci 10: 543–545

Deurveilher S, Semba K (2005) Indirect projections from the suprachiasmatic nucleus to major arousal-promoting cell groups in rat: implications for the circadian control of behavioural state. Neuroscience 130: 165–183

Dijk DJ, Czeisler CA (1994) Paradoxical timing of the circadian rhythm of sleep propensity serves to consolidate sleep and wakefulness in humans. Neurosci Lett 166: 63–68

Dijk DJ, Czeisler CA (1995) Contribution of the circadian pacemaker and the sleep homeostat to sleep propensity, sleep structure, electroencephalographic slow waves, and sleep spindle activity in humans. J Neurosci 15: 3526–3538

Dijk DJ, Duffy JF (1999) Circadian regulation of human sleep and age-related changes in its timing, consolidation and EEG characteristics. Ann Med 31: 130–140

Dijk DJ, Lockley SW (2002) Integration of human sleep/wake regulation and circadian rhythmicity. J Appl Physiol 92: 852–862

Dudley CA, Erbel-Sieler C, Estill SJ, Reick M, Franken P et al (2003) Altered patterns of sleep and behavioral adaptability in NPAS2-deficient mice. Science 301: 379–383

Eastman CI, Mistlberger RE, Rechtschaffen A (1984) Suprachiasmatic nuclei lesions eliminate circadian temperature and sleep rhythms in the rat. Physiol Behav 32: 357–368

Easton A, Meerlo P, Bergmann B, Turek FW (2004) The suprachiasmatic nucleus regulates sleep timing and amount in mice. Sleep 27: 1307–1318

Edgar DM, Dement WC, Fuller CA (1993) Effect of SCN lesions on sleep in squirrel monkeys: evidence for opponent processes in sleep/wake regulation. J Neurosci 13: 1065–1079

Finelli LA, Baumann H, Borbely AA, Achermann P (2000) Dual electroencephalogram markers of human sleep homeostasis: correlation between theta activity in waking and slow-wave activity in sleep. Neuroscience 101: 523–529

Fisher SP, Sugden D (2009) Sleep-promoting action of IIK7, a selective MT2 melatonin receptor agonist in the rat. Neurosci Lett 457: 93–96

Fisher SP, Sugden D (2010) Endogenous melatonin is not obligatory for the regulation of the rat sleep/wake cycle. Sleep 33: 833–840

Fisher SP, Davidson K, Kulla A, Sugden D (2008) Acute sleep-promoting action of the melatonin agonist, ramelteon, in the rat. J Pineal Res 45: 125–132

Franken P, Malafosse A, Tafti M (1999) Genetic determinants of sleep regulation in inbred mice. Sleep 22: 155–169

Franken P, Lopez-Molina L, Marcacci L, Schibler U, Tafti M(2000) The transcription factor DBP affects circadian sleep consolidation and rhythmic EEG activity. J Neurosci 20: 617–625

Franken P, Dudley CA, Estill SJ, Barakat M, Thomason R et al (2006) NPAS2 as a transcriptional regulator of non-rapid eye movement sleep: genotype and sex interactions. Proc Natl Acad Sci USA 103: 7118–7123

Franken P, Thomason R, Heller HC, O'Hara BF (2007) A non-circadian role for clock-genes in sleep homeostasis: a strain comparison. BMC Neurosci 8: 87

Garcia JA, Zhang D, Estill SJ, Michnoff C, Rutter J et al (2000) Impaired cued and contextual memory in NPAS2-deficient mice. Science 288: 2226–2230

Gekakis N, Staknis D, Nguyen HB, Davis FC, Wilsbacher LD et al (1998) Role of the CLOCK protein in the mammalian circadian mechanism. Science 280: 1564–1569

Gerashchenko D, Wisor JP, Burns D, Reh RK, Shiromani PJ et al (2008) Identification of a population of sleep-active cerebral cortex neurons. Proc Natl Acad Sci USA 105: 10227–10232

Gong H, McGinty D, Guzman-Marin R, Chew KT, Stewart D, Szymusiak R (2004) Activation of c-fos in GABAergic neurones in the preoptic area during sleep and in response to sleep deprivation. J Physiol 556: 935–946

Guler AD, Ecker JL, Lall GS, Haq S, Altimus CM et al (2008) Melanopsin cells are the principal conduits for rod-cone input to non-image-forming vision. Nature 453: 102–105

Hankins MW, Peirson SN, Foster RG (2008) Melanopsin: an exciting photopigment. Trends Neurosci 31: 27–36

Hasan S, van der Veen DR, Winsky-Sommerer R, Dijk DJ, Archer SN (2011) Altered sleep and behavioral activity phenotypes in PER3-deficient mice. Am J Physiol Regul Integr Comp Physiol 301(6): R1821–1830

He Y, Jones CR, Fujiki N, Xu Y, Guo B et al (2009) The transcriptional repressor DEC2 regulates sleep length in mammals. Science 325: 866–870

Holmes SW, Sugden D (1982) Effects of melatonin on sleep and neurochemistry in the rat. Br J Pharmacol 76: 95–101

Honma S, Kawamoto T, Takagi Y, Fujimoto K, Sato F et al (2002) Dec1 and Dec2 are regulators of the mammalian molecular clock. Nature 419: 841–844

Hu WP, Li JD, Zhang C, Boehmer L, Siegel JM, Zhou QY (2007) Altered circadian and homeostatic sleep regulation in prokineticin 2-deficient mice. Sleep 30: 247–256

Huang ZL, Qu WM, Eguchi N, Chen JF, Schwarzschild MA et al (2005) Adenosine A2A, but not A1, receptors mediate the arousal effect of caffeine. Nat Neurosci 8: 858–859

Huang ZL, Urade Y, Hayaishi O (2007) Prostaglandins and adenosine in the regulation of sleep and wakefulness. Curr Opin Pharmacol 7: 33–38

Huber R, Deboer T, Schwierin B, Tobler I (1998) Effect of melatonin on sleep and brain temperature in the Djungarian hamster and the rat. Physiol Behav 65: 77–82

Huber R, Ghilardi MF, Massimini M, Tononi G (2004) Local sleep and learning. Nature 430: 78–81

Huber R, Ghilardi MF, Massimini M, Ferrarelli F, Riedner BA et al (2006) Arm immobilization causes cortical plastic changes and locally decreases sleep slow wave activity. Nat Neurosci 9: 1169–1176

Kalinchuk AV, McCarley RW, Porkka-Heiskanen T, Basheer R (2011) The time course of adenosine, nitric oxide (NO) and inducible NO synthase changes in the brain with sleep loss and their role in the non-rapid eye movement sleep homeostatic cascade. J Neurochem 116: 260–272

Kaushal N, Nair D, Gozal D, Ramesh V (2012) Socially isolated mice exhibit a blunted homeostatic sleep response to acute sleep deprivation compared to socially paired mice. Brain Res 1454: 65–79. doi: 10.1016/j.brainres.2012.03.019

King VM, Chahad-Ehlers S, Shen S, Harmar AJ, Maywood ES, Hastings MH (2003) A hVIPR transgene as a novel tool for the analysis of circadian function in the mouse suprachiasmatic nucleus. Eur J Neurosci 17(11): 822–832

Kopp C, Albrecht U, Zheng B, Tobler I (2002) Homeostatic sleep regulation is preserved in mPer1 and mPer2 mutant mice. Eur J Neurosci 16: 1099–1106

Korf HW, Schomerus C, Stehle JH (1998) The pineal organ, its hormone melatonin, and the photoneuroendocrine system. Adv Anat Embryol Cell Biol 146: 1–100

Lall GS, Revell VL, Momiji H, Al Enezi J, Altimus CM et al (2010) Distinct contributions of rod, cone, and melanopsin photoreceptors to encoding irradiance. Neuron 66: 417–428

Lancel M, van Riezen H, Glatt A (1991) Effects of circadian phase and duration of sleep deprivation on sleep and EEG power spectra in the cat. Brain Res 548: 206–214

Landgraf D, Shostak A, Oster H (2012) Clock genes and sleep. Pflugers Arch 463(1): 3–14

Landolt HP, Rétey JV, Tönz K, Gottselig JM, Khatami R, Buckelmü ller I, Achermann P (2004) Caffeine attenuates waking and sleep electroencephalographic markers of sleep homeostasis in humans. Neuropsychopharmacology 29: 1933–1939

Langebartels A, Mathias S, Lancel M (2001) Acute effects of melatonin on spontaneous and picrotoxin-evoked sleep/wake behaviour in the rat. J Sleep Res 10: 211–217

Laposky A, Easton A, Dugovic C, Walisser J, Bradfield C, Turek F (2005) Deletion of the mammalian circadian clock gene BMAL1/Mop3 alters baseline sleep architecture and the response to sleep deprivation. Sleep 28: 395–409

Larkin JE, Yokogawa T, Heller HC, Franken P, Ruby NF (2004) Homeostatic regulation of sleep in arrhythmic Siberian hamsters. Am J Physiol Regul Integr Comp Physiol 287: R104–R111

Le Bon O, Staner L, Hoffmann G, Dramaix M, San Sebastian I et al (2001) The first-night effect may last more than one night. J Psychiatr Res 35: 165–172

Li JD, Hu WP, Boehmer L, Cheng MY, Lee AG et al (2006) Attenuated circadian rhythms in mice lacking the prokineticin 2 gene. J Neurosci 26: 11615–11623

Liu J, Wang LN (2012) Ramelteon in the treatment of chronic insomnia: systematic review and meta-analysis. Int J Clin Pract 66: 867–873

Lopez-Molina L, Conquet F, Dubois-Dauphin M, Schibler U (1997) The DBP gene is expressed according to a circadian rhythm in the suprachiasmatic nucleus and influences circadian behavior. EMBO J 16: 6762–6771

Lupi D, Oster H, Thompson S, Foster RG (2008) The acute light-induction of sleep is mediated by OPN4-based photoreception. Nat Neurosci 11: 1068–1073

Marcheva B, Ramsey KM, Buhr ED, Kobayashi Y, Su H et al (2010) Disruption of the clock components CLOCK and BMAL1 leads to hypoinsulinaemia and diabetes. Nature 466: 627–631

Maret S, Dorsaz S, Gurcel L, Pradervand S, Petit B et al (2007) Homer1a is a core brain molecular correlate of sleep loss. Proc Natl Acad Sci USA 104: 20090–20095

Meerlo P, Turek FW (2001) Effects of social stimuli on sleep in mice: non-rapid-eye-movement (NREM) sleep is promoted by aggressive interaction but not by sexual interaction. Brain Res 907: 84–92

Meerlo P, Pragt BJ, Daan S (1997) Social stress induces high intensity sleep in rats. Neurosci Lett 225: 41–44

Meerlo P, de Bruin EA, Strijkstra AM, Daan S (2001) A social conflict increases EEG slow-wave activity during subsequent sleep. Physiol Behav 73: 331–335

Mendelson WB, Bergmann BM (2001) Effects of pinealectomy on baseline sleep and response to sleep deprivation. Sleep 24: 369–373

Michaud JC, Muyard JP, Capdevielle G, Ferran E, Giordano-Orsini JP et al (1982) Mild insomnia induced by environmental perturbations in the rat: a study of this new model and of its possible applications in pharmacological research. Arch Int Pharmacodyn Ther 259: 93–105

Mirmiran M, Pevet P (1986) Effects of melatonin and 5-methoxytryptamine on sleep/wake patterns in the male rat. J Pineal Res 3: 135–141

Mirmiran M, van den Dungen H, Uylings HB (1982) Sleep patterns during rearing under different environmental conditions in juvenile rats. Brain Res 233: 287–298

Mistlberger RE, Bergmann BM, Waldenar W, Rechtschaffen A (1983) Recovery sleep following sleep deprivation in intact and suprachiasmatic nuclei-lesioned rats. Sleep 6: 217–233

Mistlberger RE, Bergmann BM, Rechtschaffen A (1987) Relationships among wake episode lengths, contiguous sleep episode lengths, and electroencephalographic delta waves in rats with suprachiasmatic nuclei lesions. Sleep 10: 12–24

Miyamoto M (2006) Effect of ramelteon (TAK-375), a selective MT1/MT2 receptor agonist, on motor performance in mice. Neurosci Lett 402: 201–204

Miyamoto M, Nishikawa H, Doken Y, Hirai K, Uchikawa O, Ohkawa S (2004) The sleeppromoting action of ramelteon (TAK-375) in freely moving cats. Sleep 27: 1319–1325

Mongrain V, La Spada F, Curie T, Franken P (2011) Sleep loss reduces the DNA-binding of BMAL1, CLOCK, and

NPAS2 to specific clock genes in the mouse cerebral cortex. PLoS One 6: e26622

Moore RY (1983) Organization and function of a central nervous system circadian oscillator: the suprachiasmatic hypothalamic nucleus. Fed Proc 42(11): 2783–2789

Mouret J, Coindet J, Debilly G, Chouvet G (1978) Suprachiasmatic nuclei lesions in the rat: alterations in sleep circadian rhythms. Electroencephalogr Clin Neurophysiol 45: 402–408

Mrosovsky N (2001) Further characterization of the phenotype of mCry1/mCry2-deficient mice. Chronobiol Int 18: 613–625

Mrosovsky N, Edelstein K, Hastings MH, Maywood ES (2001) Cycle of period gene expression in a diurnal mammal (Spermophilus tridecemlineatus): implications for nonphotic phase shifting. J Biol Rhythms 16: 471–478

Murphy M, Huber R, Esser S, Riedner BA, Massimini M et al (2011) The cortical topography of local sleep. Curr Top Med Chem 11(19): 2438–2446

Naylor E, Bergmann BM, Krauski K, Zee PC, Takahashi JS et al (2000) The circadian clock mutation alters sleep homeostasis in the mouse. J Neurosci 20: 8138–8143

O'Neill JS, Maywood ES, Hastings MH (2013) Cellular mechanisms of circadian pacemaking: beyond transcriptional loops. In: Kramer A, Merrow M (eds) Circadian clocks, Handbook of experimental pharmacology 217. Springer, Heidelberg

Ochoa-Sanchez R, Comai S, Lacoste B, Bambico FR, Dominguez-Lopez S et al (2011) Promotion of non-rapid eye movement sleep and activation of reticular thalamic neurons by a novel MT2 melatonin receptor ligand. J Neurosci 31: 18439–18452

Okamura H, Miyake S, Sumi Y, Yamaguchi S, Yasui A et al (1999) Photic induction of mPer1 and mPer2 in cry-deficient mice lacking a biological clock. Science 286: 2531–2534

Oliver PL, Sobczyk MV, Maywood ES, Edwards B, Lee S et al (2012) Disrupted circadian rhythms in a mouse model of schizophrenia. Curr Biol 22: 314–319

Pandi-Perumal SR, Srinivasan V, Maestroni GJ, Cardinali DP, Poeggeler B, Hardeland R (2006) Melatonin: nature's most versatile biological signal? FEBS J 273: 2813–2838

Pasumarthi RK, Gerashchenko D, Kilduff TS (2010) Further characterization of sleep-active neuronal nitric oxide synthase neurons in the mouse brain. Neuroscience 169: 149–157

Peirson SN, Foster RG (2011) Bad light stops play. EMBO Rep 12: 380

Porkka-Heiskanen T, Strecker RE, Thakkar M, Bjorkum AA, Greene RW, McCarley RW (1997) Adenosine: a mediator of the sleep-inducing effects of prolonged wakefulness. Science 276: 1265–1268

Porkka-Heiskanen T, Strecker RE, McCarley RW (2000) Brain site-specificity of extracellular adenosine concentration changes during sleep deprivation and spontaneous sleep: an in vivo microdialysis study. Neuroscience 99: 507–517

Portas CM, Thakkar M, Rainnie DG, Greene RW, McCarley RW (1997) Role of adenosine in behavioral state modulation: a microdialysis study in the freely moving cat. Neuroscience 79: 225–235

Pritchett D, Wulff K, Oliver PL, Bannerman DM, Davies KE et al (2012) Evaluating the links between schizophrenia and sleep and circadian rhythm disruption. J Neural Transm 119(10): 1061–1075

Ralph MR, Foster RG, Davis FC, Menaker M (1990) Transplanted suprachiasmatic nucleus determines circadian period. Science 247(4945): 975–978

Reick M, Garcia JA, Dudley C, McKnight SL (2001) NPAS2: an analog of clock operative in the mammalian forebrain. Science 293: 506–509

Reppert SM, Weaver DR (2002) Coordination of circadian timing in mammals. Nature 418: 935–941

Ripperger JA, Shearman LP, Reppert SM, Schibler U (2000) CLOCK, an essential pacemaker component, controls expression of the circadian transcription factor DBP. Genes Dev 14: 679–689

Rosenwasser AM (2010) Circadian clock genes: non-circadian roles in sleep, addiction, and psychiatric disorders?

Neurosci Biobehav Rev 34: 1249–1255

Rossner MJ, Oster H, Wichert SP, Reinecke L, Wehr MC et al (2008) Disturbed clockwork resetting in Sharp-1 and Sharp-2 single and double mutant mice. PLoS One 3: e2762

Roth T, Stubbs C, Walsh JK (2005) Ramelteon (TAK-375), a selective MT1/MT2-receptor agonist, reduces latency to persistent sleep in a model of transient insomnia related to a novel sleep environment. Sleep 28: 303–307

Roybal K, Theobold D, Graham A, DiNieri JA, Russo SJ et al (2007) Mania-like behavior induced by disruption of CLOCK. Proc Natl Acad Sci USA 104: 6406–6411

Rusterholz T, Achermann P (2011) Topographical aspects in the dynamics of sleep homeostasis in young men: individual patterns. BMC Neurosci 12: 84

Satoh S, Matsumura H, Suzuki F, Hayaishi O (1996) Promotion of sleep mediated by the A2a-adenosine receptor and possible involvement of this receptor in the sleep induced by prostaglandin D2 in rats. Proc Natl Acad Sci USA 93: 5980–5984

Scammell TE, Gerashchenko DY, Mochizuki T, McCarthy MT, Estabrooke IV et al (2001) An adenosine A2a agonist increases sleep and induces Fos in ventrolateral preoptic neurons. Neuroscience 107: 653–663

Shamir E, Rotenberg VS, Laudon M, Zisapel N, Elizur A (2000) First-night effect of melatonin treatment in patients with chronic schizophrenia. J Clin Psychopharmacol 20: 691–694

Shearman LP, Jin X, Lee C, Reppert SM, Weaver DR (2000) Targeted disruption of the mPer3 gene: subtle effects on circadian clock function. Mol Cell Biol 20: 6269–6275

Sherin JE, Shiromani PJ, McCarley RW, Saper CB (1996) Activation of ventrolateral preoptic neurons during sleep. Science 271: 216–219

Sheward WJ, Naylor E, Knowles-Barley S, Armstrong JD, Brooker GA et al (2010) Circadian control of mouse heart rate and blood pressure by the suprachiasmatic nuclei: behavioral effects are more significant than direct outputs. PLoS One 5: e9783

Shiromani PJ, Xu M, Winston EM, Shiromani SN, Gerashchenko D, Weaver DR (2004) Sleep rhythmicity and homeostasis in mice with targeted disruption of mPeriod genes. Am J Physiol Regul Integr Comp Physiol 287: R47–R57

Stephan FK, Zucker I (1972) Circadian rhythms in drinking behavior and locomotor activity of rats are eliminated by hypothalamic lesions. Proc Natl Acad Sci USA 69(6): 1583–1586

Tang X, Xiao J, Parris BS, Fang J, Sanford LD (2005) Differential effects of two types of environmental novelty on activity and sleep in BALB/cJ and C57BL/6J mice. Physiol Behav 85: 419–429

Tobler I (1995) Is sleep fundamentally different between mammalian species? Behav Brain Res 69: 35–41

Tobler I, Borbely AA, Groos G (1983) The effect of sleep deprivation on sleep in rats with suprachiasmatic lesions. Neurosci Lett 42: 49–54

Tobler I, Jaggi K, Borbely AA (1994) Effects of melatonin and the melatonin receptor agonist S-20098 on the vigilance states, EEG spectra, and cortical temperature in the rat. J Pineal Res 16: 26–32

Tononi G, Cirelli C (2006) Sleep function and synaptic homeostasis. Sleep Med Rev 10: 49–62

Tsai JW, Hannibal J, Hagiwara G, Colas D, Ruppert E et al (2009) Melanopsin as a sleep modulator: circadian gating of the direct effects of light on sleep and altered sleep homeostasis in Opn4(_/_) mice. PLoS Biol 7: e1000125

Turek FW, Joshu C, Kohsaka A, Lin E, Ivanova G et al (2005) Obesity and metabolic syndrome in circadian Clock mutant mice. Science 308: 1043–1045

van der Horst GT, Muijtjens M, Kobayashi K, Takano R, Kanno S et al (1999) Mammalian Cry1 and Cry2 are essential for maintenance of circadian rhythms. Nature 398: 627–630

van der Veen DR, Archer SN (2010) Light-dependent behavioral phenotypes in PER3-deficient mice. J Biol Rhythms 25: 3–8

Viola AU, Archer SN, James LM, Groeger JA, Lo JC et al (2007) PER3 polymorphism predicts sleep structure and waking performance. Curr Biol 17: 613–618

Vitaterna MH, King DP, Chang AM, Kornhauser JM, Lowrey PL et al (1994) Mutagenesis and mapping of a mouse gene, Clock, essential for circadian behavior. Science 264: 719–725

Vitaterna MH, Selby CP, Todo T, Niwa H, Thompson C et al (1999) Differential regulation of mammalian period genes and circadian rhythmicity by cryptochromes 1 and 2. Proc Natl Acad Sci USA 96: 12114–12119

Vyazovskiy VV, Tobler I (2005) Theta activity in the waking EEG is a marker of sleep propensity in the rat. Brain Res 1050: 64–71

Vyazovskiy VV, Olcese U, Hanlon EC, Nir Y, Cirelli C, Tononi G (2011) Local sleep in awake rats. Nature 472: 443–447

Wang F, Li JC, Wu CF, Yang JY, Zhang RM, Chai HF (2003) Influences of a light/dark profile and the pineal gland on the hypnotic activity of melatonin in mice and rats. J Pharm Pharmacol 55: 1307–1312

Weaver DR (1998) The suprachiasmatic nucleus: a 25-year retrospective. J Biol Rhythms 13: 100–112

Wisor JP, O'Hara BF, Terao A, Selby CP, Kilduff TS et al (2002) A role for cryptochromes in sleep regulation. BMC Neurosci 3: 20

Wisor JP, Pasumarthi RK, Gerashchenko D, Thompson CL, Pathak S et al (2008) Sleep deprivation effects on circadian clock gene expression in the cerebral cortex parallel electroencephalographic differences among mouse strains. J Neurosci 28: 7193–7201

Wulff K, Porcheret K, Cussans E, Foster RG (2009) Sleep and circadian rhythm disturbances: multiple genes and multiple phenotypes. Curr Opin Genet Dev 19: 237–246

Wulff K, Gatti S, Wettstein JG, Foster RG (2010) Sleep and circadian rhythm disruption in psychiatric and neurodegenerative disease. Nat Rev Neurosci 11: 589–599

Yamanaka Y, Suzuki Y, Todo T, Honma K, Honma S (2010) Loss of circadian rhythm and lightinduced suppression of pineal melatonin levels in Cry1 and Cry2 double-deficient mice. Genes Cells 15: 1063–1071

Yerkes RM, Dodson JD (1908) The relation of strength of stimulus to rapidity of habit-formation. J Comp Neurol Psychol 18: 459–482

Yukuhiro N, Kimura H, Nishikawa H, Ohkawa S, Yoshikubo S, Miyamoto M (2004) Effects of ramelteon (TAK-375) on nocturnal sleep in freely moving monkeys. Brain Res 1027: 59–66

Zavada A, Strijkstra AM, Boerema AS, Daan S, Beersma DG (2009) Evidence for differential human slow-wave activity regulation across the brain. J Sleep Res 18: 3–10

Zhdanova IV (2005) Melatonin as a hypnotic: pro. Sleep Med Rev 9: 51–65

Zlotos DP (2012) Recent progress in the development of agonists and antagonists for melatonin receptors. Curr Med Chem 19: 3532–3549

第八章
生物钟对激素水平的调控

安德里斯·卡尔斯贝克 (Andries Kalsbeek) [1,2] 和埃里克·法勒斯 (Eric Fliers) [1]

1 阿姆斯特丹大学学术医学中心内分泌与代谢系，2 荷兰皇家艺术和科学学院科学院，荷兰神经科学学院下丘脑整合机制系

摘要： 下丘脑生物钟高度协调的输出通路，不仅控制着睡眠-觉醒和进食-禁食行为的日节律，还直接控制着激素释放的许多方面。实际上，我们目前对生物钟的了解在很大程度上源自对下丘脑生物钟和多个内分泌轴紧密联系的研究。本章将以许多不同激素系统为例，着重介绍哺乳动物生物钟用来在体内其他部位增强其内源性节律解剖结构的连接。实验研究揭示了哺乳动物生物钟神经元和下丘脑神经内分泌以及前自主神经元之间连接的高度特异性组织结构。这些复杂的连接能够确保行为、内分泌和代谢功能之间按照正常方式协调，从而有助于有机体最有效率地适应一天内的不同时间段。例如，下丘脑生物钟在活跃期开始时激活食欲素系统不仅确保我们准时醒来，而且还确保我们的葡萄糖代谢和心血管系统为这种增加的活动做好准备。尽管如此，通过改变内分泌腺体对一天内特定刺激的敏感性，这些腺体内的生物钟也很可能发挥重要的作用。这样，下丘脑和外周生物活动的最终结果，能够确保生物体代谢以最优化的内分泌方式适应其时间上结构化的环境。

关键词： 下丘脑·自律神经系统·食欲素·葡萄糖·褪黑激素·γ-氨基丁酸 (GABA)·肝脏·促甲状腺激素 (TSH)

缩略词

ACTH	Adrenocorticotrophic hormone	促肾上腺皮质激素
ANS	Autonomic nervous system	自主神经系统
AVP	Arginine vasopressin	精氨酸加压素
AVPV	Anteroventral periventricular nucleus	前腹室周核
BAT	Brown adipose tissue	棕色脂肪组织
CLOCK	Circadian locomotor output cycles kaput	钟（生物节律运动输出周期障碍）蛋白
CNS	Central nervous system	中枢神经系统
CRH	Corticotrophin-releasing hormone	促肾上腺皮质激素释放激素
CSF	Cerebrospinal fluid	脑脊液

通讯作者：Andries Kalsbeek；电子邮件：a.kalsbeek@amc.uva.nl

D2	Type 2 deiodinase	2 型脱碘酶
DMH	Dorsomedial nucleus of the hypothalamus	下丘脑背内侧核
E	Oestrogen	雌激素
ER	Oestrogen receptor	雌激素受体
FFA	Free fatty acid	游离脂肪酸
GABA	Gamma-aminobutyric acid	γ-氨基丁酸
GnIH	Gonadotropin-inhibitory hormone	促性腺激素抑制激素
GnRH	Gonadotropin-releasing hormone	促性腺激素释放激素
HPA	Hypothalamic–pituitary–adrenal	下丘脑-垂体-肾上腺
HPG	Hypothalamic–pituitary–gonadal	下丘脑-垂体-性腺
HPT	Hypothalamic–pituitary–thyroid	下丘脑-垂体-甲状腺
HSL	Hormone-sensitive lipase	激素敏感性脂肪酶
ICU	Intensive care unit	重症监护室
ICV	Intracerebroventricular	脑室内
IML	Intermediolateral column	中间外侧核
L/D	Light/dark	光/暗
L/L	Light/light, i.e. constant light	光/光，即持续光照
LH	Luteinising hormone	黄体生成素
LM	Light microscopy	光学显微镜
LPL	Lipoprotein lipase	脂蛋白脂肪酶
MPOA	Medial preoptic area	内侧视前区
NAMPT	Nicotinamide phosphoribosyltransferase	烟酰胺磷酸核糖基转移酶
NPFF	Neuropeptide FF	神经肽 FF
NPY	Neuropeptide Y	神经肽 Y
OVX	Ovariectomy	卵巢切除术
PACAP	Pituitary adenylate cyclase-activating polypeptide	垂体腺苷酸环化酶激活肽
PBEF	Pre-B-cell colony-enhancing factor	前 B 细胞集落增强因子
PeN	Periventricular nucleus	室周核
pePVN	Periventricular PVN	室周室旁核
Per	Period	周期基因
PF	Perifornical area	穹窿周围区
PRV	Pseudo rabies virus	伪狂犬病病毒
PVN	Paraventricular nucleus	室旁核
Ra	Rate of appearance	出现率
RFRP	RF-amide-related peptide	RF 酰胺相关肽
RHT	Retinohypothalamic tract	视网膜下丘脑束

SCG	Superior cervical ganglion	颈上神经节
SCN	Suprachiasmatic nucleus	视交叉上核
SEM	Standard error of the mean	均值的标准误差
SON	Supraoptic nucleus	视上核
subPVN	Subparaventricular PVN	室下室旁核
T2DM	Type 2 diabetes mellitus	2 型糖尿病
T3	Triiodothyronine	三碘甲状腺原氨酸
T4	Thyroxine	甲状腺素
TH	Tyrosine hydroxylase	酪氨酸羟化酶
TRH	Thyrotrophin-releasing hormone	促甲状腺激素释放激素
TSH	Thyroid-stimulating hormone	促甲状腺激素
TTX	Tetrodotoxin	河鲀毒素
VIP	Vasoactive intestinal peptide	血管活性肠肽
VMH	Ventromedial nucleus of the hypothalamus	下丘脑腹内侧核
VP	Vasopressin	加压素
WAT	White adipose tissue	白色脂肪组织
ZT	Zeitgeber time	授时因子时间

1. 引言

地球正常的 24 小时自转导致了从原核生物到真核生物几乎所有生命形式的自主生物钟的演化（Buhr and Takahashi 2013）。在包括人类的哺乳动物中，内源的主生物钟位于大脑。在古代，我们祖先的进食和禁食时间周期与觉醒和睡眠的模式相匹配，这些模式又与日常的光暗循环相对应。大脑中的生物钟机制能够根据地球自转引起这种环境周期性，协调和预期我们的行为和代谢活动。大量的输入信号，包括最重要的光、食物摄入和运动活动等，确保了内源性生物钟机制对外界环境的适当牵引。

位于下丘脑前端视交叉上核（suprachiasmatic nucleus，SCN）的生物钟由几个簇状小而密集的神经元组成，其中表达各种肽能神经递质（Moore 1996a）。来自光、饮食和运动行为等牵引信号可分别通过视网膜、弓状核（arcuate nucleus）和中缝核（raphe nucleus）直接投射传递到视交叉上核。从膝状体间小叶（intergeniculate leaflet）到视交叉上核的直接投射似乎是上述所有三种牵引信号的重要辅助途径。这些不同脑结构的传入投射（afferent projection）使用不同的神经递质，包括谷氨酸、垂体腺苷酸环化酶激活肽（pituitary adenylate cyclase activating peptide，PACAP）、神经肽 Y（neuropeptide Y，NPY）、神经肽 FF（neuropeptide FF，NPFF）和 5-羟色胺（serotonin）（Challet and Pévet 2003）。内源生物钟分子机制是由紧密连接的三个转录-翻译反馈环路组成，包含维持振荡所必要的"核心生物钟基因"，以及独特的生物钟控制输出基因，这些基因将它们的节律性推广到下丘脑的其余部位以及之外的其他细胞（Buhr and Takahashi 2013；Takahashi et al. 2008）。某些肽能视交叉上核递质，如血管加压素（vasopressin，VP）、血管活性肠肽（vasoactive intestinal peptide，VIP）、心肌营养因子样细胞因子（cardiotrophin-like cytokine，CLC）和促动蛋白 2（prokineticin 2，Prok2），被确认为生物钟控制的基因（Hahm and Eiden 1998；Jin et al. 1999；Cheng et al. 2002 Kravesa and Weitz 2006）。随后，这些内源生物钟的节律性输出被传递到内分泌系统等。在本章中，我们将展示视交叉上核如何利用其传出投射到不同组合的下丘脑内中间神经元、神经内分泌神经元和前自主（pre-autonomic）神经元，从而将其生物节律活动转换为糖皮质激素类（glucocorticoids）、黄体生成素（luteinising hormone，LH）、褪黑激素（melatonin）、胰岛素（insulin）、胰高血糖素（glucagon）和瘦素（leptin）的节律性释放（Buijs and Kalsbeek 2001）。

2. 视交叉上核输出

早在 1972 年，就清楚地发现核心生物钟位于下丘脑前端的视交叉上核（SCN）（Weaver 1998）。这一发现后仅仅几年，研究又证明了 SCN 包含大量的 VP 神经元（Vandesande et al. 1974；Swaab et al. 1975）。由于 VP 在猫的脑脊液（cerebral spinal fluid，CSF）中出现显著的昼夜节律（Reppert et al. 1981，1987），它很快被鉴定为 SCN 的输出信号之一。这个重要的发现之后，又有大量研究发现许多物种包括人的 SCN 中含 VP 神经元（Sofroniew and Weindl 1980；Stopa et al. 1984；Swaab et al. 1985；Cassone et al. 1988；Reuss et al. 1988；Goel et al. 1999；Smale and Boverhof 1999）以及许多物种包括猴、大鼠、豚鼠、山羊、绵羊和兔在内的脑脊液 VP 节律（Güther et al. 1984；Seckl and Lightman 1987；Stark and Daniel 1989；Forsling 1993；Robinson and Coombes 1993）。室旁核（paraventricular nucleus，PVN）、垂体和松果体的切除都不能消除 VP 节律。甚至用圆刀完全隔离体内的 SCN 后，VP 节律依然能够维持。只有完全切除 SCN 才能消除 VP 节律，并在大多数情况下使脑脊液 VP 降低到无法检测的水平（Schwartz and Reppert 1985；Jolkonen et al. 1988）。此外，体外培养的 SCN 节律性释放 VP 也能持续多日（Earnest and Sladek 1986；Gillette and Reppert 1987）。其他研究表明光照期 SCN 中 VP 的 mRNA 水平升高或 poly-A 尾延长（Uhl and Reppert 1986；Robinson et al. 1988）。另外，室旁核和视上核（supraoptic nucleus，SON）的 VP mRNA 并没有这种昼夜波动。类似的观察结果，如细胞外 VP 浓度的显著昼夜波动只出现在 SCN 而非 PVN 和 SON（Kalsbeek et al. 1995）。含有 VP 的 SCN 神经元的节律性放电（Buijs et al. 2006）以及对其附近脑室间隙如内侧视前区（medial preoptic area，MPOA）、室周室旁核

（periventricular PVN，pePVN）和室下室旁核（subparaventricular PVN，subPVN）、下丘脑背内侧核（dorsomedial nucleus of the hypothalamus，DMH）和丘脑室旁核（paraventricular nucleus of the thalamus）等的投射导致脑脊液中 VP 的每日波动（Buijs et al. 2006）。自此以后，VP 以外的许多 SCN 递质被发现，其中许多蛋白或 mRNA 在神经核本身中的表达水平呈现昼夜节律。同时，除了 VP、VIP 也被证实在体内节律性分泌（Francl et al. 2010）。尽管移植实验清楚地表明体液因子足以恢复运动、饮食和饮水行为的昼夜节律（Drucker-Colin et al. 1984；Ralph et al. 1990；Silver et al. 1996），但移植和连体并生实验（parabiosis experiment）也明确地表明了非神经机制不足以恢复所有外周组织的昼夜节律（Lehman et al. 1987；Meyer-Bernstein et al. 1999；Guo et al. 2005）。此外，De la Iglesia 等的精致实验提供了清楚的功能性证据，证明了要维持神经内分泌节律，必须进行点对点神经连接（de la Iglesia et al. 2003）。

那么视交叉上核（SCN）内产生的节律性信息会流向何处？ SCN 投射的分布信息最初是从神经解剖学研究中利用示踪、免疫细胞化学、SCN 切除或这些方法的组合得到的（Hoorneman and Buijs 1982；WattsandSwanson 1987；Kalsbeek et al. 1993a）。所有这些研究表明 SCN 信息的流出实际上令人惊讶地仅仅局限于内侧下丘脑（medial hypothalamus），特别是主要含中间神经元的靶向区域，如内侧视前区、下丘脑背内侧核和室下室旁核等。而与神经内分泌神经元，如 PVN 中的促肾上腺皮质激素释放激素（corticotrophin-releasing hormone，CRH）、促甲状腺激素释放激素（thyrotrophin-releasing hormone，TRH）、酪氨酸羟化酶（tyrosine hydroxylase，TH）和促性腺激素释放激素（gonadotropin-releasing hormone，GnRH）的内分泌神经元、弓状核和内侧视前区，以及 PVN 中的前自主神经元的直接连接相对较少，但也有报道（Vrang et al. 1995，1997；Hermes et al. 1996；Teclemariam-Mesbah et al. 1997；Kalsbeek et al. 2000b；De La Iglesia et al. 1995；Van Der Beek et al. 1993，1997）。在接下来的篇幅中，我们将解释 SCN 如何利用这些神经连接控制激素释放的外周节律（Buijs and Kalsbeek 2001；Kalsbeek and Buijs 2002；Kalsbeek et al. 2006）。

3. 皮质醇和皮质酮的昼夜节律

室旁核的内侧微小细胞区域含有合成促肾上腺皮质激素释放激素的神经内分泌神经元。它们一起代表了称为下丘脑-垂体-肾上腺（hypothalamo-pituitary-adrenal，HPA）轴的神经内分泌通路中设置点的主要决定因素（Watts 2005）。在大约一半的神经内分泌 CRH 神经元中，血管加压素（VP）是共表达的，它们的轴突投射到正中隆起（median eminence）并释放 CRH 和 VP 进入门脉循环从而刺激垂体前叶的促肾上腺皮质激素分泌细胞。促肾上腺皮质激素依次通过促黑素受体

2 型（melanocortin receptor type 2）刺激肾上腺皮质控制皮质酮（corticosterone）的释放。在上述神经解剖示踪技术研究中，PVN 是 SCN 的重要靶区。由于含 VP 的 SCN 的神经末梢非常接近 PVN 中的 CRH 神经元，人们假设昼夜节律信息将通过上述神经投射输送至下丘脑-垂体-肾上腺（HPA）轴。鉴于所有的证据都支持 VP 在 SCN 输出中发挥重要作用，我们研究小组从 1992 年开始微灌注 VP 及其拮抗剂。这些首批实验表明，从 SCN 终端释放的 VP 对本底血浆皮质酮浓度水平具有很强的抑制作用（Kalsbeek et al. 1992）。对 VP 的昼夜释放和控制下丘脑-垂体-肾上腺轴活动的昼夜节律之间关系进一步研究发现，大鼠下丘脑背内侧核中 VP 的释放在确保光照期前半段皮质酮的低水平循环中起重要作用（Kalsbeek et al. 1996c）。此外，随后下丘脑背内侧核中这些 SCN 终端的 VP 释放停止，是夜行性大鼠在主要活动期或黑暗期开始之前，血浆皮质酮每日激增的前提条件（Kalsbeek et al. 1996b）。在下丘脑切片中使用多电极记录的一系列实验中，很好地证实了 VP 在 SCN 输出信号向 PVN 传输中的重要作用（Tousson and Meissl 2004）。这些实验表明，PVN 神经元自发放电的昼夜节律在 SCN 切除后的脑切片中消失，但可以通过与 SCN 组织共培养或节律性灌注 VP，即连续灌注 12 小时后停止 12 小时，而恢复。此外，同时灌注 VP 拮抗剂会破坏共培养和节律性灌注 VP 实验中 PVN 的节律，但在 SCN 完整的脑切片中则没有这样的效果。总体来说，这一系列的实验清楚地表明，VP 是重要的但不是唯一参与控制 HPA 轴活动每日节律的 SCN 信号。此外，基于对适当靶标神经元的交替刺激和抑制的输入，这些结果构成了 SCN 控制每日激素节律的一种"推拉"（push-and-pull）或"阴阳"机制新概念的基础。随后几年的多个实验证明了血管活性肠肽是第二种 SCN 递质参与控制皮质酮的昼夜节律（Alexander and Sander 1994；Loh et al. 2008），但其确切的作用尚不清楚。而神经介素 U（nuromedin U，NmU）也被认为是一种有激活作用的 SCN 信号（Graham et al. 2005）。

在 HPA 轴中，起初认为，SCN 最有可能的靶标神经元似乎是 PVN 内的 CRH 神经元。然而，某些证据并不支持 CRH 神经元的这种作用。首先，VP 直接作用在 CRH 神经元意味着血浆促肾上腺皮质激素浓度有明显的昼夜节律，但这没有被观察到。其次，观察到的 VP 的抑制作用并不符合 VP 对靶标神经元通常的兴奋作用。最后，与期望的 SCN 来源的 VP 神经纤维与 CRH 神经元之间大量的接触相反的是，只发现数量有限的这类连接（Vrang et al. 1995；Buijs and Van Eden 2000）。图 8.1 所展示的详细解剖示意图，综合了以上所有信息并解释了我们当前对 SCN 控制 HPA 轴活动昼夜节律的认知。下丘脑切片的体外电生理实验支持大鼠室下室旁核和下丘脑背内侧核的 γ-氨基丁酸能神经元的中介作用的提议（Hermes et al. 2000）。如图 8.1 中右侧图所示，当 SCN 活动包括 VP 释放的相位在夜行性和昼行性物种似乎相似时（Cuesta et al. 2009；Dardente et al. 2004），所提议的室下室旁核和下丘脑背内侧核等中介区域的重要作用也为夜行性和昼行性物种之间某些节律，如 HPA 轴的活性节律的 12 小时反转机制，提供了很好的解释（Kalsbeek et al. 2008b）。

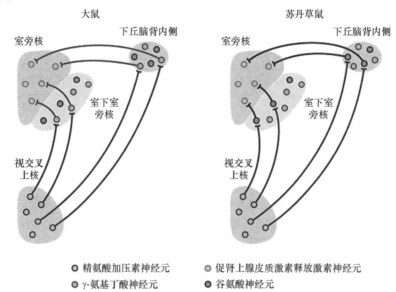

图 8.1　夜行性大鼠和昼行性苏丹草鼠（*Arvicanthis ansorgei*）大脑中视交叉上核（SCN）内已证实的和推测的连接详细解剖图，解析精氨酸加压素（AVP）在两个物种下丘脑-垂体-肾上腺轴（HPA）中的相反作用（彩图请扫封底二维码）

在夜行性大鼠和昼行性苏丹草鼠中精氨酸加压素都在光照期释放。在大鼠中，光照期的精氨酸加压素释放，通过与室下室旁核和下丘脑背内侧核中的 γ-氨基丁酸能中间神经元接触，抑制室旁核的促肾上腺皮质激素释放激素（CRH）神经元。而在苏丹草鼠中，精氨酸加压素（AVP）在光照期的释放也会刺激促肾上腺皮质激素释放激素神经元，但是通过作用于室下室旁核和下丘脑背内侧核的谷氨酸能（glutamatergic）神经元，而非 γ-氨基丁酸能神经元

上述 VP 实验的另一个重要延伸是可以洞悉 SCN 信息流向作为 SCN 控制外周器官和组织的重要介质的自主神经系统（autonomic nervous system，ANS）。血浆促肾上腺皮质激素和皮质酮浓度和反应之间的不匹配使我们意识到，自主神经系统可能在调节肾上腺皮质对促肾上腺皮质激素的敏感度中起重要作用。肾上腺神经病毒示踪确实揭示了 PVN 神经元的二级标记和 SCN 神经元的三阶标记（Buijs et al. 1999）。一系列的肾上腺微透析、肾上腺去神经支配和肾上腺移植研究证明了 SCN 和肾上腺之间的这种多突触神经连接在皮质酮释放的昼夜节律中的功能重要性（Jasper and Engeland 1994；Ishida et al. 2005；Oster et al. 2006）。最近，Horacio de la Iglesia 及其同事用他们精致的分裂模型（splitting model）提供了另外的证据证明了皮质酮昼夜节律的两阶段控制。仓鼠暴露于持续光照（LL）条件下可以诱导"分裂"现象，使昼夜节律的频率加倍。在分裂的动物中，休息-活动、体温和激素分泌节律每天两次达到高峰，而不是一次（Pittendrigh and Daan 1976；Pickard et al.

1984；Swann and Turek 1985）。正如预期的那样，未分裂的仓鼠表现出单峰的皮质
醇释放，伴随着单峰的促肾上腺皮质激素释放。另外，分裂的仓鼠显示出相隔大
约 12 小时的双峰的血浆皮质醇的模式；但是令人惊讶的是，它们并不依赖于促肾
上腺皮质激素节律性释放（Lilley et al. 2012）。因此，SCN 显然使用一个两阶段的
机制控制激素的昼夜节律：一方面，它作用于神经内分泌运动神经元，从而影响下
丘脑释放因子的释放；另一方面，它还可以通过自主神经系统作用于靶组织，以影
响对传入激素信号的敏感性。

4. 褪黑激素的昼夜节律

　　生物钟通过自主神经系统实现控制的主要例子是松果体释放褪黑激素的昼夜
节律。早在 20 世纪 40 年代，Bargman 就提出松果体的内分泌功能是由光通过核心
神经系统调节的（Bargman 1943）。50 年代后期，Lerner 等鉴定出松果体合成和释
放的激素为 N-乙酰基-5-甲氧基色胺（N-acetyl-5-5-metoxytryptamine），并命名为褪
黑激素（Lerner et al. 1958）。松果体褪黑激素含量白天低夜晚高的昼夜节律，是第
一个被发现作为真正的生物钟节律的激素节律（Ralph et al. 1971；Lynch 1971）。在
视交叉上核（SCN）被认定为哺乳动物内源的生物钟后不久，Moore 和 Klein 发表
了一张非常接近核心神经通路控制松果体褪黑激素合成的昼夜节律路线图（Moore
and Klein 1974）。从它贯通了核心和外周神经结构的角度来看，这个通路图在某种
意义上说非同寻常；因为这有别于那时似乎只涉及神经内分泌机制的皮质酮昼夜节
律的控制。以下三部分组成核心通路：①视觉通路传递环境光强度信息到内源的生
物钟；②内源生物钟的输出通路传输信息到脊髓；以及③松果体的交感神经通路，
起源于脊髓中间外侧核（intermediolateral column，IML）节前交感神经元。Kappers
的早期工作建立了大鼠松果体的外周交感神经支配的细节（Kappers 1960），而
Klein 等则阐释了其功能重要性（Klein et al. 1971）。Moore 和 Klein 的早期工作确
立了视网膜下丘脑束（retinohypothalamic tract，RHT）的重要性（Moore and Klein
1974；Klein and Moore 1979）。另外颈上神经节（superior cervical ganglion，SCG）
切除和脊髓横切断实验确定了交感神经支配的功能重要性（Wurtman et al. 1967；
Klein et al. 1971；Bowers et al. 1984；Moore 1978；Reiter et al. 1982；Axelrod，1974；
Kneisley et al. 1978）。因此，褪黑激素合成和释放的昼夜节律最终是由松果体的交
感神经输入控制（Moore 1996b；Drijfhout et al. 1996）。在人类中最有可能存在与睡
眠障碍相关的类似途径（Zeitzer et al. 2000；Scheer et al. 2006）。然而，视交叉上核
和脊髓之间核心通路的细节长期以来一直是谜。
　　首批视交叉上核（SCN）切除的研究很快证实了 SCN 在褪黑激素合成的昼夜节
律中不可或缺的作用（Bittman et al. 1989；Moore and Klein 1974；Tessonneaud et al.
1995）。最初，有人认为视交叉上核-脊髓通路涉及下丘脑视交叉后区（hypothalamic

retrochiasmatic area）或外侧下丘脑（lateral hypothalamus，LH）、内侧前脑束（medial forebrain bundle）和延髓网状结构（medullary reticular formation）（Klein and Moore 1979；Moore and Klein 1974）。然后，首批组织化学研究确定了 SCN 投射到 PVN（Berk and Finkelstein 1981；Swanson and Cowan 1975；Stephan et al. 1981）。结合前不久发现的室旁核-脊髓投射（Swanson and Kuypers，1980），随后研究确定了 PVN 是 SCN 输出到脊髓的重要中继站（Klein et al. 1983）。PVN 作为 SCN 控制褪黑激素节律信息靶区的重要性，得到了一些后续神经毒素和切刀（knife-cut）研究（Bittman et al. 1989；Hastings and Herbert，1986；Lehman et al. 1984；Smale et al. 1989；Johnson et al. 1989；Pickard and Turek 1983；Badura et al. 1989；Nunez et al. 1985）及电刺激 PVN 的研究（Reuss et al. 1985；Olcese et al. 1987；Yanovski et al. 1987）的佐证。然而，直到 20 世纪末，逆行跨突触病毒示踪技术（retrograde transsynaptic virus tracing technique）才有可能绘制出整个通路（Larsen et al. 1998；Teclemariam-Mesbah et al. 1999）。虽然病毒追踪研究有助于清楚地确定总体的神经通路，但每个中继站在褪黑激素合成节律控制中的各自作用仍然有待确定。此外，在通路的每一步中不同神经递质以及它们各自特定的每日释放模式仍有待揭示。

血管加压素（VP）成为首个被提议对褪黑激素节律控制有抑制作用的神经递质，因为 SCN 释放血管加压素的相位与松果体释放褪黑激素的相位相反，即释放峰值在光照期。然而，首次使用 VP 缺失的布拉特尔博罗（Brattleboro）大鼠的研究发现除了节律的相位不同外，并没有发现松果体褪黑激素的合成有任何变化（Reuss et al. 1990；Schröder et al. 1988a）。虽然一些研究确实描述了 SCN 递质 VP 和 VIP 对松果体活动的调节作用，但这些研究的实验设置并不能让人得出关于这些神经递质作用部位的任何明确结论（Yuwiler 1983；Schröder et al. 1988b 1989；Stehle et al. 1991；Reuss et al. 1990）。我们研究小组的实验发现，在黑暗期最初 7 小时内向室旁核（PVN）微量注入 VP 或 VIP 对褪黑激素血浆水平产生很小的刺激作用，而非预期的抑制作用（Kalsbeek et al. 1993b）。在后来的重复研究中，我们将松果体释放的褪黑激素代替血浆褪黑激素作为指标，也没有检测到 VP 的抑制作用（Kalsbeek et al. 2000c）。另外，在松果体中局部施用 VP 确实导致松果体褪黑激素释放的暂时增加（Barassin et al. 2000）。

与此同时，越来越多的证据表明 γ-氨基丁酸（GABA）在视交叉上核（SCN）功能中的潜在重要性。GABA 在 SCN 中甚至在其投射细胞中大量存在（Buijs et al. 1994；Hermes et al. 1996；Moore and Speh 1993；Okamura et al. 1989；Van Den Pol and Gorcs 1986），所以我们研究小组决定检测这种 γ-氨基丁酸能（GABAergic）输出的功能。作为第一步，我们通过对室旁核（PVN）施用 GABA 激动剂蝇蕈醇（muscimol）模拟夜间光照暴露对褪黑激素的抑制作用（Kalsbeek et al. 1996a）。在后续的研究中，我们在 PVN 中注入 GABA 拮抗剂荷包牡丹碱（bicuculline）来防止光对夜间褪黑激素释放的抑制作用，这表明光诱导的大鼠褪黑激素合成抑制需要 PVN 中 GABA 的释放（Kalsbeek et al. 1999）。接下来，我们发现 GABA 也参与了褪黑激素合成的昼夜节律抑制，与它在光的直接抑制效应中的作用无关。事实上，在主观性白天阻断 PVN 中 GABAergic 传递可以增加褪黑激素的合成（Kalsbeek et al. 2000c）。基于这些结果并假设前自主 PVN 神经元具有内在且恒定的活性，我们提出 SCN 通过在（主观性）白天将抑制性 GABAergic 能信号施加于 PVN-松果体通路来控制褪黑激素合成的节律。然而，我们小组随后的研究发现褪黑激素节律遵从一套更复杂的调控。事实上，通过比较损伤 SCN、PVN 或 SCG 对褪黑激素合成的影响，发现 SCG 和 PVN 仅仅是 SCN 输出到松果体的中继站（Perreau-Lenz et al. 2003）。这项研究的结果也证明褪黑激素合成节律不是由单一的昼夜节律或白天对 PVN 的抑制信号形成的，而是由该抑制信号结合来自 SCN 输入到 PVN 的刺激信号形成的。因此，正如前面提出的 SCN 对皮质酮的控制，SCN 似乎也使用多个输出来控制褪黑激素的合成。从 SCN 切除动物的皮质酮和褪黑激素平均水平与完整动物的峰值水平比较来看（图 8.2），SCN 输出的刺激部分对于褪黑激素节律的产生比皮质酮节律的产生明显更加重要。然而，SCN 在白天的主要神经元活动（Bos and Mirmiran 1990；Inouye and Kawamura 1979；Schwartz and Gainer 1977；Shibata et al. 1982）似乎与在黑暗期这样显著的刺激作用明显矛盾。尽管如此，直到 1996 年 Moore 才注意到 SCN 神经元夜间沉默和褪黑激素合成刺激之间的明显矛盾（Moore 1996b）。我们通过测量临时关闭 SCN 神经元活动对褪黑激素释放的急性影响，检验了 SCN 在体内夜间刺激作用的想法（Perreau-Lenz et al. 2004）。反向透析用于向 SCN 内局部施用 2 小时河鲀毒素（TTX），利用微透析法测定在给药之前、期间和之后的夜间松果体褪黑激素的释放。这种干预导致褪黑激素分泌立即减少和皮质酮释放增加，这表明 SCN 夜间神经元活动总体上较弱但仍然具有重要的生理意义。对于刺激褪黑激素合成和同时又抑制皮质酮来说，SCN 夜间神经元的活动是充分的条件，更重要的也是必要的条件。有趣的是，不像阻断 PVN 内 GABAergic 神经传导（Kalsbeek et al. 2000c），白天在 SCN 内灌注河鲀毒素并没有诱导褪黑激素水平的增加。显然，在白天沉默 SCN 的总神经元活性对褪黑激素合成的作用与选择性阻断 SCN 抑制传递至 PVN 的作用不同。因此，我们推测 SCN 在白天也维持对 PVN 的刺激性输出，在正常情况下，而这种刺激性输出的最终作用被同时到达 PVN 的 GABAergic 抑制性输出所掩盖。事实上，SCN 内存在的 16% 的非节律性细胞（Nakamura et al. 2001）支持这种在 24 小时内 SCN 强直的（tonic）刺激性输出信号来源于同一批细胞的想法。此外，其他研究表明，并不是所有的 SCN 神经元活动都具有相同的相位（Herzog et al. 1997；Nakamura et al. 2001；Saeb-Parsy and Dyball 2003；Schaap et al. 2003），这表明 SCN 甚至可以在不同的时间点从不同的细胞群维持几个刺激性输出。

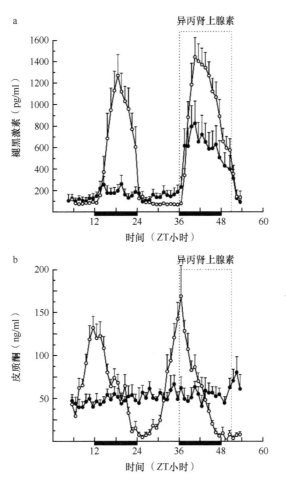

图 8.2　松果体微透析检测大鼠完整的（空心圆）和损伤的视交叉上核（SCN）（实心圆）中褪黑
激素（a）和皮质酮（b）长期分泌模式

通过微透析探针应用异丙肾上腺素（isoproterenol）溶液以人工刺激松果体，并由此检测其释放褪黑激素的能力。
图表代表 8 只完整的或损伤的视交叉上核（SCN）大鼠的平均值（+SEM）。（a）注意视交叉上核损伤动物中相对
较低的褪黑激素水平在异丙肾上腺素灌注后上升，表明（1）松果体能够合成褪黑激素以及（2）探针正确地植入了
松果体

　　我们关于 SCN 抑制性输出和刺激性输出相结合的观点，与 GABA 和谷氨酸可
分别作为 SCN 在视前区抑制性和刺激性的输入信号参与控制睡眠-觉醒节律的研
究相吻合（Sun et al. 2000 2001）。此外，在 PVN 突触前扣结（presynaptic bouton）
的谷氨酸免疫反应（Van Den Pol 1991），以及从 SCN 释放特定谷氨酸到前自主
PVN 神经元的证据，也支持 SCN 谷氨酸能（glutamatergic）输入到 PVN 的观点
（Csaki et al. 2000；Cui et al. 2001；Hermes et al. 1996）。实际上，夜间在 PVN 采用
双侧注入 N-甲基-D-天冬氨酸受体（N-methyl-D-aspartate receptor，NMDA）特异性

的谷氨酸拮抗剂 MK-801，阻断谷氨酸的传递可以显著降低褪黑激素水平，从而证明 PVN 内的谷氨酸能神经传递是夜间刺激褪黑激素的一个关键因素（Perreau-Lenz et al. 2004）。

总之，血浆褪黑激素浓度的昼夜节律是由 SCN 刺激性输出和抑制性输出的组合产生的。负责松果体交感输入的前自主 PVN 神经元是由从 SCN 的谷氨酸能输入和 GABAergic 输入联合控制的。生物钟和光诱导的 GABAergic 视交叉上核投射到 PVN 的白天活动，确保在光照期褪黑激素水平较低。抑制性 GABAergic 输入在夜间停止，结合连续活动的谷氨酸能输入，使前自主 PVN 再次活跃起来，开始褪黑激素的一个新的合成和释放期（图 8.3）。为了进一步确定负责这些抑制和刺激信号的 SCN 神经元亚群，我们采用两种不同的实验模式的组合，即提前 8 小时的光暗（L/D）循环和时间限制性进食（time-restricted feeding）方式（Drijfhout et al. 1997；Kalsbeek et al. 2000a）。从这些实验的结果可以清楚地看出，SCN 的中心部分有一小群表达 *Per1* 和 *Per2* 的神经元，负责夜间刺激褪黑激素在黑暗期的释放（Kalsbeek et al. 2011）。我们认为，这些神经元为 PVN 提供了必要的谷氨酸能输入。此外，在 SCN 背部缺乏 *Per1* 和 *Per2* 的表达也似乎是褪黑激素水平升高的必要前提。我们假设，在相位移动的动物中正是这些 SCN 背部神经元的活动以及其持续释放的 GABA 抑制 PVN 中的前自主神经元，并防止在相移的黑暗期出现新的褪黑激素峰。

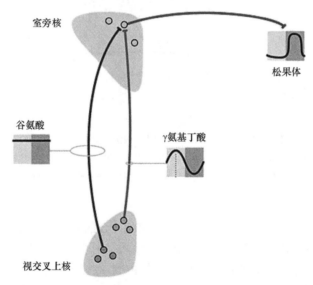

图 8.3 视交叉上核（SCN）中 γ-氨基丁酸能和谷氨酸能神经元群昼夜活动的模式示意图，这些神经元参与自主神经元控制松果体褪黑激素释放的昼夜节律

从谷氨酸能视交叉上核神经元释放对室旁核的交感前自主神经元的持续兴奋性输入，仅在视交叉上核的抑制性 GABAergic 抑制缺失时，才导致该神经元的实际激活，即 GABAergic 视交叉上核 SCN 神经元功能像一个交通信号灯，仅当 GABAergic 神经元允许的时候，才能允许输入到前自主神经元的刺激变得"可见或明显"

5. 黄体生成激素释放的昼夜节律

视交叉上核（SCN）的重要性不仅是对下丘脑–垂体–肾上腺（HPA）轴和松果体活动的昼夜节律的控制，也可能对其他激素轴如下丘脑–垂体–性腺（hypothalamic–pituitary–gonadal，HPG）轴节律的控制。显然，哺乳动物的生物钟与生殖活动的许多方面之间有着明显的关联。例如，下丘脑–垂体–性腺轴脉冲式活动（pulsatile activity）的时间组织对月经周期至关重要。损伤研究表明，有两种脑结构对于黄体生成激素（luteinising hormone，LH）的排卵前激增是不可或缺的：内侧视前区（MPOA），它包含对雌激素正反馈必要的高浓度雌激素受体；视交叉上核（SCN），它为发情前一天黄体生成激素（LH）的激增提供时间信号。早期的解剖研究已经表明在内侧视前区有密集的血管加压素（VP）神经分布，这很可能来自视交叉上核，因为它对性腺激素不敏感（Hoorneman and Buijs 1982；De Vries et al. 1984）。后来的研究表明，内侧视前区内含雌激素受体的神经元接受来自视交叉上核神经纤维的直接突触接触（De La Iglesia et al. 1995；Watson et al. 1995）；而这些视交叉上核神经纤维可能含有血管加压素作为神经递质，并且血管加压素受体 mRNA 则在内侧视前区神经元中表达（Ostrowski et al. 1994；Funabashi et al. 2000a）。此外，Södersten 等的早期研究表明女性性行为和视交叉上核来源的血管加压素之间存在有趣的关系（Södersten et al. 1983，1985，1986），虽然，当时无法把这种作用定位到视交叉上核某一特定的靶标区域。我们假设内侧视前区作为从视交叉上核传输生物节律信息到下丘脑–垂体–性腺轴的中间大脑区域，类似于室下室旁核和下丘脑背内侧核传输生物节律信息到下丘脑–垂体–肾上腺轴的中间功能。事实上，利用反向微透析技术提高视交叉上核完整动物的内侧视前区细胞外血管加压素水平，对黄体生成激素的激增有刺激作用，而并不影响血浆皮质酮水平（Palm et al. 2001）。血管加压素的刺激作用被限制在一个特定的时间段，正好与黄体生成激素激增前的每日神经信号的敏感时间窗一致（Everett and Sawyer 1950），同时还与视交叉上核神经元血管加压素分泌高峰一致。我们的视交叉上核损伤动物实验进一步强调了视交叉上核来源的血管加压素在黄体生成激素激增启动中的重要作用。完全缺失任何视交叉上核生物钟信号输入仅仅诱导基础性的、无波动的黄体生成激素水平，但在内侧视前区进行 2 小时血管加压素施用足以恢复完整的黄体生成激素激增，在形状和振幅上都可类似于在视交叉上核完整动物中雌激素诱导的黄体生成激素激增（Palm et al. 1999）（图 8.4）。因此我们认为，在黄体生成激素激增前的敏感时间窗口，内侧视前区中视交叉上核终端的血管加压素大量分泌，是产生黄体生成激素激增至关重要的生物钟信号。采用完全不同的实验装置，Funabashi 等（2000）和 Miller 等（2006）也得出了类似的结论。

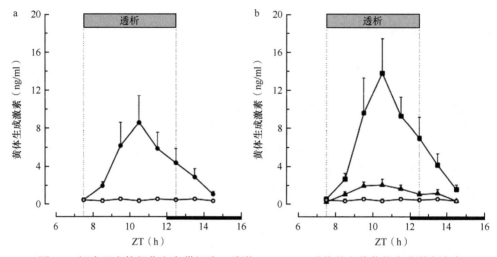

图8.4 视交叉上核损伤和卵巢切除+雌激（OVX+E）动物的血浆黄体生成激素浓度

（a）血管加压素处理的动物（闭合标示；$n = 9$）或载体处理的对照（空白标示；$n = 6$），即两组都包括视交叉上核损伤和卵巢切除+雌激（OVX+E）动物。（b）血管加压素处理动物分为大部分视交叉上核损伤（闭合三角；$n = 4$）和小部分视交叉上核损伤（闭合方框；$n = 5$）两组。损伤最大的动物释放较小量的黄体生成激素，可能是由于从视前区（preoptic area）到正中隆起（median eminence）的促性腺激素释放激素（GnRH）神经纤维受损造成的，因为许多这些纤维贯穿视交叉上核与视交叉周围交界的区域。血管升压素通过反透析注射到内侧视前区。阴影条代表血管升压素微透析的周期；黑色条代表黑暗期

在视交叉上核（SCN）和促性腺激素释放激素（GnRH）神经元之间连接中的关键神经肽是吻素（kisspeptin）。缺乏吻素受体 Kiss1R（原被称为 GPR54）的人类和小鼠显示促性腺激素功能低下型性腺功能减退症（hypogonadotropic hypogonadism），表现为由于缺乏 GnRH 分泌而严重损害青春期成熟和生殖功能（Messager 2005）。吻素神经元大多集中在下丘脑的两个独立的区域：①内侧视前区（MPOA）的前腹室周核（anteroventral periventricular nucleus，AVPV）和头侧室周核（rostral periventricular nucleus）；②在下丘脑尾侧的弓状核（Mikkelsen and Simonneaux 2009）。与 GnRH 神经元不同，前腹室周核/头侧室周核（AVPV/PeN）中吻素表达的神经元确实表达可以介导雌激素正反馈的雌激受体（estrogen receptor，ER）的 α 亚型（ERα）。此外，吻素受体（Kiss1R）在 GnRH 神经元表达（Khan and Kauffman 2011）。因此，吻素神经元成为 SCN 和黄体生成激素激增之间联系的重要纽带。事实上，SCN 的 VP 神经元已发现在吻素神经元有突触。此外，在前腹室周核/头侧室周核（AVPV/PeN）的吻素神经元表达血管加压素受体亚型 V1a（Vida et al. 2010；Williams et al. 2011），而血管活性肠肽则很少投射到吻素神经元（Vida et al. 2010）。

视交叉上核（SCN）控制黄体生成激素（LH）激增的另一种间接联系可能涉及 RF 酰胺相关肽（RF-amide-related peptide，RFRP），也被称为促性腺激素抑制激素

（gonadotropin-inhibitory hormone，GnIH）。RF 酰胺相关肽 3（RPRF-3）神经元仅存在于下丘脑背内侧核，而这是一个 SCN 主要的靶标区域。RPRF-3 神经元表达雌激受体 α（Erα）并大量投射到内侧视前区（MPOA）的 GnRH 神经元。RPRF 对 LH 激增的生物钟调节作用的直接证据来自"分裂"实验。De la Iglesia 等已经证明，雌激素处理的"分裂"雌性显示 SCN 左右侧的交替活动，并伴随着仅同侧的 GnRH 神经元群的激活（De la Iglesia et al. 2003）。后来发现，与 SCN 活跃区域的同侧的下丘脑背内侧核中 RPRF 神经元群同时显示出较低的活性（Gibson et al. 2008）。

视交叉上核（SCN）除了通过吻素神经元对 LH 激增的这种间接控制之外，它还直接投射到 GnRH 运动神经元，虽然稀疏但也有报道。光学显微镜研究中，使用 SCN 神经递质和 GnRH 的双重标记，结合 SCN 损伤和 SCN 传出神经的示踪，发现 VIP 神经纤维与大部分 GnRH 神经元共定位。在 SCN 损伤后，光学显微镜下观察到 GnRH 神经元中超过 50% 似乎来自 VIP 的输入（Van der Beek et al. 1993）。在超微结构水平，也观察到了 VIP 神经纤维和 GnRH 神经元突触之间的相互作用（Van der Beek 1996）。利用细胞活化的标志分子 c-Fos 细胞免疫化学染色，发现在 LH 激增初期 VIP 神经支配的 GnRH 神经元也是最早激活的（Van der Beek et al. 1994）。值得注意的是，这些直接神经投射似乎以血管活性肠肽能（VIPergic）为主（Van der Beek 1996）。含有 VIP 的 SCN 神经投射到 GnRH 神经元，可能参与光对下丘脑–垂体–性腺轴的急性作用的传递（Van Der Beek 1996）。VP 神经与 GnRH 神经元虽然在这个脑区呈现大量的共定位，但并没有观察到这种作用（Van der Beek et al. 1993）。利用顺行示踪（anterograde tracing）与细胞免疫化学染色并在光学和电子微观水平下观察 GnRH 神经元的实验，进一步确立 SCN 与 GnRH 系统间存在直接连接（Van der Beek 1996）。

总而言之，生物钟利用直接和间接的连接对下丘脑–垂体–性腺轴的控制，似乎与上面概述的生物钟对下丘脑–垂体–肾上腺轴的控制非常相似。

6. 血浆甲状腺激素浓度的昼夜节律

令人惊讶的是，关于下丘脑–垂体–甲状腺（hypothalamic–pituitary–thyroid，HPT）轴的节律性仍然知之甚少。虽然人类血浆中促甲状腺激素（thyroid-stimulating hormone，TSH）的节律性是众所周知的，但是大鼠神经解剖示踪技术和损伤研究对核心生物钟和甲状腺激素代谢的关系没有带来太多的认识。首先，免疫细胞化学观察到视交叉上核（SCN）神经纤维与室旁核（PVN）内促甲状腺激素释放激素（thyrotrophin-releasing hormone，TRH）神经元相接触，而这个连接形成的解剖学基础，可能对调控下丘脑 TRH mRNA 含量（Martino et al. 1985；Collu et al. 1977；Covarrubias et al. 1988，1994）和 TSH 的昼夜节律发挥作用。其次，神经解剖学研究使用逆行跨神经元病毒示踪伪狂犬病病毒（pseudorabies virus，PRV）

揭示了下丘脑视交叉上核和甲状腺之间通过交感神经和副交感神经流出的多突触神经连接。此外，伪狂犬病病毒示踪剂注射到甲状腺后，标记了室旁核前自律神经元，包括 TRH 免疫反应神经元（Kalsbeek et al. 2000b）。通过永久性插管进行的频繁血液取样揭示了 TSH 和甲状腺激素的昼夜节律，在光照期的前半段达到峰值，在黑暗期的早期持平，这与人类的节律刚好相反。第二高峰出现在黑暗期中部，尽管这仅对 TSH 有意义（Rookh et al. 1979；Fukuda and Greer 1975；Ottenweller and Hedge 1982；Jordan et al. 1980）。热消融（thermic ablation）视交叉上核完全消除了促甲状腺激素和甲状腺激素循环的昼夜峰值，说明视交叉上核驱动了它们的昼夜变化（Kalsbeek et al. 2000b）。然而，在上述关于其他激素轴的研究中非常有用的视交叉上核神经递质激动剂或拮抗剂的下丘脑靶向输注，迄今仍未揭示有关控制下丘脑–垂体–甲状腺（HPT）昼夜节律的视交叉上核信号的任何信息（未发表的数据）。我们研究小组最近的研究显示，在松果体、脑垂体、下丘脑和新皮质中，2 型脱碘酶（type 2 deiodinase，D2）活性呈现显著的昼夜节律，这种酶能使激素原（prohormone）甲状腺素（thyroxine，T4）脱碘变为有生物活性的三碘甲状腺原氨酸（triiodothyronine，T3）。切除 SCN 消除了上述研究所有脑区的这种节律（Kalsbeek et al. 2005）。这些结果表明，不同脑区的三碘甲状腺原氨酸生物利用度可能具有 SCN 驱动的昼夜节律。然而，我们实验室最近开发的固相液相色谱/串联质谱（SPE LC-MS/MS）方法用于测定组织样本中的甲状腺激素及其代谢物（Ackermans et al. 2012），尚未应用于证明脑组织中的这种情况。

在 20 世纪 90 年代初报道，使用频繁的血液采样，人类促甲状腺激素（TSH）分泌的昼夜变化，在白天血浆促甲状腺激素水平低，在下午或傍晚升高并在睡眠的开始期间到达顶峰，即所谓的夜间促甲状腺激素激增。血浆 TSH 在睡眠后期再次下降，达到早晨醒来后的白天值。事实上，只有在发现睡眠抑制作用后，显著的 TSH 昼夜节律才变得明显（Allan and Czeisler 1994；Brabant et al. 1990）。除了这种昼夜节律之外，Parker 等首次报道了健康人群受试者表现出明显的每 1～3 小时脉冲 1 次的短日节律（ultradian rhythm）（Parker et al. 1976）。后来的研究利用 10 分钟的时间间隔采样、敏感的促甲状腺激素检测和定量分析证实，促甲状腺激素释放的超日节律表现为高频率（每小时大约 10 次脉冲）和低振幅（0.4 mU/L）的脉冲模式，叠加在低频高振幅（1 mU/L）的促甲状腺激素昼夜节律之上。调节人类促甲状腺激素释放的昼夜节律和脉冲节律的机制尚不完全了解。除了下丘脑和垂体的甲状腺激素 T4 和 T3 的负反馈作用之外，促甲状腺激素分泌是由在室旁核的下丘脑神经肽促甲状腺激素释放激素刺激作用和中枢的多巴胺能（dopaminergic）和生长抑素能（somatostatinergic）的抑制作用所控制。尽管在血浆促甲状腺激素水平昼夜变化明显，人类血浆甲状腺激素 T4 和 T3 浓度的昼夜节律或睡眠相关节律并不明显（Greenspan et al. 1986）。虽然这可能反映促甲状腺激素在夜间生物活性降低的分子的变化，动物实验研究表明甲状腺敏感度随生物钟时间的改变可能是另一种解释（Kalsbeek et al. 2000b）。另外，颈椎神经功能的完全损伤并未破坏促甲状腺激素或皮质醇（cortisol）分泌的昼夜节律，但导致了血浆褪黑激素的节律的完全丧失（Zeitzer et al. 2000）。虽然促甲状腺激素和甲状腺激素昼夜节律没有明显的性别差异（Roelfsema et al. 2009），但与啮齿类动物所观察到的相反，有几种生理（Behrends et al. 1998）和病理状况会改变促甲状腺激素的节律。Bartalena 等（1990）报道重度抑郁症患者缺乏促甲状腺激素夜间激增，提示下丘脑促甲状腺激素释放激素（TRH）在抑郁症下丘脑–垂体–甲状腺（HPT）轴变化的病理机制中起作用。尸检研究的观察结果支持这种观点，即相比没有精神病的受试者，重度抑郁症患者在室旁核促甲状腺激素释放激素的 mRNA 表达显著下降（Alkemade et al. 2003）。在许多其他非甲状腺疾病中，也发现了促甲状腺激素夜间激增降低或消失，独立于血浆甲状腺激素浓度或垂体对促甲状腺激素释放激素的反应（Romijn and Wiersinga 1990），而这可能又意味着下丘脑因素在起作用。在重症监护室（intensive care unit，ICU）接受长期治疗的危重病患者表现出明显降低的促甲状腺激素脉冲，完全消失的促甲状腺激素夜间激增以及减弱的促甲状腺激素脉冲振幅度（Van Den Berghe et al. 1997）。促甲状腺激素脉冲性分泌的减少与血清 T3 浓度较低有关，这与长期危重病期间甲状腺激素分泌减少可能至少部分地由神经内分泌引起的观点一致。这一点通过对患者室旁核的尸检调查得到证实，这些患者在死亡前的血清甲状腺激素浓度经过评估，显示长期重症患者促甲状腺激素释放激素的 mRNA 表达降低与血清促甲状腺激素密切相关（Fliers et al. 1997）。重症监护室的临床研究也支持下丘脑促甲状腺激素释放激素在促甲状腺激素释放减少中的重要作用，表明对长期重症患者连续施用促甲状腺激素释放激素，能部分恢复促甲状腺激素以及 T4 和 T3 的血清浓度（Van Den Berghe et al. 1998；Fliers et al. 2001）。

除了重症疾病外，各种内分泌疾病包括皮质醇增多症（hypercortisolism）中促甲状腺激素夜间激增也减少（Bartalena et al. 1991）。最近的一项在原发性甲状腺功能减退症（primary hypothyroidism）患者中的研究表明，大多数患者的促甲状腺激素昼夜节律持续，峰值相位提前；而随着突发分泌量增加而突发频率不变，基础性和脉冲性促甲状腺激素分泌率均增加（Roelfsema et al. 2010）。在中枢性甲状腺功能减退症（central hypothyroidism）中观察到促甲状腺激素夜间升高的绝对值和相对值均较低（Adriaanse et al. 1992）。同样，生理状况也可能影响促甲状腺激素的节律。两个明确的例子就是禁食期间促甲状腺激素夜间激增减少，促甲状腺激素脉冲幅度降低和脉冲频率不变（Romijn et al. 1990）；以及睡眠剥夺的首夜促甲状腺激素激增加大（Goichot et al. 1998）。

7. 血糖和糖调节激素的昼夜节律

根据针对棕色和白色脂肪组织、胰腺、胃、心脏和肠的一系列逆向病毒示踪

（retrograde viral tracing）的研究，类似之前所讨论的视交叉上核（SCN）控制肾上腺、松果体和卵巢的规律也适用于其他外周组织（Buijs et al. 2001；Bartness et al. 2001；Scheer et al. 2001；Kreier et al. 2006），特别是涉及能量代谢的组织。在此基础上，我们假设 SCN 为使我们身体为睡眠和清醒的交替时段做好准备，将部分地通过其与下丘脑前自主神经元的连接，来控制自主神经输入到这些外周器官的交感神经-副交感神经平衡的每日设置。事实上，在第一批的病毒示踪实验中，我们能够清楚地区分那些控制自主神经系统的交感神经和副交感神经分支的前自主神经神经元，直至下丘脑中二级神经元的水平（La Fleur et al. 2000；Buijs et al. 2001；Kalsbeek et al. 2004）。随后，我们研究了是否有单一的生物钟神经元组专用于控制这些交感神经和副交感神经前自主神经元；换句话说，SCN 内控制自主神经系统的交感神经和副交感神经分支的神经元是否也清楚地分开。通过结合双病毒示踪和选择性器官去神经（denervation）的研究，我们可以证明前交感神经元和前副交感神经元的分开在 SCN 水平已经开始（Buijs et al. 2003）。这种高度分化使 SCN 能够根据一天中的时间点，以独特方式平衡自主神经系统（ANS）中两个分支的活性。然而，尽管这些神经解剖数据描绘了 SCN 可能控制能量代谢和自主神经平衡的美好蓝图，但是最大的问题仍然是这个神经解剖学蓝图是否，如果是的话，在多大程度上具有功能意义。

为了研究视交叉上核（SCN）控制自主神经系统（ANS）中副交感神经分支是否和前面所描述的控制交感神经分支相似，我们着重关注血浆中葡萄糖浓度的昼夜节律。维持稳定的血糖水平是身体中正常生理必不可少的，尤其是对中枢神经系统（CNS）来说，因为中枢神经系统既不能合成也无法储存大脑能源所需的葡萄糖。肝脏通过平衡葡萄糖进入循环系统和从循环系统中排出的过程，在维持最佳葡萄糖水平方面起着关键作用。从下丘脑和时间生物学角度来看，肝脏葡萄糖生产特别有趣，这是因为输入到肝脏的交感神经和副交感神经均明显参与调节葡萄糖代谢（Shimazu 1987；Nonogaki 2000；Puschel 2004），而且生物钟对肝脏中的葡萄糖代谢的控制很强（Kita et al. 2002；Akhtar et al. 2002；Oishi et al. 2002）。采用下丘脑局部施用 γ-氨基丁酸和谷氨酸受体激动剂或拮抗剂，我们探讨了自主神经系统活动变化对血浆中血糖和胰岛素浓度每日控制的作用。事实证明，血糖浓度昼夜节律的控制是按照非常类似于上述视交叉上核控制褪黑激素昼夜节律释放的机制而进行的（图 8.5），即节律性 γ-氨基丁酸能神经输入和连续的谷氨酸能刺激对室旁核（PVN）内肝脏专用交感前自主神经元的联合作用（Kalsbeek et al. 2004，2008a）。肝脏专用和松果体专用前自主神经元之间主要的区别似乎是 GABAergic 神经输入的一天内时间上的不同。在松果体专用前自主神经中，抑制性输入是在光照期的大部分时间内存在且在 ZT6 达到峰值；而肝脏专用前自主神经元的 GABAergic 抑制则在 ZT2 左右达到峰值。出乎意料的是，没有明确的证据发现自主神经系统的副交感神经分支也参与其中；而我们以前的去神经支配研究清楚地显示，在肝脏副交感神经去神经支配的动物中血糖昼夜节律同样被打乱（Cailotto et al. 2008）。

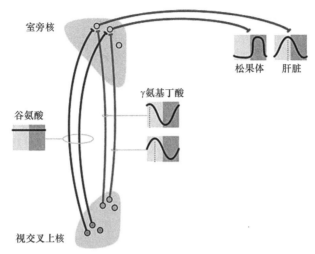

图 8.5　视交叉上核 γ-氨基丁酸能和谷氨酸能神经元群的昼夜活动模式示意图，这些神经元参与自主神经元控制松果体褪黑激素释放和肝脏葡萄糖产生的昼夜节律

为了控制褪黑激素释放和葡萄糖产生的昼夜节律，视交叉上核似乎均匀依赖于连续的谷氨酸能和节律的 γ-氨基丁酸能输入到交感前自主神经元同样的机制。然而，褪黑激素和葡萄糖产生的峰值时间差异，表明不同 γ-氨基丁酸能神经元应与不同的松果体专用和肝脏专用的前自主神经元接触，即松果体与肝脏各自有不同的交通信号灯。与高度分化的视交叉上核的作用方式一致，病毒追踪研究表明，视交叉上核不同神经元接触腹部与皮下脂肪隔室（Kreier 2005）

血浆葡萄糖浓度一方面由肠道和肝脏的葡萄糖流入（influx），另一方面由大脑、肌肉和脂肪组织对葡萄糖的吸收流出（efflux）而共同决定。为了更详细地研究刚才描述的视交叉上核输出机制如何通过糖调节机制导致觉醒时血糖浓度升高，我们首先在大鼠体内进行了一系列静脉葡萄糖耐受性和胰岛素敏感性试验。令我们吃惊的是，这些研究表明，葡萄糖耐受性和胰岛素敏感性在黑暗期开始时达到峰值（La Fleur 2003）。因此，在睡眠期结束时，血糖浓度的升高不能用光 / 暗（L/D）循环期间葡萄糖摄取减少来解释。这些研究还表明，葡萄糖产生应该在睡眠期结束时增加，以补偿葡萄糖摄取的增加并解释血浆葡萄糖浓度的升高。我们继续将下丘脑输注与全身输注稳定同位素标记的葡萄糖相结合。利用稳定同位素标记的葡萄糖使我们能够区分葡萄糖产生和葡萄糖摄取的变化。这些实验表明，在下丘脑背内侧核外侧的穹窿周围区（perifornical area，PF）注射荷包牡丹碱（bicuculline）——一种 γ-氨基丁酸-A 受体（GABA$_A$ receptor）拮抗剂——可导致肝脏葡萄糖产量显著增加，并且强烈激活该区域含有食欲素（orexin）神经元，但不是黑色素浓缩激素（melanin-concentrating hormone，MCH）神经元（Yi et al. 2009）。随后研究表明，脑室内（intracerebroventricular，ICV）同时施用食欲素拮抗剂可

以阻止荷包牡丹碱的高血糖作用，而食欲素神经纤维能够影响投射到肝脏的脊髓的中间外侧核（IML）交感神经节前的神经元（Van Den Top et al. 2003；Yi et al. 2009）。先前我们已经证明，局灶阻断（focal blockade）γ-氨基丁酸能神经传导的高血糖作用在很大程度上取决于一天中不同时间（Kalsbeek et al. 2008a），表明视交叉上核控制该过程。事实上，使用与我们非常相似的方法，Alam 等已经表明，下丘脑穹窿周围区食欲素神经元在睡眠期间受到增强的内源性 GABAergic 抑制（Alam et al. 2005）。由于食欲素呈现显著的节律性释放（Zeitzer et al. 2003；Zhang et al. 2004），我们假设食欲素是生物钟和血浆葡萄糖浓度昼夜节律之间的主要连接。为了检验这个假说，我们测量了无限制进食（*ad libitum* feed）的动物在光照期后半段和黑暗期前几个小时内，即在血糖昼夜节律上升阶段的葡萄糖出现率（Ra）。我们将这些测量与食欲素拮抗剂或对照液体的脑室内灌注相结合。实验结果表明食欲素系统在生物钟控制血糖昼夜节律稳态中的重要作用，因为脑室注射食欲素拮抗剂阻断了每日黄昏时间葡萄糖水平的增加。因此，下丘脑穹窿周围区食欲素神经元似乎将来自视交叉上核的节律性 GABAergic 和谷氨酸能信号转化为每天对肝脏交感神经输入的激活，导致睡眠期结束时肝脏葡萄糖产生的增加，从而预示新的觉醒期到来（图 8.6）。值得注意的是，最近的一项研究表明食欲素能通过下丘脑腹内侧核（ventromedial nucleus of the hypothalamus，VMH）和交感神经系统

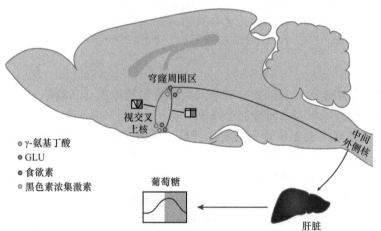

图 8.6　大鼠大脑中矢状视图显示假设的食欲素神经元参与自主神经控制肝脏葡萄糖产生的昼夜节律

（1）来自视交叉上核生物钟的谷氨酸能和 γ-氨基丁酸能神经投射支配穹窿周围区（perifornical area，PF）的食欲素神经元。在光照期的主要部分，释放抑制性神经递质 γ-氨基丁酸（这些输入的昼夜活动形式由神经投射旁黄色和蓝色框内的线条所示），阻止刺激性谷氨酸能输入激活食欲素神经元。γ-氨基丁酸能输入的节律性撤回，允许食欲素神经元在黑暗期开始时活跃起来。（2）随后，食欲素在脊髓中间外侧核的前神经节神经元的兴奋性效应（3）会激活肝脏的交感神经输入，并导致肝脏葡萄糖产生的上升。食欲素也能通过作用于下丘脑腹内侧核并由交感神经系统介导（Shiuchi 2009），刺激骨骼肌的葡萄糖摄取；但仍不清楚这些信息如何从下丘脑腹内侧核传输到自主神经系统，因此这一作用并没有置入图中

刺激肌肉摄取葡萄糖（Shiuchi et al. 2009）。因此，在活动期开始时，食欲素可能是视交叉上核控制葡萄糖生成和葡萄糖摄取同时增加的重要连接（La Fleur 2003）。总之，这些结果共同表明，由于光照期结束时食欲素系统的抑制解除，视交叉上核不仅促进了觉醒，也导致内源性葡萄糖产生的增加，从而确保动物醒来时足够的血糖浓度。其他研究也表明食欲素系统的节律性活动很可能也参与调控觉醒时心血管系统活动的增加（Shirasaka et al. 1999；Zhang et al. 2009）。

进餐引起的胰岛素反应（Kalsbeek and Strubbe 1998）、肠道葡萄糖摄取（Houghton et al. 2006）、呼吸功能（Bando et al. 2007）和心脏迷走神经活动标记物等（Burgess et al. 1997；Hilton et al. 2000；Scheer et al. 2004a）的昼夜变化，明显地表明自主神经系统的副交感神经分支也受生物钟计时系统控制。使用下丘脑内注射，我们能够证明副交感神经的前自主神经元活动的昼夜变化还涉及 γ 氨基丁酸能和谷氨酸能神经输入组合的联合作用（Kalsbeek et al. 2008a）。通过从视交叉上核传出神经向室旁核释放的 γ-氨基丁酸昼夜节律抑制交感神经和副交感神经的前自主神经神经元，是一个普遍的原则。然而，在生物钟控制交感和副交感前自主神经元的主要区别似乎是兴奋性谷氨酸能神经输入的来源。视交叉上核损伤的研究证明松果体专用的交感神经前自主神经元的兴奋性输入来自视交叉上核神经元（Perreau-Lenz et al. 2003），而胰腺专用的副交感神经前自主神经元的谷氨酸能输入并非来自视交叉上核神经元（Strubbe et al. 1987）。目前尚不清楚胰腺专用的副交感神经前自主神经元的谷氨酸能输入来自大脑哪些区域，但可能的候选是下丘脑腹内侧核（VMH）和弓状核（图 8.7）。

8. 血浆中脂肪因子的昼夜节律

脂肪组织是人体最大的器官之一。在瘦人中，它可以占到体重的5%，而在病态肥胖者中，它可以占到50%以上。在哺乳动物中，有两种主要的、功能不同的脂肪组织：棕色脂肪组织（BAT）和白色脂肪组织（WAT）。这两种脂肪组织都有以甘油三酯形式存储脂肪的能力，但它们的用途不同。白色脂肪组织产生热量并在非颤抖产热中起着重要的作用；而棕色脂肪组织除了作为重要器官的机械和热保护以及重要的长期能源储备之外，还分泌多种蛋白从而影响止血（haemostasis）、血压、免疫功能、血管生成，以及能量平衡等多种生理过程（Christodoulides et al. 2009）。

肥胖的特征是脂肪组织中甘油三酯过度积累，由倾向于脂肪储存而不是脂肪移动的脂肪酸吸收和释放的最终平衡所决定。交感纤维在脂肪组织中丰富的神经支配是众所周知的，而这些纤维的激活与脂肪分解的增强有关（Weiss and Maickel 1968）。直到几年前，人们还认为脂肪组织没有副交感神经支配，而脂肪生成仅仅是由激素、游离脂肪酸的大规模作用和交感神经减弱所控制。鉴于脂肪形成和脂肪分解之间的这种平衡的重要性，以及视交叉上核（SCN）控制其他器官的交感

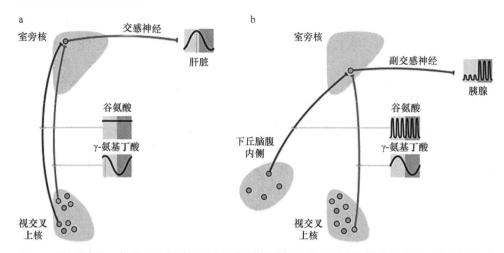

图 8.7　下丘脑的 γ-氨基丁酸能神经元和谷氨酸能神经元昼夜活动的模式示意图，这些神经元
参与自主神经元控制肝脏葡萄糖产生（a）和摄食引起的胰岛素释放（b）的昼夜节律

类似于之前提出的生物钟控制交感神经前自主神经元（a），生物钟控制副交感神经前自主神经元似乎也依赖
于谷氨酸能和 γ-氨基丁酸能输入的结合（b）。然而，对这两种神经元，γ-氨基丁酸能节律性输入来源于视交叉上核；
而谷氨酸能输入的来源则似乎不同，即视交叉上核对应交感神经前自主神经元，而视交叉上核以外脑区则对应副
交感神经自主神经元。图中，下丘脑腹内侧核（VMH）是最有可能的谷氨酸能输入的来源，但现在相关实验证据
依然缺乏。并且，来自视交叉上核（SCN）的交感神经前自主神经元的谷氨酸能输入推测是连续的，而来自下丘
脑腹内侧核（VMH）的副交感神经前自主神经元的谷氨酸能输入推测则是依赖于摄食活动

神经和副交感神经平衡的能力，我们重新研究了脂肪组织中副交感神经输入是否
存在。这将允许我们检验视交叉上核通过自主神经系统控制脂肪合成和分解平衡
的可能性。事实上，正如先前报道的那样（Bamshad et al. 1998），一开始我们发现
WAT 中只有稀疏的副交感神经输入。然而，将病毒追踪技术与靶向脂肪垫的事先
选择的交感神经去支配相结合，可明显地标记脑干中的副交感运动神经元（Kreier
et al. 2002）。目前尚不清楚是什么原因导致副交感神经输入的可视性提高，但一种
可能性是，只有在去除更有活性的交感神经纤维时，副交感神经纤维才暴露于病
毒；因为以前的研究已经表明，病毒示踪可以被神经活动所调制（Lee and Erskine
2000）。虽然目前还没有人能够再展示 WAT 中副交感神经支配，但是这些观察结
果为早期的人类微透析药理学研究提供了神经解剖学基础，这些研究显示胆碱能
对脂肪分解的影响（Andersson and Arner 1995）以及最近发现大鼠脂肪细胞中功
能性乙酰胆碱受体（acetylcholine receptor）（Liu et al. 2004；Yang et al. 2009）。此
外，我们自己的功能性研究为这种脂肪组织副交感神经支配的合成代谢功能提供
了明确的证据。正常血糖高胰岛素钳夹（euglycemic hyperinsulinemic clamp）技术
研究发现，由于选择性去除副交感神经输入可导致胰岛素介导的葡萄糖和游离脂
肪酸（free fatty acid，FFA）摄取减少 30% 以上。另外，在去神经支配的脂肪组织
中，没有副交感神经输入，分解代谢酶激素敏感性脂肪酶（hormone-sensitive lipas，

HSL）的活性增加了 51%（Kreier et al. 2002）。随后用两种不同的伪狂犬病病毒（PRV）示踪病毒和脂肪组织选择性去神经支配的研究，表明下丘脑包括视交叉上核中同时存在"交感神经"和"副交感神经"脂肪神经元（Kreier 2005）。因此，这些结果提供了明确的证据，表明视交叉上核也可以利用自主神经系统来增强脂肪组织内分泌和代谢功能的昼夜节律。

如上所述，WAT 主要是通过分泌脂肪因子来调节食欲、食物摄入、葡萄糖清除和能量消耗等，在能量代谢的调节中也起着核心作用（Wang et al. 2008）。脂肪因子是由脂肪细胞和白色脂肪组织的血管基质部分（stromavascular fraction）所分泌。最初，术语"脂肪因子"被提出来专门描述从脂肪细胞分泌的细胞因子。然而，随着在脂肪组织中发现多种类型细胞还分泌细胞因子以外的其他蛋白质，"脂肪因子"这个术语目前被广泛用来描述脂肪组织所分泌的各种蛋白质（Stryjecki and Mutch，2011；Wang et al. 2008）。近年来已经发表了有关脂肪因子代谢功能的大量综述（Halberg et al. 2008；Trujillo and Scherer 2006；Poulos et al. 2010；Maury and Brichard 2010）。像大多数其他组织一样，WAT 的基因表达呈现昼夜节律（Ando et al. 2005；Ptitsyn et al. 2006）。事实上，人类和实验动物 WAT 中由关键酶脂蛋白脂肪酶（lipoprotein lipase，LPL）介导的脂肪积累和激素敏感性脂肪酶（HSL）介导的脂肪移动都呈现清晰的昼夜节律（Hems et al. 1975；Cornish and Cawthorne 1978；Bergö et al. 1996；Hagström-Toftt et al. 1997；Benavides et al. 1998）。此外，许多脂肪因子包括瘦素（leptin）的血浆循环水平以及它们在脂肪细胞中 mRNA 水平都呈现明显的昼夜节律。

瘦素是由脂肪组织以体脂量成比例地分泌的一种激素，可将脂肪储存信息传递至大脑。高水平的瘦素信号表明饱腹感并减少食物摄入量，而低水平的瘦素则会刺激食物摄取（Schwartz et al. 2000）。血浆瘦素通过下丘脑对食物摄入和能量消耗的影响来调节体重的发现，代表了我们对能量稳态所涉及系统的神经解剖和分子成分认识的重大突破（Farooqi 2011）。因为发现了这个以前未知的内分泌系统，Coleman 和 Friedman 获得 2010 年度阿尔伯特·拉斯克（Albert Lasker）基础医学研究奖（Flier and Maratos-Flier 2010）。

到目前为止，许多研究表明血浆瘦素水平呈现昼夜波动（Simon et al. 1998；Kalsbeek et al. 2001；Gavrila et al. 2003；Shea et al. 2005）。已经表明，血浆瘦素水平不仅受脂肪量和生物钟调节，也被进食调控，而长时间的禁食则会消除瘦素节律（Elimam and Marcus 2002）。然而，在恒定和连续的进食条件下，瘦素的昼夜节律持续存在，这表明生物钟在饲养条件下调节瘦素水平中发挥了作用（Simon et al. 1998；Kalsbeek et al. 2001）。在健康的志愿者中，行为和内源性生物钟之间失调会导致瘦素总体水平降低（Scheer et al. 2009），表明瘦素对内源生物钟的响应独立于进食等行为因素。虽然视交叉上核损伤会消除瘦素的昼夜节律性（Kalsbeek et al. 2001），但培养的脂肪细胞仍然能表现出瘦素 mRNA 的节律性表达，这意味着内源性生物钟仍然在脂肪细胞中发挥调节作用（Brown and Azzi，2013；Bass 2013；Otway et al. 2009）。除了被生物钟调控之外，瘦素还可以作为生物钟输入信号。瘦素受体在视交叉上核细胞中表达，并且在体外，瘦素可以使视交叉上核相位前移（Prosser and Bergeron 2003）。总而言之，瘦素是进食信号、代谢状态和生物钟之间相互作用的关键因素。

除了瘦素以外，还有其他一些脂肪因子也呈现明显的昼夜节律。脂联素（adiponectin）是一种脂肪因子，通过增加脂肪酸氧化和增强胰岛素介导的抑制肝脏糖异生，参与糖脂代谢，从而促进胰岛素敏感性（Barnea et al. 2010）。有趣的是，虽然脂联素是由脂肪组织产生，但其血清水平和白色脂肪组织基因表达在肥胖和在高脂肪喂食的动物中降低（Barnea et al. 2010；Boucher et al. 2005；Turer et al. 2011）。在体外和体内，脂联素均呈现明显的昼夜节律（Scheer et al. 2010；Barnea et al. 2010；Otway et al. 2009；Gavrila et al. 2003；Garaulet et al. 2011），人类脂联素表达低谷在晚上，而大鼠脂联素表达低谷则在白天（Scheer et al. 2010；Oliver et al. 2006）。脂联素的节律在瘦人中不由进食/禁食循环所驱动（Scheer et al. 2010）。保持褪黑激素节律的 $Clock^{\Delta19}$ + Mel 小鼠（$Clock^{\Delta19}$ + Mel）显示附睾白色脂肪组织（epididymal white adipose tissue，eWAT）脂联素基因表达增加，相比 $Clock^{\Delta19}$ 小鼠，$Clock^{\Delta19}$ + Mel 小鼠可能有助于改善胰岛素抵抗（Kennaway et al. 2011）。

抵抗素（resistin）是白色脂肪组织诸如啮齿类动物的脂肪细胞或人类的巨噬细胞中产生的一种细胞因子，并且是 2 型糖尿病和心血管疾病的潜在介导因子（Ando et al. 2005；Oliver et al. 2006；Rajala et al. 2004；Schwartz and Lazar，2011），其在肥胖女性网膜和皮下 WAT 的表达率较高（Fain et al. 2003）。抵抗素 mRNA 在大鼠的几种 WAT 隔室中呈现节律性表达，并在黑暗后期或光照早期达到峰值（Oliver et al. 2006）。禁食使抵抗素下调，而重新进食使抵抗素上调（Oliver et al. 2006）。然而，在肥胖和高脂肪喂养的小鼠中，抵抗素基因表达水平在 WAT 中下降（Boucher et al. 2005）。相比白天工作的对照组，轮班倒班工人血浆抵抗素水平升高（Burgueño et al. 2010）。

内脂素（visfatin）是由脂肪组织、骨骼肌、肝脏和免疫细胞产生的一种多功能蛋白，也被称为烟酰胺磷酸核糖基转移酶（NAMPT）或前 B 细胞集落增强因子（pre-B-cell colony-enhancing factor，PBEF）。研究发现 2 型糖尿病和肥胖中循环的内脂素水平升高（Fukuhara et al. 2005；Chen et al. 2006；Hallschmid et al. 2009；Berndt et al. 2005）。在啮齿类动物，内脂素的表达在白色脂肪组织以及在脂肪细胞和肝细胞中呈现昼夜节律（Ando et al. 2005；Ramsey et al. 2009），而且在人类循环血浆中也呈现清晰的昼夜节律（Benedict et al. 2012）。因为睡眠长度也能够影响血浆内脂素水平（Hayes et al. 2011；Benedict et al. 2012），所以内脂素被认为可能调节睡眠剥夺对代谢的不良作用。

9. 未来展望

现在普遍认为，视交叉上核（SCN）是包括人在内的哺乳动物调节昼夜节律的主要神经结构。目前关键问题是增强视交叉上核信号是否可以缓解诸如胰岛素抵抗、肥胖和高血压等病状。通过减轻高血压患者血压升高的实验研究是展示这种方法既有趣又有用的实例，即在一项随机、双盲以及安慰剂对照的交叉研究中，16 例未经治疗的原发高血压患者口服褪黑激素，每天睡前 1h，2.5mg；连续 3周。重复服用褪黑激素导致动态收缩压和动态舒张压分别降低 6mmHg 和 4mmHg（Scheer et al. 2004b）。

第二个例子是也是"自然实验"，即衰老，80 ～ 100 岁受试者血管加压素神经元数量明显减少（Swaab et al. 1985；Harper et al. 2008）；而且 50 岁以上的受试者视交叉上核中血管加压素含量昼夜节律趋于平缓（Hofman and Swaab 1994）。此外，众所周知，腹部肥胖和 2 型糖尿病的增加与年龄有关。如同节律性褪黑激素治疗高血压患者，长期全天光照治疗的老年人改善了痴呆症的认知和非认知症状（Riemersma-Van Der Lek et al. 2008），虽然目前尚未研究有关代谢特征。

有趣的是，衰老和高血压中视交叉上核神经递质的免疫反应丧失可能不是由于神经元的丧失，而是由于这些神经元活动的降低。因此，增强对视交叉上核节律性输入信号可能是重振视交叉上核平缓又混乱输出的重要途径。因此，每日的褪黑激素治疗和每日的光照治疗可能有助于通过增强生物钟功能改善昼夜节律的行为。第三个治疗策略可能是每日的锻炼，这的确是一个改善葡萄糖耐受性非常有效的方法。虽然上述实验能带来的治疗策略可以抵消视交叉上核长期去同步化的输出对健康不利的影响，但它们可能不适用于倒班工人，因为倒班工人的生物钟失调在不断地变动。倒班工人在工作日被迫转变自己的睡眠-觉醒节律以满足工作的需求，而他们在休息日则恢复到正常白天活动常规以满足社会生活的需要。因此，如果我们要提出能够将生物钟失调的不利影响降到最低的行为策略，那么很有必要开展进一步的研究来确定内部去同步化的具体机制（Roenneberg et al. 2013）。

（刘陶乐　王　晗　译）

参 考 文 献

Ackermans MT, Kettelarij-Haas Y, Boelen A, Endert E (2012) Determination of thyroid hormones and their metabolites in tissue using SPE UPLC-tandem MS. Biomed Chromatogr 26(4): 485–490

Adriaanse R, Romijn JA, Endert E, Wiersinga WM (1992) The nocturnal thyroid-stimulating hormone surge is absent in overt, present in mild primary and equivocal in central hypothyroidism. Acta Endocrinol 126: 206–212

Akhtar RA, Reddy AB, Maywood ES, Clayton JD, King VM, Smith AG, Gant TW, Hastings MH, Kyriacou CP (2002) Circadian cycling of the mouse liver transcriptome, as revealed by cDNA microarray, is driven by the suprachiasmatic nucleus. Curr Biol 12: 540–550

Alam MN, Kumar S, Bashir T, Suntsova N, Methippara MM, Szymusiak R, McGinty D (2005) GABA-mediated control of hypocretin- but not melanin-concentrating hormone-immunoreactive neurones during sleep in rats. J Physiol 563: 569–582

Alexander LD, Sander LD (1994) Vasoactive intestinal peptide stimulates ACTH and corticosterone release after injection into the PVN. Regul Pept 51: 221–227

Alkemade A, Unmehopa U, Brouwer JP, Hoogendijk WJ, Wiersinga WM, Swaab DF, Fliers E (2003) Decreased thyrotropin-releasing hormone gene expression in the hypothalamic paraventricular nucleus of patients with major depression. Mol Psychiatry 8: 838–839

Allan JS, Czeisler CA (1994) Persistence of the circadian thyrotropin rhythm under constant conditions and after light-induced shifts of circadian phase. J Clin Endocrinol Metab 79: 508–512

Andersson K, Arner P (1995) Cholinoceptor-mediated effects on glycerol output from human adipose tissue using in situ microdialysis. Br J Pharmacol 115: 1155–1162

Ando H, Yanagihara H, Hayashi Y, Obi Y, Tsuruoka S, Takamura T, Kaneko S, Fujimura A (2005) Rhythmic messenger ribonucleic acid expression of clock genes and adipocytokines in mouse visceral adipose tissue. Endocrinology 146: 5631–5636

Axelrod J (1974) The pineal gland: a neurochemical transducer. Science 184: 1341–1348

Badura LL, Kelly KK, Nunez AA (1989) Knife cuts lateral but not dorsal to the hypothalamic paraventricular nucleus abolish gonadal responses to photoperiod in female hamsters (Mesocricetus auratus). J Biol Rhythms 4: 79–91

Bamshad M, Aoki VT, Adkison MG, Warren WS, Bartness TJ (1998) Central nervous system origins of the sympathetic nervous system outflow to white adipose tissue. Am J Physiol 275: R291–R299

Bando H, Nishio T, van der Horst GT, Masubuchi S, Hisa Y, Okamura H (2007) Vagal regulation of respiratory clocks in mice. J Neurosci 27: 4359–4365

Barassin S, Kalsbeek A, Saboureau M et al (2000) Potentiation effect of vasopressin on melatonin secretion as determined by trans-pineal microdialysis in the rat. J Neuroendocrinol 12: 61–68

Bargman W (1943) Die epiphysis cerebri. In: Von MW (ed) Handbuch der Miskroskopischen Anatomie des Menschen. Springer, Berlin, pp 338–502

Barnea M, Madar Z, Froy O (2010) High-fat diet followed by fasting disrupts circadian expression of adiponectin signaling pathway in muscle and adipose tissue. Obesity 18: 230–238

Bartalena L, Placidi GF, Martino E, Falcone M, Pellegrini L, Dell'Osso L, Pacchiarotti A, Pinchera A (1990) Nocturnal serum thyrotropin (TSH) surge and the TSH response to TSHreleasing hormone: dissociated behavior in untreated depressives. J Clin Endocrinol Metab 71: 650–655

Bartalena L, Martino E, Petrini L, Velluzzi F, Loviselli A, Grasso L, Mammoli C, Pinchera A (1991) The nocturnal serum thyrotropin surge is abolished in patients with adrenocorticotropin (ACTH)-dependent or ACTH-independent Cushing's syndrome. J Clin Endocrinol Metab 72: 1195–1199

Bartness TJ, Song CK, Demas GE (2001) SCN efferents to peripheral tissues: implications for biological rhythms. J Biol Rhythms 16: 196–204

Bass J (2013) Circadian clocks and metabolism. In: Kramer A, Merrow M (eds) Circadian clocks, vol 217, Handbook of experimental pharmacology. Springer, Heidelberg

Behrends J, Prank K, Dogu E, Brabant G (1998) Central nervous system control of thyrotropin secretion during sleep and wakefulness. Horm Res 49: 173–177

Benavides A, Siches M, Llobera M (1998) Circadian rhythms of lipoprotein lipase and hepatic lipase activities in intermediate metabolism of adult rat. Am J Physiol 275: R811–R817

Benedict C, Shostak A, Lange T, Brooks SJ, Schiöth HB, Schultes B, Born J, Oster H, Hallschmid M (2012) Diurnal rhythm of circulating nicotinamide phosphoribosyltransferase (Nampt/Visfatin/PBEF): impact of sleep loss and relation to glucose metabolism. J Clin Endocrinol Metab 97(2): E218–E222

Bergö M, Olivecrona G, Olivecrona T (1996) Diurnal rhythms and effects of fasting and refeeding on rat adipose tissue lipoprotein lipase. Am J Physiol 271: E1092–E1097

Berk ML, Finkelstein JA (1981) An autoradiographic determination of the efferent projections of the suprachiasmatic nucleus of the hypothalamus. Brain Res 226: 1–13

Berndt J, Klöting N, Kralisch S, Kovacs P, Fasshauer M, Schön MR, Stumvoll M, BlüherM(2005) Plasma visfatin concentrations and fat depot-specific mRNA expression in humans. Diabetes 54: 2911–2916

Bittman EL, Crandell RG, Lehman MN (1989) Influences of the paraventricular and suprachiasmatic nuclei and olfactory bulbs on melatonin responses in the golden hamster. Biol Reprod 40: 118–126

Bos NPA, Mirmiran M (1990) Circadian rhythms in spontaneous neuronal discharges of the cultured suprachiasmatic nucleus. Brain Res 511: 158–162

Boucher J, Daviaud D, Valet P (2005) Adipokine expression profile in adipocytes of different mouse models of obesity. Horm Metab Res 37: 761–767

Bowers CW, Baldwin C, Zigmond RE (1984) Sympathetic reinnervation of the pineal gland after postganglionic nerve lesion does not restore normal pineal function. J Neurosci 4: 2010–2015

Brabant G, Prank K, Ranft U, Schuermeyer T, Wagner TO, Hauser H, Kummer B, Feistner H, Hesch RD, von zur Muhlen A (1990) Physiological regulation of circadian and pulsatile thyrotropin secretion in normal man and woman. J Clin Endocrinol Metab 70: 403–409

Brown SA, Azzi A (2013) Peripheral circadian oscillators in mammals. In: Kramer A, Merrow M (eds) Circadian clocks, vol 217, Handbook of experimental pharmacology. Springer, Heidelberg

Buhr ED, Takahashi JS (2013) Molecular components of the mammalian circadian clock. In: Kramer A, Merrow M (eds) Circadian clocks, vol 217, Handbook of experimental pharmacology. Springer, Heidelberg

Buijs RM, Kalsbeek A (2001) Hypothalamic integration of central and peripheral clocks. Nat Rev Neurosci 2: 521–526

Buijs RM, Van Eden CG (2000) The integration of stress by the hypothalamus, amygdale and prefrontal cortex: balance between the autonomic nervous system and the neuroendocrine system. Prog Brain Res 126: 117–132

Buijs RM, Hou YX, Shinn S, Renaud LP (1994) Ultrastructural evidence for intra- and extranuclear projections of GABAergic neurons of the suprachiasmatic nucleus. J Comp Neurol 340: 381–391

Buijs RM, Wortel J, Van Heerikhuize JJ, Feenstra MGP, Ter Horst GJ, Romijn HJ, Kalsbeek A (1999) Anatomical and functional demonstration of a multisynaptic suprachiasmatic nucleus adrenal (cortex) pathway. Eur J Neurosci 11: 1535–1544

Buijs RM, Chun SJ, Niijima A, Romijn HJ, Nagai K (2001) Parasympathetic and sympathetic control of the pancreas: a role for the suprachiasmatic nucleus and other hypothalamic centers that are involved in the regulation of food intake. J Comp Neurol 431: 405–423

Buijs RM, la Fleur SE, Wortel J, Van Heijningen C, Zuiddam L, Mettenleiter TC, Kalsbeek A, Nagai K, Niijima A (2003) The suprachiasmatic nucleus balances sympathetic and parasympathetic output to peripheral organs through separate preautonomic neurons. J Comp Neurol 464: 36–48

Buijs RM, Scheer FA, Kreier F, Yi CX, Bos N, Goncharuk VD, Kalsbeek A (2006) Organization of circadian functions: interaction with the body. Prog Brain Res 153: 341360

Burgess HJ, Trinder J, Kim Y, Luke D (1997) Sleep and circadian influences on cardiac autonomic nervous system activity. Am J Physiol 273: H1761–H1768

Burgueño A, Gemma C, Gianotti TF, Sookoian S, Pirola CJ (2010) Increased levels of resistin in rotating shift workers: a potential mediator of cardiovascular risk associated with circadian misalignment. Atherosclerosis 210: 625–629

Cailotto C, van Heijningen C, van der Vliet J, van der Plasse G, Habold C, Kalsbeek A, Pévet P, Buijs RM (2008) Daily rhythms in metabolic liver enzymes and plasma glucose require a balance in the autonomic output to the liver. Endocrinology 149: 1914–1925

Cassone VM, Speh JC, Card JP, Moore RY (1988) Comparative anatomy of the mammalian hypothalamic suprachiasmatic nucleus. J Biol Rhythms 3: 71–91

Challet E, Pévet P (2003) Interactions between photic and nonphotic stimuli to synchronize the master circadian clock in mammals. Front Biosci 8: S246–S257

Chen MP, Chung FM, Chang DM, Tsai JC, Huang HF, Shin SJ, Lee YJ (2006) Elevated plasma level of visfatin/pre-B cell colony-enhancing factor in patients with type 2 diabetes mellitus. J Clin Endocrinol Metab 91: 295–299

Cheng MY, Bullock CM, Li C, Lee AG, Bermak JC, Belluzzi J, Weaver DR, Leslie FM, Zhou QY (2002) Prokineticin 2 transmits the behavioural circadian rhythm of the suprachiasmatic nucleus. Nature 417: 405–410

Christodoulides C, Lagathu C, Sethi JK, Vidal-Puig A (2009) Adipogenesis and WNT signalling. Trends Endocrinol Metab 20: 16–24

Collu R, Du Ruisseau P, Taché Y, Ducharme JR (1977) Thyrotropin-releasing hormone in rat brain: nyctohemeral variations. Endocrinology 100: 1391–1393

Cornish S, Cawthorne MA (1978) Fatty acid synthesis in mice during the 24 hr cycle and during meal-feeding. Horm Metab Res 10: 286–290

Covarrubias L, Uribe RM, Mendez M, Charli JL, Joseph-Bravo P (1988) Neuronal TRH synthesis: developmental and circadian TRH mRNA levels. Biochem Biophys Res Commun 151: 615–622

Covarrubias L, Redondo JL, Vargas MA, Uribe RM, Mendez M, Joseph-Bravo P, Charli JL (1994) In vitro TRH release from hypothalamus slices varies during the diurnal cycle. Neurochem Res 19: 845–850

Csaki A, Kocsis K, Halasz B, Kiss J (2000) Localization of glutamatergic/aspartatergic neurons projecting to the hypothalamic paraventricular nucleus studied by retrograde transport of [3H] D-aspartate autoradiography. Neuroscience 101: 637–655

Cuesta M, Clesse D, Pévet P, Challet E (2009) From daily behavior to hormonal and neurotransmitters rhythms: comparison between diurnal and nocturnal rat species. Horm Behav 55: 338–347

Cui LN, Coderre E, Renaud LP (2001) Glutamate and GABA mediate suprachiasmatic nucleus inputs to spinal-projecting paraventricular neurons. Am J Physiol 281: R1283–R1289

Dardente H, Menet JS, Challet E, Tournier BB, Pévet P, Masson-Pévet M (2004) Daily and circadian expression of neuropeptides in the suprachiasmatic nuclei of nocturnal and diurnal rodents. Mol Brain Res 124: 143–151

De La Iglesia HO, Blaustein JD, Bittman EL (1995) The suprachiasmatic area in the female hamster projects to neurons containing estrogen receptors and GnRH. Neuroreport 6: 1715–1722

De La Iglesia HO, Meyer J, Schwartz WJ (2003) Lateralization of circadian pacemaker output: activation of left- and right-sided luteinizing hormone-releasing hormone neurons involves a neural rather than a humoral pathway. J Neurosci 23: 7412–7414

De Vries GJ, Buijs RM, Sluiter AA (1984) Gonadal hormone actions on the morphology of the vasopressinergic innervation of the adult rat brain. Brain Res 298: 141–145

Drijfhout WJ, Van Der Linde AG, Kooi SE, Grol CJ, Westerink BH (1996) Norepinephrine release in the rat pineal gland: the input from the biological clock measured by in vivo microdialysis. J Neurochem 66: 748–755

Drijfhout WJ, Brons HF, Oakley N, Hagan RM, Grol CJ, Westerink BH (1997) A microdialysis study on pineal melatonin rhythms in rats after an 8-h phase advance: new characteristics of the underlying pacemaker. Neuroscience 80: 233–239

Drucker-Colin R, Aguilar-Roblero R, Garcia-Hernandez F, Fernandez-Cancino F, Rattoni FB (1984) Fetal suprachiasmatic nucleus transplants: diurnal rhythm recovery of lesioned rats. Brain Res 311: 353–357

Earnest DJ, Sladek CD (1986) Circadian rhythms of vasopressin release from individual rat suprachiasmatic explants in vitro. Brain Res 382: 129–133

Elimam A, Marcus C (2002) Meal timing, fasting and glucocorticoids interplay in serum leptin concentrations and diurnal profile. Eur J Endocrinol 147: 181–188

Everett JW, Sawyer CH (1950) A 24-hour periodicity in the 'LH release apparatus' of female rats, disclosed by barbiturate sedation. Endocrinology 47: 198–218

Fain JN, Cheema PS, Bahouth SW, Hiler ML (2003) Resistin release by human adipose tissue explants in primary culture. Biochem Biophys Res Commun 300: 674–678

Farooqi IS (2011) Genetic, molecular and physiological insights into human obesity. Eur J Clin Invest 41: 451–455

Flier JS, Maratos-Flier E (2010) Lasker lauds leptin. Cell Metab 12: 317–320

Fliers E, Guldenaar SEF, Wiersinga WM, Swaab DF (1997) Decreased hypothalamic thyrotropinreleasing hormone gene expression in patients with nonthyroidal illness. J Clin Endocrinol Metab 82: 4032–4036

Fliers E, Alkemade A, Wiersinga WM (2001) The hypothalamic-pituitary-thyroid axis in critical illness. Best Pract Res Clin Endocrinol Metab 15: 453–464

Forsling ML (1993) Neurohypophysial hormones and circadian rhythm. Ann NY Acad Sci 689: 382–395

Francl JM, Kaur G, Glass JD (2010) Regulation of vasoactive intestinal polypeptide release in the suprachiasmatic nucleus circadian clock. Neuroreport 21: 1055–1059

Fukuda H, Greer MA (1975) The effect of basal hypothalamic deafferentation on the nycthemeral rhythm of plasma TSH. Endocrinology 97: 749–752

Fukuhara A, Matsuda M, Nishizawa M, Segawa K, Tanaka M, Kishimoto K, Matsuki Y, Murakami M, Ichisaka T, Murakami H, Watanabe E, Takagi T, Akiyoshi M, Ohtsubo T, Kihara S, Yamashita S, Makishima M, Funahashi T, Yamanaka S, Hiramatsu R, Matsuzawa Y, Shimomura I (2005) Visfatin: a protein secreted by visceral fat that mimics the effects of insulin. Science 307: 426–430

Funabashi T, Shinohara K, Mitsushima D, Kimura F (2000a) Estrogen increases argininevasopressin V1a receptor mRNA in the preoptic area of young but not of middle-aged female rats. Neurosci Lett 285: 205–208

Funabashi T, Shinohara K, Mitsushima D, Kimura F (2000b) Gonadotropin-releasing hormone exhibits circadian rhythm in phase with arginine-vasopressin in co-cultures of the female rat preoptic area and suprachiasmatic nucleus. J Neuroendocrinol 12: 521–528

Garaulet M, Ordovás JM, Gómez-Abellán P, Martínez JA, Madrid JA (2011) An approximation to the temporal order in endogenous circadian rhythms of genes implicated in human adipose tissue metabolism. J Cell Physiol 226: 2075–2080

Gavrila A, Peng CK, Chan JL, Mietus JE, Goldberger AL, Mantzoros CS (2003) Diurnal and ultradian dynamics of serum adiponectin in healthy men: comparison with leptin, circulating soluble leptin receptor, and cortisol patterns. J Clin Endocrinol Metab 88: 2838–2843

Gibson EM, Humber SA, Jain S et al (2008) Alterations in RFamide-related peptide expression are coordinated with the preovulatory luteinizing hormone surge. Endocrinology 149: 4958–4969

Gillette MU, Reppert SM (1987) The hypothalamic suprachiasmatic nuclei: circadian patterns of vasopressin secretion and neuronal activity in vitro. Brain Res Bull 19: 135–139

Goel N, Lee TM, Smale L (1999) Suprachiasmatic nucleus and intergeniculate leaflet in the diurnal rodent Octodon degus: Retinal projections and immunocytochemical characterization. Neuroscience 92: 1491–1509

Goichot B, Weibel L, Chapotot F, Gronfier C, Piquard F, Brandenberger G (1998) Effect of the shift of the sleep-wake cycle on three robust endocrine markers of the circadian clock. Am J Physiol Endocrinol Metab 275: E243–E248

Graham ES, Littlewood P, Turnbull Y, Mercer JG, Morgan PJ, Barrett P (2005) Neuromedin-U is regulated by the circadian clock in the SCN of the mouse. Eur J Neurosci 21: 814–819

Greenspan SL, Klibansk A, Schoenfeld D, Ridgeway EC (1986) Pulsatile secretion of thyrotropin in man. J Clin Endocrinol Metab 63: 661–668

Günther O, Landgraf R, Schuart J, Unger H (1984) Vasopressin in cerebrospinal fluid (CSF) and plasma of conscious rabbits – circadian variations. Exp Clin Endocrinol Diab 83: 367–369

Guo H, Brewer JM, Champhekar A, Harris RB, Bittman EL (2005) Differential control of peripheral circadian rhythms by suprachiasmatic-dependent neural signals. Proc Natl Acad Sci USA 102: 3111–3116

Hagström-Toft E, Bolinder J, Ungerstedt U, Arner P (1997) A circadian rhythm in lipid mobilization which is altered in IDDM. Diabetologia 40: 1070–1078

Hahm SH, Eiden LE (1998) Five discrete cis-active domains direct cell type-specific transcription of the vasoactive intestinal peptide (VIP) gene. J Biol Chem 273: 17086–17094

Halberg N, Wernstedt-Asterholm I, Scherer PE (2008) The adipocyte as an endocrine cell. Endocrinol Metab Clin North Am 37: 753–768

Hallschmid M, Randeva H, Tan BK, Kern W, Lehnert H (2009) Relationship between cerebrospinal fluid visfatin (PBEF/ Nampt) levels and adiposity in humans. Diabetes 58: 637–640

Harper DG, Stopa EG, Kuo-Leblanc V, Mckee AC, Asayama K, Volicer L, Kowall N, Satlin A (2008) Dorsomedial SCN neuronal subpopulations subserve different functions in human dementia. Brain 131: 1609–1617

Hastings MH, Herbert J (1986) Neurotoxic lesions of the paraventriculo-spinal projection block the nocturnal rise in pineal melatonin synthesis in the syrian hamster. Neurosci Lett 69: 1–6

Hayes AL, Xu F, Babineau D, Patel SR (2011) Sleep duration and circulating adipokine levels. Sleep 34: 147–152

Hems DA, Rath EA, Verrinder TR (1975) Fatty acid synthesis in liver and adipose tissue of normal and genetically obese (ob/ob) mice during the 24-hour cycle. Biochem J 150: 167–173

Hermes MLHJ, Coderre EM, Buijs RM, Renaud LP (1996) GABA and glutamate mediate rapid neurotransmission from suprachiasmatic nucleus to hypothalamic paraventricular nucleus in the rat. J Physiol 496: 749–757

Hermes MLHJ, Ruijter JM, Klop A, Buijs RM, Renaud LP (2000) Vasopressin increases GABAergic inhibition of rat hypothalamic paraventricular nucleus neurons in vitro. J Neurophysiol 83: 705–711

Herzog ED, Geusz ME, Khalsa SBS, Straume M, Block GD (1997) Circadian rhythms in mouse suprachiasmatic nucleus explants on multi-microelectrode plates. Brain Res 757: 285–290

Hilton MF, Umali MU, Czeisler CA, Wyatt JK, Shea SA (2000) Endogenous circadian control of the human autonomic nervous system. Comput Cardiol 27: 197–200

Hofman MA, Swaab DF (1994) Alterations in circadian rhythmicity of the vasopressin-producing neurons of the human suprachiasmatic nucleus (SCN) with aging. Brain Res 651: 134–142

Hoorneman EMD, Buijs RM (1982) Vasopressin fiber pathways in the rat brain following suprachiasmatic nucleus lesioning. Brain Res 243: 235–241

Houghton SG, Zarroug AE, Duenes JA, Fernandez-Zapico ME, Sarr MG (2006) The diurnal periodicity of hexose transporter mRNA and protein levels in the rat jejunum: role of vagal innervation. Surgery 139: 542–549

Inouye SIT, Kawamura H (1979) Persistence of circadian rhythmicity in a mammalian hypothalamic "island" containing the suprachiasmatic nucleus. Proc Natl Acad Sci USA 76: 5962–5966

Ishida A, Mutoh T, Ueyama T et al (2005) Light activates the adrenal gland: timing of gene expression and glucocorticoid release. Cell Metab 2: 297–307

Jasper MS, Engeland WC (1994) Splanchnic neural activity modulates ultradian and circadian rhythms in adrenocortical secretion in awake rats. Neuroendocrinology 59: 97–109

Jin XW, Shearman LP, Weaver DR, Zylka MJ, De Vries GJ, Reppert SM (1999) A molecular mechanism regulating rhythmic output from the suprachiasmatic circadian clock. Cell 96: 57–68

Johnson RF, Smale L, Moore RY, Morin LP (1989) Paraventricular nucleus efferents mediating photoperiodism in male golden hamsters. Neurosci Lett 98: 85–90

Jolkonen J, Tuomisto L, Van Wimersma Greidanus TB, Riekkinen PJ (1988) Vasopressin levels in the cerebrospinal fluid of rats with lesions of the paraventricular and suprachiasmatic nuclei. Neurosci Lett 86: 184–188

Jordan D, Rousset B, Perrin F, Fournier M, Orgiazzi J (1980) Evidence for circadian variations in serum thyrotropin, 3,5,30-triiodothyronine, and thyroxine in the rat. Endocrinology 107: 1245–1248

Kalsbeek A, Buijs RM (2002) Output pathways of the mammalian suprachiasmatic nucleus: coding circadian time by transmitter selection and specific targeting. Cell Tissue Res 309: 109–118

Kalsbeek A, Strubbe JH (1998) Circadian control of insulin secretion is independent of the temporal distribution of feeding. Physiol Behav 63: 553–560

Kalsbeek A, Buijs RM, Van Heerikhuize JJ, Arts M, Van Der Woude TP (1992) Vasopressincontaining neurons of the suprachiasmatic nuclei inhibit corticosterone release. Brain Res 580: 62–67

Kalsbeek A, Teclemariam-Mesbah R, Pévet P (1993a) Efferent projections of the suprachiasmatic nucleus in the golden hamster (Mesocricetus auratus). J Comp Neurol 332: 293–314

Kalsbeek A, Rikkers M, Vivien-Roels B, Pévet P (1993b) Vasopressin and vasoactive intestinal peptide infused in the paraventricular nucleus of the hypothalamus elevate plasma melatonin levels. J Pineal Res 15: 46–52

Kalsbeek A, Buijs RM, Engelmann M, Wotjak CT, Landgraf R (1995) In vivo measurement of a diurnal variation in vasopressin release in the rat suprachiasmatic nucleus. Brain Res 682: 75–82

Kalsbeek A, Drijfhout WJ, Westerink BHC, Van Heerikhuize JJ, Van Der Woude T, Van Der Vliet J, Buijs RM (1996a) GABA receptors in the region of the dorsomedial hypothalamus of rats are implicated in the control of melatonin. Neuroendocrinology 63: 69–78

Kalsbeek A, Van Der Vliet J, Buijs RM (1996b) Decrease of endogenous vasopressin release necessary for expression of the circadian rise in plasma corticosterone: a reverse microdialysis study. J Neuroendocrinol 8: 299–307

Kalsbeek A, Van Heerikhuize JJ, Wortel J, Buijs RM (1996c) A diurnal rhythm of stimulatory input to the hypothalamo-pituitary-adrenal system as revealed by timed intrahypothalamic administration of the vasopressin V1 antagonist. J Neurosci 16: 5555–5565

Kalsbeek A, Cutrera RA, Van Heerikhuize JJ, Van Der Vliet J, Buijs RM (1999) GABA release from SCN terminals is necessary for the light-induced inhibition of nocturnal melatonin release in the rat. Neuroscience 91: 453–461

Kalsbeek A, Barassin S, van Heerikhuize JJ, van der Vliet J, Buijs RM (2000a) Restricted daytime feeding attenuates reentrainment of the circadian melatonin rhythm after an 8-h phase advance of the light–dark cycle. J Biol Rhythms 15: 57–66

Kalsbeek A, Fliers E, Franke AN, Wortel J, Buijs RM (2000b) Functional connections between the suprachiasmatic nucleus and the thyroid gland as revealed by lesioning and viral tracing techniques in the rat. Endocrinology 141: 3832–3841

Kalsbeek A, Garidou ML, Palm IF, Van Der Vliet J, Simonneaux V, Pévet P, Buijs RM (2000c) Melatonin sees the light: blocking GABA-ergic transmission in the paraventricular nucleus induces daytime secretion of melatonin. Eur J Neurosci 12: 3146–3154

Kalsbeek A, Fliers E, Romijn JA, La Fleur SE, Wortel J, Bakker O, Endert E, Buijs RM (2001) The suprachiasmatic nucleus generates the diurnal changes in plasma leptin levels. Endocrinology 142: 2677–2685

Kalsbeek A, La Fleur SE, Van Heijningen C, Buijs RM (2004) Suprachiasmatic GABAergic inputs to the paraventricular nucleus control plasma glucose concentrations in the rat via sympathetic innervation of the liver. J Neurosci 24: 7604–7613

Kalsbeek A, Buijs RM, van Schaik R, Kaptein E, Visser TJ, Doulabi BZ, Fliers E (2005) Daily variations in type II

201

iodothyronine deiodinase activity in the rat brain as controlled by the biological clock. Endocrinology 146: 1418–1427

Kalsbeek A, Palm IF, La Fleur SE, Scheer FAJL, Perreau-Lenz S, Ruiter M, Kreier F, Cailotto C, Buijs RM (2006) SCN outputs and the hypothalamic balance of life. J Biol Rhythms 21: 458–469

Kalsbeek A, Foppen E, Schalij I, Van Heijningen C, van der Vliet J, Fliers E, Buijs RM (2008a) Circadian control of the daily plasma glucose rhythm: an interplay of GABA and glutamate. PLoS One 3: e3194

Kalsbeek A, Verhagen LA, Schalij I, Foppen E, Saboureau M, Bothorel B, Buijs RM, Pévet P (2008b) Opposite actions of hypothalamic vasopressin on circadian corticosterone rhythm in nocturnal versus diurnal species. Eur J Neurosci 27: 818–827

Kalsbeek A, Scheer FA, Perreau-Lenz S, La Fleur SE, Yi CX, Fliers E, Buijs RM (2011) Circadian disruption and SCN control of energy metabolism. FEBS Lett 585: 1412–1426

Kappers JA (1960) The development, topographical relations and innervation of the epiphysis cerebri in the albino rat. Z Zellforsch 52: 163–215

Kennaway DJ, Owens JA, Voultsios A, Wight N (2011) Adipokines and adipocyte function in clock mutant mice that retain melatonin rhythmicity. Obesity 15: 1–11

Khan AR, Kauffman AS (2011) The role of kisspeptin and RFRP-3 neurons in the circadian-timed preovulatory luteinizing hormone surge. J Neuroendocrinol 24: 131–143

Kita Y, Shiozawa M, Jin WH, Majewski RR, Besharse JC, Greene AS, Jacob HJ (2002) Implications of circadian gene expression in kidney, liver and the effects of fasting on pharmacogenomic studies. Pharmacogenetics 12: 55–65

Klein DC, Moore RY (1979) Pineal N-acetyltransferase and hydroxyindole-o-methyl-transferase: control by the retinohypothalamic tract and the suprachiasmatic nucleus. Brain Res 174: 245–262

Klein DC, Weller JL, Moore RY (1971) Melatonin metabolism: neural regulation of pineal serotonin: acetyl coenzyme A N-acetyltransferase activity. Proc Natl Acad Sci USA 68: 3107–3110

Klein DC, Smoot R, Weller JL et al (1983) Lesions of the paraventricular nucleus area of the hypothalamus disrupt the suprachiasmatic-spinal cord circuit in the melatonin rhythm generating system. Brain Res Bull 10: 647–652

Kneisley LW, Moskowitz MA, Lynch HG (1978) Cervical spinal cord lesions disrupt the rhythm in human melatonin excretion. J Neural Transm Suppl 13: 311–323

Kraves S, Weitz CJ (2006) A role for cardiotrophin-like cytokine in the circadian control of mammalian locomotor activity. Nat Neurosci 9: 212–219

Kreier F (2005) Dual sympathetic and parasympathetic hypothalamic output to white adipose tissue. In: Autonomic nervous control of white adipose tissue, Chap 4. Dissertation. University of Amsterdam, Amsterdam

Kreier F, Fliers E, Voshol PJ, Van Eden CG, Havekes LM, Kalsbeek A, Van Heijningen C, Sluiter AA, Mettenleiter TC, Romijn JA, Sauerwein H, Buijs RM (2002) Selective parasympathetic innervation of subcutaneous and intra-abdominal fat – functional implications. J Clin Invest 110: 1243–1250

Kreier F, Kap YS, Mettenleiter T, Van Heijningen C, Van Der Vliet J, Kalsbeek A, Sauerwein H, Fliers E, Romijn JA, Buijs RM (2006) Tracing from fat tissue, liver, and pancreas: a neuroanatomical framework for the role of the brain in Type2 diabetes. Endocrinology 147: 1140–1147

La Fleur SE (2003) Daily rhythms in glucose metabolism: suprachiasmatic nucleus output to peripheral tissue. J Neuroendocrinol 15: 315–322

La Fleur SE, Kalsbeek A, Wortel J, Buijs RM (2000) Polysynaptic neural pathways between the hypothalamus, including the suprachiasmatic nucleus, and the liver. Brain Res 871: 50–56

Larsen PJ, Enquist LW, Card JP (1998) Characterization of the multisynaptic neuronal control of the rat pineal gland using viral transneuronal tracing. Eur J Neurosci 10: 128–145

Lee JW, Erskine MS (2000) Pseudorabies virus tracing of neural pathways between the uterine cervix and CNS: effects of survival time, estrogen treatment, rhizotomy, and pelvic nerve transection. J Comp Neurol 418: 484–503

Lehman MN, Bittman EL, Newman SW (1984) Role of the hypothalamic paraventricular nucleus in neuroendocrine responses to daylength in the golden hamster. Brain Res 308: 25–32

Lehman MN, Silver R, Gladstone WR, Kahn RM, Gibson M, Bittman EL (1987) Circadian rhythmicity restored by neural transplant. Immunocytochemical characterization of the graft and its integration with the host brain. J Neurosci 7: 1626–1638

Lerner ABT, Lee TH, Mori W (1958) Isolation of melatonin, the pineal gland factor that lightens melanocytes. J Am Chem Soc 80: 2587

Lilley TR, Wotus C, Taylor D, Lee JM, de la Iglesia HO (2012) Circadian regulation of cortisol release in behaviorally split golden hamsters. Endocrinology 153(2): 732–738

Liu RH, Mizuta M, Matsukura S (2004) The expression and functional role of nicotinic acetylcholine receptors in rat adipocytes. J Pharmacol Exp Ther 310: 52–58

Loh DH, Abad C, Colwell CS, Waschek JA (2008) Vasoactive intestinal peptide is critical for circadian regulation of glucocorticoids. Neuroendocrinology 88: 246–255

Lynch HJ (1971) Diurnal oscillations in pineal melatonin content. Life Sci 10: 791–795

Martino E, Bambini G, Vaudaga G, Breccia M, Baschieri L (1985) Effects of continuous light and dark exposure on hypothalamic thyrotropin-releasing hormone in rats. J Endocrinol Invest 8: 31–33

Maury E, Brichard SM (2010) Adipokine dysregulation, adipose tissue inflammation and metabolic syndrome. Mol Cell Endocrinol 314: 1–16

Messager S (2005) Kisspeptin and its receptor: new gatekeepers of puberty. J Neuroendocrinol 17: 687–688

Meyer-Bernstein EL, Jetton AE, Matsumoto SI, Markuns JF, Lehman MN, Bittman EL (1999) Effects of suprachiasmatic transplants on circadian rhythms of neuroendocrine function in golden hamsters. Endocrinology 140: 207–218

Mikkelsen JD, Simonneaux V (2009) The neuroanatomy of the kisspeptin system in the mammalian brain. Peptides 30: 26–33

Miller BH, Olson SL, Levine JE, Turek FW, Horton TH, Takahashi JS (2006) Vasopressin regulation of the proestrous luteinizing hormone surge in wild-type and clock mutant mice. Biol Reprod 75: 778–784

Moore RY (1978) Neural control of pineal function in mammals and birds. J Neural Transm Suppl 13: 47–58

Moore RM (1996a) Entrainment pathways and the functional organization of the circadian system. Prog Brain Res 111: 103–119

Moore RY (1996b) Neural control of the pineal gland. Behav Brain Res 73: 125–130

Moore RY, Klein DC (1974) Visual pathways and the central neural control of a circadian rhythm in pineal serotonin N-acetyltransferase activity. Brain Res 71: 17–33

Moore RY, Speh JC (1993) GABA Is the principal neurotransmitter of the circadian system. Neurosci Lett 150: 112–116

Morin LP, Shivers KY, Blanchard JH, Muscat L (2006) Complex organization of mouse and rat suprachiasmatic nucleus. Neuroscience 137: 1285–1297

Nakamura W, Honma S, Shirakawa T, Honma K (2001) Regional pacemakers composed of multiple oscillator neurons in the rat suprachiasmatic nucleus. Eur J Neurosci 14: 666–674

Nonogaki K (2000) New insights into sympathetic regulation of glucose and fat metabolism. Diabetologia 43: 533–549

Nunez AA, Brown MH, Youngstrom TG (1985) Hypothalamic circuits involved in the regulation of seasonal and circadian rhythms in male golden hamsters. Brain Res Bull 15: 149–153

Oishi K, Miyazaki K, Kadota K, Kikuno R, Nagase T, Atsumi G, Ohkura N, Azama T, Mesaki M, Yukimasa S, Kobayashi H, Iitaka C, Umehara T, Horikoshi M, Kudo T, Shimizu Y, Yano M, Monden M, Machida K, Matsuda J, Horie S, Todo T, Ishida N (2002) Genome-wide expression analysis of mouse liver reveals CLOCK-regulated circadian output genes.

J Biol Chem 278: 41519–41527

Okamura H, Berod A, Julien JF, Geffard M, Kitahama K, Mallet J, Bobillier P (1989) Demonstration of GABAergic cell bodies in the suprachiasmatic nucleus: in situ hybridization of glutamic acid decarboxylase (GAD) mRNA and immunocytochemistry of GAD and GABA. Neurosci Lett 102: 131–136

Olcese J, Reuss S, Steinlechner S (1987) Electrical stimulation of the hypothalamic nucleus paraventricularis mimics the effects of light on pineal melatonin synthesis. Life Sci 40: 455–459

Oliver P, Ribot J, Rodríguez AM, Sánchez J, Picó C, Palou A (2006) Resistin as a putative modulator of insulin action in the daily feeding/fasting rhythm. Eur J Physiol 452: 260–267

Oster H, Damerow S, Kiessling S et al (2006) The circadian rhythm of glucocorticoids is regulated by a gating mechanism residing in the adrenal cortical clock. Cell Metab 4: 163–173

Ostrowski NL, Lolait SJ, Young WS (1994) Cellular localization of vasopressin V1a receptor messenger ribonucleic acid in adult male rat brain, pineal, and brain vasculature. Endocrinology 135: 1511–1528

Ottenweller JE, Hedge GA (1982) Diurnal variations of plasma thyrotropin, thyroxine, and triiodothyronine in female rats are phase shifted after inversion of the photoperiod. Endocrinology 111: 509–514

Otway DT, Frost G, Johnston JD (2009) Circadian rhythmicity in murine pre-adipocyte and adipocyte cells. Chronobiol Int 26: 1340–1354

Palm IF, Van Der Beek EM, Wiegant VM, Buijs RM, Kalsbeek A (1999) Vasopressin induces an LH surge in ovariectomized, estradiol-treated rats with lesion of the suprachiasmatic nucleus. Neuroscience 93: 659–666

Palm IF, Van Der Beek EM, Wiegant VM, Buijs RM, Kalsbeek A (2001) The stimulatory effect of vasopressin on the luteinizing hormone surge in ovariectomized, estradiol-treated rats is timedependent. Brain Res 901: 109–116

Parker DC, Pekary AE, Hershman JM (1976) Effect of normal and reversed sleep-wake cycles upon nyctohemeral rhythmicity of plasma thyrotropin: evidence suggestive of an inhibitory influence in sleep. J Clin Endocrinol Metab 43: 318–329

Perreau-Lenz S, Kalsbeek A, Garidou ML, Wortel J, Van Der Vliet J, Van Heijningen C, Simonneaux V, Pévet P, Buijs RM (2003) Suprachiasmatic control of melatonin synthesis in rats: inhibitory and stimulatory mechanisms. Eur J Neurosci 17: 221–228

Perreau-Lenz S, Kalsbeek A, Pévet P, Buijs RM (2004) Glutamatergic clock output stimulates melatonin synthesis at night. Eur J Neurosci 19: 318–324

Pickard GE, Turek FW (1983) The hypothalamic paraventricular nucleus mediates the photoperiodic control of reproduction but not the effects of light on the circadian rhythm of activity. Neurosci Lett 43: 67–72

Pickard GE, Kahn R, Silver R (1984) Splitting of the circadian rhythm of body temperature in the golden hamster. Physiol Behav 32: 763–766

Pittendrigh CS, Daan S (1976) A functional analysis of circadian pacemakers in nocturnal rodents. V. Pacemaker structure: a clock for all seasons. J Comp Physiol A 106: 333–355

Poulos SP, Hausman DB, Hausman GJ (2010) The development and endocrine functions of adipose tissue. Mol Cell Endocrinol 323: 20–34

Prosser RA, Bergeron HE (2003) Leptin phase-advances the rat suprachiasmatic circadian clock in vitro. Neurosci Lett 336: 139–142

Ptitsyn AA, Zvonic S, Conrad SA, Scott LK, Mynatt RL, Gimble JM (2006) Circadian clocks are resounding in peripheral tissues. PLoS Comp Biol 2: e16

Puschel GP (2004) Control of hepatocyte metabolism by sympathetic and parasympathetic hepatic nerves. Anat Rec 280A: 854

Rajala MW, Qi Y, Patel HR, Takahashi N, Banerjee R, Pajvani UB, Sinha MK, Gingerich RL, Scherer PE, Ahima RS (2004)

204

Regulation of resistin expression and circulating levels in obesity, diabetes, and fasting. Diabetes 53: 1671–1679

Ralph CL, Mull D, Lynch HJ, Hedlund L (1971) A melatonin rhythm persists in rat pineals in darkness. Endocrinology 89: 1361–1366

Ralph MR, Foster RG, Davis FC, Menaker M (1990) Transplanted suprachiasmatic nucleus determines circadian period. Science 247: 975–978

Ramsey KM, Yoshino J, Brace CS, Abrassart D, Kobayashi Y, Marcheva B, Hong HK, Chong JL, Buhr ED, Lee C, Takahashi JS, Imai S, Bass J (2009) Circadian clock feedback cycle through NAMPT-mediated NAD+ biosynthesis. Science 324: 651–654

Reiter RJ, King TS, Richardson BA, Hurlbut EC (1982) Studies on pineal melatonin levels in a diurnal species, the eastern chipmunk (Tamias striatus): effects of light at night, propranolol administration or superior cervical ganglionectomy. J Neural Transm 54: 275–284

Reppert SM, Artman HG, Swaminathan S, Fisher DA (1981) Vasopressin exhibits a rhythmic daily pattern in cerebrospinal fluid but not in blood. Science 213: 1256–1257

Reppert SM, Schwartz WJ, Uhl GR (1987) Arginine vasopressin: a novel peptide rhythm in cerebrospinal fluid. Trends Neurosci 10: 76–80

Reuss S, Olcese J, Vollrath L (1985) Electrical stimulation of the hypothalamic paraventricular nuclei inhibits pineal melatonin synthesis in male rats. Neuroendocrinology 41: 192–196

Reuss S, Hurlbut EC, Speh JC, Moore RY (1989) Immunohistochemical evidence for the presence of neuropeptides in the hypothalamic suprachiasmatic nucleus of ground squirrels. Anat Rec 225: 341–346

Reuss S, Stehle J, Schröder H, Vollrath L (1990) The role of the hypothalamic paraventricular nuclei for the regulation of pineal melatonin synthesis: new aspects derived from the vasopressin-deficient Brattleboro rat. Neurosci Lett 109: 196–200

Riemersma-van der Lek RF, Swaab DF, Twisk J, Hol EM, Hoogendijk WJ, Van Someren EJ (2008) Effect of bright light and melatonin on cognitive and noncognitive function in elderly residents of group care facilities: a randomized controlled trial. JAMA 299: 2642–2655

Robinson ICAF, Coombes JE (1993) Neurohypophysial peptides in cerebrospinal fluid: an update. Ann NY Acad Sci 689: 269–283

Robinson BG, Frim DM, Schwartz WJ, Majzoub JA (1988) Vasopressin mRNA in the suprachiasmatic nuclei: daily regulation of polyadenylate tail length. Science 241: 342–344

Roelfsema F, Pereira AM, Veldhuis JD, Adriaanse R, Endert E, Fliers E, Romijn JA (2009) Thyrotropin secretion profiles are not different in men and women. J Clin Endocrinol Metab 94: 3964–3967

Roelfsema F, Pereira AM, Adriaanse R, Endert E, Fliers E, Romijn JA, Veldhuis JD (2010) Thyrotropin secretion in mild and severe primary hypothyroidism is distinguished by amplified burst mass and basal secretion with increased spikiness and approximate entropy. J Clin Endocrinol Metab 95: 928–934

Roenneberg T, Kantermann T, Juda M, Vetter C, Allebrandt KV (2013) Light and the human circadian clock. In: Kramer A, Merrow M (eds) Circadian clocks, vol 217, Handbook of experimental pharmacology. Springer, Heidelberg

Romijn JA, Wiersinga WM (1990) Decreased nocturnal surge of thyrotropin in nonthyroidal illness. J Clin Endocrinol Metab 70: 35–42

Romijn JA, Adriaanse R, Brabant G, Prank K, Endert E, Wiersinga WM(1990) Pulsatile secretion of thyrotropin during fasting: a decrease of thyrotropin pulse amplitude. J Clin Endocrinol Metab 70: 1631–1636

Rookh HV, Azukizawa M, DiStefano JJ III, Ogihara T, Hershman JM (1979) Pituitary-thyroid hormone periodicities in serially sampled plasma of unanesthetized rats. Endocrinology 104: 851–856

Saeb-Parsy K, Dyball REJ (2003) Defined cell groups in the rat suprachiasmatic nucleus have different day/night rhythms of single-unit activity in vivo. J Biol Rhythms 18: 26–42

Schaap J, Albus H, VanderLeest HT, Eilers PH, Detari L, Meijer JH (2003) Heterogeneity of rhythmic suprachiasmatic nucleus neurons: implications for circadian waveform and photoperiodic encoding. Proc Natl Acad Sci USA 100: 15994–15999

Scheer FA, Ter Horst GJ, van Der Vliet J, Buijs RM (2001) Physiological and anatomic evidence for regulation of the heart by suprachiasmatic nucleus in rats. Am J Physiol 280: H1391–H1399

Scheer FA, Van Doornen LJ, Buijs RM (2004a) Light and diurnal cycle affect autonomic cardiac balance in human; possible role for the biological clock. Auton Neurosci 110: 44–48

Scheer FA, Van Montfrans GA, van Someren EJ, Mairuhu G, Buijs RM (2004b) Daily nighttime melatonin reduces blood pressure in male patients with essential hypertension. Hypertension 43: 192–197

Scheer FA, Zeitzer JM, Ayas NT, Brown R, Czeisler CA, Shea SA (2006) Reduced sleep efficiency in cervical spinal cord injury; association with abolished night time melatonin secretion. Spinal Cord 44: 78–81

Scheer FA, Hilton MF, Mantzoros CS, Shea SA (2009) Adverse metabolic and cardiovascular consequences of circadian misalignment. Proc Natl Acad Sci USA 106: 4453–4458

Scheer FAJL, Chan JL, Fargnoli J, Chamberland J, Arampatzi K, Shea SA, Blackburn GL, Mantzoros CS (2010) Day/ night variations of high-molecular-weight adiponectin and lipocalin-2 in healthy men studied under fed and fasted conditions. Diabetologia 53: 2401–2405

Schröder H, Reuss S, Stehle J, Vollrath L (1988a) Intra-arterially administered vasopressin inhibits nocturnal pineal melatonin synthesis in the rat. Comp Biochem Physiol 4: 651–653

Schröder H, Stehle J, Henschel M (1988b) Twenty-four hour pineal melatonin synthesis in the vasopressin-deficient Brattleboro rat. Brain Res 459: 328–332

Schröder H, Stehle J, Moller M (1989) Stimulation of serotonin-N-acetyltransferase activity in the pineal gland of the mongolian gerbil (Meriones unguiculatus) by intracerebroventricular injection of vasoactive intestinal polypeptide. J Pineal Res 7: 393–399

Schwartz WJ, Gainer H (1977) Suprachiasmatic nucleus: use of 14C-labeled deoxyglucose uptake as a functional marker. Science 197: 1089–1091

Schwartz DR, Lazar MA (2011) Human resistin: found in translation from mouse to man. Trends Endocrinol Metab 22: 259–265

Schwartz WJ, Reppert SM (1985) Neural regulation of the circadian vasopressin rhythm in cerebrospinal fluid: a pre-eminent role for the suprachiasmatic nuclei. J Neurosci 5: 2771–2778

Schwartz MW, Woods SC, Porte D, Seeley RJ, Baskin DG (2000) Central nervous system control of food intake. Nature 406: 661–671

Seckl JR, Lightman SL (1987) Diurnal rhythm of vasopressin but not of oxytocin in the cerebrospinal fluid of the goat: lack of association with plasma cortisol rhythm. J Endocrinol 114: 477–482

Shea SA, Hilton MF, Orlova C, Ayers RT, Mantzoros CS (2005) Independent circadian and sleep/wake regulation of adipokines and glucose in humans. J Clin Endocrinol Metab 90: 2537–2544

Shibata S, Oomura Y, Kita H, Hattori K (1982) Circadian rhythmic changes of neuronal activity in the suprachiasmatic nucleus of the rat hypothalamic slice. Brain Res 247: 154–158

Shimazu T (1987) Neuronal regulation of hepatic glucose metabolism in mammals. Diabetes Metab Rev 3: 185–206

Shirasaka T, Nakazato M, Matsukura S, Takasaki M, Kannan H (1999) Sympathetic and cardiovascular actions of orexins in conscious rats. Am J Physiol 277: R1780–R1785

Shiuchi T, Haque MS, Okamoto S, Inoue T, Kageyama H, Lee S, Toda C, Suzuki A, Bachman ES, Kim YB, Sakurai T, Yanagisawa M, Shioda S, Imoto K, Minokoshi Y (2009) Hypothalamic orexin stimulates feeding-associated glucose utilization in skeletal muscle via sympathetic nervous system. Cell Metab 10: 466–480

Silver R, Lesauter J, Tresco PA, Lehman M (1996) A diffusible coupling signal from the transplanted suprachiasmatic nucleus controlling circadian locomotor rhythms. Nature 382: 810–813

Simon C, Gronfier C, Schlienger JL, Brandenberger G (1998) Circadian and ultradian variations of leptin in normal man under continuous enteral nutrition: relationship to sleep and body temperature. J Clin Endocrinol Metab 83: 1893–1899

Smale L, Boverhof J (1999) The suprachiasmatic nucleus and intergeniculate leaflet of Arvicanthis niloticus, a diurnal murid rodent from east Africa. J Comp Neurol 403: 190–208

Smale L, Cassone VM, Moore RY, Morin LP (1989) Paraventricular nucleus projections mediating pineal melatonin and gonadal responses to photoperiod in the hamster. Brain Res Bull 22: 263–269

Södersten P, Henning M, Melin P, Ludin S (1983) Vasopressin alters female sexual behaviour by acting on the brain independently of alterations in blood pressure. Nature 301: 608–610

Södersten P, De Vries GJ, Buijs RM, Melin P (1985) A daily rhythm in behavioral vasopressin sensitivity and brain vasopressin concentrations. Neurosci Lett 58: 37–41

Södersten P, Boer GJ, De Vries GJ, Buijs RM, Melin P (1986) Effects of vasopressin on female sexual behavior in male rat. Neurosci Lett 69: 188–191

Sofroniew MV, Weindl A (1980) Identification of parvocellular vasopressin and neurophysin neurons in the suprachiasmatic nucleus of a variety of mammals including primates. J Comp Neurol 193: 659–675

Stark RI, Daniel SS (1989) Circadian rhythm of vasopressin levels in cerebrospinal fluid of the fetus: effect of continuous light. Endocrinology 124: 3095–3101

Stehle J, Reuss S, Riemann R, Seidel A, Vollrath L (1991) The role of arginine-vasopressin for pineal melatonin synthesis in the rat: involvement of vasopressinergic receptors. Neurosci Lett 123: 131–134

Stephan FK, Berkley KJ, Moss RL (1981) Efferent connections of the rat suprachiasmatic nucleus. Neuroscience 6: 2625–2641

Stopa EG, King JC, Lydic R, Schoene WC (1984) Human brain contains vasopressin and vasoactive intestinal polypeptide neuronal subpopulations in the suprachiasmatic region. Brain Res 297: 159–163

Strubbe JH, Alingh Prins AJ, Bruggink J, Steffens AB (1987) Daily variation of food-induced changes in blood glucose and insulin in the rat and the control by the suprachiasmatic nucleus and the vagus nerve. J Auton Nerv Syst 20: 113–119

Stryjecki C, Mutch DM (2011) Fatty acid-gene interactions, adipokines and obesity. Eur J Clin Nutr 65: 285–297

Sun X, Rusak B, Semba K (2000) Electrophysiology and pharmacology of projections from the suprachiasmatic nucleus to the ventromedial preoptic area in rat. Neuroscience 98: 715–728

Sun X, Whitefield S, Rusak B, Semba K (2001) Electrophysiological analysis of suprachiasmatic nucleus projections to the ventrolateral preoptic area in the rat. Eur J Neurosci 14: 1257–1274

Swaab DF, Pool CW, Nijveldt F (1975) Immunofluorescence of vasopressin and oxytocin in the rat hypothalamo-neurohypophyseal system. J Neural Transm 36: 195–215

Swaab DF, Fliers E, Partiman TS (1985) The suprachiasmatic nucleus of the human brain in relation to sex, age and senile dementia. Brain Res 342: 37–44

Swann JM, Turek FW (1985) Multiple circadian oscillator regulate the timing of behavioral and endocrine rhythms in female golden hamsters. Science 228: 898–900

Swanson LW, Cowan WM (1975) The efferent connections of the suprachiasmatic nucleus of the hypothalamus. J Comp Neurol 160: 1–12

Swanson LW, Kuypers HGJM (1980) The paraventricular nucleus of the hypothalamus: cytoarchitectonic subdivisions and organization of projections to the pituitary, dorsal vagal complex, and spinal cord as demonstrated by retrograde fluorescence double-labeling methods. J Comp Neurol 194: 555–570

Takahashi JS, Hong HK, Ko CH, McDearmon EL (2008) The genetics of mammalian circadian order and disorder: implications for physiology and disease. Nat Rev Genet 9: 764–775

Teclemariam-Mesbah R, Kalsbeek A, Pévet P, Buijs RM (1997) Direct vasoactive intestinal polypeptide-containing projection from the suprachiasmatic nucleus to spinal projecting hypothalamic paraventricular neurons. Brain Res 748: 71–76

Teclemariam-Mesbah R, Ter Horst GJ, Postema F, Wortel J, Buijs RM (1999) Anatomical demonstration of the suprachiasmatic nucleus – pineal pathway. J Comp Neurol 406: 171–182

Tessonneaud A, Locatelli A, Caldani M, Viguier-Martinez MC (1995) Bilateral lesions of the suprachiasmatic nuclei alter the nocturnal melatonin secretion in sheep. J Neuroendocrinol 7: 145–152

Tousson E, Meissl H (2004) Suprachiasmatic nuclei grafts restore the circadian rhythm in the paraventricular nucleus of the hypothalamus. J Neurosci 24: 2983–2988

Trujillo ME, Scherer PE (2006) Adipose tissue-derived factors: impact on health and disease. Endocr Rev 27: 762–778

Turer AT, Khera A, Ayers CR, Turer CB, Grundy SM, Vega GL, Scherer PE (2011) Adipose tissue mass and location affect circulating adiponectin levels. Diabetologia 54: 2515–2524

Uhl GR, Reppert SM (1986) Suprachiasmatic nucleus vasopressin messenger RNA: circadian variation in normal and Brattleboro rats. Science 232: 390–393

Van den Berghe G, De Zegher F, Veldhuis JD, Wouters P, Gouwy S, Stockman W, Weekers F, Schetz M, Lauwers P, Bouillon R, Bowers CY (1997) Thyrotrophin and prolactin release in prolonged critical illness: dynamics of spontaneous secretion and effects of growth hormonesecretagogues. Clin Endocrinol 47: 599–612

Van den Berghe G, De Zegher F, Baxter RC, Veldhuis JD, Wouters P, Schetz M, Verwaest C, Van Der Vorst E, Lauwers P, Bouillon R, Bowers CY (1998) Neuroendocrinology of prolonged critical illness: effects of exogenous thyrotropin-releasing hormone and its combination with growth hormone secretagogues. J Clin Endocrinol Metab 83: 309–319

Van Den Pol AN (1991) Glutamate and aspartate immunoreactivity in hypothalamic presynaptic axons. J Neurosci 11: 2087–2101

Van Den Pol AN, Gorcs T (1986) Synaptic relationships between neurons containing vasopressin, gastrin-releasing peptide, vasoactive intestinal polypeptide, and glutamate decarboxylase immunoreactivity in the suprachiasmatic nucleus: dual ultrastructural immunocytochemistry with gold-substituted silver peroxidase. J Comp Neurol 252: 507–521

Van den Top M, Nolan MF, Lee K, Richardson PJ, Buijs RM, Davies C, Spanswick D (2003) Orexins induce increased excitability and synchronisation of rat sympathetic preganglionic neurones. J Physiol 549: 809–821

Van Der Beek EM (1996) Circadian control of reproduction in the female rat. In: Buijs RM, Kalsbeek A, Romijn HJ, Pennartz CMA, MirmiranM(eds) Progress in brain research, vol 111, Hypothalamic integration of circadian rhythms. Elsevier Science BV, Amsterdam, pp 295–320

Van Der Beek EM, Wiegant VM, Van Der Donk HA, Van Den Hurk R, Buijs RM (1993) Lesions of the suprachiasmatic nucleus indicate the presence of a direct vasoactive intestinal polypeptide-containing projection to gonadotrophin-releasing hormone neurons in the female rat. J Neuroendocrinol 5: 137–144

Van Der Beek EM, Van Oudheusen HJC, Buijs RM, Van Der Donk HA, Van Den Hurk R, Wiegant VM (1994) Preferential induction of c-fos immunoreactivity in vasoactive intestinal polypeptide-innervated gonadotropin-releasing hormone neurons during a steroid-induced luteinizing hormone surge in the female rat. Endocrinology 134: 2636–2644

Van Der Beek EM, Horvath TL, Wiegant VM, Van Den Hurk R, Buijs RM (1997) Evidence for a direct neuronal pathway from the suprachiasmatic nucleus to the gonadotropin-releasing hormone system: combined tracing and light and electron microscopic immunocytochemical studies. J Comp Neurol 384: 569–579

Vandesande F, Dierickx K, De Mey J (1974) Identification of the vasopressin-neurophysin producing neurons of the rat suprachiasmatic nuclei. Cell Tissue Res 156: 377–380

Vida B, Deli L, Hrabovszky E et al (2010) Evidence for suprachiasmatic vasopressin neurons innervating kisspeptin neurones in the rostral periventricular area of the mouse brain: regulation by oestrogen. J Neuroendocrinol 22: 1032–1039

Vrang N, Larsen PJ, Mikkelsen JD (1995) Direct projection from the suprachiasmatic nucleus to hypophysiotrophic corticotropin-releasing factor immunoreactive cells in the paraventricular nucleus of the hypothalamus demonstrated by means of Phaseolus vulgaris-leucoagglutinin tract tracing. Brain Res 684: 61–69

Vrang N, Mikkelsen JD, Larsen PJ (1997) Direct link from the suprachiasmatic nucleus to hypothalamic neurons projecting to the spinal cord: a combined tracing study using cholera toxin subunit B and Phaseolus vulgaris-leucoagglutinin. Brain Res Bull 44: 671–680

Wang P, Mariman E, Renes J, Keijer J (2008) The secretory function of adipocytes in the physiology of white adipose tissue. J Cell Physiol 216: 3–13

Watson RE, Langub MC, Engle MG, Maley BE (1995) Estrogen-receptive neurons in the anteroventral periventricular nucleus are synaptic targets of the suprachiasmatic nucleus and peri-suprachiasmatic region. Brain Res 689: 254–264

Watts AG (2005) Glucocorticoid regulation of peptide genes in neuroendocrine CRH neurons: a complexity beyond negative feedback. Front Neuroendocrinol 26: 109–130

Watts AG, Swanson LW (1987) Efferent projections of the suprachiasmatic nucleus: II. Studies using retrograde transport of fluorescent dyes and simultaneous peptide immunohistochemistry in the rat. J Comp Neurol 258: 230–252

Weaver DR (1998) The suprachiasmatic nucleus: a 25-year retrospective. J Biol Rhythms 13: 100–112

Weiss B, Maickel RP (1968) Sympathetic nervous control of adipose tissue lipolysis. Int J Neuropharmacol 7: 395–403

Williams WP 3rd, Jarjisian SG, Mikkelsen JD, Kriegsfeld LJ (2011) Circadian control of kisspeptin and a gated GnRH response mediate the preovulatory luteinizing hormone surge. Endocrinology 152: 595–606

Wurtman RJ, Axelrod J, Sedvall G, Moore RY (1967) Photic and neural control of the 24-hour norepinephrine rhythm in the rat pineal gland. J Pharmacol Exp Ther 157: 487–492

Yang T, Chang C, Tsao C, Hsu Y, Hsu C, Cheng J (2009) Activation of muscarinic M-3 receptor may decrease glucose uptake and lipolysis in adipose tissue of rats. Neurosci Lett 451: 57–59

Yanovski J, Witcher J, Adler NT, Markey SP, Klein DC (1987) Stimulation of the paraventricular nucleus area of the hypothalamus elevates urinary 6-hydroxymelatonin during daytime. Brain Res Bull 19: 129–133

Yi CX, Serlie MJ, Ackermans MT, Foppen E, Buijs RM, Sauerwein HP, Fliers E, Kalsbeek A (2009) A major role for perifornical orexin neurons in the control of glucose metabolism in rats. Diabetes 58: 1998–2005

Yuwiler A (1983) Vasoactive intestinal peptide stimulation of pineal serotonin-Nacetyltransferase activity: general characteristics. J Neurochem 41: 146–153

Zeitzer JM, Ayas NT, Shea SA, Brown R, Czeisler CA (2000) Absence of detectable melatonin and preservation of cortisol and thyrotropin rhythms in tetraplegia. J Clin Endocrinol Metab 85: 2189–2196

Zeitzer JM, Buckmaster CL, Parker KJ, Hauck CM, Lyons DM, Mignot E (2003) Circadian and homeostatic regulation of hypocretin in a primate model: implications for the consolidation of wakefulness. J Neurosci 23: 3555–3560

Zhang S, Zeitzer JM, Yoshida Y, Wisor JP, Nishino S, Edgar DM, Mignot E (2004) Lesions of the suprachiasmatic nucleus eliminate the daily rhythm of hypocretin-1 release. Sleep 27: 619–627

Zhang W, Zhang N, Sakurai T, Kuwaki T (2009) Orexin neurons in the hypothalamus mediate cardiorespiratory responses induced by disinhibition of the amygdala and bed nucleus of the stria terminalis. Brain Res 1262: 25–37

第九章
生物钟与情绪相关的行为

乌尔斯·阿尔布雷克特(Urs Albrecht)
瑞士弗里堡大学生物学系

摘要: 生物钟存在于生物的几乎所有组织器官,包括大脑。大脑不仅拥有生物节律的主要协调者视交叉上核(SCN),而且还包含许多独立于视交叉上核的振荡器,调节各种功能,如进食和与情绪有关的行为。了解生物钟如何接收和整合环境信息并在正常条件下控制生理至关重要,这是因为长期干扰生物节律会导致严重的健康问题。用遗传修饰技术破坏生物钟基因的功能会导致许多精神疾病,包括抑郁症、季节性情绪障碍、进食障碍、酒精依赖,以及成瘾等。因此,生物钟基因似乎在大脑的边缘区域有重要的功能并且影响药物成瘾的发生。而且,通过对中枢神经系统(CNS)疾病的生物钟基因多态性分析表明,它们在脑功能中有直接或间接的影响。本章将介绍情绪障碍发生的生物节律的证据,进而讨论生物钟基因如何影响这些情绪障碍。并将着重强调代谢和情绪障碍的关系,然后讨论如何通过改变生物钟周期来治疗情绪疾病。

关键词: 抑郁症·肥胖病·光·药物

1. 生物钟调节情绪障碍的证据

抑郁症患者似乎在各种身体功能中,如体温、血浆皮质醇、去甲肾上腺素、促甲状腺激素、血压以及褪黑激素等,呈异常的生物节律(Atkinson et al. 1975;Kripke et al. 1978;Souetre et al. 1989)。有趣的是,用抗抑郁或稳定情绪的药物治疗这些病人能够恢复病人的正常节律。而且调节控制生物钟的酪蛋白激酶遗传变异(Shirayama et al. 2003;Xu et al. 2005)以及生物钟基因的多态性都与睡眠异常及抑郁行为有关(详细的综述,见 Kennaway 2010)。但是,大多数这些多态性并不位于生物钟基因的编码区域。

有趣的是,几乎所有的情绪异常的病人在严格遵守日常起居后会缓解其症状(Frank et al. 2000)。这些正常的日常起居可能会有助于稳定人体生物钟(Hlastala and Frank 2006)。对于任何在旅行后经历时差的人来说,会明显地感受到自身生

通讯作者:Urs Albrecht;电子邮件:urs.albrecht@unifr.ch

物钟与环境不同步的不良影响（Herxheimer 2005）；而时间上如此变化会在某些人中引起抑郁或躁狂发作。这些现象在经常倒班的工人中也能观察到，其中有些人随着时间的推移而出现情绪障碍（Scott 2000）。最近的研究表明双相抑郁症的严重程度与生物钟的紊乱是密切相关的（Emens et al. 2009；Hasler et al. 2010）。因此，无法适当地适应环境改变似乎在抑郁症等情绪障碍的发生中起作用。

季节性情绪障碍（seasonal affective disorder，SAD）是由于不能适当地适应环境改变而引起的最常见病例之一。它的特征是仅在冬季出现抑郁性症状（Magnusson and Boivin 2003）。一种假说认为由松果体分泌的生物节律激素——褪黑激素，在季节性情绪障碍中起作用（Pandi-Perumal et al. 2006）。尽管褪黑激素显然参与睡眠的调节并且可以被光抑制，但是褪黑激素节律是否与季节性情绪障碍有关仍然存在争议。另外一个同样有争议的季节性情绪障碍病因假说是生物节律相移假说，该假说基于以下观察结果：使用清晨的强光可以有效地治疗季节性情绪障碍（Lewy et al. 1998；Terman and Terman 2005），这可能是由于生物节律系统的相位提前而使得其与睡眠-觉醒周期同步。

生物钟和情绪障碍之间关联的机制尚不清楚。然而，不难想象，生物钟可能会影响神经递质及其受体的表达。值得注意的是，一些主要的神经递质，如五羟色胺、去甲肾上腺素和多巴胺等的释放都是有节律的（Weiner et al. 1992；Castaneda et al. 2004；Weber et al. 2004；Hampp et al. 2008）。并且很多神经递质的受体的表达及活性都呈现节律性振荡，表明整个神经环路是受生物钟调控的（Kafka et al. 1983；Coon et al. 1997；Akhisaroglu et al. 2005）。因此，扰乱神经递质环路的正常节律会影响情绪及情绪相关的行为。而生物钟如何调控这个环路是新兴的有待探索的问题（Hampp et al. 2008）。

2. 生物钟基因和情绪障碍

人类研究已经发现与情绪障碍有关的某些生物钟基因多态性。人 CLOCK 基因的 T3111C 多态性位点与双相抑郁症的复发率较高有关（Benedetti et al. 2003），这与双相抑郁患者的失眠多和睡眠需求减少有关（Serretti et al. 2003）。另外两个核心生物钟基因 BMAL1 和 PER3 也与双相抑郁症有关（Nievergelt et al. 2006；Benedetti et al. 2008）。最近研究表明 PER2、NPAS2 和 BMAL1 的多态性与患季节性情绪障碍风险的增加相关（Partonen et al. 2007），而 CRY2 可能与抑郁症相关（Lavebratt et al. 2010）。所有的这些生物钟基因都显示与双相情绪障碍及锂反应相关（McCarthy et al. 2012）。有趣的是，对生物钟基因的多态性分析显示也与其他的精神疾病如精神分裂症和酗酒相关，表明生物钟基因对许多心理状态非常重要（Spanagel et al. 2005；Mansour et al. 2006）。

模式动物研究支持生物钟基因在情绪调节中的作用。生物钟基因在许多奖赏系统相关的脑区表达，因此有助于情绪调节。这些区域包括腹侧被盖区（ventral tegmental area，VTA）、前额叶（prefrontal cortex，PFC）、杏仁核（amygdala，AMY）及伏隔核（nucleus accumbens，NAc）（图 9.1）。

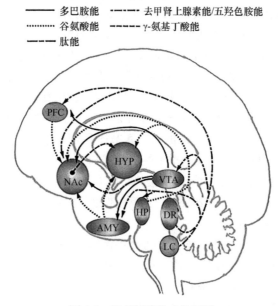

图 9.1　调节情绪的大脑区域

除了海马和前额叶以外，一些皮层下结构与奖赏、恐惧及动机相关。这些结构包括伏隔核、杏仁核和下丘脑。本图仅展示出已知的多个脑区连接的一部分。腹侧被盖区（VTA）提供多巴胺能输入到伏隔核、杏仁核和前额叶皮层。HP：海马；PFC：前额叶；NAc：伏隔核；AMY：杏仁核；DR：背缝核；VTA：腹侧被盖区；HYP：下丘脑；LC：蓝斑

　　在这些大脑结构中，生物钟基因表达的 24 小时振荡不需要在同一个相位，而是彼此之间保持特定的相位关系（见综述 Guilding and Piggins 2007）。小鼠 *Clock* 的突变体（*Clock^{A19}*）（Vitaterna et al. 1994；King et al. 1997）表现的行为同人类狂躁症类似，并且当用锂处理后，大部分的行为则会恢复与正常野生小鼠一样（Roybal et al. 2007）。有趣的是，过表达 *GSK3β* 的转基因小鼠呈现出同 *Clock^{A19}* 突变体相似的表型，都是多动而且在强迫游泳实验（forced swim test）中减少游动（Prickaerts et al. 2006）。这些证据表明锂至少部分地通过抑制 Gsk3β 激酶的活力，进而使得 *Clock^{A19}* 突变小鼠的行为恢复正常。另外在 *Per2* 突变的小鼠（*Per2^{Brdm1}*）中（Zheng et al. 1999）也发现了强迫游泳实验的减少游动表型，并且伴随着伏隔核脑区的多巴胺水平升高（Hampp et al. 2008）。综上所述，这些发现表明许多生物钟基因的突变体会产生相似的躁狂表型。但是，*Per1^{Brdm1}* 和 *Per2^{Brdm1}* 突变小鼠不像 *Clock^{A19}* 的突变小鼠一样多动。与 *Clock^{A19}* 及 *Per2^{Brdm1}* 突变小鼠不同的是，*Per1^{Brdm1}* 突变小鼠展示出对可卡因喜好的相反特征（Hampp et al. 2008；Abarca et al. 2002），并且与

$Per2^{Brdm1}$ 相比酒精偏好没有升高（Spanagel et al. 2005；Zghoul et al. 2007）。但是，面对社交失败，$Per1^{Brdm1}$ 突变小鼠则增加饮酒量（Dong et al. 2011），表明 $Per1$ 是基因与环境相互作用中的一个关键结点。最近的一项研究表明 $Per3$ 基因的启动子多态性与酒精及应急反应相关（Wang et al. 2012）。总之，这些研究表明生物钟中不同的成员在调节情绪及奖赏相关的行为中的功能不同。这些功能可能由大脑中核心起搏器视交叉上核以外的脑区如腹侧被盖区、杏仁核或者伏隔核，或者肝脏、肠道等外周生物钟来调控。

在这种情况下，值得注意的是，$Clock$ 基因主要在外周组织中表达，尽管在脑区中也有较低的表达，而它的同源基因 $Npas2$，却在脑部有强烈的表达（见 $Allen$ $Brain$ $Atlas$，http://www.brain-map.org/）。因此，$Clock$ 基因只在外周生物钟中起作用（DeBruyne et al. 2007a），而在视交叉上核，$Npas2$ 代替了 $Clock$ 的作用（DeBruyne et al. 2007b）。所以 $Clock$ 突变小鼠的表型与外周组织缺失该基因的表型一致（见下面的代谢部分）。

多巴胺作为奖赏系统中一种重要的神经递质，在伏隔核脑区中呈现节律性分泌（Hampp et al. 2008；Hood et al. 2010），表明整个奖赏环路是受生物钟影响的。与这种观点一致的是，一些与多巴胺代谢及转运相关的蛋白质的表达也呈现节律性振荡，包括多巴胺合成中的限速酶、酪氨酸羟化酶（tyrosine hydroxylase，TH）（McClung et al. 2005）、多巴胺降解中的限速酶、单胺氧化酶 A（monoamine oxidase A，MAOA）（Hampp et al. 2008）以及多巴胺受体（Hampp et al. 2008；McClung et al. 2005）。当 $Clock$ 基因的表达在腹侧被盖区中敲减后，多巴胺能的活性增强。而腹侧被盖区可以通过多巴胺能神经元投射到伏隔核脑区（Mukherjee et al. 2010）。这个增强的多巴胺能活动导致了多巴胺受体水平发生变化，特别是 D1 和 D2 类型受体的表达增加（Spencer et al. 2012）。有趣的是，有利于 D2 受体信号转导的 D1 和 D2 受体比例的改变会导致对 D1 和 D2 特异的激动剂行为反应发生改变（Spencer et al. 2012）。在 $Per2^{Brdm1}$ 突变的小鼠中，微透析分析显示伏隔核脑区的多巴胺水平是升高的（Hampp et al. 2008），并且伴随着腹侧被盖区及伏隔核脑区单胺氧化酶 A 活性的降低。有趣的是，BMAL1、NPAS2 和 PER2 可以直接调节单胺氧化酶 A 基因，因此 MAOA 是一个生物钟控制基因（图 9.2）。这显示了生物钟与多巴胺代谢的直接联系（Hampp et al. 2008）。值得注意的是，BMAL1、NPAS2 和 PER2 的单核苷酸多态性与季节性情绪障碍的风险是高度相关的，所以这些发现表明在小鼠和人类中有相似的结果（Partonen et al. 2007）。

在 $Per2^{Brdm1}$ 突变小鼠中观察到的行为表型可能仅部分是由于多巴胺水平升高，因为这些动物在纹状体（striatum）中也显示出异常高的谷氨酸水平（Spanagel et al. 2005）。因此在这些小鼠的纹状体中多巴胺能（dopaminergic）及谷氨酸能（glutamatergic）信号传递之间的平衡失调。这可能导致异常的神经相位信号传递，这是一种假定的编码机制，通过该机制，大脑可以将分布于大脑各个区域的神经

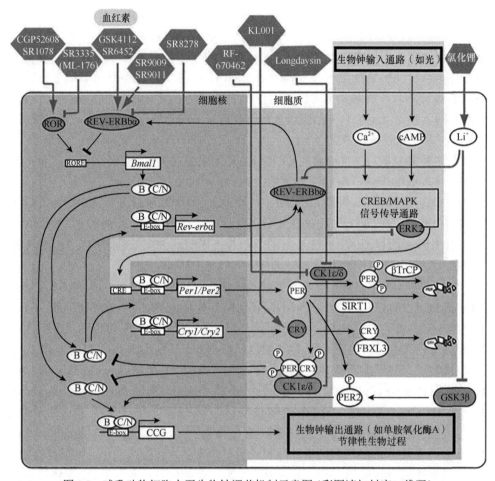

图 9.2　哺乳动物细胞水平生物钟调节机制示意图（彩图请扫封底二维码）

蓝色区域展示的是自我调节转录翻译反馈环路。转录因子 BMAL1（B）和 CLOCK（C）或 NPAS2（N）形成异二聚体，进而绑定 *Per1/Per2* 和 *Cry1/Cry2* 基因启动子的 E-box 元件。PER 和 CRY 蛋白被 CK1 磷酸化，然后 PER/CRY 复合体转运到核内来抑制 BC/N 异二聚体的活性，进而抑制其本身的转录水平。黄色区域显示生物钟输入信号通路，是通过 CREB 绑定 *Per1* 和 *Per2* 基因启动子的 CRE 元件进而导致转录活性，如视网膜接受光刺激后的反应。绿色区域为生物钟机制的输出通路。BC/N 绑定生物钟控制基因（CCG）启动子的 E-boxes，进而将每天的信息传递到生物钟控制基因调节的过程。大脑中表达的生物钟控制基因的一个例子是单胺氧化酶 A（MAOA），其参与儿茶酚胺类物质如多巴胺的降解。棕色阴影区为 PER 和 CRY 的降解过程。紫色六边形表示的是影响激酶的化合物及影响生物钟机制的化合物（红色）

元活动联系在一起，从而产生思想、感知和行为（Lisman and Buzsaki 2008）。在 *Clock^A19* 突变小鼠中，这些相位信号似乎被扰乱并且伴随树突形态异常及谷氨酸受体亚基 GluR1 水平的减少（Dzirasa et al. 2010）。缺失 *GluR1* 的小鼠表现出情绪障碍相关的行为，并对锂离子有积极的反应（Fitzgerald et al. 2010）。这些研究发现支持这样的观点，即多巴胺能和谷氨酸能信号之间的平衡改变可能对调节情绪状态很重要，并且也可能涉及生物钟调节。但是，生物钟基因与情绪障碍的关联研究还处于早期阶段，需要更多的研究来阐明生物钟机制如何影响情绪调节，从而影响抑郁症，包括重度抑郁症、双相情绪障碍和季节性情绪障碍。

3. 情绪障碍与生物钟在代谢中的联系

情绪障碍及其治疗通常与代谢性疾病、进食障碍及肥胖症的风险增加有关（McIntyre 2009）。有趣的是，$Clock^{A19}$ 突变小鼠除了有狂躁症类似的行为以外也呈现代谢综合征（Turek et al. 2005），因此，在这个动物模型中，代谢、情绪和生物钟之间的关系是显而易见的。调节食欲并在血流中循环的多肽，如食欲刺激素（ghrelin）、瘦素（leptin）和食欲素（orexin）的表达在 $Clock^{A19}$ 突变小鼠中均发生了改变（Turek et al. 2005）。这些多肽在外周组织中产生，如食欲刺激素产生于胃部，而瘦素则产生于白色脂肪组织；并与它们在大脑各个区域表达的受体结合，包括在情绪调节中很重要的区域，如腹侧被盖区（VTA）。因此，进食影响这些多肽的产生和（或）分泌，并在奖赏系统以及情绪的调节中起作用。

能量摄取和消耗也会影响生物钟机制。BMAL1/CLOCK 或 BMAL1/NPAS2 二聚体与生物钟基因或生物钟控制基因启动子中保守的 E-box 序列绑定对由代谢状态决定的 NAD(P)$^+$/NAD(P)H 的比率十分敏感（Rutter et al. 2001）。因为烟酰胺磷酸核糖基转移酶（NAMPT，NAD$^+$ 补救途径的限速酶）的转录是受生物钟调控的，因此每天 NAD$^+$ 的水平在细胞质中也可能在细胞核内振荡（Nakahata et al. 2009；Ramsey et al. 2009）。突变 NAD$^+$ 水解酶 CD38 可以扰乱 NAD$^+$ 的节律，从而改变行为及代谢生物钟节律（Sahar et al. 2011）。$CD38$ 缺失小鼠的生物钟周期缩短，血浆中的氨基酸水平也发生了改变。因为诸如色氨酸、酪氨酸及谷氨酸等许多氨基酸是神经递质或神经递质的前体，上述改变因此可能导致大脑功能异常。

核受体调节包括大脑在内的各种组织代谢的许多方面。许多核受体的 mRNA 水平呈现出节律性，包括 REV-ERB（NR1D）、ROR（NR1F）和 PPAR（NR1C）（Yang et al. 2006）。其中一些诸如 REV-ERBs 和 RORs 直接参与到生物钟调控机制（图9.2）。很多核受体会与核心生物钟因子 PER2 存在潜在的联系（Schmutz et al. 2010），将生物钟与代谢在翻译后修饰水平联系起来。

这些发现强调了代谢、生物钟及脑功能的联系。因此，很容易推测由不适当的饮食习惯和（或）不适当的睡眠行为引起的代谢异常可能进一步导致情绪障碍发生。这可能是通过改变氨基酸代谢或改变合成及释放食欲调节相关的多肽如食欲刺激素和瘦素而间接引起。

4. 通过改变生物钟周期治疗情绪障碍

睡眠剥夺（sleep deprivation，SD）、强光疗法和药物治疗已经成功用于减轻抑郁症（见综述 McClung 2007）。睡眠剥夺可能通过增强边缘多巴胺能通路（Ebert and Berger 1998）及改变生物钟的相位来改善 40%～60% 的抑郁症病人的症状（Wirz-Justice and Van den Hoofdakker 1999）。在强迫游泳实验中，睡眠剥夺能够减少啮齿动物不动倾向（Lopez-Rodriguez et al. 2004），并刺激海马神经发生（Grassi Zucconi et al. 2006），这些与抗抑郁药物的效果是类似的。并且，睡眠剥夺影响了啮齿动物生物钟的相移（Challet et al. 2001）。

强光疗法似乎对包括抑郁症在内的几种情绪疾病有效（Terman and Terman 2005）。其有效性可能是源于光能够前移生物钟相位的能力。与抗抑郁药物治疗方案类似，通常需要 2～4 周光疗法才能改善情绪。有趣的是，5-羟色胺选择性重摄取抑制剂（selective serotonin reuptake inhibitor，SSRI）如氟西汀（fluoxetine）会造成大鼠视交叉上核神经元培养切片的相位前移（Ehlen et al. 2001；Sprouse et al. 2006）。同样，阿戈美拉汀（agomelatine）是褪黑激素受体的激动剂和某些 5-羟色胺受体亚型的拮抗剂，在小鼠及仓鼠中均引起相位前移（Van Reeth et al. 1997）。对双相情绪障碍患者共同使用睡眠剥夺、晨光疗法及睡眠相位前移治疗可以替换药物治疗，从而达到长期的抗抑郁疗效（Wu et al. 2009）。总之，相位前移生物钟引起的抗抑郁作用，可能涉及视交叉上核活性及 5-羟色胺能和褪黑激素系统的调节。

情绪稳定剂锂通常用于治疗抑郁症患者并延长生物节律周期（Johnsson et al. 1983；Hafen and Wollnik 1994），这可能涉及抑制能够磷酸化核心生物钟因子 PER2 和 REV-ERBα 的蛋白激酶 GSK3β（Iitaka et al. 2005；Yin et al. 2006）（图 9.2）。锂能够导致包括人类在内的各种生物的生物节律相位的强烈延迟（Atkinson et al. 1975；Johnsson et al. 1983；Klemfuss 1992），并影响分子生物钟的振幅和周期（Li et al. 2012）。因为锂最大的药效是抗狂躁，所以有趣的是，锂和抗抑郁治疗对于生物钟周期的作用是相反的（见上文）。

除了 GSK3β 以外，其他激酶如酪蛋白激酶 1ε 和 1δ（CK1ε/δ），可作为药理学的切入点以改变生物钟。对野生型小鼠使用 CKIδ 的抑制剂 PF-670462（图 9.2）会延长生物钟周期并且伴随着生物钟蛋白 PER2 的核保留（Meng et al. 2010）。有趣的是，PF-4800567 作为一种酪蛋白激酶 CK1ε 的抑制剂会轻微地改变生物钟周期（Walton et al. 2009）。但是，这些化合物是否可以影响情绪相关的行为仍有待研究。最近，通过大规模的化合物筛选发现能够靶向 CKIα、CKIδ 和 ERK2 三种激酶的一种小分子化合物"漫长日"（longdaysin）（Hirota et al. 2010）（图 9.2）。漫长日抑制 CKIα 进而降低 PER1 的磷酸化水平以及随后的降解；其结果是人类细胞与正常组比较周期延长。在体内实验中，斑马鱼胚胎经过漫长日的处理后也会延长生物钟周期，表明漫长日具有操纵生物钟的潜力（Hirota et al. 2010）。

药物靶向生物钟的另外一种方法是递送核受体 ROR（NR1F）和 REV-ERB（NR1D）的激动剂或抑制剂（图 9.2）。血红素似乎是一种影响 REV-ERB 转录潜能的重要配体（Yin et al. 2007）。人工合成的血红素的激动剂 GSK4112（SR6452）（Grant et al. 2010）可以与血红素竞争，进而解析 REV-ERB 的功能。由于 REV-ERBs 在脂肪生成中起重要作用，因此在调节该过程中已检验了血红素和 GSK4112（SR6452）的应用。结果显示这两种分子可以有效地调节脂肪生成，因此可能有益于代谢性疾病的治疗中（Kumar et al. 2010）。由于 GSK4112 在血浆中检测不到，因此其如何影响生物钟以及如何调节情绪相关的行为还有待研究（Kojetin et al. 2011）。最近，一种 REV-ERB 核受体的人工合成拮抗剂（Kojetin et al. 2011）以及两种 REV-ERB 体内的激动剂被鉴定出来，而且后两者均可以在血浆中检测到（Solt et al. 2012）。SR9011 和 SR9009 激动剂使用可以改变小鼠生物钟行为以及下丘脑、肝脏、骨骼肌、脂肪组织中生物钟基因的表达，并且导致了能量消耗的增加。用这两种激动剂治疗可以减轻由饮食诱导的肥胖小鼠的脂肪含量来降低肥胖程度，并能改善血脂异常和高血糖（Solt et al. 2012）。因此，人工合成的 REV-ERB 的激动剂可能在治疗睡眠及代谢性疾病中起到作用。另外，可以绑定 ROR 家族的人工合成化合物也被发现：SR1078 是 RORα 和 RORγ 的激动剂（Wang et al. 2010），而 SR3335（ML-176）则是 RORα 的选择性反向激动剂（Kumar et al. 2011）（图 9.2）。未来的研究将显示这些化合物在治疗代谢和情绪障碍中的作用以及它们如何调节生物钟功能。

最近，KL001 作为 CRY 激动剂的小分子化合物被鉴定出来（Hirota et al. 2012）。KL001 是一种咔唑衍生物（carbazole derivative），并能在体外通过阻止泛素化依赖的 CRY 的降解来延长生物钟周期。KL001 似乎能够特异地绑定 CRY 的 FAD 结合袋，并使 CRY 在细胞核中稳定分布。KL001 抑制胰高血糖素（glucagon）依赖的 *Pck1* 和 *G6pc* 基因的诱导，从而抑制胰高血糖素介导的葡萄糖生成激活；因此，该分子可能为治疗糖尿病提供一种依据。由于 CRY 蛋白也牵涉到情绪障碍（见上文），因此 KL001 也可能用于开发治疗神经精神障碍的新药。

综上所述，人类及小鼠研究发现表明，有两种主要的途径调控生物钟及生物钟相关的生理过程。首先，诸如光和食物摄取之类的环境因子可以长期地影响生物钟。环境的变化必须持续存在以改变生物钟和生理过程。其次，药物治疗可以快速地调节生物钟，但是这种类型的治疗需要具有一定的连续性；否则，生物节律走走停停的循环变化就会以不健康的方式施压代谢及大脑功能。时间药理学才刚刚起步，而未来将显示新发现药物的真正前景。

（仲兆民　王　晗　译）

参 考 文 献

Abarca C, Albrecht U, Spanagel R (2002) Cocaine sensitization and reward are under the influence of circadian genes and rhythm. Proc Natl Acad Sci USA 99(13): 9026–9030

Akhisaroglu M et al (2005) Diurnal rhythms in quinpirole-induced locomotor behaviors and striatal D2/D3 receptor levels in mice. Pharmacol Biochem Behav 80(3): 371–377

Atkinson M, Kripke DF, Wolf SR (1975) Autorhythmometry in manic-depressives. Chronobiologia 2(4): 325–335

Benedetti F et al (2003) Influence of CLOCK gene polymorphism on circadian mood fluctuation and illness recurrence in bipolar depression. Am J Med Genet B Neuropsychiatr Genet 123B(1): 23–26

Benedetti F et al (2008) A length polymorphism in the circadian clock gene Per3 influences age at onset of bipolar disorder. Neurosci Lett 445(2): 184–187

Castaneda TR et al (2004) Circadian rhythms of dopamine, glutamate and GABA in the striatum and nucleus accumbens of the awake rat: modulation by light. J Pineal Res 36(3): 177–185

Challet E et al (2001) Sleep deprivation decreases phase-shift responses of circadian rhythms to light in the mouse: role of serotonergic and metabolic signals. Brain Res 909(1–2): 81–91

Coon SL et al (1997) Regulation of pineal alpha1B-adrenergic receptor mRNA: day/night rhythm and beta-adrenergic receptor/cyclic AMP control. Mol Pharmacol 51(4): 551–557

DeBruyne JP, Weaver DR, Reppert SM (2007a) Peripheral circadian oscillators require CLOCK. Curr Biol 17(14): R538–R539

DeBruyne JP, Weaver DR, Reppert SM (2007b) CLOCK and NPAS2 have overlapping roles in the suprachiasmatic circadian clock. Nat Neurosci 10(5): 543–545

Dong L et al (2011) Effects of the circadian rhythm gene period 1 (per1) on psychosocial stressinduced alcohol drinking. Am J Psychiatry 168(10): 1090–1098

Dzirasa K et al (2010) Lithium ameliorates nucleus accumbens phase-signaling dysfunction in a genetic mouse model of mania. J Neurosci 30(48): 16314–16323

Ebert D, Berger M (1998) Neurobiological similarities in antidepressant sleep deprivation and psychostimulant use: a psychostimulant theory of antidepressant sleep deprivation. Psychopharmacology 140(1): 1–10

Ehlen JC, Grossman GH, Glass JD (2001) In vivo resetting of the hamster circadian clock by 5-HT7 receptors in the suprachiasmatic nucleus. J Neurosci 21(14): 5351–5357

Emens J et al (2009) Circadian misalignment in major depressive disorder. Psychiatry Res 168(3): 259–261

Fitzgerald PJ et al (2010) Does gene deletion of AMPA GluA1 phenocopy features of schizoaffective disorder? Neurobiol Dis 40(3): 608–621

Frank E, Swartz HA, Kupfer DJ (2000) Interpersonal and social rhythm therapy: managing the chaos of bipolar disorder. Biol Psychiatry 48(6): 593–604

Grant D et al (2010) GSK4112, a small molecule chemical probe for the cell biology of the nuclear heme receptor Rev-erb alpha. ACS Chem Biol 5(10): 925–932

Grassi Zucconi G et al (2006) 'One night' sleep deprivation stimulates hippocampal neurogenesis. Brain Res Bull 69(4): 375–381

Guilding C, Piggins HD (2007) Challenging the omnipotence of the suprachiasmatic timekeeper: are circadian oscillators present throughout the mammalian brain? Eur J Neurosci 25(11): 3195–3216

Hafen T, Wollnik F (1994) Effect of lithium carbonate on activity level and circadian period in different strains of rats. Pharmacol Biochem Behav 49(4): 975–983

Hampp G et al (2008) Regulation of monoamine oxidase A by circadian-clock components implies clock influence on mood. Curr Biol 18(9): 678–683

Hasler BP et al (2010) Phase relationships between core body temperature, melatonin, and sleep are associated with depression severity: further evidence for circadian misalignment in non-seasonal depression. Psychiatry Res 178(1): 205–207

Herxheimer A (2005) Jet lag. Clin Evid 13: 2178–2183

Hirota T et al (2010) High-throughput chemical screen identifies a novel potent modulator of cellular circadian rhythms and reveals CKI alpha as a clock regulatory kinase. PLoS Biol 8(12): e1000559

Hirota T et al (2012) Identification of small molecule activators of cryptochrome. Science 337: 1094–1097

Hlastala SA, Frank E (2006) Adapting interpersonal and social rhythm therapy to the developmental needs of adolescents with bipolar disorder. Dev Psychopathol 18(4): 1267–1288

Hood S et al (2010) Endogenous dopamine regulates the rhythm of expression of the clock protein PER2 in the rat dorsal striatum via daily activation of D2 dopamine receptors. J Neurosci 30(42): 14046–14058

Iitaka C et al (2005) A role for glycogen synthase kinase-3beta in the mammalian circadian clock. J Biol Chem 280(33): 29397–29402

Johnsson A et al (1983) Period lengthening of human circadian rhythms by lithium carbonate, a prophylactic for depressive disorders. Int J Chronobiol 8(3): 129–147

Kafka MS et al (1983) Circadian rhythms in rat brain neurotransmitter receptors. Fed Proc 42(11): 2796–2801

Kennaway DJ (2010) Clock genes at the heart of depression. J Psychopharmacol 24(2 Suppl): 5–14

King DP et al (1997) Positional cloning of the mouse circadian clock gene. Cell 89(4): 641–653

Klemfuss H (1992) Rhythms and the pharmacology of lithium. Pharmacol Ther 56(1): 53–78

Kojetin D et al (2011) Identification of SR8278, a synthetic antagonist of the nuclear heme receptor REV-ERB. ACS Chem Biol 6(2): 131–134

Kripke DF et al (1978) Circadian rhythm disorders in manic-depressives. Biol Psychiatry 13(3): 335–351

Kumar N et al (2010) Regulation of adipogenesis by natural and synthetic REV-ERB ligands. Endocrinology 151(7): 3015–3025

Kumar N et al (2011) Identification of SR3335 (ML-176): a synthetic ROR alpha selective inverse agonist. ACS Chem Biol 6(3): 218–222

Lavebratt C et al (2010) CRY2 is associated with depression. PLoS One 5(2): e9407

Lewy AJ et al (1998) Morning vs. evening light treatment of patients with winter depression. Arch Gen Psychiatry 55(10): 890–896

Li J et al (2012) Lithium impacts on the amplitude and period of the molecular circadian clockwork. PLoS One 7(3): e33292

Lisman J, Buzsaki G (2008) A neural coding scheme formed by the combined function of gamma and theta oscillations. Schizophr Bull 34(5): 974–980

Lopez-Rodriguez F, Kim J, Poland RE (2004) Total sleep deprivation decreases immobility in the forced-swim test. Neuropsychopharmacology 29(6): 1105–1111

Magnusson A, Boivin D (2003) Seasonal affective disorder: an overview. Chronobiol Int 20(2): 189–207

Mansour HA et al (2006) Association study of eight circadian genes with bipolar I disorder, schizoaffective disorder and schizophrenia. Genes Brain Behav 5(2): 150–157

McCarthy MJ et al (2012) A survey of genomic studies supports association of circadian clock genes with bipolar disorder spectrum illnesses and lithium response. PLoS One 7(2): e32091

McClung CA (2007) Circadian genes, rhythms and the biology of mood disorders. Pharmacol Ther 114(2): 222–232

McClung CA et al (2005) Regulation of dopaminergic transmission and cocaine reward by the Clock gene. Proc Natl Acad

Sci USA 102(26): 9377–9381

McIntyre RS (2009) Managing weight gain in patients with severe mental illness. J Clin Psychiatry 70(7): e23

Meng QJ et al (2010) Entrainment of disrupted circadian behavior through inhibition of casein kinase 1 (CK1) enzymes. Proc Natl Acad Sci USA 107(34): 15240–15245

Mukherjee S et al (2010) Knockdown of Clock in the ventral tegmental area through RNA interference results in a mixed state of mania and depression-like behavior. Biol Psychiatry 68(6): 503–511

Nakahata Y et al (2009) Circadian control of the NAD$^+$ salvage pathway by CLOCK-SIRT1. Science 324(5927): 654–657

Nievergelt CM et al (2006) Suggestive evidence for association of the circadian genes PERIOD3 and ARNTL with bipolar disorder. Am J Med Genet B Neuropsychiatr Genet 141B(3): 234–241

Pandi-Perumal SR et al (2006) Melatonin: nature's most versatile biological signal? FEBS J 273(13): 2813–2838

Partonen T et al (2007) Three circadian clock genes Per2, Arntl, and Npas2 contribute to winter depression. Ann Med 39(3): 229–238

Prickaerts J et al (2006) Transgenic mice overexpressing glycogen synthase kinase 3beta: a putative model of hyperactivity and mania. J Neurosci 26(35): 9022–9029

Ramsey KM et al (2009) Circadian clock feedback cycle through NAMPT-mediated NAD$^+$ biosynthesis. Science 324(5927): 651–654

Roybal K et al (2007) Mania-like behavior induced by disruption of CLOCK. Proc Natl Acad Sci USA 104(15): 6406–6411

Rutter J et al (2001) Regulation of clock and NPAS2 DNA binding by the redox state of NAD cofactors. Science 293(5529): 510–514

Sahar S et al (2011) Altered behavioral and metabolic circadian rhythms in mice with disrupted NAD$^+$ oscillation. Aging 3(8): 794–802

Schmutz I et al (2010) The mammalian clock component PERIOD2 coordinates circadian output by interaction with nuclear receptors. Genes Dev 24(4): 345–357

Scott AJ (2000) Shift work and health. Prim Care 27(4): 1057–1079

Serretti A et al (2003) Genetic dissection of psychopathological symptoms: insomnia in mood disorders and CLOCK gene polymorphism. Am J Med Genet B Neuropsychiatr Genet 121B(1): 35–38

Shirayama M et al (2003) The psychological aspects of patients with delayed sleep phase syndrome (DSPS). Sleep Med 4(5): 427–433

Solt LA et al (2012) Regulation of circadian behavior and metabolism by synthetic REV-ERB agonists. Nature 485: 62–68

Souetre E et al (1989) Circadian rhythms in depression and recovery: evidence for blunted amplitude as the main chronobiological abnormality. Psychiatry Res 28(3): 263–278

Spanagel R et al (2005) The clock gene Per2 influences the glutamatergic system and modulates alcohol consumption. Nat Med 11(1): 35–42

Spencer S et al (2012) A mutation in CLOCK leads to altered dopamine receptor function. J Neurochem 123: 124–134

Sprouse J, Braselton J, Reynolds L (2006) Fluoxetine modulates the circadian biological clock via phase advances of suprachiasmatic nucleus neuronal firing. Biol Psychiatry 60(8): 896–899

Terman M, Terman JS (2005) Light therapy for seasonal and nonseasonal depression: efficacy, protocol, safety, and side effects. CNS Spectr 10(8): 647–663; quiz 672

Turek FW et al (2005) Obesity and metabolic syndrome in circadian Clock mutant mice. Science 308(5724): 1043–1045

Van Reeth O et al (1997) Comparative effects of a melatonin agonist on the circadian system in mice and Syrian hamsters. Brain Res 762(1–2): 185–194

Vitaterna MH et al (1994) Mutagenesis and mapping of a mouse gene, Clock, essential for circadian behavior. Science

264(5159): 719–725

Walton KM et al (2009) Selective inhibition of casein kinase 1 epsilon minimally alters circadian clock period. J Pharmacol Exp Ther 330(2): 430–439

Wang Y et al (2010) Identification of SR1078, a synthetic agonist for the orphan nuclear receptors ROR alpha and ROR gamma. ACS Chem Biol 5(11): 1029–1034

Wang X et al (2012) A promoter polymorphism in the Per3 gene is associated with alcohol and stress response. Transl Psychiatry 2: e73

Weber M et al (2004) Circadian patterns of neurotransmitter related gene expression in motor regions of the rat brain. Neurosci Lett 358(1): 17–20

Weiner N et al (1992) Circadian and seasonal rhythms of 5-HT receptor subtypes, membrane anisotropy and 5-HT release in hippocampus and cortex of the rat. Neurochem Int 21(1): 7–14

Wirz-Justice A, Van den Hoofdakker RH (1999) Sleep deprivation in depression: what do we know, where do we go? Biol Psychiatry 46(4): 445–453

Wu JC et al (2009) Rapid and sustained antidepressant response with sleep deprivation and chronotherapy in bipolar disorder. Biol Psychiatry 66(3): 298–301

Xu Y et al (2005) Functional consequences of a CKIdelta mutation causing familial advanced sleep phase syndrome. Nature 434(7033): 640–644

Yang X et al (2006) Nuclear receptor expression links the circadian clock to metabolism. Cell 126(4): 801–810

Yin L et al (2006) Nuclear receptor Rev-erb alpha is a critical lithium-sensitive component of the circadian clock. Science 311(5763): 1002–1005

Yin L et al (2007) Rev-erb alpha, a heme sensor that coordinates metabolic and circadian pathways. Science 318(5857): 1786–1789

Zghoul T et al (2007) Ethanol self-administration and reinstatement of ethanol-seeking behavior in Per1(Brdm1) mutant mice. Psychopharmacology 190(1): 13–19

Zheng B et al (1999) The mPer2 gene encodes a functional component of the mammalian circadian clock. Nature 400(6740): 169–173

第三部分

时间药理学和时间治疗法

第十章
生物钟与药理学

埃里科·S. 穆西克（Erik S. Musiek）[1] 和加雷特·A. 菲茨杰拉德（Garret A. FitzGerald）[2]

1 美国华盛顿大学（圣路易斯）医学院神经病学系，2 美国宾夕法尼亚大学医学院转化医学研究中心药理学系，转化医学与治疗研究所

摘要：生物钟调节着大量的生物过程，尤其是在哺乳动物的生理机能中起着重要作用。现已报道了许多有关治疗药物在药代动力学、疗效及其副作用都呈现相当大的昼夜变化。这种变化随后又与吸收、分布、代谢和排泄以及药效学变量（如靶标表达）的昼夜节律紧密联系起来。最近，随着生物钟基因的鉴定，生物钟调节的分子基础已经被阐明，生物钟基因在大多数细胞和组织中以昼夜节律的方式振荡表达，并调节大量基因的转录。正在进行的研究工作开始揭示生物钟基因在调节药理学参数中的关键作用，以及药物对生物钟基因表达的相互影响。本章将回顾生物钟在药物反应的药代动力学（pharmacokinetics）及药效学（pharmacodynamics）方面的作用，并且通过几项研究案例讨论分子生物钟成员如何对药理学系统进行复杂的调节。

关键词：生物钟·药理学·药代动力学·药效学·Clock·Bmal1

1. 引言

维持体内稳态对于所有生物系统来说都是必不可少的，并且需要快速适应周围环境的变化。哺乳动物生物钟的演化便是这种观点的例证，因为生物体已经形成了生理调节机制，以适应 24 小时光暗循环所决定的各种变化。过去一个世纪以来，大量的研究证据表明生物钟影响着大多数机体关键性的生理参数。最近，有关生物钟的产生与维持的分子机制已经阐明，并且清楚地知道这些细胞自主分子生物钟最终控制着机体从内分泌功能到复杂行为的昼夜节律。由于生物钟对于哺乳动物生理机能至关重要，因此有理由认为，昼夜节律的生理变化将对药理学产生重要影响。事实上，许多研究表明生物钟调节在许多药物的药代动力学和药效学中都起着重要的作用。从药物吸收到靶受体的磷酸化等细胞过程，受到的影响在一天内不同时间点是不同的，在许多情况下直接受到分子生物钟的影响。因此，

通讯作者：Garret A. FitzGerald；电子邮件：garret@upenn.edu

生物钟可能会对药效及其副作用有重要影响，在制定药物剂量方案、测量药物水平和评估药物疗效时应予以考虑。由此诞生的时间药理学（chronopharmacology）将致力于理解一天内不同时间点对于药理学的重要性，并利用生物钟调节药理学参数以优化药物递送和设计。在本章中，我们将简要描述生物钟的分子基础，回顾生物钟对生理学和药理学参数的影响，并介绍生物钟影响药物靶标的分子机制。本章的目的是为将来药理学的研究提供一种框架，强调生物钟对药理学的影响。

2. 哺乳动物生物钟系统的分子解析

哺乳动物生物钟的产生和维持取决于核心分子体系和复杂的解剖学组织结构。因此，生物钟的节律性需要功能性的细胞自主振荡（Buhr and Takahashi 2013）、神经解剖回路和神经传递（Slat et al. 2013）以及旁分泌和内分泌信号系统（Kalsbeek and Fliers 2013）。生物钟通过组织特异性分子生物钟的功能而得以维持，这些组织特异性分子生物钟通过与位于下丘脑的视交叉上核（SCN）的主生物钟（master clock）通信而同步，而主生物钟则通过视网膜输入的光被牵引（Reppert and Weaver 2002）。视交叉上核通过调节包括自主神经系统、松果体及下丘脑-垂体轴在内的多种系统，使外周不同器官的生物钟和光输入同步。然而，离体的外周组织，甚至是培养的细胞在没有视交叉上核参与下也能够维持生物钟节律（Baggs et al. 2009）。负责这种细胞自主节律的核心分子生物钟成分由"正向分支"BMAL1和 CLOCK 组成，它们是碱性螺旋-环-螺旋/PER-芳香烃受体核转运子-专一蛋白（basic helix-loop-helix/PER-arylhydrocarbon receptor nuclear translocator single-minded protein，bHLH/PAS）转录因子，这两种转录因子形成异二聚体 BMAL1/CLOCK 结合在许多基因中的 E-box 序列，并驱动这些基因的转录（Reppert and Weaver 2002）。另一个 bHLH/PAS 转录因子 NPAS2 在前脑中高度表达，也能够和BMAL1 形成异二聚体促进基因转录（Reick et al. 2001；Zhou et al. 1997）。BMAL1/CLOCK 驱动几个不同的负反馈（"负向分支"）成分的转录，包括两个隐色素基因（*Cry1* 和 *Cry1*）和三个周期基因（*Per1*、*Per2* 和 *Per3*）。PER 和 CRY 蛋白异二聚体化，反过来抑制 BMAL1/CLOCK 介导的转录（Kume et al. 1999）。分子生物钟的振荡也受到其他两个 BMAL1/CLOCK 靶基因——*RORα*（视黄素相关的孤儿受体 α）和 *REV-ERBα* 的影响。RORα 与特定元件结合并增强 *Bmal1* 的转录（Akashi and Takumi 2005；Sato et al. 2004）。REV-ERBα 是另一个参与葡萄糖感应和代谢的孤儿受体，它与 RORα 竞争性地结合同一 DNA 基序并且抑制 *Bmal1* 的转录（Preitner et al. 2002）。核心生物钟机制，这里也指生物钟，存在于大多数组织中，据估计介导了 10% ～ 20% 的活性基因的昼夜节律性转录（Ptytsyn et al. 2006）。

最近的研究证据表明分子生物钟周期性的调节非常复杂，并且受到各种因素的影响。生物钟蛋白 CLOCK 具有内在的组蛋白乙酰转移酶（histone acetyltransferase，HAT）活性，能参与染色质结构的表观遗传调控及其他蛋白包括分子生物钟组分的乙酰化（Doi et al. 2006；Etchegaray et al. 2003；Sahar and Sassone-Corsi 2013）。实际上，分子生物钟蛋白的翻译后修饰，包括磷酸化（phosphorylation）、苏素化（SUMOylation）及乙酰化（acetylation）都对分子生物钟功能的调节至关重要（Cardone et al. 2005；Gallego and Virshup 2007；Lee et al. 2001）。生物钟功能受不同信号蛋白修饰，这些信号蛋白包括酪蛋白激酶 I ε（casein kinase I epsilon，CK1ε）（Akashi et al. 2002）及去乙酰基酶 SIRT1（Asher et al. 2008；Belden and Dunlap 2008；Nakahata et al. 2008）、代谢感应器 AMPK 激酶（Lamia et al. 2009）和 DNA 修复蛋白 Poly-ADP 核糖聚合酶等（Asher et al. 2010）。分子生物钟功能对细胞的氧化还原状态也很敏感（Rutter et al. 2001），相应地通过调节烟酰胺磷酸核糖基转移酶（nicotinamide phosphoribosyltransferase，NAMPT）调节细胞内 NAD^+ 水平（Nakahata et al. 2009；Ramsey et al. 2009）。因此，分子生物钟对各种生理和药理的信号比较敏感。

3. 药代动力学的生物钟调节

已经证明生物钟系统影响药物的吸收、分布、代谢和排泄（ADME），其中的每一个过程都会影响血液中的药物水平。因此，一天中的服药时间以及外周分子生物钟在关键器官包括肠道、肝脏和药物靶器官中的同步，都会对药物水平和药效产生重大影响。

3.1 吸收

口服药物的吸收取决于以下几个因素，即胃肠道（GI）的生理参数（血流量、pH、胃排空）、上皮细胞特异性摄取及外排泵的表达和功能。胃酸碱值（pH）在药物的吸收过程中扮演至关重要的角色，因为亲脂分子在酸性条件下不易吸收。自从 1970 年 Moore 等首次证明人类胃 pH 昼夜节律变化以来，积累了大量证据表明肠道中存在生物钟及其对肠道生理定时的重要性（Bron and Furness 2009；Hoogerwerf 2006；Konturek et al. 2011；Moore and Englert 1970；Scheving 2000；Scheving and Russell 2007）。胃中泌酸细胞（oxyntic cell）产生的食欲刺激素（ghrelin）受生物钟基因的调控，它在进食前介导活动的昼夜节律变化，称为"食物预期活动"（food anticipatory activity）（LeSauter et al. 2009）。泌酸细胞，而不是光线，调节胃肠道对应食物摄入模式的昼夜振荡。其他显示昼夜振荡的胃肠参数包括胃血流及其蠕动性，两者均在白天活动增加，晚上活动减少（Eleftheriadis et al. 1998；Goo et al. 1987；Kumar et al. 1986）。

许多药物的吸收高度依赖于肠道中特定转运蛋白的表达。许多转运蛋白在表达上表现出昼夜变化，一些已被证明受到核心生物钟的直接调控。在小鼠中，异生物质外排泵 Mdr1a（也称之为 p-糖蛋白，p-glycoprotein）表现出昼夜调控（Ando et al. 2005），并受生物钟介导的肝性白血病因子（HLF）和 E4 启动子结合蛋白 4（E4BP4）调控（Murakami et al. 2008）。其他几种外排泵，包括 Mct1、Mrp2、Pept1 和 Bcrp 也呈现昼夜节律表达模式（Stearns et al. 2008）。生物钟对生理参数和与药物吸收有关的特定蛋白的表达调控，为理解许多药物吸收的昼夜效应提供了一种机制。药物吸收的昼夜节律模式在大多数亲脂药物中非常明显，白天的吸收量多于晚上（Sukumaran et al. 2010）。有趣的是，亲脂 β 阻滞剂普萘洛尔（propranolol）在早晨的吸收量明显多于夜晚，而水溶性 β 阻滞剂阿替洛尔（atenolol）昼夜的吸收量无明显差异（Siga et al. 1993）。野生型小鼠在脂质吸收过程中显示出昼夜差异，即晚上的吸收量明显增加，但这种昼夜变化的节律性在 *Clock* 突变小鼠中则丧失。实际上，*Clock* 突变小鼠在 24 小时内显示出明显更大的脂质吸收（Pan and Hussain 2009）。小鼠体内的几种载脂蛋白，包括微粒载脂蛋白（microsomal transport protein，MTP），也受生物钟的调控，提示人类肠道对脂质和亲脂药物的吸收可能也受到生物钟的调控（Pan and Hussain 2007，2009；Pan et al. 2010）。

　　生理参数和载脂蛋白/外排泵昼夜变化的结果是，包括地西泮（diazepa）（Nakano et al. 1984）、对乙酰氨基酚（acetaminophen）（Kamali et al. 1997）、二氧二甲基嘌呤（theophyllin）（Taylor et al. 1983）、地高辛（digoxin）（Lemmer，1995）、普萘洛尔（Siga et al. 1993）、硝酸盐（nitrate）（Scheidel and Lemmer，1991）、硝苯地平（nifedipine）（Lemmer et al. 1991）、替马西泮（temazepam）（Muller et al. 1987）和阿米曲替林（amitriptyline）（Nakano and Hollister 1983）等许多药物的吸收对服药时间比较敏感。大多数药物在早晨易于吸收，可能是早晨肠道灌量和 pH 增加。因此，制定口服治疗给药方案时必须考虑昼夜节律因素。

3.2　分布

　　给定药物的分配量主要取决于该药物的亲脂性、血浆蛋白结合亲和力以及血浆蛋白的丰度。因此，从理论上说，血浆蛋白浓度的昼夜节律调节可以引起药物分布量的昼夜节律变化。据报道，生物钟调节血浆中几种通常与药物结合的蛋白质的水平（Scheving et al. 1968）。包括抗癫痫药丙戊酸（valproic acid）和卡马西平（carbamazepine）及化疗药物顺铂（cisplatin）等在内的几种药物的蛋白质结合程度呈现昼夜差异，并且与血浆白蛋白水平的变化有关（Hecquet et al. 1985；Patel et al. 1982；Riva et al. 1984）。药物游离（活性）部分的变化对该药物的药效和副作用都有重要影响。有学者研究发现糖皮质激素结合蛋白皮质类固醇结合球蛋白（transcortin）的水平和饱和度呈现节律性，而且可能影响外源服用皮质类固醇（corticosteroid）的功效（Angeli et al. 1978）。由于血浆蛋白水平会影响除此处所述药物之外的多种药物的分布，因此这些蛋白的昼夜节律调节可能会对药理学产生重大影响。

药物穿过不同组织隔室之间生物膜的能力也是药物分布的决定因素。因为许多水溶性药物需要某种膜结合表达蛋白（转运蛋白、通道）的表达才能在组织区室之间转运并到达其受体，所以生物钟对这种转运蛋白的调节也能影响药物分配。如上节所述，许多药物转运蛋白对于组织中药物的分布非常关键，它们也受到生物钟的调控（Ando et al. 2005; Stearns et al. 2008）。

3.3 代谢

药物的肝代谢通常分为由不同的酶催化的两个阶段。第一阶段代谢包括氧化、还原、水解或环化反应，通常由细胞色素单氧化酶 P450 家族执行；第二阶段代谢涉及谷胱甘肽转移酶（glutathione transferase）、UDP 葡糖醛酸转移酶（UDP-glucuronosyltransferase）、甲基转移酶、乙酰基转移酶和磺基转移酶（sulfotransferase）催化的共轭反应（conjugation reaction），导致极性共轭物（polar conjugate）的产生，以利于排出。有证据表明药物代谢的两个阶段都被生物钟调节。

啮齿动物肝脏中第一阶段各种代谢酶水平和活性的昼夜变化早已被人们所认知（Nair and Casper 1969）。小鼠和大鼠的实验表明，细胞色素氧化酶 P450（CYP）基因显示出昼夜节律性表达谱（Desai et al. 2004; Hirao et al. 2006; Zhang et al. 2009），并且几种非细胞色素氧化酶也表现出昼夜变化。已有大量证据表明，与代谢第一阶段有关的代谢酶的表达受到生物钟的调控（Panda et al. 2002）。核心生物钟通过 PAR bZIP 的转录因子 DBP、HLF 和 TEF 的节律表达间接发挥转录调控作用，进而调控靶基因的表达。在小鼠中，*Cyp2a4* 和 *Cyp2a5* 的表达呈现鲁棒性昼夜振荡，并且直接受控于生物钟输出蛋白 DBP（Lavery et al. 1999）。在缺失三种 PAR bZIP 蛋白的小鼠中，观察到肝脏代谢的严重损伤以及代谢第一阶段中酶 Cyp2b、Cyp2c、Cyp3a、Cyp4a 和细胞色素氧化还原酶的下调（Gachon et al. 2006）。小鼠中第二阶段的许多代谢酶包括谷胱甘肽转移酶、磺基转移酶、醛脱氢酶和 UDP-葡糖醛酸转移酶家族成员的表达也降低了。同样，对敲除生物钟基因 *RORα* 和 *RORγ* 相关小鼠的肝脏进行基因表达的微阵列分析发现，代谢第一阶段和第二阶段相关的酶的表达明显降低（Kang et al. 2007）。因此，生物钟调控代谢第一阶段基因的转录对药物代谢有重要作用。

药物代谢的第二阶段也受生物钟调控。最初的小鼠实验研究表明，肝脏谷胱甘肽-S-转移酶（GST）活性具有昼夜节律性变化，在黑暗（活动）期表现出最大的活性（Davies et al. 1983）。然而，随后的研究也观察到谷胱甘肽-S-转移酶活性的昼夜变化，但峰值却在光照（休息）期（Inoue et al. 1999; Jaeschke and Wendel 1985; Zhang et al. 2009）。UDP-葡糖醛酸转移酶和磺基转移酶活性也存在昼夜节律变化，这似乎取决于进食信号（Belanger et al. 1985）。如前所述，节律输出基因 *Dbp*、*Hlf* 和 *Tef*，或者生物钟调控基因 *RORα* 和 *RORγ* 的敲除，会造成肝脏代谢第二阶段有关酶表达的大规模破坏，这表明生物钟对代谢第二阶段酶的调控具有非常突出的作用。芳香烃受体（AhR）是一种介导毒素诱导的第二阶段酶表达的转录因子，它的表达也受生物钟调控。多项研究表明 AhR 受核心生物钟的转录调控，而且 AhR 介导的 AhR 激动剂苯并 [a] 芘（benzo[a] pyrene）对 *Cyp1a1* 的诱导高度依赖于一天的给药时间（Qu et al. 2010；Shimba and Watabe 2009；Tanimura et al. 2011；Xu et al. 2010）。还有研究表明肝脏血液流动的生物钟调节可以用于调控药物代谢，尤其是对于高萃取率的药物（Sukumaran et al. 2010）。

3.4 排泄

已代谢的药物尿液排泄高度依赖于与肾功能有关的因素。由于肾脏参数包括肾小球滤过率、肾脏血浆流动以及尿排泄量等的昼夜变化，药物在尿液排泄中的昼夜变化并不足以为奇（CaO et al. 2005；Gachon et al. 2006；Minors et al. 1988；Stow and Gumz 2010）。在小鼠中，生物钟调控多种肾脏通道及转运蛋白的表达，包括上皮钠转运蛋白，提示生物钟基因在药物排泄过程中可能起直接作用（Gumz et al. 2009；Zuber et al. 2009）。尿液 pH 的生物钟调控也可能导致药物尿液排泄有变化，正如许多药物在高 pH 碱性条件下发生质子化而促进排泄，人类尿液 pH 也显示出昼夜节律变化，这也许可以解释某些药物如苯丙胺（amphetamine）排泄的昼夜变化（Wilkinson and Beckett 1968）。

4. 药效动力学的生物钟调节

生物钟除了调控影响药物代谢的因子之外，还调控许多影响药效的因子。研究表明靶受体、转运蛋白和酶的表达、细胞内信号系统及基因转录的节律改变都可能潜在地影响治疗的功效。尽管大量研究展示了各种药物对生物钟相位和节律的影响，但很少有生物钟对药物靶点影响方面的研究。过去，这样的研究主要限于描述各种受体、酶和代谢产物表达水平的昼夜变化，仅能够提示但并不能证明生物钟的参与。然而，最近随着一系列生物钟基因缺失或破坏小鼠模型的建立，初步研究发现了分子生物钟在靶点功能和药效中的关键作用。时间药理学研究较多但往往是描述性的，而对药理学所有领域生物钟调节的详尽描述不在本章的范围之内。相反，我们将介绍药理学几个领域的一些实例。生物钟在癌症和化学治疗中起着至关重要的作用，但是由于该主题在本卷的其他章节已进行了评述（Ortiz-Tudela et al. 2013），因此在此不再讨论。同样，生物钟在心血管药理学中的关键作用也已有大量的综述（Paschos et al. 2010；Paschos and FitzGerald 2010），这里也不再赘述。

4.1 生物钟及神经药理学

中枢神经系统神经递质信号的调节非常复杂，并且这些信号是数百种旨在治疗从抑郁症到帕金森氏症的各种疾病药物的终极靶点。在小鼠和大鼠脑匀浆（homogenate）进行的配体结合研究表明，几种神经递质受体家族的结合亲和力在一天中发生了变化，这表明神经递质信号可能受生物钟调控（Wirz-Justice 1987）。实际上，放射性配体结合包括 α- 和 β- 肾上腺素能（α- and β-adrenergic）、γ- 氨基丁酸能（GABAergic）、5- 羟色胺能（serotonergic）、胆碱能（cholinergic）、多巴胺能（dopaminergic）和阿片受体的昼夜变化在持续黑暗中一直存在（Cai et al. 2010；Wirz-Justice 1987）。参与神经递质分解代谢的几种酶的调控也在大脑中呈现昼夜节律变化（Perry et al. 1977a，1977b）。例如，催化儿茶酚胺（catecholamine）和 5- 羟色胺代谢的单胺氧化酶 A（MAO-A），也是 MAO 抑制剂抗抑郁药的靶点，其表达水平的变化受核心生物钟调控（Hampp et al. 2008）。重要的是，几种相似的神经递质包括 5- 羟色胺能、胆碱能核团和多巴胺能核团在调节生物钟方面也起关键作用。因此，大脑中存在神经递质调节与生物钟功能之间的双向关系（Uz et al. 2005；Yujnovsky et al. 2006）。

5- 羟色胺（serotonin）代表药物和生物钟之间双向关系的特别鲁棒的例子。5- 羟色胺是一种神经递质，可在中枢神经系统中介导多种作用；但从药理学角度来看，它可能在抑郁症中的作用最为广泛。5- 羟色胺在几个大脑区域包括视交叉上核、松果体和纹状体中呈现昼夜节律性，并在昼夜交替时达到最高值，在持续的黑暗中持续表达（Dixit and Buckley 1967；Dudley et al. 1998；Glass et al. 2003；Snyder et al. 1965）。出现这种现象的一个原因是，在黑暗阶段 5- 羟色胺 N- 乙酰基转移酶（serotonin N-acetyltransferase）在松果体中将 5- 羟色胺转化成褪黑激素，而 N- 乙酰基转移酶的表达也呈现生物钟节律。5- 羟色胺节律性调控依赖于交感神经系统的输入，因为肾上腺素阻滞或颈上神经节的消融会消除这种昼夜节律（Snyder et al. 1965，1967；Sun et al. 2002）。5- 羟色胺转运蛋白是 5- 羟色胺选择性重摄取抑制剂（SSRIs，抗抑郁药的主要类别）的主要目标，它在雌性大鼠中呈现昼夜变化，但尚无人类研究数据（Krajnak et al. 2003）。各种各样的抗抑郁药、抗焦虑药、非典型抗精神病药和止吐药，可通过抑制再摄取转运蛋白来增加突触性 5- 羟色胺或者通过特定 5- 羟色胺受体的激动或拮抗作用来靶向 5- 羟色胺。因此，5- 羟色胺水平的昼夜节律调节对这类药物的剂量具有影响。相反，在许多物种中已经积累了大量证据，表明 5- 羟色胺在调节生物钟中也起着关键作用，因为正常视交叉上核的节律性需要 5- 羟色胺能信号传递（Edgar et al. 1997；Glass et al. 2003；Horikawa et al. 2000；Yuan et al. 2005）。因此，调节 5- 羟色胺能信号的药物对生物钟功能也有显著的影响。例如，5- 羟色胺选择性重摄取抑制剂（SSRI）氟西汀（Fluoxetine）在小鼠中能明显诱导视交叉上核节律的相位前移（Sprouse et al. 2006）。在一项更为全面的研究中，Golder 等通过分析社交网站"推特"（Twitter）上的数百万条消息，检测了情绪的昼夜节律（Golder and Macy 2011）。情绪在早晨达到顶峰，然后随着时间推移逐渐降低，并且在不同文化中保持一致。因此，在设计针对 5- 羟色胺能

系统的治疗策略时，必须考虑到相当大的生物钟复杂性。

4.2 代谢性疾病中的生物钟

最近对遗传改变小鼠的研究揭示了生物钟基因在糖尿病和肥胖症等代谢性疾病中起着至关重要的作用。生物钟基因调节诸如胰岛素分泌、糖异生和脂肪酸代谢等的关键代谢过程（Bass and Takahashi 2010）。小鼠 *Clock* 基因的显性负效突变导致肥胖、高脂血症和糖尿病（Marcheva et al. 2010；Turek et al. 2005；综述见 Marcheva et al. 2013）。BMAL1/CLOCK 异二聚体通过过氧化物酶体增殖物反应元件（peroxisome proliferator response element）直接增强转录，从而促进脂稳态（Inoue et al. 2005）。此外，苯氧酸类（fibrate）药物的药理学靶点是核激素受体过氧化物酶体增殖物激活受体 α（PPAR-α），它在肝脏中呈现节律表达，而这种节律表达在 *Clock* 基因突变的小鼠中消失（Lemberger et al. 1996；Oishi et al. 2005）。PPAR-γ 是几种治疗糖尿病药物包括噻唑烷二酮类（thiazolinediones）主要的靶点，它也受生物钟介导的 PAR bZIP 转录因子 E4BP4 的节律转录调控（Takahashi et al. 2010）。正如 5-羟色胺能系统，PPAR-α 和 PPAR-γ 以相互作用的方式调控生物钟基因的表达和功能（Canaple et al. 2006；Wang et al. 2008）。利用 REV-ERBα/β 合成的小分子激动剂处理小鼠，导致大规模的代谢改变和能耗增加，降低高脂饮食诱导的肥胖、高脂血症和高血糖（Solt et al. 2012），从而进一步加强了核心生物钟基因在调控代谢中重要的作用。相反，缺乏 *Rer-erb-α* 和 *Rev-erb-β* 的小鼠发生血脂异常（Cho et al. 2012）。有意思的是，最近一项研究发现"负向分支"生物钟基因 *Cry1* 阻断了胰高血糖素介导的小鼠黑暗阶段的糖异生（Zhang et al. 2011）。对于这种现象，可能的机制是 CRY1 通过抑制 G-蛋白偶联受体（GPCR）诱导 cAMP 的产生。用一种新的 CRY 小分子稳定剂处理肝细胞也观察到糖异生抑制现象（Hirota et al. 2012）。由于 *Cry1* 基因作为核心生物钟机制的一部分以昼夜节律的方式在大多数组织中表达，这些发现不仅可用于代谢性疾病的治疗，还有助于理解生物钟在 GPCR 信号调控中的作用（Zhang et al. 2011）。由于 GPCR 代表了药理学中最常见的治疗靶点，生物钟对药效学的影响似乎才刚刚被认识。调节受体信号传递的另一种新兴机制是分子生物钟组分的乙酰化作用。*CLOCK* 基因具有内在的乙酰转移酶（HAT）活性，能够乙酰化组蛋白及其他蛋白（Curtis et al. 2004；Doi et al. 2006）。最近研究表明 CLOCK 能使糖皮质激素受体（GR）乙酰化，这个核受体是用于治疗多种炎症性疾病外源糖皮质激素的靶点（Kino and Chrousos 2011a，2011b；Nader et al. 2009）。CLOCK 有节律的使糖皮质激素受体乙酰化，抑制其活性并降低组织对糖皮质激素的敏感性（Charmandari et al. 2011）。CRY1 和 CRY2 也调控糖皮质激素受体的功能，通过以配体依赖的方式结合糖皮质激素受体反应的基因组元件并抑制糖皮质激素受体信号，强烈抑制肝脏对糖皮质激素的转录反应（Lamia et al. 2011）。这些发现对于理解内源性皮质醇调节和外源性糖皮质激素在疾病治疗中的药理学具有深远意义，并可作为生物钟调控其他受体的模型。

4.3 衰老、生物钟及药理学

某些生物节律，如激素节律和睡眠周期、相移，在不同物种中随着年龄增加而减弱（Harper et al. 2005）。果蝇的分子生物钟功能对氧化应激高度敏感，并且随着年龄的增长，分子生物钟功能障碍会加剧（Koh et al. 2006；Zheng et al. 2007）。在小鼠和人类中，分子生物钟基因的表达随着年龄的增长逐渐降低并逐渐失调（Cermakian et al. 2011；Kolker et al. 2004；Nakamura et al. 2011；Weinert et al. 2001）。此外，小鼠 *Bmal1* 的缺失或 *Clock* 基因的突变导致加速衰老表型，表明生物钟基因在衰老中的双向作用（Antoch et al. 2008；Kondratov et al. 2006）。衰老和生物钟系统的相互作用对药理学有以下几个重要的意义：首先，因为生物钟影响几乎药理学的方方面面，因此在老年患者中以及轮班工人、慢性睡眠障碍患者等正常生物钟功能的破坏可能对药效及耐受性产生重大影响，必须加以考虑；其次，在老年人群中也应考虑某些药物对生物钟功能的影响，因为这些患者可能具有一定程度的生物钟功能障碍，因此可能更容易受到药物引起的生物钟变化的影响；最后，生物钟本身可能成为改善年龄相关疾病的治疗靶点。事实上，一些研究已经证明研发"时钟药"（clock drug）以改变生物钟基因表达和节律的可行性（Hirota et al. 2008，2010，2012）。

5. 结论

生物钟生物学几乎影响生理学和药理学的各个方面。正在进行的研究已经开始揭示生物钟基因调控药动学和药效学过程的分子机制。有一点变得很明显，即药物可以影响生物钟的节律性并可能潜在地改变生理机能，也许在某些情况下可能会带来意想不到的后果。我们需要开展有关分子生物钟改变药理学参数的新机制，这些改变对药物功效和耐受性的影响，以及将生物钟生物学用于药理学优势的可能方法的持续研究。在这一点上，很明显在设计和给药特别是在治疗研究未能提供预期结果的情况下，必须考虑生物钟。

（钟英斌　王　晗　译）

参 考 文 献

Akashi M, Takumi T (2005) The orphan nuclear receptor ROR alpha regulates circadian transcription of the mammalian core-clock Bmal1. Nat Struct Mol Biol 12: 441–448

Akashi M, Tsuchiya Y, Yoshino T, Nishida E (2002) Control of intracellular dynamics of mammalian period proteins by casein kinase I epsilon (CKI epsilon) and CKIdelta in cultured cells. Mol Cell Biol 22: 1693–1703

Ando H, Yanagihara H, Sugimoto K, Hayashi Y, Tsuruoka S, Takamura T, Kaneko S, Fujimura A (2005) Daily rhythms of

P-glycoprotein expression in mice. Chronobiol Int 22: 655–665

Angeli A, Frajria R, De Paoli R, Fonzo D, Ceresa F (1978) Diurnal variation of prednisolone binding to serum corticosteroid-binding globulin in man. Clin Pharmacol Ther 23: 47–53

Antoch MP, Gorbacheva VY, Vykhovanets O, Toshkov IA, Kondratov RV, Kondratova AA, Lee C, Nikitin AY (2008) Disruption of the circadian clock due to the Clock mutation has discrete effects on aging and carcinogenesis. Cell Cycle 7: 1197–1204

Asher G, Gatfield D, Stratmann M, Reinke H, Dibner C, Kreppel F, Mostoslavsky R, Alt FW, Schibler U (2008) SIRT1 regulates circadian clock gene expression through PER2 deacetylation. Cell 134: 317–328

Asher G, Reinke H, Altmeyer M, Gutierrez-Arcelus M, Hottiger MO, Schibler U (2010) Poly (ADP-ribose) polymerase 1 participates in the phase entrainment of circadian clocks to feeding. Cell 142: 943–953

Baggs JE, Price TS, DiTacchio L, Panda S, Fitzgerald GA, Hogenesch JB (2009) Network features of the mammalian circadian clock. PLoS Biol 7: e52

Bass J, Takahashi JS (2010) Circadian integration of metabolism and energetics. Science 330: 1349–1354

Belanger PM, Lalande M, Labrecque G, Dore FM (1985) Diurnal variations in the transferases and hydrolases involved in glucuronide and sulfate conjugation of rat liver. Drug Metab Dispos 13: 386–389

Belden WJ, Dunlap JC (2008) SIRT1 is a circadian deacetylase for core clock components. Cell 134: 212–214

Bernard M, Klein DC, Zatz M (1997) Chick pineal clock regulates serotonin N-acetyltransferase mRNA rhythm in culture. Proc Natl Acad Sci USA 94: 304–309

Bron R, Furness JB (2009) Rhythm of digestion: keeping time in the gastrointestinal tract. Clin Exp Pharmacol Physiol 36: 1041–1048

Buhr ED, Takahashi JS (2013) Molecular components of the mammalian circadian clock. In: Kramer A, Merrow M (eds) Circadian clocks, vol 127, Handbook of experimental pharmacology. Springer, Heidelberg

Cai Y, Ding H, Li N, Chai Y, Zhang Y, Chan P (2010) Oscillation development for neurotransmitter-related genes in the mouse striatum. Neuroreport 21: 79–83

Canaple L, Rambaud J, Dkhissi-Benyahya O, Rayet B, Tan NS, Michalik L, Delaunay F, Wahli W, Laudet V (2006) Reciprocal regulation of brain and muscle Arnt-like protein 1 and peroxisome proliferator-activated receptor alpha defines a novel positive feedback loop in the rodent liver circadian clock. Mol Endocrinol 20: 1715–1727

Cao QR, Kim TW, Choi JS, Lee BJ (2005) Circadian variations in the pharmacokinetics, tissue distribution and urinary excretion of nifedipine after a single oral administration to rats. Biopharm Drug Dispos 26: 427–437

Cardone L, Hirayama J, Giordano F, Tamaru T, Palvimo JJ, Sassone-Corsi P (2005) Circadian clock control by SUMOylation of BMAL1. Science 309: 1390–1394

Cermakian N, Lamont EW, Boudreau P, Boivin DB (2011) Circadian clock gene expression in brain regions of Alzheimer's disease patients and control subjects. J Biol Rhythms 26: 160–170

Charmandari E, Chrousos GP, Lambrou GI, Pavlaki A, Koide H, Ng SS, Kino T (2011) Peripheral CLOCK regulates target-tissue glucocorticoid receptor transcriptional activity in a circadian fashion in man. PLoS One 6: e25612

Cho H, Zhao X, Hatori M, Yu RT, Barish GD, Lam MT, Chong LW, DiTacchio L, Atkins AR, Glass CK, Liddle C, Auwerx J, Downes M, Panda S, Evans RM (2012) Regulation of circadian behaviour and metabolism by REV-ERB-α and REV-ERB-β. Nature 485: 123–127

Curtis AM, Seo SB, Westgate EJ, Rudic RD, Smyth EM, Chakravarti D, FitzGerald GA, McNamara P (2004) Histone acetyltransferase-dependent chromatin remodeling and the vascular clock. J Biol Chem 279: 7091–7097

Davies MH, Bozigian HP, Merrick BA, Birt DF, Schnell RC (1983) Circadian variations in glutathione-S-transferase and glutathione peroxidase activities in the mouse. Toxicol Lett 19: 23–27

Deguchi T (1975) Ontogenesis of a biological clock for serotonin: acetyl coenzyme A N-acetyltransferase in pineal gland of rat. Proc Natl Acad Sci USA 72: 2814–2818

Desai VG, Moland CL, Branham WS, Delongchamp RR, Fang H, Duffy PH, Peterson CA, Beggs ML, Fuscoe JC (2004) Changes in expression level of genes as a function of time of day in the liver of rats. Mutat Res 549: 115–129

Dixit BN, Buckley JP (1967) Circadian changes in brain 5-hydroxytryptamine and plasma corticosterone in the rat. Life Sci 6: 755–758

Doi M, Hirayama J, Sassone-Corsi P (2006) Circadian regulator CLOCK is a histone acetyltransferase. Cell 125: 497–508

Dudley TE, DiNardo LA, Glass JD (1998) Endogenous regulation of serotonin release in the hamster suprachiasmatic nucleus. J Neurosci 18: 5045–5052

Edgar DM, Reid MS, Dement WC (1997) Serotonergic afferents mediate activity-dependent entrainment of the mouse circadian clock. Am J Physiol 273: R265–R269

Eleftheriadis E, Kotzampassi K, Vafiadis M, Paramythiotis D (1998) 24-hr measurement of gastric mucosal perfusion in conscious humans. Hepatogastroenterology 45: 2453–2457

Etchegaray JP, Lee C, Wade PA, Reppert SM (2003) Rhythmic histone acetylation underlies transcription in the mammalian circadian clock. Nature 421: 177–182

Gachon F, Olela FF, Schaad O, Descombes P, Schibler U (2006) The circadian PAR-domain basic leucine zipper transcription factors DBP, TEF, and HLF modulate basal and inducible xenobiotic detoxification. Cell Metab 4: 25–36

Gallego M, Virshup DM (2007) Post-translational modifications regulate the ticking of the circadian clock. Nat Rev Mol Cell Biol 8: 139–148

Glass JD, Grossman GH, Farnbauch L, DiNardo L (2003) Midbrain raphe modulation of nonphotic circadian clock resetting and 5-HT release in the mammalian suprachiasmatic nucleus. J Neurosci 23: 7451–7460

Golder SA, Macy MW (2011) Diurnal and seasonal mood vary with work, sleep, and day length across diverse cultures. Science 333: 1878–1881

Goo RH, Moore JG, Greenberg E, Alazraki NP (1987) Circadian variation in gastric emptying of meals in humans. Gastroenterology 93: 515–518

Gumz ML, Stow LR, Lynch IJ, Greenlee MM, Rudin A, Cain BD, Weaver DR, Wingo CS (2009) The circadian clock protein Period 1 regulates expression of the renal epithelial sodium channel in mice. J Clin Invest 119: 2423–2434

Hampp G, Ripperger JA, Houben T, Schmutz I, Blex C, Perreau-Lenz S, Brunk I, Spanagel R, Ahnert-Hilger G, Meijer JH, Albrecht U (2008) Regulation of monoamine oxidase A by circadian-clock components implies clock influence on mood. Curr Biol 18: 678–683

Harper DG, Volicer L, Stopa EG, McKee AC, Nitta M, Satlin A (2005) Disturbance of endogenous circadian rhythm in aging and Alzheimer disease. Am J Geriatr Psychiatry 13: 359–368

Hecquet B, Meynadier J, Bonneterre J, Adenis L, Demaille A (1985) Time dependency in plasmatic protein binding of cisplatin. Cancer Treat Rep 69: 79–83

Hirao J, Arakawa S, Watanabe K, Ito K, Furukawa T (2006) Effects of restricted feeding on daily fluctuations of hepatic functions including p450 monooxygenase activities in rats. J Biol Chem 281: 3165–3171

Hirota T, Lewis WG, Liu AC, Lee JW, Schultz PG, Kay SA (2008) A chemical biology approach reveals period shortening of the mammalian circadian clock by specific inhibition of GSK-3beta. Proc Natl Acad Sci USA 105: 20746–20751

Hirota T, Lee JW, Lewis WG, Zhang EE, Breton G, Liu X, Garcia M, Peters EC, Etchegaray JP, Traver D, Schultz PG, Kay SA (2010) High-throughput chemical screen identifies a novel potent modulator of cellular circadian rhythms and reveals CKI alpha as a clock regulatory kinase. PLoS Biol 8: e1000559

Hirota T, Lee JW, St John PC, Sawa M, Iwaisako K, Noguchi T, Pongsawakul PY, Sonntag T, Welsh DK, Brenner DA, Doyle FJ 3rd, Schultz PG, Kay SA (2012) Identification of small molecule activators of cryptochrome. Science 337: 1094–1097

Hoogerwerf WA (2006) Biologic clocks and the gut. Curr Gastroenterol Rep 8: 353–359

Horikawa K, Yokota S, Fuji K, Akiyama M, Moriya T, Okamura H, Shibata S (2000) Nonphotic entrainment by 5-HT1A/7 receptor agonists accompanied by reduced Per1 and Per2 mRNA levels in the suprachiasmatic nuclei. J Neurosci 20: 5867–5873

Inoue N, Imai K, Aimoto T (1999) Circadian variation of hepatic glutathione S-transferase activities in the mouse. Xenobiotica 29: 43–51

Inoue I, Shinoda Y, Ikeda M, Hayashi K, Kanazawa K, Nomura M, Matsunaga T, Xu H, Kawai S, Awata T, Komoda T, Katayama S (2005) CLOCK/BMAL1 is involved in lipid metabolism via transactivation of the peroxisome proliferator-activated receptor (PPAR) response element. J Atheroscler Thromb 12: 169–174

Jaeschke H, Wendel A (1985) Diurnal fluctuation and pharmacological alteration of mouse organ glutathione content. Biochem Pharmacol 34: 1029–1033

Kalsbeek A, Fliers E (2013) Daily regulation of hormone profiles. In: Kramer A, Merrow M (eds) Circadian clocks, vol 127, Handbook of experimental pharmacology. Springer, Heidelberg Kamali F, Fry JR, Bell GD (1987) Temporal variations in paracetamol absorption and metabolism in man. Xenobiotica 17: 635–641

Kang HS, Angers M, Beak JY, Wu X, Gimble JM, Wada T, Xie W, Collins JB, Grissom SF, Jetten AM (2007) Gene expression profiling reveals a regulatory role for ROR alpha and ROR gamma in phase I and phase II metabolism. Physiol Genomics 31: 281–294

Kino T, Chrousos GP (2011a) Acetylation-mediated epigenetic regulation of glucocorticoid receptor activity: circadian rhythm-associated alterations of glucocorticoid actions in target tissues. Mol Cell Endocrinol 336: 23–30

Kino T, Chrousos GP (2011b) Circadian CLOCK-mediated regulation of target-tissue sensitivity to glucocorticoids: implications for cardiometabolic diseases. Endocr Dev 20: 116–126

Koh K, Evans JM, Hendricks JC, Sehgal A (2006) A Drosophila model for age-associated changes in sleep: wake cycles. Proc Natl Acad Sci USA 103: 13843–13847

Kolker DE, Vitaterna MH, Fruechte EM, Takahashi JS, Turek FW (2004) Effects of age on circadian rhythms are similar in wild-type and heterozygous Clock mutant mice. Neurobiol Aging 25: 517–523

Kondratov RV, Kondratova AA, Gorbacheva VY, Vykhovanets OV, Antoch MP (2006) Early aging and age-related pathologies in mice deficient in BMAL1, the core component of the circadian clock. Genes Dev 20: 1868–1873

Konturek PC, Brzozowski T, Konturek SJ (2011) Gut clock: implication of circadian rhythms in the gastrointestinal tract. J Physiol Pharmacol 62: 139–150

Krajnak K, Rosewell KL, Duncan MJ, Wise PM (2003) Aging, estradiol and time of day differentially affect serotonin transporter binding in the central nervous system of female rats. Brain Res 990: 87–94

Kumar D, Wingate D, Ruckebusch Y (1986) Circadian variation in the propagation velocity of the migrating motor complex. Gastroenterology 91: 926–930

Kume K, Zylka MJ, Sriram S, Shearman LP, Weaver DR, Jin X, Maywood ES, Hastings MH, Reppert SM (1999) mCRY1 and mCRY2 are essential components of the negative limb of the circadian clock feedback loop. Cell 98: 193–205

Lamia KA, Sachdeva UM, DiTacchio L, Williams EC, Alvarez JG, Egan DF, Vasquez DS, Juguilon H, Panda S, Shaw RJ, Thompson CB, Evans RM (2009) AMPK regulates the circadian clock by cryptochrome phosphorylation and degradation. Science 326: 437–440

Lamia KA, Papp SJ, Yu RT, Barish GD, Uhlenhaut NH, Jonker JW, Downes M, Evans RM (2011) Cryptochromes mediate rhythmic repression of the glucocorticoid receptor. Nature 480: 552–556

Lavery DJ, Lopez-Molina L, Margueron R, Fleury-Olela F, Conquet F, Schibler U, Bonfils C (1999) Circadian expression of the steroid 15 alpha-hydroxylase (Cyp2a4) and coumarin 7-hydroxylase (Cyp2a5) genes in mouse liver is regulated by the PAR leucine zipper transcription factor DBP. Mol Cell Biol 19: 6488–6499

Lee C, Etchegaray JP, Cagampang FR, Loudon AS, Reppert SM (2001) Posttranslational mechanisms regulate the mammalian circadian clock. Cell 107: 855–867

Lemberger T, Saladin R, Vazquez M, Assimacopoulos F, Staels B, Desvergne B, Wahli W, Auwerx J (1996) Expression of the peroxisome proliferator-activated receptor alpha gene is stimulated by stress and follows a diurnal rhythm. J Biol Chem 271: 1764–1769

Lemmer B (1995) Clinical chronopharmacology: the importance of time in drug treatment. Ciba Found Symp 183: 235–247; discussion 247–253

Lemmer B, Nold G, Behne S, Kaiser R (1991) Chronopharmacokinetics and cardiovascular effects of nifedipine. Chronobiol Int 8: 485–494

LeSauter J, Hoque N, Weintraub M, Pfaff DW, Silver R (2009) Stomach ghrelin-secreting cells as food-entrainable circadian clocks. Proc Natl Acad Sci USA 106: 13582–13587

Marcheva B, Ramsey KM, Buhr ED, Kobayashi Y, Su H, Ko CH, Ivanova G, Omura C, Mo S, Vitaterna MH, Lopez JP, Philipson LH, Bradfield CA, Crosby SD, JeBailey L, Wang X, Takahashi JS, Bass J (2010) Disruption of the clock components CLOCK and BMAL1 leads to hypoinsulinaemia and diabetes. Nature 466: 627–631

Marcheva B, Ramsey KM, Peek CB, Affinati A, Maury E, Bass J (2013) Circadian clocks and metabolism. In: Kramer A, Merrow M (eds) Circadian clocks, vol 127, Handbook of experimental pharmacology. Springer, Heidelberg

Minors D, Waterhouse J, Hume K, Marks M, Arendt J, Folkard S, Akerstedt T (1988) Sleep and circadian rhythms of temperature and urinary excretion on a 22.8 hr "day". Chronobiol Int 5: 65–80

Moore JG, Englert E Jr (1970) Circadian rhythm of gastric acid secretion in man. Nature 226: 1261–1262

Muller FO, Van Dyk M, Hundt HK, Joubert AL, Luus HG, Groenewoud G, Dunbar GC (1987) Pharmacokinetics of temazepam after day-time and night-time oral administration. Eur J Clin Pharmacol 33: 211–214

Murakami Y, Higashi Y, Matsunaga N, Koyanagi S, Ohdo S (2008) Circadian clock-controlled intestinal expression of the multidrug-resistance gene mdr1a in mice. Gastroenterology 135(1636–1644): e3

Nader N, Chrousos GP, Kino T (2009) Circadian rhythm transcription factor CLOCK regulates the transcriptional activity of the glucocorticoid receptor by acetylating its hinge region lysine cluster: potential physiological implications. FASEB J 23: 1572–1583

Nair V, Casper R (1969) The influence of light on daily rhythm in hepatic drug metabolizing enzymes in rat. Life Sci 8: 1291–1298

Nakahata Y, Kaluzova M, Grimaldi B, Sahar S, Hirayama J, Chen D, Guarente LP, Sassone-Corsi P (2008) The NAD+-dependent deacetylase SIRT1 modulates CLOCK-mediated chromatin remodeling and circadian control. Cell 134: 329–340

Nakahata Y, Sahar S, Astarita G, Kaluzova M, Sassone-Corsi P (2009) Circadian control of the NAD+ salvage pathway by CLOCK-SIRT1. Science 324: 654–657

Nakamura TJ, Nakamura W, Yamazaki S, Kudo T, Cutler T, Colwell CS, Block GD (2011) Agerelated decline in circadian output. J Neurosci 31: 10201–10205

Nakano S, Hollister LE (1983) Chronopharmacology of amitriptyline. Clin Pharmacol Ther 33: 453–459

Nakano S, Watanabe H, Nagai K, Ogawa N (1984) Circadian stage-dependent changes in diazepam kinetics. Clin Pharmacol Ther 36: 271–277

OishiK, ShiraiH, IshidaN (2005) CLOCK is involved in the circadian transactivation of peroxisomeproliferator-activated receptor alpha (PPAR alpha) in mice. Biochem J 386: 575–581

Ortiz-Tudela E, Mteyrek A, Ballesta A, Innominato PF, Lévi F (2013) Cancer chronotherapeutics: experimental, theoretical and clinical aspects. In: Kramer A, MerrowM(eds) Circadian clocks, vol 127, Handbook of experimental pharmacology. Springer, Heidelberg

Pan X, Hussain MM (2007) Diurnal regulation of microsomal triglyceride transfer protein and plasma lipid levels. J Biol Chem 282: 24707–24719

Pan X, Hussain MM (2009) Clock is important for food and circadian regulation of macronutrient absorption in mice. J Lipid Res 50: 1800–1813

Pan X, Zhang Y, Wang L, Hussain MM(2010) Diurnal regulation of MTP and plasma triglyceride by CLOCK is mediated by SHP. Cell Metab 12: 174–186

Panda S, Antoch MP, Miller BH, Su AI, Schook AB, Straume M, Schultz PG, Kay SA, Takahashi JS, Hogenesch JB (2002) Coordinated transcription of key pathways in the mouse by the circadian clock. Cell 109: 307–320

Paschos GK, FitzGerald GA (2010) Circadian clocks and vascular function. Circ Res 106: 833–841

Paschos GK, Baggs JE, Hogenesch JB, FitzGerald GA (2010) The role of clock genes in pharmacology. Annu Rev Pharmacol Toxicol 50: 187–214

Patel IH, Venkataramanan R, Levy RH, Viswanathan CT, Ojemann LM (1982) Diurnal oscillations in plasma protein binding of valproic acid. Epilepsia 23: 283–290

Perry EK, Perry RH, Taylor MJ, Tomlinson BE (1977a) Circadian variation in human brain enzymes. Lancet 1: 753–754

Perry EK, Perry RH, Taylor MJ, Tomlinson BE (1977b) Evidence of a circadian fluctuation in neurotransmitter enzyme activities measured in autopsy human brain. J Neurochem 29: 593–594

Preitner N, Damiola F, Lopez-Molina L, Zakany J, Duboule D, Albrecht U, Schibler U (2002) The orphan nuclear receptor REV-ERB alpha controls circadian transcription within the positive limb of the mammalian circadian oscillator. Cell 110: 251–260

Ptitsyn AA, Zvonic S, Conrad SA, Scott LK, Mynatt RL, Gimble JM (2006) Circadian clocks are resounding in peripheral tissues. PLoS Comput Biol 2: e16

Qu X, Metz RP, Porter WW, Neuendorff N, Earnest BJ, Earnest DJ (2010) The clock genes period 1 and period 2 mediate diurnal rhythms in dioxin-induced Cyp1A1 expression in the mouse mammary gland and liver. Toxicol Lett 196: 28–32

Ramsey KM, Yoshino J, Brace CS, Abrassart D, Kobayashi Y, Marcheva B, Hong HK, Chong JL, Buhr ED, Lee C, Takahashi JS, Imai S, Bass J (2009) Circadian clock feedback cycle through NAMPT-mediated NAD+ biosynthesis. Science 324: 651–654

Reick M, Garcia JA, Dudley C, McKnight SL (2001) NPAS2: an analog of clock operative in the mammalian forebrain. Science 293: 506–509

Reppert SM, Weaver DR (2002) Coordination of circadian timing in mammals. Nature 418: 935–941

Riva R, Albani F, Ambrosetto G, Contin M, Cortelli P, Perucca E, Baruzzi A (1984) Diurnal fluctuations in free and total steady-state plasma levels of carbamazepine and correlation with intermittent side effects. Epilepsia 25: 476–481

Rutter J, Reick M, Wu LC, McKnight SL (2001) Regulation of clock and NPAS2 DNA binding by the redox state of NAD cofactors. Science 293: 510–514

Sahar S, Sassone-Corsi P (2013) The epigenetic language of circadian clocks. In: Kramer A, Merrow M (eds) Circadian clocks, vol 127, Handbook of experimental pharmacology. Springer, Heidelberg

Sato TK, Panda S, Miraglia LJ, Reyes TM, Rudic RD, McNamara P, Naik KA, FitzGerald GA, Kay SA, Hogenesch JB (2004) A functional genomics strategy reveals Rora as a component of the mammalian circadian clock. Neuron 43: 527–537

Scheidel B, Lemmer B (1991) Chronopharmacology of oral nitrates in healthy subjects. Chronobiol Int 8: 409–419

Scheving LA (2000) Biological clocks and the digestive system. Gastroenterology 119: 536–549

Scheving LA, Russell WE (2007) It's about time: clock genes unveiled in the gut. Gastroenterology 133: 1373–1376

Scheving LE, Pauly JE, Tsai TH (1968) Circadian fluctuation in plasma proteins of the rat. Am J Physiol 215: 1096–1101

Shiga T, Fujimura A, Tateishi T, Ohashi K, Ebihara A (1993) Differences of chronopharmacokinetic profiles between propranolol and atenolol in hypertensive subjects. J Clin Pharmacol 33: 756–761

Shimba S, Watabe Y (2009) Crosstalk between the AHR signaling pathway and circadian rhythm. Biochem Pharmacol 77: 560–565

Slat E, Freeman GM, Herzog ED (2013) The clock in the brain: neurons, glia and networks in daily rhythms. In: Kramer A, Merrow M (eds) Circadian clocks, vol 127, Handbook of experimental pharmacology. Springer, Heidelberg

Snyder SH, Zweig M, Axelrod J, Fischer JE (1965) Control of the circadian rhythm in serotonin content of the rat pineal gland. Proc Natl Acad Sci USA 53: 301–305

Snyder SH, Axelrod J, Zweig M (1967) Circadian rhythm in the serotonin content of the rat pineal gland: regulating factors. J Pharmacol Exp Ther 158: 206–213

Solt LA, Wang Y, Banerjee S, Hughes T, Kojetin DJ, Lundasen T, Shin Y, Liu J, Cameron MD, Noel R, Yoo SH, Takahashi JS, Butler AA, Kamenecka TM, Burris TP (2012) Regulation of circadian behaviour and metabolism by synthetic REV-ERB agonists. Nature 485: 62–68

Sprouse J, Braselton J, Reynolds L (2006) Fluoxetine modulates the circadian biological clock via phase advances of suprachiasmatic nucleus neuronal firing. Biol Psychiatry 60: 896–899

Stearns AT, Balakrishnan A, Rhoads DB, Ashley SW, Tavakkolizadeh A (2008) Diurnal rhythmicity in the transcription of jejunal drug transporters. J Pharmacol Sci 108: 144–148

Stow LR, Gumz ML (2010) The circadian clock in the kidney. J Am Soc Nephrol 22: 598–604

Sukumaran S, Almon RR, DuBois DC, Jusko WJ (2010) Circadian rhythms in gene expression: relationship to physiology, disease, drug disposition and drug action. Adv Drug Deliv Rev 62: 904–917

Sun X, Deng J, Liu T, Borjigin J (2002) Circadian 5-HT production regulated by adrenergic signaling. Proc Natl Acad Sci USA 99: 4686–4691

Takahashi S, Inoue I, Nakajima Y, Seo M, Nakano T, Yang F, Kumagai M, Komoda T, Awata T, Ikeda M, Katayama S (2010) A promoter in the novel exon of hPPAR gamma directs the circadian expression of PPAR gamma. J Atheroscler Thromb 17: 73–83

Tanimura N, Kusunose N, Matsunaga N, Koyanagi S, Ohdo S (2011) Aryl hydrocarbon receptormediated Cyp1a1 expression is modulated in a CLOCK-dependent circadian manner. Toxicology 290(2–3): 203–207

Taylor DR, Duffin D, Kinney CD, McDevitt DG (1983) Investigation of diurnal changes in the disposition of theophylline. Br J Clin Pharmacol 16: 413–416

Turek FW, Joshu C, Kohsaka A, Lin E, Ivanova G, McDearmon E, Laposky A, Losee-Olson S, Easton A, Jensen DR, Eckel RH, Takahashi JS, Bass J (2005) Obesity and metabolic syndrome in circadian Clock mutant mice. Science 308: 1043–1045

Uz T, Ahmed R, Akhisaroglu M, Kurtuncu M, Imbesi M, Dirim Arslan A, Manev H (2005) Effect of fluoxetine and cocaine on the expression of clock genes in the mouse hippocampus and striatum. Neuroscience 134: 1309–1316

Wang N, Yang G, Jia Z, Zhang H, Aoyagi T, Soodvilai S, Symons JD, Schnermann JB, Gonzalez FJ, Litwin SE, Yang T (2008) Vascular PPAR gamma controls circadian variation in blood pressure and heart rate through Bmal1. Cell Metab 8: 482–491

Weinert H, Weinert D, Schurov I, Maywood ES, Hastings MH (2001) Impaired expression of the mPer2 circadian clock gene in the suprachiasmatic nuclei of aging mice. Chronobiol Int 18: 559–565

Wilkinson GR, Beckett AH (1968) Absorption metabolism and excretion of the ephedrines in man. I. The influence of urinary pH and urine volume output. J Pharmacol Exp Ther 162: 139–147

Wirz-Justice A (1987) Circadian rhythms in mammalian neurotransmitter receptors. Prog Neurobiol 29: 219–259

Xu CX, Krager SL, Liao DF, Tischkau SA (2010) Disruption of CLOCK-BMAL1 transcriptional activity is responsible for aryl hydrocarbon receptor-mediated regulation of Period1 gene. Toxicol Sci 115: 98–108

Yuan Q, Lin F, Zheng X, Sehgal A (2005) Serotonin modulates circadian entrainment in Drosophila. Neuron 47: 115–127

Yujnovsky I, Hirayama J, Doi M, Borrelli E, Sassone-Corsi P (2006) Signaling mediated by the dopamine D2 receptor potentiates circadian regulation by CLOCK: BMAL1. Proc Natl Acad Sci USA 103: 6386–6391

Zhang YK, Yeager RL, Klaassen CD (2009) Circadian expression profiles of drug-processing genes and transcription factors in mouse liver. Drug Metab Dispos 37: 106–115

Zhang EE, Liu Y, Dentin R, Pongsawakul PY, Liu AC, Hirota T, Nusinow DA, Sun X, Landais S, Kodama Y, Brenner DA, Montminy M, Kay SA (2011) Cryptochrome mediates circadian regulation of cAMP signaling and hepatic gluconeogenesis. Nat Med 16: 1152–1156

Zheng X, Yang Z, Yue Z, Alvarez JD, Sehgal A (2007) FOXO and insulin signaling regulate sensitivity of the circadian clock to oxidative stress. Proc Natl Acad Sci USA 104: 15899–15904

Zhou YD, Barnard M, Tian H, Li X, Ring HZ, Francke U, Shelton J, Richardson J, Russell DW, McKnight SL (1997) Molecular characterization of two mammalian bHLH-PAS domain proteins selectively expressed in the central nervous system. Proc Natl Acad Sci USA 94: 713–718

Zuber AM, Centeno G, Pradervand S, Nikolaeva S, Maquelin L, Cardinaux L, Bonny O, Firsov D (2009) Molecular clock is involved in predictive circadian adjustment of renal function. Proc Natl Acad Sci USA 106: 16523–16528

第十一章
癌症时间治疗法：实验、理论和临床应用

奥尔蒂斯-图德拉（Ortiz-Tudela）[1,2]、A. 姆特雷克（A. Mteyrek）[1,3]、A. 巴列斯塔（A. Ballesta）[1,3,4]、P. F. 因诺米纳托（P. F. Innominato）[1,3,5] 和 F. 莱维（F. Lévi）[1,3,5]

1 法国国家健康与医学研究院和保罗布鲁斯医院，2 西班牙穆尔西亚大学生理学系，3 法国巴黎南部大学，4 法国国家计算机科学与自动化研究所，5 法国保罗布鲁斯医院

摘要：生物钟计时系统（circadian timing system，CTS）控制着健康组织中的细胞周期、细胞凋亡以及药物的生物活化、转运和排毒机制。因而在实验模型中，癌症化疗法的耐受性根据给药时间的不同可以变化多达数倍。单一或联合化疗的最佳抗肿瘤功效通常对应其在最佳耐受时间的抗癌药物递送。数学模型表明，时间耐受性与时间疗效性之间这种吻合可以通过宿主细胞和癌症细胞的生物钟及细胞周期动态变化尤其是生物钟牵引和细胞周期的差异来最好地解释。在一项国际性随机的临床试验中，癌症病人在 24 小时内接受相同的正弦时间治疗（sinusoidal chronotherapy）方案，比起接受持续输液或错误时间点给药，其耐受性表现出大幅度的改善。然而，性别、遗传背景和生活方式也能够影响最佳的时间治疗方案。这些发现支持系统生物学方法在癌症时间治疗中的应用。正如最近对药物伊立替康（irinotecan）的研究所展示的一样，它们涉及在同步化的培养细胞中对时间药理学途径系统实验性地绘制和建模，然后再在两性和不同遗传背景的小鼠模型中进行调整。基于模型的个性化节律性药物递送旨在通过使用专门的生物钟标记物和药物递送技术，以个体病人的生物钟计时系统为基础，共同提高抗癌药物的耐受性和功效。

关键词：癌症·生物节律·时间治疗法·生存·时间耐受性·时间疗效性·数学模型·临床试验

1. 研究背景

　　癌症是一种系统性疾病，因此，它可以深刻地影响日常活动、睡眠、进食，以及细胞代谢（Mormont and Lévi 1997；Barsevick et al. 2010）；特别是癌症病人往

通讯作者：F. Lévi；电子邮件：francis.levi@inserm.fr

往往会感觉疲劳，进而妨碍了他们的日常生活（Weis 2011）。接受化疗的癌症病人会进一步经历与治疗相关的副反应如恶心、呕吐或腹泻，这也损害了他们的生活质量（Van Ryckeghem and Van Belle 2010）。此外，大多数抗癌治疗都在医院病房中进行，这种治疗条件也干扰了癌症患者的日常生活。事实上，癌症及其住院治疗都能改变病人的休息-活动模式。

休息-活动的内源性生物节律是由位于下丘脑的视交叉上核（SCN）控制的（Hastings et al. 2003）。这种节律通常在癌症患者中被评估为反映生物钟计时系统（CTS）鲁棒性的生物标志（Mormont et al. 2000；Ancoli-Israel et al. 2003；Calogiuri et al. 2011；Berger et al. 2007）。此外，正如休息-活动或皮质醇模式所展示的，生物钟紊乱的癌症患者，比起具有鲁棒性的生物钟计时系统的癌症患者，生存率较差（Mormont et al. 2000；Sephton et al. 2000；Innominato et al. 2009）。小鼠的研究支持了上述临床发现，因为结构上或功能上抑制视交叉上核或生物钟基因的突变都能够加速肿瘤进展（Filipski et al. 2002，2004，2005，2006；Fu et al. 2002；Otálora et al. 2008）。

另外，治疗效果随着给药时间而变化，这尤其体现在抗癌药物的耐受性（tolerability）和疗效（efficacy）这两个方面。这些发现促使癌症时间治疗法（cancer chronotherapy）的观念应运而生，而强调基于生物钟的药物递送对提高耐受性和疗效起着至关重要的作用（Lévi et al. 2010）。癌症时间治疗法是旨在通过整合抗癌药给药设计与生物钟来优化癌症治疗方案的研究领域（Lévi and Okyar 2011）。

2. 基于生物钟的癌症治疗

生物钟计时系统节律性地控制药物代谢和细胞排毒，从而在健康组织中改变24小时内药物与其分子靶标的相互作用以及 DNA 修复和细胞凋亡。CTS 也调节健康的细胞周期（Antoch and Kondratov 2013）。由于许多抗癌药物靶向细胞分裂周期的某一特定阶段，生物钟控制细胞增殖也代表了抗癌药物细胞毒性的关键因素（Haus 2002；Granda et al. 2005；Tampellini et al. 1998；Smaaland et al. 2002）。这两种机制都导致抗癌药物耐受性的大幅度和可预测的变化。相反，在癌症组织中细胞分裂通常以非同步的模式发生（Fu and Lee 2003；Lévi et al. 2007a）。健康组织和肿瘤组织在时间上的脱离为癌症的时间治疗提供主要原理，即旨在通过合适的治疗时机，最大限度地降低治疗毒性，同时使疗效最大化（Lévi and Okyar 2011）。然而，生物钟对恶性肿瘤的调节也可能存在，涉及 CTS 对血管内皮生长因子（vascular endothelial growth factor）介导的新血管生成的控制（Koyanagi et al. 2003；Lévi et al. 2010）。

在光照 12 小时和黑暗 12 小时交替同步化的小鼠或大鼠中，已发现 40 多种抗癌药物包括细胞因子、细胞抑制剂、抗血管生成药物，以及细胞周期抑制剂等的耐受性节律性（Lévi et al. 2010）。服用抗癌药后的致死毒性和体重减轻在一天内不同时间段的变化通常多达 2 ～ 10 倍（Lévi and Schibler 2007）。实验证据表明，使用肿瘤生长抑制或延长寿命作为实验系统中治疗功效的衡量标准，剂量和生物钟计时共同对 28 种抗癌药在小鼠的抗肿瘤功效中起着至关重要的作用（Lévi et al. 2010）。

2.1 排毒的生物钟控制

时间耐受性（chronotolerance）和时间疗效（chronoefficacy）是由一系列涉及药物排毒和生物活化酶以及药物转运蛋白的细胞生物节律引起的。目前，这些细胞的生物节律可以在同步化的细胞培养中研究（Lévi et al. 2010；Ballesta et al. 2011）以及尚未发表的伊立替康（irinotecan）在细胞水平上时间药理学研究（Dulong et al. 尚未发表）。这些研究展示了在整个生物体水平药物暴露和消除已知的生物钟变化。在小鼠体内，生物钟控制如 CYP450 和羧酸酯酶（carboxylesterase）的 I 阶段代谢酶和如葡糖醛酸基转移酶（glucuronosyltransferase）及谷胱甘肽 S-转移酶（GST）（Martin et al. 2003）II 阶段解毒酶，以及包括 *Abcb1a/b* 和 *Abcc2* 的 ABC 转运蛋白（Murakami et al. 2008；Okyar et al. 2011）。

2.2 细胞周期的生物钟控制

每个细胞都有一个由一组反馈回路组成的分子生物钟，它能够以大约 24 小时为周期，产生 mRNA 和蛋白水平的表达振荡（Ko and Takahashi 2006；Huang et al. 2011；综述见 Buhr and Takahashi 2013）。

这些生物钟基因控制多达 10% 转录组的节律性表达（Panda et al. 2002；Storch et al. 2002）。此外，某些翻译后修饰节律似乎与转录节律无关（O'Neill et al. 2011；综述见 O'Neill et al. 2013）。尤其是，最近在红血细胞发现非遗传性的生物钟（O'Neill and Reddy 2011）。目前尚不清楚这些不同的生物钟振荡器之间的关联机制，也不知道它们与癌症时间治疗法的相关性。

生物钟基因参与许多细胞的生理过程，包括细胞周期的调控（图 11.1）（亦见 Antoch and Kondratov 2013）。例如，CLOCK-BMAL1 二聚体激活 *c-Myc* 和 *p21* 的表达，它们的蛋白在细胞增殖和凋亡中起重要作用（Khapre et al. 2010）。此外，CLOCK-BMAL1 也参与凋亡基因 *p53* 和 *Wee1* 的激活，而后者的蛋白通过阻止 CDC2/CyclinB1 复合体的磷酸化，停止从 G_2 期向分裂期的转变（Hunt et al. 2007）。生物钟通过调控凋亡基因 *Bax* 和抗凋亡基因 *Bcl-2* 节律性表达，进一步调节细胞凋亡（Granda et al. 2005）。P53 蛋白通过促进暴露于 DNA 损伤剂或原癌基因转化启动的健康细胞凋亡，在肿瘤抑制中起着重要的作用。在缺乏 *p53* 的情况下，*p73* 可以替代 *p53* 作为抑癌剂。因此，在 *Cry1⁻/⁻*;*Cry2⁻/⁻*;*p53⁻/⁻* 基因敲除的肿瘤细胞中，生物钟基因和 *p53* 基因的同时缺失，增强了 *p73* 诱导表达，致使细胞凋亡增加。这一发现表明在通常最具侵袭性的恶性表型 *p53* 突变的癌细胞中，*Cry* 沉默可能的治疗作用（Lee and Sancar 2011）。有研究证明 CLOCK∶∶BMAL1 异二聚体的功能状态可改变野生型小鼠化疗的时间耐受性。*Clock^{Δ19/Δ19}* 突变小鼠或 *Bmal1^{-/-}* 敲除小鼠，无论何时服药，都表现烷化剂环磷酰胺（cyclophosphamide）严重的毒性；而相比于野生型小鼠，*Cry1^{-/-}* 和 *Cry2^{-/-}* 小鼠对这种药物耐受性则时间上恒定地改善（Gorbacheva et al. 2005）。

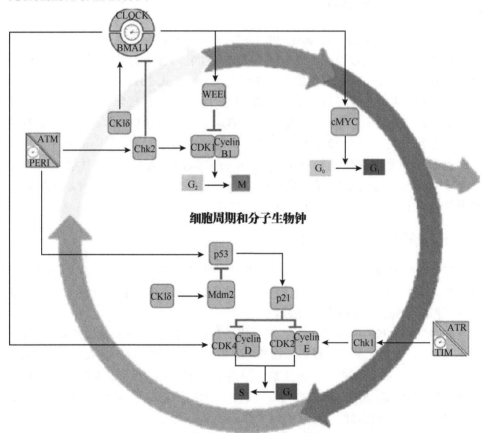

图 11.1　分子生物钟与细胞周期之间相互作用假说图

24 小时的节律性振荡是由包括至少 15 个生物钟基因及其蛋白质的反馈回路构成的分子钟产生的。PER 和 CRY 蛋白形成异二聚体，干扰 CLOCK∶∶BMAL1 异二聚体对 *Per*、*Cry*、*Rev-erb* 和 *Dec* mRNA 转录的激活。随后，REV-ERBα 蛋白阻碍由 RORα 蛋白激活的 *Bmal1* 转录（未显示）。CLOCK∶∶BMAL1 二聚体还直接控制如 *Wee1*、*cMyc*、*Ccnd1* 和 *P21* 等调节细胞分裂周期的生物钟控制基因的转录活性。此外，PER1 蛋白结合共济失调毛细血管扩张症突变（ataxia telangiectasia mutated，ATM）。Per1 和 ATM 都能促进 P53 和 CHK2（细胞周期检查点激酶 2）。除了许多其他功能，P53 还可以通过激活 *P21* 转录，同时调节细胞凋亡和细胞周期停滞在 G₁ 期。P21 抑制 CCNE 和 CCND 形成的复合物，从而阻止细胞周期从 S 期向 G₂ 期的转变。CHK2 蛋白既可以阻止 CLOCK∶∶BMAL1 二聚体对细胞周期的控制，又可以激活循环细胞进入有丝分裂（M 期）所需的 CCNB1-CDK1 复合物

DNA 损伤检测和基因修复两者均部分地受色素性干皮病因子 A（xeroderma pigmentosum A，XPA）节律性表达的控制（Kang et al. 2010）。核心生物钟基因似乎直接响应辐射，因而 *Per2* 的缺失会中断所有核心生物钟基因对辐射的响应（Fu and Lee 2003）。辐射的这种生物钟效应与电离辐射以剂量和时间依赖性的方式产生生物钟相位迁移的结论相符（Oklejewicz et al. 2008）。因此，基因毒性应激可以调节分子生物钟，这是涉及 DNA 损伤药物的癌症时间治疗法中一项至关重要的发现（Miyamoto et al. 2008）。

2.3 生物钟基因与癌症

在小鼠中生长的多数实验性肿瘤特别是在最初的潜伏期，生物钟基因的表达和它们的节律模式通常都是紊乱的（Filipski et al. 2005；Li et al. 2010）。据报道 *Per* 基因的表达抵消癌症的发展。因此，*PER1* 的过表达抑制人癌细胞系的生长并在电离辐射后增加细胞凋亡。相比之下，*PER1* 沉默阻止了辐射诱导的细胞凋亡（Gery et al. 2006）。生物钟基因 *Per2* 的下调也与细胞增殖增加相关，而其过表达则促进细胞凋亡（Fu and Lee 2003；Gery et al. 2005；Wood et al. 2008）。这些结果和其他实验发现与几种人类癌症中 *PER1* 和 *PER2* 基因或蛋白表达下调一致（Gery et al. 2006；Chen et al. 2005；Yeh et al. 2005；Innominato et al. 2010）。事实上，据报道在肿瘤细胞和在宿主细胞中生物钟基因的改变分别影响患者生存率和癌症风险（表 11.1）。因此，在非霍奇金淋巴瘤（non-Hodgkin's lymphoma）（Hoffman et al. 2009；Zhu et al. 2007）、前列腺癌（Chu et al. 2008）或乳腺癌（Yi et al. 2010）中，生物钟基因多态性与癌症风险和患者生存率相关。例如，*NPAS2* 基因的单核苷酸多态性（SNP）降低了 49% 的乳腺癌风险（Zhu et al. 2008），而 *CRY2* 基因的多态性也与增加的非霍奇金淋巴瘤和前列腺癌风险有关（Chu et al. 2008；Hoffman et al. 2009）。

3. 癌症时间治疗中的临床选择

传统的癌症治疗的给药时间是根据医院常规和员工的工作时间（Lévi et al. 2010）；相反，时间治疗法则根据具有精确生物钟时间的递送模式施用每种药物以达到最佳耐受性和最佳疗效（Lévi et al. 2010）。这主要涉及基于时间调制的递送时间表。专用的多通道可编程泵可以按照精准定时半正弦输液速率（semi-sinusoidal infusion rate）实现多种药物流动式静脉内或动脉内注射，从而可以在几乎不影响患者日常生活的情况下进行时间治疗法。正如"白消安"（busulfan）、6-巯基嘌呤（6-mercaptopurin）和口服氟尿嘧啶（oral fluoropyrimidine）的临床时间药理学研究中所建议的那样，口服化疗也适用于时间治疗的优化（Vassal et al. 1993；Rivard et al. 1993；Etienne-Grimaldi et al. 2008；Qvortrup et al. 2010）。时间编程释放制剂

表 11.1 与癌症生存率有关系的生物钟基因特征

肿瘤类型	病例	生物钟基因	基因变异	临床反应	参考文献
结直肠癌 结直肠癌	411	CLOCK	单核苷酸多态性 rs3749474 多态性	生存率↑ 风险率：0.55；置信区间 95%（0.37～0.81）； $p = 0.003$	Zhou et al. 2011
			单核苷酸多态性 rs1801260 多态性	生存率↑ 风险率：0.31；置信区间 95%（0.11～0.88）； $p = 0.03$	
	19	CSNKIE	mRNA↓	生存率↓ （$p = 0.024$）	Mazzoccoli et al. 2011
		PER1	mRNA↓	生存率↓ （$p = 0.010$）	
		PER3	mRNA↓	生存率↓ （$p = 0.010$）	
	198	PER2	PER2 蛋白↑	生存率↑ 风险率：0.58；置信区间 95%（0.40～0.85）； $p = 0.005$	Iacobelli et al. 2008
	202	PER2	mRNA↓	更好的结果	Oshima et al. 2011
慢性淋巴细 胞白血病	116	PER2 和 CRY1	PER2 mRNA ↓ + CRY1 mRNA↑	未治疗生存率↓ 风险率：3.23；CI 95% （1.13～9.18）； $p = 0.028$	Eisele et al. 2009
卵巢癌	83	CRY1 和 BMAL1	CRY1 mRNA↓ + BMAL1 mRNA↓	生存率↓ 风险率：5.34；置信区间 95%（1.10～25.85）； $p = 0.037$	Tokunaga et al. 2008
乳腺癌	348	NPAS2	mRNA↑	生存率↑ 风险率：0.38；置信区间 95%（0.17～0.86）； $p = 0.017$	Yi et al. 2010

（chronoprogramed release formulation）将是癌症口服时间治疗的未来，因为这些药物递送系统既允许进行基于时间调制的药物暴露，也允许夜间药物吸收；这样无论是否需要在夜间摄入药物都无需将病人从熟睡中唤醒（Spies et al. 2011）。

4. 时间耐受性和时间疗效之间的相互作用

4.1 实验研究

　　啮齿类动物中，大多数化疗药物的最佳耐受性和最佳疗效的生物钟时间存在惊人的吻合（图11.2）。这样的观察也适用于包括2种或更多抗癌药物的联合化疗（combination chemotherapy）：事实上，联合治疗的最佳疗效是每个药物在各自最佳耐受性时间内给药实现的，正如在荷瘤小鼠中多西他赛-阿霉素（docetaxel-doxorubicin）、伊立替康-奥沙利铂（irinotecan-oxaliplatin）和吉西他滨-顺铂（gemcitabine-cisplatin）所展示的（图11.3）。这些结果支持时间耐受性和时间疗效之间紧密的机制上的关联。此外，目前这些对耐受性差的联合化疗方案以及它们在癌症患者中的广泛应用进一步挑战这些实验性时间疗法发现的临床应用（见综述，Lévi et al. 2010）。

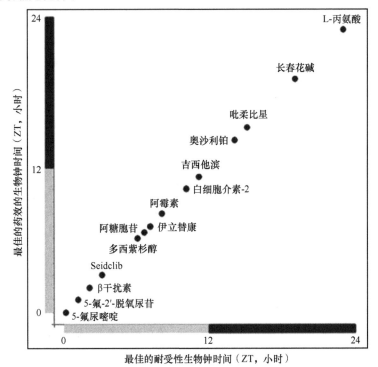

图 11.2　14种抗肿瘤药物在啮齿类动物中最佳耐受性和最佳疗效的生物钟时间之间的吻合

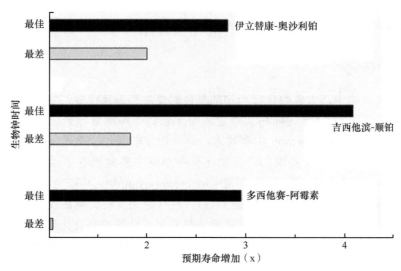

图 11.3　荷瘤小鼠中三种广泛使用的联合药物时间耐受性和时间段疗效之间的关系

接受伊立替康–奥沙利铂或吉西他滨–顺铂联合治疗患格拉斯哥骨肉瘤的雄性 B6D2F1 小鼠，接受多西他赛–阿霉素治疗的患 MA13C 乳腺癌的雄性 C3H/He 小鼠，寿命增加。图展示联合用药中各药物用药时间的相关性研究。

当每个药剂给药时间与最差耐受性（"最差"）相比达到最佳耐受性（"最佳"），寿命有几倍增加

4.2　临床研究

　　很少临床研究调查化学疗法中基于生物钟确定给药时间的概念。首次试验表明化疗时间的选择是治疗非小细胞肺癌患者成功的重要因素（Focan et al. 1995）。在另外两项试验中，每项都涉及不到 40 名晚期卵巢癌的患者，相比间隔 12 小时给药的治疗方法，早晨施用阿霉素或四氢吡喃阿霉素（theprubicin）（两种 DNA 嵌入剂）和午后施用顺铂（一种烷基化类药物）的耐受性更高（Hrushesky 1985；Lévi et al. 1990）。然而，在指定时间递送药物的实际困难进一步限制这种方法的发展，直到可编程实时药物递送系统（programmable in time drug delivery system）的出现。这项专用技术能够时间调制（chonomodulated）地向静脉内递送多达 4 种抗癌药物，病人无须住院。

　　奥沙利铂是第一种抗肿瘤药物，在被批准用于治疗结直肠癌前，就已经用于时间治疗研发。确实，这种药物毒性太大，在常规 I 期临床试验后，制药界没有进一步研发。在小鼠中，时间治疗学的实验研究显示，耐受性根据给药时间不同呈现三倍的变化（Boughattas et al. 1989）。这些动物研究发现导致一项涉及 23 位患者的随机 I 期研究，其中 12 位接受了峰值流速（peak flow rate）为 1600 小时的可选择时间的输注，而作为对照 11 位为恒速输注治疗。对于这种药物的主要副作用——外周感觉神经病变，时间疗法显示出最佳的安全性（Caussanel et al. 1990）。有趣的是，在接受时间治疗的病人中大多数都记录了抗肿瘤活性，这一发现随后也在转移性结直肠癌患者中被证实（Lévi et al. 1993）。

　　然后，奥沙利铂时间调制的输注与 5- 氟尿嘧啶 - 亚叶酸（5-fluorouracil-leucovorin，5-FU-LV）夜间 4 点达到流速峰值，时间调制的输注联合使用 5-氟尿嘧啶-亚叶酸为结直肠癌的参考联合疗法。因此，第一次临床试验表明，奥沙利铂联合 5-氟尿嘧啶-亚叶酸对结直肠癌主要疗效与这三种药剂的时间调制递送有关，被称为时间 FLO 方案（chronoFLO regimen）（Lévi et al. 1992）。国际临床试验表明，与恒定速率输注同样的三种药物或从初次给药起峰值相差 9 小时或 12 小时的时间调制注射相比，时间 FLO 方案将黏膜毒性的发生率减小到 1/5，而外周感觉神经病变也减半（图 11.4）（Lévi et al. 1994，1997，2007b）。此外，在每一个临床试验中，基于客观反应率，最佳耐受时间治疗方案也实现了最佳肿瘤缩小（Innominato et al. 2010）。随后的一项国际临床试验涉及 564 例转移性结直肠癌患者，比较了 4 天的时间 FLO 方案与另一个 2 天的对同一药物进行常规给药时间表（FOLFOX2 方案）（de Gramont et al. 1997）。两个治疗组的总生存率是相似的；然而，与常规的 FOLFOX2 方案相比，时间 FLO 方案显著降低 25% 的男性患者较早死亡的相对风险，而女性则相反（Giacchetti et al. 2006）。接受 chronoFLO 方案的男性和女性之间中位生存时间（median survival time）相差 6 个月，而接受 FOLFOX2 方案的患者中没有发现这种性别差异。这有力地支持时间 FLO（chronoFLO）方案在男女患者之间的最佳施药时间不同。在雄性小鼠进行的临床前研究可以充分预测男性患者的最佳施药时间；相反，不能从雄性小鼠推导出女性患者有效预测！这项临床发现强调需要充分研究时间治疗中与性别相关的差异。最近的小鼠研究表明，伊立替康（irinotecan，一种抗结肠直肠癌的拓扑异构酶Ⅰ抑制剂）在时间耐受性方面存在主要的性别和遗传差异（Ahowesso et al. 2010；Okyar et al. 2011）。

　　时间治疗法的区域化输注还可以利用给定器官中健康与癌症组织的生物钟组织结构上的差异。因为肝脏是结直肠癌细胞转移的主要器官，这种方法对结直肠癌肝转移的医学治疗是必要的。肝动脉灌注（hepatic arterial infusion，HAI）通过将导管插入肝动脉，选择性地将药物输送到肝脏，以实现药物局部的高浓度（Bouchahda et al. 2011）。在大多数常规治疗失败后，我们研究小组首次将伊立替康、5-氟尿嘧啶和奥沙利铂这三种最有效的抗结肠癌药物同时施用于结肠直肠癌肝转移患者的肝动脉。我们设计的肝动脉灌注正弦时间治疗（sinusoidal chronotherapy）方案安全有效，32% 的患者表现出客观的肿瘤缩小（Bouchahda et al. 2009）。这三个药物肝动脉灌注方案的首次欧洲临床测试刚刚证实了这种方法的相关性（OPTILIV，Eudract 序号 2007-004632-24）。

　　临床试验进一步表明，与头颈癌患者的下午放射疗法相比，早上放射疗法往往引起更少的严重口腔黏膜炎（Bjarnason et al. 2009）。此外，正如对 58 例患者的回顾性研究所示，特定时间的单次大剂量增强辐射对于根除脑肿瘤也可能至关重要。因此，与下午伽玛刀放射外科手术（gamma knife radiosurgery）相比，早上伽玛刀放射外科手术既提高了约 50% 的局部肿瘤控制率，又将中位生存提高了近一

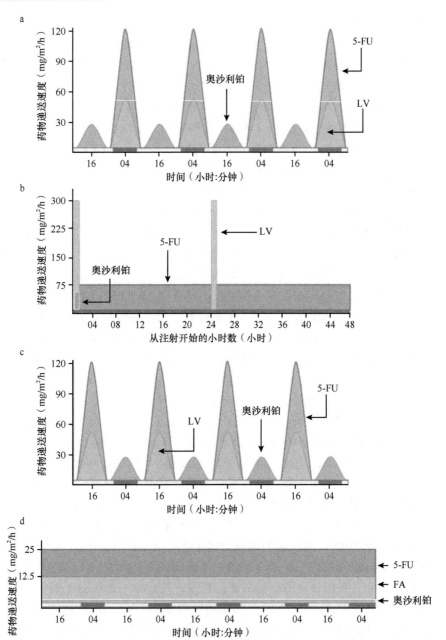

图 11.4 5-氟尿嘧啶（5-FU）、亚叶酸（LV）和奥沙利铂联合治疗转移性结直肠癌

（a）时间 FLO 方案（chronoFLO）。5-氟尿嘧啶（5-FU）、亚叶酸（LV）和奥沙利铂时间调制的组合给药超过 4 天，在预计的毒性最小和功效最佳的时间设定了峰值递送速率。该参考在 5 天内给药（chronoFLO5）初始方案。（b）常规的 FOLFOX2。这些药物常规给药并不考虑昼夜节律的情况，唯一的时间上要求包括在 2 天的疗程中依次输入奥沙利铂、亚叶酸和氟尿嘧啶，而有效的疗程开始取决于医院的常规工作安排。（c）移位的时间 FLO 方案 C。相对于插图 a 中 chronoFLO4 参考时间表，每种药物的给药速率峰值均偏移了 12 小时。（d）等剂量等速输注，氟尿嘧啶-亚叶酸和奥沙利铂的疗程为 5 天。在与 chronoFLO5 进行随机比较时，此方案用作对照

倍（Rahn et al. 2011）。

最近的时间治疗法发现也挑战了目前常规化疗的原则，即把毒性认为是抗肿瘤功效好的指标。换句话说，毒性越大，疗效越好！我们在接受常规 5-氟尿嘧啶、亚叶酸和奥沙利铂化疗（被称为 FOLFOX 方案）的 279 例转移性结直肠癌患者中证实了这一原则。重度中性粒细胞减少症（neutropenia）可显著地预测 FOLFOX 方案中总生存率。相比之下，重度中性粒细胞减少症预示了在使用相同的三种药物进行时间疗法的 277 例患者中预后较差（Innominato et al. 2011）（表 11.2）。综上所述，临床的时间治疗法数据显示了癌症治疗中以生物钟原则选择施药时间的重要性。这些发现证实了时间耐受性对时间疗效的关键作用；并且进一步指出，需要根据性别、生物钟生理和遗传背景来定制时间调制的药物递送方案（图 11.5）。

表 11.2 中性粒细胞减少症（CTC-Ae v3）的发生率与其预后值的关系

中性粒细胞减少症		FOLFOX2	ChronoFLO4
无（G0）	患者的百分比（%）	39.4	67.4
	中位总生存期（月）	12.5	19.4
严重（G3-4）	患者的百分比（%）	24.7	6.5
	中位总生存期（月）	20.7	13.7

常规化疗认为患者经历的毒性越严重，总生存率越高。然而，这一观点对于时间治疗来说似乎是错误的，因为在没有毒性的患者中生存率更高。阴影区表示每种方案中最高生存率。

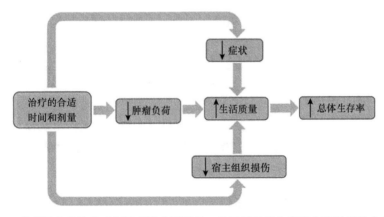

图 11.5 基于昼夜节律的时间治疗法在耐受性、生活质量和生存率方面的理论上的优势

在适当的时间和安全剂量施用抗癌药物，一方面有助于减少肿瘤负担，另一方面有助于减少治疗的副作用。因此，患者症状较少，对健康组织损伤较少。总的来说，这些患者的生活质量得到改善，这可以转化为对整体生存率的有利影响

5. 迈向个性化癌症时间治疗

为了尽可能减少受试者之间的变异性，时间耐受性和时效性已经在选定的小

鼠品系中仔细地研究了。虽然两个无亲属关系的人共享其 DNA 序列的 99.99%，但其余的 0.01% 却有所不同，并在受试者之间疾病风险和药物反应的差异中占了很大一部分，这尤其适用于解释宿主和癌症对特定治疗方案的不同反应。

人类生物钟计时系统（CTS）的特性也可能因个人而异。因此，某些昼夜节律发生的时间因人而异（Kerkhof and Van Dongen 1996）。这些变化通常与性别、年龄或时型有关（Roenneberg et al. 2007a）。时型是指在一天的前半段（早晨型或"百灵鸟"）或在一天的后半段（晚上型或"猫头鹰"）发展形成我们日常生活习惯性偏好（Vink et al. 2001）。慕尼黑时型问卷（Munich Chronotype Questionnaire）评估了全世界约 55 000 人的时型（Roenneberg et al. 2007a；综述见 Roenneberg et al. 2013）。这项流行学研究揭示了年龄、性别和地理位置而不是种族能够导致时型差异（Adan and Natale 2002；Roenneberg et al. 2004，2007a，2007b；Paine et al. 2006）。与"猫头鹰"相比，"百灵鸟"通常在休息-活动、体温、褪黑激素和皮质醇分泌等方面呈现相位提前的昼夜节律（Duffy et al. 1999；Kerkhof and Van Dongen 1996）。这些在生物钟生理节律相位上的个体差异似乎是在分子生物钟水平上得以体现（Cermakian and Boivin 2003）。此外，据报道雌性的内源性自由运转的昼夜节律周期比雄性的更短（Duffy et al. 2011）。

事实上，在奥沙利铂-5-氟尿嘧啶-亚叶酸（oxaliplatin-5-fluorouracil-leucovorin）特定时间治疗递送方案对耐受性和有效性的提高上，发现了性别相关的显著差异，即该方案对男性转移性结直肠癌患者有效，但对女性患者则无效（Giacchetti et al. 2006，2012；Lévi et al. 2007b）。同时，健康男性和女性受试者口腔黏膜中有近2000 个基因的节律性表达存在差异，其中许多与药物代谢和细胞增殖相关的生物钟控制基因（CCG）在不同时间表达（Bjarnason et al. 2001）。另外，几种药物代谢途径表现出强烈的性别差异（Wang and Huang 2007）。因此，充分利用时间生物学进行癌症治疗，需要收集癌症时间治疗法分子水平上的系统数据，以及单个癌症患者生物钟计时系统的相关信息。目前，癌症时间疗法的系统生物学方法旨在通过将体外和体内的时间药物学及昼夜节律生物标志物研究中的数学模型整合起来，以发展个性化的癌症时间疗法。

5.1 时间治疗方案的数学模拟

为了提出适合于患者遗传和生物钟概况的时间化治疗递送方案，已采取了实验和数学相结合的方法（有关生物钟的数学模型的综述，参见 Bordyugov et al. 2013）。第一步涉及设计时间治疗的数学模型，并用实验数据进行校准。一旦建立了数学模型的定性和定量准确度，就可以采用优化的程序，以确定理论上最佳的时间治疗方案；最后需要对其进行实验验证（图 11.6）。

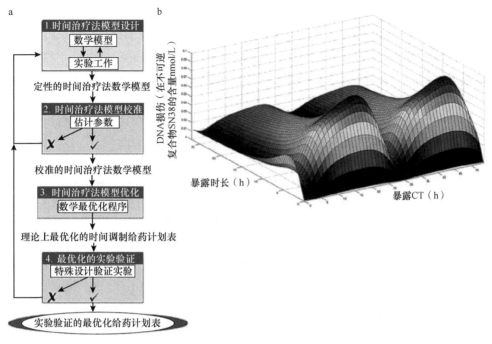

图 11.6　生物学和数学方法相结合优化时间治疗法的方法

（a）作为第一步，设计时间治疗法的数学模型，用来定性地再现生物学事实。然后通过实验数据对模型的定量化处理来估计模型参数。随后将校正后的数学模型用于优化程序，旨在设计理论上最优的时间调制给药方案。最后一步是对这些方案进行实验验证。（b）根据药物暴露时长和暴露开始的生物钟时间（CT），模拟的伊立替康对同步化的 Caco-2 细胞的毒性。在这个数学模型中，毒性是通过对健康细胞的 DNA 损伤来评估的。理论暴露方案是从指定的 CT 开始暴露于伊立替康，在指定的暴露时长内，初始浓度等于累积剂量除以暴露持续时间。这里，累积剂量设定为 500μmol/(L · h)

5.1.1　生物钟调控细胞增殖的模型设计与校准

从癌症时间治疗法的建模角度来看，第一步是在没有抗癌药物的情况下设计细胞增殖模型。这些模型包括药物靶点，主要包括细胞死亡和细胞周期相变，并涉及生物钟对这些过程的控制。模型可涉及不同的规模，从单细胞水平（聚焦分子细节）到组织水平（模型描述细胞群体的行为）。

自 1965 年以来，细胞生物钟的分子模型已经发展出来，并描述了生物钟基因之间的相互作用以及这些基因在调节环路中相互连接（Goodwin 1965；Merrow et al. 2003）。最近的研究集中在哺乳动物分子生物钟上，并考虑了生物钟基因转录、生物钟蛋白的调节作用和翻译后调控之间的相互作用（Leloup and Goldbeter 2003；Leloup et al. 1999；Forger et al. 2003；Relógio et al. 2011）。这些模型，特别是通过生物钟基因敲除模型，使我们能够更好地理解生物钟的分子机制。

生物钟与细胞周期之间通过 *Wee1* 和 *p21* 的生物钟控制的分子相互作用，已采用基于常微分方程（ordinary differential equation，ODE）的模型进行了数学研究（de Maria et al. 2009；Calzone and Soliman 2006；Gérard and Goldbeter 2009）。生物钟基因如 *Period*、*Cryptochrome* 和 *Bmal1* 敲除对细胞周期的影响也被研究，以进一步验证这些模型（de Maria et al. 2009）。而细胞周期决定因素对生物钟的反向影响仍在研究中。这个假设始于有关有丝分裂过程中转录一律受到抑制的观察，在最近发表的模型中也得到了数学方面的探索（Kang et al. 2008）。

已有几种方法用于模拟细胞增殖以及生物钟对其在群体规模的控制（Billy et al. 2012）。首先，已设计了基于生理学的偏微分方程（partial differential equation，PDE）用来描述细胞周期的每个阶段（静止期 G_0 或增殖 G_1、S、G_2、M 期）细胞群体的命运，同时考虑到对死亡率和细胞周期相变的生物钟控制。这些模型可以用于细胞增殖的理论研究。然后，从这些基于偏微分方程的模型出发，加上另外的假设，还可以导出延迟微分方程（delay differential equation，DDE）用于模拟生物钟控制的细胞增殖（Foley and Mackey 2009；Bernard et al. 2010）。另一种替代方法是基于药剂的模型（agent-based model），通过假设控制细胞行为的规则，分别计算每个细胞的命运（Altinok et al. 2007；Lévi et al. 2008）。这样的规则可能也包括用随机效应来解释细胞之间的可变性。这些模型通常假设计算成本较高，不能进行理论的数学分析。

5.1.2　模式设计和校准：需要考虑抗癌药物的分子时间药代学-时间药效学

简单地说，药代动力学（pharmacokinetics，PK）是研究人体对药物的作用（如代谢、转运），而药效学（pharmacodynamics，PD）是研究药物对机体的作用（药物毒性/疗效）。抗癌药物药代动力学/药效学（PK/PD）的昼夜节律可从相关基因表达的昼夜变化推断出来。因此，从优化抗癌药物基于生物钟递送的角度出发，需要建立分子水平的机制模型。

已经设计了单细胞或细胞群水平上的时间-药代动力学-药效学（Chrono-PK-PD）模型用于临床治疗结直肠癌的三种抗癌药物，即 5-氟尿嘧啶（Lévi et al. 2010）、奥沙利铂（Basdevant et al. 2005；Clairambault 2007）和伊立替康（Ballesta et al. 2011）。这些基于常微分方程的分子模型可计算药物在细胞内区室的命运，并涉及了一些动态参数，而这些参数必须与所研究的生物系统中测量的实验数据相吻合（Ballesta et al. 2011）。然后，可以使用已校准的模型来优化给定抗癌药物在细胞群中时间调制的暴露。它们还可以通过修改相应的参数值，来整合生物钟基因和药物代谢基因的相关多态性。

接下来的步骤是全身建模，以优化时间调制药物的递送，而不仅仅是暴露。全身模型考虑了药物与整个生物机体的相互作用（Tozer and Rowland 2006）。这些模型旨在模拟从全身循环中的输注到可能的肝脏排毒，直到其递送至外周细胞及其对药物暴露后反应的药物命运。因此，这类模型通常由一个血液隔室（blood compartment）、一个肝脏隔室、用于所研究药物主要毒性靶标隔室和一个相关的肿瘤隔室等组成。从时间治疗法优化的角度来看，每个隔室可能包含一个细胞内药物的 Chrono-PK-PD 模型。针对伊立替康（Ballesta et al. 2011）和 5-氟尿嘧啶（Tsukamoto et al. 2001）已经提出了全身 Chrono-PK-PD 模型。

这些模型的设计和参数化可以使用临床前模型中的数据来完成，如测量小鼠或大鼠组织药物浓度。事实上，血液浓度可能不会随着给药的昼夜节律时间而有太大变化，而组织浓度则可以高度改变，并在药物的时间药代动力学-时间药效学（Chrono PK-Chrono PD）中发挥关键作用（Ahoweso et al. 2010）。癌症患者模型的结构保持不变，但是参数值需要调整。从临床的角度，需要为每个病人或每一类病人确定一组参数，然后对这个特定的校准模型使用优化算法，进而设计出患者定制的时间调制给药方案。

除了有助于优化给药时间之外，这些模型还可以研究 Chrono-PK-PD 中所涉及蛋白质的昼夜节律。这可能与寻找能够区分小鼠或患者中的几种时间毒性类别的分子生物标记物有关（Lévi et al. 2010）。

5.1.3 优化时间治疗法

为了有效地优化治疗，我们应该同时考虑毒性（这里定义为对健康细胞的药物活性）和功效（代表对癌细胞的药物活性）。因此，模型应该至少考虑分别对应于健康细胞和癌细胞的这两个隔室。我们用相同的数学模型描述每个隔室，但是用不同的参数集来校准。这实际上是在模拟生物学，因为癌细胞来源于健康细胞，但表现出基因突变和表观遗传改变，从而加速或减慢了特定的分子途径。因此，可以通过相应参数值的增加或减少来模拟这些变化。对于时间治疗法优化，正常细胞和癌细胞之间的一个可能的差异是肿瘤组织中生物钟紊乱（Ballesta et al. 2011）。

然后决定采用的治疗策略。一个实际的和临床相关的策略，是在对健康组织的最大允许毒性的限制下，最大限度地提高对癌细胞的疗效。几种可能的治疗策略可以根据数学优化程序来实施（Basdevant et al. 2005；Clairambault 2007；Ballesta et al. 2011）。

5.2 癌症患者的生物钟计时系统的评估

最小限度或非侵入性实施步骤代表了确定癌症患者生物钟计时系统的一个关键指标。然而，这些技术和方法必须是安全、可靠，并且能提供关于患者生物钟及其协调的高质量且信息丰富的数据。每当涉及生物钟生理学时，即提倡并使用连续几天的频繁采样，以便深入了解患者的生物钟计时系统，包括以下方法。

5.2.1　通过活动测定法监测休息-活动

最初建议活动测定法（actimetry）作为监测指标，通过腕表加速计能够可靠、舒适、连续地记录癌症患者的休息-活动节律（Mormont et al. 2000）。对患者节律性特征的充分定义需要两到三个 24 小时的检测跨度（Mormont et al. 2000；Ancoli Israel et al. 2003；Berger et al. 2007）；然而，我们研究小组目前强调需要 1 周的监测跨度，以便对生物钟周期及其相关参数进行更可靠的评估。转移性结直肠癌、乳腺癌或肺癌患者的休息-活动模式可能存在很大差异（Mormont et al. 2000；Grutsch et al. 2011；Ancoli Israel et al. 2001；Innominato et al. 2009）。二分法指数（dichotomy index）I＜O，是衡量卧床和非卧床活动的相对指标，最能概括临床相关患者差异（Mormont et al. 2000）。实际上，I＜O 确定了生物钟紊乱，是 436 例转移性结直肠癌患者的三个队列长期生存的独立可靠预测指标（Mormont et al. 2000；Innominato et al. 2009；Levi 2012）。此外，I＜O 还发现接受化疗的患者存在生物钟紊乱，它也是这种情况下生存独立的预后因素（Lévi et al. 2010；Innominator et al. 2012）。

5.2.2　体温监测

体温既是由视交叉上核（SCN）控制的生物钟计时系统的生物标志物，又能够通过热激和冷诱导蛋白节律性协调外周时钟（Buhr et al. 2010；另见 Buhr and Takahashi 2013）。在小鼠中，通过进餐时间对核心体温节律以生物钟的方式放大可以使实验性癌症生长减半（Li et al. 2010）。核心体温（core body temperature）的峰值时间可以进一步作为体内昼夜节律的参考依据，以便输送时间调制的癌症治疗（Lévi et al. 2010）。最后，小鼠体内抗癌药物的剂量和施药时间，可以维持或破坏核心体温的昼夜节律（Li et al. 2002；Ahoweso et al. 2011）。

核心体温节律首先是通过终端连接到外部记录仪的直肠探头来确定的（Waterhouse et al. 2005；Kräuchi 2002）。高峰值通常出现在下午晚些时候，而后半夜则达到最低点（Waterhouse et al. 2005）。然而，这个系统既不安全也不便于评估非卧床癌症患者的节律。相反，使用径向温度传感器（radial temperature sensor）或皮肤表面温度贴片（skin surface temperature patch）可以无创地评估皮肤表面温度（Sarabia et al. 2008；Ortiz Tudela et al. 2010；Scully et al. 2011）。皮肤表面温度模式通常与核心体温模式相反，即最高点出现在前半夜，最低点出现在清晨，接近觉醒时候（Sarabia et al. 2008）。在 7 天内对完全活动的健康受试者进行测定显示，用桡动脉上方的温度传感器可以测量皮肤表面温度的昼夜节律模式以及休息-活动和姿势模式。这三种生物标志物的结合使我们能够计算一个称为体温-活动-姿势（temperature–activity–position，TAP）的综合变量。与单独采集的三个参数相比，体温-活动-姿势显示出更高的稳定性，因此可以最佳地估计现实生活条件下和癌症患者的生物钟计时系统（Ortiz Tudela et al. 2010）。在胸腔上方使用多个皮肤贴片和休息-活动监测一起还可以提供有关基线和化疗期间的昼夜节律鲁棒性和计时的相关信息（Scully et al. 2011；Costa et al. 2013）。最后，一项新技术的开发旨在将遥测温度传感器嵌入到目前用于化疗的植入血管接口（Beau et al. 2009）。

5.2.3 激素模式

长期以来，皮质醇和褪黑激素节律是昼夜节律最鲁棒的生物标志物（Veldhuis et al. 1990；Van Someren and Nagtegaal 2007；综述见 Kalsbeek and Fliers 2013）。在人类中，褪黑激素的分泌通常在前半夜达到高峰，并且受到光照的强烈抑制（Hardeland et al. 2011）。相比之下，皮质醇的分泌在清晨达到峰值，而前半夜达到最低值（Clow et al. 2010）。唾液中的游离皮质醇可以被测定，因此可以使用唾液样本来估计皮质醇的 24 小时分泌模式（Touitou et al. 2009；Mormont et al. 1998）。唾液皮质醇模式的破坏是转移性乳腺癌以及卵巢癌和肺癌患者生存独立的预后因素（Sephton et al. 2000；Abercrombie et al. 2004）。然而，在转移性结直肠癌患者中，则未发现这种关系（Mormont et al. 2002），这表明最相关的生物钟标记物（circadian biomarker）可能具有癌症特异性。

6. 结论与展望

到目前为止，在抗癌治疗及其策略的研发中，大多数的努力都集中在根除癌细胞上，而不太关注宿主细胞。主要的治疗目标涉及试图预防或削弱细胞分裂、血管生成或诱导癌细胞凋亡，以及它们的各种组合。然而，我们最近对癌症过程的认识突显了肿瘤微环境（tumor microenvironment）的关键作用，因此特别强调浸润肿瘤并围绕癌细胞的宿主细胞（Hanahan and Weinberg 2011）。

事实上，癌症时间治疗学已经揭示了生物钟对时间耐受性和时间有效性的重要作用。引人注目的原则是时间耐受性和时效性通常一致，这与传统癌症治疗的原则相反。因此，时间治疗法作为一种新的设计策略，旨在通过控制抗癌药物的适当剂量和给药时间，共同提高宿主耐受性和抗肿瘤疗效。由于雄性和雌性小鼠以及癌症患者对相同的时间治疗方案产生不同的反应，因此这样的治疗目标需要详细考虑性别（Giacchetti et al. 2006，2012；Lévi et al. 2007b；Ahoweso et al. 2011；Okyar et al. 2011）。

实验和临床数据都支持健全的生物钟计时系统的重要性，以增强宿主对癌症进展和治疗耐受性的控制。因此，在实验模型中，生物钟紊乱可以加速癌症的进展，它是不同类型和阶段的癌症患者生存的独立预后因素（Mormont et al. 2000；Sephton et al. 2000；Innominator et al. 2009 年）。然而，治疗本身能够改变生物钟计时系统，这也可能传达有关患者存活的独立预后信息（Ortiz Tudela et al. 2011；

Berger et al. 2010; Savard et al. 2009; Innominator et al. 2012）。这些数据表明需要尽量减少扰乱生物钟，以改善时间治疗法的疗效。

因此，从充分利用生物钟计时系统优化癌症治疗的角度来看，需要能够监测休息-活动和温度的可靠且无创的生物钟标记物。生物钟标志物应该提供定量的生物钟和代谢数据，以调整患者理论的药物递送时间表。数学建模方法的发展以及它们在癌症时间疗法中的应用都已经取得了很大进展。因此，根据系统生物学方法和基于体外、计算机和体内研究的紧密相互作用，理论模型能够整合药物代谢和运输、DNA 损伤、DNA 修复、细胞周期和凋亡的生物钟控制，以及药物对它们的影响。最近的时间治疗法递送模型可以进一步解决有关联合时间化学治疗法（combination chronochemotherapy）和治疗策略的问题。诸如强光、褪黑激素、氢化可的松、进餐时间、睡眠卫生，以及体育和社交活动等可以从时间治疗法的角度进一步加强和重新同步生物钟计时系统（Ancoli Israel et al. 2011；Seely et al. 2011）。

人们强调安全性是阻碍抗癌药物研发的主要问题。本章表明，时间治疗法对于共同提高抗癌药物的安全性和疗效至关重要。事实上，协调的时间治疗法的发展需要体外、计算机和体内模型。目前，最新的技术可以实现对患者的生物钟标记物的无创记录及其生物钟计时系统的多方面评估，而专用的药物递送设备或系统可以为基于模型的个体化时间治疗（personalized chronotherapy）方案提供方便。

（胡 佳 王 晗 译）

参 考 文 献

Abercrombie HC, Giese-Davis J, Sephton S et al (2004) Flattened cortisol rhythms in metastatic breast cancer patients. Psychoneuroendocrinology 29(8): 1082–1092

Adan A, Natale V (2002) Gender differences in morningness–eveningness preference. Chronobiol Int 19(4): 709–720

Ahowesso C, Piccolo E, Li XM et al (2010) Relations between strain and gender dependencies of irinotecan toxicity and UGT1A1, CES2 and TOP1 expressions in mice. Toxicol Lett 192(3): 395–401

Ahowesso C, Li XM, Zampera S et al (2011) Sex and dosing-time dependencies in irinotecaninduced circadian disruption. Chronobiol Int 28(5): 458–470

Altinok A, Levi F, Goldbeter A (2007) A cell cycle automaton model for probing circadian patterns of anticancer drug delivery. Adv Drug Deliv Rev 59: 1036–1053

Ancoli-Israel S, Moore PJ, Jones V (2001) The relationship between fatigue and sleep in cancer patients: a review. Eur J Cancer Care 10(4): 245–255

Ancoli-Israel S, Cole R, Alessi C (2003) The role of actigraphy in the study of sleep and circadian rhythms. Sleep 26(3): 342–392

Ancoli-Israel S, Rissling M, Neikrug A et al (2011) Light treatment prevents fatigue in women undergoing chemotherapy for breast cancer. Support Care Cancer 20(6): 1211–1219

Antoch MP, Kondratov RV (2013) Pharmacological modulators of the circadian clock as potential therapeutic drugs: Focus on genotoxic/anticancer therapy. In: Kramer A, Merrow M (eds) Circadian clocks, vol 217, Handbook of experimental pharmacology. Springer, Heidelberg

Ballesta A, Dulong S, Abbara C et al (2011) A combined experimental and mathematical approach for molecular-based optimization of irinotecan circadian delivery. PLoS Comput Biol 7(9): e1002143

Barsevick A, Frost M, Zwinderman A et al (2010) I'm so tired: biological and genetic mechanisms of cancer-related fatigue. Qual Life Res 19(10): 1419–1427

Basdevant C, Clairambault J, Levi F (2005) Optimisation of time-scheduled regimen for anticancer drug infusion. ESAIM Math Model Numer Anal 39(6): 1069–1086

Beau J, Innominato PF, Carnino S, Lévi F (2009) An implanted device for the adjustment of cancer chronotherapeutics to the patient's circadian timing system. In: XI Congress of the European Biological Rhythms Society, Strasbourg, France, 22–28 Aug 2009

Berger AM, Farr LA, Kuhn BR et al (2007) Values of sleep/wake, activity/rest, circadian rhythms, and fatigue prior to adjuvant breast cancer chemotherapy. J Pain Symptom Manage 33(4): 398–409

Berger AM, Grem JL, Visovsky C et al (2010) Fatigue and other variables during adjuvant chemotherapy for colon and rectal cancer. Oncol Nurs Forum 37(6): E359–369

Bernard S, Cajavec Bernard B et al (2010) Tumour growth rate determines the timing of optimal chronomodulated treatment schedules. PLoS Comput Biol 3: 1000712

Billy F, Clairambault J, Fercoq O (2012) Optimisation of cancer drug treatments using cell population dynamics. In: Friedman A, Kashdan E, Ledzewicz U, Schättler H (eds) Mathematical methods and models in biomedicine. Springer, New York, pp 257–299

Bjarnason GA, Jordan RC, Wood PA et al (2001) Circadian expression of clock genes in human oral mucosa and skin: association with specific cell-cycle phases. Am J Pathol 158(5): 1793–1801

Bjarnason GA, Mackenzie RG, Nabid A et al (2009) Comparison of toxicity associated with early morning versus late afternoon radiotherapy in patients with head-and-neck cancer: a prospective randomized trial of the National Cancer Institute of Canada Clinical Trials Group (HN3). Int J Radiat Oncol Biol Phys 73(1): 166–172

Bordyugov G, Westermark PO, Korencic A, Bernard S, Herzel H (2013) Mathematical modeling in chronobiology. In: Kramer A, Merrow M (eds) Circadian clocks, vol 217, Handbook of experimental pharmacology. Springer, Heidelberg

Bouchahda M, Adam R, Giacchetti S et al (2009) Rescue chemotherapy using multidrug chronomodulated hepatic arterial infusion for patients with heavily pretreated metastatic colorectal cancer. Cancer 115(21): 4990–4999

Bouchahda M, Lévi F, Adam R et al (2011) Modern insights into hepatic arterial infusion for liver metastases from colorectal cancer. Eur J Cancer 47(18): 2681–2690

Boughattas NA, Lévi F, Fournier C et al (1989) Circadian rhythm in toxicities and tissue uptake of 1,2-diammino-cyclohexane(trans-1)oxalatoplatinum(II) in mice. Cancer Res 49(12): 3362–3368

Buhr ED, Takahashi JS (2013) Molecular components of the mammalian circadian clock. In: Kramer A, Merrow M (eds) Circadian clocks, vol 217, Handbook of experimental pharmacology. Springer, Heidelberg

Buhr ED, Yoo SH, Takahashi JS (2010) Temperature as a universal resetting cue for mammalian circadian oscillators. Science 330(6002): 379–385

Calogiuri G, Weydahl A, Carandente F (2011) Methodological issues for studying the rest-activity cycle and sleep disturbances: a chronobiological approach using actigraphy data. Biol Res Nurs 15(1): 5–12

Calzone L, Soliman S (2006) Coupling the cell cycle and the circadian cycle. INRIA internal research report #5835. INRIA, Rocquencourt

Caussanel JP, Lévi F, Brienza S et al (1990) Phase I trial of 5-day continuous venous infusion of oxaliplatin at circadian rhythm-modulated rate compared with constant rate. J Natl Cancer Inst 82(12): 1046–1050

Cermakian N, Boivin DB (2003) A molecular perspective of human circadian rhythm disorders. Brain Res Brain Res Rev 42: 204–220

Chen ST, Choo KB, Hou MF et al (2005) Deregulated expression of the PER1, PER2 and PER3 genes in breast cancers. Carcinogenesis 26(7): 1241–1246

Chu LW, Zhu Y, Yu K et al (2008) Variants in circadian genes and prostate cancer risk: a population-based study in China. Prostate Cancer Prostatic Dis 4: 342–348

Clairambault J (2007) Modeling oxaliplatin drug delivery to circadian rhythms in drug metabolism and host tolerance. Adv Drug Deliv Rev 59(9–10): 1054–1068

Clow A, Hucklebridge F, Thorn L (2010) The cortisol awakening response in context. Int Rev Neurobiol 93: 153–175

Costa MJ, Finkenstädt BF, Gould PD et al (2013) Inference on periodicity of circadian time series. Biostatistics (in press) de Gramont A, Vignoud J, Tournigand C et al (1997) Oxaliplatin with high-dose leucovorin and 5-fluorouracil 48-hour continuous infusion in pretreated metastatic colorectal cancer. Eur J Cancer 33(2): 214–219

de Maria E, Fages F, Soliman S (2009) INRIA research report, 7064. INRIA, Rocquencourt Duffy JF, Dijk DJ, Hall EF et al (1999) Relationship of endogenous circadian melatonin and temperature rhythms to self-reported preference for morning or evening activity in young and older people. J Invest Med 47: 141–150

Duffy JF, Cain SW, Chang AM et al (2011) Sex difference in the near-24-hour intrinsic period of the human circadian timing system. Proc Natl Acad Sci USA 108(Suppl 3): 15602–15608

Eisele L, Prinz R, Klein-Hitpass L et al (2009) Combined PER2 and CRY1 expression predicts outcome in chronic lymphocytic leukemia. Eur J Haematol 83(4): 320–327

Etienne-Grimaldi MC, Cardot JM, Franc̦ois E et al (2008) Chronopharmacokinetics of oral tegafur and uracil in colorectal cancer patients. Clin Pharmacol Ther 83(3): 413–415

Filipski E, King VM, Li X et al (2002) Host circadian clock as a control point in tumor progression. J Natl Cancer Inst 94(9): 690–697

Filipski E, Delaunay F, King VM et al (2004) Effects of chronic jet lag on tumor progression in mice. Cancer Res 64(21): 7879–7885

Filipski E, Innominato PF, Wu M et al (2005) Effects of light and food schedules on liver and tumor molecular clocks in mice. J Natl Cancer Inst 97(7): 507–517

Filipski E, Li XM, Lévi F (2006) Disruption of circadian coordination and malignant growth. Cancer Causes Control 17(4): 509–514

Focan C, Denis B, Kreutz F et al (1995) Ambulatory chronotherapy with 5-fluorouracil, folinic acid, and carboplatin for advanced non-small cell lung cancer. A phase II feasibility trial. J Infus Chemother 5(3 Suppl 1): 148–152

Foley C, Mackey MC (2009) Dynamic hematological disease: a review. J Math Biol 58(1–2): 285–322

Forger DB, Dean DA 2nd, Gurdziel K et al (2003) Development and validation of computational models for mammalian circadian oscillators. OMICS 4: 387–400

Fu L, Lee CC (2003) The circadian clock: pacemaker and tumour suppressor. Nat Rev Cancer 3(5): 350–361

Fu L, Pelicano H, Liu J et al (2002) The circadian gene Period2 plays an important role in tumor suppression and DNA damage response in vivo. Cell 111(1): 41–50

Gérard C, Goldbeter A (2009) Temporal self-organization of the cyclin/Cdk network driving the mammalian cell cycle. Proc Natl Acad Sci USA 106(51): 21643–21648

Gery S, Gombart AF, Yi WS et al (2005) Transcription profiling of C/EBP targets identifies Per2 as a gene implicated in myeloid leukemia. Blood 106(8): 2827–2836

Gery S, Komatsu N, Baldjyan L et al (2006) The circadian gene per1 plays an important role in cell growth and DNA damage control in human cancer cells. Mol Cell 22(3): 375–382

Giacchetti S, Bjarnason G, Garufi C et al (2006) European Organisation for Research and Treatment of Cancer Chronotherapy Group. Phase III trial comparing 4-day chronomodulated therapy versus 2-day conventional delivery of fluorouracil, leucovorin, and oxaliplatin as firstline chemotherapy of metastatic colorectal cancer: the European Organisation for Research and Treatment of Cancer Chronotherapy Group. J Clin Oncol 24(22): 3562–3569

Giacchetti S, Dugué PA, Innominato PF et al (2012) Sex moderates circadian chemotherapy effects on survival of patients with metastatic colorectal cancer: a meta-analysis. Ann Oncol 23(12): 3110–3116

Goodwin BC (1965) Oscillatory behavior in enzymatic control processes. In: Weber G (ed) Advances in enzyme regulation, vol 3. Pergamon, Oxford, pp 425–438

Gorbacheva VY, Kondratov RV, Zhang R et al (2005) Circadian sensitivity to the chemotherapeutic agent cyclophosphamide depends on the functional status of the CLOCK/BMAL1 transactivation complex. Proc Natl Acad Sci USA 102(9): 3407–3412

Granda TG, Liu XH, Smaaland R et al (2005) Circadian regulation of cell cycle and apoptosis proteins in mouse bone marrow and tumor. FASEB J 19(2): 304–306

Grutsch JF, Wood PA, Du-Quiton J et al (2011) Validation of actigraphy to assess circadian organization and sleep quality in patients with advanced lung cancer. J Circadian Rhythms 9: 4

Hanahan D, Weinberg RA (2011) Hallmarks of cancer: the next generation. Cell 144(5): 646–674

Hardeland R, Madrid JA, Tan DX et al (2011) Melatonin, the circadian multioscillator system and health: the need for detailed analyses of peripheral melatonin signaling. J Pineal Res. doi: 10.1111/j.1600-079X.2011.00934.x

Hastings MH, Reddy AB, Maywood ES (2003) A clockwork web: circadian timing in brain and periphery, in health and disease. Nat Rev Neurosci 4(8): 649–661

Haus E (2002) Chronobiology of the mammalian response to ionizing radiation. Potential applications in oncology. Chronobiol Int 19(1): 77–100

Hoffman AE, Zheng T, Stevens RG et al (2009) Clock-cancer connection in non-Hodgkin's lymphoma: a genetic association study and pathway analysis of the circadian gene cryptochrome 2. Cancer Res 69(8): 3605–3613

Hrushesky WJ (1985) Circadian timing of cancer chemotherapy. Science 228(4695): 73–75

Huang W, Ramsey KM, Marcheva B et al (2011) Circadian rhythms, sleep, and metabolism. J Clin Invest 121(6): 2133–2141

Hunt T, Sassone-Corsi P et al (2007) Riding tandem: circadian clocks and the cell cycle. Cell 129(3): 461–464

Iacobelli S, Innominato PF, Piantelli M et al (2008) Tumor clock protein PER2 as a determinant of survival in patients receiving oxaliplatin-5-FU-leucovirin as first-line chemotherapy for metastatic colorectal cancer. In: 44th Annual meeting of the American Society of Clinical Oncology, Chicago, IL, USA

Innominato PF, Focan C, Gorlia T et al (2009) Chronotherapy Group of the European Organization for Research and Treatment of Cancer. Circadian rhythm in rest and activity: a biological correlate of quality of life and a predictor of survival in patients with metastatic colorectal cancer. Cancer Res 69(11): 4700–4707

Innominato PF, Lévi FA, Bjarnason GA (2010) Chronotherapy and the molecular clock: clinical implications in oncology. Adv Drug Deliv Rev 62(9–10): 979–1001

Innominato PF, Giacchetti S, Moreau T et al (2011) Prediction of survival by neutropenia according to delivery schedule of oxaliplatin-5-Fluorouracil-leucovorin for metastatic colorectal cancer in a randomized international trial (EORTC 05963). Chronobiol Int 7: 586–600

Innominato PF, Giacchetti S, Bjarnason GA et al (2012) Prediction of overall survival through circadian rest-activity monitoring during chemotherapy for metastatic colorectal cancer. Int J Cancer Apr 5. doi: 10.1002/ijc.27574

Kalsbeek A, Fliers E (2013) Daily regulation of hormone profiles. In: Kramer A, Merrow M (eds) Circadian clocks, vol 217, Handbook of experimental pharmacology. Springer, Heidelberg

Kang B, Li YY, Chang X et al (2008) Modeling the effects of cell cycle M-phase transcriptional inhibition on circadian oscillation. PLoS Comput Biol. doi: 10.1371/journal.pcbi.1000019

Kang TH, Lindsey-Boltz LA, Reardon JT et al (2010) Circadian control of XPA and excision repair of cisplatin-DNA damage by cryptochrome and HERC2 ubiquitin ligase. Proc Natl Acad Sci USA 107(11): 4890–4895

Kerkhof GA, Van Dongen HP (1996) Morning-type and evening-type individuals differ in the phase position of their endogenous circadian oscillator. Neurosci Lett 218: 153–156

Khapre RV, Samsa WE, Kondratov RV (2010) Circadian regulation of cell cycle: molecular connections between aging and the circadian clock. Ann Med 42(6): 404–415

Ko CH, Takahashi JS (2006) Molecular components of the mammalian circadian clock. Hum Mol Genet 15(suppl 2): R271–277

Koyanagi S, Kuramoto Y, Nakagawa H (2003) A molecular mechanism regulating circadian expression of vascular endothelial growth factor in tumor cells. Cancer Res 63(21): 7277–7283

Kräuchi K (2002) How is the circadian rhythm of core body temperature regulated? Clin Auton Res 12(3): 147–149

Lee JH, Sancar A (2011) Circadian clock disruption improves the efficacy of chemotherapy through p73-mediated apoptosis. Proc Natl Acad Sci USA 108(26): 10668–10672

Leloup JC, Goldbeter A (2003) Toward a detailed computational model for the mammalian circadian clock. Proc Natl Acad Sci USA 100(12): 7051–7056

Leloup JC, Gonze D, Goldbeter A (1999) Limit cycle models for circadian rhythms based on transcriptional regulation in Drosophila and Neurospora. J Biol Rhythms 6: 433–448

Levi F (2012) Circadian robustness as an independent predictor of prolonged progression-free survival (PFS) and overall survival (OS) in 436 patients with metastatic colorectal cancer (mCRC). In: Abstract 2012 Gastrointestinal cancers symposium – Category: Cancers of the colon and rectum – Translational research, San Francisco, CA, USA, 19–21 Jan 2012

Lévi F, Okyar A (2011) Circadian clocks and drug delivery systems: impact and opportunities in chronotherapeutics. Expert Opin Drug Deliv 8(12): 1535–1541

Lévi F, Schibler U (2007) Circadian rhythms: mechanisms and therapeutic implications. Annu Rev Pharmacol Toxicol 47: 593–628

Lévi F, Altinok A, Clairambault J et al (2008) Implications of circadian clocks for the rhythmic delivery of cancer therapeutics. Philos Trans A Math Phys Eng Sci 366: 3575–3598

Lévi F, Benavides M, Chevelle C et al (1990) Chemotherapy of advanced ovarian cancer with 40-O-tetrahydropyranyl doxorubicin and cisplatin: a randomized phase II trial with an evaluation of circadian timing and dose-intensity. J Clin Oncol 8(4): 705–714

Lévi F, Misset JL, Brienza S et al (1992) A chronopharmacologic phase II clinical trial with 5-fluorouracil, folinic acid, and oxaliplatin using an ambulatory multichannel programmable pump. High antitumor effectiveness against metastatic colorectal cancer. Cancer 69(4): 893–900

Lévi F, Perpoint B, Garufi C et al (1993) Oxaliplatin activity against metastatic colorectal cancer. A phase II study of 5-day continuous venous infusion at circadian rhythm modulated rate. Eur J Cancer 29A(9): 1280–1284

Lévi FA, Zidani R, Vannetzel JM et al (1994) Chronomodulated versus fixed-infusion-rate delivery of ambulatory chemotherapy with oxaliplatin, fluorouracil, and folinic acid (leucovorin) in patients with colorectal cancer metastases: a randomized multi-institutional trial. J Natl Cancer Inst 86(21): 1608–1617

Lévi F, Zidani R, Misset JL (1997) Randomised multicentre trial of chronotherapy with oxaliplatin, fluorouracil, and folinic acid in metastatic colorectal cancer. International Organization for Cancer Chronotherapy. Lancet 350(9079): 681–686

Lévi F, Filipski E, Iurisci I et al (2007a) Cross-talks between circadian timing system and cell division cycle determine cancer biology and therapeutics. Cold Spring Harb Symp Quant Biol 72: 465–475

Lévi F, Focan C, Karaboué A et al (2007b) Implications of circadian clocks for the rhythmic delivery of cancer therapeutics. Adv Drug Deliv Rev 59(9–10): 1015–1035

Lévi F, Okyar A, Dulong S et al (2010) Circadian timing in cancer treatments. Annu Rev Pharmacol Toxicol 50: 377–421

Li XM, Vincenti M, Lévi F (2002) Pharmacological effects of vinorelbine on body temperature and locomotor activity circadian rhythms in mice. Chronobiol Int 19(1): 43–55

Li XM, Delaunay F, Dulong S et al (2010) Cancer inhibition through circadian reprogramming of tumor transcriptome with meal timing. Cancer Res 70(8): 3351–3360

Martin C, Dutertre-Catella H, Radionoff M et al (2003) Effect of age and photoperiodic conditions on metabolism and oxidative stress related markers at different circadian stages in rat liver and kidney. Life Sci 73(3): 327–335

Mazzoccoli G, Panza A, Valvano MR et al (2011) Clock gene expression levels and relationship with clinical and pathological features in colorectal cancer patients. Chronobiol Int 28(10): 841–851

Merrow M, Dragovic Z, Tan Y et al (2003) Combining theoretical and experimental approaches to understand the circadian clock. Chronobiol Int 20(4): 559–575

Miyamoto N, Izumi H, Noguchi T et al (2008) Tip60 is regulated by circadian transcription factor clock and is involved in cisplatin resistance. J Biol Chem 283(26): 18218–18226

Mormont MC, Lévi F (1997) Circadian-system alterations during cancer processes: a review. Int J Cancer 70(2): 241–247

Mormont MC, Hecquet B, Bogdan A et al (1998) Non-invasive estimation of the circadian rhythm in serum cortisol in patients with ovarian or colorectal cancer. Int J Cancer 78(4): 421–424

Mormont MC, Waterhouse J, Bleuzen P et al (2000) Marked 24-h rest/activity rhythms are associated with better quality of life, better response, and longer survival in patients with metastatic colorectal cancer and good performance status. Clin Cancer Res 6(8): 3038–3045

Mormont MC, Langouët AM, Claustrat B et al (2002) Marker rhythms of circadian system function: a study of patients with metastatic colorectal cancer and good performance status. Chronobiol Int 19(1): 141–155

Murakami Y, Higashi Y, Matsunaga N (2008) Circadian clock - controlled intestinal expression of the multidrug-resistance gene mdr1a in mice. Gastroenterology 135: 1636–1644

O'Neill JS, Reddy AB (2011) Circadian clocks in human red blood cells. Nature 469(7331): 498–503

O'Neill JS, van Ooijen G, Dixon LE et al (2011) Circadian rhythms persist without transcription in a eukaryote. Nature 469(7331): 554–558

O'Neill JS, Maywood ES, Hastings MH (2013) Cellular mechanisms of circadian pacemaking: beyond transcriptional loops. In: Kramer A, Merrow M (eds) Circadian clocks, vol 217, Handbook of experimental pharmacology. Springer, Heidelberg

Oklejewicz M, Destici E, Tamanini F et al (2008) Phase resetting of the mammalian circadian clock by DNA damage. Curr Biol 18(4): 286–291

Okyar A, Piccolo E, Ahowesso C et al (2011) Strain- and sex-dependent circadian changes in abcc2 transporter expression: implications for irinotecan chronotolerance in mouse ileum. PLoS One 6(6): e20393

Ortiz-Tudela E, Martinez-Nicolas A, Campos M (2010) A new integrated variable based on thermometry, actimetry and body position (TAP) to evaluate circadian system status in humans. PLoS Comput Biol 6(11): e1000996

Ortiz-Tudela E, Innominato PF, Iurisci I et al (2011) Chemotherapy-induced disruption of circadian system in cancer patients. In: XII Congress of the European Biological Rhythms Society, Oxford, UK, 20–26 Aug 2011

Oshima T, Takenoshita S, Akaike M et al (2011) Expression of circadian genes correlates with liver metastasis and outcomes in colorectal cancer. Oncol Rep 25(5): 1439–1446

Otálora BB, Madrid JA, Alvarez N et al (2008) Effects of exogenous melatonin and circadian synchronization on tumor progression in melanoma-bearing C57BL6 mice. J Pineal Res 44(3): 307–315

Paine SJ, Gander PH, Travier (2006) The epidemiology of morningness/eveningness: influence of age, gender, ethnicity, and socioeconomic factors in adults (30–49 years). J Biol Rhythms 21(1): 68–76

Panda S, Hogenesch JB, Kay SA (2002) Circadian rhythms from flies to human. Nature 417(6886): 329–335

Qvortrup C, Jensen BV, Fokstuen T et al (2010) A randomized study comparing short-time infusion of oxaliplatin in combination with capecitabine XELOX(30) and chronomodulated XELOX(30) as first-line therapy in patients with advanced colorectal cancer. Ann Oncol 21(1): 87–91

Rahn DA 3rd, Ray DK, Schlesinger DJ et al (2011) Gamma knife radiosurgery for brain metastasis of nonsmall cell lung cancer: is there a difference in outcome between morning and afternoon treatment? Cancer 117(2): 414–420

Relógio A, Westermark PO, Wallach T et al (2011) Tuning the mammalian circadian clock: robust synergy of two loops. PLoS Comput Biol 7(12): e1002309

Rivard GE, Infante-Rivard C, Dresse MF et al (1993) Circadian time-dependent response of childhood lymphoblastic leukemia to chemotherapy: a long-term follow-up study of survival. Chronobiol Int 10(3): 201–204

Roenneberg T, Kuehnle T, Pramstaller PP et al (2004) A marker for the end of adolescence. Curr Biol 14(24): R1038–1039

Roenneberg T, Kuehnle T, JudaMet al (2007a) Epidemiology of the human circadian clock. Sleep Med Rev 11(6): 429–438

Roenneberg T, Kumar CJ, Merrow M (2007b) The human circadian clock entrains to sun time. Curr Biol 17(2): R44–45

Roenneberg T, Kantermann T, Juda M, Vetter C, Allebrandt KV (2013) Light and the human circadian clock. In: Kramer A, Merrow M (eds) Circadian clocks, vol 217, Handbook of experimental pharmacology. Springer, Heidelberg

Sarabia JA, Rol MA, Mendiola P et al (2008) Circadian rhythm of wrist temperature in normalliving subjects. A candidate of new index of the circadian system. Physiol Behav 95(4): 570–580

Savard J, Liu L, Natarajan L et al (2009) Breast cancer patients have progressively impaired sleepwake activity rhythms during chemotherapy. Sleep 32(9): 1155–1160

Scully CG, Karaboué A, Liu WM et al (2011) Skin surface temperature rhythms as potential circadian biomarkers for personalized chronotherapeutics in cancer patients. Interface Focus 1: 48–60

Seely D, Wu P, Fritz H et al (2011) Melatonin as adjuvant cancer care with and without chemotherapy: a systematic review and meta-analysis of randomized trials. Integr Cancer Ther 11(4): 293–303

Sephton SE, Sapolsky RM, Kraemer HC et al (2000) Diurnal cortisol rhythm as a predictor of breast cancer survival. J Natl Cancer Inst 92(12): 994–1000

Smaaland R, Sothern RB, Laerum OD et al (2002) Rhythms in human bone marrow and blood cells. Chronobiol Int 19(1): 101–127

Spies CM, Cutolo M, Straub RH et al (2011) Prednisone chronotherapy. Clin Exp Rheumatol 29(5 Suppl 68): S42–45

Storch KF, Lipan O, Leykin I et al (2002) Extensive and divergent circadian gene expression in liver and heart. Nature 417(6884): 78–83

Tampellini M, Filipski E, Liu XH et al (1998) Docetaxel chronopharmacology in mice. Cancer Res 58(17): 3896–3904

Tokunaga H, Takebayashi Y, Utsunomiya H et al (2008) Clinicopathological significance of circadian rhythm-related gene expression levels in patients with epithelial ovarian cancer. Acta Obstet Gynecol Scand 87(10): 1060–1070

Touitou Y, Auzéby A, Camus F et al (2009) Daily profiles of salivary and urinary melatonin and steroids in healthy prepubertal boys. J Pediatr Endocrinol Metab 22(11): 1009–1015

Tozer TN, Rowland M (2006) Introduction to pharmacokinetics and pharmacodynamics: the quantitative basis of drug therapy. Lippincott, Baltimore, MD

Tsukamoto Y, Kato Y, Ura M et al (2001) A physiologically based pharmacokinetic analysis of capecitabine, a triple prodrug of 5-FU, in humans: the mechanism for tumor-selective accumulation of 5-FU. Pharm Res 18(8): 1190–1202

Van Ryckeghem F, Van Belle S (2010) Management of chemotherapy-induced nausea and vomiting. Acta Clin Belg 65(5): 305–310

Van Someren EJ, Nagtegaal E (2007) Improving melatonin circadian phase estimates. Sleep Med 8: 590–601

Vassal G, Challine D, Koscielny S et al (1993) Chronopharmacology of high-dose busulfan in children. Cancer Res 53(7): 1534–1537

Veldhuis JD, Iranmanesh A, Johnson ML et al (1990) Amplitude, but not frequency, modulation of adrenocorticotropin secretory bursts gives rise to the nyctohemeral rhythm of the corticotropic axis in man. J Clin Endocrinol Metab 71: 452–463

Vink JM, Groot AS, Kerkhof GA et al (2001) Genetic analysis of morningness and eveningness. Chronobiol Int 18: 809–822

Wang J, Huang Y (2007) Pharmacogenomics of sex difference in chemotherapeutic toxicity. Curr Drug Discov Technol 4(1): 59–68

Waterhouse J, Drust B, Weinert D et al (2005) The circadian rhythm of core temperature: origin and some implications for exercise performance. Chronobiol Int 22(2): 207–225

Weis J (2011) Cancer-related fatigue: prevalence, assessment and treatment strategies. Expert Rev Pharmacoecon Outcomes Res 11(4): 441–446

Wood PA, Yang X, Taber A et al (2008) Period 2 mutation accelerates ApcMin/+ tumorigenesis. Mol Cancer Res 6(11): 1786–1793

Yeh KT, Yang MY, Liu TC et al (2005) Abnormal expression of period 1 (PER1) in endometrial carcinoma. J Pathol 206(1): 111–120

Yi C, Mu L, de la Longrais IA et al (2010) The circadian gene NPAS2 is a novel prognostic biomarker for breast cancer. Breast Cancer Res Treat 120(3): 663–669

Zhou F, He X, Liu H et al (2011) Functional polymorphisms of circadian positive feedback regulation genes and clinical outcome of Chinese patients with resected colorectal cancer. Cancer. doi: 10.1002/cncr.26348

Zhu Y, Leaderer D, Guss C et al (2007) Ala394Thr polymorphism in the clock gene NPAS2: a circadian modifier for the risk of non-Hodgkin's lymphoma. Int J Cancer 120(2): 432–435

Zhu Y, Stevens RG, Leaderer D et al (2008) Non-synonymous polymorphisms in the circadian gene NPAS2 and breast cancer risk. Breast Cancer Res Treat 107(3): 421–425

第十二章
生物钟作为潜在治疗药物的药理学调制作用
——基因毒性与抗癌治疗

马里纳·P. 安托赫（Marina P. Antoch）[1]和罗曼·V. 孔德拉托夫（Roman V. Kondratov）[2]

1 美国罗斯威尔帕克公园癌症研究所细胞和分子生物学系，2 美国克利夫兰州立大学生物、地质和环境科学系

摘要：生物钟是演化程度高度保守的内在计时机制，控制着许多生命过程的日变化。生物钟控制的一个重要过程是生物对由如抗癌药物和放疗等引起的基因毒性（genotoxic）的应激反应。动物模型中的大量观察令人信服地表明，药物诱导的毒性呈现显著的日变化；因此，在耐药性更好的特定时间给药可显著降低不良副作用。在某些情况下，一天中的这些关键时间点与肿瘤细胞敏感性的增加相吻合，从而能够获得更好的治疗指标。尽管时间治疗法已经取得了令人鼓舞的疗效，但是我们对其分子机制的认识仍然不清楚。在本章，我们将综述在解析生物钟与应激反应通路之间机制性关联方面的最新进展，并着重关注如何将这些发现应用于抗癌临床实践。我们将讨论如何利用高通量筛选鉴定可调节整个生物钟机制的基本参数，以及生物钟组成成分功能活性的小分子化合物。我们还将描述已发现的几种小分子化合物如何能够在药理学上调节生物钟并可能研发成为治疗药物。我们相信生物钟靶向药物的转化应用具有两个方面的意义，它们既可能被研究成治疗生物钟相关疾病的药物，又可以与现有的治疗策略结合使用，以通过内在的生物钟机制改善治疗某些基因毒性的治疗指标。

关键词：癌症治疗·生物节律·DNA 损伤·药理调节·小分子筛选

1. 哺乳动物的分子生物钟

众所周知，生物钟可以调节几乎所有重要的生命过程，包括睡眠–觉醒周期、体温、代谢以及应激的急性反应（Antoch and Kondratov 2011；Chen and McKnight 2007；Rutter et al. 2002；Sack et al. 2007）。生物钟系统的主要功能是确保生物体内以及生物与其环境之间各种生理、行为和代谢过程的时间上的同步化，以实现最佳功能。这种适时的同步化一旦中断，就会导致各种病症的发生，包括抑郁症和

通讯作者：Marina P. Antoch；电子邮件：marina.antoch@roswellpark.org

双相型疾病（McClung 2007）、睡眠障碍（Ptacek et al. 2007）、代谢性疾病（Gimble et al. 2011）和心血管疾病等（Paschos and Fitz Gerald 2010）。几项流行病学研究表明，不正常的工作时间（如轮班、频繁地穿越时区等）会造成体内生物钟和环境时间的去同步化（desynchronization），进而增加心血管疾病、糖尿病和癌症的风险（Salhab and Mokbel 2006；Szosland 2010；Wang et al. 2011）。此外，生物钟基因缺失的动物研究已经确定了许多种生物钟基因特异性病症，包括代谢缺陷、癌症和加速老化（Kondratov et al. 2007；Takahashi et al. 2008）。

在过去的 15 年中，随着哺乳动物的第一个生物钟基因 *Clock* 的克隆（Antoch et al. 1997；King et al. 1997），对生物钟运转分子机制的解析进展巨大。几篇出色的综述已经总结了有关不同物种中生物钟调控环路的研究进展（Buhr and Takahashi 2013；O'Neill et al. 2013；Minami et al. 2013）。在这里，我们将简要概述细胞水平上产生生物钟所涉及的主要机制，进而介绍关键基因并阐明其作为预期的治疗靶标的潜在用途。

在分子水平上，生物钟是由转录翻译反馈环路的网络组成的，并驱动一些关键的生物钟基因 RNA 和蛋白丰度基于 24 小时的振荡（Lowrey et al. 2011）。主生物钟环路的核心是两个含有 bHLH-PAS 结构域的转录因子 CLOCK 和 BMAL1，它们形成异二聚体，驱动一些启动子区含有 E-box 元件的基因节律性表达。这个循环的负调控部分包括三个周期基因（*Period*）——*Per1*、*Per2* 和 *Per3* 及两个隐花色素基因（*Cryptochrome*）——*Cry1* 和 *Cry2* 基因，可以抑制 CLOCK/BMAL1 驱动转录的活性。第二个环路是两个核受体 *REV-ERBα*（*NR1D1*）和 *RORα* 对 *Bmal1* 基因转录的节律性调控，这两个核受体转录都受 CLOCK/BMAL1 激活，而它们又分别作为抑制因子和激活因子抢占 *Bmal1* 基因启动子的 RORE 调控元件。此外，CLOCK/BMAL1 异二聚体调节许多启动子区含有 E-box 调控元件的生物钟控制基因（CCG）的转录。重要的是，这些 CLOCK/BMAL1 的靶基因又相应地编码一些转录因子如 DBP、TEF、HLF 和 E4BP4，通过另一个结合元件（D-box）发挥转录激活或抑制作用（Schrem et al. 2004）。由于这种多层次的转录调控，多达 10% 的哺乳动物转录组在 mRNA 水平上都呈现节律性（Panda et al. 2002）。在哺乳动物中，分子生物钟实际上在所有的组织中都起作用，从而以组织特异的方式影响许多不同的生理和代谢过程（Duguay and Cermakian 2009）。值得注意的是，生物钟控制基因还包括细胞周期、DNA 修复和基因毒性应激反应中的关键调节因子，它们的浓度以及／或者活性的昼夜节律性振荡有望调节应激的灵敏度，并控制在正常和应激条件下的细胞周期进程（Kondratov and Antoch 2007）。

主生物钟环路中的正向调节因子和负向调节因子都受到各种翻译后修饰（磷酸化、苏素化、泛素化和乙酰化）的调节，这对生物钟蛋白质的功能活性、核质穿梭和稳定性很重要。许多酶与生物钟蛋白的特定修饰相关联，其中许多现在被认为是不可或缺的生物钟组成成分。这些化学修饰导致 CRY 或 PER 介导的转录抑制的延迟，从而建立 24 小时的节律并提供生物钟系统的细微调节（Kojima et al. 2011）。转录后和表观遗传学调控机制的参与又进一步扩大了整个生物钟系统的复杂度（Lowrey et al. 2011；Sahar and Sassone-Corsi 2013）；而把转录、转录后、翻译后修饰和表观遗传学等调控机制整合在一起，才成为多方面的、严密调控的计时系统，能够在恒定条件下展现鲁棒性和精确性，并提供必要的可塑性，以有效地响应环境变化，从而更好地适应环境。

　　生物钟调节的一个重要过程是生物机体对由如抗癌药物和放疗等引起的基因毒性应激的反应。外源性的 DNA 损伤因素如药物、紫外线和电离辐射，与内源性活性氧类（ROS）、折叠的复制叉和 DNA 自发性损伤（如胞嘧啶脱氨基）等是 DNA 损伤的主要原因。在正常的情况下，哺乳动物细胞和组织可能主要由内源性因素，在某些程度由紫外线，造成 DNA 损伤；而在不正常的条件下，即在癌症治疗过程中，生物体内各种组织则暴露于高剂量的基因毒性剂环境。化疗和放疗是消除肿瘤细胞主要的治疗方法；遗憾的是，这两种方法都是非特异性的，也会损伤正常的组织和细胞，从而造成了病人衰弱的副作用。

　　大量的动物模型实验结果令人信服地证明，药物诱导的毒性呈现显著的日变化。因此，在更好的耐受性特定时间给药可显著降低不良副作用。在某些情况下，一天中的这些关键时间点与肿瘤细胞敏感性的增加相吻合，从而能够获得更好的治疗指数（见 Levi et al. 2010 和 Ortiz-Tudela et al. 2013 的综述）。几项临床试验的结果已经证实了时间治疗法相对于传统治疗法的优势（Innominato et al. 2010）。但遗憾的是，尽管结果令人鼓舞，时间治疗法尚未在临床上普遍使用，其部分原因如下：①绝大多数观察发现本质上是描述性的，缺乏机制上的解析；②人们可能预期时间治疗法需要在非常规时间（如夜间）进行治疗，这可能需要对医务人员排班时间进行重大更改。克服这些问题的一种替代方法是研发可重置敏感组织中分子生物钟的药物，以实现更高的耐药性，从而获得更大的治疗指数。小鼠研究支持了这种做法，生物钟转录反馈环路中无论正向调控因子还是负向调控因子的基因缺失，对化疗药物环磷酰胺（cyclophosphamide，CY）的毒性显示不同的应答，这说明体内对基因毒性应激的反应可以通过核心的生物钟元件的功能状态调控（Gorbacheva et al. 2005）。

2. 生物钟蛋白作为 DNA 损伤（基因毒性应激）反应的调节剂

　　暴露于 DNA 损伤剂后，细胞有多个响应选择。细胞可能会经历生长停滞以便进行 DNA 修复；如果消除了损伤，细胞可以恢复到原来的正常状态。如果细胞不能修复 DNA 损伤，可以通过凋亡而消除细胞；若细胞在 DNA 突变消除前增殖，可能导致瘤形成（neoplasia）并发展为癌症。最后，细胞可能启动衰老程序即不可逆的生长停滞。DNA 损伤反应的选择取决于组织的类型及许多细胞外和细胞内的因素。最近的研究数据表明，生物钟蛋白可能参与了这一决策过程。下面我们将讨论一些新的研究结果，强调生物钟蛋白在 DNA 损伤后的所有反应步骤，包括细胞周期调控和检查点控制、DNA 修复和衰老中的作用，并强调生物钟蛋白作为新型治疗靶点的重要性。

2.1 生物钟在细胞周期和检查点控制中的作用

早在数十年前，生物钟对细胞周期的控制就在单细胞生物中观察到了（Edmunds and Funch 1969），并提出作为防止高强度 UV 暴露下 DNA 复制的机制，以保护基因组免于积累紫外线诱导的突变。生物钟和细胞周期之间的机制关联已得到广泛研究，最近的几篇综述总结了其中的重要发现（Khapre et al. 2010；Borgs et al. 2009）。在这里，我们将专注生物钟蛋白参与 DNA 损伤后细胞周期进程调控的实验证据。

正常的细胞周期进程需要几个控制检验点（control checkpoint），以作为内源性因素（暂停的复制叉和过量的活性氧类等）和外源性因素（DNA 损伤性药物、紫外线和电离辐射）引起 DNA 损伤的监测机制。这一机制为细胞提供了修复损伤的时间，这对于维持基因组完整性和促进细胞存活至关重要。在许多肿瘤中这个途径失调，从而导致 DNA 有多处损伤的肿瘤细胞增殖失控，并通过称为有丝分裂灾变（mitotic catastrophe）的机制导致有丝分裂紊乱和细胞死亡（Galluzzi et al. 2007）。据报道，有丝分裂灾变是肿瘤细胞对不同抗癌药物的显著反应（Mansilla et al. 2006）。

在正常细胞中，基因毒性治疗（genotoxic treatment）主要靶向快速分裂的细胞，如骨髓、肠上皮细胞和毛囊，导致一些常见的副作用如骨髓抑制（myelosuppression）、黏膜炎（mucositis）和脱发（alopecia）。所有这些组织都带有功能性生物钟，而且细胞周期不同阶段分布在某些情况下的日变化已经有报告（Geyfman and Andersen 2010；Hoogerwerf 2006；Mendez-Ferrer et al. 2009）。因此，通过生物钟调节细胞周期检查点可能有助于保护正常组织。

两个重要的检查点蛋白激酶，即共济失调毛细血管扩张症突变（ataxia telangiectasia mutated，ATM）和 ATM-Rad3 相关（ATR）（Smith et al. 2010），介导了对导致细胞周期阻滞 DNA 损伤的检测。ATM 通过对双链 DNA 断裂的反应而激活，并磷酸化包括 CHK2 激酶在内的众多细胞周期关键的调节因子。据报道生物钟蛋白 PER1 能够与 ATM/CHK2 复合体相互作用，而电离辐射可以激活这种相互作用（Gery et al. 2006）。重要的是，siRNA 抑制 PER1 表达的细胞，放疗后的 ATM 激活和 CHK2 的 ATM 依赖性磷酸化都受到削减。因此，在人类肿瘤细胞系下调 PER1 可以使它们对抗癌药物更具抵抗力（Gery et al. 2006；Gery and Koeffler 2010）。

另一个生物钟和细胞周期调节因子之间的有趣的关联涉及果蝇同源基因

TIMELESS（*TIM*）。尽管 *TIM* 在哺乳动物生物钟中的作用尚不清楚，但已报道其与核心生物钟蛋白 PER 和 CRY 的关联（Barnes et al. 2003；Field et al. 2000）。值得注意的是，人类 TIM 与细胞周期检查点蛋白 CHK1、ATR 和 ATR 小亚基 ATRIP 相互作用，而且这种相互作用可通过用羟基脲（hydroxyurea）和紫外线等 DNA 损伤剂处理来刺激。此外，在正常和应激条件下，通过 siRNA 下调 *TIM* 会导致 CHK1 的 ATR 依赖性磷酸化水平降低（Unsal-Kacmaz et al. 2005）。与非节律性伴侣 TIPIN（TIM 相互作用蛋白）形成复合物时，TIM 参与了 DNA 复制和细胞周期进程的调控（Gotter 2003）。功能分析还揭示了 TIM/TIPIN 复合物在 DNA 损伤后适当的检查关卡控制中的重要性（Sancar et al. 2010）

归结在一起，这些研究确定了生物钟基因可以调节应激条件下细胞周期调控因子的活性，因而可被看作是缓解 DNA 损伤引起的细胞缺陷的潜在靶向药物。

2.2 生物钟对 DNA 修复的控制

在检验到 DNA 损伤而且增殖受到暂时限制后，哺乳动物细胞的第一反应就是修复损伤。在哺乳动物中，有 5 个主要的 DNA 修复系统：核苷酸切除修复（nucleotide excision repair，NER）和碱基切除修复（base excision repair，BER）负责单链断裂（single-strand break，SSB）和碱基 / 核苷酸特定损伤的修复；同源重组（homologous recombination，HR）和非同源末端连接（nonhomologous end joining，NHEJ）负责双链断裂（double-strand break，DSB）的修复；错配修复（mismatch repair）负责处理插入、缺失或 A–G、T–C 不匹配的修复。最近的研究确定了核心生物钟蛋白 CRY 和核苷酸切除修复之间建立了明确的联系。

CRY 蛋白属于隐花色素 / 光裂解酶家族。这些家族的所有成员都有可能是由共同的祖先 CPD 光裂解酶演化而来的，这种酶从 DNA 中消除紫外光诱导的环丁烷嘧啶二聚体（cyclobutane pyrimidine dimer）（Kanai et al. 1997）。共同的演化起源反映了生物钟和 DNA 修复系统功能之间可能的相互作用。实际上，植物 CPD 光裂解酶已被证明类似于哺乳动物 CRYs，能够和 CLOCK/BMAL1 复合体相互作用并调节其活性；此外，在培养的细胞和肝脏中，它们能够补偿 *Cry* 的缺失，恢复基因表达的节律性振荡（Chaves et al. 2011）。相反，哺乳动物的 *CRYs* 不具有类似光裂解酶活性，哺乳动物消除紫外线损伤中的核苷酸仅仅依赖核苷酸切除修复。

已有的研究表明，紫外线（UV）DNA 损伤的核苷酸切除修复在小鼠大脑和肝脏中呈现日振荡，分别在 ZT10 和 ZT22 于大脑中以及在 ZT6 和 ZT18 于肝脏中达最大值与最小值（Kang et al. 2009，2010）。有趣的是，在两个组织中，最大的核苷酸切除修复活性都与一天内的光照一致，这可能反映了对阳光中紫外线的适应。在大脑中，核苷酸切除修复活性也与由大脑代谢活动引起的活性氧类（ROS）水平的日振荡相吻合（Kondratova et al. 2010）。这个现象并不意外，尽管紫外线和 ROS 会产生不同类型的损伤，DNA 氧化的两个主要产物是胸腺嘧啶乙二醇（thymine glycol）和 8-氧鸟嘌呤（8-oxyguanine），但它们都被 NER 系统清除。

除了紫外线或氧化应激引起的 DNA 损伤外，NER 系统还能够消除因使用顺铂（cisplatin）化合物包括顺铂-d（GpG）和顺铂-（GpXpG）治疗而引起的链内双加合物。顺铂是一种化疗药物，广泛用于治疗各种类型的癌症，包括肉瘤、某些癌症（即小细胞肺癌和卵巢癌）、淋巴瘤和生殖细胞肿瘤（Kelland 2007）。顺铂诱导的 DNA 损伤的修复在肝脏提取物中呈现日振荡，分别在 ZT10 和 ZT22 达到最大活性和最小活性（Kang et al. 2010）。有趣的是，NER 活性在睾丸中似乎是恒定的，这可能与睾丸没有明显的节律性振荡有关。NER 活性在 Cry 缺陷小鼠的肝脏中则呈现组成性（constitutively）高表达，表明该修复系统通过 Cry 缺失引起的生物钟中断而被激活，而且生物钟在一天的某些时间下调了 NER 活性。

哺乳动物核苷酸切除修复由 6 个核心修复因子组成：XPA、XPC、XPF、XPG、RPA 和 TFIIH。业已证明，核苷酸切除修复活动中的节律性振荡仅与这些因素之一的色素性干皮病因子 A（xeroderma pigmentosum A，XPA）的蛋白质表达水平的振荡相关，这表明 XPA 负责修复活性的日波动。事实上，当日修复活动达到最低限度时，在 ZT18 分离的肝裂解液补充 XPA，可使核苷酸切除修复的水平恢复到在 ZT6 分离的提取物中观察到的水平。直接测量肝脏中 Xpa 转录本和蛋白质水平表明，两者均表现出明显的日振荡。Xpa 的 mRNA 在 CLOCK/BMAL1 的最大活性时达到峰值，这表明核心生物钟激活复合物直接调节 Xpa 基因的表达。与此相符，Xpa 转录本在 Cry 缺陷小鼠的组织中呈现组成性（constitutively）高表达，并且在睾丸中不显示振荡。因此，生物钟最有可能通过对 CLOCK/BMAL1 依赖的 Xpa 表达的控制来调节不同组织中的核苷酸切除修复（Kang et al. 2010）。

在小鼠皮肤中也检测出生物钟调节核苷酸切除修复。重要的是，接触致癌物后皮肤肿瘤的发生在很大程度上取决于暴露时间，而且与 NER 活性的波动直接相关（Gaddameedhi et al. 2011）。这些发现表明生物钟调节 DNA 修复的生理意义；也强调了 CLOCK/BMAL1 活性在调控细胞对 DNA 损伤的应激反应中的核心作用，并预测与 Cry 缺陷小鼠相反，由于 CLOCK/BMAL1 依赖性转录活性的不断降低，在 Bmal1 敲除动物组织中 NER 可能会大大减少。

由于皮肤是唯一暴露于光线（包括破坏 DNA 的紫外线）下的哺乳动物组织，因此提出了生物钟控制其他组织中核苷酸切除修复功能重要性的问题。一种可能性是这种功能关联仅仅是在某些演化阶段有益的活动的遗物（relic）。另外，由于 NER 利用类似的氧化损伤修复机制，可能参与保护细胞免受氧化应激。无论答案如何，生物钟和 DNA 修复系统之间的这种新发现的关联为治疗应用提供了宝贵的工具。

值得注意的是，上述的 PER 和 TIM 分别与 ATM 和 ATR 相互作用，也可能分别影响 ATM 和 ATR 介导的同源重组，这是哺乳动物 DNA 修复的另一种机制。虽然尚无证明生物钟直接控制双链断裂的修复，而且检查点激酶 ATM 和 ATR 是否参与在这些过程中也未彻底了解（Smith et al. 2010），ATM 和 ATR 分别与核心生物钟蛋白 PER 和 TIM 相互作用表明它们可能参与了这一过程。

生物钟控制双链断裂修复的间接证据来自最近的一项研究，旨在鉴定调节检验点功能、对丝裂霉素 C（mitomycin C）的敏感性和同源重组效率相关蛋白的研究。CLOCK 蛋白是 24 个最佳候选者蛋白之一；此外，在随后对激光诱导的 DNA 损伤的细胞实验中发现，CLOCK 也是与 γ-H2AX——双链断裂位点众所周知的标志物——共定位的三种蛋白之一（Cotta-Ramusino et al. 2011）。这一发现从根本上改变 CLOCK 蛋白只作为生物钟的转录调控因子的认知，表明其不仅通过对靶基因的转录调控，也通过一种非转录依赖的机制参与了基因毒性应激反应的调控。一种可能是双链断裂 DNA 修复需要染色质修饰，要利用 CLOCK 蛋白的内在组蛋白乙酰转移酶（HAT）活性（Doi et al. 2006）；另一种可能是 CLOCK 可以招募其他染色质修饰或 DNA 损伤修复酶至 DNA 损伤位点。例如，脱乙酰化酶 SIRT1，一个众所周知的应激反应调节因子（Rajendran et al. 2011），特异性地与 CLOCK/BMAL1 复合体相互作用（Nakahata et al. 2009；Ramsey et al. 2009），提示 CLOCK 是将 SIRT1 募集到 DNA 损伤部位所必需的。

CLOCK/BMAL1 复合体的转录活性对于 DNA 修复相关的染色质修饰也很重要。事实上，参与酵母中双链断裂修复的 MIST 组蛋白乙酰化酶 MIST 家族成员 Tip60 的表达（Sun et al. 2010）直接由 CLOCK/BMAL1 通过其启动子中的生物钟 E-box 元件调控（Miyamoto et al. 2008）。无论确切的机制如何，这些新的研究结果展示了核心生物钟蛋白 CLOCK 在遗传毒性药物诱导的 DNA 修复多种机制中发挥作用，很值得进一步研究（Kang and Sanca 2009）。

2.3　生物钟与衰老

越来越多的研究证据表明某些生物钟蛋白缺失会启动衰老程序。实际上，*Bmal1*^{-/-} 小鼠会自然地发展成过早老化（premature aging）的表型（Kondratov et al. 2006），而 *Clock* 突变体小鼠在遭受电离辐射后（Antoch et al. 2008）也会发展为过早老化的表型。与过早衰老的发生相一致，*Per2* 基因突变小鼠的血管中（Wang et al. 2008）以及 *Bmal1*^{-/-} 敲除小鼠的肝脏、肺和脾中（Khapre et al. 2011）都检测到衰老细胞的增加（Wang et al. 2008）。生物钟基因突变体中衰老细胞的积累最有可能与应激诱导的衰老而非复制性衰老（replicative senes cence）有关。目前尚不清楚过早老化是由某种或某几种生物钟蛋白的缺失所造成的，还是由于生物钟失控而引起细胞代谢过程的去同步化造成的。尽管表型的严重程度不同，但在不同的生物钟突变体中都观察到过早老化表型，因此这两种过程最有可能都促进衰老的发展。应激诱导的衰老被认为是一种肿瘤抑制机制（Campisi 2005），许多肿瘤化疗后体积的减小很可能是由于其衰老程序的激活所致。在这方面，这些生物钟蛋白参与衰老表型的发生为其作为潜在治疗靶点提供了更多的支持。

值得强调的是，尽管如此，许多衰老细胞仍保持代谢活性，并能够分泌许多影响生物体生理的因子，包括那些促进肿瘤发生的因子。衰老在促进肿瘤抑制和肿瘤发生中的双重作用可能取决于条件（如是正常的还是应激诱导的），以及组织类型，并且可以解释关于生物钟蛋白在肿瘤发生中的作用的现有争议。实际上，生物钟基因 *Per2* 突变小鼠，在电离辐射后由于 *p53* 依赖性细胞凋亡的减少，导致易发癌症的表型（Fu et al. 2002）。同时，*Clock* 突变小鼠在受到电离辐射后，老化加速但并不发生肿瘤（Antoch et al. 2008），而两种 CRY 蛋白的缺失均可挽救 *p53* 基因敲除无效小鼠的肿瘤易感表型（Ozturk et al. 2009）。取决于生物钟缺陷的类型和在实验小鼠模型中诱导肿瘤的方法，在正常细胞中暴露基因毒性剂和激活衰老程序可能会刺激肿瘤生长，同时抑制转化细胞的生长。

总而言之，最近建立的分子生物钟、细胞周期调控、遗传毒性应激反应和肿瘤发生之间的相互作用为抗癌治疗和肿瘤预防开拓了新的视野。需要更多的研究来完善生物钟介导的应激反应途径调节的分子机制，并解决该领域目前存在的多种矛盾。这些代谢过程所建立的相互作用强调了生物钟蛋白作为治疗应用靶标的重要性。

3. 通过高通量化学筛选寻找调节生物钟的药物

有机小分子库的高通量筛选是发现生物活性化合物的最有效工具之一。Balsalobre 等（1998）开创性地研究展示了培养细胞经过高浓度血清短期处理后，可以呈现生物钟基因节律性表达，在许多实验室开展了一系列的实验，最终鉴定出了可以影响生物钟功能的几种化合物。培养细胞的昼夜节律性振荡可由糖皮质激素受体激动剂地塞米松（dexamethasone）（Balsalobre et al. 2000a）、腺苷酸环化酶的激活剂（activator of adenylate cyclase）、毛喉素（forskolin）（Yagita and Okamura 2000）、佛波醇 12-肉豆蔻酸 13-乙酸酯（phorbol-12-myristate-13-acetate，PMA）、成纤维细胞生长因子（FGF）、表皮生长因子（EGF）、胰岛素、钙离子载体卡西霉素（calcimycin）（Balsalobre et al. 2000b）、血管内皮素（endothelin）（Yagita et al. 2001）、葡萄糖（Hirota et al. 2002）和前列腺素 E2（Tsuchiya et al. 2005）等诱导。此外，一些细胞内小分子如 NAD（Nakahata et al. 2009；Ramsey et al. 2009）、血红素（Raghuram et al. 2007；Yin et al. 2007）和 cAMP（O'Neill et al. 2008）也可以作为生物钟的调节因子。通过对 10 种信号化合物的比较定量分析揭示了节律诱导性能的差异（Izumo et al. 2006），表明它们可能都是通过不同的途径发挥作用的。总之，这些研究工作为利用基于细胞检测进行大规模筛选以鉴定出可以调节生物钟的更特异化学物质提供了原理验证（proof-of-principle）。最近已经研发了两种类型的实验方法：第一种，首先通过血清休克、地塞米松或毛喉素等处理建立生物钟节律同步化的细胞系，然后实时记录这些细胞中生物钟报告基因活

性，具体测试化合物对生物节律基本参数，如周期、振幅和相位的影响；第二种方法涉及搜寻能够调节非同步化细胞中核心生物钟蛋白的稳态活动的小分子化合物。下面介绍的两种方法都鉴定出了有可能发展为药物的新型生物钟调制因子。

3.1 影响培养细胞中生物钟参数的小分子化合物

首先在包含 1280 种不同化学物的市售药学活性化合物库（LOPAC，Sigma）的小规模筛选中测试了这种筛选范例。结果鉴定出一种糖原合成酶激酶 3β（GSK-3β）的小分子抑制剂，它介导了稳定表达 *Bmal1*-Luc 报告基因的骨肉瘤 U2OS 细胞中生物钟振荡周期的缩短（Hirota et al. 2008）。在哺乳动物中，GSK-3β 先前已被鉴定为直接磷酸化几种核心生物钟蛋白[包括 PER2、CRY2、REV-ERBα、CLOCK 和 BMAL1（Harada et al. 2005；Iitaka et al. 2005；Sahar et al. 2010；Yin et al. 2006；Spengler et al. 2009）]的激酶，并导致 CRY2、CLOCK 和 BMAL1 降解，以及 PER2 核转运的增加或 REV-ERBα 的稳定。

这种方法进一步应用于大约 120 000 种无特征化合物的生物钟筛选，并发现了一个小分子命名为"漫长日"（longdaysin），它可以有效地延长各种培养细胞及小鼠视交叉上核（SCN）即哺乳动物核心起搏器外植体中的生物钟周期（Hirota et al. 2010）。更重要的是，longdaysin 也影响表达报告基因的转基因斑马鱼活体的生物钟周期。药理学、质谱和 siRNA 介导的基因敲减方法的结合揭示 longdaysin 靶向多种蛋白激酶，包括 CK1δ、CKIα 和 ERK2。尽管 CK1δ 和 ERK 之前已被确定为生物钟的调节激酶，CK1α 在生物钟节律控制中的作用还尚未确定。CK1α 似乎能够直接磷酸化 PER1 蛋白，并且与 CK1δ 相似，可促进其降解（Hirota et al. 2010）。

除了几个专门针对蛋白激酶抑制剂作用的较小规模筛选（Isojima et al. 2009；Yagita et al. 2009），上述介绍的大规模筛选主要鉴定影响生物钟振荡周期的化合物。最近的一项新型筛选靶向其他生物钟参数，如生物节律的振幅（Chen et al. 2012）。这项研究利用来源于 *Per2*∷*lucSV* 报告基因小鼠的永生化小鼠成纤维细胞（immortalized mouse fibroblast cell），经毛喉素处理同步化，涉及约 200 000 个合成小分子的筛选。几种鉴定出的化合物，除了缩短周期外，还导致振荡幅度显著增加，这与两个生物钟输出基因 *Dbp* 和 *Rev-Erbα* 表达增加相关。还有一类有趣的无特征化合物，介导了 *Per2* 驱动荧光素酶信号的急性诱导，随后振荡相位显著延迟，这有点类似于毛喉素在视交叉上核（SCN）切片中的效果（O'Neill et al. 2008）。进一步的分析表明这些化学物质的确诱导了细胞内 cAMP 水平，它们对生物钟振荡的影响是非常复杂的，这可能反映了 cAMP 参与众多通路的调控这一事实。

最近，生物钟表型筛选鉴定发现了一个小分子，它能够特异性地作用于核心生物钟蛋白 CRY，防止其泛素依赖性降解，从而延长生物钟周期（Hirota et al. 2012）。重要的是，除了其影响生物钟参数的能力，这个命名为 KL001 的化合物，为研究 CRY 依赖的生理过程如糖异生的调节提供了一种工具。据报道，在肝脏中 CRY 蛋白负向调节两种基因的转录，即磷酸烯醇丙酮酸羧化激酶 1 基因（phosphoenolpyruvate carboxykinase 1，*Pck1*）和葡萄糖-6- 磷酸酶基因（glucose-6-phosphatase，*G6pc*），它们分别编码糖异生中的限速酶（Lamia et al. 2011；Zhang et al. 2010）。与此一致，KL001 处理小鼠原代肝细胞有效抑制胰高血糖素（glucagon）介导的 *Pck1* 和 *G6pc* 诱导及葡萄糖产生（Hirota et al. 2012）。这些研究表明 KL001 可用于基于生物钟治疗糖尿病的疗法。

综上所述，上述筛选鉴定出了许多属于不同化学类别的能够影响生物钟振荡参数的化合物，包括几种生物学功能未知的分子。它们表现出不同的活性并影响不同的生物钟参数，进而表明可能参与多种分子机制。这些化合物已成为探索生物钟中不同调控机制的重要工具，并已由此鉴定出生物钟回路中新的参与者，如 CK1α（Hirota et al. 2010），未来可能发现更多。它们也有可能被开发成用于治疗生物钟相关疾病的药物。因为许多生物钟相关障碍都与生物钟的衰减有关，例如与 *Clock^{Δ19}* 突变相关的疾病（Marcheva et al. 2010；Vitaterna et al. 2006）。在这方面，由这些筛选鉴定出来的并已测试其恢复 *Clock^{-/+}* 小鼠的纤维细胞、垂体和视交叉上核（SCN）的振荡幅度能力的小分子代表了未来的原型药物（prototype drug）（Chen et al. 2012）。此外，影响生物钟功能的激酶调节因子通过控制 PER 的磷酸化状态也可能研发成药物，用于治疗诸如家族性睡眠相位提前综合征（FASPS）等疾病（Vanselow et al. 2006）。

3.2 筛选影响 CLOCK/BMAL1 转录复合物功能的小分子化合物

除了它们在分子生物钟振荡器中的作用之外，许多（如果不是全部的话）核心生物钟蛋白都还有非生物钟的生理功能（Yu and Weaver 2011）。在实验系统中，任何这些功能的损伤都导致各种病理的发生，往往与多种人类疾病相关。因此，鉴定出生物钟蛋白的功能性小分子调节因子，可能不一定与其生物钟功能相关联，却可能提供一种更特异性的治疗药物。最近这种方法已用于筛选 CLOCK、BMAL1 转录活性的调制因子（Hu et al. 2011）。这种方法的基本原理是基于此前发表的一项研究工作，它将不同生物钟基因突变小鼠对基因毒性处理的急性反应与主要生物钟调节因子 CLOCK/BMAL1 转录复合物的功能状态联系起来（Gorbacheva et al. 2005）。这些研究表明，尽管这些生物钟基因突变体包括 *Clock* 突变小鼠、*Bmal1^{-/-}* 基因敲除和 *Cry1^{-/-}*;*Cry2^{-/-}* 双基因双敲小鼠都无行为节律，但对化疗药物环磷酰胺（cyclophosphamide，CY）的毒性反应截然相反。生物钟激活因子（CLOCK 和 BMAL1）缺陷的动物，生物钟控制基因的表达水平持续偏低，对环磷酰胺的毒性则非常敏感；而生物钟抑制因子 CRY 缺陷的小鼠，CLOCK/BMAL1 介导转录水平持续偏高，对环磷酰胺的处理则非常耐受。这些研究强调了为了得到理想的治疗反应，通过生物钟调节因子靶向并鉴定出生物钟机制中特定组成成分的重要性，同时指出对于许多治疗应用来说，不仅要认识到生物钟被破坏，还要鉴别出是哪种组成成分的缺陷造成了破坏。这项研究还将生物钟转录激活因子界定为药理学调节的潜在靶标，旨在保护正常组织不受基因毒性治疗的损伤。

利用高表达内源性 *Clock* 和 *Bmal1* 并稳定表达 *Per1* 驱动荧光素酶报告基因的小鼠纤维肉瘤 L929 细胞的报告系统，我们开展了 CLOCK/BMAL1 依赖性转录激活调节剂的小规模筛选；具体来说，两种市售的药物库 LOPAC（含 1200 种化合物）和 Spectrum（含有 2000 种天然的化合物），用于筛选 CLOCK/BMAL1 介导的 *Per1* 基因表达的激活和抑制剂（Antoch and Chernov 2009）。重要的是，这项筛选确定了几个已知的生物钟功能的调节因子，如糖皮质激素、2-甲氧基雌二醇（2-methoxyestradiol）、毛喉素、PKC 和 *p38* MAPK 抑制剂，以及用生物钟驱动方法鉴定到的某些化合物（Hirota et al. 2008）。所有这些结果都验证了该方法的可行性。这项筛选也鉴定了以前没有发现的与生物钟功能相关的几种化合物，包括有机硒化合物 L-甲基硒代半胱氨酸（L-methyl selenocysteine，MSC）（Hu et al. 2011）。

硒是人体必需的微量元素，它有两个主要的临床应用：肿瘤预防和抗癌治疗诱导的 DNA 损伤防护。细胞模型系统的研究及多项临床试验中的结论表明，补硒可改善分剂量（fractionated dose）电离辐射处理诱导的小鼠黏膜炎（Gehrisch and Dorr 2007），以及辐射治疗宫颈癌和子宫癌引起的患者腹泻（Muecke et al. 2010）。L-甲基硒代半胱氨酸处理的细胞中所观察到的 *Per1* 驱动的荧光素酶信号的增加已被确定是由硒介导的 *Bmal1* 启动子转录上调，导致 BMAL1 蛋白增加，并可能增加了 CLOCK/BMAL1 复合体的转录激活潜力。从机制上讲，硒的作用应归于它能够阻止葡萄糖诱导基因 1（glucose-inducible gene 1，*Tieg1*）结合到 *Bmal1* 启动子的 Sp1 结合位点（Hu et al. 2011）；而 *Tieg1* 则参与 *Bmal1* 调控的 *Sp1* 家族转录抑制因子（Hirota et al. 2007）。重要的是，硒对 BMAL1 蛋白丰度的影响不仅在细胞，而且可在小鼠活体内检测到，小鼠可以通过单次注射或灌胃或富硒饮食而获得这种化合物。有趣的是，硒的体内作用是组织特异性的，因为在肝脏中检测到硒诱导的 BMAL1 变化，但在视交叉上核（SCN）中则未能检测到；与此相符，也未检测到生物钟行为参数的变化。这个发现让人想起在基于生物钟筛选中鉴定的小分子特征。最初在同步化的成纤维细胞中鉴定出生物钟调制因子，在源自不同组织的外植体中进行测试时，它们通常显示组织特异性的差异（Chen et al. 2012）。从治疗的角度来看，这可能是一个巨大的优势而不是缺点，因为它允许以组织特异性的方式来调制对基因毒性治疗的应答，而不干扰核心生物钟。

值得注意的是，通过 *Bmal1* 上调，硒可以缓解药物敏感的 *Clock* 突变小鼠中环磷酰胺毒性，表现在小鼠的生存率提高和骨髓抑制水平下降。与之相反，*Bmal1* 基因敲除的小鼠中，硒不能产生这些改善作用，从而确认硒的拯救作用在体内很大程度上是通过 BMAL1 介导的。综上所述，这些发现为硒的组织保护作用提供了一个可能的机制，将其与基因表达的生物钟调节联系起来，并表明硒能够将生物钟的转录机制调节至更高的活性，这与通过上调 *Bmal1* 表达而产生最大抗性相关。

尽管尚不完全理解 CLOCK/BMAL1 活性增加从而改善环磷酰胺诱导的毒性的确切机制，但这项研究工作代表了通过分子生物钟组成成分保护正常组织不受药源性损伤的第一宗案例。基于已知的环磷酰胺诱导毒性靶标，可以预测在临床治疗中确定体内药物应答和宿主存活的重要因素是淋巴细胞生存率/回收率的 CLOCK/BMAL1 依赖性调节。与此一致，虽然直接分子靶标还不知道，*Bmal1*$^{-/-}$ 小鼠中的研究揭示 BMAL1 参与了前 B（pre-B）细胞向成熟 B 细胞的分化（Sun et al. 2006）。另一个潜在的机制可能涉及活性氧类（ROS）稳态的 BMAL1 依赖性调节（Kondratov et al. 2006），这个机制可防止基因毒性应激反应导致的活性氧类过度积累，从而缓解药物引起的组织损伤。然而，无论精确的分子机制如何，硒在不影响核心生物钟的情况下能够调节生物钟转录复合物活性的能力为临床应用提供了新的可能性。如果以前生物钟靶向药物主要为重置药物，即目标药物在辐射敏感组织中将分子生物钟重置到对基因毒性治疗具有更高抵抗力的时间点，硒化合物能够以组织特异性的方式持续上调生物钟转录激活因子，将基因毒性的破坏作用降至最低。

通过对 *Cry* 缺陷小鼠的系列研究也展示了靶向 CLOCK/BMAL1 功能活性药物的治疗价值。研究发现 *Cry* 突变体在 *p53* 无效敲除的背景下的生物钟破坏使得它们对紫外线诱导的细胞凋亡更敏感（Ozturk et al. 2009）。从机制上讲，这种增加解释了 CLOCK/BMAL 介导的 *p73* 依赖性细胞凋亡上调。研究表明，在缺乏 *p53*（原发性肿瘤抑制因子）（Lowe et al. 1994）的情况下，*Cry* 下调增强 *p53* 家族的另一个成员 *p73* 的表达（Stiewe 2007），并随后提高紫外线介导的细胞凋亡而消除损伤细胞，并降低癌症的风险。在没有 *Cry* 的情况下，*p73* 的上调与早期生长反应基因 1（early growth response 1, *Egr1*）的水平升高相关；*Egr1* 作为 *p73* 的正向激活因子（Yu et al. 2007），它本身是由 CLOCK/BMAL1 复合体直接调控的。与此一致，*Cry* 缺陷细胞中 *Egr1* 水平持续高表达；而且可以通过下调 *Bmal1* 逆转这种 *Egr1* 上调（Lee and Sancar 2011）。染色质免疫沉淀实验也表明 BMAL1 与 *Egr1* 启动子结合，虽然 *p73* 启动子同时存在其正调控因子 EGR1 和负调控因子 C-EBPα，只有 EGR1 在暴露于紫外线下仍然保持结合状态（Lee and Sancar 2011）。

重要的是，当用奥沙利铂（oxaliplatin），一种广泛用于治疗多种形式的转移性癌症的化疗药物，对致癌转化的 *p53*$^{-/-}$ 或 *p53*$^{-/-}$;*Cry*$^{-/-}$ 的异种移植的肿瘤细胞进行处理时，它会抑制 *p53*$^{-/-}$;*Cry*$^{-/-}$ 肿瘤的生长，但对 *p53*$^{-/-}$ 肿瘤生长没有明显的治疗效果。总之，这些研究为肿瘤细胞对细胞毒性药物的致敏性提供了一个合理的解释，这些肿瘤细胞往往因为 *p53* 的缺失而激活 CLOCK/BMAL1 生物钟调节因子介导的 *p73* 依赖性凋亡程序（Lee and Sancar 2011）。

4. 结语

总之，我们要强调的是，癌症治疗涉及经常使用剧毒的化合物，这些化合物通常会引起严重的不良反应，从而导致治疗效果降低，增加罹患其他疾病的风险，并降低癌症患者的生活质量。在这方面，生物钟靶向的药物拥有巨大潜力，但其重要性仍被低估因而尚未开发。然而，为了充分利用生物钟机制以提高抗癌治疗的治疗指数，重要的是要确定生物钟蛋白在肿瘤细胞及肿瘤中的功能状态。尽管分子生物钟在正常组织中的功能已得到广泛研究并且最近获得重大突破，但我们对肿瘤细胞和肿瘤的生物钟状态的认识仍然是零星的并且经常引起争议。越来越多的证据表明，引起争议的部分原因至少是生物钟蛋白在正常细胞和肿瘤细胞中发挥不同的作用。CLOCK 和 BMAL1 都是正常细胞如肝细胞（Grechez-Cassiau et al. 2008）、毛囊（Lin et al. 2009）和胚胎成纤维细胞（Miller et al. 2007）等的细胞周期的正向调控因子。同时，据报道 BMAL1 对于响应 DNA 损伤的人类肿瘤细胞系中 *p53* 依赖性生长停滞是必需的。因此，*Bmal1* 的抑制会降低 *p21* 的诱导，削减生长抑制，增加肿瘤细胞对 DNA 损伤因素的敏感性（Mullenders et al. 2009）。与其作为生长抑制调节因子的作用一致，BMAL1 在一些血液系统恶性肿瘤中被以表观遗传学的方式沉默，进而可能促进肿瘤生长（Taniguchi et al. 2009）。这些有争议的数据表明，需要更多的研究以便更好地理解正常细胞和肿瘤细胞中应激反应途径在生物钟调节机制上的差异。然而，即便是这种差异性调节的第一案例也令人鼓舞，因为这将预示研发靶向生物钟成分以同时提高正常细胞的耐受性和肿瘤细胞的敏感性的治疗方案潜力巨大。

（胡 佳 王 晗 译）

参 考 文 献

Antoch MP, Chernov MV (2009) Pharmacological modulators of the circadian clock as potential therapeutic drugs. Mutat Res 680(1–2): 109–115

Antoch MP, Kondratov RV (2011) Circadian proteins and genotoxic stress response. Circ Res 106(1): 68–78

Antoch MP, Song EJ, Chang AM, Vitaterna MH, Zhao Y, Wilsbacher LD, Sangoram AM, King DP, Pinto LH, Takahashi JS (1997) Functional identification of the mouse circadian Clock gene by transgenic BAC rescue. Cell 89(4): 655–667

Antoch MP, Gorbacheva VY, Vykhovanets O, Toshkov IA, Kondratov RV, Kondratova AA, Lee C, Nikitin AY (2008) Disruption of the circadian clock due to the Clock mutation has discrete effects on aging and carcinogenesis. Cell Cycle 7(9): 1197–1204

Balsalobre A, Damiola F, Schibler U (1998) A serum shock induces circadian gene expression in mammalian tissue culture cells. Cell 93(6): 929–937

Balsalobre A, Brown SA, Marcacci L, Tronche F, Kellendonk C, Reichardt HM, Schutz G, Schibler U (2000a) Resetting of circadian time in peripheral tissues by glucocorticoid signaling. Science 289(5488): 2344–2347

Balsalobre A, Marcacci L, Schibler U (2000b) Multiple signaling pathways elicit circadian gene expression in cultured

Rat-1 fibroblasts. Curr Biol 10(20): 1291–1294

Barnes JW, Tischkau SA, Barnes JA, Mitchell JW, Burgoon PW, Hickok JR, Gillette MU (2003) Requirement of mammalian Timeless for circadian rhythmicity. Science 302(5644): 439–442

Borgs L, Beukelaers P, Vandenbosch R, Belachew S, Nguyen L, Malgrange B (2009) Cell "circadian" cycle: new role for mammalian core clock genes. Cell Cycle 8(6): 832–837

Buhr ED, Takahashi JS (2013) Molecular components of the mammalian circadian clock. In: Kramer A, Merrow M (eds) Circadian clocks, vol 217, Handbook of experimental pharmacology. Springer, Heidelberg

Campisi J (2005) Senescent cells, tumor suppression, and organismal aging: good citizens, bad neighbors. Cell 120(4): 513–522

Chaves I, Nijman RM, Biernat MA, Bajek MI, Brand K, da Silva AC, Saito S, Yagita K, Eker AP, van der Horst GT (2011) The Potorous CPD photolyase rescues a cryptochrome-deficient mammalian circadian clock. PLoS One 6(8): e23447

Chen Z, McKnight SL (2007) A conserved DNA damage response pathway responsible for coupling the cell division cycle to the circadian and metabolic cycles. Cell Cycle 6(23): 2906–2912

Chen Z, Yoo SH, Park YS, Kim KH, Wei S, Buhr E, Ye ZY, Pan HL, Takahashi JS (2012) Identification of diverse modulators of central and peripheral circadian clocks by highthroughput chemical screening. Proc Natl Acad Sci USA 109(1): 101–106

Cotta-Ramusino C, McDonald ER 3rd, Hurov K, Sowa ME, Harper JW, Elledge SJ (2011) A DNA damage response screen identifies RHINO, a 9-1-1 and TopBP1 interacting protein required for ATR signaling. Science 332(6035): 1313–1317

Doi M, Hirayama J, Sassone-Corsi P (2006) Circadian regulator CLOCK is a histone acetyltransferase. Cell 125(3): 497–508

Duguay D, Cermakian N (2009) The crosstalk between physiology and circadian clock proteins. Chronobiol Int 26(8): 1479–1513

Edmunds LN Jr, Funch RR (1969) Circadian rhythm of cell division in Euglena: effects of random illumination regimen. Science 165(3892): 500–503

Field MD, Maywood ES, O'Brien JA, Weaver DR, Reppert SM, Hastings MH (2000) Analysis of clock proteins in mouse SCN demonstrates phylogenetic divergence of the circadian clockwork and resetting mechanisms. Neuron 25(2): 437–447

Fu L, Pelicano H, Liu J, Huang P, Lee C (2002) The circadian gene Period2 plays an important role in tumor suppression and DNA damage response in vivo. Cell 111(1): 41–50

Gaddameedhi S, Selby CP, Kaufmann WK, Smart RC, Sancar A (2011) Control of skin cancer by the circadian rhythm. Proc Natl Acad Sci USA 108(46): 18790–18795

Galluzzi L, Maiuri MC, Vitale I, Zischka H, Castedo M, Zitvogel L, Kroemer G (2007) Cell death modalities: classification and pathophysiological implications. Cell Death Differ 14(7): 1237–1243

Gehrisch A, Dorr W (2007) Effects of systemic or topical administration of sodium selenite on early radiation effects in mouse oral mucosa. Strahlenther Onkol 183(1): 36–42

Gery S, Koeffler HP (2010) Circadian rhythms and cancer. Cell Cycle 9(6): 1097–1103

Gery S, Komatsu N, Baldjyan L, Yu A, Koo D, Koeffler HP (2006) The circadian gene per1 plays an important role in cell growth and DNA damage control in human cancer cells. Mol Cell 22(3): 375–382

Geyfman M, Andersen B (2010) Clock genes, hair growth and aging. Aging 2(3): 122–128

Gimble JM, Sutton GM, Ptitsyn AA, Floyd ZE, Bunnell BA (2011) Circadian rhythms in adipose tissue: an update. Curr Opin Clin Nutr Metab Care 14(6): 554–561

Gorbacheva VY, Kondratov RV, Zhang R, Cherukuri S, Gudkov AV, Takahashi JS, Antoch MP (2005) Circadian sensitivity to the chemotherapeutic agent cyclophosphamide depends on the functional status of the CLOCK/BMAL1 transactivation complex. Proc Natl Acad Sci USA 102(9): 3407–3412

Gotter AL (2003) Tipin, a novel timeless-interacting protein, is developmentally co-expressed with timeless and disrupts its self-association. J Mol Biol 331(1): 167–176

Grechez-Cassiau A, Rayet B, Guillaumond F, Teboul M, Delaunay F (2008) The circadian clock component BMAL1 is a critical regulator of p21WAF1/CIP1 expression and hepatocyte proliferation. J Biol Chem 283(8): 4535–4542

Harada Y, Sakai M, Kurabayashi N, Hirota T, Fukada Y (2005) Ser-557-phosphorylated mCRY2 is degraded upon synergistic phosphorylation by glycogen synthase kinase-3 beta. J Biol Chem 280(36): 31714–31721

Hirota T, Okano T, Kokame K, Shirotani-Ikejima H, Miyata T, Fukada Y (2002) Glucose downregulates Per1 and Per2 mRNA levels and induces circadian gene expression in cultured Rat-1 fibroblasts. J Biol Chem 277(46): 44244–44251

Hirota T, Kon N, Itagaki T, Hoshina N, Okano T, Fukada Y (2007) Transcriptional repressor TIEG1 regulates Bmal1 gene through GC box and controls circadian clockwork. Genes Cells 15(2): 111–121

Hirota T, Lewis WG, Liu AC, Lee JW, Schultz PG, Kay SA (2008) A chemical biology approach reveals period shortening of the mammalian circadian clock by specific inhibition of GSK-3beta. Proc Natl Acad Sci USA 105(52): 20746–20751

Hirota T, Lee JW, Lewis WG, Zhang EE, Breton G, Liu X, Garcia M, Peters EC, Etchegaray JP, Traver D, Schultz PG, Kay SA (2010) High-throughput chemical screen identifies a novel potent modulator of cellular circadian rhythms and reveals CKIalpha as a clock regulatory kinase. PLoS Biol 8(12): e1000559

Hirota T, Lee JW, St John PC, Sawa M, Iwaisako K, Noguchi T, Pongsawakul PY, Sonntag T, Welsh DK, Brenner DA, Doyle FJ 3rd, Schultz PG, Kay SA (2012) Identification of small molecule activators of cryptochrome. Science 337(6098): 1094–1097

Hoogerwerf WA (2006) Biologic clocks and the gut. Curr Gastroenterol Rep 8(5): 353–359

Hu Y, Spengler ML, Kuropatwinski KK, Comas-Soberats M, Jackson M, Chernov MV, Gleiberman AS, Fedtsova N, Rustum YM, Gudkov AV, Antoch MP (2011) Selenium is a modulator of circadian clock that protects mice from the toxicity of a chemotherapeutic drug via upregulation of the core clock protein, BMAL1. Oncotarget 2(12): 1279–1290

Iitaka C, Miyazaki K, Akaike T, Ishida N (2005) A role for glycogen synthase kinase-3beta in the mammalian circadian clock. J Biol Chem 280(33): 29397–29402

Innominato PF, Levi FA, Bjarnason GA (2010) Chronotherapy and the molecular clock: clinical implications in oncology. Adv Drug Deliv Rev 62(9–10): 979–1001

Isojima Y, Nakajima M, Ukai H, Fujishima H, Yamada RG, Masumoto KH, Kiuchi R, Ishida M, Ukai-Tadenuma M, Minami Y, Kito R, Nakao K, Kishimoto W, Yoo SH, Shimomura K, Takao T, Takano A, Kojima T, Nagai K, Sakaki Y, Takahashi JS, Ueda HR (2009) CKIepsilon/delta-dependent phosphorylation is a temperature-insensitive, period-determining process in the mammalian circadian clock. Proc Natl Acad Sci USA 106(37): 15744–15749

Izumo M, Sato TR, Straume M, Johnson CH (2006) Quantitative analyses of circadian gene expression in mammalian cell cultures. PLoS Comput Biol 2(10): e136

Kanai S, Kikuno R, Toh H, Ryo H, Todo T (1997) Molecular evolution of the photolyase-bluelight photoreceptor family. J Mol Evol 45(5): 535–548

Kang TH, Sancar A (2009) Circadian regulation of DNA excision repair: implications for chronochemotherapy. Cell Cycle 8(11): 1665–1667

Kang TH, Reardon JT, Kemp M, Sancar A (2009) Circadian oscillation of nucleotide excision repair in mammalian brain. Proc Natl Acad Sci USA 106(8): 2864–2867

Kang TH, Lindsey-Boltz LA, Reardon JT, Sancar A (2010) Circadian control of XPA and excision repair of cisplatin-DNA damage by cryptochrome and HERC2 ubiquitin ligase. Proc Natl Acad Sci USA 107(11): 4890–4895

Kelland L (2007) The resurgence of platinum-based cancer chemotherapy. Nat Rev Cancer 7(8): 573–584

Khapre RV, Samsa WE, Kondratov RV (2010) Circadian regulation of cell cycle: molecular connections between aging and the circadian clock. Ann Med 42(6): 404–415

Khapre RV, Kondratova AA, Susova O, Kondratov RV (2011) Circadian clock protein BMAL1 regulates cellular senescence in vivo. Cell Cycle 10(23): 4162–4169

King DP, Zhao Y, Sangoram AM, Wilsbacher LD, Tanaka M, Antoch MP, Steeves TD, Vitaterna MH, Kornhauser JM, Lowrey PL, Turek FW, Takahashi JS (1997) Positional cloning of the mouse circadian clock gene. Cell 89(4): 641–653

Kojima S, Shingle DL, Green CB (2011) Post-transcriptional control of circadian rhythms. J Cell Sci 124(Pt 3): 311–320

Kondratov RV, Antoch MP (2007) Circadian proteins in the regulation of cell cycle and genotoxic stress responses. Trends Cell Biol 17(7): 311–317

Kondratov RV, Kondratova AA, Gorbacheva VY, Vykhovanets OV, Antoch MP (2006) Early aging and age-related pathologies in mice deficient in BMAL1, the core component of the circadian clock. Genes Dev 20(14): 1868–1873

Kondratov RV, Gorbacheva VY, Antoch MP (2007) The role of mammalian circadian proteins in normal physiology and genotoxic stress responses. Curr Top Dev Biol 78: 173–216

Kondratova AA, Dubrovsky YV, Antoch MP, Kondratov RV (2010) Circadian clock proteins control adaptation to novel environment and memory formation. Aging 2(5): 285–297

Lamia KA, Papp SJ, Yu RT, Barish GD, Uhlenhaut NH, Jonker JW, Downes M, Evans RM (2011) Cryptochromes mediate rhythmic repression of the glucocorticoid receptor. Nature 480(7378): 552–556

Lee JH, Sancar A (2011) Circadian clock disruption improves the efficacy of chemotherapy through p73-mediated apoptosis. Proc Natl Acad Sci USA 108(26): 10668–10672

Levi F, Okyar A, Dulong S, Innominato PF, Clairambault J (2010) Circadian timing in cancer treatments. Annu Rev Pharmacol Toxicol 50: 377–421

Lin KK, Kumar V, Geyfman M, Chudova D, Ihler AT, Smyth P, Paus R, Takahashi JS, Andersen B (2009) Circadian clock genes contribute to the regulation of hair follicle cycling. PLoS Genet 5(7): e1000573

Lowe SW, Bodis S, McClatchey A, Remington L, Ruley HE, Fisher DE, Housman DE, Jacks T (1994) p53 status and the efficacy of cancer therapy in vivo. Science 266(5186): 807–810

Lowrey PL, Takahashi JS, Stuart B (2011) Chap 6—Genetics of circadian rhythms in mammalian model organisms. In: Advances in genetics, vol 74. Academic, London, pp 175–230

Mansilla S, Bataller M, Portugal J (2006) Mitotic catastrophe as a consequence of chemotherapy. Anticancer Agents Med Chem 6(6): 589–602

Marcheva B, Ramsey KM, Buhr ED, Kobayashi Y, Su H, Ko CH, Ivanova G, Omura C, Mo S, Vitaterna MH, Lopez JP, Philipson LH, Bradfield CA, Crosby SD, JeBailey L, Wang X, Takahashi JS, Bass J (2010) Disruption of the clock components CLOCK and BMAL1 leads to hypoinsulinaemia and diabetes. Nature 466(7306): 627–631

McClung CA (2007) Circadian genes, rhythms and the biology of mood disorders. Pharmacol Ther 114(2): 222–232

Mendez-Ferrer S, Chow A, Merad M, Frenette PS (2009) Circadian rhythms influence hematopoietic stem cells. Curr Opin Hematol 16(4): 235–242

Miller BH, McDearmon EL, Panda S, Hayes KR, Zhang J, Andrews JL, Antoch MP, Walker JR, Esser KA, Hogenesch JB, Takahashi JS (2007) Circadian and CLOCK-controlled regulation of the mouse transcriptome and cell proliferation. Proc Natl Acad Sci USA 104(9): 3342–3347

Minami Y, Ode KL, Ueda HR (2013) Mammalian circadian clock; the roles of transcriptional repression and delay. In: Kramer A, Merrow M (eds) Circadian clocks, vol 217, Handbook of experimental pharmacology. Springer, Heidelberg

Miyamoto N, Izumi H, Noguchi T, Nakajima Y, Ohmiya Y, Shiota M, Kidani A, Tawara A, Kohno K (2008) Tip60 is regulated by circadian transcription factor clock and is involved in cisplatin resistance. J Biol Chem 283(26): 18218–18226

Muecke R, Schomburg L, Glatzel M, Berndt-Skorka R, Baaske D, Reichl B, Buentzel J, Kundt G, Prott FJ, Devries A, Stoll G, Kisters K, Bruns F, Schaefer U, Willich N, Micke O (2010)

Multicenter, Phase 3 trial comparing selenium supplementation with observation in gynecologic radiation oncology. Int J

Radiat Oncol Biol Phys 78: 828–835

Mullenders J, Fabius AW, Madiredjo M, Bernards R, Beijersbergen RL (2009) A large scale shRNA barcode screen identifies the circadian clock component ARNTL as putative regulator of the p53 tumor suppressor pathway. PLoS One 4(3): e4798

Nakahata Y, Sahar S, Astarita G, Kaluzova M, Sassone-Corsi P (2009) Circadian control of the NAD+ salvage pathway by CLOCK-SIRT1. Science 324(5927): 654–657

O'Neill JS, Maywood ES, Hastings MH (2013) Cellular mechanisms of circadian pacemaking: beyond transcriptional loops. In: Kramer A, Merrow M (eds) Circadian clocks, vol 217, Handbook of experimental pharmacology. Springer, Heidelberg

O'Neill JS, Maywood ES, Chesham JE, Takahashi JS, Hastings MH (2008) cAMP-dependent signaling as a core component of the mammalian circadian pacemaker. Science 320 (5878): 949–953

Ortiz-Tudela E, Mteyrek A, Ballesta A, Innominato PF, Lévi F (2013) Cancer chronotherapeutics: experimental, theoretical and clinical aspects. In: Kramer A, MerrowM(eds) Circadian clocks, vol 217, Handbook of experimental pharmacology. Springer, Heidelberg

Ozturk N, Lee JH, Gaddameedhi S, Sancar A (2009) Loss of cryptochrome reduces cancer risk in p53 mutant mice. Proc Natl Acad Sci USA 106(8): 2841–2846

Panda S, Antoch MP, Miller BH, Su AI, Schook AB, Straume M, Schultz PG, Kay SA, Takahashi JS, Hogenesch JB (2002) Coordinated transcription of key pathways in the mouse by the circadian clock. Cell 109(3): 307–320

Paschos GK, FitzGerald GA (2010) Circadian clocks and vascular function. Circ Res 106(5): 833–841

Ptacek LJ, Jones CR, Fu YH (2007) Novel insights from genetic and molecular characterization of the human clock. Cold Spring Harb Symp Quant Biol 72: 273–277

Raghuram S, Stayrook KR, Huang P, Rogers PM, Nosie AK, McClure DB, Burris LL, Khorasanizadeh S, Burris TP, Rastinejad F (2007) Identification of heme as the ligand for the orphan nuclear receptors REV-ERBalpha and REV-ERBbeta. Nat Struct Mol Biol 14(12): 1207–1213

Rajendran R, Garva R, Krstic-Demonacos M, Demonacos C (2011) Sirtuins: molecular traffic lights in the crossroad of oxidative stress, chromatin remodeling, and transcription. J Biomed Biotechnol 2011: 368276

Ramsey KM, Yoshino J, Brace CS, Abrassart D, Kobayashi Y, Marcheva B, Hong HK, Chong JL, Buhr ED, Lee C, Takahashi JS, Imai S, Bass J (2009) Circadian clock feedback cycle through NAMPT-mediated NAD+ biosynthesis. Science 324(5927): 651–654

Rutter J, Reick M, McKnight SL (2002) Metabolism and the control of circadian rhythms. Annu Rev Biochem 71: 307–331

Sack RL, Auckley D, Auger RR, Carskadon MA, Wright KP Jr, Vitiello MV, Zhdanova IV (2007) Circadian rhythm sleep disorders: Part I. Basic principles, shift work and jet lag disorders. Sleep 30(11): 1460–1483

Sahar S, Sassone-Corsi P (2013) The epigenetic language of circadian clocks. In: Kramer A, Merrow M (eds) Circadian clocks, vol 217, Handbook of experimental pharmacology. Springer, Heidelberg

Sahar S, Zocchi L, Kinoshita C, Borrelli E, Sassone-Corsi P (2010) Regulation of BMAL1 protein stability and circadian function by GSK3beta-mediated phosphorylation. PLoS One 5(1): e8561

Salhab M, Mokbel K (2006) Breast cancer risk in flight attendants: an update. Int J Fertil Womens Med 51(5): 205–207

Sancar A, Lindsey-Boltz LA, Kang TH, Reardon JT, Lee JH, Ozturk N (2010) Circadian clock control of the cellular response to DNA damage. FEBS Lett 584(12): 2618–2625

Schrem H, Klempnauer J, Borlak J (2004) Liver-enriched transcription factors in liver function and development. Part II: The C/EBPs and D site-binding protein in cell cycle control, carcinogenesis, circadian gene regulation, liver regeneration, apoptosis, and liver-specific gene regulation. Pharmacol Rev 56(2): 291–330

Smith J, Tho LM, Xu N, Gillespie DA (2010) The ATM-Chk2 and ATR-Chk1 pathways in DNA damage signaling and cancer. Adv Cancer Res 108: 73–112

Spengler ML, Kuropatwinski KK, Schumer M, Antoch MP (2009) A serine cluster mediates BMAL1-dependent CLOCK phosphorylation and degradation. Cell Cycle 8(24): 4138–4146

Stiewe T (2007) The p53 family in differentiation and tumorigenesis. Nat Rev Cancer 7(3): 165–168

Sun Y, Yang Z, Niu Z, Peng J, Li Q, Xiong W, Langnas AN, Ma MY, Zhao Y (2006) MOP3, a component of the molecular clock, regulates the development of B cells. Immunology 119(4): 451–460

Sun Y, Jiang X, Price BD (2010) Tip60: connecting chromatin to DNA damage signaling. Cell Cycle 9(5): 930–936

Szosland D (2010) Shift work and metabolic syndrome, diabetes mellitus and ischaemic heart disease. Int J Occup Med Environ Health 23(3): 287–291

Takahashi JS, Hong HK, Ko CH, McDearmon EL (2008) The genetics of mammalian circadian order and disorder: implications for physiology and disease. Nat Rev Genet 9(10): 764–775

Taniguchi H, Fernandez AF, Setien F, Ropero S, Ballestar E, Villanueva A, Yamamoto H, Imai K, Shinomura Y, EstellerM(2009) Epigenetic inactivation of the circadian clock gene BMAL1 in hematologic malignancies. Cancer Res 69(21): 8447–8454

Tsuchiya Y, Minami I, Kadotani H, Nishida E (2005) Resetting of peripheral circadian clock by prostaglandin E2. EMBO Rep 6(3): 256–261

Unsal-Kacmaz K, Mullen TE, Kaufmann WK, Sancar A (2005) Coupling of human circadian and cell cycles by the timeless protein. Mol Cell Biol 25(8): 3109–3116

Vanselow K, Vanselow JT, Westermark PO, Reischl S, Maier B, Korte T, Herrmann A, Herzel H, Schlosser A, Kramer A (2006) Differential effects of PER2 phosphorylation: molecular basis for the human familial advanced sleep phase syndrome (FASPS). Genes Dev 20(19): 2660–2672

Vitaterna MH, Ko CH, Chang AM, Buhr ED, Fruechte EM, Schook A, Antoch MP, Turek FW, Takahashi JS (2006) The mouse Clock mutation reduces circadian pacemaker amplitude and enhances efficacy of resetting stimuli and phase-response curve amplitude. Proc Natl Acad Sci USA 103(24): 9327–9332

Wang CY, Wen MS, Wang HW, Hsieh IC, Li Y, Liu PY, Lin FC, Liao JK (2008) Increased vascular senescence and impaired endothelial progenitor cell function mediated by mutation of circadian gene Per2. Circulation 118(21): 2166–2173

Wang XS, Armstrong ME, Cairns BJ, Key TJ, Travis RC (2011) Shift work and chronic disease: the epidemiological evidence. Occup Med 61(2): 78–89

Yagita K, Okamura H (2000) Forskolin induces circadian gene expression of rPer1, rPer2 and dbp in mammalian rat-1 fibroblasts. FEBS Lett 465(1): 79–82

Yagita K, Tamanini F, van Der Horst GT, Okamura H (2001) Molecular mechanisms of the biological clock in cultured fibroblasts. Science 292(5515): 278–281

Yagita K, Yamanaka I, Koinuma S, Shigeyoshi Y, Uchiyama Y (2009) Mini screening of kinase inhibitors affecting period-length of mammalian cellular circadian clock. Acta Histochem Cytochem 42(3): 89–93

Yin L, Wang J, Klein PS, Lazar MA (2006) Nuclear receptor Rev-erbalpha is a critical lithiumsensitive component of the circadian clock. Science 311(5763): 1002–1005

Yin L, Wu N, Curtin JC, Qatanani M, Szwergold NR, Reid RA, Waitt GM, Parks DJ, Pearce KH, Wisely GB, Lazar MA (2007) Rev-erbalpha, a heme sensor that coordinates metabolic and circadian pathways. Science 318(5857): 1786–1789

Yu EA, Weaver DR (2011) Disrupting the circadian clock: gene-specific effects on aging, cancer, and other phenotypes. Aging 3(5): 479–493

Yu J, Baron V, Mercola D, Mustelin T, Adamson ED (2007) A network of p73, p53 and Egr1 is required for efficient apoptosis in tumor cells. Cell Death Differ 14(3): 436–446

Zhang EE, Liu Y, Dentin R, Pongsawakul PY, Liu AC, Hirota T, Nusinow DA, Sun X, Landais S, Kodama Y, Brenner DA, Montminy M, Kay SA (2010) Cryptochrome mediates circadian regulation of cAMP signaling and hepatic gluconeogenesis. Nat Med 16(10): 1152–1156

第十三章
光与人类生物钟

蒂尔·伦内柏格（Till Roenneberg）[1]、托马斯·坎特曼（Thomas Kantermann）[2]、米里亚姆·朱达（Myriam Juda）[3]、塞利内·维特尔（Celine Vetter）[1]、卡拉·V. 阿尔布兰特（Karla V. Allebrandt）[1]

1 德国路德维希·马克西米利安斯大学医学系医学心理学研究所时间生物学中心，2 荷兰格罗宁根大学行为与神经科学中心，3 加拿大不列颠哥伦比亚大学心理学系

摘要：生物钟只有在稳定牵引的情况下才能可靠地完成其功能，而大部分的生物钟也都是利用光暗循环的环境信号，即授时因子（zeitgeber）来实现这种主动的同步化。我们对生物钟功能和牵引（entrainment）的认识受到了该领域先驱者们早期观念的强烈影响，而惊人的发现是生物钟在恒定条件下持续自持振荡已成为我们理解牵引的核心。在这里，我们认为必须重新考虑这些最初的生物钟法则，以便充分理解生物钟运作的程序及生物钟是如何被牵引的。正如实验室和现实生活中的大规模流行病学研究所展示的那样，光也是人类生物钟的重要授时因子；我们假设社会授时因子通过行为反馈回路（zeitnehmer）作用于光牵引。我们将展示可以在实验室之外通过使用现实世界中的许多"实验"条件，如在夏令时，通过引入时区施加的"强制同步"（forced synchrony）或人类越来越多地创造自己的光照环境等详细研究人类牵引的机制。在过去的 100 年中，人体生物钟的牵引条件已经发生了巨大变化，并导致体内时间和社会时间之间的社会时差（social jetlag）越来越大。愈来愈多的研究证据表明社会时差已经对人体健康造成不利影响，这预示着轮班工作只是生物钟失调的极端形式而已，而我们工业化社会中的大多数人都遭受着类似的"强迫同步"之苦。

关键词：时间型·牵引·睡眠·授时因子·计时因子·自由运行周期·生物钟演化

1. 引言

时间生物学研究的是时间结构，而不是时间的线性推移。德语中用 zeit 代表线性的时间，而 zeitraum（zeitraume 是复数形式）代表时间结构。地球上的生命受到 4 种时间形式影响，分别是潮汐（12.5 小时）、日（24 小时）、月（28.5 天）和年（365.25

通讯作者：Till Roenneberg；电子邮件：till.roenneberg@med.uni-muenchen.de

天）。在大多数生物中，其中的一种或多种形式代表内源生物钟。在这里，我们将关注人体生物钟，特别是光在将体内的时间与外部环境的时间主动同步化过程（牵引）中的重要性。

通过在细胞和组织水平上产生大约 24 小时节律振荡的动态环境，生物钟在体内创建了外部时间的代表形式。除了产生日节律的功能外，生物钟还是外界环境信息的传感器，使它们能够随时随地被有规律的变化所牵引；这些变化包括昼夜、光暗、冷热、湿度，以及所有依赖于这些环境变化的各种资源，如食物的供应、天敌或者竞争者的存在等。

这些规律性的变化作为选择性压力促进了生物钟在演化早期的发展。这些维持生物钟运转的关键基因在各生物界包括原核生物、单细胞真核生物、真菌、植物和动物中并不保守，这表明生物钟运转程序在演化过程中已经演化了多次。但是，最近发现的非转录生物钟振荡器（non-transcriptional circadian oscillator）（O'Neill and Reddy 2011; O'Neill et al. 2011）表明，基本的代谢节律的产生机制可能是所有生物钟的祖先，而特定的转录-翻译机制则是各类生物钟不同适应的表现。

1.1 不同名字的生物钟

生物钟系统可以被称为振荡器、生物钟、起搏器或是时间推移程序。生物钟的概念在早期被用来描述生物钟运转程序，并在很大程度上影响了我们的认识、实验方法和对结果的解释（Roenneberg et al. 2008）。然而，有关机械"时钟"自然会让人联想下列特征：它的指针总是以相同的速度移动；它能够可靠地告诉我们在适当时间采取适当行动；其运转机制必须能够对温度变化进行补偿，以保持正确的时间。机械时钟的所有这些特征都可以在与它们对应的生物钟中体现。

在许多情况下，生物钟的确可以被用来"读取"正确的时间，如蜜蜂的舞蹈"语言"（Frisch 1967）、候鸟迁徙的方向（Gwinner 1996; Kramer 1952）或光周期现象中年度 / 季节的时限（Bünning 1960）。温度补偿也是生物钟的一种特征，因为它们的自由运行的周期不会随温度发生明显的变化（Hastings and Sweeney 1957），而温度补偿也被定义为生物钟基本的特征之一（Roenneberg and Merrow 1998）。尽管存在这些明显的相似之处，但生物钟并不只是机械时钟的镜像。生物钟在其日周期中运转的速度很可能不是恒定的（Pittendrigh and Daan 1976; Roenneberg et al. 2010b）；而自由运行周期的温度补偿并不意味着生物钟对温度变化不敏感；相反，它们中的大多数可以完美地被温度循环所牵引。

细胞水平的大约 24 小时的节律性是由基于转录-翻译机制的分子振荡器（Roenneberg and Merrow 2003）、代谢反馈回路（O'Neill and Reddy 2011; O'Neill et al. 2011）或它们之间的互动产生的。分子振荡器不一定是生物钟，因为生物钟是由生物体的生物钟运转程序组成的（Pittendrigh 1993）。在单细胞生物中，分子振荡器可以完成生物钟运转程序的作用；而且即使在单细胞水平上，几个分子振荡器也可以形成网络（Baggs et al. 2009；Roenneberg and Morse 1993；Roenneberg and Merrow 2003）。虽然在高等植物（Thain et al. 2000）和动物（O'Neill and Reddy 2011；Schibleret al. 2003）的几乎每个细胞中也都发现了分子振荡器，但它们的生物钟运转程序是这些振荡器之间相互作用而发展出来的新兴特征。因此，在从细胞到生物个体的各个层面上，生物钟运转程序协调所有功能以便在 24 小时之内在正确的时间做正确的事情，涉及许多相互作用的振荡器，它们都是被称为"牵引"（entrainment）的主动同步过程的一部分。

1.2　授时因子

全天 24 小时内变化的任何环境因素都可能成为牵引信号。已知的在演化上最古老的生物钟存在于蓝藻中（Johnson et al. 1996），蓝藻是一种具有光合作用的原核生物。而对于具有光合作用的生物来说，光既是能源又是授时因子。所以，最古老的授时因子就是一种能源，也可以说是某种形式的"食物"。由于更多的生物钟将在未经历光暗周期的生物（包括迄今为止被认为是无生物钟的）如生活在宿主肠道中的细菌中发现，因此我们可能会发现节律性提供"食物"也可以作为主要的授时因子。单细胞生物多边舌甲藻（*Lingulodinium polyedrum*）（以前又称膝沟藻 *Gonyaulax*）可以由营养（如硝酸盐）浓度的变化所牵引（Roenneberg and Rehman 1996），而哺乳动物中的肝细胞生物钟也能与食物同步化（Stokkan et al. 2001）。相比之下，哺乳动物核心起搏器视交叉上核（SCN）中的生物钟似乎仅以光作为授时因子（Yamazaki et al. 2000），通常被视神经旁支释放的递质所替代（van Esseveldt et al. 2000）。温度是从单细胞生物（Edmunds 1984）和真菌（Merrow et al. 1999）到哺乳动物中的组织生物钟（Brown et al. 2002；Buhr et al. 2010）的生物钟振荡器的通用授时因子。

正如生物个体的生物钟必须牵引到其环境一样，生物体内的许多细胞振荡器也必须与其节律性的内部环境保持同步。在植物（Thain et al. 2000）甚至是昆虫（Plautz et al. 1997）中，许多生物钟振荡器能够被光（外部时间）直接牵引；在哺乳动物中，许多信号（如血流中的波动因子、神经递质或体温）都可以充当内部的时间信号（Dibner et al. 2010）。尽管任何以 24 小时为周期的节律振荡的环境因素都可以充当不同振荡器在不同条件下的授时因子，但光是生物钟使用最多的授时因子。光（也包括暗）之所以要发挥主导作用，是因为它左右着所有其他环境节律；因此，光是有关一天中各时间点信息的最主要的可靠来源。需要强调的是，牵引是生物钟系统中的主动过程。因此，生物钟能够牵引授时因子，而不是被授时因子牵引。

1.3 输入反馈环路：计时因子

生物钟节律的产生与其感官功能是密不可分的。生物钟运转程序会在各个层面上调节自己的输入途径——从接收途径的主要和次要成分到振荡机制本身的分子（Roenneberg and Merrow 2000，2003）。允许生物钟主动牵引到自然界日常的环境信号具有节律性，而能感知它们的生命机器也具有节律性。因此，我们称这些生物钟系统中输入的和输出的回路反馈为计时因子（德语 zeitnehmer）（McWatters et al. 2000；Roenneberg et al. 1998）。

在哺乳动物视交叉上核（SCN）中，生物钟作为节律的发动器和传感器的双重作用尤其明显。SCN 不仅在其自身的细胞中产生昼夜节律，而且也作为紧密偶联的神经元网络，通过视网膜输入牵引到光暗周期（Rea 1998）。因此，SCN 通常被称为哺乳动物生物钟系统的核心起搏器，主要充当中继站，通过提供内源性的"授时因子"（Asher and Schibler 2011；Huang et al. 2011）将光暗的信息转导到人体中其他许多生物钟振荡器。这里的授时因子因为包括了生物钟系统的输入通路和输出通路，称之为计时因子（zeitnehmer）则更为合适。

SCN 的牵引机制涉及分子水平、生理水平和行为水平等多个计时因子环路，它控制褪黑激素的夜间产生，而其本身也对褪黑激素有反应（Agez et al. 2009）。SCN 还控制核心体温的日节律。所有的细胞生物钟，包括哺乳动物组织培养中的细胞外周生物钟，都可以被温度循环牵引（Brown et al. 2002）。温度是否在 SCN 的牵引过程中构成另一个计时因子环路仍然尚未证实。Takahashi 及其同事们认为视交叉上核神经元之间强烈的偶联作用使核心起搏器能够抵抗温度改变（Mohawk and Takahashi 2011）。当他们利用河鲀毒素（TTX）阻止了视交叉上核神经元之间的偶联作用后，一次 6 小时的温度脉冲强烈地重置了节律的相位，而对完整的偶联网络却没有影响。该结果表明，使用单独的温度脉冲对恒定条件下已经稳定的生物钟系统（如偶联性强的视交叉上核网络）进行处理，可能不会引起鲁棒振荡器的相位迁移，但这凸显了使用脉冲来解释牵引的局限性。正如后面将要讨论的那样，相位响应曲线（phase response curve，PRC）概念极大地提高了我们对牵引的认识（Comas et al. 2006，2007，2008；Daan and Pittendrigh 1976），但未能充分解释在所有条件下生物钟的基本特性（Rémi et al. 2010；Roenneberg et al. 2010a，2010b）。单个脉冲不起作用并不一定排除 SCN 的神经元网络在正常情况下会因连续不断的温度变化而被牵引。

Abraham 及其同事（2010 年）在概念上通过计算机建模并通过离体组织的实验均表明，温度循环确实能够牵引 SCN，尽管与偶联度不是太强的网络（如肺组织）相比，其牵引的幅度更小。因此，不能排除在牵引哺乳动物生物钟的过程中能够形成温度计时回路。这样的反馈回路将包括可以改变体温的所有功能，如活动、食物摄入或睡眠。

2. 人类生物钟的牵引

牵引也是人类生物钟最重要的特征。但是正如稍后将要讨论的那样，室内的以及使用人造光的现代生活条件对人类环境构成重大的挑战。首先我们会回顾两个与人牵引有关的重要问题：①什么是人类生物钟内在的周期？这通常被用作预测人为牵引的基础；②人体生物钟能够牵引到社会信号吗？此外，我们将展示如何使用简单的问卷调查现实社会中数千人的牵引。

2.1 生物钟的内在周期

睡眠本身也是一个重要的行为计时环路，因为它会通过关闭眼睑或进入地洞或黑暗的房间等影响每天的光线分布（图13.1）。在德国安德斯地堡（Andechs bunker）研究中（Wever 1989），受试者可以在想睡觉时关掉灯，这会破坏建立起来的（内在）自主运动周期。这种自我形成的光暗周期可防止"真实的"恒定条件发生，这种情况会发生在诸如恒暗条件下记录啮齿动物的自主运动时。但是，构成生物钟系统的许多计时回路和振荡器都是牵引过程必不可少的部分，因此也可能会影响恒定黑暗下的自由运行周期（τ_{DD}）。啮齿动物在主观的夜晚活动，而在主观的白天睡觉，以及伴随着所有的与活动和睡眠有关的温度波动或周期性进食等后果，使得对"真实"内在周期的评估值得怀疑；甚至在持续黑暗的情况中，它也受许多其他因素（如进行跑轮实验等）的影响（Kuroda et al. 1997）。

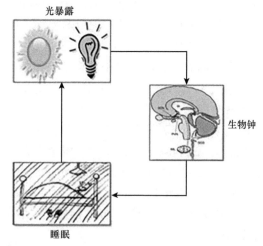

图13.1　人体中光暴露、生物钟及其输出（睡眠-觉醒循环）形成的人类牵引反馈环路

通过将自我维持、自由运行的周期作为生物钟系统的中心特征或法则（Pittendrigh 1960），并且以此为准选择那些在持续的条件下一直呈现鲁棒的节律的模式生物，我们的领域产生了一个循环论证（circular argument）。从理论上讲，

减弱的生物钟将在周期性环境中完美地发挥其功能，因为周期性地提供时间信号能够抵消节律性减弱。我们假设在恒定条件下测量的自我维持、自由运行的节律是由复杂的生物钟系统包括多个振荡器和计时回路决定的。振荡器和由计时因子提供的反馈之间的相互作用是自我维持的主要原因，因为它们本质上提供了防止减弱的节律性的信号。Steinlechner 及其同事已经证明，将生物钟基因突变体保存在持续黑暗中而不是持续光照中时，其自由运行的能力受到了挑战（Steinlechner et al. 2002）。对此观察最简单的解释是，睡眠-觉醒周期的计时反馈（图 13.1）当这些行为参与光水平的调节时会变得更强，因此可以将受挑战的（减弱的）生物钟转变为持续光照下的自我维持节律。

生物钟经过演化而产生能够代表外部日（external day）的体内日（internal day）。这不同于演化出特有的内在自由运行周期，对于该周期没有选择压力。只有通过几天的连续测量，才能可靠地评估人工恒定条件下的稳态周期（τ），因此它代表了在给定条件下生物钟系统产生的平均体内日（average internal day）。τ 受到许多因素的影响，除了具有不同的强度的持续黑暗（DD）或持续光照（LL）之外，其中许多因素如跑轮也会影响系统中的不同的计时因子，从而改变 τ。虽然这个平均体内日无法可靠地预测在所有条件下的牵引情况（Rémi et al. 2010），但我们必须假设每个生物钟都会根据遗传背景产生其单独的体内日。体内日确实构成了牵引的基础，但是生物个体的遗传背景也将影响生物钟机制的许多其他方面，包括从通过计时因子的输入到输出。这个概念的难点在于，无法通过实验来测量单个生物钟的体内日长度，因为牵引机制也会在恒定条件下起作用，如受到计时因子的影响从而改变 τ。因此，体内日的长度只能从理论上进行评估（参见 Czeisler et al. 1999；Roenneberg et al. 2010a）。

2.2 社会授时因子

人类可以牵引到非光的社会信号的观点可以追溯到德国的"安德斯地堡"开创性实验（Wever 1979），该实验表明人体生物钟甚至可以牵引到规律性的锣信号（gong signal）。通过研究盲人，可以最好地回答社会信号是否可以充当人类生物钟的社会授时因子的问题。失明的类型有多种，包括①缺乏视觉感知；②缺乏残余光感知；③缺乏生理光反应，如抑制褪黑激素或瞳孔反应。尽管前两种失明的人的昼夜节律仍会牵引到光暗周期，但患有第三种失明的人的生物钟通常不会被牵引，后者已经通过测量褪黑激素或核心体温变化特征得到证明（Sack et al. 1992）。因为这些盲人也会接受强烈的 24 小时社会信号，而他们的生物钟在现实生活中却呈现显著的自由运转；这表明非光社会信号对人类生物钟的影响取决于功能性光的感知，即使是在无意识的情况下（Zaidi et al. 2007）。因此，显然可以通过图 13.1 所示的行为计时环路成功实现对非光时间信号的牵引（Czeisler et al. 1986；Honma et al. 2003），这表明人类生物钟并没有直接牵引到社会信号；否则，这三种类型的

盲人都可以成功地牵引到 24 小时的周期。

然而，这一假设如何解释某些第三类盲人没有任何光感却能够一天 24 小时地生活（Czeisler et al. 1995；Lockley et al. 1997；Sack et al. 1992）？一种可能的解释是，他们体内日的长度已经接近 24 小时，这将使他们能够与相对较弱的非光时间信号如与活动相关的温度变化或定时进餐等同步（Klerman et al. 1998；Mistlberger and Skene 2005）。非光信号确实可以促进牵引，这在德国"安德斯地堡"实验中也得到了证实，即在实验步骤中添加能够调节睡眠-觉醒行为的常规的声音信号后，光暗周期下的牵引范围变得更大（Wever 1979）。由此得出结论，如果第三类失明的同步化的盲人暴露于比 24 小时更长或更短的时间表中则不能被牵引；那么相反，完全失明的盲人，尽管不能牵引到现实的生活中，却可以与接近他们体内日长度的时间表同步。

盲人也能牵引的例证展示了光也是人类牵引的主要的授时因子；同时也表明牵引的确需要多个授时因子的共同作用才能发生，尽管其中任何单一授时因子都不足以确保牵引。

2.3   持续的条件与牵引条件的比较

每个生物都能将其生理和行为适应昼夜交替的事实显得微不足道，以至于除了法国科学家德·梅兰（De Mairan 1729）以外，直到 19 世纪，科学家们才对这一现象进行认真研究。只有通过在恒定条件下进行的实验，才有可能洞悉支配代谢、生理和行为日变化的内在机制并发现相关证据；这表明生物钟可以保持以大约 24 小时为周期的自我维持节律。

这一发现支配着研究人员如何研究和思考生物钟。尽管生物钟从来都是在授时因子的作用下进行演化的，但是绝大多数生物钟研究却集中在没有授时因子影响的自由运行的节律（Roenneberg and Merrow 2002）。实验室研究，尤其是那些研究生物钟分子机制的实验，很少使用牵引研究步骤。传统的牵引模型假设一个基本的自由运行周期（τ），然后通过定期重置节律相位来纠正其与授时因子周期（T）的差异，从而使生物钟和授时因子的周期变得相同（$T - \tau = 0$）。如上所述，如果基于体内日的长度（$|_E$），这种假设是正确的，但如果基于持续黑暗（$|_{DD}$）或持续光照（$|_{LL}$）下自由运行的节律的长度，则不一定正确。传统上，通过在持续黑暗（DD）下不同的昼夜时间点上施加单一光脉冲来实验性地探测生物钟对光的反应，从而建立所谓的相位响应曲线（Hastings and Sweeney 1958）。尽管相位响应曲线在我们对牵引的理解方面起到了重要作用（Comas et al. 2006，2007，2008），但是通过单个事件（如光脉冲或光暗）转变解释牵引存在两个困难。首先，它使得在嘈杂的光环境中对牵引相位的预测变得极为困难。严格来说，这种预测必须基于光强度每次变化分别产生的相位响应曲线。其次，通过假设演化在恒定条件下产生了一个内在的周期，然后又添加了一种补偿其"不准确性"的机制是本末倒置。

第十三章
光与人类生物钟

我们最近解决了第一个难题，并提出了生物钟在一天的过程中对光进行整合，这可以通过生物钟综合响应特征（circadian integrative response characteristic，CiRC）的形式量化（Roenneberg et al. 2010b）。先前的开拓性工作推动了 PRC 的建立和完善（Comas et al. 2006，2007，2008；Daan and Pittendrigh 1976；Hastings and Sweeney 1958），而 CiRC 只是在此基础上的延伸。但是尽管 CiRC 与传统的 PRC 具有相似的形状，但它有一项重要特征有所不同，即 CiRC 不对 τ 与 T 同步的机制做出任何假设；也就是说，它不假设每次光水平变化（相移或速度变化）都会产生瞬时响应。它对过去 24 小时内的曝光量进行整合，并计算其对当前体内日长度（τ_E）的影响。根据 PRC 的形状，CiRC 假定黎明周围的光线会缩减体内日，而黄昏附近的光线则会扩大体内日。

通过利用不同光周期、自由运行周期和授时因子周期的脉孢菌（*Neurospora crassa*）开展的一系列的实验中（Rémi et al. 2010），我们发现只有 CiRC 而不是 PRC 才能准确预测在所有应用条件下的牵引相位（Roenneberg et al. 2010a）。生物钟光感受器视黑蛋白（melanopsin）的发现支持了牵引过程是基于光整合而不是基于光变化的差异检测的假设（Freedman et al. 1999；Provencio et al. 2000）。视黑蛋白起着光整合因子的作用，而不是起光变化检测因子的作用（Lucas et al. 2003）。

我们仍然必须解决第二个更根本的难题。如上所述，演化必定对牵引机制起作用——遗传差异会产生不同的 CiRC，从而导致较早或较晚的生物个体特异的牵引相位。因此，观察到的 τ 差异是结果而不是遗传变异性的基础（Roenneberg and Merrow 2002）。我们正在消除目前本末倒置的做法，但是在我们完全理解牵引之前，还必须走很长一段路。

研究牵引的最佳方法是通过分析实验室中的稳态的牵引（Abraham et al. 2010）或测量现实环境中的生物钟特性等牵引条件。在小鼠和果蝇中的最新研究表明，这些在实验室中已得到广泛研究的经典模式生物的时间行为，在自然条件下呈现惊人的不同（Bachleitner et al. 2007；Daan et al. 2011；Peschel and Helfrich-Forster，2011；Vanin et al. 2012）。

2.4 牵引的相位：时型

在牵引的条件下比起在恒定条件下研究人类生物钟具有很大的优势。时间隔离的实验既昂贵又费力，因此只能包括很少的受试者。相比之下，通过基于睡眠时间和时型（chronotype）的问卷调查评估牵引的相位，可以调查现实生活中的数千人。用于评估暂时性睡眠偏好的第一个工具是早-晚问卷（morningness-eveningness questionnaire，MEQ）（Horne and Ostberg 1976），此问卷可以产生分数，高分值表示早晨类型，低分值表示晚上类型。当将时型视为一种心理特征时，基于分数的分析将非常有用，而早-晚问卷分数的确与睡眠时间相关（Zavada et al. 2005）。但是，当使用时型作为牵引相位的量度时，其评估最理想地应基于时间而

291

不是基于分数（Roenneberg 2012）。为此，我们开发了一个问卷，即慕尼黑时型问卷（Munich chronotype questionnaire，MCTQ），分别在工作日和休息日询问有关睡眠行为的简单问题（Roenneberg et al. 2003）。

自 2000 年以来，可以在线访问慕尼黑时型问卷（http://www.theWeP.org），目前 MCTQ 项目的数据库已超过 150 000 个。参与者会收到一封包含 PDF 格式的电子邮件，该电子邮件提供有关包括时型和睡眠时间等与数据库中所存储人口的比较结果的个人反馈。这种个性化的反馈很可能是该项目成功的关键。MCTQ 提供多种语言，包括英语、德语、法语、荷兰语、西班牙语、葡萄牙语、丹麦语和土耳其语等，并且正在开发应用到更多的语言。到目前为止，大多数问卷调查来自欧洲：德国，70%；荷兰，12%；瑞士，6%；奥地利，4%；英国，1%；匈牙利，0.6%；法国和意大利，0.3%；比利时，西班牙和瑞典，0.2%。在德国、荷兰、瑞士和奥地利，参加 MCTQ 调查的人数占总人口的 0.05% ～ 0.08%。该项目的长期目标是创建一张世界睡眠图，该图可以将文化、地理和气候影响与实际的光牵引分开。欧洲是数据库中显示程度最高的，但美洲、亚洲、大洋洲，以及非洲的某些地方的信息已经开始积累（在海洋中间的黑点代表岛屿如毛里求斯、塞舌尔或圣多美）。

时型被评定为休息日睡眠中期（mid-phase of sleep），并对由于个人在一周内工作日积累的睡眠不足（MSF_{sc}）带来的"过度睡眠"进行校正（Wittmann et al. 2006）。MCTQ 的变量已通过睡眠记录、活动量记录，以及在常规程序中测得的皮质醇和褪黑激素分布进行了验证（Roenneberg et al. 2004）。所有这些验证都显示出与 MCTQ 评估的时型高度相关。但是，这个标记能够代表个人的牵引的相位吗？

不同生物钟输出之间的内部相位关系不是固定的。因此，在所有情况下，时型严格意义上只代表睡眠-觉醒周期的牵引相位角（Ψ），而不代表其他条件下活动-休息节律的牵引相位角。例如，我们已经表明，这两种节律对夏令时（daylight savings time，DST）时间的变化有不同的反应（Kantermann et al. 2007）。睡眠-觉醒周期和其他生物钟变量如褪黑激素或核心体温（core body temperature，CBT）的内部相位关系可能有很大差异。尽管在牵引条件下，人类的睡眠中期大约集中在最低核心体温时间附近，但在时间隔离的情况下睡眠通常在 CBT 时间开始（Strogatz 1987；Wever 1979）。取决于不同条件，不同的时型也可能显示褪黑激素与睡眠之间的不同内部相位关系（Chang et al. 2009；Duffy et al. 2002；Mongrain et al. 2004）。

对不断增长的 MCTQ 数据库的分析已经产生了许多有关人类睡眠-觉醒行为的重要认识（Roenneberg and Merrow 2007；Roenneberg et al. 2007b）。MCTQ 的最重要功能是分别查询工作日和休息日的睡眠时间（另请参见下面有关社会时差的部分）。我们的分析清楚地表明，睡眠起始时间（时型）和睡眠长度是不同的特征。少睡眠者和多睡眠者在早期时型与晚期时型中一样多。但是，当分别针对工作日和休息日对睡眠行为进行分析时，睡眠长度显然取决于时型。时型越晚的人群，他们在工作日的睡眠就越少；而在休息日睡眠的时间则就越长，这是对他们在工作周积累的睡眠不足的补偿（Roenneberg et al. 2007b）。

关于时型和睡眠长度差异较大的机制知之甚少。啮齿动物实验的绝大多数证据表明，睡眠和活动时间取决于生物钟基因的突变和变异（Steinlechner et al. 2002）。尽管啮齿动物是夜行性的，并且没有像我们人类那样表现出相同的睡眠巩固，但是可以推断出人类的时型也可能是由遗传调控的（Brown et al. 2008）。事实上，一些研究表明时型取决于人类生物钟基因的变异（Jones et al. 1999；Toh et al. 2001；Xu et al. 2005）及人类睡眠长度的遗传易感性（Allebrandt et al. 2011a，2011b）。

除了遗传影响外，时型还取决于其他几个因素，如发育。14 岁以下的儿童通常是早期时型，然后在发育期和青春期明显延迟。从 20 岁开始，具体女性为 19.5 岁，男性为 21 岁，睡眠-觉醒周期的牵引相位又逐渐提前，直到老年人的时型和儿童的时型一样早（Roenneberg et al. 2004）。16～22 岁之间的时型变化通常被认为是"典型的青少年行为"，但 Mary Carskadon 认为，这种变化与用来代表生殖高峰期的年龄有关，而且把睡眠时间从其他的年轻人和老年人人群中转移出去，则打开了一个独特的时间缺口（Carskadon 2011）。最近的一项研究表明，动物中也存在这种生物昼夜节律时序的变化，这强化了这一变化的假设，即这种变化是基于生物学特征，而不仅仅是同伴的压力（Hagenauer and Lee 2012）。

除基因、性别和年龄外，光暴露是决定时型的另一个因素，也是下面段落的主题。

2.5 光是人类生物钟的授时因子

就与牵引的关系或者更确切地说是与缺乏牵引的盲人的关系，我们已经在上文中讨论了人类生物钟是牵引到社会授时因子还是显著地牵引到光的问题。我们已经使用慕尼黑时型问卷（MCTQ）数据库以不同的角度回答了这个问题（Roenneberg et al. 2007a）：同一国家内的人群是根据当地时间还是根据光暗周期生活的？在开展这项研究时，数据库包含大约 40 000 位德国参与者，包括它们的居住地和邮政编码，这使我们能够构建他们的地理位置（图 13.2）。然后，我们计算了每种经度的平均时型（MSF），并针对睡眠不足、年龄和性别进行了标准化。德国覆盖 9 个纬度，因此东边的太阳比西边的太阳早升起 36 分钟。如果将人类生物钟牵引到社会时间，则所有德国人应具有不受经度影响的类似平均时型；如果它被牵引到光暗循环，则每个经度的平均表型应该从东到西每经度晚 4 分钟。这项"实验"的结果是十分清楚的：人类生物钟牵引取决于太阳升起时间而不是当地的社会时间。

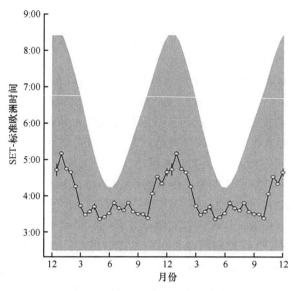

图 13.2　牵引相位的季节性变化

圆圈代表以半个月为间隔（横轴）一年中的平均时型（纵轴；表示欧洲标准时间，如忽略夏令时的更改）。灰色区
域的边缘代表欧洲平均日出时间（$n \approx 55\,000$）。以 Kantermann 等（2007）的图为基础重新绘制

　　尽管生活在较大城市中的人群的平均时型较晚，并且纬度坡度更平坦，但时型仍然与日出密切相关。这种依赖于人口规模的关系可以通过其地理位置的不同光照来解释。城镇越小，人们在户外度过的时间就越多。例如，进入花园和阳台，骑自行车或步行上下班，夜间的人工照明水平也越低。光与暗之间的差异越大，授时因子越强，牵引的相位就越早，至少对于大多数生物钟产生的体内日长于 24 小时的人而言是这样。

　　MCTQ 还调查人们在白天阳光下的户外度过时间。对这个问题的分析表明，人们在户外度过的时间越多，时型就会逐渐地提前（图 13.3）。德国的纬度研究清楚地表明，人类生物钟牵引到阳光而不是社会时间，但是它并未指定光暗循环的哪一部分（如黎明或黄昏）对牵引最重要性。由于黎明和黄昏随着光周期的兴衰而朝相反的方向移动，因此可以通过调查时型的季节性来回答这个问题。结果表明，时型在冬季和春季与黎明匹配，而在夏季和秋季则与黎明或黄昏无关（图 13.4）。人们在冬季平均处于较晚的时型可能是由于几种因素，如较长的夜晚、较晚的黎明和减少的光照等的组合所致。

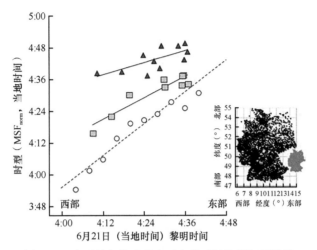

图 13.3　牵引的相位随着白天户外时间的增加而提前

最强的效果是在长达 2 小时的室外光照下，将相位提前 2 小时以上（$n \approx 41\ 000$）。横轴代表每个经度一年中最长的一天的当地日出时间（作为参考）。纵轴显示每个经度平均时型的当地时间（MSFsc，按年龄和性别标准化）。点状对角线代表日出的东西向。不同的符号代表不同人口规模的地点：点 ≤ 300 000；方形为 300 000 ～ 500 000；三角形 > 500 000 [$n \approx 40\ 000$；右侧图上显示的每个位置最多代表数百个数据，它们的数量与各自位置的人口密度密切相关。按 Kantermann 等（2007）重新绘制]

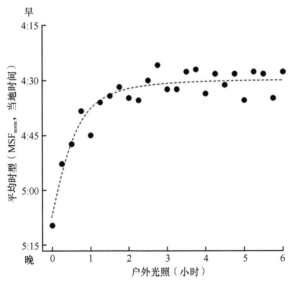

图 13.4　牵引相位的季节性变化

黑点代表以半个月为间隔（x 轴）一年中的平均时型（y 轴；表示欧洲标准时间，如忽略夏令时的更改）。灰色区域的边缘代表欧洲平均日出时间（$n \approx 55\ 000$）。以 Kantermann 等（2007）的图为基础重新绘制

生　物　钟
Circadian Clocks

这些依赖关系随季节而变化的原因可能是下列因素组合造成的：①夏令时；②整年将睡眠锁定为黎明意味着必须在仲夏的傍晚 7 点左右（当地夏令时）入睡，来获得平均 8 小时睡眠；③处于长光周期中，黄昏和黎明之间的时间差变得太短，因此这两个因素都会影响到牵引的相位。

2.6　社会时差概念

　　MCTQ 数据库中代表的大多数人群在工作日和休息日之间的睡眠行为，在睡眠长度和睡眠起始时间方面存在很大差异。我们提出，这些差异代表了生物钟控制的体内时间与社会生物钟（主要由工作时间表设置）控制外部时间之间不一致。为了量化这种现象，我们提出了社会时差（social jetlag）的概念（Wittmann et al. 2006），我们计算了工作日睡眠中期（MSW）和休息日睡眠中期（MSF）的时间差异。图 13.5 显示了时型较晚而工作开始较早的很极端例子，但大多数人群表现出相似的模式。

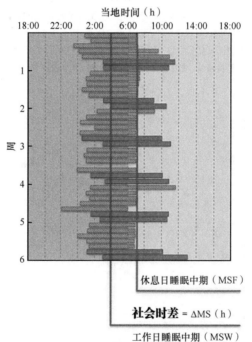

图 13.5　极端晚期时型（MSF ≈ 7）的长达 6 周的睡眠记录，以及在工作日和休息日之间睡眠的经典的扇贝形例子（横轴：本地时间；纵轴：记录的睡眠天数）（彩图请扫封底二维码）
条形图表示相对每天的睡眠的起始时间和长度（红色：工作日；绿色：休息日）。休息日睡眠中期与工作日睡眠中期之间的差异用于量化社会时差。注意闹钟如何中断工作日的睡眠，即持续的睡眠在上午 7 点左右终结，与其体内睡眠中期对应

尽管人们可以在生物钟主导的正常时间范围之外睡觉，如午睡；但与生物钟主导时间同时发生时睡眠效率更高（Wyatt et al. 1999）。在我们的数据库中，约有80%的上班人群在工作日使用闹钟。这种过早的中断睡眠会导致睡眠缺乏，尤其在较晚时型中更明显，因为生物钟会严重影响人们何时可以入睡。为了补偿在工作周期间积累的睡眠不足，人们通常在休息日"睡过头"（图 13.5）。闹钟是造成晚期时型失眠的主要原因，而社会压力导致的熬夜要比其生物就寝时间晚一些，通常会导致早期时型失眠。我们数据库中的大多数欧洲人群多在晚上 11 点上床睡觉，具体是工作日占 64%，休息日占 90%。

在睡眠实验室中，习惯性少睡眠与更多的睡眠不足或睡眠压力有关，这表明个体间习惯性睡眠长度主要反映了睡眠限制的自我选择（Klerman and Dijk 2005）。晚期时型的人可以通过在休息日"睡过头"来弥补睡眠不足；而早期类型的人会被生物钟唤醒，因此只能通过抵御晚期群体的社会压力来弥补其睡眠不足。

社会时差这个术语是基于工作日和休息日之间睡眠起始时间的观察而提出的，而这类似于星期五晚上往西飞行跨越几个时区，并在星期一早晨"飞回"时的情况（图 13.5）。时差症状包括睡眠、消化和执行能力等方面的障碍，是生物钟系统失调的表现。在旅行引起的时差中，这些暂时的症状会在其生物钟重新牵引到目的地的光暗周期后消失。相反，社会时差是一种长期现象，持续到个人的整个工作生活中。MCTQ 数据库中工作人群中有 69% 经历了至少 1 小时的社会时差，而 1/3 的人则遭受了 2 小时或更长的社会时差的折磨。值得注意的是，一个人体内时间和外部时间之间的差异越大，他／她吸烟的可能性越大（Wittmann et al. 2006），而且所消费的酒精和咖啡因也就越多。此外，每增加 1 小时的社会时差都会使超重或肥胖的概率增加 30%（Roenneberg et al. 2012）。

3. 结束语

事实证明，光作为授时因子的重要性在几乎所有动植物中都得到了充分证明，但对于人类却长期存在争议。我们的流行病学研究清晰地表明人类生物钟能够牵引到光。作为一种昼行性物种，黎明对人类牵引似乎比黄昏更重要（夏季短暂的夜晚除外）。随着城市化程度的提高，"自然醒"时间（如在周末）和黎明之间的相关性变得越来越小，表明人类牵引发生了历史性变化。也许在人类演化的整个过程中，在乡村式社会中的主要授时因子是环境的光暗。随着城市化程度的提高，特别是外界光暴露的减少（Roenneberg et al. 2012）和室内光照的增加，人类的牵引已经变为以睡眠为中心。睡眠本身（即合上眼睑并卷起眼球）和卧室行为（进入到黑暗中）都正在成为牵引人类生物钟的最重要的黑暗信号（图 13.1）。因此，对于人类牵引来说，计时因子比授时因子更重要。我们演化过程中的这种新现象预示着，即使是有视力的人，如果既没有扎实地融入社会环境，也很少将自己暴露在自然光-暗的循环中，就不会被牵引。这已经在个别病例及精神病患者中被报道（Wulff et al. 2010）。

我们的流行病学结果表明，社会时间和生物时间越来越渐行渐远而导致社会时差。决策者们必须认真考虑自然时间对人类时间生物学比社会时间更为重要的观点。例如，引入夏令时，即使人们在夏天比冬天早一个小时上班，却大大增加了社会时差。社会时差的另一个来源是，过往的乡村生活对正常的工作时间表没有显著影响，而生活在工业化区域的人群的时型已经太晚而无法正常工作；这使闹钟的使用达到了流行病一样的规模。社会时差是轮班工作或生物钟失调的微小而长期的形式（Scheer et al. 2009），导致慢性睡眠障碍、药物滥用和代谢性紊乱（Roenneberg et al. 2012；Wittmann et al. 2006）。大部分人群都上早班而处于相位前移的状态，好像遭受类似倒班工作对健康、工作表现和幸福感等众所周知的副作用。尽管"强迫去同步化"（forced desynchrony）是生物钟实验中的重要步骤，但我们可以说人类社会在进行大型的"强迫同步化"的现实生活实验。

（仲兆民　王　晗　译）

参 考 文 献

Abraham U, Granada AANE, Westermark PALO, Heine M, Herzel H, Kramer A (2010) Coupling governs entrainment range of circadian clocks. Mol Syst Biol 6: 1–13

Agez L, Laurent V, Guerrero HY, Pevet P, Masson-Pevet M, Gauer F (2009) Endogenous melatonin provides an effective circadian message to both the suprachiasmatic nuclei and the pars tuberalis of the rat. J Pineal Res 46: 95–105

Allebrandt KV, Teder-Laving M, Akyol M, Pichler I, Muller-Myhsok B, Pramstaller P, Merrow M, Meitinger T, Metspalu A, Roenneberg T (2011a) CLOCK gene variants associate with sleep duration in two independent populations. Biol Psychiatry 67: 1040–1047

Allebrandt KV, Amin N, Muller-Myhsok B, Esko T, Teder-Laving M, Azevedo RV, Hayward C, van Mill J, Vogelzangs N, Green EW, Melville SA, Lichtner P, Wichmann HE, Oosta BA, Janssens AC, Campbell H, Wilson JF, Hicks AA, Pramstaller PP, Dogas Z, Rudan I, Merrow M, Penninx B, Kyriacou CP, Metspalu A, van Duijn CM, Meitinger T, Roenneberg T (2011b)

A K(ATP) channel gene effect on sleep duration: from genome-wide association studies to function in Drosophila. Mol Psychiatry. doi: 10.1038/mp.2011.142

Asher G, Schibler U (2011) Crosstalk between components of circadian and metabolic cycles in mammals. Cell Metab 13: 125–137

Bachleitner W, Kempinger L, Wulbeck C, Rieger D, Helfrich-Forster C (2007) Moonlight shifts the endogenous clock of Drosophila melanogaster. Proc Natl Acad Sci USA 104: 3538–3543

Baggs JE, Price TS, DiTacchio L, Panda S, FitzGerald GA, Hogenesch JB (2009) Network features of the mammalian circadian clock. PLoS Biol 7: e52

Brown SA, Zumbrunn G, Fleury-Olela F, Preitner N, Schibler U (2002) Rhythms of mammalian body temperature can sustain peripheral circadian clocks. Curr Biol 12: 1574–1583

Brown SA, Kunz D, Dumas A, Westermark PO, Vanselow K, Tilmann-Wahnschaffe A, Herzel H, Kramer A (2008) Molecular insights into human daily behavior. Proc Natl Acad Sci USA 105: 1602–1607

Buhr ED, Yoo SH, Takahashi JS (2010) Temperature as a universal resetting cue for mammalian circadian oscillators. Science 330: 379–385

Bünning E (1960) Circadian rhythms and the time measurement in photoperiodism. Cold Spring Harb Symp Quant Biol 25: 249–256

Carskadon MA (2011) Sleep in adolescents: the perfect storm. Pediatr Clin North Am 58: 637–647

Chang AM, Reid KJ, Gourineni R, Zee PC (2009) Sleep timing and circadian phase in delayed sleep phase syndrome. J Biol Rhythms 24: 313–321

Comas M, Beersma DG, Spoelstra K, Daan S (2006) Phase and period responses of the circadian system of mice (Mus musculus) to light stimuli of different duration. J Biol Rhythms 21: 362–372

Comas M, Beersma DG, Spoelstra K, Daan S (2007) Circadian response reduction in light and response restoration in darkness: a "skeleton" light pulse PRC study in mice (Mus musculus). J Biol Rhythms 22: 432–444

Comas M, Beersma DG, Hut RA, Daan S (2008) Circadian phase resetting in response to light–dark and dark–light transitions. J Biol Rhythms 23: 425–434

Czeisler CA, Shanahan TL, Kerman EB, Martens H, Brotman DJ, Emens JS, Klein T, Rizzo JF (1995) Suppression of melatonin secretion in some blind patients by exposure to bright light. N Engl J Med 332: 6–55

Czeisler CA, Allan JS, Strogatz SH, Ronda JM, Sanchez R, Rios CD, Freitag WO, Richardson GS, Kronauer RE (1986) Bright light resets the human circadian pacemaker independent of the timing of the sleep-wake cycle. Science 233: 667–671

Czeisler CA, Duffy JF, Shanahan TL, Brown EN, Mitchel JF, Rimmer DW, Ronda JM, Silva EJ, Allan JS, Emens JS, Dijk D-J, Kronauer RE (1999) Stability, precision, and near-24-hour period of the human circadian pacemaker. Science 284: 2177–2181

Daan S, Pittendrigh CS (1976) A functional analysis of circadian pacemakers in nocturnal rodents: II. The variability of phase response curves. J Comp Physiol A 106: 253–266

Daan S, Spoelstra K, Albrecht U, Schmutz I, Daan M, Daan B, Rienks F, Poletaeva I, Dell'Omo G, Vyssotski A, Lipp HP (2011) Lab mice in the field: unorthodox daily activity and effects of a dysfunctional circadian clock allele. J Biol Rhythms 26: 118–129

De Mairan JJdO (1729) Observation botanique. Histoir de l'Academie Royale des Science: 35–36

Dibner C, Schibler U, Albrecht U (2010) The mammalian circadian timing system: organization and coordination of central and peripheral clocks. Annu Rev Physiol 72: 517–549

Duffy JF, Zeitzer JM, Rimmer DW, Klerman EB, Dijk DJ, Czeisler CA (2002) Peak of circadian melatonin rhythm occurs later within the sleep of older subjects. Am J Physiol Endocrinol Metab 282: E297–303

Edmunds LN Jr (1984) Cell cycle clocks. Marcel Dekker, New York

Freedman MS, Lucas RJ, Soni B, von Schantz M, Muñoz M, David-Gray Z, Foster RG (1999) Regulation of mammalian circadian behavior by non-rod, non-cone, ocular photoreceptors. Science 284: 502–504

Frisch K (1967) The dance language and orientation of bees. The Belknap Press of Harvard University Press, Cambridge, MA

Gwinner E (1996) Circadian and circannual programmes in avian migration. J Exp Biol 199: 39–48

Hagenauer MH, Lee TM (2012) The neuroendocrine control of the circadian system: adolescent chronotype. Front Neuroendocrinol 33: 211–229

Hastings JW, Sweeney BM (1957) On the mechanism of temperature independence in a biological clock. Proc Natl Acad Sci USA 43: 804–811

Hastings JW, Sweeney BM (1958) A persistent diurnal rhythm of luminescence in Gonyaulax polyedra. Biol Bull 115: 440–458

Honma K, Hashimoto S, Nakao M, Honma S (2003) Period and phase adjustments of human circadian rhythms in the real world. J Biol Rhythms 18: 261–270

Horne JA, Östberg O (1976) A self-assessment questionnaire to determine morningnesseveningness in human circadian rhythms. Int J Chronobiol 4: 97–110

Huang W, Ramsey KM, Marcheva B, Bass J (2011) Circadian rhythms, sleep, and metabolism. J Clin Invest 121: 2133–2141

Johnson CH, Golden SS, Ishiura M, Kondo T (1996) Circadian clocks in prokaryotes. Mol Microbiol 21: 5–11

Jones CR, Campbell SS, Zone SE, Cooper F, DeSano A, Murphy PJ, Jones B, Czajkowski L, Ptacek LJ (1999) Familial advanced sleep-phase syndrome: a short-period circadian rhythm variant in humans. Nat Med 5: 1062–1065

Kantermann T, Juda M, Merrow M, Roenneberg T (2007) The human circadian clock's seasonal adjustment is disrupted by daylight saving time. Curr Biol 17(22): 1996–2000. doi: 10.1016/j.cub.2007.10.025

Klerman EB, Dijk D-J (2005) Interindividual variation in sleep duration and its association with sleep debt in young adults. Sleep 28: 1253–1259

Klerman EB, Rimmer DW, Dijk D-J, Kronauer RE, Rizzo JFI, Czeisler CA (1998) Nonphotic entrainment of the human circadian pacemaker. Am J Physiol 274: R991–R996

Kramer G (1952) Experiments on bird orientation. Ibis 94: 265–285

Kuroda H, Fukushima M, Nakai M, Katayama T, Murakami N (1997) Daily wheel running activity modifies the period of free-running rhythm in rats via intergeniculate leaflet. Physiol Behav 61: 633–637

Lockley SW, Skene DJ, Tabandeh H, Bird AC, Defrance R, Arendt J (1997) Relationship between napping and melatonin in the blind. J Biol Rhythms 12: 16–25

Lucas RJ, Hattar S, Takao M, Berson DM, Foster RG, Yau K-W (2003) Diminished pupillary light reflex at high irradiances in melanopsin-knockout mice. Science 299: 245–247

McWatters HG, Bastow RM, Hall A, Millar AJ (2000) The ELF3zeitnehmer regulates light signalling to the circadian clock. Nature 408: 716–720

Merrow M, Brunner M, Roenneberg T (1999) Assignment of circadian function for the Neurospora clock gene frequency. Nature 399: 584–586

Mistlberger RE, Skene DJ (2005) Nonphotic entrainment in humans? J Biol Rhythms 20: 339–352

Mohawk JA, Takahashi JS (2011) Cell autonomy and synchrony of suprachiasmatic nucleus circadian oscillators. Trends Neurosci 34(7): 349–358

Mongrain V, Lavoie S, Selmaoui B, Paquet J, Dumont M (2004) Phase relationships between sleep-wake cycle and underlying circadian rhythms in morningness-eveningness. J Biol Rhythms 19: 248–257

O'Neill JS, Reddy AB (2011) Circadian clocks in human red blood cells. Nature 469: 498–503

O'Neill JS, van Ooijen G, Dixon LE, Troein C, Corellou F, Bouget FY, Reddy AB, Millar AJ (2011) Circadian rhythms persist without transcription in a eukaryote. Nature 469: 554–558

Peschel N, Helfrich-Forster C (2011) Setting the clock–by nature: circadian rhythm in the fruitfly Drosophila melanogaster. FEBS Lett 585: 1435–1442

Pittendrigh CS (1960) Circadian rhythms and the circadian organization of living systems. Cold Spring Harb Symp Quant Biol 25: 159–184

Pittendrigh CS (1993) Temporal organization: reflections of a Darwinian clock-watcher. Annu Rev Physiol 55: 17–54

Pittendrigh CS, Daan S (1976) A functional analysis of circadian pacemakers in nocturnal rodents: I.-V. (the five papers make up one issue with alternating authorship). J Comp Physiol A 106: 223–355

Plautz JD, Kaneko M, Hall JC, Kay SA (1997) Independent photoreceptive circadian clocks throughout Drosophila. Science 278: 1632–1635

Provencio I, Rodriguez IR, Jiang G, Hayes WP, Moreira EF, Rollag MD (2000) A novel human opsin in the inner retina. J Neurosci 20: 600–605

Rea MA (1998) Photic entrainment of circadian rhythms in rodents. Chronobiol Int 15: 395–423

Rémi J, Merrow M, Roenneberg T (2010) A circadian surface of entrainment: varying T, τ and photoperiod in Neurospora crassa. J Biol Rhythms 25: 318–328

Roenneberg T, (2012) What is chronotype? Sleep and Biological Rhythms, 10(2), 75–76. doi: 10.1111/j.1479-8425.2012.00541.x

Roenneberg T, Morse D (1993) Two circadian oscillators in one cell. Nature 362: 362–364

Roenneberg T, Rehman J (1996) Nitrate, a nonphotic signal for the circadian system. J Fed Am Soc Exp Biol 10: 1443–1447

Roenneberg T, Merrow M (1998) Molecular circadian oscillators - an alternative hypothesis. J Biol Rhythms 13: 167–179

Roenneberg T, Merrow M (2000) Circadian light input: omnes viae Romam ducunt. Curr Biol 10: R742–R745

Roenneberg T, Merrow M (2002) Life before the clock - modeling circadian evolution. J Biol Rhythms 17: 495–505

Roenneberg T, Merrow M (2003) The network of time: understanding the molecular circadian system. Curr Biol 13: R198–R207

Roenneberg T, Merrow M (2007) Entrainment of the human circadian clock. Cold Spring Harb Symp Quant Biol 72: 293–299

Roenneberg T, Merrow M, Eisensamer B (1998) Cellular mechanisms of circadian systems. Zool Anal Complex Syst 100: 273–286

Roenneberg T, Wirz-Justice A, Merrow M (2003) Life between clocks - daily temporal patterns of human chronotypes. J Biol Rhythms 18: 80–90

Roenneberg T, Kumar CJ, Merrow M (2007a) The human circadian clock entrains to sun time. Curr Biol 17: R44–R45

Roenneberg T, Rémi J, Merrow M (2010a) Modelling a circadian surface. J Biol Rhythms 25: 340–349

Roenneberg T, Chua EJ, Bernardo R, Mendoza E (2008) Modelling biological rhythms. Curr Biol 18: 826–835

Roenneberg T, Hut R, Daan S, Merrow M (2010b) Entrainment concepts revisited. J Biol Rhythms 25: 329–339

Roenneberg T, Allebrandt KV, Merrow M, Vetter C (2012) Social jetlag and obesity. Curr Biol 22: 939–943

Roenneberg T, Kuehnle T, Pramstaller PP, Ricken J, Havel M, Guth A, Merrow M (2004) A marker for the end of adolescence. Curr Biol 14: R1038–R1039

Roenneberg T, Kuehnle T, Juda M, Kantermann T, Allebrandt K, Gordijn M, Merrow M (2007b) Epidemiology of the human circadian clock. Sleep Med Rev 11: 429–438

Sack RL, Lewy AJ, Blood ML, Keith LD, Nakagawa H (1992) Circadian rhythm abnormalities in totally blind people: incidence and clinical significance. J Clin Endocrinol Metab 75: 127–134

Scheer FAJL, Hilton MF, Mantzoros CS, Shea SA (2009) Adverse metabolic and cardiovascular consequences of circadian misalignment. Proc Natl Acad Sci USA 106: 4453–4458

Schibler U, Ripperger J, Brown SA (2003) Peripheral circadian oscillators in mammals: time and food. J Biol Rhythms 18: 250–260

Steinlechner S, Jacobmeier B, Scherbarth F, Dernbach H, Kruse F, Albrecht U (2002) Robust circadian rhythmicity of Per1 and Per2 mutant mice in constant light and dynamics of Per1 and Per2 gene expression under long and short photoperiods. J Biol Rhythms 17: 202–209

Stokkan KA, Yamazaki S, Tei H, Sakaki Y, Menaker M(2001) Entrainment of the circadian clock in the liver by feeding. Science 291: 490–493

Strogatz SH (1987) Human sleep and circadian rhythms: a simple model based on two coupled oscillators. J Math Biol 25: 327–347

Thain SC, Hall A, Millar AJ (2000) Functional independence of circadian clocks that regulate plant gene expression. Curr Biol 10: 951–956

Toh KL, Jones CR, He Y, Eide EJ, Hinz WA, Virshup DM, Ptacek LJ, Fu YH (2001) An hPer2 phosphorylation site

mutation in familial advanced sleep phase syndrome. Science 291: 1040–1043

van Esseveldt KE, Lehman MN, Boer GJ (2000) The suprachiasmatic nucleus and the circadian time-keeping system revisited. Brain Res Brain Res Rev 33: 34–77

Vanin S, Bhutani S, Montelli S, Menegazzi P, Green EW, Pegoraro M, Sandrelli F, Costa R, Kyriacou CP (2012) Unexpected features of Drosophila circadian behavioural rhythms under natural conditions. Nature 484: 371–375

Wever R (1979) The circadian system of man. Springer, Berlin Wever RA (1989) Light effects on human circadian rhythms: a review of recent Andechs experiments. J Biol Rhythms 4: 161–185

Wittmann M, Dinich J, Merrow M, Roenneberg T (2006) Social jetlag: misalignment of biological and social time. Chronobiol Int 23: 497–509

Wulff K, Gatti S, Wettstein JG, Foster RG (2010) Sleep and circadian rhythm disruption in psychiatric and neurodegenerative disease. Nat Rev Neurosci 11: 589–599

Wyatt JK, Ritz-de Cecco A, Czeisler CA, Dijk D-J (1999) Circadian temperature and melatonin rhythms, sleep, and neurobiological function in humans living on a 20-h day. Am J Physiol 277: R1152–1163

Xu Y, Padiath QS, Shapiro RE, Jones CR, Wu SC, Saigoh N, Saigoh K, Ptacek LJ, Fu Y-H (2005) Functional consequences of a CKIδ mutation causing familial advanced sleep phase syndrome. Nature 434: 640–644

Yamazaki S, Numano R, Abe M, Hida A, Takahashi R-I, Ueda M, Block GD, Sakaki Y, Menaker M, Tei H (2000) Resetting central and peripheral circadian oscillators in transgenic rats. Science 288: 682–685

Zaidi FH, Hull JT, Peirson SN, Wulff K, Aeschbach D, Gooley JJ, Brainard GC, Gregory-Evans K, Rizzo JF 3rd, Czeisler CA, Foster RG, Moseley MJ, Lockley SW (2007) Short-wavelength light sensitivity of circadian, pupillary, and visual awareness in humans lacking an outer retina. Curr Biol 17: 2122–2128

Zavada A, Gordijn MCM, Beersma DGM, Daan S, Roenneberg T (2005) Comparison of the Munich chronotype questionnaire with the Horne-Ö stberg's morningness-eveningness score. Chronobiol Int 22: 267–278

第四部分

生物钟系统生物学

第十四章
时间生物学的数学建模

G. 博尔久格夫（G. Bordyugov）[1]、P. O. 韦斯特马克（P. O. Westermark）[2]、A. 科伦茨科（A. Korenčič）[3]、S. 贝尔纳（S. Bernard）[4] 和 H. 赫策尔（H. Herzel）[1]

1 德国洪堡大学理论生物学研究所，2 德国查理特大学医学院理论生物学研究所，3 斯洛文尼亚卢布尔雅那大学医学院生物化学研究所，4 法国里昂大学科研国家中心卡米尔·乔丹研究所

摘要：生物钟是能够被外部授时因子如光暗和温度循环所牵引的自主振荡器。从细胞水平来讲，这种节律是由负转录反馈回路产生的。在哺乳动物中，下丘脑前部的视交叉上核（SCN）发挥着核心昼夜起搏器的作用。即使在没有外部信号的情况下，SCN 中单个神经元之间的耦合也会导致精确的自我维持的振荡。这些神经元节律性地调控外周器官中昼夜节律振荡的相位变化。总的来说，哺乳动物昼夜节律系统可以看作是偶联振荡器的网络。数学模型能够弥补实验研究结果，从而更好地理解这些节律的动态复杂性。在本章，我们将讨论三个不同层次上建模的基本设想：①通过延迟的负反馈在单个细胞中产生节律；②通过外部刺激或细胞-细胞偶联进行细胞同步；③时间治疗法的优化。

关键字：分支·牵引·模型·振荡·同步

1. 引言

哺乳动物生物钟可以被认为是偶联振荡器的系统。几乎在每个细胞中，负转录反馈回路都会产生以大约 24 小时为周期的节律（Zhang and Kay 2010；Minami et al. 2013；Buhr and Takahashi 2013）。许多组织器官包括大脑、肝脏、心脏和肺中有多达数百个节律性表达基因（Hastings et al. 2003；Keller et al. 2009；Brown and Azzi 2013）。甚至培养的细胞在受到外部刺激（Balsalobre et al. 1998；Yagita and Okamura，2000）或温度牵引（Brown et al. 2002）时也表现出明显的节律。正如在本书其他章节所讨论的那样，分子生物钟可以调控人体内生理和代谢的时序进程（Hastings et al. 2003）。

通讯作者：G. Bordyugov；电子邮件：Grigory.Bordyugov@hu-berlin.de

在哺乳动物中，视交叉上核（SCN）被认为起着核心昼夜节律起搏器的作用。在 SCN 中，神经元通过神经递质和间隙连接而偶联（Welsh et al. 2010；Slat et al. 2013）。神经元的同步产生精确的起搏器节律，而起搏器节律则通过神经元和体液信号协调外周器官。SCN 生物钟的相位受外部光暗和温度循环的牵引。进食可以作为另一种有效的授时因子，例如，它可以牵引肝脏昼夜节律（Stokkan et al. 2001）。生物钟影响许多生理过程，包括细胞分裂和排毒。因此，可以对治疗干预的时机进行优化（"时间治疗法"的范畴）（Lévi et al. 1997）。这些过程的复杂性启发了系统生物学方法（Ukai and Ueda 2010）。特别是，了解振荡的出现需要动态系统理论。在本章我们讨论数学建模应用于昼夜节律和时间治疗法的一些重要内容。

昼夜节律的数学模型已应用于许多方面（Pavlidis 1973；Winfree 1980；Daan and Berde 1978）。早在几十年前，就已经建立了振幅-相位模型来研究牵引特性、相位反应特征和季节变化（Wever 1965；Kronauer et al. 1982）。这些模型对于研究时差后的瞬态（Granada and Herzel 2009）、单细胞振荡（Westermark et al. 2009）、偶联效应（Bordyugov et al. 2011），以及优化生物钟振荡器的相位反应特性（Pfeuty et al. 2011）等仍然十分有效。同时，核心生物钟的详细生化模型（Leloup and Goldbeter 2003；Forger and Peskin 2003；Becker-Weimann et al. 2004）也已建立，并用于描述转录调控、蛋白质表达、翻译后修饰、蛋白质降解、复合物形成和核易位（Relógio et al. 2011；Mirsky et al. 2009）。然而，许多动态学过程的定量细节仍然是未知的，因此动态学定律和参数的选择仍然是主要挑战。偶联细胞的模拟通常依赖于简单的细胞模型（Gonze et al. 2005）。最近，生物钟模型已经与细胞增殖联系起来，用于尝试模拟时间治疗法（Lévi et al. 2008）。在描述具有负反馈和低分子数量的系统方面的理论尝试，也证明了此类系统中高质量振荡的可能性（Morelli and Jülicher 2007）。

有一种说法是"所有模型都是错误的，但有些模型是有用的"（George et al. Box Norman and Richard and Draper 1987）。确实，数学模型是对极其复杂的生物系统动画般的描述。好的模型强调系统的最基本特征，并反映出主要的实验结果。模型分析可以帮助检查建模假设的前后一致性。

当著名的霍奇金-赫克斯利模型（Hodgkin and Huxley 1952）建立时，其理论分析和实验一样费力。如今，计算机运算快速、低耗，运用计算机模拟能够对昂贵且耗时的实验研究加以补充。在许多情况下，数学模型的建立可以指导适当的定量测量的设计。在分子时间生物学中，模型可以表明转录抑制、降解动态，以及如下所述的延迟的作用。数学模型可以系统地探索反馈回路的作用、系统对参数变化和噪声的敏感性及时间治疗法的功效。有趣的理论预测可能会激发新颖的实验。数学抽象有助于找到看似完全不同的生物系统的通用设计原理，如大多数生理振荡都是基于延迟的负反馈回路与协作相互作用相结合的。这样的协作相互作用相应地导致系统对反馈信号的非线性响应，进而产生振荡（Glass and Mackey

1988）。下面我们使用以下不同水平的示例来说明时间生物学的数学建模基本设想。

（1）基于延迟负反馈的简单振荡器模型；

（2）通过外部刺激或细胞-细胞偶联实现细胞同步；

（3）时间治疗法的优化。

2. 负反馈延迟引起的振荡

借助延迟微分方程（delay differential equation，DDE）对多种生理和生化振荡进行了建模，包括细胞内昼夜节律发生器（olde Scheper et al. 1999）、果蝇内循环（Zielke et al. 2011）、周期性白血病（Mackey and Glass 1977）、切恩-斯托克斯（Cheyne-Stokes）呼吸（Glass and Mackey 1988）、血压波（Seidel and Herzel 1998）、斑马鱼的体节形成（Lewis 2003），以及果蝇（Smolen et al. 2004）和小鼠肝脏（Korenčič et al. 2012）的昼夜节律等。关于哺乳动物生物钟的最详细模型是基于一组常微分方程（ordinary differential equation，ODE）。在附录 B 中，我们阐明了延迟微分方程和常微分方程密切相关。常微分方程已被用来描述所涉及的动力学过程的许多细节，而延迟微分方程的优点是需要的动态参数较少。式（14-1）是一个简单的可以描述自持振荡的延迟微分方程。

$$\frac{\mathrm{d}x(t)}{\mathrm{d}t} = \frac{a}{1 + x^n(t-\tau)} - d \cdot x(t) \tag{14-1}$$

动态变量 $x(t)$ 可以代表一个生物钟基因，如 *Period2*，其蛋白质产物在延迟 τ 之后会抑制其自身的转录（比较图 14.1 中的左图）。延迟 τ 描述了转录和功能基因产物的细胞核可利用之间的时间跨度。通过引入 τ，我们将蛋白质的生产、修饰、复合物形成、核易位和表观遗传过程浓缩为一个参数。因此，式（14-1）给出的显然是一个粗略的简化，但是它有助于理解通过延迟的负反馈回路产生的自持振荡（请参见附录 A）。参数 a 是基本转录率，d 是降解速率。由于生物钟蛋白经常二聚化，因此协同指数（cooperativity index）可以合理取值为 $n = 2$（Tyson et al. 1999；Bell-Pedersen et al. 2005）。

在参数值 $a = 10.0$、$d = 0.2$［典型的 mRNA 降解速率（Schwanhäusser et al. 2011）］和 $\tau = 8$ 的情况下，该模型表现出以大约 24 小时为周期的自持振荡（极限环）。图 14.1a 显示了状态变量 $x(t)$ 和延迟情况下 $x(t - \tau)$ 的相应振荡。8 小时的相移类似于许多生物钟基因的 mRNA 和蛋白质峰值的相移（Reppert and Weaver 2001）。

图 14.1b 说明了延迟微分方程和常微分方程的紧密连接。如附录 B 所示，可以像广泛使用的古德温（Goodwin）模型（Goodwin 1965；Griffith 1968；Ruoff et al. 2001）那样，用一连串常微分方程代替显式延迟 τ。相应的辅助变量可能代表不同的磷酸化状态复合物和核易位。对于足够长的链，常微分方程可以比较合理地近似等于我们式（14-1）中的延迟微分方程。

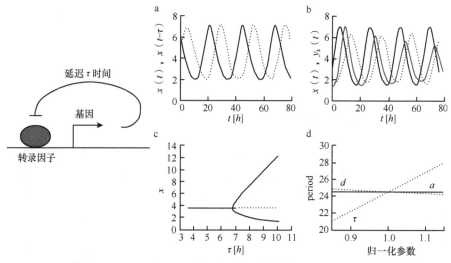

图 14.1　自我抑制基因调控数学模拟（彩图请扫封底二维码）

左图是自抑制基因调控的概图。在这里 τ 指基因转录和转录被它自己的基因产物所抑制之间的时间跨度。TF 代表一个类似 BMAL1 的激活转录因子。右图是式（14-1）模拟的结果。（a）图是式（14-1）中典型的时序振荡过程。其中实线表示 $x(t)$，虚线表示延迟变量 $x(t-\tau)$。（b）图是通过式（14-1）表示的常微分方程系统对延迟微分方程近似获得的。其中黑色线条对应链长 $k = 15$，实黑线表示 $x(k)$，黑色虚线表示最后链条的时间进程变量 $y_{15}(t)$。红线显示了在链长为 $k = 12$ 时，式（14-1）中 $x(t)$ 的振荡不断衰减，并不能渐进至延迟微分方程中的振荡。（c）图是式（14-1）的分支图。随着延迟 τ 的增加，图（c）显示了一个稳定（水平实线）和一个不稳定（水平虚线）的稳态。在 τ 约等于 7.0 时，自持振荡出现由实线表示的最大值和最小值。（d）图振荡周期依赖的变化参数标准化为其默认值 $a = 10.0$、$d = 0.2$ 和 $\tau = 8.5$，该周期受延迟 τ（虚点线）和降级速率 d（虚线）的影响最大

　　在附录 A 中，我们进行了针对式（14-1）稳态的线性稳定性分析。这种方法可以识别获得自持振荡的必要条件。对于较小的延迟，平衡是稳定的，并且扰动呈指数衰减。中间延迟会导致阻尼振荡，而 τ 的进一步增加会导致自持振荡的发生。正如图 14.1c 所示。这种转变被称为“Hopf 分支”（Hopf bifurcation）。

　　附录 A 中的数学分析提供了有关延迟反馈振荡器的更多信息：延迟 τ 应该在周期的 $1/4 \sim 1/2$，并且抑制应足够强，即随着“抑制因子” $x(t-\tau)$ 的增加，式（14-1）中转录参数快速衰减。振荡的周期几乎与延迟 τ 成正比。

　　图 14.1d 显示了周期对模型参数 τ、a 和 d 的依赖性。如上所述，周期随着延迟 τ 线性增长，但随着降解速率参数 d 的增加则略有衰减。这应当是合理的，因为更快的降解意味着更短的 mRNA 动态时间尺度，因此周期更短。基本转录速率 a 的变化对周期影响较小，这与 Dibner 等的研究一致（Dibner et al. 2008）。对更复杂的模型进行的广泛研究表明，从简单模型式（14-1）可以得出许多结论，同样适用以下几种情形：

　　（1）需要足够强的非线性来获得自持振荡；

　　（2）占周期 $1/4 \sim 1/2$ 的超临界延迟是必要的；

（3）延迟和降解速率对周期有着深远的影响。

具有比昼夜节律周期短的转录反馈回路，包括 Hes1（Hirata et al. 2002）、p53（Lahav et al. 2004）和 NF-κB（Nelson et al. 2004；Hoffmann and Baltimore 2006），呈现较小的延迟，从而导致周期减少几个小时。在生物钟中，要获得 24 小时的节律就需要特别长的延迟。延迟和降解速率的核心作用已通过对家族性睡眠相位提前综合征（FASPS）的深入研究得到证实（Vanselow et al. 2006）。

3. 通过同步和牵引实现精准度

生物钟在生物个体水平上惊人地精准（Enright 1980；Herzog et al. 2004）。即使在持续的黑暗（DD）中，行为活动的发生每天也仅相差几分钟（Oster et al. 2002）。相比之下，单个细胞中的昼夜节律噪声较大（Welsh et al. 1995；Liu et al. 2007），因此对于单个细胞，随机的模型对解释波动是必要的。将振幅-相位模型（amplitude-phase model）拟合到单细胞中会导致估计模型参数的广泛分布（Westermark et al. 2009）。例如，单细胞周期服从高斯分布（Gaussian distribution），标准差约为 1.5小时（Welsh et al. 1995；Honma et al. 2004；Herzog et al. 2004）。在本节中我们将说明，尽管单细胞水平存在噪声，外部信号和细胞间偶联是如何产生精准的昼夜节律振荡的。

我们分析了数百个单细胞昼夜节律的记录。图 14.2 的第一列显示了两个选定细胞的时间进程。上面一个清晰地显示了周期性，而下面一个则相当嘈杂。我们认为此类单细胞数据可以借助噪声驱动的振幅-相位模型来研究（Westermark et al.

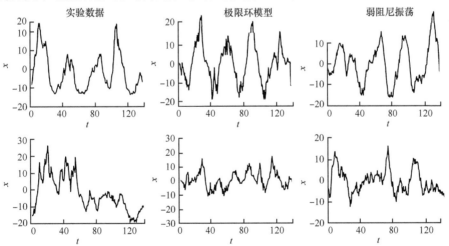

图 14.2　对分散的 SCN 神经元的生物发光的极限环模型和弱阻尼振荡的模拟

来自分散的 SCN 神经元的两个代表性生物发光时间序列（左列）。中间列显示了带有附加噪声的相应极限环模型的模拟［请参见式（14-2）］。使用：弱阻尼振荡模拟也可获得类似的结果（右列）。如（Westermark et al. 2009）中所述，模型参数是根据最左列的时间过程估算的。这意味着这两个模型是针对特定细胞量身定制的

2009）。有趣的是，单细胞昼夜节律时间序列可以通过"极限环模型"（limit cycle model）或"弱阻尼振荡器"（weakly damped oscillator）进行建模，而且两种拟合都是成功的。图 14.2 中的示例也说明了两种类型的模拟似乎都是合理的。

这个自持振荡模型可以通过极坐标的形式给出：

$$\frac{\mathrm{d}r_i}{\mathrm{d}t} = -\lambda_i(r_i - A_i), \qquad \frac{\mathrm{d}\varphi_i}{\mathrm{d}t} = \frac{2\pi}{\tau_i}, \quad i = 1, 2, \cdots, N \qquad (14\text{-}2)$$

其中，变量 r_i 是径向坐标，φ_i 是第 i 个细胞的相位。参数 A_i 是自持振荡的振幅，而参数 λ_i 是振幅松弛率（amplitude relaxation rate）。小的 λ_i 值会导致振幅缓慢地松弛。为了模拟单细胞节律的内在随机性（Raserand O'Shea 2005；Raj and van Oudenaarden 2008），我们在式（14-2）中添加随机噪声（Westermark et al. 2009）。该模拟程序的详细内容在附录 C 中进行了说明。式（14-2）可用于描述振幅突然消失时的弱阻尼振荡。这样，单细胞节律可以用少数参数来量化，包括预计的周期 τ_i 和松弛率 λ_i。

图 14.3 是 140 个分散的野生型小鼠视交叉上核（SCN）神经元的估计参数柱状图（Liu et al. 2007）。极限环模型（左）和阻尼振荡器模型（damped oscillator model）

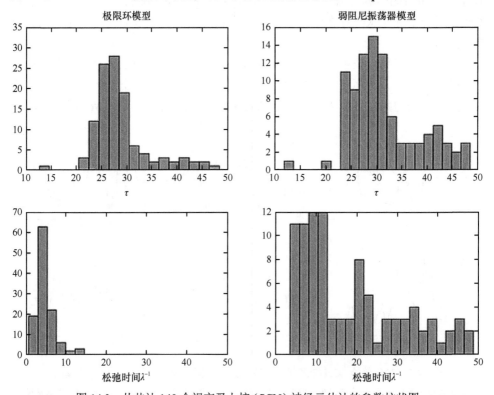

图 14.3　从共计 140 个视交叉上核（SCN）神经元估计的参数柱状图

左列是极限环模型［参见式（14-2）］，显示了昼夜节律的峰值，并且其振幅 A_i 出现相对快速地松弛现象。阻尼振荡器（右列）的拟合参数具有更长的松弛时间 λ^{-1}，因此可能发生噪声引起的振荡，如图 14.2 右上图所示

（右）都预测出如先前研究记录一样大范围的单细胞周期（Welsh et al. 1995；Honma et al. 2004；Herzog et al. 2004），但两个模型估算的松弛时间差异很大。阻尼振荡器模型得出的 λ_i 值较小，而导致较长的松弛时间。由于松弛缓慢，随机扰动会引起相当规律的噪声振荡（Ebeling et al. 1983；Ko et al. 2010）。长松弛时间，或者相等地，高振荡器质量 Q（Westermark et al. 2009）将导致共振行为。

下面我们讨论模拟振荡器对短脉冲（short pulse）、外部时间-周期性强迫（external time-periodic forcing）和细胞间偶联（intercellular coupling）的响应。我们采用 140 个分散的视交叉上核神经元的直接估算参数值，比较了自持振荡器模拟和弱阻尼噪声驱动振荡器模拟。

在培养的细胞中，诸如新鲜血清、毛喉素（forskolin）、地塞米松（dexamethasone）或温度脉冲等刺激可以诱导暂时同步节律（Balsalobre et al. 1998；Yagita and Okamura 2000）。然而，在刺激停止之后，同步会在几个周期内消失，并且平均信号会衰减。这种衰减是单细胞的阻尼和不同周期引起的细胞移相造成的。

在图 14.4 中我们比较了模拟细胞对短脉冲的响应。采用极限环模型和弱阻尼模型，我们都观察到总体平均值的预期衰减节律。单细胞表现出比平均信号更大的振幅。由于较长的松弛时间，阻尼振荡器（图 14.4c 图）显示出更大的振幅，而

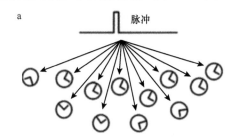

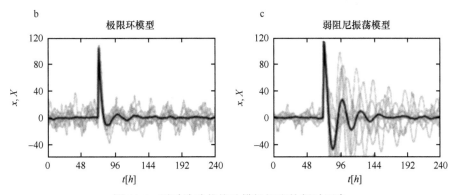

图 14.4 通过脉冲状扰动模拟细胞的暂时同步

选定的细胞显示为灰色。a：卡通图显示作用在振荡器上的脉冲。b：噪声极限环振荡器的集合。c：噪声阻尼振荡器的集合。在两个时间序列中，黑色粗线代表平均信号。参数是从实验时间序列中（Liu et al. 2007；Westermark et al. 2009）获取的

且阻尼振荡可以持续多个周期。这个观察支持了我们的预测，即弱阻尼振荡器是好的"谐振器"（resonator）。如果只看平均信号（图 14.4，粗黑线条为时间序列），很难区别极限环模型和弱阻尼模型。因此，关于单个细胞特征的刻画需要仔细和长久持续的单个细胞实验（Nagoshi et al. 2004；Liu et al. 2007）或如先前介绍过的共振实验（resonance experiment）（Westermark et al. 2009）。这些共振实验可以采用温度牵引进行（Brown et al. 2002；Buhr et al. 2010）。最近的研究表明，周期性的冷热循环可以同步外周组织如肺（Abraham et al. 2010）或者表皮细胞（Spörl et al. 2010）。

图 14.5 表示了温度牵引的模拟。我们发现相对较弱的外部信号能够导致相当精准的平均信号节律（图 14.5 中黑色粗线表示的时间序列），尽管单细胞的信号仍然是相当混乱的（图 14.5 中灰色细线表示的时间序列）。自持振荡器（图 14.5b 图）和弱阻尼振荡器（图 14.5c 图）都能导致正常的平均振荡。某些阻尼振荡器有相当长的松弛时间 λ_i^{-1}（图 14.3 右下图），进而导致因为更强大的共振产生大振幅。但是，周期 τ_i 的分布较宽（图 14.3 左上图）。因此，这些阻尼振荡器与牵引的自持振荡器相比，平均信号较弱。

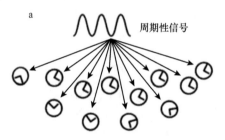

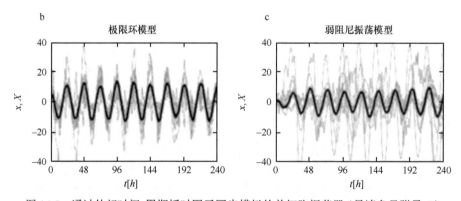

图 14.5　通过外部时间-周期授时因子同步模拟的单细胞振荡器（另请参见附录 C）

a：卡通图显示了作用在振荡器上的常见周期性授时因子。平均信号表明可以在一组自持振荡器（b 图）和弱阻尼振荡器（c 图）中建立精准的节律（c 图）

迄今为止，我们模拟了通过外部信号来同步非偶联细胞。视交叉上核神经元是通过间隙连接（Long et al. 2005）和神经递质如血管活性肠肽（VIP）（Aton et al. 2005）偶联连接的。这种偶联导致精确和鲁棒的视交叉上核节律相对不受温度信号的影响（Buhr et al. 2010；Abraham et al. 2010）。神经递质的周期性分泌引起共同的振荡水平，我们通过周期性均值场（mean field）对其进行建模（请参见附录 C）。图 14.6 展示了这样的均值场偶联（mean-field coupling）可以很容易地使嘈杂的单细胞振荡达到总体同步。由于分布式神经递质充当周期性驱动信号，图 14.6 中通过平均场的偶联再次导致明显的幅度扩展。

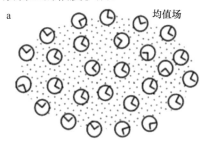

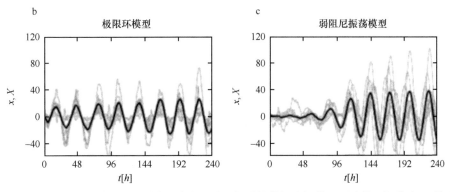

图 14.6　通过共同均值-场（a 图背景上的黑点）偶联的单细胞振荡器同步化（如附录 C 所示）
在几个周期内，偶联可以在自持振荡器的整体中（b 图）和一组阻尼振荡器中（c 图）引起同步。单细胞的时间序列（时间序列中的灰色细线）揭示选定的细胞由于和振荡平均场产生了共振而表现出了相当大的振幅

分散的单细胞应当被看作是自持振荡器还是弱阻尼振荡器，目前仍然不能确定（Nagoshi et al. 2004；Gonze et al. 2005；Westermark et al. 2009）。Webb 等发现在视交叉上核中自持振荡的细胞与阻尼振荡细胞似乎混合存在。我们在图 14.4 中的脉冲模拟、图 14.5 中的牵引模拟和图 14.6 中的同步模拟，都表明这两个模型能够重现实验所观察到的大概特征。因此，需要长期的单细胞记录来获得振荡器的特性。另外，可控的共振实验将有助于确定单细胞节律的参数。

4. 时间治疗法的建模研究

昼夜节律改变了许多药物的功效和毒性（Lévi and Schibler 2007；Ortiz-Tudela et al. 2013；Musiek and FitzGerald 2013）。特别是，抗癌药的耐受性和疗效取决于治疗时机（Mormont and Levi 2003；Lévi et al. 1997）。在小鼠实验中，已经显示出 4 小时的药物递送时间差异可以将存活率从 20% 提升为 80%（Gorbacheva et al. 2005）。时间调制给药方案的数学模型（"时间治疗法"）补充了实验和临床研究（Hrushesky et al. 1989；Basdevant et al. 2005；Ballesta et al. 2011；Ortiz-Tudela et al. 2013）。

时间治疗法的综合数学模型应结合药物的药动学和动效学（PK/PD）特征（Derendorf and Meibohm 1999）以及昼夜节律和增殖的相互作用（Hunt and Sassone-Corsi 2007）。即使可以使用 PK/PD 模型和细胞周期模型（Chauhan et al. 2011），对时间治疗法的全面数学描述仍然是一个极具吸引力的挑战。在这里，我们展示最近发表的周期性昼夜节律调控下的简单细胞周期模型模拟（Bernard et al. 2010）的主要结果。该模型可用于研究对于快速和缓慢增长的癌细胞群的时间治疗法的功效。数学建模可以模拟各种时间治疗方案。模型的主要输出是治疗指标，该指标考虑了癌细胞的去除以及副作用的量化（Bernard et al. 2010）。

图 14.7 中的左侧图 a 和图 c 显示了药物在以 24 小时为周期的两个不同时段

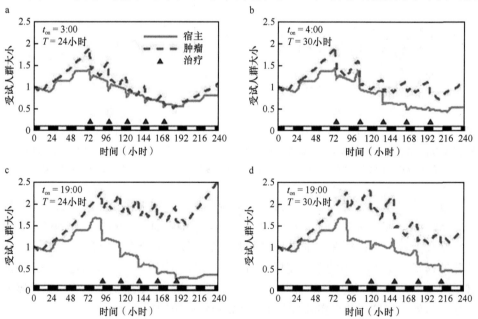

图 14.7　以 24 小时为间隔（左）和 30 小时为间隔（右）的时间治疗法模拟

三角形代表治疗，虚线代表肿瘤生长，灰色实线代表宿主细胞。a、b 图显示了最佳治疗时段，c、d 图显示了两种治疗方案的最差时段

的使用情况，比较了最佳时段（图 14.7a）和最差时段（图 14.7c）。模拟重现了实验结果（Gorbacheva et al. 2005），即错误时段的药物递送会导致不良后果，特别是在快速生长的肿瘤中[有关详细信息，请参见 Bernard（2010）]。对该结果的可能解释是时间-周期疗法（time-periodic therapy）和生物钟之间的共振（resonance）（Andersen and Mackey 2001）。这种共振可以通过具有不同周期的治疗法来避免。患者经常携带可编程的便携式泵，因此，临床上可以容易地实现，如以 30 小时为周期的治疗。图 14.7d 中的模拟表明，即使在最坏的时段，30 小时周期的治疗也是成功的。由于在临床情况下很难测量昼夜节律的相位，因此适用于任何阶段的治疗方案似乎大有前途。

5. 讨论

遗憾的是，适用于哺乳动物生物钟的全面而精确的模型还没有出现。许多重要分子过程（如复合物形成、翻译后修饰、蛋白酶体降解和转录调控）的定量细节仍不清楚。然而，数学模型可以让我们洞悉有关昼夜节律的设计原理。

如上所示，延迟负反馈回路的简单模型指明了超临界（即超过某个临界值）延迟和非线性的作用。对于生物钟来说，生物钟基因的转录与抑制之间至少要有 6 小时的延迟。该结果强调了与磷酸化和复合物形成相关的受控降解和核易位的重要性。

传统的振幅-相位模型在许多方面仍然有用。例如，可以通过这种简化模型研究相位反应特性、牵引范围和偶联效应。我们已经展示了，可以使用具有实验验证参数的振幅-相位模型来再现通过脉冲、牵引和共振现象的临时同步（Westermark et al. 2009）。这些模拟表明，通过偶联，弱阻尼单细胞振荡器的集成可以构成精确的生物钟。这一观察结果提出了一个尚未解决的问题：体内真正自我维持的振荡器中拥有多少个视交叉上核细胞（Webb et al. 2009）？

在优化时间治疗法的背景下，我们模拟了昼夜节律与细胞增殖和药物递送间的相互作用。即使忽略了包括药动学和动效学（PK/PD）在内的许多细节，也可以得出一个合理的结论：由于强烈的共振效应，24 小时的疗程可能比其他治疗周期（如 30 小时治疗）风险更大。当然，与 Ballesta 等（2011）的研究一样，我们的最简模型必须辅以更详细的研究。使用数学模型可以解决更多令人兴奋的问题：

（1）辅助生物钟回路在核心生物钟机制中可能起什么作用？

（2）基因表达谱中的谐波（harmonics）如何产生？

（3）如何在不同季节控制牵引的相位？

（4）视交叉上核（SCN）异质性（heterogeneity）的功能可能是什么？

（5）昼夜节律、代谢、免疫应答和排毒如何相互作用？

（6）正常运行的生物钟的主要选择优势是什么？

为了解决这些有趣的问题，适当的理论研究可以成功地对实验方法加以补充。

附录 A　延迟负反馈所产生的振荡

A.1　模型

以下是最简单的自我抑制基因（self-suppressing gene）模型式（14-3）

$$\frac{dx(t)}{dt} = \frac{a}{1+bx^n(t-\tau)} - dx(t) \tag{14-3}$$

式中与时间相关的状态变量 $x(t)$ 对应一个生物钟基因，如在时间 t 时 *Per2* 基因的 mRNA 水平。正参数 d 是 mRNA 降解速率（degradation rate），大的值对应于快速降解，而小的值则对应更稳定的 mRNA 水平。参数 a 决定了在没有抑制剂情况下的基本转录速率。

自我抑制可以用以下方法建模：为了简单起见，我们有意识地避免了建模所有的中间步骤，这包括从 mRNA 到它的蛋白质产物转回到细胞核。我们只是假设，核蛋白的丰度与早于 τ 小时前 mRNA 的总量成比例。指数 n 是协同性指数（cooperativity index），在二聚化的情况下，$n = 2$。自我抑制由分母上的延迟状态参量 $x(t-\tau)$ 反映出来。$x(t-\tau)$ 升高则降低 mRNA 的产生速率 $dx(t)/dt$。渐进地，对于很大的 $x(t-\tau)$，mRNA 的产生速率趋向于 0。

典型的变量选择可以采用以下数值：基本转录速率可以设置为 $a = 1$，因为我们可以标定任意单位；降解速率 $d = 0.2^{-1}$，这对应了一个典型的 mRNA 半衰期，时间延迟 $\tau = 8$，这是 *Per2* 基因和磷酸化核内 PER2 蛋白之间的标志性延迟。

我们强调这个由式（14-3）给出的模型是定性的，我们不期望其预测值与实验中的数值精确定量对应。但是，可以通过模型方程预测振荡的许多特征。例如，可以确定能够发生振荡的延迟 τ 和降解速率 d 的参数范围。

A.2　稳态及其稳定性

我们将式（14-1）给出的模型归纳为一个一维的延迟微分方程（DDE）如式（14-4）

$$\frac{dx(t)}{dt} = g(x(t-\tau)) - d \cdot x(t) \tag{14-4}$$

式中 τ 是一个时间延迟，$g(\cdot)$ 是一个非线性函数，$d > 0$ 是一个降解速率常数，以下是一个非线性反馈形式的例子

$$g(x) = \frac{a}{1+bx^n} \tag{14-5}$$

其中的参数是如上讨论的 a、b、n。

式（14-4）的一个稳定状态满足 $\dfrac{\mathrm{d}x(t)}{\mathrm{d}t} = 0$，并且是由线 $g(x) - \mathrm{d}x = 0$，非线性方程所给出的。也就等价于方程

$$a - d(1 + bx^n)x = 0 \tag{14-6}$$

这是一个可以分析得出数值较小时的指数 n 的非线性方程。一般来说，对于任意的 n，其稳定状态可以是一个确定的数值。

假设我们已经解出这个稳态方程，而且 $x = x_0$ 是平衡点。我们现在感兴趣的是 x_0 的稳定性问题：也就是说，随着时间推移，系统是返回到平衡点 x_0 还是离开它。为此，我们引入了拟设

$$x(t) = x_0 + y(t) \tag{14-7}$$

$y(t)$ 是一个小的时间函数，代表 $x(t)$ 相对其稳定状态的 x_0 的偏离量。为了确定 x_0 的稳定性，我们需要知道偏离量 $y(t)$ 在经过一段时间后是增加还是衰减。我们更感兴趣的是在 x_0 的中间邻域里发生的变化，这也意味着 $y(t)$ 是很小的。

让我们把拟设（ansatz）代入方程中，在式（14-4）的左边我们有

$$\frac{\mathrm{d}x(t)}{\mathrm{d}t} = \frac{\mathrm{d}y(t)}{\mathrm{d}t}$$

相应的在其右边用泰勒展开式（Taylor expansion）的一阶形式：

$$\begin{aligned} g(x(t-\tau)) - \mathrm{d}x(t) &= g(x_0 + y(t-\tau)) - \mathrm{d}x_0 - \mathrm{d}y(t) \\ &\approx g(x_0) + Jy(t-\tau) - \mathrm{d}x_0 - \mathrm{d}y(t) \\ &= Jy(t-\tau) - \mathrm{d}y(t) \end{aligned}$$

在这里 J 是 $x = x_0$ 时函数 g 的斜率

$$J = \frac{\mathrm{d}}{\mathrm{d}x}g(x_0)$$

将左右两边放在一起得到

$$\frac{\mathrm{d}y(t)}{\mathrm{d}t} = Jy(t-\tau) - \mathrm{d}y(t) \tag{14-8}$$

这是一个对未知函数 $y(t)$ 的延迟微分方程。这个方程是线性的，我们可以通过指数的拟设来解决它

$$y(t) = y_0 e^{\lambda t}$$

其中 λ 是一个未知的复数。最后拟设，替换式（14-8），我们得出

$$y_0 e^{\lambda t} = Jy_0 e^{\lambda(t-\tau)} - dy_0 e^{\lambda t}$$

之后用 $y_0 e^{\lambda t}$ 除以它，得到 λ 的先验特征方程：

$$\lambda = Je^{-\lambda \tau} - d \tag{14-9}$$

如果我们找到一个可以解出式（14-9）的 λ 值，则函数 $y(t) = y_0 e^{\lambda t}$ 将是式（14-8）

的一个解。$y(t) = y_0 e^{\lambda t}$ 的增长或衰减是由 λ 的实部决定的。如果实部 $\lambda < 0$，那么函数 $y(t)$ 在一段时间后衰减，将对应一个稳定的 x_0 状态。如果实部 $\lambda > 0$，则函数 $y(t)$ 增长，这意味着系统偏离使它达到稳态的 x_0 值，后者是不稳定的。

总之，如果给出稳定状态时的 x_0，我们能够解出式（14-9）的未知数 λ，它的实部决定了 x_0 的稳定性。式（14-9）取决于通过 J 的 x_0 的稳定状态、时间延迟 τ 时及降解速率常数 d。因此，我们希望稳态的稳定性可以通过改变这些参数来进行调整。

A.3 振荡的开始（Hopf 分支）

这里，我们对于一个特殊情况深入挖掘，就是当复指数 λ 的实部为 0 时的情况。这相当于一个参数集在其稳态的稳定性的变化：如果我们稍微改变一个参数，其实部将变成一个非零的值并且其稳态将丢失或者获得稳定性，这取决于参数改变的方向。

我们令 $\lambda = \mu + i\omega$，将其代入式（14-9），得到如下结果

$$\mu = Je^{-\mu\tau}\cos(\omega\tau) - d$$
$$\omega = -Je^{-\mu\tau}\sin(\omega\tau)$$

我们对 $\mu = 0$ 的情况非常感兴趣，因为它和稳定状态下稳定性的改变有关。同时，当稳定状态失去其稳定性时，一个小的极限环将会从稳定状态中出现。这个极限环的时间 T 非常接近 $2\pi/\omega$，这种情况被称为 Hopf 分支，指系统参数变化经过临界值时，平衡点由稳定变为不稳定并从中生长出极限环。Hopf 分支是一种比较简单而又重要的动态分支问题，不仅在动态分支研究和极限环研究中有理论价值，而且与工程中自激振动的产生有着密切的联系，是工程中的常见现象。继续我们的计算，当 $\mu = 0$ 时可将上两式简化如下：

$$J\cos(\omega\tau) - d = 0$$
$$-J\sin(\omega\tau) = \omega$$

通过 $\cos^2(\omega\tau)+\sin^2(\omega\tau) = 1$，我们可以得到如下

$$J^2 = d^2 + \omega^2$$

和 $d = \sqrt{J^2 - \omega^2}$，这反过来又导出了延迟的临界值表达式。

$$\cos(\omega t) = \frac{\sqrt{J^2 - \omega^2}}{J} = \sqrt{1 - \frac{\omega^2}{J^2}}$$

进一步，我们可以有 $\omega = \sqrt{J^2 - d^2}$ 和 $\cos(\omega\tau) = d/J$，这给出了关键的延迟数值

$$\tau = \frac{\arccos(d/J)}{\omega} = \frac{\arccos(d/J)}{\sqrt{J^2 - d^2}}$$

我们可以更深入地分析一下这个方程：由于 $d \geq 0$ 且 $J < 0$，d/J 是负数或零。因此，假设 $\arccos(d/J)$ 的值介于 $\pi/2$（对应于 $d/J = 0$）和 π（对应于 $d/J = -1$）

之间。所以，τ 的值介于 $2\pi/\omega$ 和 π/ω 之间，而这恰恰是 $T = 2\pi/\omega$ 的 $1/4 \sim 1/2$。这里 T 接近于从 $\lambda = 0 + i\omega$ 的 Hopf 分支的稳定状态中产生的极限环的周期。

我们的分析计算使得我们可以确定出现 Hopf 分支现象时的参数值：从式子 $J = \sqrt{d^2 + \omega^2}$ 中我们可以看出需要一定的坡度。而且延迟必须超过一个周期的 1/4（相当于 24 小时生理节律中的 6 小时）。最后，周期与延迟近似成正比。

附录 B　明确的延迟与反应链

在正文中，我们研究了延迟微分方程

$$\frac{\mathrm{d}x(t)}{\mathrm{d}t} = g(x(t-\tau)) - d \cdot x(t) \tag{14-10}$$

如果 $x(t)$ 代表一个生物钟基因的 mRNA 水平，转录抑制是通过时间延迟值 $x(t-\tau)$ 执行。在实际中，mRNA 剪切、输出和翻译成蛋白质。蛋白质形成复合物，可以翻译后修饰，并被转运到细胞核，在那里它控制转录过程。这一系列的事件可以通过研究所有相关的中间浓度和由此产生的抑制复合物，以某种规则建模。由于许多定量的细节还不清楚，我们此时引入了一个明确延迟的捷径。

这证明，具有明确延迟的方程可以通过 k 的链式中间辅助变量 $y_i(t)$ 来近似

$$\frac{\mathrm{d}x(t)}{\mathrm{d}t} = g(y_k(t)) - dx(t)$$
$$\frac{\mathrm{d}y_1(t)}{\mathrm{d}t} = h(x(t) - y_1(t))$$
$$\frac{\mathrm{d}y_2(t)}{\mathrm{d}t} = h(y_1(t) - y_2(t)) \tag{14-11}$$
$$\cdots$$
$$\frac{\mathrm{d}y_k(t)}{\mathrm{d}t} = h(y_{k-1}(t) - y_k(t))$$

如果我们选择 $k = h/\tau$，则常微分方程链近似于延迟微分方程式（14-10），这种变换称为线性链技巧（linear chain trick）。这里，我们做一个简短的解释。

首先，我们特别引入一组伽玛函数（gamma function）$G_{h,q}$

$$G_{h,q}(t) = \frac{h^q t^{q-1} \mathrm{e}^{-ht}}{(q-1)!}$$

第一个有用的发现是，伽玛函数关于时间的导数满足以下关系

$$\frac{\mathrm{d}}{\mathrm{d}t} G_{h,q}(t) = h(G_{h,q-1}(t) - G_{h,q}(t)) \qquad q = 2,3,\cdots,k$$

这让我们注意到式（14-11）中最后 k 个方程。运用这个结果，一个直接的差分

显示方程义 $y_q(t)$ 可以由卷积积分（convolution integral）给出

$$y_q(t) = \int_{-\infty}^{t} x(s)G_{h,q}(t-s)\,\mathrm{d}s \qquad q = 1,2,\cdots,k \qquad (14\text{-}12)$$

这可以对式（14-11）中的最后 k 个方程进行求解。

我们现在来看 $y_k(t)$，它是由 $x(t)$ 和 $G_{h,k}(t)$ 的卷积积分形成的。这些函数在 $t = k/h$ 时具有均值并且和方差 k 成正比。因此，对于大的 k，所述函数 $G_{h,k}(t)$，在 k/h 变得狭窄，接近峰值中心。

另外，在式（14-12）中，对于 $q = k$，我们的目标是在 $t-\tau$ 的时候通过适当选择 $G_{h,k}(t-s)$，将 $x(s)$ 本地化。通过对参数 h 进行适当选择，我们以这样的方式调整伽玛函数：它的平均值是在延迟时间点 $t-\tau$。由于 $G_{h,k}(\tau)$ 的平均值是在 $\tau = k/h$ 处，这引出了对于条件参数 h：$h = k/\tau$ 的寻求条件。我们总结式（14-11）最后一个方程的解，由下式给出

$$y_k(t) = \int_{-\infty}^{t} x(s)G_{h,k}(t-s)\,\mathrm{d}s$$

当 $h = k/\tau$ 时，式（14-11）的解近似于延迟值 x：$y_k(t) \approx x(t-\tau)$。$G_{h,k}$ 越较窄，k 越大使得链长更大，这个近似会变得越好。

这些计算表明，大多数所谓钟模型中研究的常微分方程链，与上述分析的延迟微分方程密切相关。长链即常微分方程组拥有较大 k 值，导致更清晰的延迟可能与许多翻译后修饰（Vanselow et al. 2006）、复合结构（Zhang et al. 2009；Robles et al. 2010）和表观遗传修饰（Bellet and Sassone-Corsi 2010）的发现有关，这些事实已经包含在了 24 小时节律制的生成中。我们还参考了 Forger（2011）对古德温模型（Goodwin model）的类似研究，该模型由三个相互关联的步骤组成。

附录 C 单细胞振荡器建模细节

单个细胞的动态是由一个噪声极限环模型（noisy limit cycle model）或噪声驱动的弱阻尼振荡模型（noise-driven weakly damped oscillator model）描述的。对于 N 个细胞，确定性微分方程式（14-13）：

$$\frac{\mathrm{d}r_i}{\mathrm{d}t} = -\lambda_i(r_i - A_i), \quad \frac{\mathrm{d}\varphi_i}{\mathrm{d}t} = \frac{2\pi}{\tau_i}, \quad i = 1,2,\cdots,N \qquad (14\text{-}13)$$

在这里，λ_i 是径向松弛率（radial relaxation rate），τ_i 是细胞周期，A_i 是细胞信号幅度。所有三个参数均从实验数据中估计得到（Westermark et al. 2009）。极限环振荡器有一个非零的振幅 A_i，而阻尼振荡器模型，我们设置 $A_i = 0$。细胞的随机性是由高斯噪声源（Gaussian noise source）建模并添加到式（14-13）的。噪声的方差

也是从实验数据中估计的（Westermark et al. 2009）。对于产生的随机微分方程的时间积分，我们使用了 Euler–Murayama 的方法。

对于极限环振荡器（limit cycle oscillator）和弱阻尼振荡器（weakly damped oscillator），实现三种模拟方法。

（1）脉冲同步：在一定时间的时刻，我们在特定方向上同时由 120 无量纲单位错开每个振荡器（图 14.4）。

（2）外部周期性强迫（external periodic forcing）：对于在图 14.5 中呈现的结果，我们以 24 小时周期和 0.5 无量纲单位幅度研究振荡器的外部周期性强迫。该驱动力的振幅比典型振荡器的 10 ～ 20（无量纲单位）的振幅小得多。

（3）同步通过均值场（mean field）：在第三协议（图 14.6），振荡器从属于均值场 Z，这是整体平均的结果：

$$Z = \frac{1}{N}\sum_{N} r_i \mathrm{e}^{i\varphi_i}$$

对于线性阻尼振荡器，均值场的饱和度在 20 无量纲单位，是为了避免由于线性模型引起的振幅激增而引入的。

（赵静怡　沈百荣　王　晗　译）

参 考 文 献

Abraham U, Granada AE, Westermark PO, Heine M, Kramer A, Herzel H (2010) Coupling governs entrainment range of circadian clocks. Mol Syst Biol 6: 438

Andersen L, Mackey M (2001) Resonance in periodic chemotherapy: a case study of acute myelogenous leukemia. J Theor Biol 209: 113–130

Aton S, Colwell C, Harmar A, Waschek J, Herzog E (2005) Vasoactive intestinal polypeptide mediates circadian rhythmicity and synchrony in mammalian clock neurons. Nat Neurosci 8: 476–483

Ballesta A, Dulong S, Abbara C, Cohen B, Okyar A, Clairambault J, Levi F (2011) A combined experimental and mathematical approach for molecular-based optimization of irinotecan circadian delivery. PLoS Comput Biol 7: e1002143

Balsalobre A, Damiola F, Schibler U (1998) A serum shock induces circadian gene expression in mammalian tissue culture cells. Cell 93: 929–937

Basdevant C, Clairambault J, Lévi F (2005) Optimisation of time-scheduled regimen for anticancer drug infusion. ESAIM Math Model Numer Anal 39: 1069–1086

Becker-Weimann S, Wolf J, Herzel H, Kramer A (2004) Modeling feedback loops of the mammalian circadian oscillator. Biophys J 87: 3023–3034

Bellet M, Sassone-Corsi P (2010) Mammalian circadian clock and metabolism–the epigenetic link. J Cell Sci 123: 3837–3848

Bell-Pedersen D, Cassone V, Earnest D, Golden S, Hardin P, Thomas T, ZoranM(2005) Circadian rhythms from multiple oscillators: lessons from diverse organisms. Nat Rev Genet 6: 544–556

Bernard S, Bernard B, Lévi F, Herzel H (2010) Tumor growth rate determines the timing of optimal chronomodulated

treatment schedules. PLoS Comput Biol 6: e1000712

Bordyugov G, Granada A, Herzel H (2011) How coupling determines the entrainment of circadian clocks. Eur Phys J B 82: 227–234

Brown SA, Azzi A (2013) Peripheral circadian oscillators in mammals. In: Kramer A, Merrow M (eds) Circadian clocks, vol 217, Handbook of experimental pharmacology. Springer, Heidelberg

Brown S, Zumbrunn G, Fleury-Olela F, Preitner N, Schibler U (2002) Rhythms of mammalian body temperature can sustain peripheral circadian clocks. Curr Biol 12: 1574–1583

Buhr ED, Takahashi JS (2013) Molecular components of the mammalian circadian clock. In: Kramer A, Merrow M (eds) Circadian clocks, vol 217, Handbook of experimental pharmacology. Springer, Heidelberg

Buhr ED, Yoo SH, Takahashi JS (2010) Temperature as a universal resetting cue for mammalian circadian oscillators. Science 330: 379–385

Chauhan A, Lorenzen S, Herzel H, Bernard S (2011) Regulation of mammalian cell cycle progression in the regenerating liver. J Theor Biol 283: 103–112

Daan S, Berde C (1978) Two coupled oscillators: simulations of the circadian pacemaker in mammalian activity rhythms. J Theor Biol 70: 297–313

Derendorf H, Meibohm B (1999) Modeling of pharmacokinetic/pharmacodynamic (PK/PD) relationships: concepts and perspectives. Pharm Res 16: 176–185

Dibner C, Sage D, Unser M, Bauer C, d'Eysmond T, Naef F, Schibler U (2008) Circadian gene expression is resilient to large fluctuations in overall transcription rates. EMBO J 28: 123–134

Ebeling W, Herzel H, Selkov EE (1983) The influence of noise on an oscillating glycolytic model. Studia Biophysica 98: 147–154

Enright J (1980) Temporal precision in circadian systems: a reliable neuronal clock from unreliable components? Science 209: 1542–1545

Forger D (2011) Signal processing in cellular clocks. Proc Natl Acad Sci 108: 4281–4285

Forger DB, Peskin CS (2003) A detailed predictive model of the mammalian circadian clock. Proc Natl Acad Sci USA 100: 14806–14811

George E. P. Box and Norman Richard DraperWiley (1987) Robustness in the strategy of scientific model building. Technical report, Defence Technical Information Center Document Glass L, Mackey M (1988) From clocks to chaos: the rhythms of life. University Press, Princeton, NJ

Gonze D, Bernard S, Waltermann C, Kramer A, Herzel H (2005) Spontaneous synchronization of coupled circadian oscillators. Biophys J 89: 120–129

Goodwin B (1965) Oscillatory behavior in enzymatic control processes. Adv Enzyme Regul 3: 425–428

Gorbacheva V, Kondratov R, Zhang R, Cherukuri S, Gudkov A, Takahashi J, Antoch M (2005) Circadian sensitivity to the chemotherapeutic agent cyclophosphamide depends on the functional status of the CLOCK/BMAL1 transactivation complex. Proc Natl Acad Sci USA 102: 3407–3412

Granada AE, Herzel H (2009) How to achieve fast entrainment? The timescale to synchronization. PLoS One 4: e7057

Griffith J (1968) Mathematics of cellular control processes. I: Negative feedback to one gene. J Theor Biol 20: 202–208

Hastings M, Reddy A, Maywood E et al (2003) A clockwork web: circadian timing in brain and periphery, in health and disease. Nat Rev Neurosci 4: 649–661

Herzog ED, Aton SJ, Numano R, Sakaki Y, Tei H (2004) Temporal precision in the mammalian circadian system: a reliable clock from less reliable neurons. J Biol Rhythms 19: 35–46

Hirata H, Yoshiura S, Ohtsuka T, Bessho Y, Harada T, Yoshikawa K, Kageyama R (2002) Oscillatory expression of the bHLH factor Hes1 regulated by a negative feedback loop. Science 298: 840–843

Hodgkin A, Huxley A (1952) A quantitative description of membrane current and its application to conduction and excitation in nerve. J Physiol 117: 500–544

Hoffmann A, Baltimore D (2006) Circuitry of nuclear factor κB signaling. Immunol Rev 210: 171–186

Honma S, Nakamura W, Shirakawa T, Honma K (2004) Diversity in the circadian periods of single neurons of the rat suprachiasmatic nucleus depends on nuclear structure and intrinsic period. Neurosci Lett 358: 173–176

Hrushesky W, Von Roemeling R, Sothern R (1989) Circadian chronotherapy: from animal experiments to human cancer chemotherapy. In: Lemmer B (ed) Chronopharamacology: cellular and biochemical interactions, vol 720. Marcel Dekker, New York, pp 439–473

Hunt T, Sassone-Corsi P (2007) Riding tandem: circadian clocks and the cell cycle. Cell 129: 461–464

Keller M, Mazuch J, Abraham U, Eom G, Herzog E, Volk H, Kramer A, Maier B (2009) A circadian clock in macrophages controls inflammatory immune responses. Proc Natl Acad Sci USA 106: 21407–21412

Ko C, Yamada Y, Welsh D, Buhr E, Liu A, Zhang E, Ralph M, Kay S, Forger D, Takahashi J (2010) Emergence of noise-induced oscillations in the central circadian pacemaker. PLoS Biol 8: e1000513

Korenčič A, Bordyugov G, Košir R, Rozman D, Goličik M, Herzel H (2012) The interplay of cis-regulator elements rules circadian rhythms in mouse liver. PLoS One 7(11): e0046835

Kronauer RE, Czeisler CA, Pilato SF, Moore-Ede MC, Weitzman ED (1982) Mathematical model of the human circadian system with two interacting oscillators. Am J Physiol 242: R3–17

Lahav G, Rosenfeld N, Sigal A, Geva-Zatorsky N, Levine A, Elowitz M, Alon U (2004) Dynamics of the p53-Mdm2 feedback loop in individual cells. Nat Genet 36: 147–150

Leloup JC, Goldbeter A (2003) Toward a detailed computational model for the mammalian circadian clock. Proc Natl Acad Sci USA 100: 7051–7056

Lévi F, Schibler U (2007) Circadian rhythms: mechanisms and therapeutic implications. Annu Rev Pharmacol Toxicol 47: 593–628

Lévi F, Zidani R, Misset J et al (1997) Randomised multicentre trial of chronotherapy with oxaliplatin, fluorouracil, and folinic acid in metastatic colorectal cancer. Lancet 350: 681–686

Lévi F, Altinok A, Clairambault J, Goldbeter A (2008) Implications of circadian clocks for the rhythmic delivery of cancer therapeutics. Philos Trans R Soc A 366: 3575–3598

Lewis J (2003) Autoinhibition with transcriptional delay: a simple mechanism for the zebrafish somitogenesis oscillator. Curr Biol 13: 1398–1408

Liu AC, Welsh DK, Ko CH, Tran HG, Zhang EE, Priest AA, Buhr ED, Singer O, Meeker K, Verma IM, Doyle FJ, Takahashi JS, Kay SA (2007) Intercellular coupling confers robustness against mutations in the SCN circadian clock network. Cell 129: 605–616

Long M, Jutras M, Connors B, Burwell R (2005) Electrical synapses coordinate activity in the suprachiasmatic nucleus. Nat Neurosci 8: 61–66

MacDonald N, Cannings C, Hoppensteadt F (2008) Biological delay systems: linear stability theory. University Press, Cambridge, MA

Mackey M, Glass L (1977) Oscillation and chaos in physiological control systems. Science 197: 287–289

Minami Y, Ode KL, Ueda HR (2013) Mammalian circadian clock; the roles of transcriptional repression and delay. In: Kramer A, Merrow M (eds) Circadian clocks, vol 217, Handbook of experimental pharmacology. Springer, Heidelberg

Mirsky H, Liu A, Welsh D, Kay S, Doyle F (2009) A model of the cell-autonomous mammalian circadian clock. Proc Natl Acad Sci 106: 11107–11112

Morelli LG, Jülicher F (2007) Precision of genetic oscillators and clocks. Phys Rev Lett 98: 228101

Mormont M, Levi F (2003) Cancer chronotherapy: principles, applications, and perspectives. Cancer 97: 155–169

Musiek ES, FitzGerald GA (2013) Molecular clocks in pharmacology. In: Kramer A, Merrow M (eds) Circadian clocks, vol 217, Handbook of experimental pharmacology. Springer, Heidelberg

Nagoshi E, Saini C, Bauer C, Laroche T, Naef F, Schibler U (2004) Circadian gene expression in individual fibroblasts: cell-autonomous and self-sustained oscillators pass time to daughter cells. Cell 119: 693–705

Nelson D, Ihekwaba A, Elliott M, Johnson J, Gibney C, Foreman B, Nelson G, See V, Horton C, Spiller D et al (2004) Oscillations in NF-κB signaling control the dynamics of gene expression. Science 306: 704–708

olde Scheper T, Klinkenberg D, Pennartz C, van Pelt J et al (1999) A mathematical model for the intracellular circadian rhythm generator. J Neurosci 19: 40–47

Ortiz-Tudela E, Mteyrek A, Ballesta A, Innominato PF, Lévi F (2013) Cancer chronotherapeutics: experimental, theoretical and clinical aspects. In: Kramer A, Merrow M (eds) Circadian clocks, vol 217, Handbook of experimental pharmacology. Springer, Heidelberg

Oster H, Yasui A, Van Der Horst G, Albrecht U (2002) Disruption of mCry2 restores circadian rhythmicity in mPer2 mutant mice. Genes Dev 16: 2633–2638

Pavlidis T (1973) Biological oscillators: their mathematical analysis. Academic, Waltham, MA Pfeuty B, Thommen Q, Lefranc M (2011) Robust entrainment of circadian oscillators requires specific phase response curves. Biophys J 100: 2557–2565

Raj A, van Oudenaarden A (2008) Nature, nurture, or chance: stochastic gene expression and its consequences. Cell 135: 216–226

Raser J, O'Shea E (2005) Noise in gene expression: origins, consequences, and control. Science 309: 2010–2013

Relógio A, Westermark P, Wallach T, Schellenberg K, Kramer A, Herzel H (2011) Tuning the mammalian circadian clock: robust synergy of two loops. PLoS Comput Biol 7: e1002309

Reppert S, Weaver D (2001) Molecular analysis of mammalian circadian rhythms. Annu Rev Physiol 63: 647–676

Robles M, Boyault C, Knutti D, Padmanabhan K, Weitz C (2010) Identification of RACK1 and protein kinase Cα as integral components of the mammalian circadian clock. Science 327: 463–466

Ruoff P, Vinsjevik M, Monnerjahn C, Rensing L (2001) The Goodwin model: simulating the effect of light pulses on the circadian sporulation rhythm of Neurospora crassa. J Theor Biol 209: 29–42

Schwanhäusser B, Busse D, Li N, Dittmar G, Schuchhardt J, Wolf J, Chen W, Selbach M (2011) Global quantification of mammalian gene expression control. Nature 473: 337–342

Seidel H, Herzel H (1998) Bifurcations in a nonlinear model of the baroreceptor-cardiac reflex. Physica D 115: 145–160

Sharova LV, Sharov AA, Nedorezov T, Piao Y, Shaik N, Ko MSH (2009) Database for mRNA half-life of 19 977 genes obtained by DNA microarray analysis of pluripotent and differentiating mouse embryonic stem cells. DNA Res 16: 45–58

Slat E, Freeman GM, Herzog ED (2013) The clock in the brain: neurons, glia and networks in daily rhythms. In: Kramer A, Merrow M (eds) Circadian clocks, vol 217, Handbook of experimental pharmacology. Springer, Heidelberg

Smith H (2010) An introduction to delay differential equations with applications to the life sciences. Springer, Heidelberg

Smolen P, Hardin P, Lo B, Baxter D, Byrne J (2004) Simulation of Drosophila circadian oscillations, mutations, and light responses by a model with VRI, PDP-1, and CLK. Biophys J 86: 2786–2802

Spörl F, Schellenberg K, Blatt T, Wenck H, Wittern K, Schrader A, Kramer A (2010) A circadian clock in HaCaT keratinocytes. J Invest Dermatol 131: 338–348

Stokkan K, Yamazaki S, Tei H, Sakaki Y, MenakerM(2001) Entrainment of the circadian clock in the liver by feeding. Science 291: 490–439

Tyson J, Hong C, Thron CD, Novak B (1999) A simple model of circadian rhythms based on dimerization and proteolysis of PER and TIM. Biophys J 77: 2411–2417

Ukai H, Ueda HR (2010) Systems biology of mammalian circadian clocks. Annu Rev Physiol 72: 579–603

Vanselow K, Vanselow JT, Westermark PO, Reischl S, Maier B, Korte T, Herrmann A, Herzel H, Schlosser A, Kramer A (2006) Differential effects of PER2 phosphorylation: molecular basis for the human familial advanced sleep phase syndrome (FASPS). Genes Dev 20: 2660–2672

Webb A, Angelo N, Huettner J, Herzog E (2009) Intrinsic, nondeterministic circadian rhythm generation in identified mammalian neurons. Proc Natl Acad Sci USA 106: 16493–16498

Welsh DK, Logothetis DE, Meister M, Reppert SM (1995) Individual neurons dissociated from rat suprachiasmatic nucleus express independently phased circadian firing rhythms. Neuron 14: 697–706

Welsh DK, Takahashi JS, Kay SA (2010) Suprachiasmatic nucleus: cell autonomy and network properties. Annu Rev Physiol 72: 551–577

Westermark PO, Welsh DK, Okamura H, Herzel H (2009) Quantification of circadian rhythms in single cells. PLoS Comput Biol 5: e1000580

Wever R (1965) A mathematical model for circadian rhythms. Circadian Clocks 47: 47–63

Winfree A (1980) The geometry of biological time. Springer, New York

Yagita K, Okamura H (2000) Forskolin induces circadian gene expression of rPer1, rPer2 and dbp in mammalian rat-1 fibroblasts. FEBS Lett 465: 79–82

Zhang EE, Kay SA (2010) Clocks not winding down: unravelling circadian networks. Nat Rev Mol Cell Biol 11: 764–776

Zhang E, Liu A, Hirota T, Miraglia L, Welch G, Pongsawakul P, Liu X, Atwood A, Huss J III, Janes J et al (2009) A genome-wide RNAi screen for modifiers of the circadian clock in human cells. Cell 139: 199–210

Zielke N, Kim K, Tran V, Shibutani S, Bravo M, Nagarajan S, van Straaten M, Woods B, von Dassow G, Rottig C et al (2011) Control of Drosophila endocycles by E2F and CRL4CDT2. Nature 480: 123–127

第十五章
转录抑制和延迟在哺乳动物生物钟的作用

南阳一（Yoichi Minami）[1]、小二大出（Koji L. Ōde）[2] 和
植田博树（Hiroki Ueda）[1,2]

1 日本理化学研究所发育生物学中心，2 日本理化学研究所定量生物学中心

摘要：生物钟是以 24 小时为周期的内源性振荡器。尽管二十多年前，延迟反馈抑制就已经被提出是生物钟调控的核心，但直到最近才证明了生物钟功能中延迟反馈抑制的机制。在哺乳动物生物钟中，反馈抑制的延迟是由 E/E'-box、D-box 和 RRE 三个转录顺式元件介导的，它们通过下游的转录激活因子 / 抑制因子互相激活或抑制。在这三种类型的顺势元件中，E/E'-box 介导的转录负反馈环路在昼夜节律中起关键作用。最近的研究表明 D-box 和 RRE 元件的结合导致 *Cry1*（E/E'-box 强有力的转录抑制因子）的延迟表达。这些顺势元件整体上的相互作用可以归结为两个振荡器基序的组合：一个是简单的延迟反馈抑制，即只有 RRE 抑制 E/E'-box；另一个是抑制器（repressilator），即每一个元件都相应地抑制另一个，也就是说，E/E'-box 抑制 RRE，RRE 抑制 D-box，而 D-box 则抑制 E/E'-box。对每个基序的作用以及生物钟振荡器转录后调控的实验验证将会是下一个挑战。

关键词：相位矢量模型·时间延迟·生物钟控制顺式元件

1. 哺乳动物生物钟

在哺乳动物中，主生物钟位于视交叉上核（SCN）。转录分析表明，生物钟并不局限于 SCN，在包括肝脏（Yamazaki et al. 2000）的许多组织器官和培养的细胞 [如大鼠成纤维细胞 Rat-1（Balsalobre et al. 1998）、小鼠成纤维细胞 NIH3T3（Tsuchiya et al. 2003），或人骨肉瘤 U-2OS 细胞（Isojima et al. 2009；Vollmers et al. 2008）] 中都发现生物钟。因此，昼夜节律是通过细胞内自主振荡器驱动的。跨物种的研究阐明了生物钟调控分子机制的保守特征，即生物钟的核心在于转录 / 翻译的负反馈回路。例如，在小鼠中，转录因子 CLOCK 和 BMAL1 二聚化并激活 *Per* 和 *Cry* 基因的转录。积累在细胞质中的 PER 和 CRY 蛋白被磷酸化，然后返回细胞核，从而抑制 CLOCK 和 BMAL1 的转录活性。PER 和 CRY 蛋白的更新导致了由

通讯作者：Hiroki R. Ueda；电子邮件：hiroki.ueda@nifty.com

E/E′-box 介导的 CLOCK 和 BMAL1 激活的新一轮循环（Dunlap 1999；Griffin et al. 1999；Kume et al. 1999；Reppert and Weaver 2002；Young and Kay 2001）。在这个过程中，PER 和 CRY 形成一个负反馈回路，抑制它们自身的转录。然而，负反馈回路中的正调节因子（CLOCK 和 BMAL1）和负调节因子（PER 和 CRY）的相互激活不足以产生一天的时间，必须有一个 PER 和 CRY 延迟或即刻的自我抑制，这样才会维持这些生物钟调节因子稳定的低表达，而不是振荡。是什么样的分子机制推进了这种时间延迟？本章总结了哺乳动物生物钟转录网络，并且洞悉了该转录网络与生物钟蛋白翻译后修饰一起如何在延迟负反馈回路中发挥作用。

2. 生物钟转录网络的鉴定

2.1 基于三个生物钟控制元件的转录网络

2.1.1 E/E′-box、D-box 和 RRE 元件

哺乳动物生物钟转录网络的整体结构可理解为三个生物钟控制元件（clock-controlled element，CCE）的组合体。这些生物钟控制元件是保守的短 DNA 序列，通常位于生物钟基因启动子区域附近，包括 E/E′-box［CACGT(T/G)］（Gekakis et al. 1998；Hogenesch et al. 1997；Ueda et al. 2005；Yoo et al. 2005）、D-box（DBP 应答元件）［TTATG(C/T)AA］（Falvey et al. 1996；Ueda et al. 2005）和 RRE（RevErbA 应答元件，也被称为 ROR 应答元件，RORE）［(A/T)A(A/T)NT(A/G)GGTCA］（Harding and Lazar 1993；Preitner et al. 2002；Ueda et al. 2002，2005）。

通过转录组分析，在培养的细胞（Grundschober et al. 2001），视交叉上核（SCN）（Panda et al. 2002；Ueda et al. 2002）以及其他组织器官如心脏（Storch et al. 2002）、肝脏（Panda et al. 2002；Storch et al. 2002；Ueda et al. 2002）、主动脉（Rudic et al. 2005）、脂肪组织（Zvonic et al. 2006）、颅骨（Zvonic et al. 2007）和毛囊中（Akashi et al. 2010）都报道了 24 小时周期性的基因表达。尽管每个组织中昼夜节律表达基因的节律性有所不同，但以下是最常见的呈现昼夜节律振荡哺乳动物生物钟基因：*Period1*（*Per1*）、*Per2*、*Per3*、*Dec1*（*Bhlhb2*）、*Dec2*（*Bhlhb3*）、*Cryptochome1*（*Cry1*）、*Clock*、*Npas2*、*Bmal1*（*Arntl1*）、*Dbp*、*E4bp4*（*Nfil3*）、*RevErbAa*（*Nr1d1*）、*RevErbAb*（*Nr1d2*）和 *Rora*。每个基因时间点的表达是生物钟控制元件（CCE）的不同组合。演化上保守的 E/E′-box 位于 9 个基因的非编码区（*Per1*、*Per2*、*Cry1*、*Dbp*、*Rory*、*RevErbAa*、*RevErbAb*、*Dec1* 和 *Dec2*），8 个基因中包含 D-box（*Per1*、*Per2*、*Per3*、*Cry1*、*RevErbAa*、*RevErbAb*、*Rora* 和 *Rorβ*），6 个基因包含 RREs（*Bmal1*、*Clock*、*Npas2*、*Cry1*、*E4bp4* 和 *Rorc*）。这些基因表达产物通过作用于 CCE 正向或负向调节转录活性。如下所述，CCE 和这些生物钟基因形成一个封闭的网络结构（图 15.1）。

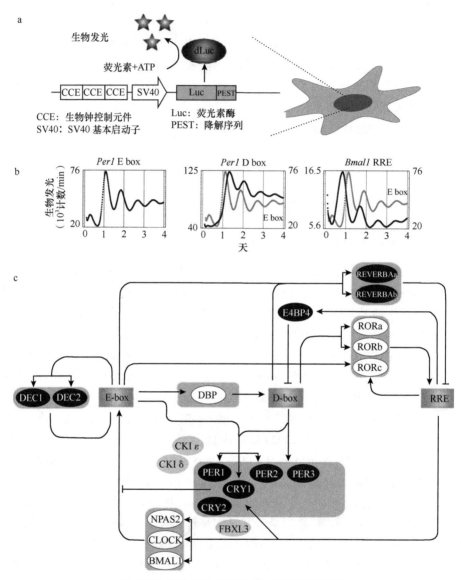

图 15.1　哺乳动物生物钟转录网络的示意图

（a）体外循环检验。培养的哺乳动物细胞（Rat-1）用生物钟控制元件（CCE）和 SV40 基本启动子驱动的 dLuc 转染（Ueda et al. 2005）。（b）融合到 SV40 基本启动子的野生型 *Per1* E-box CCE 驱动 dLuc 报告基因（左图）的生物发光代表性生物钟节律，与由 *Per1* D-box 驱动的生物发光节律（中图）和 RRE（右图）的生物发光节律对比。原始数据来自 Ueda 等（2005）。（c）分别用椭球和矩形标示基因和 CCEs。转录 / 翻译激活由箭头标示（→），抑制用平端箭头标示（ᅴ）

2.1.2 E/E′-box 和生物钟基因介导的转录调控

E/E′-box 由 BMAL1、CLOCK 和 NPAS2 正调控，由 PER1、PER2、PER3、CRY1、CRY2、DEC1 和 DEC2 负调控。转录激活因子 CLOCK 和 BMAL1 含有碱性螺旋-环-螺旋（bHLH）和 PER-ARNT-SIM（PAS）两个结构域，通过 PAS 形成异源二聚体，借助 bHLH 结合在 *Cry1*、*Per1* 和 *Per2* 启动子区内的 E/E′-box 驱动基因表达；CRY 和 PER 通过抑制 CLOCK 和 BMAL1 的异源二聚体的转录活性，自调节它们本身的表达。虽然正向调控因子（BMAL1、CLOCK 和 NPAS2）和负调控因子（PER1、PER2、PER3、CRY1 和 CRY2）都有昼夜节律性表达，正向调控因子与负向调控因子（延迟负反馈）的峰值时间是反相位的。

2.1.3 D-box 和生物钟基因介导的转录调控

D-box 由脯氨酸和酸性氨基酸富含碱性亮氨酸拉链（proline and acidic amino acid-rich basic leucine zipper，PAR-bZIP）的转录因子（*Dbp*、*Tef* 和 *Hlf*）正调控，由 E4BP4 负调控。与 E/E′-box 介导的调节类似，可观察到正向调控因子与负向调控因子基因表达的反相位关系。对 D-box 的调节来说，正调节因子 *Dbp* 的表达相位与 *Per1* 相类似，而负调节因子 *E4BP4* 基因表达相位与 *BMAL1* 相类似（Mitsui et al. 2001）。

2.1.4 RRE 和生物钟基因介导的转录调控

RRE 由 *Rora*、*Rorb* 和 *Rorc* 正调控，由 *RevErbAa* 和 *RevErbAb* 负调控。在视交叉上核（SCN）中，*Rora* 和 *Rorb* 呈现昼夜节律表达，而 *Rorc* 没有昼夜节律（Ueda et al. 2002）。Liu 等报道 *RevErbAa* 和 *RevErbAb* 在功能上是冗余的，并且都是 RRE 调控基因 *Bmal1* 的振荡所必要的。相比之下，*Rors* 有助于 *Bmal1* 的振幅，但不是其产生振荡所必需的（Liu et al. 2008）。

2.1.5 每个生物钟控制元件的时间点

每个元件转录激活的时间点，可以通过一种体外的细胞培养系统监测到。在这个细胞体系中不同的生物钟基因启动子分别驱动不稳定的萤火虫萤光素酶（destabilized firefly luciferase，dLuc）；利用地塞米松（dexamethasone）、毛喉素（forskolin）或血清（serum）处理使细胞同步化后，可以通过生物发光记录基因表达的振荡（Nagoshi et al. 2004；Ueda et al. 2002，2005；Welsh et al. 2004）。使用这种体外周期性实验，可确定每个 CCE 的"相位"（Ueda et al. 2002，2005）（图 15.1）。在本章中，术语"相位"表示在一个昼夜节律中每个生物钟基因表达的峰值相对的时间。每个 CCE 分别负责昼夜节律中相应时间点的基因表达，即在 E/

E′-box 驱动基因表达达到峰值大约 5 小时后，D-box 驱动基因开始表达；在 D-box 驱动基因的表达大约 8 小时后，RRE 驱动基因的表达；而在 RRE 驱动基因表达 11 小时后，又开始出现 E/E′-box 驱动基因的表达。在视交叉上核（SCN）中，由每个生物钟控制元件（CCE）负责的主观上时间如下：E/E′-box 负责"早晨时间"，D-box 负责"晚上时间"（evening-time），而 RRE 则负责"夜间时间"（night time）（Ueda et al. 2005）。

2.2　E/E′-box 介导的基因调控的重要性

2.2.1　通过生物钟控制元件干扰生物钟

三个生物钟控制元件对细胞的昼夜节律的作用不同：干扰 E/E′-box 的调控会消除昼夜节律；干扰 RRE 的调控导致显著的中度效应；而干扰 D-box 的调控则几乎没有作用。

利用 Rat-1 细胞，过表达对不同生物钟控制元件有抑制作用的调节基因的研究证明了这一点（Ueda et al. 2005）（图 15.2）。*Per2* 基因启动子通过 E/E′-box 和 D-box 调控，而 *Bmal1* 基因启动子则通过 RRE 调控。通过 *Cry1* 基因过表达干扰 E/E′-box 活性时，*Per2* 启动子驱动的报告基因（*Per2*-dLuc）和 *Bmal1* 启动子驱动的报告基因（*Bmal1*-dLuc）都丢失了昼夜节律。通过 *RevErbAa* 过表达干扰 RRE 时，*Bmal1*-dLuc 失去昼夜节律，而 *Per2*-dLuc 节律表达的振幅则减小。*RevErbAa* 过表

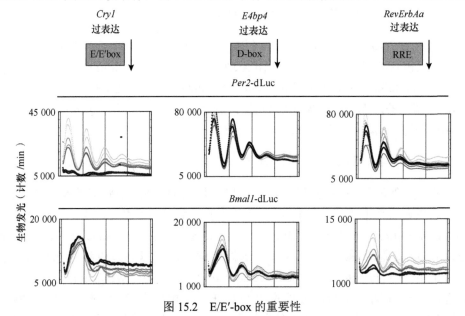

图 15.2　E/E′-box 的重要性

抑制作用对每个 CCE 的影响。通过 *Cry1*、*E4bp4* 和 *Reverba* 的过表达分别抑制 E/E′-box、D-box 和 RRE。这些抑制的结果是通过监测 *Per2* 和 *Bmal1* 启动子驱动的不稳定萤光素酶（*Per2*-dLuc 和 *Bmal1*-dLuc）显示。原始数据来自 Ueda 等（2005）。图中深浅不同的灰色表示不同的转染载体量

达干扰 RRE 而造成的影响在小鼠肝脏中似乎更重要。Kornmann 等的实验结果表明，在肝脏外植体中肝脏特异性过表达 *RevErbAa* 会导致 PER2∷Luc 节律性的消失（Kornmann et al. 2007）。与 E/E′-box 和 RRE 的情况相反，过表达 *E4bp4* 干扰 D-box 时，*Per2*-dLuc 和 *Bmal1*-dLuc 的转录仍有正常的昼夜节律（Ueda et al. 2005）。这些不同的变化很难仅仅用三种抑制因子的强度在量上的差异来解释，只能说明 E/E′-box、D-box 和 RRE 在调节生物钟节律方面有质的区别。

2.2.2　昼夜节律性的反馈抑制：生物钟转录网络的核心

PER 和 CRY 通过关闭 E/E′-box 介导的负反馈环路，在生物钟转录网络中发挥着至关重要的作用。CRY 比 PER 有更强的抑制活性（Kume et al. 1999）。Sato 等研究指出干扰 CRY1 对 E/E′-box 介导转录的抑制活性会导致转录的昼夜振荡节律消失。他们筛选了对 CRY1 抑制不敏感但仍保持正常转录活性的人类 *CLOCK* 和 *BMAL1* 突变体。所选克隆在 CRY1 不存在的情况下，呈现与野生型相似的正常转录活性；但在 CRY1 存在的情况下则呈现有更高的报告基因活性。通过分别分析 *Per2*-dLuc 和 *Bmal1*-dLuc，他们观察到无论是用突变的 *CLOCK* 还是突变的 *BMAL1* 共转染，都会在振荡 1 ～ 2 个周期后导致昼夜节律的实质性损坏；而 CRY 不敏感的突变的 *CLOCK* 和突变的 *BMAL1* 同时共转染则导致昼夜节律启动子活性的丧失。这表明 E/E′-box 和 RRE 介导的生物钟调控需要 CRY1 对 CLOCK/BMAL1 的转录抑制（Sato et al. 2006）（图 15.3）。

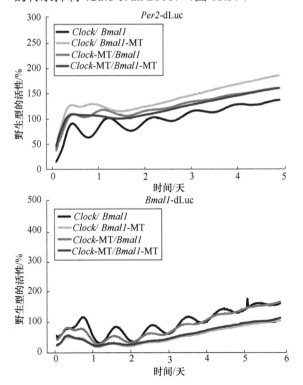

图 15.3　CRY 介导的抑制破坏效应
对 CRY 抑制不敏感突变的 CLOCK/BMAL1 二聚体的共表达消除了 NIH3T3 细胞 E-box 和 RRE 活性。表达 FLAG 标记的 CLOCK 和 BMAL1 基因的质粒与 *Per2*-dLuc（上图）或 *Bmal1*-dLuc（下图）报告基因的质粒瞬时共转染 NIH3T3 细胞。在单转或双转 CRY1 不敏感的 CLOCK 和 BMAL1 突变体（MT）的 NIH3T3 细胞中，对 *Per2* 基因或 *BMAL1* 基因启动子活性进行了 5 天（上图）或 6 天（下图）监测。所有报告基因的活性都进行标准化，从而使野生型的荧光素酶平均活性在时间进程中是 100%。原始数据来自 Sato 等（2006）

3. 哺乳动物生物钟的最小环路

3.1 两个延迟的负反馈回路

如何对 E/E'-box 的负反馈延迟？尽管在 *Cry1* 的调控区有一个 E'-box 和一个 E-box（Fustin et al. 2009；Ueda et al. 2005），但 *Cry1* 的表达高峰是傍晚，相对于其他带有 E/E'-box 的基因而言，它的表达大大延迟了（Fustin et al. 2009；Ueda et al. 2005）。*Cry1* 在其一个内含子（Ueda et al. 2005）中含有两个功能性 RRE，在其启动子区域中也含有 D-box（Ukai-Tadenuma et al. 2011）。Ukai-Tadenuma 等实验证实白天元件（D-box）和内含子中的夜间元件（RRE）的组合导致 *Cry1* 的傍晚表达延迟。有趣的是，观察到的延迟表达可以通过一个简单的相位矢量模型很好地解释，该模型可以人工设计延迟表达（Ukai-Tadenuma et al. 2011）（图 15.4）。

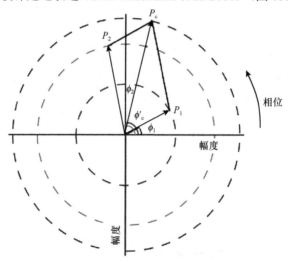

图 15.4　相位矢量模型

一个新的相位来自两种转录调节因子或两个生物钟控制 DNA 元件组合合成的产生，这可以通过相位矢量模型由一阶近似描述。这种产生新的昼夜节律转录相位的组合调节机制代表了支持复杂系统行为的一般设计原理。假设波函数 $f_x(t) = A_x \cos(\theta(t) + \phi_x)$。波振幅 A 由相位向量 P 的长度来表示，波相 ϕ 由 P 角表示。波分量 f_1 和 f_2 由相位向量 P_1 和 P_2 标示。P_c 为相位矢量的 P_1 和 P_2 的和。原图转载自 Ukai-Tadenuma 等（2011）

基于这个简单的相位矢量模型（图 15.4），他们建立了一系列有不同相位的 *Cry1* 构建体，并用这些构建体做遗传互补检验，来恢复用 *Cry1^{-/-};Cry2^{-/-}* 双基因敲除小鼠构建的无节律的 *Cry1^{-/-};Cry2^{-/-}* 细胞的昼夜节律振荡（van der Horst et al. 1999）。这些实验表明，*Cry1* 表达的显著延迟对恢复单细胞水平的节律性是必要的，而 *Cry1* 持续很久的延迟表达可以减缓昼夜节律振荡（图 15.5）。这些结果表明，*Cry1* 转录的相位延迟对哺乳动物生物钟功能是必要的，而且这些结果充分证明哺乳动物生物钟转录网络设计原理是延迟的负反馈（Ukai-Tadenuma et al. 2011）。

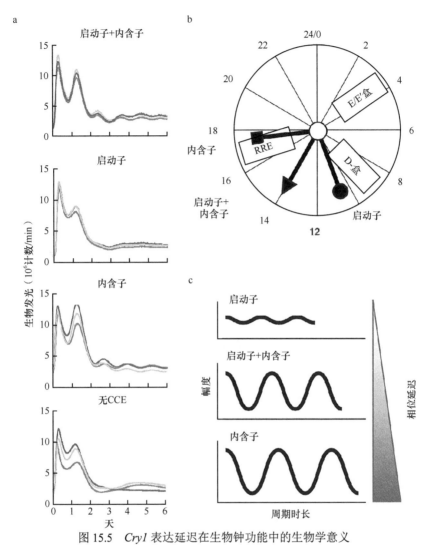

图 15.5 *Cry1* 表达延迟在生物钟功能中的生物学意义

（a）转染的 *Cry1⁻ᐟ⁻*;*Cry2⁻ᐟ⁻* 细胞中 *Per2*-dLuc 的生物发光水平。*Per2*-dLuc 报告基因和 *Cry1* 表达质粒共转染 *Cry1⁻ᐟ⁻*;
Cry2⁻ᐟ⁻ 细胞。（b）包含 D-box（*Cry1* 启动子）、RRE（*Cry1* 内含子）或两者都包含（启动子 + 内含子）的不同启动
子控制的 *Cry1* 表达相位（Ueda et al. 2005；Ukai-Tadenuma et al. 2011）。（c）哺乳动物生物钟功能需要大量的生物
延迟反馈抑制。与野生型（中图）相比，减少的延迟会减弱生物钟振荡的振幅（上图），持续地延长反馈抑制降低
生物钟振荡频率（下图）。原始数据来自 Ukai-Tadenuma 等（2011）。不同的颜色代表三次实验结果

　　基于这些结果，他们假设生物钟转录网络可以简化为一个模型，该模型由基
于三个 DNA 转录元件的两个转录激活和 4 个转录抑制组成（图 15.6）。值得注意
的是，该图可以设想为两个不同的振荡网络基序的组合，即①由三个抑制组成的
抑制器（repressilator）和②由两个激活和一个抑制组成的延迟负反馈回路。这两个
振荡网络的图案都包括延迟反馈抑制，并且能够独立地产生自主振荡（Elowitz and
Leibler 2000；Stricker et al. 2008）。

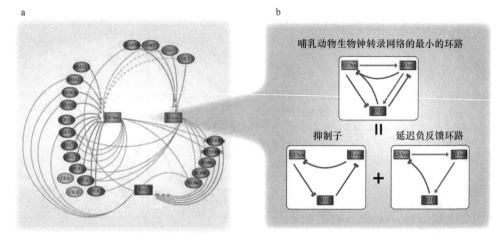

图 15.6　哺乳动物昼夜节律转录网络的最小环路（彩图请扫封底二维码）

（a）哺乳动物生物钟的转录网络（Ueda et al. 2005；Ukai-Tadenuma et al. 2011）。（b）最小的环路（上图）可以两个不同的振荡网络基序组合表示：抑制调节子（左下图）和延迟的负反馈环路（右下图）。转录激活（箭头）；转录抑制（⊣）；DNA 调控元件（矩形；E/E′-box，早晨；D-box，白天；RRE，夜间）。原始图来自 Ukai-Tadenuma 等（2011）

3.2　生物钟控制元件重要性的遗传证据

最小环路模型意味着三个生物钟控制元件（CCE）对生物钟振荡器有重要意义。E/E′-box 介导调控的重要性表现在几种生物钟基因敲除小鼠的表型上。生物钟控制着诸如昼夜活动的差异等生理现象，所以突变小鼠行为节律上的变化反映了内在生物钟的差异。因此，破坏 E/E′-box 介导调控的正调控因子 *Bmal1* 的表达，直接造成小鼠行为节律的消失（Bunger et al. 2000；Shi et al. 2010）。破坏 *Clock* 基因的表达并不导致行为节律的消失（DeBruyne et al. 2007），这可能是由于 *Clock* 和另一个基因 *NPAS2* 在功能上是冗余的：*Clock*$^{-/-}$;*Npas2*$^{-/-}$ 双基因敲除小鼠呈现出无节律的行为（DeBruyne et al. 2007），而仅 *Npas2*$^{-/-}$ 敲除的小鼠也呈现正常的行为节律（Dudley et al. 2003）。E/E′-box 介导转录的负调控因子的缺失也会导致无节律的表型。例如，*Per1*$^{-/-}$;*Per2*$^{-/-}$ 双基因敲除导致小鼠行为活动昼夜节律的丧失（Bae et al. 2001；Zheng et al. 2001），而 *Cry1*$^{-/-}$;*Cry2*$^{-/-}$ 双基因敲除小鼠行为节律也是无节律的（Van der Horst et al. 1999；Vitaterna et al. 1999）。

图 15.6 中所示的环路模型意味着 D-box 和 RRE 也在维持负反馈的延迟中发挥重要作用。例如，*RevErbAa*$^{-/-}$;*RevErbAb*$^{-/-}$ 双基因敲除小鼠呈现无节律行为和无节律生物钟基因表达的表型（Bugge et al. 2012；Cho et al. 2012）。

D-box 的转录调节因子的重要性仍然不清楚，因为没有报告显示 D-box 调节因子功能失调小鼠呈现行为节律的完全缺失。Lopez-Molina 等报道称，*Dbp*$^{-/-}$ 基因敲除小鼠与野生型有一样正常的行为节律（Gachon et al. 2004）。*HLF* 或 *TEF* 破坏的小鼠也有近乎正常的行为节律（Gachon et al. 2004）。甚至 PAR bZIP 转录因子三基因敲除的小鼠都有几乎正常的行为节律（Gachon et al. 2004）。虽然 *E4bp4* 基因敲除小鼠已经构建（Gascoyne et al. 2009），但还未见这种小鼠的行为节律的报道。

3.3 通过生物钟控制元件的组合产生各种的相位

DNA 芯片分析数据标明超过 10% 的基因表达都呈现昼夜节律，而且其峰值时间分布广泛（Delaunay and Laudet 2002）；峰值时间分布并不仅局限于每个生物钟控制元件相对应的三个昼夜节律时间。这些"中间"的表达时间是如何产生的呢？一种可能性是三个生物钟控制元件的组合产生了不同生物钟相位。

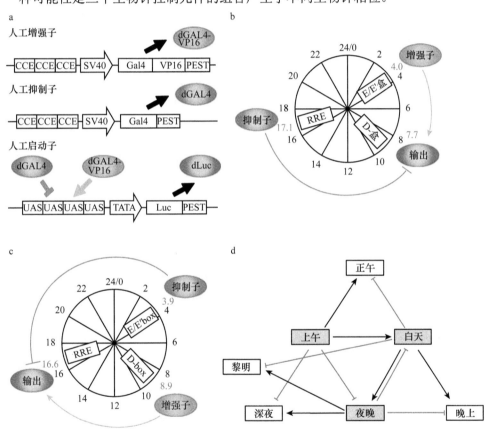

图 15.7 通过人工系统组合调控生物钟相位

（a）人工转录系统。激活因子和抑制因子由生物钟控制元件（CCEs）驱动。细节见正文描述。（b）、（c）在不同的人工转录环路中的激活因子和抑制因子的启动子活性和输出。该方案总结每个人工环路中具有代表性的启动子，通过监测 NIH3T3 细胞生物发光活性，激活因子、抑制因子和输出的相位通过它们的峰值时间标示（灰色数字）。早上 E'-box 控制的激活子和夜间 RRE 控制下抑制子（b）以及白天 D-box 控制的激活子和早上 E'-box 控制的抑制子（c）。（d）转录因子表达时间和输出的关系。各种表达时间是三个基本相位产生（早晨、白天、黑夜）。黑色线显示激活（箭头）和灰色线表示抑制（⊣）。原始数据图来自 Ukai-Tadenuma 等（2008）

Ukai-Tadenuma 等采用合成的方法模拟不同的生物钟控制元件组合与表达高峰时间的关系。他们用了三个组成部分：一个人工激活因子（dGAL4-VP16）、一个人工抑制因子（dGAL4）和 dGAL4-VP16-驱动的报告基因 dLuc 作为输出信号（图 15.7a）。如果人工激活因子和人工抑制因子的表达由不同的生物钟控制元件控制，输出信号可能会根据每个生物钟控制元件不同峰值时间的组合而变化。利用小鼠肝脏中生物钟基因表达的峰值时间，可以将每个生物钟控制元件驱动基因表达的相位与主观生物钟时间联系起来：E/E′-box 驱动的表达峰值时间是"早上"，RRE 驱动的表达峰值时间为"夜晚"，而 D-box-驱动的表达峰值则为"白天"。他们通过 E/E′-box（上午）驱动的激活因子和 RRE（夜间）驱动的抑制因子的组合创建了"白天"的表达（图 15.7b）。这类似于通过 D-box 控制的转录调控；D-box 由 E/E′-box 控制的 *Dbp* 激活并由 RRE 控制的 *E4bp4* 所抑制，其输出的相位是"白天"。接下来，他们由 D-box 激活因子和 E/E′-box 驱动的抑制因子的组合创建了"夜间"的表达（图 15.7c）。这类似于一个输出相位为"夜晚"的 RRE：RRE 由 D-box 激活因子（*Rora*）和 E/E′-box 驱动的抑制因子（*RevErbAa*）调控，尽管 *RevErbAa* 也受 D-box 调控。通过不同的生物钟控制元件组合，Ukai-Tadenuma 等也建立了与原来任何生物钟控制元件的相位都不相同的其他相位（图 15.7d）（Ukai-Tadenuma et al. 2008）。

4. 翻译后调控——另一层面上的延迟还是另一个振荡器？

4.1 PER 的磷酸化

如上所述，越来越多的证据表明 *Cry1* 介导的延迟负反馈在昼夜节律的转录网络中起着至关重要的作用。如果是这样，转录激活因子/转录抑制因子之间的网络结构是否足以产生哺乳动物生物钟特性？如果我们使用人工元件（如 Ukai-Tadenuma 等用的 GAL4-VP16）（2008）取代所有的转录因子，同时维持网络的结构，我们是否能够重现一个鲁棒的昼夜节律系统？然而，自然的生物钟系统似乎比转录-翻译网络更为复杂，而翻译后调节对生物钟功能也极为重要（Gallego and Virshup 2007）。尤其是酪蛋白激酶 1δ/ε（CKIδ/ε）对 PERs 的磷酸化是生物钟周期长度的决定因素之一（Lowrey et al. 2000；Toh et al. 2001；Xu et al. 2005）。哺乳动物中第一个鉴定到的生物钟突变体是仓鼠 *Tau* 突变体，其行为周期长度较正常仓鼠的短（Ralph and Menaker 1988）。Takahashi 研究团队鉴定出 *Tau* 的突变发生在酪蛋白激酶 1ε（*CKIε*）基因，并且发现 *Tau* 突变仓鼠中 PER 磷酸化降低（Lowrey et al. 2000）。酪蛋白激酶 1δ/ε（CKIδ/ε）通过磷酸化 PER 在人类生物钟中也发挥同样的重要作用。Toh 等发现家族性睡眠相位前移综合征（FASPS）是由 PER2 中与酪蛋白激酶 1δ/ε（CKIδ/ε）结合位点的突变造成的（Toh et al. 2001）。同样，Xu 等发现酪蛋白激酶 1δ（CKIδ）突变也可以通过调节 PER 稳定性引起家族性睡眠相位前移综合征（Xu et al. 2005）。此外，化学生物学的方法确定了几种能够缩短或延长的生物钟周期的化合物（Chen et al. 2012；Hirota et al. 2008；Isojima et al. 2009）。典型例子是发现一系列酪蛋白激酶1δ/ε（CKIδ/ε）抑制剂，它们可以在细胞水平将分子生物钟周期从24小时延长到48小时（Isojima et al. 2009）。

PER磷酸化如何控制生物钟周期仍然是未解之谜，但是PER磷酸化可以影响其稳定性。当PER磷酸化触发β-TrCP（SCF泛素连接酶亚基）的募集时，蛋白酶体介导的蛋白水解途径会降解PER蛋白（Eide et al. 2005；Shirogane et al. 2005）。然而，家族性睡眠相位前移综合征突变位点与涉及PER的β-TrCP识别区域不同（Eide et al. 2005）。此外，一些研究结果表明家族性睡眠相位前移综合征突变位点的磷酸化能够稳定PER蛋白（Shanware et al. 2011；Vanselow et al. 2006；Xu et al. 2007）。因此，磷酸化可能通过多种方式调节PER的稳定性。最近对果蝇PER和粗糙脉孢菌的FRQ（PER的功能上的对应基因）研究表明多位点的磷酸化能够诱导这些蛋白质的构象变化（Chiu et al. 2011；Querfurth et al. 2011）。哺乳动物PER可能也是类似的情况：磷酸化可以通过改变它的整体结构控制哺乳动物PER稳定性，而不仅仅是在某一特定的位置创建一个β-TrCP的识别位点。

PER稳定性的控制也可能导致转录负反馈的延迟。不像其他生物钟基因，*Per1*和*Per2* mRNA表达峰值比PER1/PER2蛋白提前大约4小时（Pace-Schott and Hobson 2002）。mRNA和蛋白之间的这种延迟可能也是周期长度的决定因素之一。

4.2　生物钟振荡器中CRY稳定性的控制

最近，研究人员注意到，PER、CRY的稳定性对生物钟周期是很重要的。2007年，报道了ENU诱变致行为节律延长的两个小鼠品系，超时（*overtime*，*Ovt*）（Siepka et al. 2007）和下班时间（*Afterhours*，*Aft*）（Godinho et al. 2007）。超时（*Ovt*）和下班时间（*Afh*）两种突变都位于相同的基因*Fbxl3*。*Fbxl3*编码一种泛素连接酶E3（ubiquitin ligase E3）并通过诱导CRY蛋白的泛素化和降解控制CRY稳定性（Godinho et al. 2007；Siepka et al. 2007）。延迟转录激活和活性降解的组合效应可能导致CRY1的表达延迟。这些研究结果表明生物钟基因产物（如PER和CRY）时间控制对产生昼夜节律也很重要。*CKIε^{tau}*和*Fbxl3^{Afh}*突变的影响是累加的，并独立地作用于生物钟周期（Maywood et al. 2011）。

4.3　哺乳动物生物钟的翻译后振荡

磷酸化依赖性降解可能与PER昼夜节律振荡直接相关。两项研究表明，组成型表达（constitutively expressed）mRNA翻译的PER2蛋白仍显示生物钟节律（Fujimoto et al. 2006；Nishii et al. 2006）。这些研究暗示，翻译后层次上的控制覆盖了转录-翻译生物钟机制。与这个观点相一致，几项研究表明，相对于转录活性振荡的剧烈起伏，生物钟节律是鲁棒的。例如，*Bmal1*和*Clock*的表达模式在整个生物钟周期里可以说是恒定的（von Gall et al. 2003）。在培养细胞中降低整体的转录活性仅轻微影响生物钟的周期长度（Dibner et al. 2009）。即使对 CRY 来说，其节律性表达对生物钟振荡在一定程度上是可有可无的；而且在 *Cry1*[-/-];*Cry2*[-/-] 双敲除细胞中通过恒定地表达 *Cry1*（Ukai-Tadenuma et al. 2011）或恒定地提供 CRY1 蛋白（Fan et al. 2007）拯救后，可观察到同样微弱的生物钟振荡。果蝇的遗传学研究表明，恒定地表达 PER 的果蝇仍然维持昼夜节律（Ewer et al. 1988；Frisch et al. 1994；Vosshall and Young 1995；Yang and Sehgal 2001）。综上所述，这些结果表明，生物钟振荡不一定完全取决于 E/E'-box 反馈回路的转录活性，因为生物钟蛋白的翻译后修饰的调节可以补偿转录节律的损失。

在蓝藻生物钟中也发现了翻译后的生物钟振荡器。KaiC（蓝藻生物钟的核心组成成分）的磷酸化状态甚至在全部的转录活性终止后仍发生振荡（Tomita et al. 2005）。KaiC 的磷酸化水平的节律可以在体外通过混合 KaiC 及其调节因子 KaiB、KaiC 和 ATP 重建（Nakajima et al. 2005）。在哺乳动物中，最近的一项研究发现，去核的人类红细胞的氧化还原状态存在昼夜节律振荡（O'Neill and Reddy 2011）。从原核生物到真核生物，过氧化氧化蛋白（PRX）的氧化还原状态的昼夜节律振荡高度保守（Edgar et al. 2012），并且可以调节视交叉上核神经元的活动（Wang et al. 2012）。尽管哺乳动物的核心翻译后生物钟振荡器仍有待确定，转录-翻译振荡器和转录后振荡器的协作应该提供了一个更加鲁棒的生物钟计时系统。对由生物钟控制元件介导的延迟负反馈环路与目前未知的核心翻译后振荡器之间兼容性相互作用的研究将引领我们对哺乳动物生物钟新的认识。

（胡 佳 王 晗 译）

参 考 文 献

Akashi M, Soma H, Yamamoto T, Tsugitomi A, Yamashita S, Nishida E, Yasuda A, Liao JK, Node K (2010) Noninvasive method for assessing the human circadian clock using hair follicle cells. Proc Natl Acad Sci USA 107: 15643–15648

Bae K, Jin X, Maywood ES, Hastings MH, Reppert SM, Weaver DR (2001) Differential functions of mPer1, mPer2, and mPer3 in the SCN circadian clock. Neuron 30: 525–536

Balsalobre A, Damiola F, Schibler U (1998) A serum shock induces circadian gene expression in mammalian tissue culture cells. Cell 93: 929–937

Bugge A, Feng D, Everett LJ, Briggs ER, Mullican SE, Wang F, Jager J, Lazar MA (2012) Reverbalpha and Rev-erbbeta coordinately protect the circadian clock and normal metabolic function. Genes Dev 26: 657–667

Bunger MK, Wilsbacher LD, Moran SM, Clendenin C, Radcliffe LA, Hogenesch JB, Simon MC, Takahashi JS, Bradfield CA (2000) Mop3 is an essential component of the master circadian pacemaker in mammals. Cell 103: 1009–1017

Chen Z, Yoo SH, Park YS, Kim KH, Wei S, Buhr E, Ye ZY, Pan HL, Takahashi JS (2012) Identification of diverse modulators of central and peripheral circadian clocks by highthroughput chemical screening. Proc Natl Acad Sci USA 109: 101–106

Chiu JC, Ko HW, Edery I (2011) NEMO/NLK phosphorylates PERIOD to initiate a time-delay phosphorylation circuit that sets circadian clock speed. Cell 145: 357–370

Cho H, Zhao X, Hatori M, Yu RT, Barish GD, Lam MT, Chong LW, DiTacchio L, Atkins AR, Glass CK, Liddle C, Auwerx

J, Downes M, Panda S, Evans RM (2012) Regulation of circadian behaviour and metabolism by REV-ERB-alpha and REV-ERB-beta. Nature 485: 123–127

DeBruyne JP, Weaver DR, Reppert SM (2007) CLOCK and NPAS2 have overlapping roles in the suprachiasmatic circadian clock. Nat Neurosci 10: 543–545

Delaunay F, Laudet V (2002) Circadian clock and microarrays: mammalian genome gets rhythm. Trends Genet 18: 595–597

Dibner C, Sage D, Unser M, Bauer C, d'Eysmond T, Naef F, Schibler U (2009) Circadian gene expression is resilient to large fluctuations in overall transcription rates. EMBO J 28: 123–134

Dudley CA, Erbel-Sieler C, Estill SJ, Reick M, Franken P, Pitts S, McKnight SL (2003) Altered patterns of sleep and behavioral adaptability in NPAS2-deficient mice. Science 301: 379–383

Dunlap JC (1999) Molecular bases for circadian clocks. Cell 96: 271–290

Edgar RS, Green EW, Zhao Y, van Ooijen G, Olmedo M, Qin X, Xu Y, Pan M, Valekunja UK, Feeney KA, Maywood ES, Hastings MH, Baliga NS, Merrow M, Millar AJ, Johnson CH, Kyriacou CP, O'Neill JS, Reddy AB (2012) Peroxiredoxins are conserved markers of circadian rhythms. Nature 485: 459–464

Eide EJ, Woolf MF, Kang H, Woolf P, Hurst W, Camacho F, Vielhaber EL, Giovanni A, Virshup DM (2005) Control of mammalian circadian rhythm by CKIε-regulated proteasome-mediated PER2 degradation. Mol Cell Biol 25: 2795–2807

Elowitz MB, Leibler S (2000) A synthetic oscillatory network of transcriptional regulators. Nature 403: 335–338

Ewer J, Rosbash M, Hall JC (1988) An inducible promoter fused to the period gene in Drosophila conditionally rescues adult per-mutant arrhythmicity. Nature 333: 82–84

Falvey E, Marcacci L, Schibler U (1996) DNA-binding specificity of PAR and C/EBP leucine zipper proteins: a single amino acid substitution in the C/EBP DNA-binding domain confers PAR-like specificity to C/EBP. Biol Chem 377: 797–809

Fan Y, Hida A, Anderson DA, Izumo M, Johnson CH (2007) Cycling of CRYPTOCHROME proteins is not necessary for circadian-clock function in mammalian fibroblasts. Curr Biol 17: 1091–1100

Frisch B, Hardin PE, Hamblen-Coyle MJ, Rosbash M, Hall JC (1994) A promoterless period gene mediates behavioral rhythmicity and cyclical per expression in a restricted subset of the Drosophila nervous system. Neuron 12: 555–570

Fujimoto Y, Yagita K, Okamura H (2006) Does mPER2 protein oscillate without its coding mRNA cycling? Post-transcriptional regulation by cell clock. Genes Cells 11: 525–530

Fustin JM, O'Neill JS, Hastings MH, Hazlerigg DG, Dardente H (2009) Cry1 circadian phase in vitro: wrapped up with an E-box. J Biol Rhythms 24: 16–24

Gachon F, Fonjallaz P, Damiola F, Gos P, Kodama T, Zakany J, Duboule D, Petit B, Tafti M, Schibler U (2004) The loss of circadian PAR bZip transcription factors results in epilepsy. Genes Dev 18: 1397–1412

Gallego M, Virshup DM (2007) Post-translational modifications regulate the ticking of the circadian clock. Nat Rev Mol Cell Biol 8: 139–148

Gascoyne DM, Long E, Veiga-Fernandes H, de Boer J, Williams O, Seddon B, Coles M, Kioussis D, Brady HJ (2009) The basic leucine zipper transcription factor E4BP4 is essential for natural killer cell development. Nat Immunol 10: 1118–1124

Gekakis N, Staknis D, Nguyen HB, Davis FC, Wilsbacher LD, King DP, Takahashi JS, Weitz CJ (1998) Role of the CLOCK protein in the mammalian circadian mechanism. Science 280: 1564–1569

Godinho SI, Maywood ES, Shaw L, Tucci V, Barnard AR, Busino L, Pagano M, Kendall R, Quwailid MM, Romero MR, O'Neill J, Chesham JE, Brooker D, Lalanne Z, Hastings MH, Nolan PM (2007) The after-hours mutant reveals a role for Fbxl3 in determining mammalian circadian period. Science 316: 897–900

Griffin EA Jr, Staknis D, Weitz CJ (1999) Light-independent role of CRY1 and CRY2 in the mammalian circadian clock. Science 286: 768–771

Grundschober C, Delaunay F, Puhlhofer A, Triqueneaux G, Laudet V, Bartfai T, Nef P (2001) Circadian regulation of diverse gene products revealed by mRNA expression profiling of synchronized fibroblasts. J Biol Chem 276: 46751–46758

Harding HP, Lazar MA (1993) The orphan receptor Rev-ErbA alpha activates transcription via a novel response element. Mol Cell Biol 13: 3113–3121

Hirota T, Lewis WG, Liu AC, Lee JW, Schultz PG, Kay SA (2008) A chemical biology approach reveals period shortening of the mammalian circadian clock by specific inhibition of GSK-3beta. Proc Natl Acad Sci USA 105: 20746–20751

Hogenesch JB, Chan WK, Jackiw VH, Brown RC, Gu YZ, Pray-Grant M, Perdew GH, Bradfield CA (1997) Characterization of a subset of the basic-helix-loop-helix-PAS superfamily that interacts with components of the dioxin signaling pathway. J Biol Chem 272: 8581–8593

Isojima Y, Nakajima M, Ukai H, Fujishima H, Yamada RG, Masumoto KH, Kiuchi R, Ishida M, Ukai-Tadenuma M, Minami Y, Kito R, Nakao K, Kishimoto W, Yoo SH, Shimomura K, Takao T, Takano A, Kojima T, Nagai K, Sakaki Y, Takahashi JS, Ueda HR (2009) CKIepsilon/deltadependent phosphorylation is a temperature-insensitive, period-determining process in the mammalian circadian clock. Proc Natl Acad Sci USA 106: 15744–15749

Kornmann B, Schaad O, Bujard H, Takahashi JS, Schibler U (2007) System-driven and oscillatordependent circadian transcription in mice with a conditionally active liver clock. PLoS Biol 5: e34

Kume K, Zylka MJ, Sriram S, Shearman LP, Weaver DR, Jin X, Maywood ES, Hastings MH, Reppert SM (1999) mCRY1 and mCRY2 are essential components of the negative limb of the circadian clock feedback loop. Cell 98: 193–205

Liu AC, Tran HG, Zhang EE, Priest AA, Welsh DK, Kay SA (2008) Redundant function of REVERBalpha and beta and non-essential role for Bmal1 cycling in transcriptional regulation of intracellular circadian rhythms. PLoS Genet 4: e1000023

Lopez-Molina L, Conquet F, Dubois-Dauphin M, Schibler U (1997) The DBP gene is expressed according to a circadian rhythm in the suprachiasmatic nucleus and influences circadian behavior. EMBO J 16: 6762–6771

Lowrey PL, Shimomura K, Antoch MP, Yamazaki S, Zemenides PD, Ralph MR, Menaker M, Takahashi JS (2000) Positional syntenic cloning and functional characterization of the mammalian circadian mutation tau. Science 288: 483–492

Maywood ES, Chesham JE, Meng QJ, Nolan PM, Loudon AS, Hastings MH (2011) Tuning the period of the mammalian circadian clock: additive and independent effects of CK1epsilonTau and Fbxl3Afh mutations on mouse circadian behavior and molecular pacemaking. J Neurosci 31: 1539–1544

Mitsui S, Yamaguchi S, Matsuo T, Ishida Y, Okamura H (2001) Antagonistic role of E4BP4 and PAR proteins in the circadian oscillatory mechanism. Genes Dev 15: 995–1006

Nagoshi E, Saini C, Bauer C, Laroche T, Naef F, Schibler U (2004) Circadian gene expression in individual fibroblasts: cell-autonomous and self-sustained oscillators pass time to daughter cells. Cell 119: 693–705

Nakajima M, Imai K, Ito H, Nishiwaki T, Murayama Y, Iwasaki H, Oyama T, Kondo T (2005) Reconstitution of circadian oscillation of cyanobacterial KaiC phosphorylation in vitro. Science 308: 414–415

Nishii K, Yamanaka I, Yasuda M, Kiyohara YB, Kitayama Y, Kondo T, Yagita K (2006) Rhythmic post-transcriptional regulation of the circadian clock protein mPER2 in mammalian cells: a real-time analysis. Neurosci Lett 401: 44–48

O'Neill JS, Reddy AB (2011) Circadian clocks in human red blood cells. Nature 469: 498–503

Pace-Schott EF, Hobson JA (2002) The neurobiology of sleep: genetics, cellular physiology and subcortical networks. Nat Rev Neurosci 3: 591–605

Panda S, Antoch MP, Miller BH, Su AI, Schook AB, Straume M, Schultz PG, Kay SA, Takahashi JS, Hogenesch JB (2002) Coordinated transcription of key pathways in the mouse by the circadian clock. Cell 109: 307–320

Preitner N, Damiola F, Lopez-Molina L, Zakany J, Duboule D, Albrecht U, Schibler U (2002) The orphan nuclear receptor

REV-ERBalpha controls circadian transcription within the positive limb of the mammalian circadian oscillator. Cell 110: 251–260

Querfurth C, Diernfellner AC, Gin E, Malzahn E, Hofer T, Brunner M (2011) Circadian conformational change of the Neurospora clock protein FREQUENCY triggered by clustered hyperphosphorylation of a basic domain. Mol Cell 43: 713–722

Ralph MR, Menaker M (1988) A mutation of the circadian system in golden hamsters. Science 241: 1225–1227

Reppert SM, Weaver DR (2002) Coordination of circadian timing in mammals. Nature 418: 935–941

Rudic RD, McNamara P, Reilly D, Grosser T, Curtis AM, Price TS, Panda S, Hogenesch JB, FitzGerald GA (2005) Bioinformatic analysis of circadian gene oscillation in mouse aorta. Circulation 112: 2716–2724

Sato TK, Yamada RG, Ukai H, Baggs JE, Miraglia LJ, Kobayashi TJ, Welsh DK, Kay SA, Ueda HR, Hogenesch JB (2006) Feedback repression is required for mammalian circadian clock function. Nat Genet 38: 312–319

Shanware NP, Hutchinson JA, Kim SH, Zhan L, Bowler MJ, Tibbetts RS (2011) Casein kinase 1-dependent phosphorylation of familial advanced sleep phase syndrome-associated residues controls PERIOD 2 stability. J Biol Chem 286: 12766–12774

Shi S, Hida A, McGuinness OP, Wasserman DH, Yamazaki S, Johnson CH (2010) Circadian clock gene Bmal1 is not essential; functional replacement with its paralog, Bmal2. Curr Biol 20: 316–321

Shirogane T, Jin J, Ang XL, Harper JW (2005) SCFbeta-TRCP controls clock-dependent transcription via casein kinase 1-dependent degradation of the mammalian period-1 (Per1) protein. J Biol Chem 280: 26863–26872

Siepka SM, Yoo SH, Park J, Song W, Kumar V, Hu Y, Lee C, Takahashi JS (2007) Circadian mutant overtime reveals F-box protein FBXL3 regulation of cryptochrome and period gene expression. Cell 129: 1011–1023

Storch KF, Lipan O, Leykin I, Viswanathan N, Davis FC, Wong WH, Weitz CJ (2002) Extensive and divergent circadian gene expression in liver and heart. Nature 417: 78–83

Stricker J, Cookson S, Bennett MR, Mather WH, Tsimring LS, Hasty J (2008) A fast, robust and tunable synthetic gene oscillator. Nature 456: 516–519

Toh KL, Jones CR, He Y, Eide EJ, Hinz WA, Virshup DM, Ptacek LJ, Fu YH (2001) An hPer2 phosphorylation site mutation in familial advanced sleep phase syndrome. Science 291: 1040–1043

Tomita J, Nakajima M, Kondo T, Iwasaki H (2005) No transcription-translation feedback in circadian rhythm of KaiC phosphorylation. Science 307: 251–254

Tsuchiya Y, Akashi M, Nishida E (2003) Temperature compensation and temperature resetting of circadian rhythms in mammalian cultured fibroblasts. Genes Cells 8: 713–720

Ueda HR, Chen W, Adachi A, Wakamatsu H, Hayashi S, Takasugi T, Nagano M, Nakahama K, Suzuki Y, Sugano S, Iino M, Shigeyoshi Y, Hashimoto S (2002) A transcription factor response element for gene expression during circadian night. Nature 418: 534–539

Ueda HR, Hayashi S, Chen W, Sano M, Machida M, Shigeyoshi Y, Iino M, Hashimoto S (2005) System-level identification of transcriptional circuits underlying mammalian circadian clocks. Nat Genet 37: 187–192

Ukai-Tadenuma M, Kasukawa T, Ueda HR (2008) Proof-by-synthesis of the transcriptional logic of mammalian circadian clocks. Nat Cell Biol 10: 1154–1163

Ukai-Tadenuma M, Yamada RG, Xu H, Ripperger JA, Liu AC, Ueda HR (2011) Delay in feedback repression by cryptochrome 1 is required for circadian clock function. Cell 144: 268–281

van der Horst GT, Muijtjens M, Kobayashi K, Takano R, Kanno S, Takao M, de Wit J, Verkerk A, Eker AP, van Leenen D, Buijs R, Bootsma D, Hoeijmakers JH, Yasui A (1999) Mammalian Cry1 and Cry2 are essential for maintenance of circadian rhythms. Nature 398: 627–630

Vanselow K, Vanselow JT, Westermark PO, Reischl S, Maier B, Korte T, Herrmann A, Herzel H, Schlosser A, Kramer

A (2006) Differential effects of PER2 phosphorylation: molecular basis for the human familial advanced sleep phase syndrome (FASPS). Genes Dev 20: 2660–2672

Vitaterna MH, Selby CP, Todo T, Niwa H, Thompson C, Fruechte EM, Hitomi K, Thresher RJ, Ishikawa T, Miyazaki J, Takahashi JS, Sancar A (1999) Differential regulation of mammalian period genes and circadian rhythmicity by cryptochromes 1 and 2. Proc Natl Acad Sci USA 96: 12114–12119

Vollmers C, Panda S, DiTacchio L (2008) A high-throughput assay for siRNA-based circadian screens in human U2OS cells. PLoS One 3: e3457

von Gall C, Noton E, Lee C, Weaver DR (2003) Light does not degrade the constitutively expressed BMAL1 protein in the mouse suprachiasmatic nucleus. Eur J Neurosci 18: 125–133

Vosshall LB, Young MW (1995) Circadian rhythms in Drosophila can be driven by period expression in a restricted group of central brain cells. Neuron 15: 345–360

Wang TA, Yu YV, Govindaiah G, Ye X, Artinian L, Coleman TP, Sweedler JV, Cox CL, Gillette MU (2012) Circadian rhythm of redox state regulates excitability in suprachiasmatic nucleus neurons. Science 337: 839–842

Welsh DK, Yoo SH, Liu AC, Takahashi JS, Kay SA (2004) Bioluminescence imaging of individual fibroblasts reveals persistent, independently phased circadian rhythms of clock gene expression. Curr Biol 14: 2289–2295

Xu Y, Padiath QS, Shapiro RE, Jones CR, Wu SC, Saigoh N, Saigoh K, Ptacek LJ, Fu YH (2005) Functional consequences of a CKIδ mutation causing familial advanced sleep phase syndrome. Nature 434: 640–644

Xu Y, Toh KL, Jones CR, Shin JY, Fu YH, Ptacek LJ (2007) Modeling of a human circadian mutation yields insights into clock regulation by PER2. Cell 128: 59–70

Yamazaki S, Numano R, Abe M, Hida A, Takahashi R, Ueda M, Block GD, Sakaki Y, Menaker M, Tei H (2000) Resetting central and peripheral circadian oscillators in transgenic rats. Science 288: 682–685

Yang Z, Sehgal A (2001) Role of molecular oscillations in generating behavioral rhythms in Drosophila. Neuron 29: 453–467

Yoo SH, Ko CH, Lowrey PL, Buhr ED, Song EJ, Chang S, Yoo OJ, Yamazaki S, Lee C, Takahashi JS (2005) A noncanonical E-box enhancer drives mouse Period2 circadian oscillations in vivo. Proc Natl Acad Sci USA 102: 2608–2613

Young MW, Kay SA (2001) Time zones: a comparative genetics of circadian clocks. Nat Rev Genet 2: 702–715

Zheng B, Albrecht U, Kaasik K, Sage M, Lu W, Vaishnav S, Li Q, Sun ZS, Eichele G, Bradley A, Lee CC (2001) Nonredundant roles of the mPer1 and mPer2 genes in the mammalian circadian clock. Cell 105: 683–694

Zvonic S, Ptitsyn AA, Conrad SA, Scott LK, Floyd ZE, Kilroy G, Wu X, Goh BC, Mynatt RL, Gimble JM (2006) Characterization of peripheral circadian clocks in adipose tissues. Diabetes 55: 962–970

Zvonic S, Ptitsyn AA, Kilroy G, Wu X, Conrad SA, Scott LK, Guilak F, Pelled G, Gazit D, Gimble JM (2007) Circadian oscillation of gene expression in murine calvarial bone. J Bone Miner Res 22: 357–365

第十六章
生物钟系统的全基因组分析

阿基列什·B. 雷迪(Akhilesh B. Reddy)
剑桥大学临床神经科学系

摘要：生物钟基因表达是组织生理学普遍存在的特征，调控着肝脏等组织器官中多达 10% 的转录本和蛋白质丰度。实验技术的发展，特别是通过使用微阵列基因芯片，加快了我们探测基因表达昼夜节律变化的能力。同样，高通量测序的最新进展让我们能够进一步洞悉 DNA 和染色质水平基因调控。此外，诸如 RNA 干扰之类的工具正被用于在真正的系统水平上扰乱基因功能，从而允许对生物钟调控机制进行更深入的剖析。本章将重点介绍这些领域在昼夜节律生理学研究方面的进展，聚焦那些行之有效并将继续提供帮助的关键技术。

关键词：转录组学·基因组学·系统生物学·生物钟·昼夜节律·染色质免疫沉淀-芯片·染色质免疫沉淀-测序·核糖核酸-测序·干涉组学·蛋白质组学·代谢组学

1. 引言

基因组和转录组拓扑结构的动态变化并不是新近发现的现象，事实上，DNA 和 RNA 的可塑性一直以来被认为是大多数生物过程中的关键调控点。然而，在 24 小时的时间尺度上，直到最近才开始意识到系统水平上的变化（Reddy and O'Neill 2010）。该领域的进展很大程度上受到技术进步的推动，从而使得可以以时间序列方式在真正的全基因组和全转录组范围内检测 DNA 和 RNA（Akhtar et al. 2002；Panda et al. 2002；Rey et al. 2011）。

生物钟调控的基因和转录本数量并不少。各种研究估计 10% ~ 15% 的哺乳动物转录本和蛋白质在肝脏或心脏等组织中呈现昼夜节律性振荡（Akhtar et al. 2002；Panda et al. 2002；Storch et al. 2002；Ueda et al. 2002）。因此，当从基因组、转录组和蛋白质组学水平上观察细胞和组织时，它们处于不断变化的流动状态，不仅因为它们需要维持体内稳态，而且还因为生物钟从本底水平影响这些大分子的产生（Hastings et al. 2003；Reddy et al. 2006）。在最极端的情况下，就像蓝藻一样，整个基因组都会发生节律性变化，从而相应地刻画出数千个基因的表达谱（Johnson

通讯作者：Akhilesh B. Reddy；电子邮件：areddy@cantab.net

et al. 2008；Vijayan et al. 2009；Woelfle et al. 2007）。

在本章中，我将讨论从基因组和转录组学水平对生物钟调控机制解析的最新进展，并强调在药理学实验的细胞和组织分析中考虑生物钟的重要性。我还将介绍从系统水平探究生物钟调控机制的各类高通量方法，而这些方法将有助于从事药理学相关的科学探索。

2. 生物钟调控的基因组水平分析

传统上，基因组格局被认为是静态的，只有当细胞需要经历本质的变化，通常是终端的变化，如终端分化时，才会发生变化（Kouzarides 2007）。但是，这种观点最近受到以下观察的挑战，即基因组水平的 DNA 变化发生在从细菌到哺乳动物等完全不同的生物中。例如，在生物钟生物学家最喜欢的蓝藻（*Synechococcus elongatu*）中，其整个基因组能够在一天中进行节律性超螺旋，并指导 mRNA 的节律性丰度变化（Kucho et al. 2005；Vijayan et al. 2009；Woelfle et al. 2007）。在哺乳动物中，这种变化被认为没有那么广泛，但也已经在特定的基因组基因位点得到了证实，如生物钟相关的转录因子 CLOCK 和 BMAL1，以节律方式结合和调控染色质结构（Ripperger and Schibler 2006）。这不仅对理解 RNA 动态变化具有明显的意义，同时也强调了在任何实验中都需要仔细考虑采样时间，因为不能假定基因组在终端分化的组织或实验室条件下培养的细胞中是"静态的"。

2.1 染色质免疫沉淀

在给定的时间可以使用多种技术研究基因组的状态，但是最通用的一种是染色质免疫沉淀（chromatin immunoprecipitation，ChIP）。这项技术的前提很简单。当转录因子或其他蛋白质（如组蛋白）与基因组中的天然靶标结合时，它们首先被交联剂（通常是甲醛）在时间和空间上"冻结"。交联反应的结果是所有转录因子在甲醛固定之前都保持与它们所结合的 DNA 的连接，而且任何未结合的蛋白质都与其他蛋白质发生交联（cross-linked）。因此，交联的染色质由 DNA 和结合到特定区域的转录因子组成。交联可通过在通常 65℃温度下过夜孵育来逆转，然后从中提取纯 DNA（Farnham 2009）。

可以采用这个实验步骤分析昼夜节律周期中不同时间的样品，以便获得转录因子结合的时间图谱。如果感兴趣的是特定的基因组位点，如某基因的启动子／增强子区域，则可以使用聚合酶链反应（PCR）扩增相关的靶标区域，并且可以使用实时 PCR（qPCR）定量比较在不同时间点的富集程度。但是，如果基因组中的目标区域是未知的或者您希望采用无偏见的方法寻找转录因子靶点，则必须将其他基因组水平的方法与 ChIP 结合使用。

2.2 基于 ChIP-芯片和 ChIP-测序的全基因组分析转录因子结合

随着新技术的出现，最近才有可能绘制转录因子或其他 DNA 结合蛋白贯穿整个基因组的结合位点图。第一项突破性技术就是 DNA 微阵列。当将染色质免疫沉淀（ChIP）与 DNA 微阵列（也称为 DNA "芯片"）结合使用时，该技术称为"染色质免疫沉淀-芯片"（ChIP-chip）。确保覆盖足够的基因组是很重要的。然而，这是困难的，因为微阵列表面容纳和堆积 DNA 探针是有限的，同时又必须合成大量探针以覆盖整个基因组（Buck and Lieb 2004；Scacheri et al. 2006；Wu et al. 2006）。为了获得有效的覆盖范围，必须使用多个微阵列，这既昂贵又耗时。最初，令人兴奋的研究仅限于对单个染色体的详细分析，但是已经在"整个基因组"水平开展了低分辨率研究（Bieda et al. 2006；Horak et al. 2002）。

就转录组学研究而言，毫无疑问高通量测序已经有效地取代了微阵列。这项技术彻底改变了全基因组水平的分析。现在不再需要界定一组覆盖整个基因组的 DNA 探针，而是可以简单地对代表整个基因组结合区的所有染色质免疫沉淀进行 DNA 序列测序，称为"染色质免疫沉淀-测序"（ChIP-seq）。经过一些相对严格的生物信息学分析，将每个序列与参考基因组（如小鼠或人类）进行比对，可以以非常高的分辨率确定结合位点（Farnham 2009）。在结合位点，富集重叠序列会在目标蛋白结合处产生"峰值"（图 16.1）。随后，进一步的生物信息学分析能够以越来越高的精度确定基因组 DNA 中的结合基序（binding motif）（Park 2009；Pepke et al. 2009）。

最近，一些研究人员已经应用染色质免疫沉淀-测序方法在基因组规模上研究了核心转录-翻译反馈振荡器的功能。例如，通过使用 BMAL1 的抗血清，Rey 及其同事绘制了 BMAL1 在小鼠肝脏基因组中整个昼夜节律循环结合位点图（Rey et al. 2011）。这令人信服地表明，BMAL1 在基因组中有节律地与 2000 多个靶位点结合，而且峰值多出现在昼夜节律的中间。从功能上讲，这些靶标是多种多样的，但结果表明 BMAL1 在体内作用的主要靶标是碳水化合物和脂质代谢。此外，通过结合生物信息学和建模，这些作者展示了 E-box 基序与 BMAL1 结合位点的存在和这些基因的节律性转录密切相关（Rey et al. 2011）。最近的综合研究进一步完善了这些规律，并通过分析"生物钟复合体"的其他组成部分确定了昼夜节律的"染色质图谱"（Koike et al. 2012）。然而，基因组水平研究的真正力量来自将 DNA 水平上的变化与转录本以及最终与蛋白质（细胞生理学的效应器）相关联的能力。

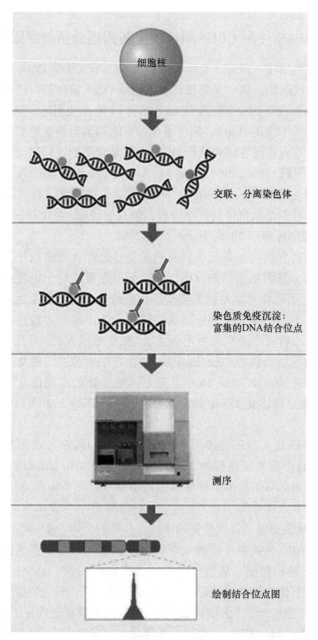

细胞核

交联、分离染色体

**染色质免疫沉淀：
富集的DNA结合位点**

测序

绘制结合位点图

图16.1　蛋白-染色质相互作用首先通常采用甲醛进行原位交联

特异性的 DNA 片段被免疫共沉淀和测序，以确定所感兴趣因子或修饰的全基因组结合位点（改编自 Illumina 网站，http://www.illumina.com/technology/chip_seq_assay.ilmn）

3. 生物节律转录组学

早期研究表明哺乳动物的生物钟调控回路包含一组"核心"生物钟基因（Buhr and Takahashi 2013；Hastings et al. 2003；Reddy and O'Neill 2009）。其中包括 *Period* 和 *Cryptochrome* 基因家族，以及驱动它们表达的转录因子 *Clock* 和 *Bmal1*。很快就发现，这些基因中的大多数是有节律性表达的，而且哺乳动物生物钟调控回路与以前广泛研究的果蝇生物钟调控回路之间有着密切的相似之处（Hastings et al. 2003）。然而，最初人们认为相对较少的基因以及它们的转录本受到生物钟控制。但随着微阵列技术的出现，这一假设变得可以检验。

Harmer 及其同事率先绘制了第一张植物昼夜节律转录组图谱（Harmer et al. 2000），证明了无处不在的节律性转录以及生物钟对植物体内稳态的控制所显示的明显预期优势。在其他真核系统中，尤其是在哺乳动物中，很快就出现了类似的结果。

几项研究表明生物钟对组织尤其是肝脏、大脑和心脏的转录组具有广泛的影响（Akhtar et al. 2002；Panda et al. 2002；Storch et al. 2002；Ueda et al. 2002）。随后的研究绘制了许多组织包括脂肪组织、肠道和骨骼的昼夜节律周期转录组（Polidarova et al. 2011；Zvonic et al. 2006，2007）。这些研究及其他研究共同强调任何单个组织中超过 10% 的转录组都可能呈现鲁棒的节律变化（Hughes et al. 2009）。生物钟对基因表达这种普遍控制的功能重要性可能是显而易见的，但在生物钟领域之外才开始得到更广泛的认识（图 16.2）。

尽管 DNA 微阵列技术已很成熟，高通量测序似乎将取而代之作为主要的转录组学研究的技术，正像染色质免疫沉淀-测序取代了染色质免疫沉淀-芯片一样。在逆转录并加工成 DNA 之后，测序转录组的能力是很清楚的（Hawkins et al. 2010；Marguerat and Bahler 2010；Wang et al. 2009）。核糖核酸-测序（RNA-seq）之所以强大，是因为它不仅可以用于研究信使 RNA（mRNA），也可用于检测小 RNA，如微小 RNA（microRNA）和其他非编码 RNA，如长非编码 RNA（lncRNA）等。此外，还可以使用核糖核酸-测序（RNA-seq）对可变剪接进行系统水平的分析，这可能会增加生物钟对 RNA 加工调节的更多层次（Licatalosi et al. 2008；Wang et al. 2010）。

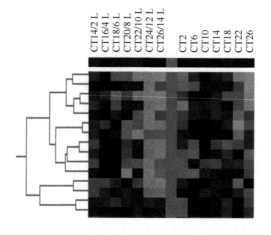

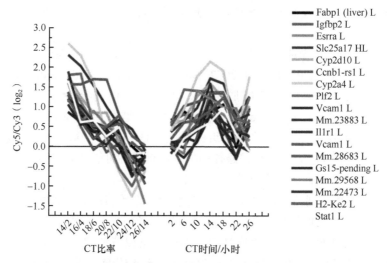

图 16.2　小鼠肝脏中在没有外部时间信号的情况下昼夜节律性基因表达的微阵列分析

（彩图请扫封底二维码）

上图显示了基因表达热图，其中以相似模式振荡的基因聚集在一起。在这种情况下，显示转录本在周期中部
CT12 达到峰值（CT 昼夜节律时间；其中 CT0 是主观上的黎明，而 CT12 是主观上的黄昏）。底图用同样的数据，
以图形的形式显示了每个基因的表达。热图左侧通过自相关方法检验了基因表达。参见 Akhtar 等（2002）进一步
的详细说明

4. 干扰组学和操控生物钟运转

干扰组学（interferomics）是系统生物学的一个新领域，旨在研究扰乱转录后
到翻译前过程的生物学影响（Baggs and Hogenesch 2010）。RNA 干扰（RNAi）是该
领域越来越多使用的主要工具。利用一个小的干扰 RNA 分子（siRNA）可以把细
胞系中的特定基因沉默。可以将一组 siRNA 应用于细胞，并利用合适的昼夜节律

功能的筛选平台筛选表型。

生物钟生物学家采用生物发光报告构建体这一出色的测定系统来研究生物钟的运作机制（Yamaguchi et al. 2001）。在这些构建体如 *Bmal1 ∷ luciferase* 和 *Per2 ∷ luciferase* 中，"生物钟基因"启动子驱动荧光素酶（luciferase）的表达，而充当细胞系内昼夜节律振荡的标志。一旦报告基因被稳定地引入细胞，干扰 RNA 分子（siRNA）可以被转染到这些报告细胞中，并通过实时生物发光监测来确定其对生物钟的影响（Hastings et al. 2005）。

这种方法最近已在两项主要研究中付诸实践（Maier et al. 2009；Zhang et al. 2009），而且类似的范例还用于化合物筛选（Hirota et al. 2010）。有趣的是，这两种方法都揭示了与经典的激酶如络蛋白激酶的途径有着密切的联系（Hirota et al. 2010；Maier et al. 2009）。这突显了相辅相成的研究方法在剖析转录-翻译反馈回路组成部分的强大作用。

5. 转录之外的研究

蛋白质当然是细胞功能的最终效应器。有关节律性转录对翻译后蛋白质水平的影响我们又知道些什么？直觉上，这似乎是一个非常简单的问题。然而，在生物钟领域和在其他领域的研究发现，来自相同样本的转录组数据集和蛋白质组学数据集并没有很好的相关性（Hanash 2003；Reddy et al. 2006），强调了除去 mRNA 表达的研究之外，绘制蛋白质丰度图的重要性。Selbach 及其同事的最新研究数据进一步强调了这一点，他们采用系统方法定量确定了 mRNA 向蛋白质的"流量"（Schwanhausser et al. 2011）。更多关于翻译之后如蛋白质组学和代谢组学等方面的研究，在本书的其他章节中有详细描述（Robles and Mann 2013）。

（季　成　王　晗　译）

参考文献

Akhtar RA, Reddy AB, Maywood ES, Clayton JD, King VM, Smith AG, Gant TW, Hastings MH, Kyriacou CP (2002) Circadian cycling of the mouse liver transcriptome, as revealed by cDNA microarray, is driven by the suprachiasmatic nucleus. Curr Biol 12: 540–550

Baggs JE, Hogenesch JB (2010) Genomics and systems approaches in the mammalian circadian clock. Curr Opin Genet Dev 20: 581–587

Bieda M, Xu X, Singer MA, Green R, Farnham PJ (2006) Unbiased location analysis of E2F1-binding sites suggests a widespread role for E2F1 in the human genome. Genome Res 16: 595–605

Buck MJ, Lieb JD (2004) ChIP-chip: considerations for the design, analysis, and application of genome-wide chromatin immunoprecipitation experiments. Genomics 83: 349–360

Buhr ED, Takahashi JS (2013) Molecular components of the mammalian circadian clock. In: Kramer A, Merrow M (eds) Circadian clocks, vol 127, Handbook of experimental pharmacology. Springer, Heidelberg

Cheng HY, Papp JW, Varlamova O, Dziema H, Russell B, Curfman JP, Nakazawa T, Shimizu K, Okamura H, Impey S, Obrietan K (2007) microRNA modulation of circadian-clock period and entrainment. Neuron 54: 813–829

Farnham PJ (2009) Insights from genomic profiling of transcription factors. Nat Rev Genet 10: 605–616

Gatfield D, Le Martelot G, Vejnar CE, Gerlach D, Schaad O, Fleury-Olela F, Ruskeepaa AL, Oresic M, Esau CC, Zdobnov EM, Schibler U (2009) Integration of microRNA miR-122 in hepatic circadian gene expression. Genes Dev 23: 1313–1326

Hanash S (2003) Disease proteomics. Nature 422: 226–232

Harmer SL, Hogenesch JB, Straume M, Chang H-S, Han B, Zhu T, Wang X, Kreps JA, Kay SA (2000) Orchestrated transcription of key pathways in Arabidopsis by the circadian clock. Science 290: 2110–2113

Hastings MH, Reddy AB, Maywood ES (2003) A clockwork web: circadian timing in brain and periphery, in health and disease. Nat Rev Neurosci 4: 649–661

Hastings MH, Reddy AB, McMahon DG, Maywood ES (2005) Analysis of circadian mechanisms in the suprachiasmatic nucleus by transgenesis and biolistic transfection. Methods Enzymol 393: 579–592

Hawkins RD, Hon GC, Ren B (2010) Next-generation genomics: an integrative approach. Nat Rev Genet 11: 476–486

Hirota T, Lee JW, Lewis WG, Zhang EE, Breton G, Liu X, Garcia M, Peters EC, Etchegaray JP, Traver D, Schultz PG, Kay SA (2010) High-throughput chemical screen identifies a novel potent modulator of cellular circadian rhythms and reveals CKIalpha as a clock regulatory kinase. PLoS Biol 8: e1000559

Horak CE, Mahajan MC, Luscombe NM, Gerstein M, Weissman SM, Snyder M (2002) GATA-1 binding sites mapped in the beta-globin locus by using mammalian chIp-chip analysis. Proc Natl Acad Sci USA 99: 2924–2929

Hughes ME, DiTacchio L, Hayes KR, Vollmers C, Pulivarthy S, Baggs JE, Panda S, Hogenesch JB (2009) Harmonics of circadian gene transcription in mammals. PLoS Genet 5: e1000442

Johnson CH, Mori T, Xu Y (2008) A cyanobacterial circadian clockwork. Curr Biol 18: R816–R825

Koike N, Yoo SH, Huang HC, Kumar V, Lee C, Kim TK, Takahashi JS (2012) Transcriptional architecture and chromatin landscape of the core circadian clock in mammals. Science 338 (6105): 349–354

Kouzarides T (2007) Chromatin modifications and their function. Cell 128: 693–705

Kucho K, Okamoto K, Tsuchiya Y, Nomura S, Nango M, Kanehisa M, Ishiura M (2005) Global analysis of circadian expression in the cyanobacterium Synechocystis sp. strain PCC 6803. J Bacteriol 187: 2190–2199

Licatalosi DD, Mele A, Fak JJ, Ule J, Kayikci M, Chi SW, Clark TA, Schweitzer AC, Blume JE, Wang X, Darnell JC, Darnell RB (2008) HITS-CLIP yields genome-wide insights into brain alternative RNA processing. Nature 456: 464–469

Maier B, Wendt S, Vanselow JT, Wallach T, Reischl S, Oehmke S, Schlosser A, Kramer A (2009) A large-scale functional RNAi screen reveals a role for CK2 in the mammalian circadian clock. Genes Dev 23: 708–718

Marguerat S, Bahler J (2010) RNA-seq: from technology to biology. Cell Mol Life Sci 67: 569–579

Panda S, AntochMP, Miller BH, Su AI, SchookAB, Straume M, Schultz PG, Kay SA, Takahashi JS, Hogenesch JB (2002) Coordinated transcription of key pathways in the mouse by the circadian clock. Cell 109: 307–320

Park PJ (2009) ChIP-seq: advantages and challenges of a maturing technology. Nat Rev Genet 10: 669–680

Pepke S, Wold B, Mortazavi A (2009) Computation for ChIP-seq and RNA-seq studies. Nat Methods 6: S22–S32

Polidarova L, Sladek M, Sotak M, Pacha J, Sumova A (2011) Hepatic, duodenal, and colonic circadian clocks differ in their persistence under conditions of constant light and in their entrainment by restricted feeding. Chronobiol Int 28: 204–215

Reddy AB, O'Neill JS (2009) Healthy clocks, healthy body, healthy mind. Trends Cell Biol 20: 36–44

Reddy AB, O'Neill JS (2010) Healthy clocks, healthy body, healthy mind. Trends Cell Biol 20: 36–44

Reddy AB, Karp NA, Maywood ES, Sage EA, Deery M, O'Neill JS, Wong GKY, Chesham J, Odell M, Lilley KS, Kyriacou CP, Hastings MH (2006) Circadian orchestration of the hepatic proteome. Curr Biol 16: 1107–1115

Rey G, Cesbron F, Rougemont J, Reinke H, Brunner M, Naef F (2011) Genome-wide and phasespecific DNA-binding rhythms of BMAL1 control circadian output functions in mouse liver. PLoS Biol 9: e1000595

Ripperger JA, Schibler U (2006) Rhythmic CLOCK-BMAL1 binding to multiple E-box motifs drives circadian Dbp transcription and chromatin transitions. Nat Genet 38: 369–374

Robles MS, Mann M(2013) Proteomic approaches in circadian biology. In: Kramer A, Merrow M (eds) Circadian clocks, vol 127, Handbook of experimental pharmacology. Springer, Heidelberg

Scacheri PC, Crawford GE, Davis S (2006) Statistics for ChIP-chip and DNase hypersensitivity experiments on NimbleGen arrays. Methods Enzymol 411: 270–282

Schwanhausser B, Busse D, Li N, Dittmar G, Schuchhardt J, Wolf J, Chen W, Selbach M (2011) Global quantification of mammalian gene expression control. Nature 473: 337–342

Storch KF, Lipan O, Leykin I, Viswanathan N, Davis FC, Wong WH, Weitz CJ (2002) Extensive and divergent circadian gene expression in liver and heart. Nature 417: 78–83

Ueda HR, Chen W, Adachi A, Wakamatsu H, Hayashi S, Takasugi T, Nagano M, Nakahama K, Suzuki Y, Sugano S, Iino M, Shigeyoshi Y, Hashimoto S (2002) A transcription factor response element for gene expression during circadian night. Nature 418: 534–539

Vijayan V, Zuzow R, O'Shea EK (2009) Oscillations in supercoiling drive circadian gene expression in cyanobacteria. Proc Natl Acad Sci USA 106: 22564–22568

Wang Z, Gerstein M, Snyder M (2009) RNA-Seq: a revolutionary tool for transcriptomics. Nat Rev Genet 10: 57–63

Wang Z, Kayikci M, Briese M, Zarnack K, Luscombe NM, Rot G, Zupan B, Curk T, Ule J (2010) iCLIP predicts the dual splicing effects of TIA-RNA interactions. PLoS Biol 8: e1000530

Woelfle MA, Xu Y, Qin X, Johnson CH (2007) Circadian rhythms of superhelical status of DNA in cyanobacteria. Proc Natl Acad Sci USA 104: 18819–18824

Wu J, Smith LT, Plass C, Huang TH (2006) ChIP-chip comes of age for genome-wide functional analysis. Cancer Res 66: 6899–6902

Yamaguchi S, Kobayashi M, Mitsui S, Ishida Y, van der Horst GTJ, Suzuki M, Shibata S, Okamura H (2001) View of a mouse clock gene ticking. Nature 409: 684

Yang M, Lee JE, Padgett RW, Edery I (2008) Circadian regulation of a limited set of conserved microRNAs in Drosophila. BMC Genomics 9: 83

Zhang EE, Liu AC, Hirota T, Miraglia LJ, Welch G, Pongsawakul PY, Liu X, Atwood A, Huss JW 3rd, Janes J, Su AI, Hogenesch JB, Kay SA (2009) A genome-wide RNAi screen for modifiers of the circadian clock in human cells. Cell 139: 199–210

Zvonic S, Ptitsyn AA, Conrad SA, Scott LK, Floyd ZE, Kilroy G, Wu X, Goh BC, Mynatt RL, Gimble JM (2006) Characterization of peripheral circadian clocks in adipose tissues. Diabetes 55: 962–970

Zvonic S, PtitsynAA, Kilroy G, WuX, ConradSA, ScottLK, Guilak F, PelledG, Gazit D, GimbleJM (2007) Circadian oscillation of gene expression in murine calvarial bone. J Bone Miner Res 22: 357–365

第十七章
蛋白质组学在生物钟生物学中的应用

玛丽亚·S. 罗布尔斯（Maria S. Robles）和马赛厄斯·曼（Matthias Mann）

马克斯-普朗克生物化学研究所蛋白质组学和信号转导系

摘要：生物钟是内源性振荡器，可驱动协调代谢和生理的各种基因的节律性表达。最近的研究证据表明，转录后和翻译后机制在调制生物钟基因表达，特别是在生物钟运转的分子机制方面起着至关重要的作用。与长期以来一直用于研究生物钟生物学的各种遗传技术相反，蛋白质组学方法在生物钟研究中的应用迄今还很有限，只有双向凝胶电泳技术（2-DE）得到一定程度的应用。在本章，我们将回顾迄今为止在生物钟领域中应用的各类蛋白质组学方法，并且讨论在生物钟生物学中使用前沿蛋白质组学技术令人兴奋的潜力。大规模、定量的蛋白质丰度测量将有助于了解生物钟在多大程度上驱动转录调控下游蛋白质丰度的全系统范围下的节律。

关键词：昼夜节律·蛋白质组学·质谱·蛋白质定量·翻译后修饰

缩写：

CE-MS	capillarity electrophoresis mass spectrometry	毛细管电泳质谱
GC-MS	gas chromatography mass spectrometry	气相色谱质谱
LC-FT MS/MS	liquid chromatography fourier transformation tandem mass spectrometry	液相色谱-傅里叶变换串联谱
MALDI TOF MS	matrix-assisted laser desorption/ionization time of flying mass spectrometry	基质辅助激光解吸电离飞行时间质谱
MS	mass spectrometry	质谱
SELDI	surface-enhanced laser desorption/ionization	表面增强激光解析离子化质谱
SPE	solid-phase extraction	固相萃取

1. 引言

正如上一章所述（Reddy 2013），遗传技术长期以来一直被用于研究生物钟生物学。相反，迄今为止蛋白质组学方法在该领域的应用受到限制，只有双向凝胶

通讯作者：Maria S .Robles, Matthias Mann；电子邮件：robles@biochem.mpg.de, mmann@biochem.mpg.de

电泳（2-DE）应用于某些方面。但由于双向凝胶电泳技术上的局限性，且近年来高分辨率质谱分析的极大改进，双向凝胶电泳技术已无法满足研究需要。目前最强大的蛋白质组学方法是高精度、定量的鸟枪法（shotgun）质谱技术。在这种方法中，蛋白质组被消化成肽片段，然后通过液相色谱（LC）将非常复杂的肽片段混合物加以分离，并结合高分辨率串联质谱（MS/MS）进行鉴定和定量。基于质谱的蛋白质组学越来越多地用于确定蛋白质丰度、蛋白质间相互作用，以及翻译后修饰（PTM）等多个研究领域（Aebersold and Mann 2003；Cox and Mann 2011；Mallick and Kuster 2010；Yates et al. 2005）。

在本章，我们将回顾迄今为止在生物钟研究领域中应用的蛋白质组学方法。这些可以分为三种常规技术范畴：表达蛋白质组学、相互作用蛋白质组学和翻译后修饰蛋白质组学。此外，我们还将探讨在生物钟生物机制研究中使用前沿的蛋白质组学技术的令人兴奋的前景和潜力。

2. 表达蛋白质组学

表达蛋白质组学（expression proteomics）被定义为样品中蛋白质绝对量或相对量的量度。因此，表达蛋白质组学的概念一定程度上类似于广泛应用的转录组学技术手段，如微阵列测量或最近的"深度测序"。但是，理论上来说，蛋白质组学的目标是测量一个生物系统内所有蛋白质的含量。原则上，表达蛋白质组学相比转录组学更具优势，它所研究的对象是细胞内的功能单位而不是转录组学所研究的作为"中间体"的RNA。

基于质谱（MS）的表达蛋白质组学技术主要通过对肽段的质谱信号进行定量，以确定复杂混合物中的蛋白质丰度。最常用的两种实验方法是同位素标记（isotope labeling）定量和非标记（label-free）定量（Bantscheff et al. 2007）。同位素标记法的原理是基于质谱可以快捷地测定质量不同的同一肽段的不同变体之间的比率，可以通过化学方法或通过代谢标记引入稳定的同位素。其中，通过细胞培养物中的氨基酸进行稳定同位素标记（stable isotope labeling by amino acid in cell culture，SILAC）技术被认为是目前最精确的技术而得到广泛应用；它依赖于将某一必需氨基酸的"重"或"轻"非放射性同位素掺入到需要比较的蛋白质组的所有蛋白质中（Ong et al. 2002；Ong and Mann 2006）。这些蛋白质组同时被混合、一起被处理和分析。根据已知肽质量的差异，可以通过现代高分辨率质谱技术快捷地将重同位素标记的 SILAC 蛋白质组与轻同位素标记的 SILAC 蛋白质组区分开。两个 SILAC 肽段峰值之间的相对强度直接反映了原始样品中蛋白质的相对丰度。这种技术可以消除由于样品处理引起的定量差异，因此精确度非常高。尽管 SILAC 最初是为细胞培养实验而建立，但最近已应用于整个生物体和人体组织（Baker et al. 2009；Geiger et al. 2010；Kruger et al. 2008）。此外，非标记定量法也是蛋白定量另一常见的手段，它通过比对分离的肽混合物的 LC-MS/MS 序列和比较不同运行之间相同肽信号强度，来实现蛋白质定量。与同位素标记法相比，无标记法定量的准确性较差，尤其是在涉及多个分离步骤的情况下；但是它更简单并且可以应用于任何系统。

多年来，基因表达分析成功地用于生物钟对代谢和生理的研究。DNA 微阵列技术的成熟，促进了大规模的生物钟基因表达的研究，进而提供了有关小鼠大脑和外周组织中生物钟转录控制的重要研究结果（Duffield 2003；Hughes et al. 2009；McCarthy et al. 2007；Panda et al. 2002；Storch et al. 2002）。

相比之下，生物钟领域中系统的蛋白质组学研究无论是在数量还是在覆盖深度方面都非常有限（表 17.1）。这些分析中的大多数采用比较双向电泳，特别是荧光差异凝胶电泳（2-DIGE）。虽然这些技术在现在看来已略显过时且不再被推荐，在下文中我们还是会向读者介绍通过上述实验技术描绘啮齿类动物器官内蛋白丰度水平的每日变化的蛋白质组学研究进展。我们还将讨论视交叉上核（SCN）中生物钟依赖性和电刺激依赖性释放肽鉴定方面的研究结果。

表 17.1 表达蛋白质组学方法应用于生物钟生物学研究的概述

组织	技术	识别 / 节律表达蛋白	参考文献
视交叉上核	荧光差异双向电泳 / 质谱	871/34	Deery et al.（2009）
光刺激的视交叉上核	液相色谱质谱联用	2131/387	Tian et al.（2011）
视网膜下丘脑束刺激后视交叉上核释放物	固相萃取-基质辅助激光解吸电离飞行时间质谱	14	Hatcher et al.（2008）
视交叉上核内源肽	液相色谱-傅里叶变换串联质谱	102	Lee et al.（2010）
视网膜	液相色谱-串联质谱 液相色谱-基质辅助激光解吸电离飞行时间质谱	415/11	Tsuji et al.（2007）
大鼠松果体	双向电泳-基质辅助激光解吸电离飞行时间质谱	1747/60	Moller et al.（2007）
肝脏	荧光差异双向电泳基质辅助激光解吸电离飞行时间质谱 液相色谱-基质辅助激光解吸电离飞行时间质谱	642/39	Reddy et al.（2006）
血液	表面增强激光解析离子化质谱 液相色谱-基质辅助激光解吸电离飞行时间质谱	6	Martino et al.（2007）

2.1 大脑和眼睛的蛋白质组

哺乳动物的生物钟系统有着严格的层级划分（Buhr and Takahashi 2013）。实际上，所有组织都包含内源的、自主的生物钟以调节局部的生理和代谢（Stratmann and Schible 2006）。位于大脑中的主生物钟（master clock）即 SCN 能够同步并以相位依赖的方式调控外周生物钟（Ko and Takahashi 2006）。SCN 相应地通过视网膜下丘脑束（retinohypothalamic tract，RHT）从视网膜接收光信号，进而把生物钟牵引到外部环境的相位。然后，该信息由 SCN 通过体液和神经元信号传输到外周组织，从而使整个生物体的行为和生理同步（Davidson et al. 2003）。通过对 SCN 微阵列表达谱分析，已鉴定出数百种似乎在生物钟控制下的转录本（Panda et al. 2002；Ueda et al. 2002；参见综述 Reddy 2013）。但直到最近，SCN 才成为蛋白组学研究的目标，以揭示细胞内以及细胞外分泌分子的节律性振荡规律。

Hastings 及其同事们收集了一天内每隔 4 小时的小鼠 SCN 蛋白并进行了荧光差异双向电泳分析（Deery et al. 2009）。在凝胶中发现了 871 个蛋白斑点，其中 115 个蛋白显示昼夜节律变化。对其中的 53 个斑点，先后进行蛋白质消化、液相色谱和串联质谱（LC-MS/MS）分析。因为部分蛋白斑点是同一个蛋白的不同亚基，所以只有 34 个特定蛋白最终被证实呈现强烈的振荡表达。作者估计 6% ~ 13% 的 SCN 可溶性蛋白每天都呈现振荡，这明显高于先前报道的 5% 的 SCN 转录组振荡数目（Ueda et al. 2002）。此外，只有 11% ~ 38% 的振荡蛋白在转录水平上显示出节律性，这提示转录后调控在生物钟分子机制中的关键作用（Deery et al. 2009）。SCN 中振荡的可溶性蛋白涵盖了多种功能类别，其中涉及突触囊泡再循环（synaptic vesicle recycling）的蛋白分子所占的比例出乎意料的高。进一步的实验发现突触囊泡再生因子对维持电生理节律性以及神经电路完整这两个 SCN 最重要的特征起着重要作用（Weaver 1998）。

上述分析很好地补充了之前人们通过质谱技术发现大鼠 SCN 接受视网膜下丘脑束（RHT）电生理刺激后分泌蛋白节律性表达的相关研究工作（Hatcher et al. 2008）。科学家们借助固相萃取技术将 SCN 分泌蛋白加以收集及浓缩并通过离线基质辅助激光解吸电离飞行时间质谱（off-line MALDI TOF MS）加以分析，从中鉴定出一些已证实的节律性表达神经肽，同时还发现某些与已知分泌蛋白的分子量都无法匹配的多肽。有趣的是，研究还发现这些释出物是应激特异性的，即以 RHT 刺激后导致的原 SAAS 衍生肽（proSAAS-derived peptide）强烈释出为特征的。当外源刺激导致 SCN 相移反应提示其中一个释出肽的作用是光介导的效应物。最新的另一项研究通过高精度的液相色谱-傅里叶变换串联质谱（LC-FT MS/MS）发现大鼠 SCN 内源的 102 个多肽和 12 种具有不同翻译后修饰（PTM）形式的多肽（Lee et al. 2010）。

众所周知，光输入信号在 SCN 引发诱导即早期基因（immediate early gene），生物钟基因与其他光诱导基因转录激活并最终重置体内生物钟（Albrecht et al. 2001；Araki et al. 2006；Castel et al. 1997；Porterfield et al. 2007）。为了研究光刺激后小鼠 SCN 中蛋白质组学的变化情况，Figeys 及其同事最近研发了一种更为复杂的蛋白质组学方法，称为自动蛋白组法（AutoProteome）（Tian et al. 2011）。它包括一个自动样品处理步骤，然后是利用液相色谱串联质谱联用（LC-MS/MS）技术进行两个阶段的肽分离。这项研究首次证明了光刺激在 SCN 蛋白质组中引起了显著变化，因为在总共 2131 种定量蛋白中的 387 种蛋白显示出光刺激改变了它们的表达水平。生物信息学分析表明，这些光诱导蛋白在众多常规的信号通路中都有分布，作者从中挑选了一些进行深入探讨。而在这些蛋白中已经有两个被证实同时与体内相位调控有关：血管加压素-神经生理素 2-肽素（vasopressin-neurophysin 2-copeptin）和酪蛋白激酶 1 ε（casein kinase 1 ε）。另外还有 3 个光调控蛋白在前期研究中被认为与生物钟调节机制无关，它们包括 Ras 特异性鸟嘌呤核苷酸释放因子（ras-specific guanine nucleotide-releasing factor）、去泛素化酶 USP9x 与泛素蛋白连接酶 UBE3A。更有趣的是，该研究发现泛素和蛋白酶体途径中的蛋白质在光调控蛋白中高度富集，表明它们可能在控制 SCN 光重置中蛋白质表达发挥潜在作用。

光信号在到达 SCN 前是由视网膜中的光受体及视网膜神经节细胞接受并加工。视网膜除了是哺乳动物进行光牵引的重要器官外，还是第一个被发现具有内源生物钟的外周器官（Tosini and Menaker 1996）。基因表达研究表明视网膜生物钟调节其生理的许多方面（Kamphuis et al. 2005；Storch et al. 2007）。此外，使用 2-DE 结合 MALDI TOF MS 和 LC-MS/MS 技术对视网膜进行蛋白质组学分析，鉴定出 11 种具有昼夜节律振荡的蛋白质。尽管鉴定出的节律性蛋白数量有限，但它们覆盖了不同的生物学功能，表明生物钟可以在视网膜的蛋白质水平上控制许多生理过程。

另一蛋白质组学研究试图刻画大鼠松果体中蛋白振荡的特征（Moller et al. 2007）。在哺乳动物中，松果体控制褪黑激素的昼夜节律合成和分泌。褪黑激素的产生在夜间达到峰值，而且其升高的夜间血浆水平，可作为光周期时间的指标（Goldman 2001）。该研究采用 2-DE，然后通过 MALDI TOF MS/MS 技术，鉴定出了 60 种在大鼠松果体中呈现昼夜差异表达的蛋白质（Moller et al. 2007）。总共发现 25 种蛋白质在晚上（即褪黑激素合成的高峰期）上调。生物信息学分类研究发现这些晚间高表达的蛋白参与形态发生和局部代谢。此外，几种蛋白质在白天呈现高表达，表明存在某种以前尚未报道过的节律性代谢，而且这种节律性代谢与褪黑激素产生呈反相位。

2.2 外周器官的蛋白质组

蛋白质组学也被应用于了解生物钟对外周器官中局部代谢的调控机制。基因表达谱分析早已展示了昼夜节律转录在不同哺乳动物外周器官的生理控制中的作用。早期研究已经鉴定出小鼠肝脏中数百个节律性表达的转录本（Akhtar et al. 2002；Panda et al. 2002；Storch et al. 2002；Ueda et al. 2002），而近期的相似研究更是把这个数字提高到数千个（Hughes et al. 2009；Reddy 2013；Brown and Azzi 2013）。Reddy 等进行了第一个生物钟蛋白质组学研究，以鉴定小鼠肝脏中的节律性表达的蛋白质（Reddy et al. 2006）。他们在一天内每 4 小时收集一次小鼠肝脏蛋白，在进行双向荧光差异凝胶电泳（2D-DIGE）分析后，再分别利用 MALDI TOF-MS 与 LC-MS/MS 技术进行鉴定。他们检测了 642 种蛋白质，其中 60 种呈现显著性统计学意义的节律性振荡；而大约 20% 所鉴定的蛋白质总体上呈现每日变化，这一数值与先前报道的 5%～10% 具备节律性表达的转录组数（Akhtar et al. 2002；Hughes et al. 2009；Panda et al. 2002；Storch et al. 2002；Ueda et al. 2002）有显著的增加。此外，进一步的验证实验发现节律性表达的蛋白质中几乎有一半没有节律性的转录本，这与转录后调控在生物钟调控的关键作用是一致的。先前的癌症（Hanash 2003）和许多其他系统的研究也观察到转录组和蛋白质组之间这种不一致性，但是最近使用高精度仪器进行的研究通常显示出较高的 mRNA-蛋白质相关性（Cox and Mann 2011）。

有趣的是，这项研究还发现在节律性表达肝脏蛋白中，有些是同一个基因编码的不同蛋白亚型。此外，参与核心肝脏代谢途径如碳水化合物代谢和尿素循环的限速酶在蛋白质水平上呈现出每日振荡。这突出了生物钟调节蛋白质表达在肝脏生理中的基本作用。通过生物钟在蛋白质水平对肝脏代谢调控的进一步了解，将极大有助于了解该器官的病理学。此外，这也有助于制定旨在最小化药物毒性的时间治疗策略（Akhtar et al. 2002；Sewlall et al. 2010）。

表面增强激光解析离子化质谱（SELDI）和 LC-MS/MS 技术也被用于尝试检测小鼠血液中肽的每日变化（Martino et al. 2007）。这项研究试图找到可以定义一天中身体时间的标志物，以指示生物体代谢的变化。尽管目前他们还未找到足够多的标记蛋白，但利用人类血液蛋白丰度的每天变化监测健康和疾病的潜力是无可争议的。将来，使用更先进的蛋白质组学技术，可能会找到这样的标记，然后将其应用于生物钟功能紊乱的分子诊断或时间治疗法中。

2.3 表达蛋白质组学的最新进展

到目前为止，大部分关于蛋白质一天内动态表达的研究都是先采用 2-DE 分离蛋白，然后采用 MS 进行鉴定和定量。这些技术有几个缺点，首先是有限的分辨率和通量，所以只能对蛋白质组的小部分进行定量，具体而言，仅可检测可溶性蛋白；而且待研究的蛋白质必须能在 2-DE 凝胶中出现斑点以便捕捉；最后，这些斑点需要使用 MS 逐一识别鉴定。除了这些一般限制外，2-DE 在表征蛋白质丰度的时间变化时还面临着额外的挑战：在所有或大多数测定的凝胶中需要检测斑点，斑点定位需要在凝胶之间匹配（但翻译后修饰会改变蛋白质的电泳迁移率），它们的强度的相对变化必须通过凝胶图像分析来估计。相比之下，基于质谱的高分辨率定量蛋白质组学可以使蛋白质组学覆盖面更深，并且可以更准确地比较样品之间的蛋白质丰度。例如，高分辨率的和定量的基于质谱的蛋白质组分析技术已被应用于胚胎干细胞领域的研究，完成了 5000 多个蛋白定量分析（Graumann et al. 2008)。通过使用细胞培养物中的氨基酸进行稳定同位素标记（SILAC）小鼠（Kruger et al. 2008）或细胞培养物中的氨基酸进行 SILAC 掺杂（spike-in）的策略（Geiger et al. 2011），该方法还可以将组织蛋白质组定量到适当的深度。相比之下，以高分辨率质谱技术为基础的定量蛋白质组学可以覆盖更大范围的蛋白质组，且能更精准地比较不同样品间的蛋白丰度的不同。近期对幼鼠和老年鼠进行系统的蛋白质组学分析已找到超过 4000 种不同的蛋白质存在表达量上的变化（Walther and Mann 2011），这个数字已与初期的基因芯片结果相接近。说明该技术将在生物钟转录组学及蛋白组学的比较分析领域中大放异彩。

3. 互作蛋白质组学

哺乳动物新型的生物钟成分和修饰分子通常是通过遗传筛选发现的（Takahashi et al. 2008；Buhr and Takahashi 2013）。特别是，生物钟调控必需蛋白多是通过使用正向和反向遗传学鉴定出来的，而且化学基因组学和功能基因组学最近也揭示了新型的生物钟调控因子；上述内容可在 Baggs 和 Hogenesch（2010）所撰写的综述中得到系统阐述。原则上，蛋白质组学可以通过确定参与生物钟功能的蛋白质之间的物理相互作用来完善这些方法。但是到目前为止，用这种方式找到新的生物钟组件的例子寥寥无几。相互作用蛋白质组学（interaction proteomics）是一个致力于绘制蛋白质-蛋白质相互作用和蛋白质复合物的全新领域。该方法涉及亲和纯化"诱饵"蛋白，然后利用基于质谱（MS）技术鉴定相互作用伴侣蛋白。因为缺乏针对许多蛋白质的高质量特异性抗体，通常需要使用加标签诱饵蛋白。相互作用蛋白质组学中的一个关键概念是量化的必要性以区分特定的蛋白质相互作用和背景的蛋白质的相互作用，详见最近的综述（Gingras et al. 2007；ten Have et al. 2011；Vermeulen et al. 2008）。这一点变得越来越重要，因为高灵敏度、高分辨率的质谱仪可以在一次下拉实验中鉴定出数百种蛋白质，但几乎所有蛋白质都可能是非特异性结合物。相反，温和的洗脱条件能在将非特异性结合的蛋白滤除的同时保留微弱和短暂的相互作用蛋白，继而实现接下来的时间依赖性的蛋白相互作用。细胞培养物中的氨基酸进行稳定同位素标记、化学标记或无标记（label-free）算法都能为蛋白质定量（Gingras et al. 2007；Hubner et al. 2010；Sardiu and Washburn 2011；Wepf et al. 2009）。在所有情况下，因为可能会动态交换合并样品中的复杂成分，因此该实验方案需要对诱饵和对照磁珠进行平行纯化步骤，即分别从标记的细胞系或特异性抗体磁珠，及未标记的细胞系或对照珠进行纯化。来自非特异性结合物的肽在两个下拉物中的质谱图强度相似（一对一的比率）；而相对于对照沉淀，特定的蛋白质结合物将会富集（图 17.1）。这项非常强大的技术还没有用于哺乳动物的生物钟生物学研究；下面的实施案例通常不使用基于质谱的定量方法，而是与对照凝胶相比，滤出了可能的非特异性结合蛋白和污染物。

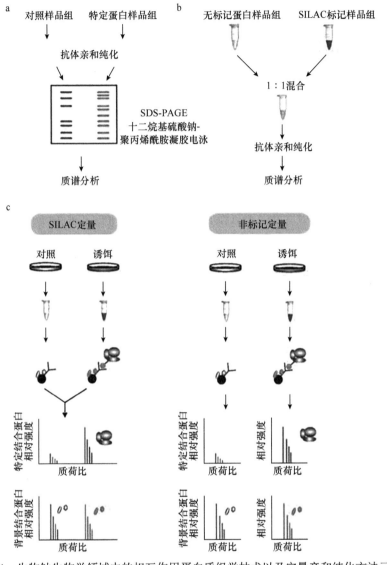

图 17.1　生物钟生物学领域中的相互作用蛋白质组学技术以及定量亲和纯化方法示意图

（a）哺乳动物中的研究工作流程，其中以对照纯化作为非特异性蛋白下拉（pulldown）的参考（Brown et al. 2005；Duong et al. 2011；Robles et al. 2010）。（b）应用于脉胞菌的方法：定量的参考样品取自用细胞培养物中的氨基酸进行 SILAC 标记的蛋白提取物（Baker et al. 2009）。（c）定量相互作用蛋白质组学两种实验方法的技术路线。左图为细胞培养物中的氨基酸进行 SILAC 定量的策略：对表达的对照组或诱饵蛋白分别进行"轻元素"或"重元素"细胞培养物中的氨基酸进行 SILAC 标记的 2 个细胞群，细胞破碎后进行亲和层析，将纯化产物混合后使用液相色谱串联质谱分析。"轻元素"和"重元素"细胞培养物中的氨基酸进行 SILAC 标记的多肽均会出现在质谱结果中，通过比较信号峰对蛋白进行精确定量。右图为非标记定量法的技术路线。在这种方法中，对照及诱饵蛋白表达细胞的提取物分别进行免疫共沉淀及质谱分析。从特异性结合蛋白获得的多肽在对照组以及特异下拉的信号强度不同，而背景蛋白在这两者中的信号强度相似几年前，Schibler 及其同事利用稳定表达外源标记 PER1 蛋白的大鼠细胞系完成了第一个相互作用蛋白质组学实验（Brown et al. 2005）。对细胞核提取物进行免疫共沉淀，并将获取的混合物进行质谱分析后，Schibler 等发现与标记 PER1 蛋白相互作用的两个蛋白：NONO 和 WDR5。敲减实验证明 RNA 结合蛋白 NONO 对于哺乳动物细胞和果蝇的昼夜节律至关重要。此外，组蛋白甲基转移酶复合物的成员 WDR5 则与 PER 复合物有关，似乎有助于其功能（Brown et al. 2005）。

最近，Weitz 小组的两项研究描述了一种更精细的相互作用蛋白质组学方法，即将标记蛋白内源性表达并在体内完全替代未标记的内源蛋白同时保留其功能。此方法可确保亲和纯化的蛋白质复合物是细胞中存在的唯一复合物，并且具有功能。通过这种方式，在从小鼠细胞和组织中分离出的蛋白质复合物中发现了对昼夜节律功能重要的新型生物钟调节因子（Duong et al. 2011；Robles et al. 2010）。对 BMAL1 标记的小鼠纤维细胞核蛋白复合物进行亲和纯化后，通过质谱分析鉴定活化的激酶 C1 受体（receptor for activated C kinase 1，RACK1）为新的 BMAL1 相互作用蛋白。验证实验表明活化的 RACK1 以时间依赖的方式与 BMAL1 结合，从而将蛋白激酶 Cα（PKCα）募集到该复合物中，并且抑制了 BMAL1-CLOCK 活性。体外试验证实这种作用可能由 PKCα 依赖的 BMAL1 磷酸化介导（Robles et al. 2010）。最近，类似的相互作用蛋白质组学方法在小鼠组织中鉴定了内源性 PER 蛋白复合物的新成分。重要的是，这揭示了哺乳动物生物钟中负反馈的新的分子机制（Duong et al. 2011）。简而言之，质谱分析确定了 RNA 结合蛋白多聚嘧啶序列结合蛋白相关剪接因子（polypirimidine tract-binding protein-associated splicing factor，PSF）是 PER 核蛋白复合物的新成分。PSF 与 PER 复合物结合，并通过募集 SIN3A-HDAC 充当转录辅阻遏物。因此，PER 以时间依赖的方式介导 PSF-SIN3A-HDAC 与 Per1 启动子的结合，诱导组蛋白去乙酰化，从而抑制转录。

蛋白质组学的另一个完美应用是针对脉孢菌属（Neurospora）生物钟。Dunlap 及其同事首次将基于细胞培养物中的氨基酸进行 SILAC 的相互作用蛋白质组学应用到生物钟研究（Baker et al. 2009）。为了确定脉孢菌生物钟基因 FREQUENCY（FRQ）的动态相互作用蛋白组，将"重元素"细胞培养物中的氨基酸进行 SILAC 标记的脉孢菌用作参考样本，以评估实验时间点之间的相对蛋白质丰度。重元素标记对照包括每 4 小时从 6 种培养物中收集的蛋白质裂解物（包含所有时间依赖性的 FRQ 亚型和复合物）的混合物库。这个混合物库将以 1∶1 的方式与以相同的时间依赖性方式收集的"轻元素"标记蛋白裂解液混合。因此，质谱鉴定的任何给定肽的"重"对"轻"（H/L）比率代表了其丰度的相对变化。通过这种方式，作者定义了 FRQ 的时间相互作用蛋白组。例如，与 FRQ 相互作用的 RNA 解旋酶（FRH）全天都与 FRQ 相互作用，而异源二聚体转录因子 WHITE COLLAR-1 和 WHITE COLLAR-2 复合物（WCC）倾向于每天的早些时候与 FRQ 结合。

4. 生物钟生物学中的翻译后修饰

每日节律是由负转录反馈环和正转录反馈环组成的分子机制产生的。该分子生物钟的正常功能在转录、转录后、翻译和翻译后的多个层次受到调控。近年来，多项研究强调了核心生物钟蛋白的翻译后修饰（PTM）在正常生物钟功能以及微调中的重要作用（Mehra et al. 2009）。不同物种的生物钟蛋白中发现越来越多的PTM；此外，蓝藻最新研究表明其生物钟完全基于PTM（Johnson et al. 2008）。生物钟蛋白最常见的PTM是磷酸化（phosphorylation），而磷酸化调节具有时间和相位特异性（Vanselow et al. 2006）。此外，乙酰化（acetylation）、泛素化（ubiquitination）和苏素化（SUMOylation）都可调节哺乳动物的生物钟蛋白功能或稳定性（Asher et al. 2008；Cardone et al. 2005；Lee et al. 2008；Mehra et al. 2009；Nakahata et al. 2008；Sahar et al. 2010）。大多数PTM的共同特征是它们的节律性；因此，在生物钟领域中急需测量PTM时间上的变化。迄今为止，仅有一项此类研究描述了脉胞菌（*Neurospora crassa*）FRQ蛋白磷酸化的昼夜节律动态变化。如上面所述，Baker等（2009）刻画了FRQ的动态相互作用的特征。作者将细胞培养物中的氨基酸进行SILAC与高分辨率质谱结合使用，鉴定并定量了亲和纯化蛋白中的75个磷酸化位点。对这些位点在不同昼夜节律时间的定量分析可以描绘出相位特异的磷酸化变化，并展示了这种时间调控如何影响FRQ稳定性。因此，这项研究首次对节律性磷酸化修饰进行定量研究，这与在不同物种中对其他生物钟蛋白磷酸化的定性研究相似（Chiu et al. 2008；Kivimae et al. 2008）。

目前质谱技术的不断进步能够允许以高精度的定量化分析刻画被修饰肽段的特征并能以单个氨基酸分辨率定位翻译后修饰。鉴于翻译后修饰分析的主要困难之一是许多被修饰肽的丰度较低，因此已经研发了相关富集策略（Bantscheff et al. 2007；Choudhary and Mann 2010）。修饰特异的富集可以在蛋白质水平或肽水平甚至整个蛋白质组水平进行，也可以针对所感兴趣的特定纯化蛋白进行。在许多生物学领域，尤其是在生物钟生物学中，不仅要识别翻译后修饰，更多要确定它们在蛋白质组不同状态之间的变化。这可以通过基于质谱的定量翻译后修饰分析来实现。最近有几项研究报告了不同类型翻译后修饰的大量数据集，如磷酸化（Beausoleil et al. 2004；Bodenmiller et al. 2007；Dephoure et al. 2008；Ficarro et al. 2002；Olsen et al. 2010）、乙酰化（Choudhary et al. 2009；Kim et al. 2006）、*N*-糖基化（Kaji et al. 2007；Zielinska et al. 2010）、甲基化（Ong et al. 2004）、泛素化（Argenzio et al. 2011；Kim et al. 2011；Wagner et al. 2011），以及苏素化（Andersen et al. 2009；Tatham et al. 2011）。研究细胞系受刺激后磷酸化的全面动态变化的第一项研究报道了6000多个磷酸化位点（Olsen et al. 2006），而最近的一项研究量化了注射胰岛素后小鼠肝脏中10 000多个磷酸化位点的体内变化（Monetti et al. 2011）。此外，这项技术已应用于研究细胞分裂不同阶段的蛋白质组和磷酸化蛋白质组的动态变化。从实验的角度，细胞分裂与昼夜节律很相似。值得注意的是，该研究表明，大多数检测到的磷酸位点和大约 20% 的定量蛋白质在细胞分裂周期中均显示出变化（Olsen et al. 2010）。另外，在不同的细胞周期阶段对数千种检测到的磷酸化位点的占用率或"化学计量"（stoichiometry）进行了测定。在生物钟生物学中，也非常需要估计磷酸化位点的化学计量。鉴于生物钟蛋白的逐步磷酸化是计时功能之一，并且这种磷酸化动态变化决定了其正确的生物钟功能，因此，这对于生物钟蛋白尤其重要。此外，某些生物钟蛋白的磷酸化失调与人类疾病有关（Reischl and Kramer 2011；Vanselow and Kramer 2007）。由于几种激酶在生物钟功能中起着至关重要的作用（Lee et al. 2011；Reischl and Kramer 2011），因此在整个生物钟磷酸化蛋白质组中更广泛地确定磷酸化占有率可能会有助于我们深入洞悉其他激酶在生物钟中的作用。

5. 应用于代谢组学中的质谱技术

除蛋白质外，质谱还可用于代谢物的研究。代谢组学技术，特别是气相色谱质谱（GC-MS）、液相色谱质谱（LC-MS）和毛细管电泳质谱（CE-MS），已被用于生物钟代谢组学的研究。最近的研究报道了小鼠血液和血浆以及人血浆和尿液的每日振荡。除了蛋白质，质谱法也被用于代谢产物的研究（Dallmann et al. 2012；Eckel-Mahan et al. 2012；Minami et al. 2009）。最近的一篇论文提供了将其他生物钟数据集与代谢组学整合的概述（Patel et al. 2012）。

6. 蛋白质组学在生物钟生物学应用的展望

蛋白质组学对基因组的功能注释以及对将来尝试从定量和整体的角度描绘细胞生物学（Cox and Mann 2011）特别是生物钟生物学（Baggs and Hogenesch 2010）至关重要。因为生物钟控制了基因表达的节律性振荡从而控制细胞中蛋白质的丰度、修饰、活性和定位，所以生物钟生物学是应用定量蛋白质组学的理想领域。

在转录组水平上生物钟调控基因表达一直是生物钟领域中许多研究的重点。相反，主要由于上述诸多技术局限，我们对生物钟如何调控蛋白质丰度和翻译后修饰知之甚少。考虑到蛋白质（而不是核酸）是细胞功能的主要执行者，功能性蛋白质组学方法的进展将大力推动生物钟生物学研究。除了基因表达的初始步骤外，细胞中蛋白质的丰度还受翻译、稳定性和降解机制的调节。有趣的是，最近的一项综合研究表明，蛋白质的丰度不仅取决于信息 RNA 的丰度，而且翻译控制也至少同样重要（Schwanhausser et al. 2011）。上述蛋白质组学研究尽管相对有限，但与转录后调控在生物钟节律产生中的基本作用是一致的。因此，对蛋白质组的生物钟行为进行全面和定量的分析将是系统和完整地了解生物钟在代谢和生理中的功能的先决条件，也有助于把该知识有效应用于生物钟相关的疾病诸如睡眠障碍、代谢紊乱和癌症等（Barnard and Nolan 2008；Bass and Takahashi 2010；Huang et al. 2011；Takahashi et al. 2008）。

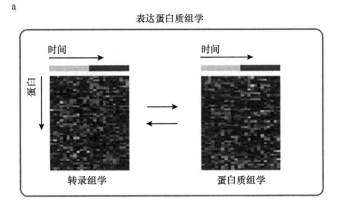

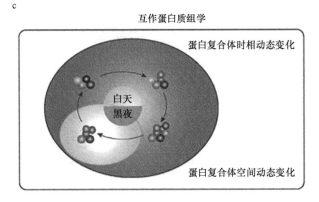

图 17.2　基于高分辨率质谱技术的定量蛋白质组学在生物钟领域的潜在应用
（彩图请扫封底二维码）

（a）表达蛋白质组学技术在生物钟领域的应用能获取与前期报道的转录组学相当的全面蛋白组学数据集。（b）对翻译后修饰如磷酸化的时相定量可以产生大规模的激酶活性信息。（c）时空相互作用蛋白质组学研究也可应用于生物钟生物学以解析核心生物钟蛋白复合体的动态变化和细胞定位，这些都是执行正常生物钟功能的重要保证

如上所述，高分辨率质谱定量蛋白质组学的最新进展允许以更大的规模和深度对蛋白质组和翻译后修饰进行定量。因此，我们预见到这项技术在生物钟领域的应用将带来可喜的成果（图 17.2）。首先，对组织中蛋白质组包括蛋白质水平和翻译后修饰的整体昼夜节律变化的全面分析及其与转录组昼夜节律变化的比较和补充，将使人们更好地理解转录和转录后调控在生物钟的作用及其与行为和生理的每日变化的关系。其次，分子生物钟的动态相互作用蛋白质组学可以描述复合物的时间行为，从而揭示新型蛋白质相互作用的存在以及核心生物钟蛋白中功能重要的翻译后修饰的动态变化。最后，时空蛋白质组学可以进一步理解有关生物钟蛋白复合物的亚细胞动态变化及其与蛋白组成的相关性。

（刘 超 王 晗 译）

参 考 文 献

Aebersold R, Mann M (2003) Mass spectrometry-based proteomics. Nature 422: 198–207

Akhtar RA, Reddy AB, Maywood ES, Clayton JD, King VM, Smith AG, Gant TW, Hastings MH, Kyriacou CP (2002) Circadian cycling of the mouse liver transcriptome, as revealed by cDNA microarray, is driven by the suprachiasmatic nucleus. Curr Biol 12: 540–550

Albrecht U, Zheng B, Larkin D, Sun ZS, Lee CC (2001) MPer1 and mper2 are essential for normal resetting of the circadian clock. J Biol Rhythms 16: 100–104

Andersen JS, Matic I, Vertegaal AC (2009) Identification of SUMO target proteins by quantitative proteomics. Methods Mol Biol 497: 19–31

Araki R, Nakahara M, Fukumura R, Takahashi H, Mori K, Umeda N, Sujino M, Inouye ST, AbeM (2006) Identification of genes that express in response to light exposure and express rhythmically in a circadian manner in the mouse suprachiasmatic nucleus. Brain Res 1098: 9–18

Argenzio E, Bange T, Oldrini B, Bianchi F, Peesari R, Mari S, Di Fiore PP, Mann M, Polo S (2011) Proteomic snapshot of the EGF-induced ubiquitin network. Mol Syst Biol 7: 462

Asher G, Gatfield D, Stratmann M, Reinke H, Dibner C, Kreppel F, Mostoslavsky R, Alt FW, Schibler U (2008) SIRT1 regulates circadian clock gene expression through PER2 deacetylation. Cell 134: 317–328

Baggs JE, Hogenesch JB (2010) Genomics and systems approaches in the mammalian circadian clock. Curr Opin Genet Dev 20: 581–587

Baker CL, Kettenbach AN, Loros JJ, Gerber SA, Dunlap JC (2009) Quantitative proteomics reveals a dynamic interactome and phase-specific phosphorylation in the Neurospora circadian clock. Mol Cell 34: 354–363

Bantscheff M, Schirle M, Sweetman G, Rick J, Kuster B (2007) Quantitative mass spectrometry in proteomics: a critical review. Anal Bioanal Chem 389: 1017–1031

Barnard AR, Nolan PM (2008) When clocks go bad: neurobehavioural consequences of disrupted circadian timing. PLoS Genet 4: e1000040

Bass J, Takahashi JS (2010) Circadian integration of metabolism and energetics. Science 330: 1349–1354

Beausoleil SA, Jedrychowski M, Schwartz D, Elias JE, Villen J, Li J, Cohn MA, Cantley LC, Gygi SP (2004) Large-scale characterization of HeLa cell nuclear phosphoproteins. Proc Natl Acad Sci USA 101: 12130–12135

Bodenmiller B, Mueller LN, Mueller M, Domon B, Aebersold R (2007) Reproducible isolation of distinct, overlapping segments of the phosphoproteome. Nat Methods 4: 231–237

Brown SA, Azzi A (2013) Peripheral circadian oscillators in mammals. In: Kramer A, Merrow M (eds) Circadian clocks, vol 217, Handbook of experimental pharmacology. Springer, Heidelberg

Brown SA, Ripperger J, Kadener S, Fleury-Olela F, Vilbois F, Rosbash M, Schibler U (2005) PERIOD1-associated proteins modulate the negative limb of the mammalian circadian oscillator. Science 308: 693–696

Buhr ED, Takahashi JS (2013) Molecular components of the mammalian circadian clock. In: Kramer A, Merrow M (eds) Circadian clocks, vol 217, Handbook of experimental pharmacology. Springer, Heidelberg

Cardone L, Hirayama J, Giordano F, Tamaru T, Palvimo JJ, Sassone-Corsi P (2005) Circadian clock control by SUMOylation of BMAL1. Science 309: 1390–1394

Castel M, Belenky M, Cohen S, Wagner S, Schwartz WJ (1997) Light-induced c-Fos expression in the mouse suprachiasmatic nucleus: immunoelectron microscopy reveals co-localization in multiple cell types. Eur J Neurosci 9: 1950–1960

Chiu JC, Vanselow JT, Kramer A, Edery I (2008) The phospho-occupancy of an atypical SLIMBbinding site on PERIOD that is phosphorylated by DOUBLETIME controls the pace of the clock. Genes Dev 22: 1758–1772

Choudhary C, Mann M (2010) Decoding signalling networks by mass spectrometry-based proteomics. Nat Rev Mol Cell Biol 11: 427–439

Choudhary C, Kumar C, Gnad F, Nielsen ML, Rehman M, Walther TC, Olsen JV, MannM (2009) Lysine acetylation targets protein complexes and co-regulates major cellular functions. Science 325: 834–840

Cox J, Mann M (2011) Quantitative, high-resolution proteomics for data-driven systems biology. Annu Rev Biochem 80: 273–299

Dallmann R, Viola AU, Tarokh L, Cajochen C, Brown SA (2012) The human circadian metabolome. Proc Natl Acad Sci USA 109: 2625–2629

Davidson AJ, Yamazaki S, Menaker M (2003) SNC: ringmaster of the circadian circus or conductor of the circadian orchestra? Novartis Found Symp 253: 110–121

Deery MJ, Maywood ES, Chesham JE, Sladek M, Karp NA, Green EW, Charles PD, Reddy AB, Kyriacou CP, Lilley KS, Hastings MH (2009) Proteomic analysis reveals the role of synaptic vesicle cycling in sustaining the suprachiasmatic circadian clock. Curr Biol 19: 2031–2036

Dephoure N, Zhou C, Villen J, Beausoleil SA, Bakalarski CE, Elledge SJ, Gygi SP (2008) A quantitative atlas of mitotic phosphorylation. Proc Natl Acad Sci USA 105: 10762–10767

Duffield GE (2003) DNA microarray analyses of circadian timing: the genomic basis of biological time. J Neuroendocrinol 15: 991–1002

Duong HA, Robles MS, Knutti D, Weitz CJ (2011) A molecular mechanism for circadian clock negative feedback. Science 332: 1436–1439

Eckel-Mahan KL, Patel VR, Mohney RP, Vignola KS, Baldi P, Sassone-Corsi P (2012) Coordination of the transcriptome and metabolome by the circadian clock. Proc Natl Acad Sci USA 109: 5541–5546

Ficarro SB, McCleland ML, Stukenberg PT, Burke DJ, Ross MM, Shabanowitz J, Hunt DF, White FM (2002) Phosphoproteome analysis by mass spectrometry and its application to Saccharomyces cerevisiae. Nat Biotechnol 20: 301–305

Geiger T, Cox J, Ostasiewicz P, Wisniewski JR, Mann M (2010) Super-SILAC mix for quantitative proteomics of human tumor tissue. Nat Methods 7: 383–385

Geiger T, Wisniewski JR, Cox J, Zanivan S, Kruger M, Ishihama Y, Mann M (2011) Use of stable isotope labeling by amino acids in cell culture as a spike-in standard in quantitative proteomics. Nat Protoc 6: 147–157

Gingras AC, Gstaiger M, Raught B, Aebersold R (2007) Analysis of protein complexes using mass spectrometry. Nat Rev Mol Cell Biol 8: 645–654

Goldman BD (2001) Mammalian photoperiodic system: formal properties and neuroendocrine mechanisms of photoperiodic time measurement. J Biol Rhythms 16: 283–301

Graumann J, Hubner NC, Kim JB, Ko K, Moser M, Kumar C, Cox J, Scholer H, Mann M (2008) Stable isotope labeling by amino acids in cell culture (SILAC) and proteome quantitation of mouse embryonic stem cells to a depth of 5,111 proteins. Mol Cell Proteomics 7: 672–683

Hanash S (2003) Disease proteomics. Nature 422: 226–232

Hatcher NG, Atkins N Jr, Annangudi SP, Forbes AJ, Kelleher NL, Gillette MU, Sweedler JV (2008) Mass spectrometry-based discovery of circadian peptides. Proc Natl Acad Sci USA 105: 12527–12532

Huang W, Ramsey KM, Marcheva B, Bass J (2011) Circadian rhythms, sleep, and metabolism. J Clin Invest 121: 2133–2141

Hubner NC, Bird AW, Cox J, Splettstoesser B, Bandilla P, Poser I, Hyman A, Mann M (2010) Quantitative proteomics combined with BAC TransgeneOmics reveals in vivo protein interactions. J Cell Biol 189: 739–754

Hughes ME, DiTacchio L, Hayes KR, Vollmers C, Pulivarthy S, Baggs JE, Panda S, Hogenesch JB (2009) Harmonics of circadian gene transcription in mammals. PLoS Genet 5: e1000442

Johnson CH, Mori T, Xu Y (2008) A cyanobacterial circadian clockwork. Curr Biol 18: R816–R825

Kaji H, Kamiie J, Kawakami H, Kido K, Yamauchi Y, Shinkawa T, Taoka M, Takahashi N, Isobe T (2007) Proteomics reveals N-linked glycoprotein diversity in Caenorhabditis elegans and suggests an atypical translocation mechanism for integral membrane proteins. Mol Cell Proteomics 6: 2100–2109

Kamphuis W, Cailotto C, Dijk F, Bergen A, Buijs RM (2005) Circadian expression of clock genes and clock-controlled genes in the rat retina. Biochem Biophys Res Commun 330: 18–26

Kim SC, Sprung R, Chen Y, Xu Y, Ball H, Pei J, Cheng T, Kho Y, Xiao H, Xiao L, Grishin NV, White M, Yang XJ, Zhao Y (2006) Substrate and functional diversity of lysine acetylation revealed by a proteomics survey. Mol Cell 23: 607–618

Kim W, Bennett EJ, Huttlin EL, Guo A, Li J, Possemato A, Sowa ME, Rad R, Rush J, Comb MJ, Harper JW, Gygi SP (2011) Systematic and quantitative assessment of the ubiquitin-modified proteome. Mol Cell 44(2): 325–340

Kivimae S, Saez L, Young MW (2008) Activating PER repressor through a DBT-directed phosphorylation switch. PLoS Biol 6: e183

Ko CH, Takahashi JS (2006) Molecular components of the mammalian circadian clock. Hum Mol Genet 15(Spec No 2): R271–R277

Kruger M, Moser M, Ussar S, Thievessen I, Luber CA, Forner F, Schmidt S, Zanivan S, Fassler R, Mann M (2008) SILAC mouse for quantitative proteomics uncovers kindlin-3 as an essential factor for red blood cell function. Cell 134: 353–364

Lee J, Lee Y, Lee MJ, Park E, Kang SH, Chung CH, Lee KH, Kim K (2008) Dual modification of BMAL1 by SUMO2/3 and ubiquitin promotes circadian activation of the CLOCK/BMAL1 complex. Mol Cell Biol 28: 6056–6065

Lee JE, Atkins N Jr, Hatcher NG, Zamdborg L, Gillette MU, Sweedler JV, Kelleher NL (2010) Endogenous peptide discovery of the rat circadian clock: a focused study of the suprachiasmatic nucleus by ultrahigh performance tandem mass spectrometry. Mol Cell Proteomics 9: 285–297

Lee HM, Chen R, Kim H, Etchegaray JP, Weaver DR, Lee C (2011) The period of the circadian oscillator is primarily determined by the balance between casein kinase 1 and protein phosphatase 1. Proc Natl Acad Sci USA 108: 16451–16456

Mallick P, Kuster B (2010) Proteomics: a pragmatic perspective. Nat Biotechnol 28: 695–709

Martino TA, Tata N, Bjarnason GA, Straume M, Sole MJ (2007) Diurnal protein expression in blood revealed by high throughput mass spectrometry proteomics and implications for translational medicine and body time of day. Am J Physiol Regul Integr Comp Physiol 293: R1430–R1437

McCarthy JJ, Andrews JL, McDearmon EL, Campbell KS, Barber BK, Miller BH, Walker JR, Hogenesch JB, Takahashi JS, Esser KA (2007) Identification of the circadian transcriptome in adult mouse skeletal muscle. Physiol Genomics 31: 86–95

Mehra A, Baker CL, Loros JJ, Dunlap JC (2009) Post-translational modifications in circadian rhythms. Trends Biochem Sci 34: 483–490

Minami Y, Kasukawa T, Kakazu Y, Iigo M, Sugimoto M, Ikeda S, Yasui A, van der Horst GT, Soga T, Ueda HR (2009) Measurement of internal body time by blood metabolomics. Proc Natl Acad Sci USA 106: 9890–9895

Moller M, Sparre T, Bache N, Roepstorff P, Vorum H (2007) Proteomic analysis of day-night variations in protein levels in the rat pineal gland. Proteomics 7: 2009–2018

Monetti M, Nagaraj N, Sharma K, Mann M (2011) Large-scale phosphosite quantification in tissues by a spike-in SILAC method. Nat Methods 8: 655–658

Nakahata Y, Kaluzova M, Grimaldi B, Sahar S, Hirayama J, Chen D, Guarente LP, Sassone-Corsi P (2008) The NAD+ dependent deacetylase SIRT1 modulates CLOCK-mediated chromatin remodeling and circadian control. Cell 134: 329–340

Olsen JV, Blagoev B, Gnad F, Macek B, Kumar C, Mortensen P, Mann M (2006) Global, in vivo, and site-specific phosphorylation dynamics in signaling networks. Cell 127: 635–648

Olsen JV, Vermeulen M, Santamaria A, Kumar C, Miller ML, Jensen LJ, Gnad F, Cox J, Jensen TS, Nigg EA, Brunak S, Mann M (2010) Quantitative phosphoproteomics reveals widespread full phosphorylation site occupancy during mitosis. Sci Signal 3: ra3

Ong SE, Mann M (2006) A practical recipe for stable isotope labeling by amino acids in cell culture (SILAC). Nat Protoc 1: 2650–2660

Ong SE, Blagoev B, Kratchmarova I, Kristensen DB, Steen H, Pandey A, Mann M (2002) Stable isotope labeling by amino acids in cell culture, SILAC, as a simple and accurate approach to expression proteomics. Mol Cell Proteomics 1: 376–386

Ong SE, Mittler G, MannM (2004) Identifying and quantifying in vivo methylation sites by heavy methyl SILAC. Nat Methods 1: 119–126

Panda S, Antoch MP, Miller BH, Su AI, Schook AB, Straume M, Schultz PG, Kay SA, Takahashi JS, Hogenesch JB (2002) Coordinated transcription of key pathways in the mouse by the circadian clock. Cell 109: 307–320

Patel VR, Eckel-Mahan K, Sassone-Corsi P, Baldi P (2012) CircadiOmics: integrating circadian genomics, transcriptomics, proteomics and metabolomics. Nat Methods 9: 772–773

Porterfield VM, Piontkivska H, Mintz EM (2007) Identification of novel light-induced genes in the suprachiasmatic nucleus. BMC Neurosci 8: 98

Reddy AB (2013) Genome-wide analyses of circadian systems. In: Kramer A, Merrow M (eds) Circadian clocks, vol 217, Handbook of experimental pharmacology. Springer, Heidelberg

Reddy AB, Karp NA, Maywood ES, Sage EA, Deery M, O'Neill JS, Wong GK, Chesham J, Odell M, Lilley KS, Kyriacou CP, Hastings MH (2006) Circadian orchestration of the hepatic proteome. Curr Biol 16: 1107–1115

Reischl S, Kramer A (2011) Kinases and phosphatases in the mammalian circadian clock. FEBS Lett 585: 1393–1399

Robles MS, Boyault C, Knutti D, Padmanabhan K, Weitz CJ (2010) Identification of RACK1 and protein kinase Calpha as integral components of the mammalian circadian clock. Science 327: 463–466

Sahar S, Zocchi L, Kinoshita C, Borrelli E, Sassone-Corsi P (2010) Regulation of BMAL1 protein stability and circadian function by GSK3beta-mediated phosphorylation. PLoS One 5: e8561

Sardiu ME, Washburn MP (2011) Building protein-protein interaction networks with proteomics and informatics tools. J Biol Chem 286: 23645–23651

Schwanhausser B, Busse D, Li N, Dittmar G, Schuchhardt J, Wolf J, Chen W, Selbach M (2011) Global quantification of mammalian gene expression control. Nature 473: 337–342

Sewlall S, Pillay V, Danckwerts MP, Choonara YE, Ndesendo VM, du Toit LC (2010) A timely review of state-of-the-art chronopharmaceuticals synchronized with biological rhythms. Curr Drug Deliv 7: 370–388

Storch KF, Lipan O, Leykin I, Viswanathan N, Davis FC, Wong WH, Weitz CJ (2002) Extensive and divergent circadian gene expression in liver and heart. Nature 417: 78–83

Storch KF, Paz C, Signorovitch J, Raviola E, Pawlyk B, Li T, Weitz CJ (2007) Intrinsic circadian clock of the mammalian retina: importance for retinal processing of visual information. Cell 130: 730–741

Stratmann M, Schibler U (2006) Properties, entrainment, and physiological functions of mammalian peripheral oscillators. J Biol Rhythms 21: 494–506

Takahashi JS, Hong HK, Ko CH, McDearmon EL (2008) The genetics of mammalian circadian order and disorder: implications for physiology and disease. Nat Rev Genet 9: 764–775

Tatham MH, Matic I, Mann M, Hay RT (2011) Comparative proteomic analysis identifies a role for SUMO in protein quality control. Sci Signal 4: rs4

ten Have S, Boulon S, Ahmad Y, Lamond AI (2011) Mass spectrometry-based immunoprecipitation proteomics - the user's guide. Proteomics 11: 1153–1159

Tian R, Alvarez-Saavedra M, Cheng HY, Figeys D (2011) Uncovering the proteome response of the master circadian clock to light using an AutoProteome system. Mol Cell Proteomics 10 (M110): 007252

Tosini G, Menaker M (1996) Circadian rhythms in cultured mammalian retina. Science 272: 419–421

Tsuji T, Hirota T, Takemori N, Komori N, Yoshitane H, Fukuda M, Matsumoto H, Fukada Y (2007) Circadian proteomics of the mouse retina. Proteomics 7: 3500–3508

Ueda HR, Chen W, Adachi A, Wakamatsu H, Hayashi S, Takasugi T, Nagano M, Nakahama K, Suzuki Y, Sugano S, Iino M, Shigeyoshi Y, Hashimoto S (2002) A transcription factor response element for gene expression during circadian night. Nature 418: 534–539

Vanselow K, Kramer A (2007) Role of phosphorylation in the mammalian circadian clock. Cold Spring Harb Symp Quant Biol 72: 167–176

Vanselow K, Vanselow JT, Westermark PO, Reischl S, Maier B, Korte T, Herrmann A, Herzel H, Schlosser A, Kramer A (2006) Differential effects of PER2 phosphorylation: molecular basis for the human familial advanced sleep phase syndrome (FASPS). Genes Dev 20: 2660–2672

Vermeulen M, Hubner NC, Mann M (2008) High confidence determination of specific proteinprotein interactions using quantitative mass spectrometry. Curr Opin Biotechnol 19: 331–337

Wagner SA, Beli P, Weinert BT, Nielsen ML, Cox J, Mann M, Choudhary C (2011) A proteomewide, quantitative survey of in vivo ubiquitylation sites reveals widespread regulatory roles. Mol Cell Proteomics 10(M111): 013284

Walther DM, Mann M (2011) Accurate quantification of more than 4000 mouse tissue proteins reveals minimal proteome changes during aging. Mol Cell Proteomics 10(M110): 004523

Weaver DR (1998) The suprachiasmatic nucleus: a 25-year retrospective. J Biol Rhythms 13: 100–112

Wepf A, Glatter T, Schmidt A, Aebersold R, Gstaiger M (2009) Quantitative interaction proteomics using mass spectrometry. Nat Methods 6: 203–205

Yates JR 3rd, Gilchrist A, Howell KE, Bergeron JJ (2005) Proteomics of organelles and large cellular structures. Nat Rev Mol Cell Biol 6: 702–714

Zielinska DF, Gnad F, Wisniewski JR, Mann M (2010) Precision mapping of an in vivo N-glycoproteome reveals rigid topological and sequence constraints. Cell 141: 897–907

索 引

A

B

C

T

W

X

其　他